复杂建筑消防设计

主　编：张一莉

副主编：倪　阳　章海峰　任炳文　谢　芳

　　　　丁　荣　郭智敏　符润红　王　彬

主　审：王宗存　刘文利　巩志敏

中国建筑工业出版社

图书在版编目（CIP）数据

复杂建筑消防设计 / 张一莉主编；倪阳等副主编
. —北京：中国建筑工业出版社，2022.2（2022.7 重印）
ISBN 978-7-112-27104-7

Ⅰ.①复… Ⅱ.①张…②倪… Ⅲ.①高层建筑－消
防设备－建筑设计 Ⅳ.① TU972

中国版本图书馆 CIP 数据核字（2022）第 027166 号

责任编辑：费海玲 张幼平
责任校对：李美娜

复杂建筑消防设计

主 编：张一莉

副主编：倪 阳 章海峰 任炳文 谢 芳
丁 荣 郭智敏 符润红 王 彬

主 审：王宗存 刘文利 巩志敏

*

中国建筑工业出版社出版、发行（北京海淀三里河路 9 号）
各地新华书店、建筑书店经销
北京建筑工业印刷厂制版
北京富诚彩色印刷有限公司印刷

*

开本：880 毫米 ×1230 毫米 1/16 印张：31¾ 字数：974 千字
2022 年 3 月第一版 2022 年 7 月第二次印刷
定价：**300.00 元**
ISBN 978-7-112-27104-7
（38972）

《复杂建筑消防设计》编委会

指导单位：深圳市住房和建设局
深圳市前海深港现代服务业合作区管理局
支持单位：深圳市科学技术协会
深圳市福田区住房和建设局

专家委员会主任：倪　阳
专家委员会委员：黄　捷　章海峰　任炳文　王宗存　刘文利　叶伟华　巩志敏　李文胜

编　委　会　主　任：艾志刚
编委会执行主任：陈邦贤

主　　编：张一莉
副主编：倪　阳　章海峰　任炳文　谢　芳　丁　荣　郭智敏　符润红　王　彬

主　审　人：王宗存　刘文利　巩志敏
审核组成员：刘松涛　李晓光　马自强　谢　芳　陈邦贤　张一莉　丁　荣　符润红

主编单位：深圳市注册建筑师协会

特邀参编单位：
华南理工大学建筑设计研究院有限公司
深圳市城市公共安全技术研究院

副主编单位：
深圳市建筑设计研究总院有限公司
悉地国际设计顾问（深圳）有限公司
深圳华森建筑与工程设计顾问有限公司
深圳市欧博工程设计顾问有限公司
中国建筑东北设计研究院有限公司深圳分公司
深圳市华阳国际工程设计股份有限公司
奥意建筑工程设计有限公司

参编单位：
深圳大学建筑设计研究院有限公司
北建院建筑设计（深圳）有限公司
深圳市同济人建筑设计有限公司

3

深圳机械院建筑设计有限公司

中铁第四勘察设计院集团有限公司

编委：（以姓氏笔画为序）

丁　荣　马　越　王　剑　王　颖　王丽娟　邓斯凡　甘雪森　卢　晹　叶伟华　史　旭　白　威

巩志敏　吕超霞　任炳文　刘建新　刘维翰　江坤泽　孙颐潞　李　欣　李　娜　李敏茜　李媛琴

杨　华　杨　军　杨　健　杨静宁　吴　凡　吴　昱　吴　超　吴莲花　何敏鹏　谷再平　冷卫兵

张　晖　张　强　张　赫　张　璐　张金保　张建锋　张胜强　张振辉　张燕镭　陈　辉　陈　锋

陈子坚　陈平宇　陈向荣　周　磊　胡　曜　侯　军　姜庆新　洪　波　耿　真　夏　韬　倪　阳

高　泉　高文峰　郭　嘉　郭钦恩　郭智敏　涂　靖　黄　捷　符润红　章海峰　鲁　飞　谢　芳

黎　宁　潘　君

《复杂建筑消防设计》编写分工

章节	内 容	编 委	参 编 单 位
1	高度 250m 及以上超高层建筑		
1.1	综论	谢 芳	悉地国际设计顾问（深圳）有限公司
1.2	平安金融中心（北塔）		
1.3	中国华润大厦（春笋）	张 璐	
1.4	京基金融中心大厦	谷再平	深圳华森建筑与工程设计顾问有限公司
1.5	深圳市罗湖区笋岗街道城建梅园片区城市更新单元 01-01 地块	李媛琴 丁 荣	深圳市欧博工程设计顾问有限公司
1.6	深圳福田湾区智慧广场	章海峰 吴 超 洪 波	深圳市建筑设计研究总院有限公司
1.7	深圳南山科技联合大厦	张 赫 周 磊 孙颐潞	深圳大学建筑设计研究院有限公司
1.8	天誉南宁东盟创客城东盟塔（2-1 号楼）	夏 韬 李 欣	深圳华森建筑与工程设计顾问有限公司
1.9	沈阳环球金融中心主塔楼	黎 宁 马 越 杨 华 高文峰	深圳大学建筑设计研究院有限公司
2	高度 250m 以下的超高层塔楼		
2.1	综论	章海峰 吴 超 洪 波	深圳市建筑设计研究总院有限公司
2.2	深圳证券交易所广场		
2.3	深圳南方博时基金大厦		
2.4	深圳国信金融大厦		
2.5	腾讯滨海大厦	高 泉	深圳市同济人建筑设计有限公司
2.6	佳兆业金融大厦	何敏鹏	
3	商业综合体		
3.1	综论	符润红	深圳市华阳国际工程设计股份有限公司
3.2	恒裕金融中心一期	符润红 张建锋	
3.3	深业上城（南区）一期	符润红	

章节	内　容	编　委	参 编 单 位
3.4	华腾商务广场商业综合体	李媛琴　涂　靖	深圳市欧博工程设计顾问有限公司
3.5	深圳湾超级总部某商业综合体		
3.6	东莞国贸中心	张　晖　夏　韬 杨静宁	深圳华森建筑与工程设计顾问有限公司
3.7	前海大厦T3（220kV附建式变电站）	夏　韬　李　娜	
3.8	沈阳环球金融中心商业综合体	马　越　杨　华 高文峰	深圳大学建筑设计研究院有限公司
4	观演建筑		
4.1	综论	黄　捷	北建院建筑设计（深圳）有限公司
4.2	金沙湾国际乐园演艺中心	张金保	
4.3	宝安中心区演艺中心	李敏茜	
4.4	珠海歌剧院	陈　辉	
5	体育建筑		
5.1	综论	任炳文	中国建筑东北设计研究院有限公司
5.2	世界大学生运动会体育馆	任炳文　张　强	
5.3	西安奥体中心体育馆		
5.4	西安奥体中心游泳馆		
6	会展建筑		
6.1	综论	丁　荣	深圳市欧博工程设计顾问有限公司
6.2	深圳国际会展中心	丁　荣　李媛琴	
7	文化博览建筑		
7.1	综论	倪　阳　陈向荣 郭　嘉　陈子坚	华南理工大学建筑设计研究院有限公司
7.2	2010年上海世博会中国馆	倪　阳　张振辉 陈向荣	
7.3	武汉理工大学南湖校区图书馆	倪　阳　陈向荣 郭　嘉　陈子坚 郭钦恩	
7.4	深圳科技馆（新馆）	吴　凡　张胜强 吴　昱	深圳市华阳国际工程设计股份有限公司
		王　剑　胡　曜	深圳市建筑工务署工程设计管理中心
		陈　锋　陈平宇	深圳市建筑工务署文体工程管理中心
7.5	深圳福田国际体育文化交流中心	吴　凡　张胜强 吴　昱	深圳市华阳国际工程设计股份有限公司

章节	内　容	编委	参编单位
7.6	小漠文化艺术中心	白　威　李　娜	深圳华森建筑与工程设计顾问有限公司
7.7	南海文化中心	史　旭　郭智敏 刘维翰	
8	综合医院		
8.1	综论	章海峰　侯　军 王丽娟　甘雪森 吴莲花　刘建新	深圳市建筑设计研究总院有限公司
8.2	浙江大学邵逸夫医院绍兴院区项目		
8.3	香港大学深圳医院一二期项目		
8.4	安徽医科大学第一附属医院高新分院项目		
9	交通建筑		
9.1	综论	任炳文	中国建筑东北设计研究院有限公司
9.2	郑州新郑国际机场T2航站楼	任炳文　燕　翼	
9.3	沈阳桃仙国际机场T3航站楼		
9.4	深圳北站	卢　旸	深圳大学建筑设计研究院有限公司
		杨　健	中铁第四勘察设计院集团有限公司
9.5	深圳福田站综合交通枢纽	张燕镭	中铁第四勘察设计院集团有限公司
		卢　旸	深圳大学建筑设计研究院有限公司
10	工业建筑		
10.1	综论	江坤泽　王　颖 杨　军	奥意建筑工程设计有限公司
10.2	某车联网电子工业园		
10.3	某5G通信电子电路厂		
10.4	某薄膜晶体管液晶显示器件厂		
11	防火分区、防烟分区、安全疏散宽度设计及表达	高　泉　吕超霞 耿　真　潘　君	深圳市同济人建筑设计有限公司
12	消防设计图例范图	姜庆新　齐　峰 向雪薇　刘孟超	深圳机械院建筑设计有限公司
13	超高层建筑智慧消防管控现状及发展	巩志敏	深圳市城市公共安全技术研究院
14	前海地下空间消防设计措施	叶伟华　邓斯凡	深圳市前海深港现代服务业合作区管理局
		鲁　飞　冷卫兵	深圳市前海建设投资控股有限公司
	统稿	卢方媛	深圳市注册建筑师协会

序

消防工作是国民经济和社会发展的重要组成部分，是建筑行业发展不可缺少的保障条件，直接关系人民生命财产安全和社会稳定，预防和减少火灾事故特别是避免大型建筑中的恶性火灾事故，其意义重大。消防工作的核心是防患于未然，所以建筑物消防设计的合规性、合理性、先进性是整个消防工作的根本，对保障建筑使用的安全性起决定性作用。

近年消防设计管理部门进行了调整，但无论是公安部还是住建部，都不遗余力地为完善消防法规做了大量工作。我国至今已经颁布施行消防法律、规章20余部，国家消防规范、行业技术标准超过200部，地方性消防法规超过60部，初步形成了以《中华人民共和国消防法》为基本法律，以国家消防法规和技术规范、标准以及地方性消防法规相配套的消防法规体系，建筑消防设计得到进一步规范。

建筑消防领域研究成果的持续出台有效地指导了设计实践，但与高速发展的国民经济并驾齐驱的是，建筑功能也正从单一型向多样型、复合型快速发展，新建建筑无论在规模上，高度上还是功能类型上都不断刷新原有记录，复杂建筑的数量显著增加，带来了很多原有法规无法全面涵盖的消防设计问题，给消防管理、设计、审批、验收都带来难度，影响着城市建设的效率。复杂建筑的内部空间丰富，拥有较大的高度、面积、体积和灵活的组合，消防设计过程中容易与建筑师的空间创作产生矛盾，如果思虑不周，完成后的品质将受到严重影响。除此之外，受参与项目机会的限制，不少建筑设计技术人员在复杂建筑消防设计方面的经验有所欠缺，案例图纸也难以获取，导致在项目消防设计的系统把控上存在难度。

针对上述问题，全书对当代复杂建筑类型进行了梳理，分为高度250m及以上超高层建筑、高度250m及以下的超高层塔楼、商业综合体、观演类建筑、体育建筑等11个建筑类别章节及3个消防设计专项章节，对每类建筑在国内的发展背景、建筑消防特点、消防设计难点、消防设计策略以及特殊消防设计等问题进行了介绍与归纳，并结合近年规模较大、影响较广的复杂建筑实例，具体分析了它们的建筑特点以及在消防设计中的难点与解决方法，涉及消防策略、论证思路、应用手段等针对性较强的内容，实操性强，能有效提高设计人员的消防设计综合素质，丰富设计经验。本书也期望通过案例与理论相结合，使读者了解消防设计的原理，更深入理解建筑消防标准的相关规定，引导建筑师在实际项目创作中灵活运用相关条文，避免教条主义。

期望本书能为从事复杂建筑设计管理、设计、研究的专业人员提供有益的参考、借鉴，为提高我国消防设计水平做出贡献，同时也希望读者提出宝贵的意见。

倪 阳

（中国工程勘察设计大师）

2022年2月于华南理工大学

目　录

1

高度 250m 及以上超高层建筑

1.1 综论

悉地国际设计顾问（深圳）有限公司　谢　芳

1.1.1 国内 250m 以上超高层建筑发展背景

随着工程建造技术的进步，土地资源价值的增加和使用率要求的不断提高，超高层建筑不断涌现。从节约城市土地、集聚社会资源、提高运行效率的角度来看，超高层建筑在城市的发展中有其合理性。与此同时，超高层建筑自身固有的安全、高成本建造和运营等难点问题也不断涌现，其中结构、消防是影响超高层建筑安全的两个重要方面。

1）蓬勃发展时期

2007～2013 年是国内超高层建筑蓬勃发展时期，各城市 250m 以上超高层建筑拔地而起，竞相突破城市天际线的纪录。而当时国内建筑设计及工程技术规范已经不能满足社会上工程建设开发要求。2007 年上海中心和 2008 年深圳平安金融中心先后开始设计、建造，这两栋 600m 左右的超高层建筑，为国内 250m 以上超高层建筑在建筑抗震设计、消防设计等方面，提供了实践经验。

2）技术规范集中更新时期

2009～2015 年间，国内包括建筑抗震设计、消防设计在内的工程建设技术规范大量更新，为超高层建筑发展提供了必要的法规依据和技术标准支撑。

3）稳定发展时期

根据世界高层建筑和都市人居学会（英文简称 CTBUH）的数据，截至 2020 年初，全球最高 10 座建筑中有 6 座位于中国，包括上海中心（632m）、平安金融中心（592.5m）、广州周大福金融中心（530m）、天津周大福金融中心（530m）、北京中信大厦（528m）和台北 101（508m）。

我国已建成并投入使用的 300m 以上超高层建筑共有 95 座，其中深圳市以 17 座位列全国第一。再加上正在建、已规划的 300m 以上超高层建筑，数量多达 464 座，超过全球的三分之一，以深圳（图 1.1-1，图 1.1-2）、广州、上海和香港等地为最。

国内已规划的众多 250m 以上超高层建筑设计正处于实践探讨中。

1.1.2 250m 以上超高层建筑消防特点

以最常见、数量最多的办公为核心功能的 250m 以上超高层建筑为例，通常楼层数超过（包含）52 层、使用人群不少于 1 万人，且多种功能复合、空间密闭、火灾负荷大，消防安全风险大，建筑消防设计难点多，具有以下火灾特点及火灾危险性：

1）疏散困难，疏散时间长

一是由于楼层数多，垂直距离长，疏散到地面或其他安全场所时间长。二是人群密集，发生火灾时，火势、烟气蔓延快，疏散更为困难。

2）高火灾荷载，火势蔓延速度快

一是建筑内楼梯间、电梯井道、设备管道井、风管、风道、烟道、电缆桥架等各种竖向管井、水平管道多，如果防火分隔及封堵处理不好，发生火灾时这些贯通的竖井、水平管道就成为火势迅速蔓延的途径。二是设置在建筑内的机电设备多，容易

图 1.1-1　2013 年深圳福田中心区

图 1.1-2　2017 年深圳福田中心区

引起火灾。三是建筑室内空间复杂多样，火灾烟气控制难度大。

3）消防设施和系统技术复杂

以 250m 以上超高层办公建筑为例，建安成本平均约为普通高层办公建筑的 3～4 倍，建设周期平均约为 2～3 倍。随着建筑高度的增加，结构安全等级提高，抗震技术更为复杂。同时对建筑材料和各类设备设施要求高，消防设施和系统技术复杂，项目整体技术复杂。

4）物业管理运营维护难度大，救援难度大

超高层建筑功能、流线复杂，人员众多，未来的物业管理以及运营管理整合复杂，日常维护和管理的投入大、要求高，自身存在的安全隐患增加了物管运维安全管理的难度，发生火灾时从室外进行救援也相当困难。目前国内大城市配备了最为先进的重型登高消防车（101m，云梯高度）（图 1.1-3），多数为普通登高消防车（50m，云梯高度），不能完全满足 250m 以上超高层建筑安全疏散和救援的需要。

3

图 1.1-3 国产 101m 重型登高消防车

超高层建筑的消防安全立足于自救，主要靠完善建筑自身的消防设施提供自救条件，保障安全。

1.1.3 250m 以上超高层建筑消防设计难点

越来越多的 250m 以上超高层建筑在突破建筑高度的同时，突破了对建筑形体、结构形式、使用功能以及功能空间层高和面积的限制，是名副其实的垂直城市和超高层综合体，在技术上属于复杂项目范畴，在消防设计上对采用安全适用、技术先进又经济合理的策略的挑战越来越多。

因功能差异、类别划分的原因，本章节内容集中在综合功能垂直分布的超高塔楼上，而超高层建筑的附楼或裙房多以商业为核心功能，其消防设计特点和重难点，另见后面的商业综合体或其他功能为主的分类章节。

1）建筑高度和审批程序

《建筑设计防火规范》GB 50016—2014（2018年版）（以下简称《建规》）第 1.0.6 条规定：建筑高度大于 250m 的建筑，除应符合本规范的要求外，尚应结合实际情况采取更加严格的防火措施，其防火设计应提交国家消防主管部门组织专题研究、论证。除了在安全疏散和消防设施设置等方面自身要求以及加强措施带来的消防设计内容难度的增加，在消防设计审批程序上也增加了项目设计和操作的难度。

2）人员密度

250m 以上超高塔楼在以办公为核心功能的基础上，扩展了酒店、公寓、观光、餐饮、文化和展览，空中商业、直接与城市立体交通延伸连接功能也时有出现，多种使用功能组合越来越多见。不同区域空间各使用功能人员密度的确认和取值就很关键。人员密度取值计算下的各区域空间最大使用人员数量、建筑内总的人员数量和疏散方式，是消防设计的基础内容也是重难点。

3）超大、超高空间

不同使用功能空间突破相应层高和面积的限制，250m 以上超高塔楼室内超大、超高空间带来绚丽感受的同时，其内部人员疏散方式、大空间排烟和室内易燃物控制、外部消防登高救援方式将是消防设计的重难点。

1.1.4 250m 以上超高层建筑消防设计策略

现行的超高层建筑消防设计，应依据国家有关部门制定的消防设计规范和技术标准进行设计、审查、施工和管理，逐条落实消防设计措施。

1）先做好基本消防，再重点解决特殊消防

项目整体的消防设计策略，建议先按现行的消防设计规范和技术标准，合理解决大量常规性消防问题，最大程度上确保项目的可实施性；再结合项目自身情况、空间布局特点，客观分析存在的消防技术难点，对超高、超限部分采用重点加强措施，对局部难点进行特殊消防设计并采用多种方法验证。

2）消防设计主要内容

消防设计内容主要有如表 1.1-1 所示几个方面：

消防设计主要内容 表 1.1-1

主要方面	内容要点
建筑物的特点	建筑空间形态、使用功能性质、结构形式等分类定性、室内易燃物点控制
建筑物内部人员特点	建筑室内不同使用功能下的人员密度和人员疏散方式
建筑物内部的操作方式	防火防烟分区划分、避难区划分、水平及竖向疏散方式、电梯辅助疏散方式等

续表

主要方面	内容要点
建筑物外部特征	场地周边条件、建筑物外立面形态等，便于消防登高救援
消防灭火组织的特点	自动报警系统＋自动灭火系统消防联动控制等

3）消防设计主要关注点

（1）先对建筑物以及各类功能空间定性，再定量分析。

（2）总平面设计时，依据城市规划合理确定超高层与高层、裙房建筑之间的位置、防火间距，消防车道和消防水源等问题。

（3）单体建筑设计时，设置合理的防火防烟分区和避难区，制定人员疏散方案。

（4）控制室内可燃物数量和种类。

（5）做好单体建筑内外各处防火封堵，阻隔火势烟气的快速蔓延。

（6）配置自动报警和自动灭火系统，并由消防控制室集中管理。

本着生命至上、安全第一的消防设计理念，用安全适用、技术先进、经济合理的技术来保证人员的安全和建筑结构的安全。如何依据现行消防设计规范和技术标准做好基本消防设计，再重点结合特殊消防设计的组合应用，是包含 250m 以上超高层建筑在内的复杂项目消防设计的重难点。本书组织了各类项目案例具体的消防设计，为相应项目的消防设计提供参考。

1.1.5 250m 以上超高层建筑消防安全管理和消防救援

250m 以上超高层建筑中除了各类使用人员，还有两类重要的相关人群：一是大楼的物业管理人员，负责第一时间组织建筑内部人员安全疏散；二是城市中的消防员，负责第一时间从外部进入建筑物内实施救援。他们均是保障超高层建筑消防安全的重要力量。

1）日常消防安全管理

250m 以上超高建筑对物业管理人员的专业度和经验值要求高，要求他们能对安全隐患发出早期预警，通知和组织人员从内至外安全疏散，以尽量提高超高层建筑自防、自救能力。

大楼的物业管理中专门针对消防安全，配备训练有素的消防管理和组织人员，负责全楼消防设施的运行维护、防火、火灾救援和消防演习，有计划地培训物管人员的消防应急知识，加强各自岗位技能培训，强化相关人员的火灾应急能力。大楼的固定用户应具有正确的消防应急疏散意识和能力。针对临时的外来观光客人，应有明确的疏散指示和图文说明，包括辅助疏散电梯的简单使用方法，以便应对消防紧急疏散。

2）紧急消防救援

日常中需要保障消防员进入项目所在地直至进入建筑内的消防救援路径顺畅和设施使用可靠，需要定期组织围绕大楼相关各方的消防应急演习。

消防车道和登高操作场地、消防电梯、救援窗、直升机停机坪或救援平台等作为消防车、消防员从外部进入项目所在地、建筑内部的消防救援通道。具备室外水泵接合器、室内消火栓及水枪等主要由消防员操作的消防救援设施。

负责救援的消防员，需要提前熟悉大楼的方位和内部组成特点，熟悉消防设计中的各项设备设施和系统，保证一旦抵达火灾现场，在保证自身安全情况下，第一时间能安全操作，到达大楼最需达到的部位。

1.1.6 消防设计规范更新及审批程序改革

1）消防设计规范更新加快

现行设计规范修订频率越来越高，不少设计规范在一两年内即有修订，针对影响实际消防救援效果的内容和新业态出现引发的新问题做出了明确的限制，消防设计在规范上有据可依。因此项目在设计、审批时依据的消防设计规范适用版本的时间节点要非常明确和稳定（表1.1-2）。

消防设计规范依据　　表1.1-2

与消防有关的设计规范	发布／执行时间
《建筑设计防火规范》GB 50016—2014	2015年5月1日起
《建筑高度大于250米民用建筑防火设计加强性技术要求》（公消2018第57号）	2018年4月18日起
《建筑防排烟系统技术标准》GB 51251—2017	2018年8月1日起
《建筑设计防火规范》GB 50016—2014（2018年版）局部修订	2018年10月1日起

2）审批程序改革，消防设计审查制度转变

随着2018年国内工程建设审批制度改革试点，2020年消防设计审查体制转变，对特殊建筑工程实行消防设计审查制度（表1.1-3）。

消防设计管理规定及时间　　表1.1-3

与消防有关的管理规定	发布／执行时间
《建设工程消防监督管理规定》（公安部令106、119号）	2012年7月17日起
《关于加强超大城市综合体消防安全工作的指导意见》（公消〔2016〕第113号）	2016年4月25日起
《关于开展工程建设项目审批制度改革试点的通知》（国办发33号）	2018年5月13日起
《建筑工程消防设计审查验收管理暂行规定》（住建部51号令）	2020年6月1日起
《高层民用建筑消防安全管理规定》（应急管理部 第5号令）	2021年8月1日起
《人员密集场所消防安全管理》GB/T 40248—2021	2021年12月1日起

（1）在现行消防设计规范下解决消防问题：随着新版消防设计规范的实施，以及2016年公安部明确废止《建设工程消防性能化设计评估应用管理暂行规定》，过去复杂项目主要依赖消防性能化来解决消防问题的方式已不再适用。

（2）消防设计审查和消防设计专家论证会：住建部51号令中第三章"特殊建设工程的消防设计审查"第十四条明确规定了十二大类的特殊建设工程，属于特殊建筑工程之一的250m以上超高层建筑消防设计必须审查。第十七条进一步明确规定了

提交特殊消防设计资料的条件和要求，特殊消防设计内容和审查上会条件必须充分。

第十七条　特殊建设工程具有下列情形之一的，建设单位除提交本规定中第十六条所列材料外，还应当同时提交特殊消防设计技术资料：

（一）国家工程建设消防技术标准没有规定，必须采用国际标准或者境外工程建设消防技术标准的；

（二）消防设计文件拟采用的新技术、新工艺、新材料不符合国家工程建设消防技术标准规定的。

前款所称特殊消防设计技术资料，应当包括特殊消防设计文件，设计采用的国际标准、境外工程建设消防技术标准的中文文本，以及有关的应用实例、产品说明等资料。

同时，250m以上超高层建筑消防设计应提交国家消防主管部门组织专题研究、论证，其消防设计中出现的技术难点往往需要进行特殊消防设计，在消防设计审查中两者结合紧密。

（3）250m以上超高层建筑消防设计审查程序：各城市在消防设计审查所需设计文件、专家论证上会内容以及特殊消防设计技术资料，都有明确的条件和要求，充分了解、针对性准备就尤为重要（表1.1-4）。

250m以上超高层建筑消防设计审查程序
表1.1-4

250m以上超高层建筑消防设计审查和专家论证会	所在城市行政管理
由建设方申请消防设计审查并递交文件	报市级住建局并向省级住建部门申请专家论证会
设计方同步准备消防设计送审文件	
消防设计专家论证会（含特殊消防设计内容）	省级住建部门组织并出具意见
取得《消防设计专家论证意见书》	专家论证会评审通过
取得《消防设计审查意见书》	市级住建局出具意见消防设计审查通过

3）限制新建超过500m建筑，审批政策越来越严格

2019年9月，住建部发布《关于完善质量保障体系提升建筑工程品质的指导意见》："严格控制超

高层建筑建设，严格执行超限高层建筑工程抗震设防审批制度，加强超限高层建筑抗震、消防、节能等管理。"

2020 年 4 月，住建部和发改委联合发布《关于进一步加强城市与建筑风貌管理的通知》："严格限制各地盲目规划建设超高层摩天楼，一般不得新建 500 米以上建筑……严格限制新建 250 米以上建筑……各地新建 100 米以上建筑应充分论证、集中布局，严格执行超限高层建筑工程抗震设防审批制度，与城市规模、空间尺度相适宜，与消防救援能力相匹配。"

2021 年 7 月，国家进一步发文："严把超高层建筑审核关。……严格限制新建 250 米以上超高建筑，不得新建 500 米以上超高层建筑。"

2021 年 10 月，住建部和应急管理部联合发布《关于加强超高层建筑规划建设管理的通知》："城区常住人口 300 万人口以下城市严格限制新建 150 米以上超高层建筑，不得新建 250 米以上超高层建筑。城区常住人口 300 万以上城市严格限制新建 250 米以上超高层建筑，不得新建 500 米以上超高层建筑"，再一次从"严格管控新建超高层建筑"和"强化既有超高层建筑安全管理"两大方面，具体在从严控制建筑高度、合理确定建筑布局、深化细化评估论证等九点上作出了明确管理要求。

超高层建筑在审批政策上逐渐加码限制，也是考虑了包括消防安全在内的建筑安全、适用经济等综合因素（表 1.1-5）。

与超高层建筑有关的管理规定　表 1.1-5

与超高层建筑有关的管理规定	发布／执行时间
《关于完善质量保障体系提升建筑工程品质的指导意见》（住建部）	2019 年 9 月起
《关于进一步加强城市与建筑风貌管理的通知》（住建部 发改委）	2020 年 4 月 27 日起
《关于加强基础设施建设项目管理，确保工程安全质量的通知》（发改投资规 910 号）	2021 年 7 月 6 日起
《关于加强超高层建筑规划建设管理的通知》（建科〔2021〕76 号）	2021 年 10 月 22 日起

在过去的两到三年里，各城市已有多个规划中的超高层建筑被限制，目前国内在建或已规划的超高层建筑高度不会超过 500m。

1.1.7　小结

250m 以上超高建筑一旦发生火灾，其危险性高，需要在安全疏散和消防设施、消防系统等方面加强，对于设计、审批、建造、运维等各方面管理水平要求高。在项目全过程中，其消防设计及消防风险控制的难点主要体现在，

（1）总平面消防设计策略（尤其是多地块、多栋建筑）；

（2）避难和疏散设计策略；

（3）防排烟设计策略；

（4）竖向与水平防火处理措施；

（5）规范适用性问题。

本章节提供了 8 个 250m 以上超高层建筑案例，消防设计时间从 2007 年到 2021 年且通过了消防设计审查和消防专家论证会，其中前三个 400m 及以上的项目已完工并交付使用。各案例项目进展关键环节的时间节点，当时依据的消防设计规范适用版本，以及消防设计策略中基本消防设计和特殊消防设计的技术点上各有不同，均见随后各案例中的详实介绍。

对于 250m 以上超高层建筑，直接应用现行消防设计规范以解决基本消防设计依然是基础，特殊消防设计提供了解决消防技术难题的途径。

参考文献：

1. CTBUH 网站公开信息

2. 住建部网站公开信息

1.2 平安金融中心（北塔）

悉地国际设计顾问（深圳）有限公司　谢　芳

1.2.1 项目概况

1）基地位置

深圳平安金融中心（北塔）（以下简称北塔）项目位于深圳市福田中心区 01 地块，益田路和福华路交界处西南角。地块西侧隔中心二路与低密度商业购物公园相邻，北侧福华路下方为地铁一号线，南向紧邻益田路和广深港高铁线。用地南北长约 175m，东西长 88～133m，是福田中心区、深圳市乃至华南地区最高天际线所在地（图 1.2-1，图 1.2-2）。

2）项目定位

项目属深圳市政府重大工程项目。北塔定位为国际级甲级办公楼，在满足企业总部自用办公之外，主要目标是满足金融机构、专业性服务公司的服务需求。建成后为一综合性超高层建筑，集办公、办公辅助设施、购物、空中大厅、餐饮及观光大厅于一体，与周边城市交通、周边项目立体连接，空间复合，先后取得 LEED 金奖、英国 BREEAM 以及国家绿色建筑三星级设计认证。

图 1.2-1　平安金融中心（2017 年）

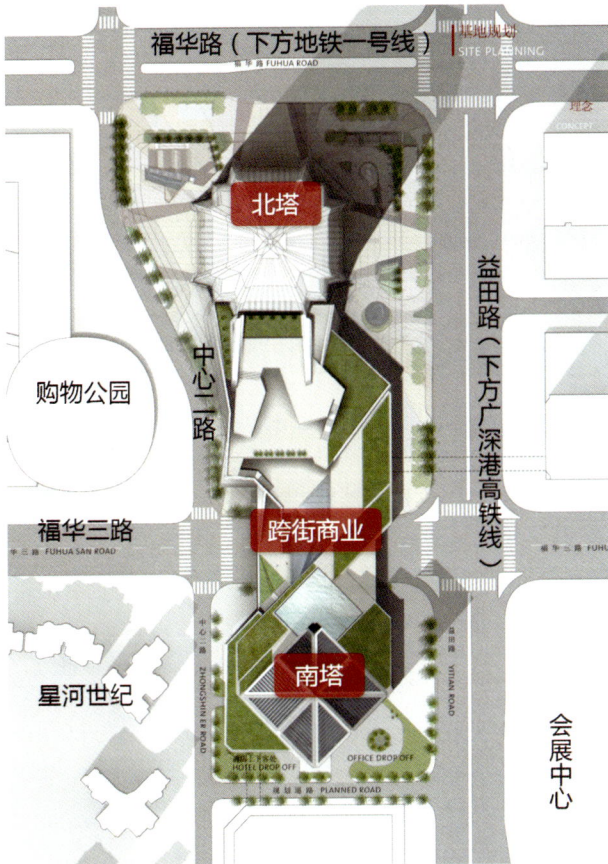

图 1.2-2 项目总平面示意图

3）项目团队（表 1.2-1）

项目团队列表　　　　表 1.2-1

投资方	中国平安人寿保险股份有限公司
建设方	深圳平安金融中心建设有限公司
主要设计顾问	KPF（建筑师）＋TT（结构工程师）＋JRP（机电工程师）＋CCDI（国内设计院）
消防顾问	ARUP 奥雅纳香港分公司
消防复核方	国家消防工程技术研究中心
消防审查方	深圳市公安消防监督管理局建审科（已改编）含随主体同步的装修消防设计
	深圳市福田公安消防分局建审科（已改编）不随主体同步的商铺、办公招租的装修消防设计
工程承包方	中建一局（土建及总包）＋中建三局（机电）
消防验收方	深圳市公安消防监督管理局验收科（已改编）深圳市福田公安消防分局验收科（已改编）
消防救援方	深圳市福田公安分局消防大队
物业管理方	仲量联行

4）工程档案

（1）建筑形态组成

项目由埋深 28.2m、5 层的地下室，高 52m、10 层的附属商业，以及结构顶高 592.5m、115 个自然楼层（含塔楼投影下 10 层）的办公塔楼三部分组成，为一栋建筑。

（2）建筑外观形态

塔楼纵向由从地基拔地而起的八根巨柱支撑，在建筑顶端逐渐缩小形成金字塔状，赋予建筑楼柱的美感，代表深圳这座年轻城市的无限可能。建筑造型采用了符合空气动力学原理的外形，锥形轮廓及异形转角改善了结构性能和防风性能，减少了 35% 的基准风荷载。

（3）塔楼结构形式

7 度抗震设防烈度，设计使用年限 50 年（重要结构受力构件设计使用年限 100 年）。

混合结构体系：巨型柱＋核心筒＋外伸臂桁架＋带状桁架。

（4）主要经济技术指标（表 1.2-2）

主要经济技术指标　　　表 1.2-2

占地面积：18931m²	—
容积率：20.2	覆盖率：＜65%
建筑高度：海拔 600m（限高）	塔楼建筑／结构顶高：592.5m
	塔楼可达最高楼层标高：555.6m
	附属商业高度：52m
总建筑面积：459187m²	办公＋会议：318900m²
	商业：59000m²
	地下停车＋设备机房：111000m² 停车 1200 辆（地下，60% 为机械式停车）

（5）主要竖向功能

项目由办公、商业、酒店会议、观光、停车及设备机房组成（图 1.2-3，表 1.2-3）。

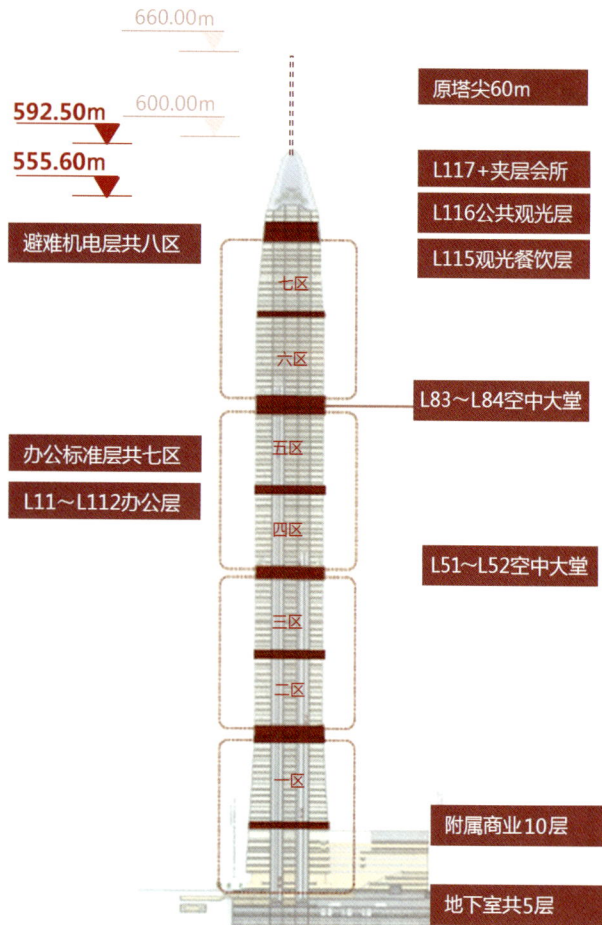

图 1.2-3　项目竖向功能分区示意图

楼层与功能　　　　表 1.2-3

所在楼层	功能用途
L117、L117 夹层	观光餐厅层
L116、L116 夹层	公众开放观光层、局部设备夹层
L115	观光餐厅层
L51~L52、L83~L84	办公空中大堂
L26、L50、L82、L113	设备层
L10、L25、L35、L49、L65、L81、L97、L114	避难层兼设备层
L24、L34、L48、L64、L80、L96、L112	高级办公楼层（交易楼层）
L11~L24、L27~L34、L37~L48、L53~L64、L67~L80、L85~L96、L99~L112	办公标准层（一到七区）
L6~L9（塔楼投影内）	室内冷却塔机房
L4~L5（塔楼投影内）	会议及办公辅助
L1~L3（塔楼投影内）	办公大堂

続表

所在楼层	功能用途
B1~L10（附属商业）	出租车落客区、商业、餐饮、办公大堂、观光大堂
B5~B2（地下室）	地下停车场、卸货区，设备机房区

注：因双层轿厢电梯楼层呼叫按钮编号原因，塔楼缺少 L36、L66 以及 L98 三个自然楼层编号。

1.2.2　项目时间节点

1）项目设计线的时间节点

全楼包含随主体设计同步的办公、观光、商业等多个公共区域以及多个平安集团自用办公区的室内精装设计（表 1.2-4）。

项目设计时间节点　　　　表 1.2-4

时间节点	事项
2008 年 10 月底	项目设计正式启动
2009 年 3 月初~9 月	准备消防设计文件，消防设计专家论证会
2009 年 11 月初	取得《消防设计论证会专家组意见》
2010 年 7 月初	消防设计审查报建
2010 年 9 月中	取得《消防设计审查意见书》
2010 年 11 月底	取得《施工图审查意见书》
2015 年 4 月底	取得多个部位重大设计变更《消防设计审查意见书》
2015 年~2017 年 4 月	取得多个部位室内精装《消防设计审查意见书》

2）项目工程线的时间节点

全楼有近 50% 共 7 个工程标段的室内精装同步主体施工、验收，主体竣工验收后多个商铺、办公招租的室内精装在半年内陆续施工交付（表 1.2-5）。

项目工程时间节点　　　　表 1.2-5

时间节点	事项
2009 年 11 月中	项目正式动工（基坑施工）
2014 年 12 月底	塔楼主体结构封顶
2016 年 11 月底	从 5 月起历时 6 个月消防工程验收
2016 年 12 月底	主体工程及部分室内全面竣工验收
2017 年 1 月初	由福田公安分局消防大队负责救援
2017 年 3 月底	正式投入使用

3）超长项目周期跨越设计规范更新

北塔项目从设计到施工验收长达九年，超长的项目周期至少跨越一次设计规范重大更新执行。

（1）设计中

与消防有关的设计规范更新执行前，都有两到三年的过渡期，在此期间，可针对一些消防技术更新条文探讨适用范围。接近600m的北塔项目本着消防安全第一原则，在过渡期内设计提前对消防技术点进行对照评估，同时在消防审批与验收程序上也提前做好沟通。最后确认下来的消防设计技术点在规范更新前后有呼应，避免适用规范条款的颠覆性。

2010年11月底完成施工图消防设计审查后，2013~2015年间全楼物业管理需求检视后提出了多处重大设计变更，均在2015年5月1日《建筑设计防火规范》执行前完成了重大设计变更的消防审查。

（2）施工中

2015年5月1日之后，施工中出现的设计变更，包括稍后于主体设计的室内装修，均提前排查该变更是否会导致需要重新消防送审，以保证即便有设计变更，也可保持消防设计审查与验收程序中执行规范的稳定性。

（3）验收中

在消防验收前，向深圳市公安消防监督管理局申请，解释说明历次消防设计审查备案图纸和沿用适用规范情况，同意全楼按2010~2015年1月底各《消防设计审查意见书》及《高层民用建筑设计防火规范》GB 50045—95（2005年版）（简称《高规》，已废止）执行，完成消防验收，保证设计、审查、施工到验收时全楼适用规范的一致性。

（4）运营中

招商租赁中难免存在局部调整装修；如突破原消防设计范围，则按现行消防设计规范执行，这使得调整修改突破原消防设计范围的难度大、余地小。目前大楼在招商运营中尚未出现重大调整。

1.2.3　消防设计策略

1）消防设计依据和条件

（1）消防设计主要依据（表1.2-6）

消防设计主要依据　　　　表1.2-6

截至2010年10月报送消防审查时的适用规范	
《高层民用建筑设计防火规范》GB 50045—95（2005年版）（以下简称《高规》）	已废止，2015年更新
《建筑设计防火规范》GB 50016—2006（以下简称《建规》）	已废止，2015年更新
《汽车库、修车库、停车场设计防火规范》GB 50067—97	已废止，2014年更新
《人民防空工程设计防火规范》GB 50098—2009	适用中
《建筑内部装修设计防火规范》GB 50222—95	已废止，2015年更新
《自动喷水灭火系统设计规范》GB 50084—2001（2005年版）	已废止，2017年更新
《固定消防炮灭火系统设计规范》GB 50338—2003	适用中
《气体灭火系统设计规范》GB 50370—2005	适用中
《火灾自动报警系统设计规范》GB 50116—98	已废止，2013年更新

（2）深圳市城市消防救援设施

2009年设计时，明确按30t消防救援车以及50m云梯考虑消防车道及登高操作场地。

（3）建筑分类和耐火等级

整体为一栋250m以上的一类综合性高层公共建筑，地下一类汽车库，耐火等级均为一级。

（4）消防设计主要内容

总平面消防、防火/防烟分区和避难区划分方案、烟气控制方案、人员疏散策略、电梯辅助疏散策略、消防机电系统以及消防安全加强措施等。

（5）基本消防设计

遵照当时的消防设计规范和技术标准解决大量的常规性消防问题。

（6）特殊消防设计

当时以结合消防性能优化设计方法、专家论证会意见以及市消防局审批意见、城市消防救援能力等，共同解决超出国家消防设计规范和技术标准规定的等非常规性消防问题。

（7）整体方案对消防设计的影响

① 塔顶未设直升机停机坪或救援平台：当时《高规》规定，超高层建筑宜设直升机停机坪。塔顶是一个超高层建筑非常重要的形象点。经与深圳市公安消防监督管理局确认，项目未设直升机停机坪或救援平台，维持项目概念方案中收缩的塔尖形象（代表积极向上）（图1.2-4）。

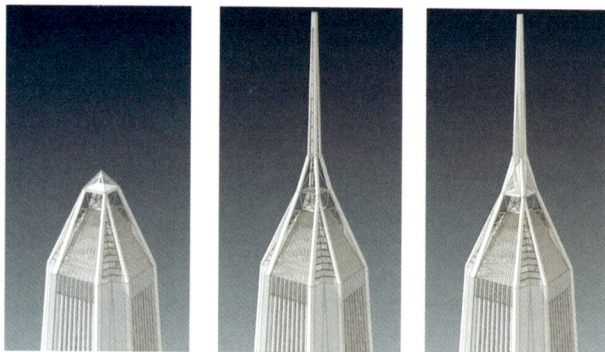

图1.2-4　2013年塔冠及桅杆修改设计（航空限高要求）

自2018年开始，各城市消防设计审查要求250m以上超高层建筑塔顶至少设置直升机救援平台。

② 外幕墙整体不开启：项目在设计中经幕墙、节能专家论证会，全楼外幕墙均不设开启扇。全楼全靠新风换气、机械排烟及补风。按当时规范，全楼未设消防救援窗（图1.2-5）。

在2015年《建筑设计防火规范》（以下简称《建规》）执行后，所有高层、超高建筑在登高操作面外墙上需要设置救援窗。

2）基本消防设计主要内容

（1）总平面

① 消防车道：基地内65%的覆盖率和超20.0的容积率，使得项目不得不借助周边城市道路，设置环形消防车道（宽4.0m，转弯半径12m），经过广场的消防车道和登高面操作场地坡度小于2%。

图1.2-5　塔楼外幕墙细部

② 登高操作场地：塔楼登高场地位于基地东侧，对应塔楼各层避难区域；附属商业登高场地位于基地西侧。登高场地与建筑之间距离大于5m，宽度大于6m。登高场地长度大于相应建筑1/4周长且大于一个长边，并在此范围内设有到达室外场地的出入口（图1.2-6）。

③ 防火间距：北塔与基地外周边建筑防火间距均大于13m。

总平面消防设计遵循了当时《高规》规定。

现在250m以上超高建筑总平面消防设计需遵循《建规》和《建筑高度大于250米民用建筑防火设计加强性技术要求》的相关规定。

（2）地下室

共5层，主要功能包括办公大堂、观光大堂、商业、出租车落客、停车和设备机房区域。

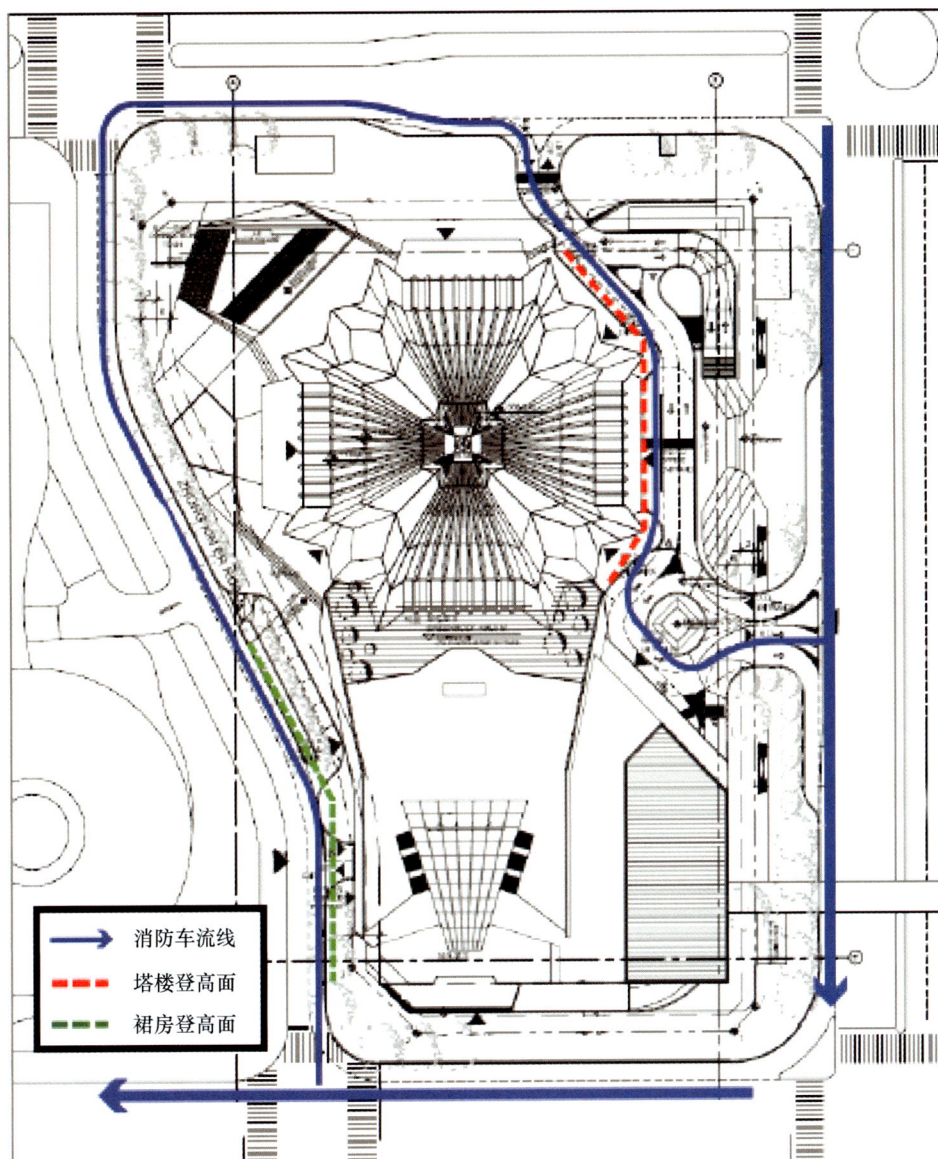

图 1.2-6 消防车道及登高操作面示意图

① 防火分区划分（表 1.2-7）

防火分区划分　　　　　表 1. 2-7

所在楼层	防火分区面积划分		防火分区
B1	商业含观光，共 8500m²	<2000m²	5 个
	办公大堂，约 2000m²	<2000m²	1 个
	出租车落客区，约 2000m²	<4000m²	1 个
	双层自行车库，约 1000m²	<1000m²	1 个
	设备机房区	<1000m²	多个
B5～B2	普通车库区	<4000m²	多个
	机械车库区	<2600m²	多个
	小型设备机房	<1000m²	多个
	水泵、制冷、冰蓄冷等机房	>1000m²	独立划分

② 安全出口设置：车库区域每个防火分区内设有两个以上直接出入口，机房区域每个防火分区至少设置一个独立出入口、一个与相邻分区连通的出入口。商业、办公区域每个防火分区有两个以上直接疏散口，其中北侧部分防火分区向下沉广场设置疏散口。

③ 消防电梯：共设 3 部（塔楼投影外区域，与附属商业区域共用）（表 1.2-8）。

消防电梯简况　　　　　表 1. 2-8

部位	消防电梯编号	服务层数	运行所需时间
附属商业	RF1-1/RF1-2/RF2-1	B5～L8	60s 内

④ 疏散楼梯：均为防烟楼梯间，疏散净宽均大于1.2m。相邻防火分区共用疏散楼梯时前室设甲级防火门。

地下室消防设计遵循当时《高规》和《汽车库、修车库、停车场消防设计规范》GB 50067—97规定。

（3）附属商业

共10层，建筑高度52m，一类高层。按《高规》，附楼划分包含了塔楼投影内区域建筑功能，包括商业及餐饮、办公大堂、会议及办公辅助、冷却塔机房等。

地上商业及餐饮区域与塔楼投影内的办公大堂、会议辅助以及冷却塔机房区域各层采用防火墙分隔，仅在与办公大堂连通口处采用耐火极限3.00h的垂直防火卷帘（宽度≤6m、高度≤9m）加防护冷却水幕系统分隔（图1.2-7）。

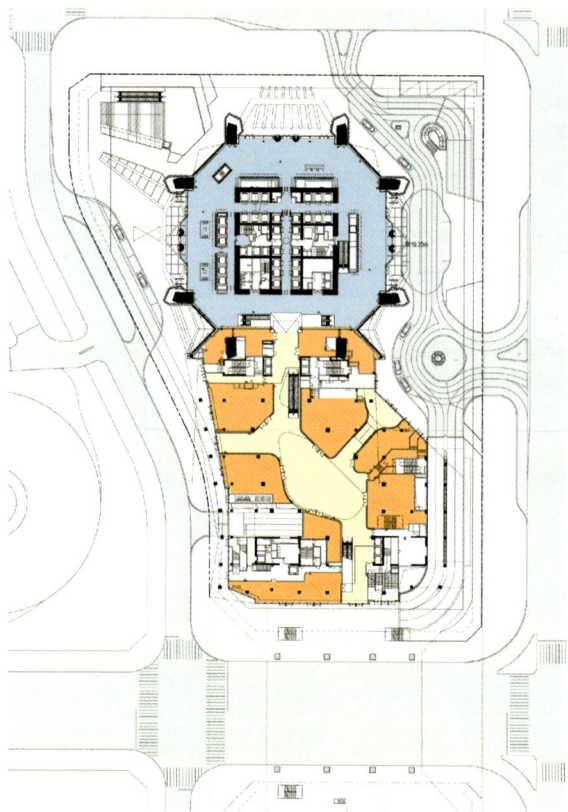

图1.2-7 首层平面示意图

塔楼投影外的商业及餐饮区域

靠商业外墙设燃气竖向管道及调压阀。

① 商业模式：采用中庭＋后勤走道的疏散模式。中部为1~2层通高及3~9层通高的两个中庭，沿中庭通廊布置店铺，店铺后侧均设置安全疏散走道，中庭及各走道连接疏散楼梯间。

② 商业总疏散人数：约2万人。

③ 防火分区划分：商业区域按小于4000m²划分防火分区，中庭区域独立划分为一个防火分区。

④ 安全出口设置：每分区设置不少于两个直接疏散口。

⑤ 消防电梯：共设3部（塔楼投影外区域，与地下室共用）。

⑥ 疏散楼梯：均为防烟楼梯间，共设5部4m剪刀形式楼梯和1部2.8m一层至三层楼梯，且在一层直接对外。相邻防火分区共用疏散楼梯时前室设甲级防火门。

塔楼投影内的办公大堂、会议及办公辅助、冷却塔机房区域

此区域不得设置燃气管道。

① 防火分区划分：

办公大堂区域，一至三层中庭通高，办公大堂按小于4000m²划分为一个防火分区。其中二、三层核心筒外周围走道计入办公大堂防火分区面积。与大堂中庭相通的走道、房间均设有甲级防火门或耐火极限3.00h的防火卷帘。南向与商业相邻的连通口处、与地下办公大堂扶梯开口部位，采用耐火极限3.00h的垂直防火卷帘（宽≤6m、高≤9m）加防护冷却水幕系统保护，其他相连处采用防火墙。

会议办公辅助区域位于四至五层，与相邻商业区域采用防火墙隔开。本区按小于2000m²划分防火分区。

冷却塔机房区域位于六至九层，通高为独立机房区域，与相邻商业区域采用防火墙隔开。本区面积大于2000m²按一个防火分区划分。

② 安全出口设置：每分区设置不少于两个以上直接疏散口。

③ 消防电梯：共设2部（塔楼投影内区域）。

④ 疏散楼梯：均向核心筒内三部防烟楼梯间直接疏散。核心筒内疏散楼梯及消防电梯在一层距室外出入口小于30m的距离。

附属商业中除办公大堂以外的消防设计遵循《高规》规定。

（4）办公塔楼

十一层至一一七层共由 7 个办公区，1 个塔顶观光区（商业），8 个避难设备层以及 4 个独立的设备层组成。

① 避难层设置：按当时《高规》设置，共设有 8 个避难层。

② 人员密度取值：办公人员密度按建筑面积取值为 12m²/ 人，最大标准层需疏散人数为 228～324 人。塔顶观光区各层按最大额定人数计算疏散，不同防火分区的最大额定疏散人数 370～490 人不等。

③ 塔楼总疏散人数：约 2 万人。

④ 防火分区划分：按塔楼竖向分为不同的功能区域：7 个办公区、1 个塔顶观光区和 8 个避难设备层和 4 个设备层区。

7 个办公区

根据建筑面积不同，7 个办公区标准层的防火分区划分情况如表 1.2-9：

办公区防火分区划分　　表 1. 2-9

办公区域	层数	标准层最大建筑面积	标准层最大使用面积	防火分区
七	L100～L112	2732m²	1980.1m²	1 个
六	L85～L96	2975m²	1999.3m²	1 个
五	L67～L80	3030m²	1994.7m²	1 个
四	L53～L64	3073m²	1999.7m²	1 个
三	L37～L48	3135m²	1999.8m²	1 个
二	L27～L34	3172m²	1998.2m²	1 个
一	L11～L24	3881m²	2807.0m²	2 个

办公一区标准层按使用面积不大于 2000m² 划分为两个防火分区，分区之间设耐火极限 3.00h 的双层钢制侧向防火卷帘加防护冷却水幕系统保护。核心筒外侧周边所有走道、房间、楼梯等均设甲级防火门，进行加强保护（图 1.2-8）。

办公二区至七区标准层整层按一个防火分区划分，其中核心筒外侧办公使用面积小于 2000m²，核心筒外侧周边所有走道、房间、楼梯等均设甲级防火门，进行加强保护。

塔楼办公标准层防火分区划分需进行特殊消防设计。

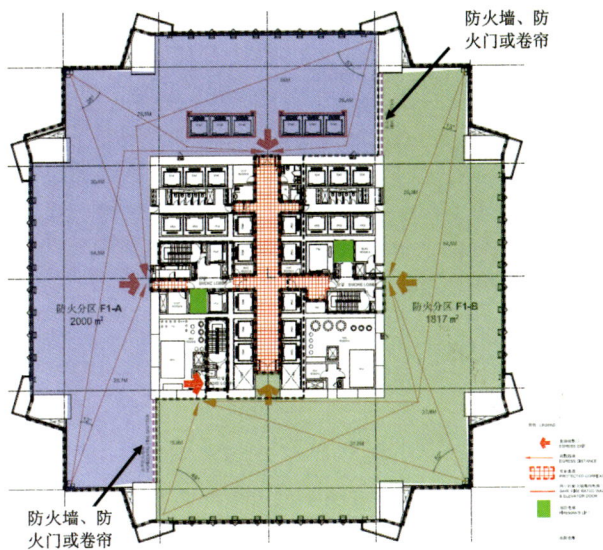

图 1.2-8　塔楼办公一区两个防火分区示意图

1 个塔顶观光区

一一五层为观光餐厅层，一一六层为公众开放的观光层，一一七层及夹层为企业会所餐厅，使用性质为餐饮，依据商业功能划分防火分区和疏散方式（表 1.2-10，图 1.2-9～图 1.2-12）。

塔顶观光区防火分区　　表 1. 2-10

所在楼层	建筑面积	防火分区	最大额定疏散人数
L117 及夹层观光餐厅层	2035m²	1 个	370 人
L116 观光层	1456m²	1 个	490 人
L115 观光餐厅层	1693m²	1 个	490 人

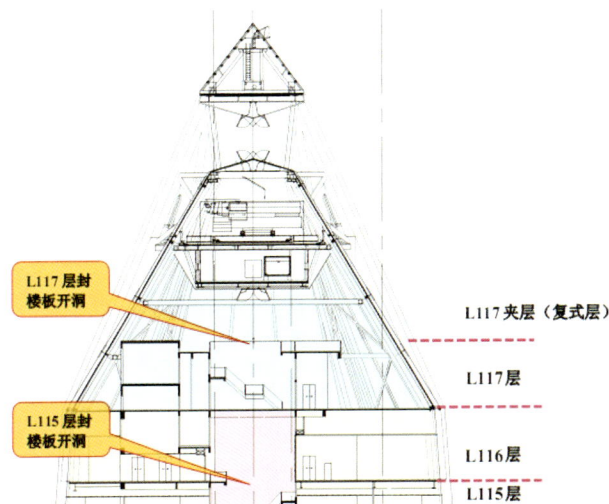

图 1.2-9　塔楼观光区剖面示意图

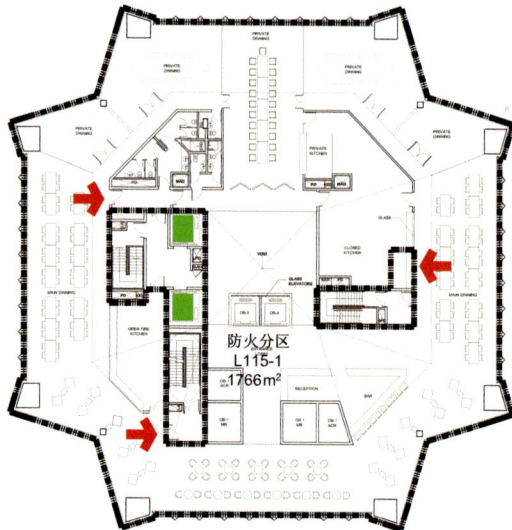

图 1.2-10 塔楼一一七层会所餐厅及夹层一个防火分区示意图

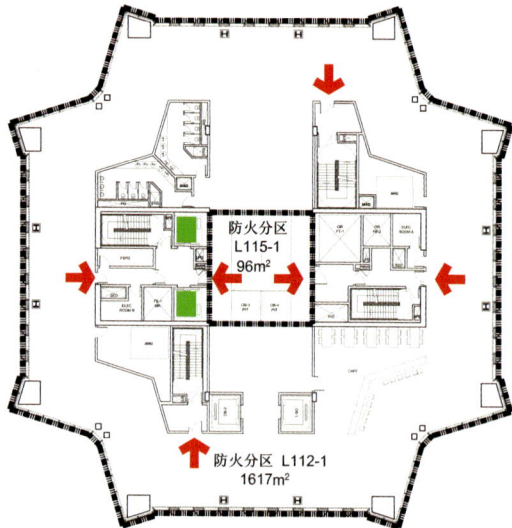

图 1.2-11 塔楼一一六层观光层一个防火分区示意图

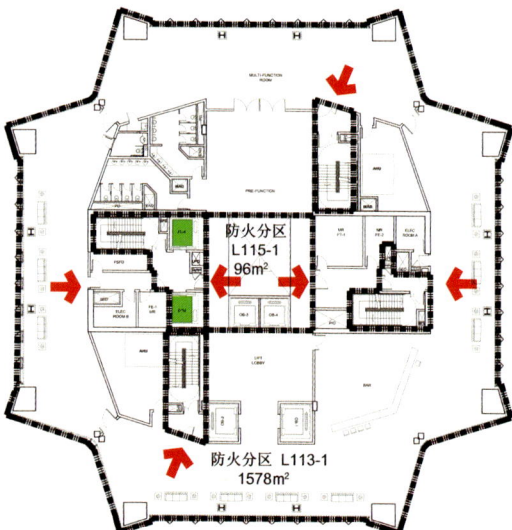

图 1.2-12 塔楼一一五层观光餐饮层疏散示意图

塔顶观光区人员疏散方式需进行特殊消防设计。

8个避难设备层与4个设备层区

共设8个避难设备层。避难区域与机房区域各自集中布置、独立分区，采用防火墙隔开。避难区域与疏散楼梯间前室直接相连。机房区域以疏散走道与避难区相连，其中局部开向避难区域的机房门设防烟前室。机房区域按小于2000㎡设立防火分区，各分区设有不少于一个独立疏散口。

其中4个相邻避难设备层上方设独立的设备层，分别位于二十六、五十、八十二层，各层高8m，一一三层高6m。机房区域按小于2000㎡设立防火分区，各分区设有不少于一个独立疏散口，一个开向相邻分区的疏散口（图1.2-13，图1.2-14）。

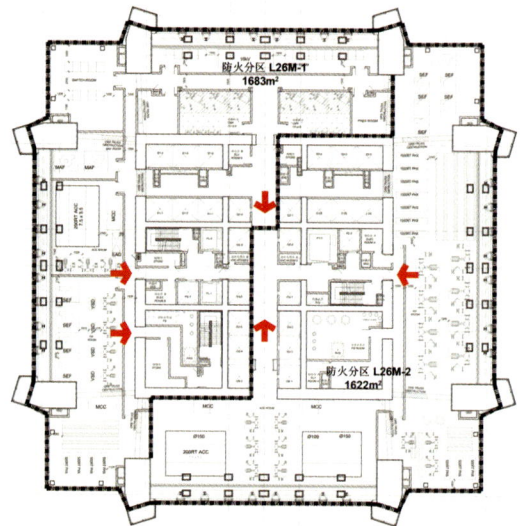

图 1.2-13 塔楼二十六层设备层防火分区示意图

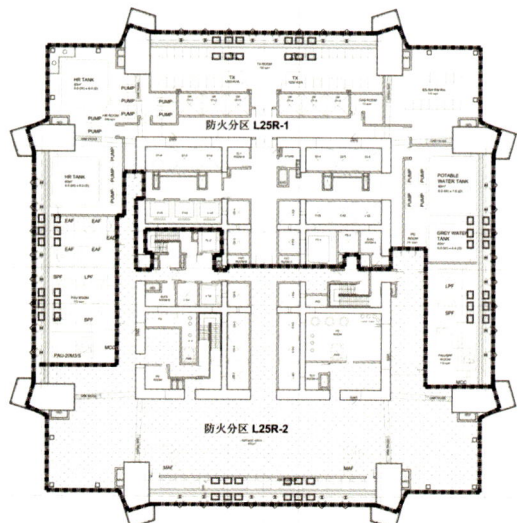

图 1.2-14 塔楼二十五层避难设备层防火分区示意图

避难设备层与独立设备层的消防设计遵循了《高规》规定。

⑤ 安全出口与人员疏散：所有疏散的防烟楼梯间均在避难区域进行转换，人员必须经由避难区域后下行。

第 1 个避难层第十层到最上的第八个避难层——四层之间共设 3 个疏散楼梯间，每个疏散楼梯间净宽 1.2m，全部置于核心筒内，且与第一个避难层下方疏散楼梯间均投影在同一位置。其中办公一区两个防火分区各有两个直接疏散楼梯口，办公二至七区每个防火分区有 3 个疏散楼梯口。

第 8 个避难层——四层上方塔顶观光区、——五层观光餐饮层、——六层观光层共设 4 个疏散楼梯间，总宽 4.9m，其中一部 1.3m 楼梯至——四避难设备层。——七层及夹层共设 3 部楼梯，总宽 3.7m，其中一部 1.3m 楼梯至——四层避难设备层。

⑥ 消防电梯：塔楼核心筒内共设有两部消防电梯，分属不同的合用前室（表 1.2-11；图 1.2-15，图 1.2-16）。

消防电梯概况 表 1.2-11

部位	消防电梯编号	服务层数	运行所需时间
办公塔楼	FE-1/FE-2，2 部	B2 ～ L114	约 60s（由首层至 L114）
	FL-3/FL-4，2 部	L114 ～ L117	约 17s

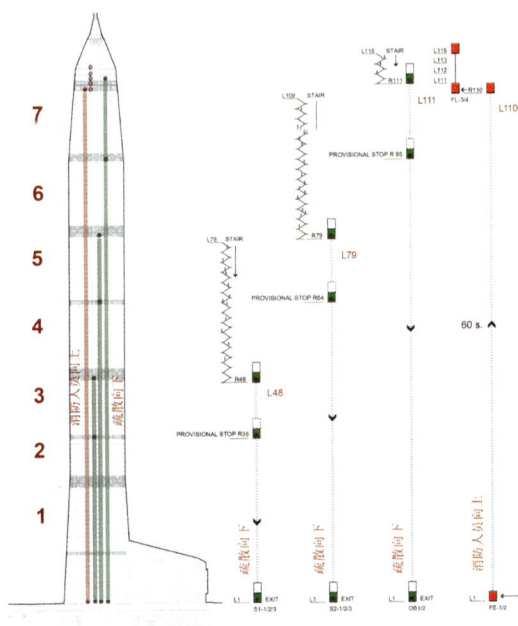

图 1.2-15 塔楼消防电梯及辅助疏散电梯剖面示意图

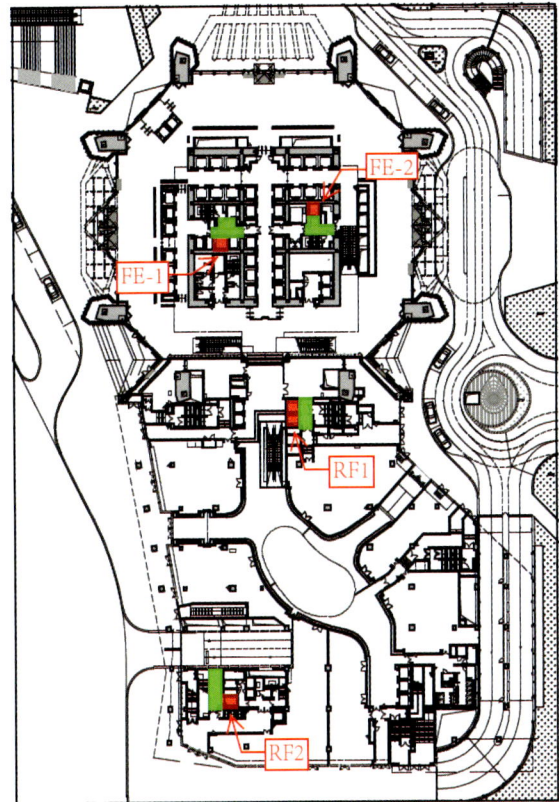

图 1.2-16 首层平面消防电梯设置平面示意图

（5）消防控制室和微型消防站

设消防总控室和分控室。消防总控室位于地下一层西侧，相邻疏散楼梯直通地面，建筑面积共计约 150m²。消防分控室设置在塔楼八十二层避难设备层，建筑面积约 30m²。所有监控及报警点位全部汇集至消防总控室工作台，由工作台进行操作查询及复位。

作为消防重点单位设微型消防站，消防站控制台接收消防报警信号并纳入福田区消防救援体系。

（6）建筑构造及室内装修材料

需要控制全楼各部位，以下是几处重点部位。

① 钢结构防火：按构件类型和设置部位选择不同耐火极限时间（表 1.2-12）。

构件类型与耐火极限 表 1.2-12

构件类型	耐火极限 /h	涂料类型
巨型柱、钢柱、钢骨柱	3.00	非膨胀型防火涂料
带状桁架、伸臂桁架	3.00	非膨胀型防火涂料
V 型支撑、巨型支撑	3.00	非膨胀型防火涂料
屋顶支撑钢桁架	2.00	非膨胀型防火涂料
钢梁、楼面水平钢支撑	1.50	膨胀型防火涂料

续表

构件类型		耐火极限/h	涂料类型
疏散 钢楼梯	钢梁柱	3.00	非膨胀型防火涂料
	钢梯梁	2.00	非膨胀型防火涂料
	钢梯板	1.50	膨胀型防火涂料

②竖向、水平的防火封堵：超高层建筑火灾蔓延速度快，如贯通多层的竖向管井道、贯穿防火墙体的水平管线处、外幕墙层间处均为火势易于蔓延

处。全楼各部位的防火封堵到位，阻隔火星及烟气蔓延非常重要，需要重点关注（表1.2-13）。

防火封堵部位与方法　　表1.2-13

封堵部位	封堵方法
外幕墙层间封堵	防火棉封堵+镀锌板包裹
巨柱空腔竖向封堵	3.00h耐火极限石膏板封堵
设备管井水平封堵	无机堵料+阻火包+防火泥封堵

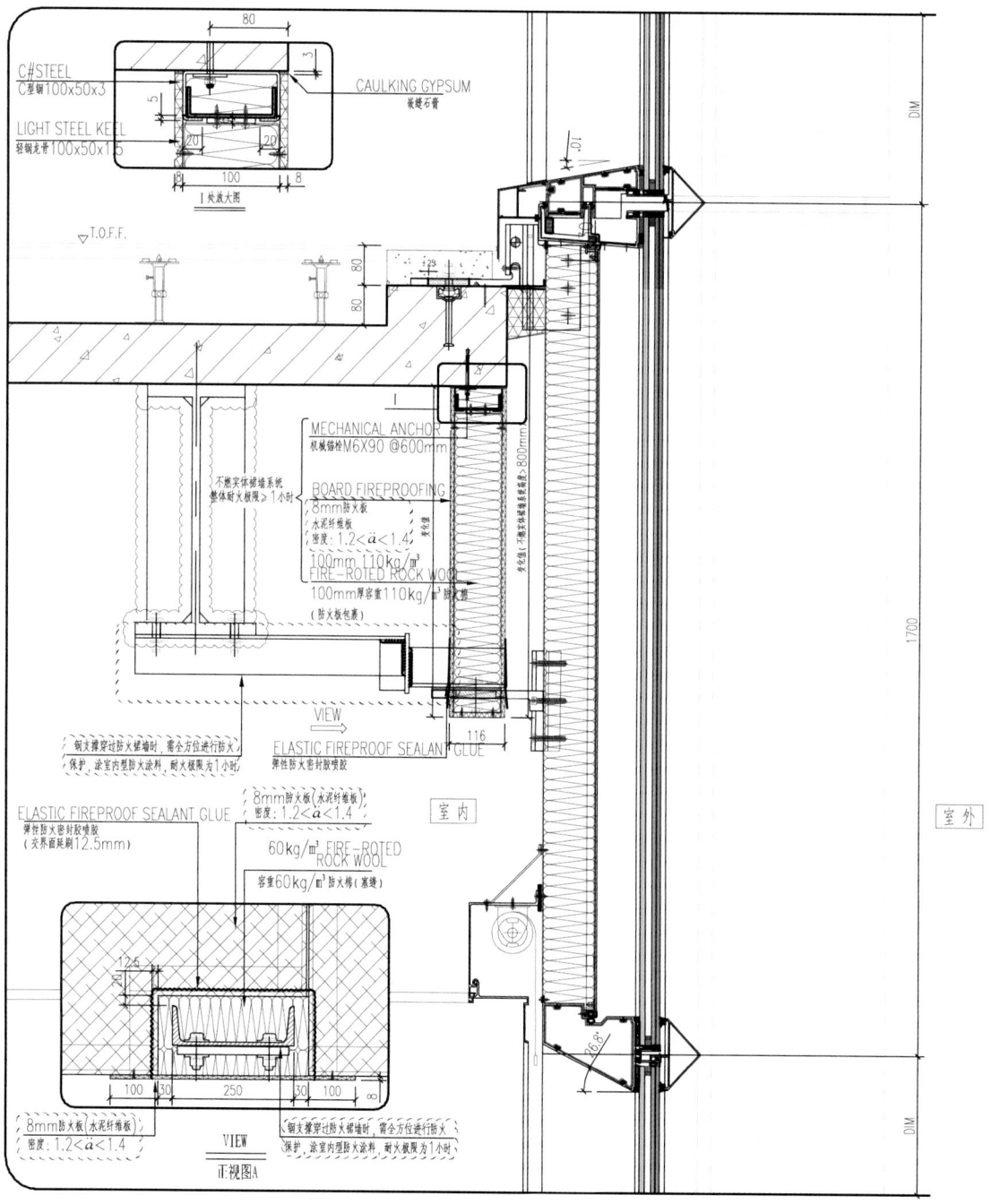

图 1.2-17　塔楼外幕墙层间防火分隔构造

③ 外幕墙层间防火分隔：受主体框架钢梁与组合楼板影响，幕墙与主体楼板间的水平封堵，采用防火棉封堵＋镀锌板包裹，耐火极限大于等于1.50h；幕墙与主体楼板层间实体防火分隔，采用主体楼板下挂竖向防火墙裙，防火棉＋防火板包裹，作为整体构件耐火极限大于等于1.00h，高度大于等于800mm。现场安装前提供该防火墙裙整体构件的检验报告，属深圳市250m以上超高层建筑外幕墙层间防火分隔构造首例。

按当时规范要求，塔楼外幕墙与主体楼板层间防火分隔未设置上返600mm的实体墙体（图1.2-17）。

④ 穿越避难区机电管线防火处理：设计中尽量将避难设备层机电管线特别是与避难区无关的管线移出避难区，少数无法移出的机电管线穿越避难区需做防火处理。穿越避难区的机电管线按消防、平时两种使用状态，分别采用不同耐火极限时间的防火密封材料封堵或包裹（图1.2-18）。

⑤ 室内装修材料：严格遵循设计规范，大楼内所有室内装修全部采用 B_1 级及以上燃烧性能的装修材料，包括电缆线及桥架在内。严格控制室内易燃物，办公大堂、空中大堂，以及塔顶观光各层公共空间，以石材、金属等不燃或难燃材料为主，不能出现易燃物品（图1.2-19～图1.2-21）。

修改原因：设计优化。

修改内容：设计优化，取消原施工图设计中塔楼部分标准层二~七区(楼层见下方说明)亚安全区域/前室(区域示意见第2页)上方吊顶防火板。由于采用防火吊顶后不能满足净高要求，故取消吊顶防火板，对穿过该区域与消防有关的机电管线进行防火处理，具体做法如下：

暖通专业：防火处理措施：

　　1）消防排烟风管、加压送风管外包防火保护板，保护板参数如下：

　　　　成分：纤维增强硅酸盐。

　　　　导热系数：0.0846W/(m²·k)　密度：1.16g/cm³　厚度：12mm

　　　　燃烧性：A级不燃性能　耐火极限：2小时

　　2）空调风管、空调水管保温：将原B级的橡塑保温材料改为A1级的离心玻璃棉保温，参数如下：

　　　　材质：不燃离心玻璃棉。

　　　　导热系数：0.0032 W/(m²·k)　密度：32kg/m³　厚度：30mm

　　　　燃烧性：A1级不燃性能

弱电（智能化）专业：防火处理措施：

　　火灾自动报警系统设置有漏电火灾报警和光纤感温报警两套与电气火灾直接相关的子系统。在亚安全区域/前室内线缆采用线管预埋暗敷的方式，且保护层厚度不小于30mm，存在线缆明敷设的情况时敷设方式为穿镀锌电线管在镀锌线槽内敷设，线管和线槽外刷防火涂料。火灾自动报警和公共及应急广播系统采用耐火或阻燃线缆。

强电专业：对电缆及桥架进行优化设计，已将地下室及塔楼大部分楼层消防管线移出亚安全区域/前室，只余B5、B4、L38、L87层亚安全区域/前室上方消防管线需要进行防火处理，具体措施：

　　1）穿越亚安全区域/前室的配electric回路设置漏电火灾装置，漏电电流值达到300mA时在监控中心主机显示报警。此漏电火灾报警系统独立于主体大楼的漏电火灾报警系统，以示重点对待。

　　2）B5、B4层桥架敷设改为每个回路独立穿管敷设，采用镀锌钢管外刷防火涂料。

　　3）38、87层因38ATDT1,38ATDT4,87ATDT4,87DTAT5,87ATDT6五台电梯电源回路的电缆无法避开。此部分电缆改为A类耐火电缆WDZA-YJ(F)E，桥架外刷防火漆。

　　说明：上述塔楼标准层二~七区分别指：L27～L34层，L37～L48层，L51～L64层，L67～L80层，L83～L96层，L99～L112层。

图1.2-18　避难区设备机电管线防火处理

使用部位	材料名称	规格	装修材料燃烧性能等级
自用办公区核心筒墙面、门等	胡桃木饰面	详见图纸	B_1
自用办公区会议层墙面、门等	核桃木饰面	详见图纸	B_1
自用办公区茶水间柜子	白色烤漆饰面	详见图纸	B_1
自用办公区经理室墙面等	墙纸	详见图纸	B_1
自用办公区开敞办公区、经理室、会议室等地面	地毯	500mm×500mm	B_1
自用办公区过道立面等地面	墙布	详见图纸	B_1
L64办公区办公配套区等地面	硬地毯	500mm×500mm	B_1
L64办公区会议室等地面	软地毯	500mm×500mm	B_1
L64办公区pre show墙面	乳白色压克力	5mm厚	B_1
L64办公区办公配套区墙面	木饰面	详见图纸	B_1
L64办公区办公配套区地面	胶地席	详见图纸	B_1
L64办公区办公配套区、员工办公区墙面	墙纸	详见图纸	B_1
裙房商业公共区拦河及电梯轿厢扶手	天然木	详见图纸	B_1

图1.2-19　室内装修材料燃烧性能等级清单

图1.2-20 塔顶——七层夹层企业会所餐饮室内空间

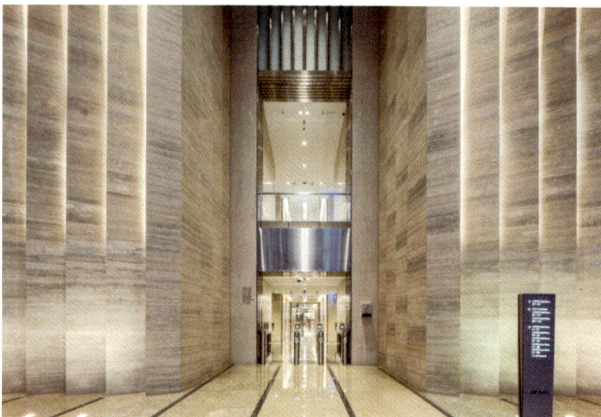

图1.2-21 塔楼首层办公大堂室内空间

1.2.4 特殊消防设计

1）特殊消防设计程序

250m以上超高层建筑消防设计必须采用消防设计专家论证会方式，并通过当地消防设计审查。

（1）消防设计文件

① 消防性能化设计报告（2010年）

② 消防性能化设计复核报告（2010年）

③ 消防性能化设计变更报告（2015年）

④ 疏散计算书（含重大设计变更）

⑤ 消防设计专篇及设计图纸（含重大设计变更）

（2）消防设计审查和专家论证会

借鉴国内外项目实施案例，加上特殊消防设计技术资料，将项目中围绕消防安全采取的特殊消防设计内容，向消防设计审查、验收主管部门提出申请，直到通过专家论证会以及审查。

2009年9月通过消防设计专家论证会，专家组意见主要包含"楼梯间隔墙耐火时间3.00h、辅助疏散电梯应按消防电梯有关要求设计、采取有效措施控制观光区额定人数"等6条，此外还提出"该建筑的产权、管理及使用单位应严格对建筑消防设施进行维护管理，确保其完好有效，并制定周密的灭火救援预案，加强大楼员工消防安全培训及灭火演练"，这条意见通过制定《消防安全管理手册》，在验收中检验，未来在物业管理中落实。

（3）后续验证

在消防验收阶段，通过消防设计专家论证会和审查的《消防设计文件》（含特殊消防设计技术资料文件）、《消防设计论证会专家组意见》、《消防设计审查意见书》均将作为消防验收的依据性文件，需逐一认真对待落实在设计图纸和施工现场，才能通过消防验收。

2）特殊消防设计主要内容

（1）办公人员密度取值

当时《办公建筑设计规范》JG 67—2006规定人员密度按使用面积取值（3.5m^2/人），与项目定位为国际甲级办公楼的金融总部形象不匹配，也将带来消防疏散最大人员数、电梯运力计算等一系列难题。

参考国内外同类金融办公建筑，经消防设计专家论证会确认，最后办公人员密度取值按建筑面积12m^2/人进行人员疏散计算。

（2）消防电梯转换安全性分析

当时《高规》规定，消防电梯需层层停靠且从首层到顶层在60s内运行。

① 地上运行：塔楼核心筒内消防电梯地上运行接近560m，电梯速度在技术和人体舒适性方面面临挑战，再加上10m/s高速电梯所需冲顶高度和机房空间，使得建筑塔顶形态不完整。消防电梯转换在保证达到安全走道加强措施要求下可以转换（图1.2-22）。

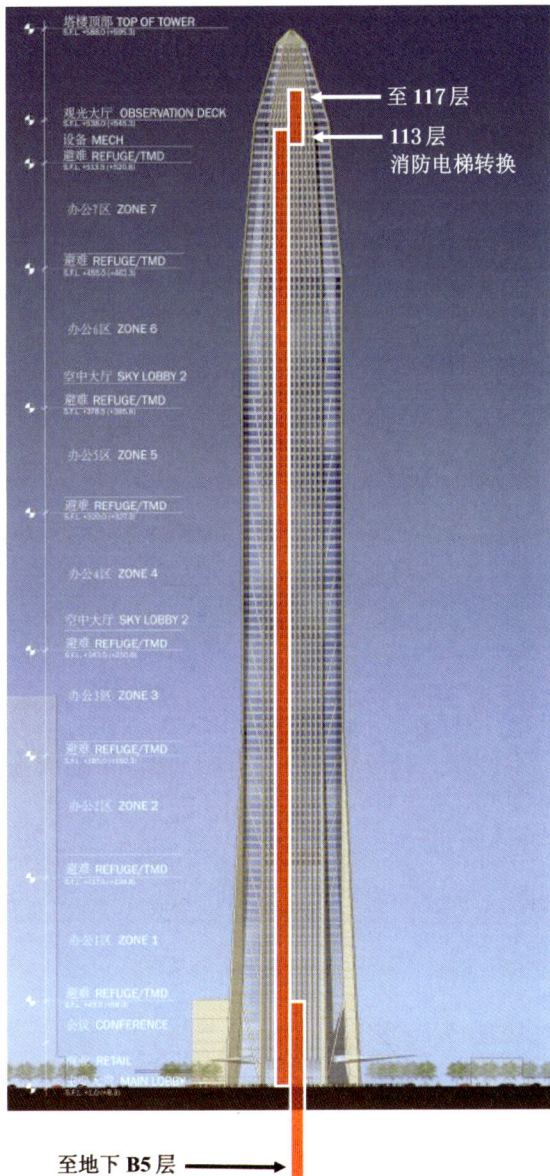

图 1.2-22　塔楼消防电梯设置竖向示意图

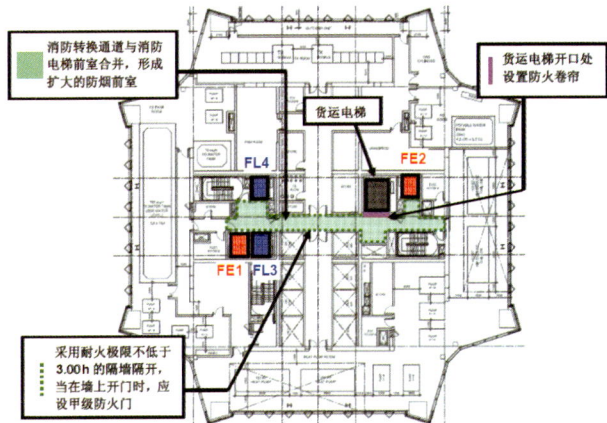

图 1.2-23　塔楼一一三层设备层消防电梯转换
安全走道示意图

（3）电梯辅助疏散消防安全性分析

利用核心筒内设置的三组共9部快速穿梭电梯进行辅助疏散（表 1.2-14）。

穿梭电梯辅助疏散　　　　　表 1. 2-14

部位	编号	数量	服务楼层
办公塔楼	S1-1、S1-2、S1-3 办公穿梭梯一组	共 3 台	L1、R49 避难层
	S2-1、S2-2、S2-3 办公穿梭梯二组	共 3 台	L1、R81 避难层
	OB-1、OB-2、OB-3 塔顶观光穿梭梯	共 3 台	L1、R97 避难层

① 设定火灾场景：火灾分析模拟中共采用了5处火灾场景（表 1.2-15）。

火灾场景模拟分析　　　　　表 1. 2-15

疏散场景	模拟范围	疏散楼层	目的
1	观光层	L115～L117	评估排烟系统有效性
2	办公层（疏散着火楼及相邻上下层）	办公 2 区 3 个标准层	评估扩大防火分区可行性
3	附属商业	L1～L10	评估排烟系统有效性
4	仅用楼梯疏散	整座塔楼	评估电梯辅助疏散有效性
5	辅以电梯疏散	整座塔楼	

② 设定疏散场景：塔楼计入疏散的人员总数 2.4 万人（含塔楼投影内一层～十层），采用 STEPS 对两种疏散场景进行模拟。

对比塔楼某一个楼层，采取辅助穿梭电梯疏散

② 地下运行：塔楼核心筒内消防电梯穿过全部地下室楼层后所需的缓冲空间和消防集水坑空间，局部基坑深度将达到 45m 以上，给结构设计和施工带来难度。结合地下室整体平面防火分区划分和另设消防电梯，塔楼核心筒内消防电梯不直接停靠地下室所有楼层，避免出现过深的基坑。

③ 转换楼层：塔楼内设置的两台消防电梯在一一三层机电层转换（图 1.2-23），连接两组消防电梯的前室受独立防火保护，安全走道采用 3.00h 耐火极限的隔墙。塔楼一一四层避难层和观光区一一五～一一七层利用消防电梯转换后的 2 部消防电梯。

效率将提升 14.4%～22.2%。与只用楼梯疏散相比，辅助穿梭电梯疏散时疏散人员将不需行走大量的阶梯，减少行走疏散受伤的概率，降低楼梯间拥挤程度，也可缓减人员疏散时的紧张心理。

人员只需在具备耐火性能的避难层等候辅助穿梭电梯疏散（表 1.2-16，图 1.2-24）。

疏散情况比较　　　　　　表 1.2-16

疏散场景	疏散时间	缩短的疏散时间	提升的效率	备注
1	2 小时 16 分钟	—	—	仅用楼梯疏散
2	2 小时 1 分钟	15 分钟	14.4%	辅以电梯疏散
3	1 小时 36 分钟	40 分钟	—	全部功效最优

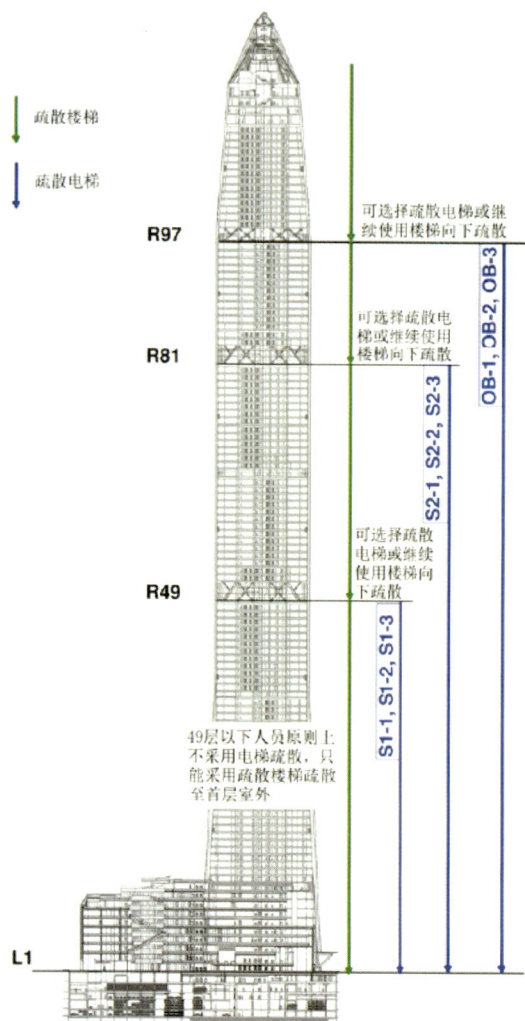

图 1.2-24　塔楼辅助电梯疏散模式示意图

③ 对不同部位构件耐火极限时间的影响：结合以上场景分析，塔楼总的人员疏散时间，除防

火墙、承重墙体外的楼梯间及前室隔墙需要大于 2.00h 的耐火极限时间，设计采用 3.00h 耐火极限时间。主体结构楼板设计全部采用 2.00h 耐火极限时间，均高于当时规范要求。

（4）塔楼局部办公标准层防火分区面积扩大

当时《高规》规定，当设有自动喷淋灭火系统时，一类办公建筑每个防火分区面积不大于 2000m²。

当时在建的 250m 以上超高层建筑办公标准层面积大多数超过 2000m²，参考上海市地方消防部门，先行在核心筒消防设计加强保护情况下放宽办公标准层防火分区建筑面积可以达到 2500m²。

办公二～七区标准层的使用面积（扣除核心筒、巨柱及柱边挑空）均不大于 2000m²，整层划分为一个防火分区。

（5）塔楼办公标准层排烟设计

办公标准层按 500m² 划分防烟分区。在外幕墙完全封闭状态下的机械防排烟系统，排烟在规范标准值上增加 50%，并增设机械补风系统，以加强办公标准层的消防安全水平，确保办公人员的安全（图 1.2-25）。

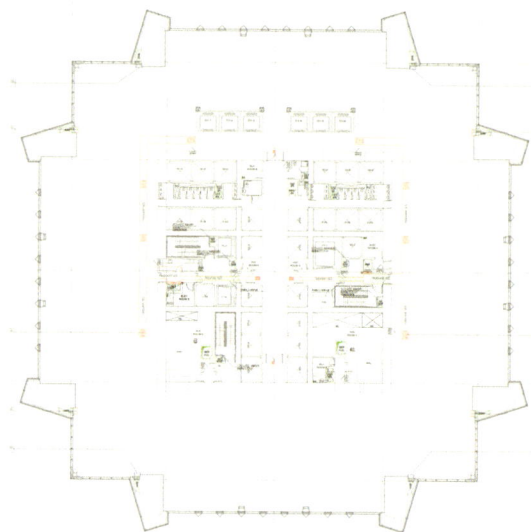

图 1.2-25　塔楼办公一区标准层消防排烟示意图

（6）大空间中庭的排烟设计

附属商业中庭（三～八层）、塔顶观光区中庭等多处大空间（中庭体积＞17000m³）均设独立排烟系统。排烟量按 4 次 /h 换气计算且最小排烟量

不小于102000m³/h，分别确定排烟系统排烟量，且补风量不少于排烟量的50%，并在火灾报警下实现联动控制。

塔顶观光区的大空间分中庭部位和中庭以外部位，分别计算排烟体积和排烟量，相应补风。

（7）消防供水系统

室内消火栓系统采用临时常高压系统。当时参考项目案例为深圳京基金融中心，其消防水池（680m³）置于地下室三层，塔楼上部设分消防水池，使得大楼的消火栓系统采用分设消防水池临时常高压供水方式。塔顶最高消防水箱18m³，设置于塔冠设备机房平台区域（图1.2-26）。

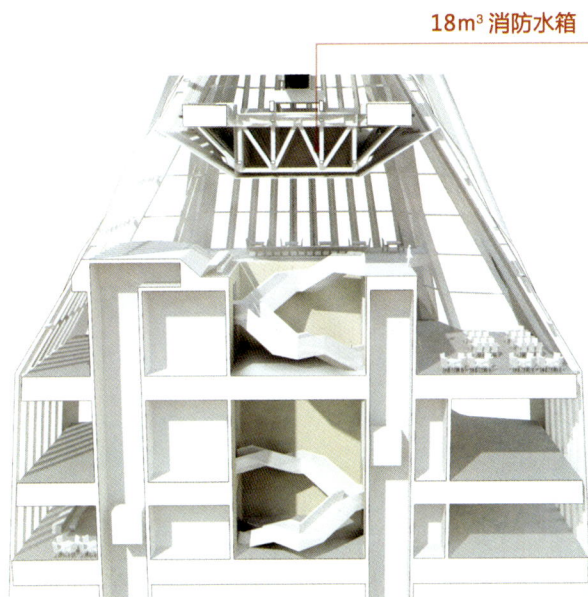

图1.2-26　塔顶最高位消防水箱示意图

现行《建筑高度大于250米民用建筑防火设计加强性技术要求》第十四条规定："室内消防给水系统应采用高位消防水池和地面（地下）消防水池供水。高位消防水池、地面（地下）消防水池的有效容积应分别满足火灾延续时间内的全部消防用水量"，规定了250m以上超高层建筑必须采用常高压给水消防给水系统，即塔楼顶部设高位消防水池的给水方式。

塔楼顶部将有一个不小于500m³的消防水池，再加上地下消防水池，消防供水系统大大提高了自动灭火系统的可靠性。

1.2.5　特殊消防设计加强措施

1）加强措施下的主要内容

（1）塔楼整体人员疏散时间过长

① 设置3部疏散楼梯，总疏散宽度3.6m，楼梯间及前室隔墙不小于3.00h耐火极限。

② 设置2部消防电梯，增设9部快速穿梭电梯辅助疏散。

③ 整栋塔楼的楼板≥2.00h耐火极限。

④ 自动喷淋灭火系统采用快速响应喷头。

⑤ 增大塔楼标准层机械排烟量，按最大防烟分区面积，机械排烟量大于等于180m³/h·m²，在规范标准值基础上提高了50%。

⑥ 增设塔楼标准层机械补风系统，补风量为排烟量的50%。当时规范未要求塔楼标准层设机械补风系统，为了在火灾时形成良好的烟气流组织，提高室内排烟效果，增设机械补风系统。

⑦ 消防应急照明和疏散指示灯的备用电源的连续供电时间大于等于2.00h。疏散楼梯间、前室或合用前室、安全走道、电梯辅助疏散电梯厅等地面最小照度大于等于5.0lx。

⑧ 确保塔楼功能与防火分区内的用途一致，减少其危险性。

⑨ 确保有效的消防安全管理。

（2）塔楼局部办公标准层防火分区面积扩大

① 核心筒内走道独立保护作为安全疏散区。

② 核心筒外墙全部采用防火墙、甲级防火门单独保护，以作辅助疏散之用。即核心筒内通向疏散楼梯间的各处走道隔墙全部采用耐火极限不小于3.00h的墙体以及加压、排烟的增强措施，核心筒内达到安全通道的要求（图1.2-27，图1.2-28）。

（3）塔楼一—三层消防电梯转换走道

确保消防员在一个安全环境进行消防电梯转换，并在17s短时间内转换电梯迅速抵达塔楼观光区各层，以下为加强措施：

① 两组消防电梯之间的消防转换走道与相邻的其他电梯井、楼梯间、走道之间，采用耐火极限不小于3.00h的隔墙隔开。在墙上开门时设置甲级防火门。

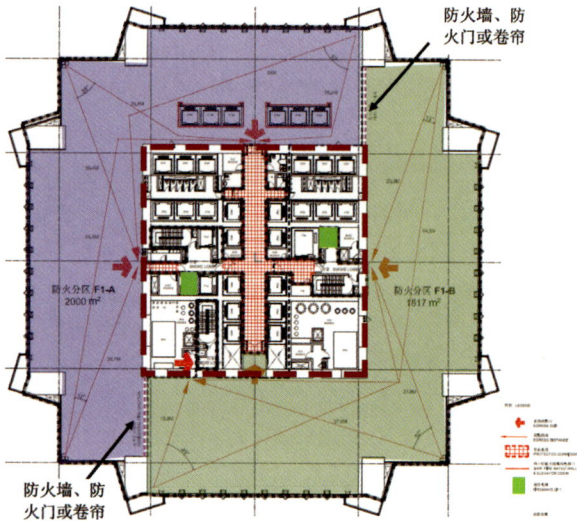

图 1.2-27 塔楼办公一区核心筒独立保护示意图

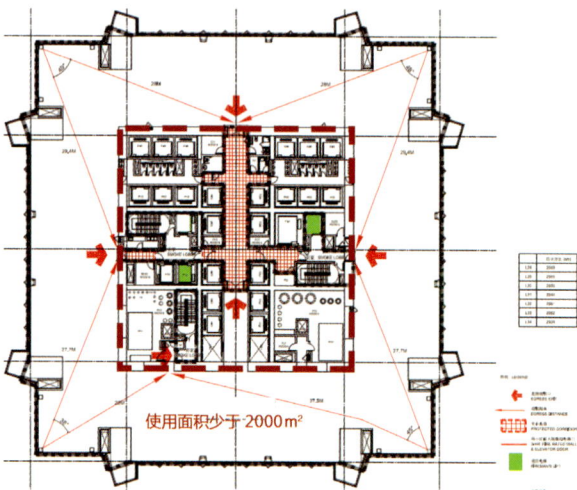

图 1.2-28 塔楼办公二~七区核心筒独立保护示意图

② 转换走道与消防电梯前室合并，并正压送风形成扩大的防烟前室。

③ 于消防转换走道途中的货梯开口处设置耐火极限 2.00h 的防火卷帘。

④ 消防转换走道内设置电梯转换指示及引导系统。

⑤ 提供适当的消防管理以确保通道畅通、清洁，不增加任何火灾荷载。

⑥ 确保消防电梯 FL-3 与 FL-4 在一一四层避难层等候。

（4）塔顶观光区安全性

塔顶观光区大空间各层除了按商业功能设置防火分区外，因其救援速度也受消防电梯转换影响，采取以下加强措施：

① 提供大于规范要求的机械排烟量，机械补风量按排烟量的 50% 计算。

② 以大空间智能消防水炮灭火系统保护开敞部分。

③ 以红外线火灾探测系统提高中庭部位的火灾探测速度。

④ 增设一部 1.4m 疏散楼梯至一一四层避难层。

⑤ 提供电梯辅助疏散。

⑥ 严格控制室内易燃物，装修材料均采用 B_1 级及以上燃烧性能（图 1.2-29，图 1.2-30）。

在塔冠中庭烟气蔓延模拟过程中，一一七层及夹层距地 2m 处的温度、能见度以及 CO 浓度均未对该层人员流通区域造成影响（表 1.2-17）。

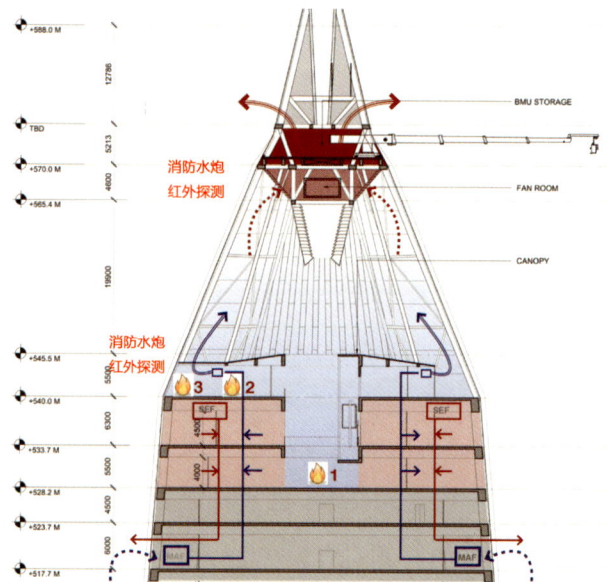

图 1.2-29 塔顶观光区中庭消防保护示意图
（后取消一一二层中庭）

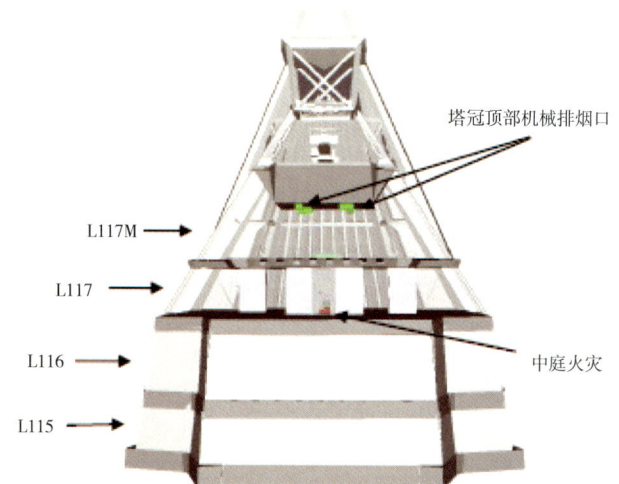

图 1.2-30 塔冠中庭排烟 CFD 示意图

火灾场景模拟及结果　表1.2-17

火灾场景	描述	清晰高度	烟气蔓延模拟结果
S1	L117 中庭底部火灾	L117 层距地 2m 处	aset ≥ 1800s
		L117 夹层距地 2m 处	aset = 573s
S2	L117 夹层火灾	L117 层距地 2m 处	aset ≥ 1800s
		L117 夹层距地 2m 处	aset ≥ 1800s

当一一七夹层发生火灾时且中庭水炮灭火系统有效启动时，中庭机械排烟系统能为一一七层及夹层提供不低于 30min 的安全疏散时间。

（5）塔楼快速穿梭电梯辅助疏散

辅助疏散电梯与消防电梯有很大的相似性，尤其在防火、防烟、通信等方面，电梯技术及电梯井道均按消防电梯技术要求，电梯井道内包括电梯轿厢门及其构件、电缆等，应做阻燃处理并达到一定的耐火极限，防止火灾蔓延（图1.2-31）。

① 辅助疏散电梯前厅采用 2.00h 防火隔墙和乙级防火门，正压送风的防烟前室处理，使得电梯门在关闭的情况下缝隙小于6mm。

② 电梯入口的高度、坡度，以及电梯井底部的集水坑、排水设施。

③ 三组辅助疏散电梯井道开口处设置耐火极限 2.00h 的防火卷帘或前室。发生火灾时在明确采用辅助疏散电梯方式下将防火卷帘放下。

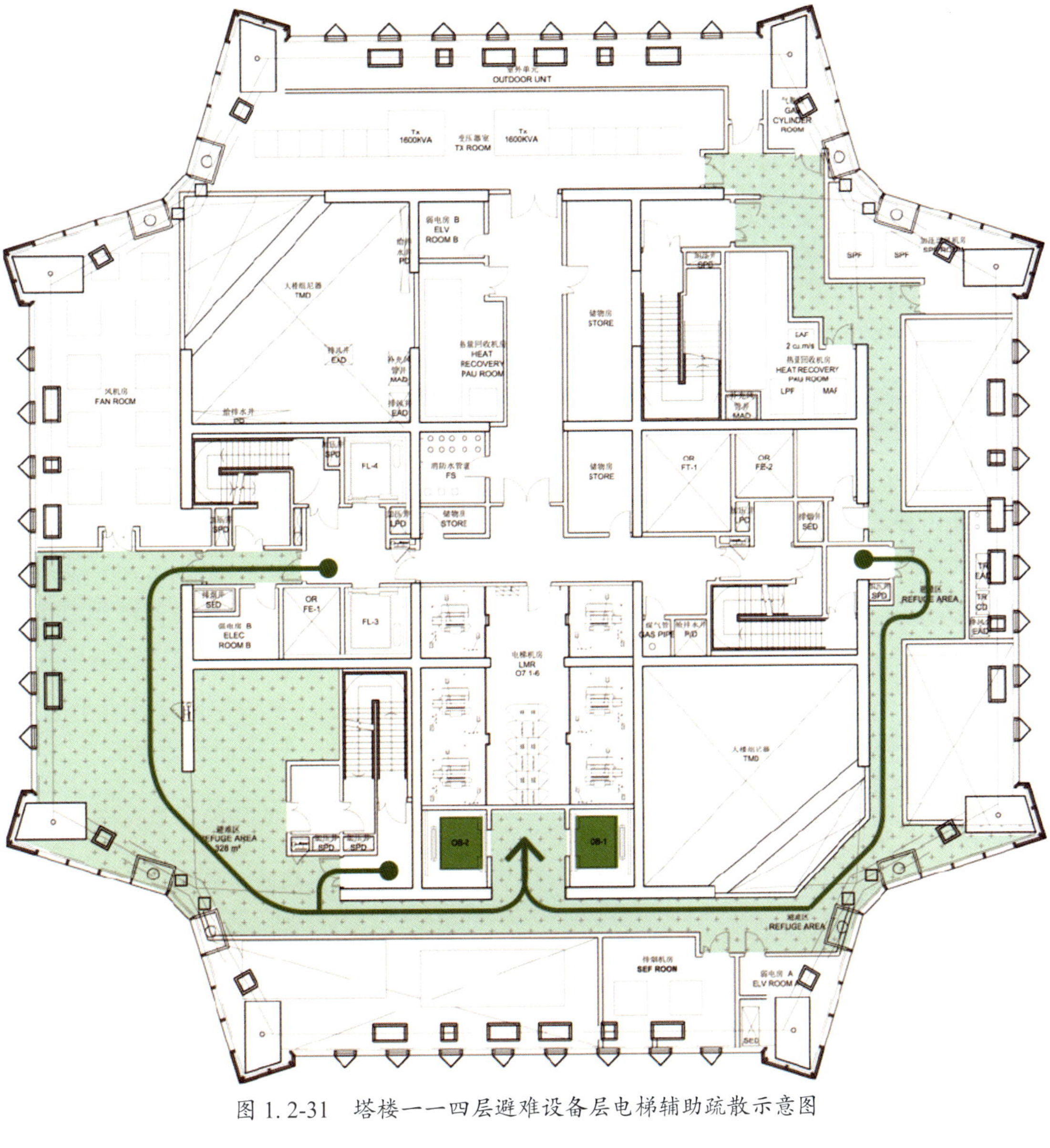

图 1.2-31　塔楼一一四层避难设备层电梯辅助疏散示意图

④ 保证火灾时辅助疏散电梯可靠运行，其电梯机房内安装感温和感烟探测器，以判断机房内的条件是否适合辅助疏散电梯运行，并根据机房内的温度或烟气作出反应。

⑤ 辅助疏散电梯机房采用气体灭火系统，机房地面高出周围地面。采用耐火电缆和一级负荷供电方式。

⑥ 紧急疏散时配备专门的电梯驾驶员，驾驶员使用扬声器负责组织人员使用电梯，并在强行关闭电梯门后仍能运行电梯，同时负责向消防控制室提供信息。

⑦ 辅助疏散电梯的疏散演习。

⑧ 辅助疏散电梯系统日常管理和维护。

与消防电梯在使用上的最大差异在于，辅助疏散电梯是在紧急状况下由物业管理的专门人员在启动疏散楼梯＋辅助疏散电梯的疏散模式后，供内部人员先疏散到最近的避难区后，再使用辅助疏散电梯尽快将人员安全疏散到地面。

（6）塔楼首层大堂及室外集合广场

① 塔楼办公首层大堂：作为塔楼上部人员安全疏散抵达的区域，是消防安全重点防护部位。首层大堂三面直接对外，仅南向与附属商业防火墙分隔，通道开口处采用宽度小于等于 6m、高度小于等于 9m、耐火极限 3.00h 的垂直防火卷帘加防护冷却水幕保护；与地下一层扶梯开口处，仅正对扶梯上下处采用宽度小于等于 6m、高度小于等于 9m、耐火极限 3.00h 的垂直防火卷帘加防护冷却水幕保护，以便上下通行。开口其他处在地下一层采用防火墙分隔。严格控制室内易燃物，首层大堂装修中天、地、墙面各处均采用 A 级不燃材料，地面设疏散指示灯。

② 室外集合广场：办公塔楼和附属商业将容纳各 2 万人，人员的安全疏散以到首层室外地面为准。大楼人员经首层安全出口疏散至室外空间后，在集合广场集合。集合广场位于大楼西北侧，面积 2035m²。大楼各楼层人员将在集合广场上按区域划分。

（7）机电消防系统及设施

① 消防应急电源：引入 6 路 3 备 10kV 高压供电线路，设置 6 台自备柴油发电机组作为一级负荷的应急电源。

② 供配电线路：重要消防设施的供配电线路采用矿物绝缘电缆，普通用电线路采用 A 级阻燃电缆及电线。

③ 消防市政供水：2 路环网市政供水。

④ 其他机电消防系统（表 1.2-18）。

标准配置与加强措施后的机电消防系统

表 1.2-18

标准配置的机电消防系统	
室内外消火栓系统	泡沫灭火系统
自动喷水灭火系统	七氯丙烷气体灭火系统
大空间标准型自动扫描射水高空水炮系统	厨房专用灭火设施
自动火灾报警系统	防排烟系统
加强措施后增加的机电消防系统	
防护冷却水幕系统：重点部位对防火卷帘保护	
光纤感温报警系统：重点对电缆沟、电缆井实时温测	
漏电火灾报警系统：对电气火灾隐患大的配电回路如照明、层配电箱等进行在线漏电检测	
客流统计设备系统：对塔顶观光区各层人员适时统计预警	

⑤ 防护冷却水幕系统：用于办公一区标准层防火分区的双层钢制侧向防火卷帘处，以及办公大堂与地下扶梯开口的防火卷帘处、通往商业通道的防火卷帘处。水幕系统的火灾延续时间不低于耐火极限 3.00h 的要求，以保证防火卷帘的耐火时间完整性。现场验收时测试整套系统的可靠性。

⑥ 客流统计设备系统：为保证上塔顶观光区各层的最大额定人数可控，在地下观光层大厅、观光区各楼层入口处各设一套人员计数及报警系统，统计该区域人员进出总数；如果人数超过原设计的额定人数，该设备会将报警信号传送至消防控制室 B1 消防总控室和 L82 的消防分控室。

2）加强措施下的其他环节关注点

（1）施工及消防验收环节

消防设计各环节的落实，离不开施工和消防设备安装调试到位。特别是全楼大量的建筑构造部位和消防产品，施工中应特别注意。

在 2016 年国内还没有一栋超过 500m 的超高层建筑完成消防验收的情况下，北塔项目的消防验收格外严肃、谨慎，半年内经历三次验收方才通过（图1.2-32）。

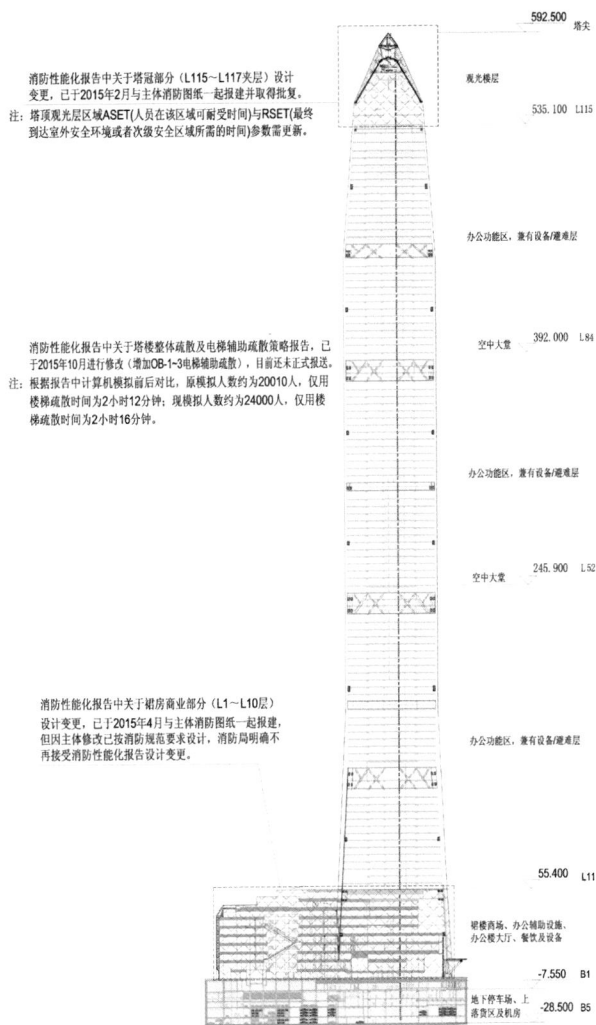

消防性能化报告中关于塔冠部分（L115~L117夹层）设计变更，已于2015年2月与主体消防图纸一起报建并取得批复。

注：塔顶观光层区域ASET(人员在该区域可耐受时间)与RSET(最终到达室外安全环境或者次级安全区域所需的时间)参数需更新。

消防性能化报告中关于塔楼整体疏散及电梯辅助疏散策略报告，已于2015年10月进行修改（增加OB-1~3电梯辅助疏散），目前还未正式报送。

注：根据报告中计算机模拟前后对比，原模拟人数为20010人，仅用楼梯疏散时间为2小时12分钟；现模拟人数约为24000人，仅用楼梯疏散时间2小时16分钟。

消防性能化报告中关于裙房商业部分（L1~L10层）设计变更，已于2015年4月与主体消防图纸一起报建，但因主体修改已按消防规范要求设计，消防局明确不再接受消防性能化报告设计变更。

图1.2-32　消防设计备案范围及分段验收示意

① 验收前准备工作：设计方熟悉消防设计文件，熟悉现场。因跨越设计规范更新前后，主体设计和主体重大设计变更以及与多部位室内精装设计同步，设计图纸和现场复杂，验收前连同建设方、施工方准备沟通文件前往市公安消防监督管理局建审科和验收科汇报说明。在验收时建审科和验收科一同到达现场，就设计图纸和现场问题提出意见或共同确认，保证设计、审查、施工和验收的一致性。

② 消防设备设施的一体化：产品合格，安装到位，联动信号和动作可靠。全楼的消防产品、消防设备设施众多，与消防联动信号和动作的设备路由和原理，各处不同等级防火门、防火卷帘，防火

阀，排烟风机，补风、加压、排烟风管，消防疏散指示及广播系统等，无论设计、施工还是验收、运行均需安全可靠。

（2）消防安全管理和消防救援演习环节

① 《消防安全管理手册》：论证会专家组意见认为，消防安全在设计中就需要充分考虑到大楼全过程，包括施工、物管运维的实施与管理控制，最后建设方、设计方与专业顾问共同拟定了项目的《消防安全管理手册》并作为消防验收以及竣工验收的必要条件之一，也是项目产品说明书的重要组成部分。

2016年5月物业管理公司正式入驻，就《消防安全管理手册》再次组织评估并全面参与了消防验收、竣工验收直至2017年初正式移交，最终修订了《消防安全管理手册》，使得在未来的物管运营中可具体落实消防安全管理的各项措施，为建筑安全提供保障。

② 消防安全管理的主要内容：根据项目自身建筑形式、使用功能、人员构成特点等量身定做的消防安全方案，因此设计中任何条件的改变，都将对消防设计最终结果造成较大影响。为了在设计完成后，在建造和以后的使用过程中很好地体现消防安全，着重以下几点：系统保养/维修计划；可燃物的控制和管理；人员疏散。

设计均是在特定的人员数量的基础上完成的。任何对可容纳人员数量的增加都可能对消防策略造成影响。在投入使用后应严格控制使用人员数量，不同区域的人员数量不超过设计人数。

制定完善的应急疏散预案，内容包括疏散流程、划分疏散区域、指定疏散区域的责任单位和配合单位，明确责任单位的责任，尤其是辅助穿梭电梯疏散的组织和管理。

保障疏散走道、安全出口、消防车道的通畅。

设计人性化的疏散引导系统，保证人员能够及时发现正确的疏散路径，特别是在四十九、八十一、九十七、一一四层四个避难层设计完备的引导系统。

应急广播系统清晰、明确，使人员可立即对报警作出反应。

培训一批训练有素的工作人员，以便发生火

灾时，确保能在消防控制室发出正确有效的疏散指令，并且有人员在不同楼层指导人员疏散。尤其在四十九、八十一、九十七、一一四层四个避难层，指导人员采用辅助疏散电梯，同时应有专业人员驾驶辅助疏散电梯。

物业管理单位应对整栋大楼定期进行消防安全宣传和疏散演习，确保大楼所有工作人员都清楚在紧急情况时可利用的疏散路线。

③消防救援应急演练：作为消防重点单位，福田区消防大队定期在所辖片区及北塔项目上进行消防应急演练，检测城市消防应急能力。

参考文献：

1. 建筑师 KPF 设计报告文件

2. 消防顾问 ARUP 专业报告文件

3. 机电顾问 JRP 设计报告文件

1.3 中国华润大厦（春笋）

悉地国际设计顾问（深圳）有限公司 张 璐

1.3.1 项目概况

1）项目基地

中国华润大厦（春笋）项目位于深圳市南山区后海中心区，海德三道、科苑大道、登良路交汇处，项目地块东侧与深圳湾相邻，其间以登良路相隔。项目北侧为深圳湾体育中心。项目用地南北方向长 143m，东西方向宽约 150m，项目用地面积为 15658.41m² （图 1.3-1）。

2）概况

规划用地性质为办公和相应的配套设施。项目由 4 层地下室、1 座 66 层超高层办公塔楼和 1 座单层建筑组成，总建筑面积约 27 万 m²，塔楼高度为 392.5m。

中国华润大厦采用圆形外观、四方形中筒的结构设计，"圆为规，方为矩"，无规矩，不方圆。方圆之下的东方美学演绎，传递一种规矩礼仪之下的创新秩序。外圆内方，刚柔并济，演绎建筑师对东方艺术的无限畅想。

为了营造无柱化室内空间，整个建筑还创新性地采用密柱框架—核心筒结构体系，为室内创造了最大的自由与灵动，同时也为后期的设计创造了最好的条件。

在外观设计中，采用 56 根竖柱及环形梁编织，大部分的建筑受力由外观所承担，除了塔顶外，其他部分的模数相对较为简单，节省了大量的材料及施工时间（图 1.3-2）。

图 1.3-1 华润大厦

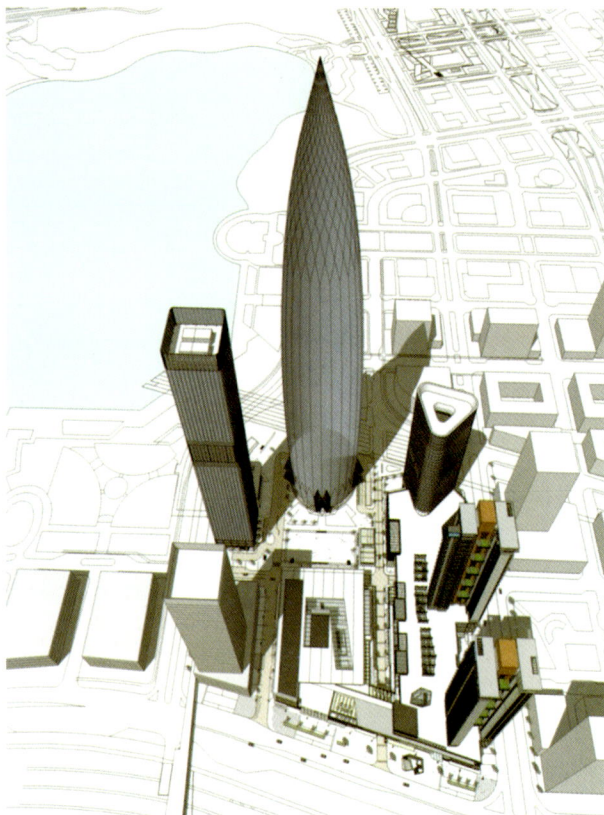

图 1.3-2 华润大厦鸟瞰

像春笋一样向上发展的趋势，体现了建筑艺术的连续性及无限性，这恰恰是深圳湾蓬勃发展与开拓创新的艺术写照。

3）项目团队（表 1.3-1）

项目团队 表 1.3-1

建设方	华润深圳湾发展有限公司
主要设计顾问	KPF（建筑师）+ ARUP（结构工程师）+ 柏诚（机电工程师）+ 悉地国际（国内设计院）
消防顾问	ARUP
消防审查方	深圳市公安消防监督管理局建审科
工程承包方	中建三局
消防验收方	深圳市公安消防监督管理局验收科（已改编）

（1）本工程主要功能分布（表 1.3-2）

工程主要功能分布 表 1.3-2

楼层	用途
地下 4 层～地下 2 层	地下停车场、上落客区，设备机房区
地下 1 层～地下 1 层夹层	办公配套、美术馆、VIP 落客区、展示中心、员工食堂、会议室、自行车库、办公大堂等

续表

楼层	用途
1 层	办公大堂
2、13、23、36、47、62 层	避难层兼设备层
3～12 层、14～22 层、26～35 层、37～46 层、50～61 层	办公层
24、48、63 层	设备层
25～25 夹层，49 层	空中大堂
64～66 层（含 66 夹层）	企业会所

（2）消防设计报建时间节点（表 1.3-3）

消防设计报建时间 表 1.3-3

时间节点	事项
2012 年 1 月	项目设计正式启动
2014 年 4 月	取得《消防设计论证会专家组意见》
2014 年 6 月	取得《施工图审查合格书》
2014 年 7 月	消防设计审查报建
2014 年 8 月	取得《消防设计审查意见书》
2017 年 4 月	重大变更消防报建
2017 年 6 月	取得多个部位重大设计变更《消防设计审查意见书》
2018 年 3 月	精装报消防审核
2018 年 7 月	消防竣工验收

（3）主要设计依据

根据项目的用途、性质和重要性，华润大厦项目为一类高层建筑，耐火等级为一级，其消防设计主要依据《高层民用建筑设计防火规范》GB 50045—95（2005 年版）（以下简称《高规》）和其他相关消防规范进行设计（表 1.3-4）。

截至 2014 年 7 月消防审查时适用规范 表 1.3-4

《高层民用建筑设计防火规范》GB 50045—95（2005 年版）	已废止，2015 年更新
《建筑设计防火规范》GB 50016—2006	已废止，2015 年更新
《汽车库、修车库、停车场设计防火规范》GB 50067—97	已废止，2014 年更新
《人民防空工程设计防火规范》GB 50098—2009	适用中

《建筑内部装修设计防火规范》GB 50222-95	已废止，2015年更新
《自动喷水灭火系统设计规范》GB 50084—2001（2005年版）	已废止，2017年更新
《固定消防炮灭火系统设计规范》GB 50338—2003	适用中
《气体灭火系统设计规范》GB 50370—2005	适用中
《火灾自动报警系统设计规范》GB 50116—98	已废止，2013年更新

1.3.2 基本消防设计

1）总平面设计

沿塔楼周边设置环形消防车道，消防车可以沿用地东、北、西侧三个方向进入。塔楼登高面位于基地南侧，登高面距离建筑外轮廓5m，分两段设置（图1.3-3）。

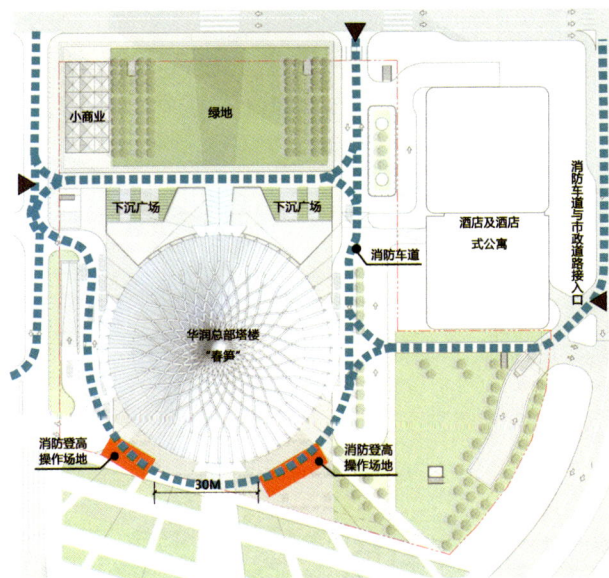

图1.3-3 总平面图

由于圆形塔楼在竖向上为收分设计，其半径自首层（±0.00m）至二十二层（112.50m）楼层平面半径逐渐增大，至二十二层后逐渐减小，因此结合消防车操作高度，将标高54.00m的九层地面轮廓作为塔楼登高扑救场地的外墙轮廓，九层楼面圆形直径约为65m。登高面沿塔楼南侧布置，避开南侧的雨篷分为两段，长度合计为67m，大于9层楼板

直径，满足登高面大于一个长边的要求，并在此范围内设有到达室外地面的楼梯、消防电梯出入口。登高面范围内布置2处救援场地，长度和宽度分别为15m和8m，间距30m。

2）地下室

地下室按《汽车库、修车库、停车场设计防火规范》GB 50067—97及《高规》划分防火分区，其中普通车库防火分区面积小于4000m²；设备房按小于1000m²划分为一个防火分区。车库区域每个防火分区内设有2个以上直接出入口，此出入口独立设置或与相邻分区共用，之间以甲级防火门分隔，疏散楼梯为防烟楼梯间，设置面积大于6m²的前室，机房区域每个分区至少设置一个独立出入口，一个与相邻分区贯通的出入口，地下室楼梯间疏散宽度至少大于1.2m，且通至地面层直接向外疏散。地下层的电气、动力及水泵房等主要设备用房大于50m²时则设置两个以上外门，所有机房均为甲级防火门并向外开启。

地下四层分成10个防火分区（含酒店部分），其中含4个车库防火分区，每个防火分区都有两个以上的独立安全出口；设备房6个防火分区，每个防火分区至少设置一个独立出入口，一个与相邻分区贯通的出入口，其中制冷机房的疏散宽度按大空间30m来计算。

地下三层分成6个防火分区（含酒店部分），其中4个车库防火分区，每个防火分区都有2个以上的独立安全出口，设备房2个防火分区，每个防火分区至少设置一个独立出入口，一个与相邻分区贯通的出入口。

地下二层分成8个防火分区（不含酒店部分）。其中3个车库防火分区，每个防火分区都有2个以上的独立安全出口，设备房4个防火分区，每个防火分区至少设置一个独立出入口，一个与相邻分区贯通的出入口，B2-8防火分区为车库加垃圾房合并的防火分区，其中车库2500m²，垃圾房500m²。B2-5设备房防火分区与B2-6、B2-8车库共用疏散楼梯4-D-LT1、4-O-LT3作为疏散口。

地下一层建筑功能为公共走道、办公配套、展示中心、美术馆及设备房，其与相邻地下商业（面积约16000m²）设防火墙、甲级防火门形成防火隔间，使得其中一个办公配套及公共走道的防火分区面积为2000m²，展示中心防火分区面积为2000m²，其他防火分区面积均小于1000m²。每个防火分区至少设置一个独立出入口，一个与相邻分区贯通的出入口。展示中心的地面与室外出入口高差为10.5m，美术馆的一个安全出口通过一个6m高差的台阶直接疏散到下沉广场（图1.3-4）。

地下一层夹层建筑功能为公共走道、办公配套、前厅、落客区、淋浴间、自行车库、设备房。落客区按车库划分防火分区，面积在4000m²以内，其余防火分区面积均少于1000m²，其中一个防火分区的两个安全出口分别与相邻的两个防火分区合用，其余防火分区至少设置一个独立出入口，一个与相邻分区贯通的出入口，淋浴间借用自行车库作为其中一个疏散口，消防控制中心设在地下一层夹层，直接开门通向下沉广场（图1.3-5）。

3）塔楼

（1）办公大堂

一层办公大堂主要作为交通空间，与地下层扶梯连通为一个防火分区，在地下一层和地下一层夹层扶梯周边采用防火墙、防火门或特级防火卷帘进行封堵。核心筒内塔楼楼梯及消防电梯在一层距室外出入口小于30m的距离。四十九层空中大堂的建筑面积为2578m²，主要功能为5区办公人员自首层乘坐穿梭电梯直达后的中转空间，设为一个防火分区，设置有3部疏散楼梯。

（2）办公层

根据面积不同，6个办公区防火分区划分情况如下：

① 三～四十六层办公标准层按不大于2000m²划分为两个防火分区，分区之间设防火墙和防火门分隔，防火墙两侧、玻璃幕墙内侧采用不小于2m长的C类耐火极限1.00h的防火玻璃对相邻两个防火分区进行分隔。每个防火分区有两个直接安全出口，其中共用的一部疏散楼梯前室门全部采用甲级防火门（图1.3-6）。

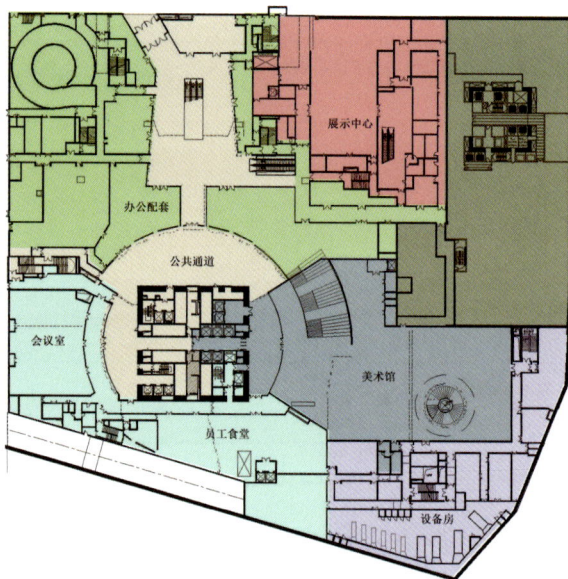

图1.3-4　地下一层平面图

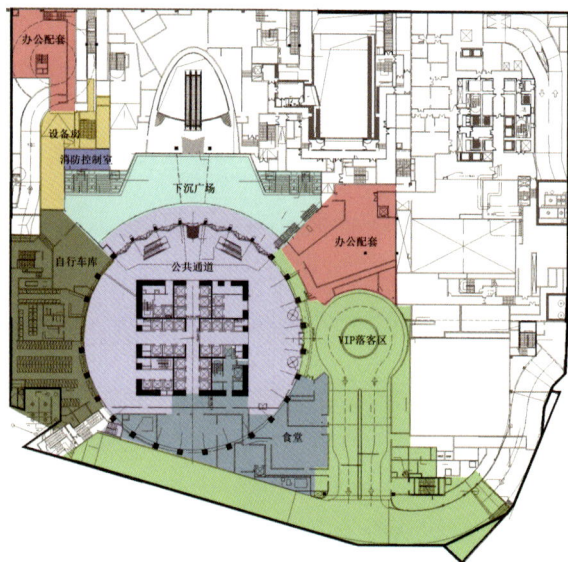

图1.3-5　地下一层夹层平面图

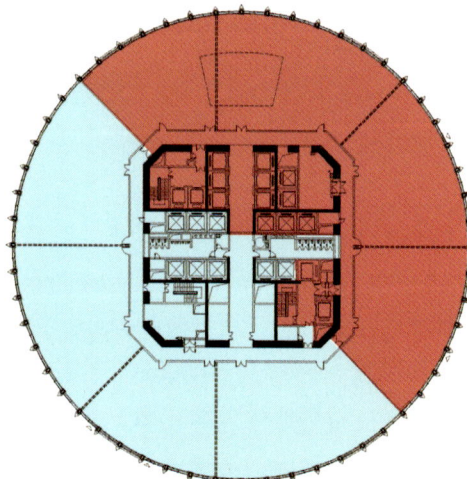

图1.3-6　二十二层平面图

② 四十九～五十四层面积为 2577～2026m²，五十～五十四层每层与四十九层连通的中庭空间周围采取特级防火卷帘进行防火分隔，设置 3 部疏散楼梯，作为一个防火分区。

③ 五十五～六十六层面积小于 2000m²，每层作为一个防火分区，设置 2 部疏散楼梯。其中六十六层与六十六夹层平台作为一个防火分区，面积合计为 1476m²，疏散距离满足 30m 要求。

（3）人员密度

标准层人数按 12m²/人（建筑面积）计算，最大层需疏散人数 300 人，各疏散楼梯宽度均大于 1.2m，合计总疏散宽度大于 3.6m，满足最大标准层人数疏散要求。45 层以下设有 3 部消防电梯，45 层（建筑面积大于 1500m²，小于 4500m²）以上设有 2 部消防电梯，消防电梯井道以耐火极限大于 2.00h 的墙体封闭。消防电梯自首层至顶层的运行时间小于 60s。标准层相邻幕墙处各层之间设置大于 800mm 高防火垂壁，并采用防火密封材料封堵（图 1.3-7）。

图 1.3-7　标准层室内

（4）避难层

塔楼共设有 6 个避难层兼设备层，避难区域与机房区域独立分区，避难区域与三个前室或合用前室直接相连，机房区域集中布置，以走道与避难区相连，其中局部开向避难区域的机房门设防烟前室，所有机房及走道门均为甲级防火门。三部疏散楼梯在避难区域进行转换，人员必须经由避难区域后继续下行。避难区域面积按该区总人数 × 0.2m²/人计算（图 1.3-8）。

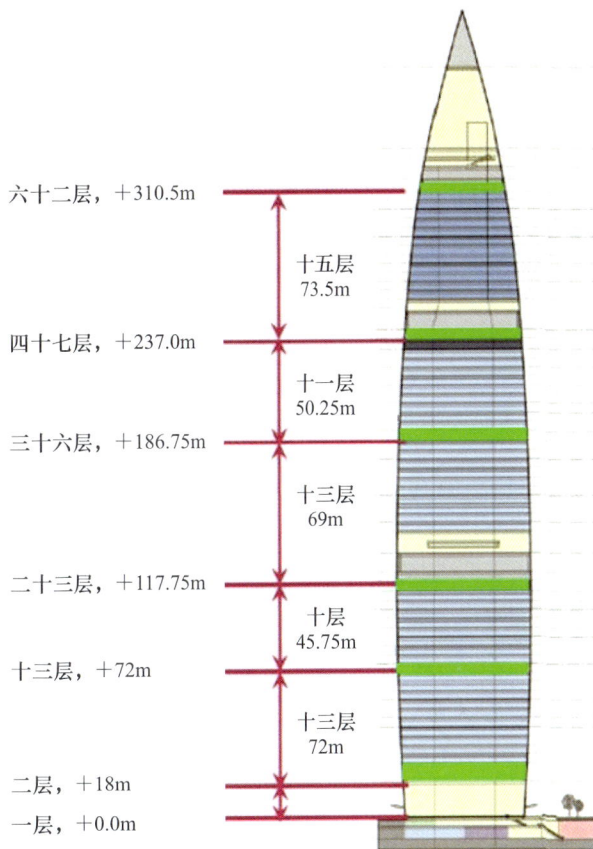

图 1.3-8　避难层位置示意图

（5）设备层

相邻避难层共设三个独立机房层，分别位于二十四、四十八、六十三层，机房层按小于 2000m² 设立防火分区，各分区至少设有不少于一个独立疏散口，一个开向相邻分区的疏散口，所有机房门均为甲级防火门。考虑立面效果，设备层外立面设计为玻璃格栅，设备房外墙向内退形成一圈外走廊，走廊内侧及设备房外墙为砌体隔墙，隔墙上根据设备需要设置通风百叶，并设甲级防火门作为外走廊检修门。

（6）消防电梯

本项目设有 3 部消防电梯，地下四层至地上四十五层，建筑面积大于 2879m²，每层有 3 部消防电梯，四十六～六十一层建筑面积为 2824～1479m²，设有 2 部消防电梯，六十二～六十六层建筑面积为 1460～990m²，设有 1 部消防电梯。

其中六十六层夹层为观光平台，没有可燃物，面积较小，并且处于六十六层空中大堂内，消防队员可直接在六十六层进行灭火救援，因此，消防电

梯最高停靠楼层为六十六层，不停靠六十六层夹层
（表1.3-5）。

消防电梯设计数量及运行时间　表1.3-5

消防电梯编号	服务楼层	运行所需时间
40F-1/40F-2	B4～L61/L66层	约50s（由首层至六十六层）
40F-3	B4层～L45层	约50s

（7）辅助疏散电梯

本项目塔楼设置两组共11部穿梭电梯在火灾时作为人员辅助疏散电梯，这些电梯在二十三、四十七层避难层停靠，并设置相应的疏散电梯前室，该前室与避难区域相连接。

（8）消防控制室

消防控制室位于地下一层夹层下沉广场西侧，外门为甲级防火门，直接通向下沉广场后通过室外楼梯直接通到地面，消控室面积共计约200m²，采用耐火极限不小于2.00h的隔墙和1.50h的楼板与其他部位隔开。

（9）消防救援窗

所有楼层设置可供消防救援人员进入的窗口，每个防火分区设置2个，窗口尺寸不小于1.0m×0.8m（宽×高），三处窗口位置对应消防登高面，一处位置对应消防车道。

1.3.3　特殊消防设计

1）防火分区面积扩大

（1）首层办公大堂通过扶梯开洞与地下一层夹层办公大堂、地下一层的办公配套公共区域连通，形成一个防火分区（表1.3-6，图1.3-9）。

地下一层至一层面积　表1.3-6

楼层	建筑面积/m²	层高/m
一层	2594	18
地下一层夹层	688.9	5
地下一层	171.2	6
合计	3454.1	

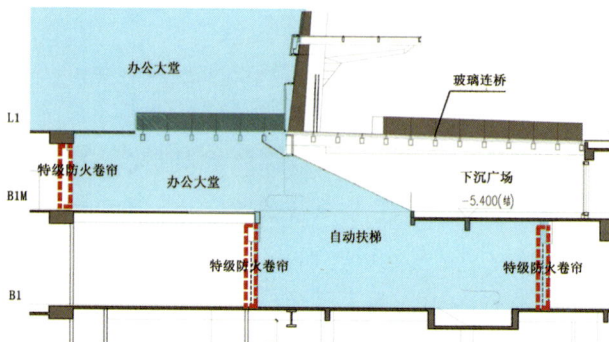

图1.3-9　地下一层夹层扶梯剖面图

首层大堂防火分区无法分隔，原因如下：

① 由于一层办公大堂层高为18m，幕墙为倾斜式交叉网格形式，无法设置防火卷帘进行防火分隔，所以现设计在地下一层扶梯的周围设置防火卷帘进行防火分隔，地下一层夹层扶梯周围设置防火卷帘进行分隔。现设计首层办公大堂以及下部扶梯连通区域为一个防火分区，面积为3454m²（图1.3-10）。

图1.3-10　首层大堂

② 首层大堂、地下一层夹层大堂均设有多个直通室外地面或下沉广场的平开疏散门，大堂的人员可快速、有效地疏散（图1.3-11，图1.3-12）。

（2）四十九层为空中大堂，五十～五十四层为华润自用办公层，四十九～五十四层每层建筑面积在2577～2026m²。因为幕墙为倾斜式交叉网格形式，内部无法通过设置防火墙或防火卷帘进行防火分隔，无法按照规范划分防火分区（图1.3-13～图1.3-15）。

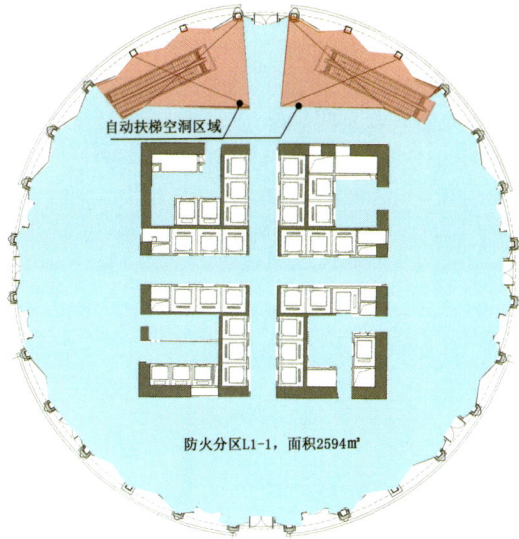

图 1.3-11 一层平面图

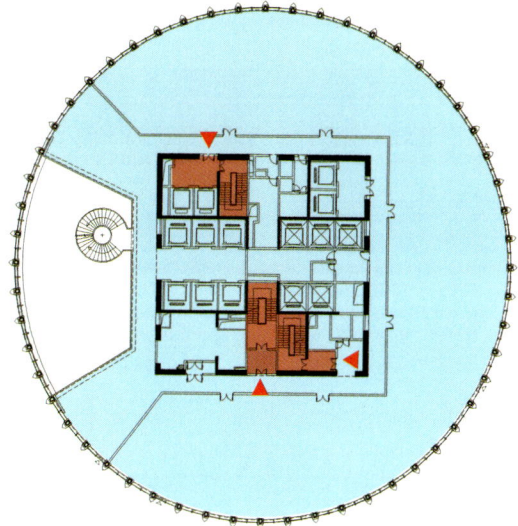

图 1.3-14 五十～五十四层平面图

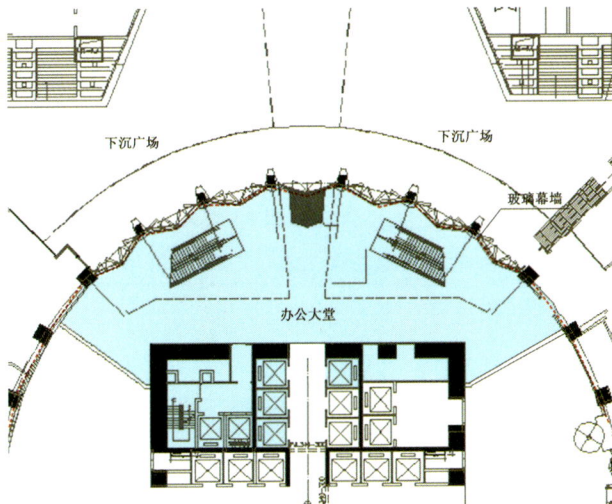

图 1.3-12 地下一层平面图

图 1.3-15 四十九～五十四层幕墙形式

解决方案：每层作为一个防火分区，每层设置3座疏散楼梯。

2）钢结构防火设计

塔楼结构形式为钢结构密柱外框架＋混凝土核心筒。

主体钢结构（331.5m以下区域）按照规范要求进行防火保护：

①钢结构柱（3.00h防火保护）：厚型防火涂料。

②钢结构梁（2.00h防火保护）：薄型或超薄型

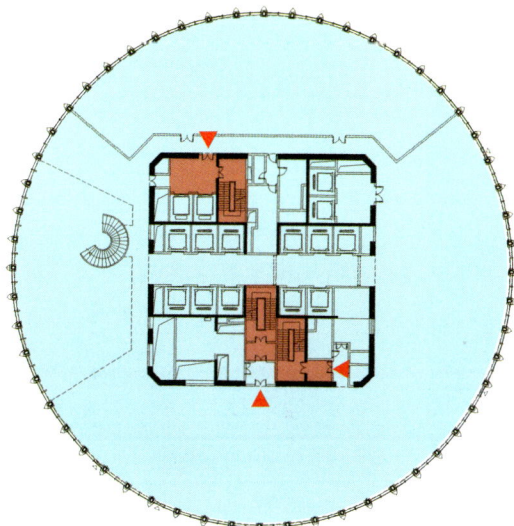

图 1.3-13 四十九层平面图

防火涂料（图 1.3-16）。

图 1.3-16　入口

六十六层以上区域为钢结构锥顶区域（331.5m 至 392.5m 区域），最高上人面的标高为六十六层夹层（345m），钢结构防火保护方案为六十六层夹层上方 8m 以下区域（331.5m 至 353m）按照梁、柱进行防火保护，353m 以上区域按照屋顶进行钢结构防火保护（图 1.3-17，图 1.3-18）。

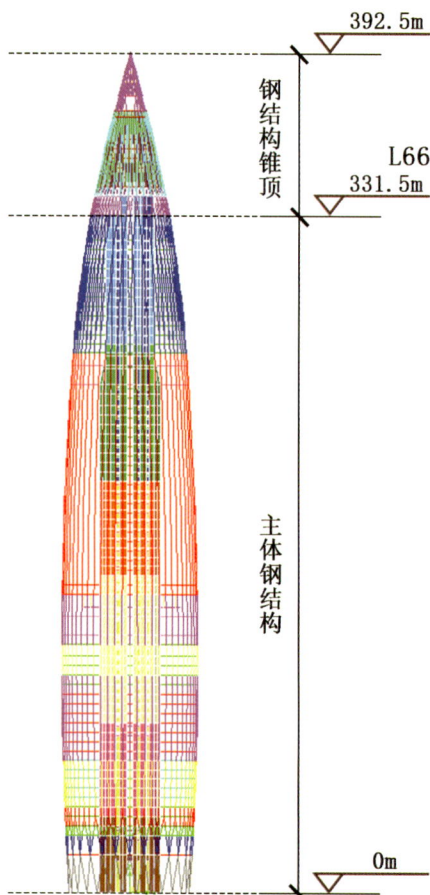

图 1.3-17　结构立面图

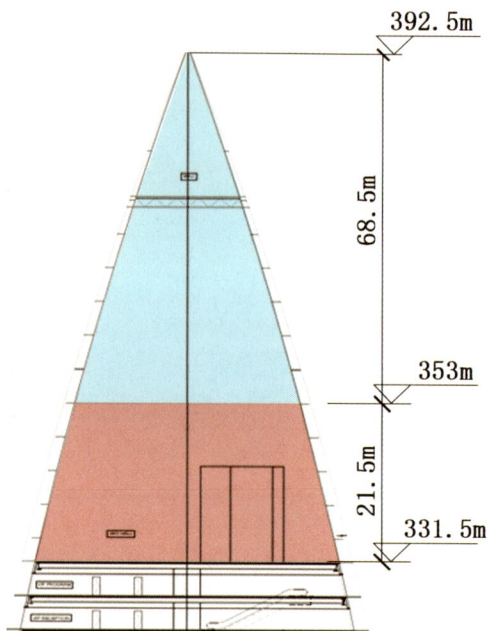

图 1.3-18　顶层剖面示意

钢结构锥顶防火保护方案：

① 331.5～353m 之间的钢结构按照柱（3.00h）、梁（2.00h）的要求进行防火保护；

② 353～392.5m 之间的钢结构按照屋顶钢结构（1.00h）的要求进行防火保护。

钢结构锥顶，假定最高上人面（六十六层夹层，345m）发生 6MW 火灾：临界温度影响范围内的钢结构加强防火保护；临界温度影响范围外的钢结构按照屋顶钢结构进行防火保护；临界温度：540℃（国际通用标准）/350℃（日本标准）（图 1.3-19，表 1.3-7）。

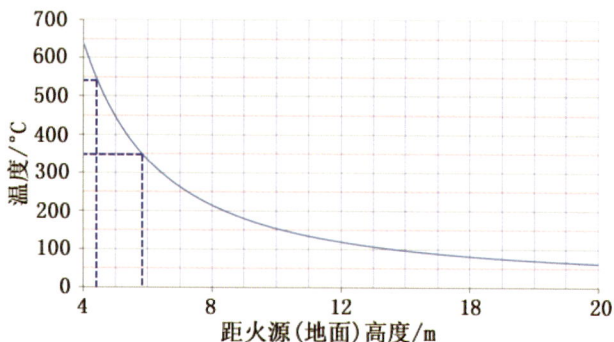

图 1.3-19　临界界面温度分析图

六十六层夹层 6MW 火灾时临界温度距地面高度

表 1.3-7

温度	距六十六层夹层地面高度	相对标高
540℃	4.4m	349.4m
350℃	5.8m	350.8m

3）下沉广场疏散

地下一层夹层有五个防火分区的安全出口通往下沉广场，各防火分区通往下沉广场的总设计疏散宽度为 20.8m。各相邻防火分区通往下沉广场的安全出口的最近边缘间距小于 13m，但下沉广场通往地面的敞开楼梯总净宽不小于所有防火分区通往下沉广场的设计总宽度。

地下一层夹层下沉广场距首层室外地面高度为 5m，建筑面积 1257m²，无顶棚敞开区域面积 853m²，敞开率为 68%。下沉广场东西两侧各设有两座通往地面的敞开楼梯，总净宽为 20.8m，满足各防火分区需要的疏散宽度的总和（图 1.3-20）。

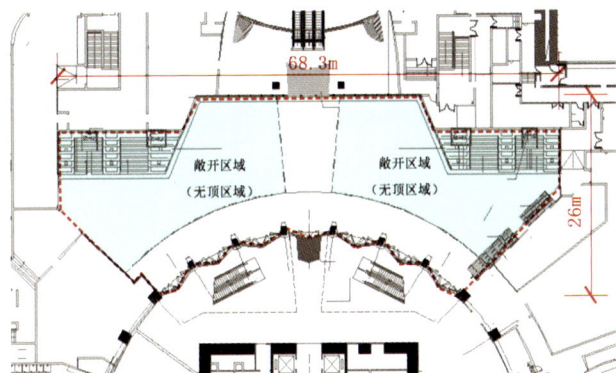

图 1.3-20　下沉广场示意图

1.3.4　消防安全加强措施

1）办公区域扩大防火分区的消防措施

（1）办公区域扩大防火分区的安全性分析

对于一层、四十九～五十四层，防火分区建筑面积超过 2000m²，将定量分析防火分区扩大后的安全性（表 1.3-8～表 1.3-10；图 1.3-21～图 1.3-23）。

表 1.3-8

楼层	防火分区面积 /m²	安全出口数量 / 个	功能	备注
L1	3454.6	6	办公大堂	含 B1 夹层大堂部分区域以及 B1 层自动扶梯底部区
L49	2577	3	办公大堂	

续表

楼层	防火分区面积 /m²	安全出口数量 / 个	功能	备注
L50	2268	3	5 区办公	功能相同，疏散条件基本相同，其中 L50 层面积最大，人数最多，因此选取 L50 层作为分析对象
L51	2199	3	5 区办公	
L52	2151	3	5 区办公	
L53	2078	3	5 区办公	
L54	2026	3	5 区办公	

火灾场景　　　　　　　　表 1.3-9

场景	着火楼层	主要危险源	火灾规模 /MW	火灾发展类型	疏散区域
1	L1	服务台等	1.5（同时考虑火灾类型、火灾荷载以及水炮的作用）	中速火（t² 火灾）	L1 层
2	L49	办公设施等	1.5（同时考虑火灾类型、水炮和喷淋的作用）		L49 层
3	L50	办公及配套休闲设施等	1.0（喷淋控制）		L50 层

必需安全疏散时间（RSET）　表 1.3-10

火灾位置	探测时间 /s	报警时间 /s	疏散前准备时间 /s	疏散行动时间 /s		REST /s
				模拟结果	×1.5 倍安全系数	
L1	0	0	60	44	66	126
L49	82	60	60	104	156	358
L50	66	60	60	88	132	318

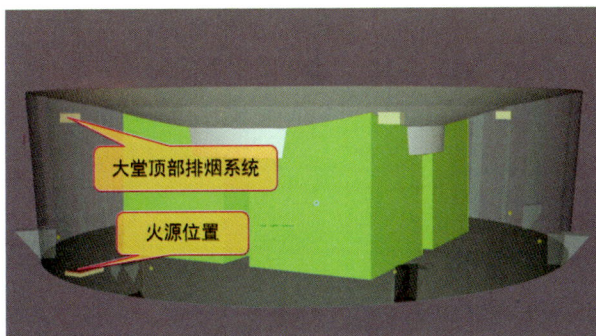

图 1.3-21　一层 FDS 模型

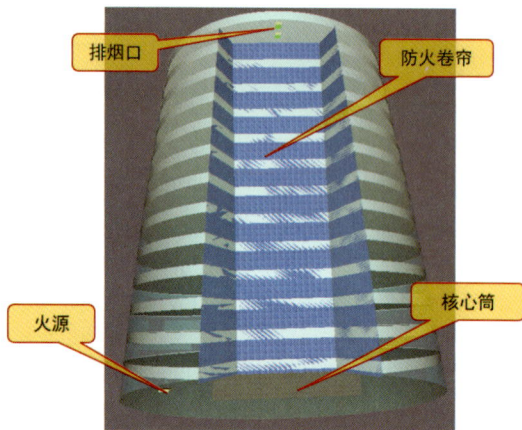

图 1.3-22 四十九层 FDS 模型

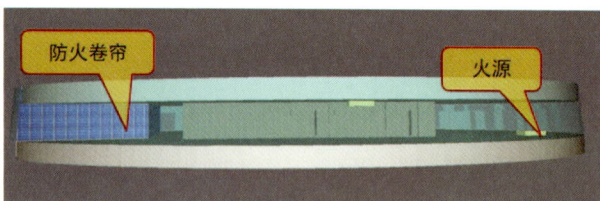

图 1.3-23 五十层 FDS 模型

可用安全疏散时间（ASET）通过 FDS 模拟分析。判断标准：

· 距楼面 2m 以下空间内 CO 浓度小于 225ppm；

· 距楼面 2m 以下空间内能见度不小于 10m（较大空间）/5m（较小空间）；

· 距楼面 2m 以下空间内空气温度不超过 60℃；

· 距楼面 2m 以上空间内温度不超过 200℃。

（2）结论（表 1.3-11）

可用安全疏散时间（ASET）与必需安全
疏散时间（RSET）比较　　表 1.3-11

火灾位置	疏散区域	ASET	REST	保守考虑	结论
L1	L1 层	＞1200s	126s	疏散行动时间考虑了 1.5 倍安全系数人员安全	ASET＞REST
L49	L49 层	＞1200s	358s		
L50	L50 层	＞1200s	218s		

（3）加强措施

为了保证安全，对于一层和四十九～五十四层防火分区扩大采取消防加强措施如下：

① 设置 3 部疏散楼梯。

② 自动喷淋灭火系统采用快速响应喷头。

③ 楼板采用不燃烧体，耐火极限不小于 2.00h。

④ 增大机械排烟量。对于一层、四十九～五十四层，机械排烟量按最大防烟分区面积每平方米不小于 180m³/h 计算，在规范要求的基础上增加了 50%。

⑤ 增设机械补风系统，补风量为排烟量的 50%。现行规范并没有要求塔楼设置机械补风系统，但本塔楼为了在火灾时形成良好的气流组织，提高排烟效果，增设了机械补风系统。

⑥ 消防应急照明和疏散指示标志备用电源的连续供电时间不小于 2.0h。楼梯间、前室或合用前室的地面最低水平照度不低于 5.0lx。

2）电梯辅助疏散

（1）电梯辅助疏散的必要性

① 超高层建筑内部人员数量较多。

② 火灾时影响疏散的不利条件较多：残障人士、体力较弱者（如老人、生病体弱者等）疏散相对困难，部分楼梯可能有少量烟气进入，着火层的消防用水导致地面湿滑，等等。

③ 全部采用疏散楼梯疏散时，整体疏散时间非常长，且残障人士、体力较弱者（如老人、生病体弱者等）可能无法独立通过楼梯疏散至室外。

（2）电梯辅助疏散的可行性

① 穿梭电梯停靠楼层少，受火灾及烟气、水的影响相对较少。

② 穿梭电梯停靠的主要楼层为大堂区域，火灾荷载小，保护相对容易。

③ 工程案例：

京基金融中心（440m）

上海环球金融中心（492m）

阿联酋阿布扎比 Sky Tower（380m）

迪拜 Burj AI Alam（508m）

英国电信塔（189m）

平安国际金融中心（592.5m）

上海中心（632m）

电梯辅助疏散在技术上是可行的，且对于超高层建筑而言，电梯辅助疏散是必要的加强措施。各项目由于建筑布局等不同，电梯辅助疏散设置参数及效率需个案分析。

（3）本项目电梯疏散条件（表 1.3-12）

电梯疏散条件　　表 1.3-12

电梯编号	停靠楼层	
	正常营业时	紧急疏散时
S1-1 ～ S1-6	B1M、L1、L25、L25M	L1、L23
S2-1 ～ S2-5	B1M、L1、L49	L1、L47

（4）辅助疏散的穿梭电梯要求

① 电梯的供电：一级负荷供电。

② 电梯的防火、防烟及防水要求。

电梯轿厢门及其构件、电缆等防火要求不低于消防电梯。

a. 电梯厅

正常运营停靠楼层的电梯厅设置特级防火卷帘、甲级防火门，疏散时停靠避难层的电梯厅加压送风（可与避难区一起送风或设置独立的送风系统）。

b. 防水

正常运营停靠楼层的电梯入口设置一定的坡度。

c. 电梯机房防烟防水（主要参考消防电梯机房）

机房内安装感温和感烟探测器，以判断机房内的环境条件是否适合疏散电梯运行，并根据机房内的温度或烟气作出相应的动作。

电梯机房不采用水作为灭火介质，而且电梯机房的地面高度应高于周围地面，防止机房外的灭火用水侵入。

d. 紧急疏散时操作

配备专门的电梯驾驶员，驾驶员负责组织人员使用电梯，并能够强行关闭电梯门然后运行电梯，同时负责向消防控制中心提供信息。为了有效组织人员登乘电梯，电梯驾驶人员有必要使用扬声器。

疏散电梯停靠的避难层宜由专人引导。

e. 后续管理

制定疏散预案，定期组织消防管理人员学习和演练。国内已建成工程案例回访表明，后续管理对电梯辅助疏散的应用至关重要（图 1.3-24～图 1.3-26）。

（5）采用电梯辅助疏散与仅用楼梯疏散对比

利用电梯辅助疏散时，可显著减少整体疏散时间，提高整体疏散效率不小于 28.1%。

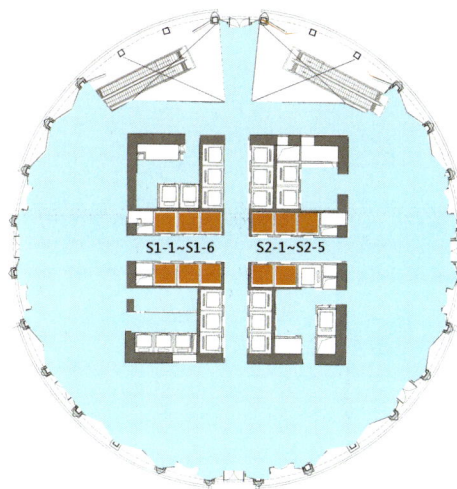

图 1.3-24　一层平面图

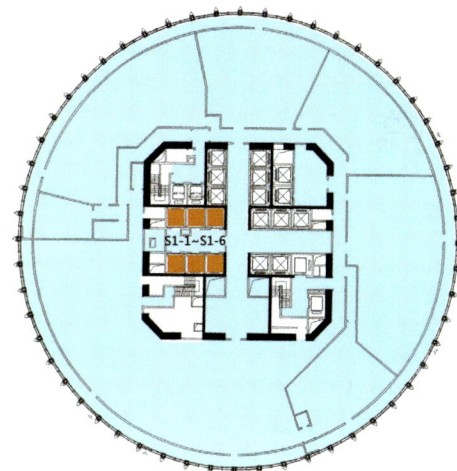

图 1.3-25　二十三层平面图

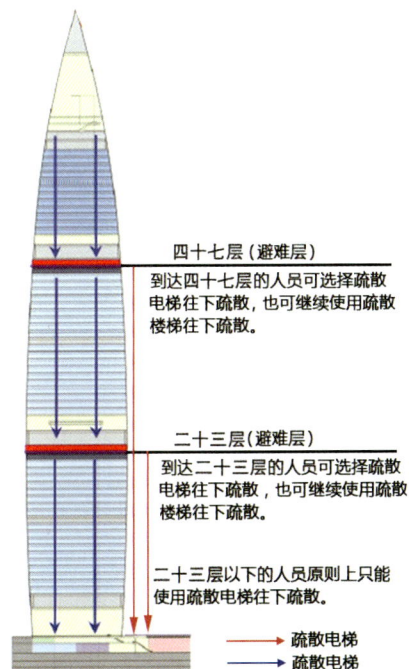

图 1.3-26　竖向疏散示意图

本塔楼高区人员（四十七层以上）使用电梯疏散的比例为63.9%，中区人员（二十三层以上）使用电梯疏散的比例为38.9%。电梯疏散对高区人员的辅助作用更为明显（图1.3-27）。

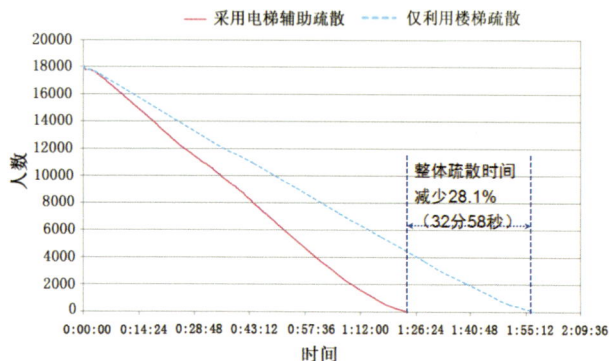

图1.3-27　电梯辅助疏散与仅用楼梯疏散对比分析

3）消防设施

（1）消火栓、自喷系统采用常高压系统，自喷系统在吊顶区域设置上下喷头；塔楼六十二层设置了2座独立的消防水池，每座消防水池的有效容积为315m³，共计630m³，满足室内消火栓（火灾延续时间3.00h，用水量432m³）、自动喷淋系统（火灾延续时间1.00h，用水量126m³）以及大空间智能型主动灭火系统（火灾延续时间1.00h，用水量72m³）的用水量要求。

① 室内消火栓系统

除第7区（五十八层至屋顶层）采用临时高压系统外，其他区域采用常高压系统，从消防水池取水后以重力供水方式给室内消火栓系统供水（图1.3-28）。

根据室内消火栓栓口静水压不超过1.0MPa进行竖向分区，系统在竖向上从上到下分为7个区，分别如下：

1区：地下四层～二层，由二十四层减压水箱重力供水；

2区：三～十三层，由二十四层减压水箱重力供水；

3区：十四～二十三层，由四十八层减压水箱重力供水；

4区：二十四～三十六层，由四十八层减压水箱重力供水；

5区：三十七～四十七层，由六十二层消防水箱重力供水；

6区：四十八～五十七层，由六十二层消防水箱重力供水；

7区：五十八～六十六夹层，由六十二层消火栓加压泵供水。

② 塔楼顶部采用临时高压系统，在建筑标高341.0m（低于六十六层夹层观景平台建筑标高345.0m）设置18m³高位水箱。在六十三层（建筑标高316.45m）设置消火栓稳压泵组（气压罐有效容积300L）维持最不利点消火栓压力（图1.3-29）。

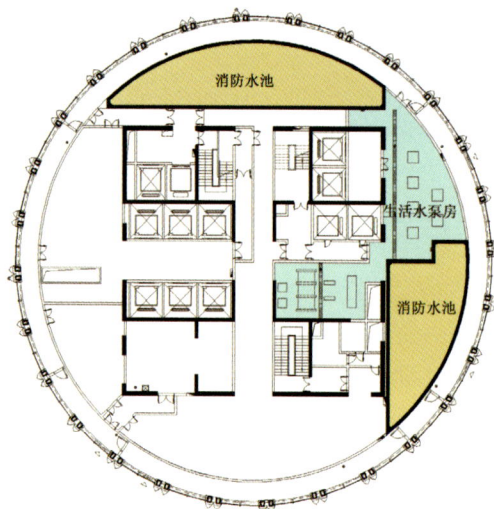

图1.3-28　六十二层消防水池设置位置

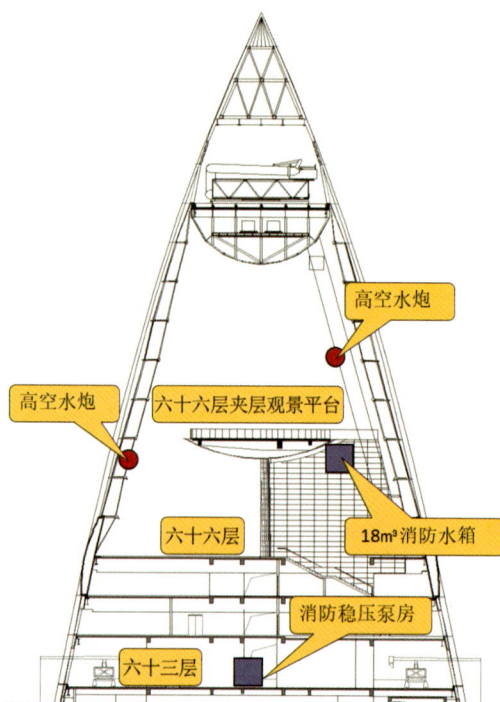

图1.3-29　塔顶消防设施

（2）建筑内消防应急照明和疏散指示标志备用电源的连续供电时间不小于 2.00h。避难层（间）的地面最低水平照度不低于 2.0 lx，楼梯间、前室或合用前室的面最低水平照度不低于 5.0 lx。

（3）塔楼消防泵、排烟风机、消防电梯、消控中心等重要消防设施的供配电线路采用矿物绝缘电缆，其他消防设施采用低烟无卤耐火电缆或电线，普通用电线路采用阻燃电缆及电线。

参考文献：

奥雅纳工程咨询（上海）有限公司深圳分公司《华润总部塔楼消防设计报告》

1.4 京基金融中心大厦

深圳华森建筑与工程设计顾问有限公司 谷再平

1.4.1 项目概况

建设单位： 深圳京基集团

方案设计： 泰瑞·法瑞建筑设计事务所

施工图设计： 深圳华森建筑与工程设计顾问有限公司

结构机电、消防顾问： 奥雅纳工程顾问有限公司

建设地点： 深圳市罗湖区蔡屋围

设计时间： 2007 年 1 月

竣工时间： 2011 年 12 月

1）总平面布局及功能分布

京基金融中心位于深圳市罗湖区蔡屋围，地处金融、文化中心区，占地面积为 42353.96m²，总建筑面积约为 60 万 m²，是集甲级写字楼、白金五星级豪华酒店、大型商业、高级公寓、住宅为一体的大型综合建筑群（图 1.4-1）。

规划设计为 A、B、C、D、E 座塔楼，由 4 层裙房连为一体，地下共 4 层。A 座京基金融中心大厦共 100 层，高 441.8m（图 1.4-2，图 1.4-3）。

地下二层～地下四层为汽车库及设备用房。地下一层为商业及办公大堂，在东侧设有夹层汽车库，并在地块的东南角连接地铁通道。

一层为办公、酒店、住宅、公寓的门厅及商业。二、三、四层为商业及配套餐饮酒楼和影城。

主体建筑 A 座京基金融中心大厦位于用地的最南端，其内部为办公和酒店。一～七十四层为办公（图 1.4-4），分为低区和高区，建筑面积约为 17.6 万 m²；七十五～一百层为酒店，建筑面积约为 4.6 万 m²，七十五层以上的酒店部分设有内部中庭，客房围绕中庭环形布局（图 1.4-5），酒店接待大厅设于九十六层（图 1.4-6），其上为独具特色的鹅蛋形餐饮空间，形似飘于空中的飞艇（图 1.4-7）。

图 1.4-1 西南侧外景

图 1.4-2 总平面图

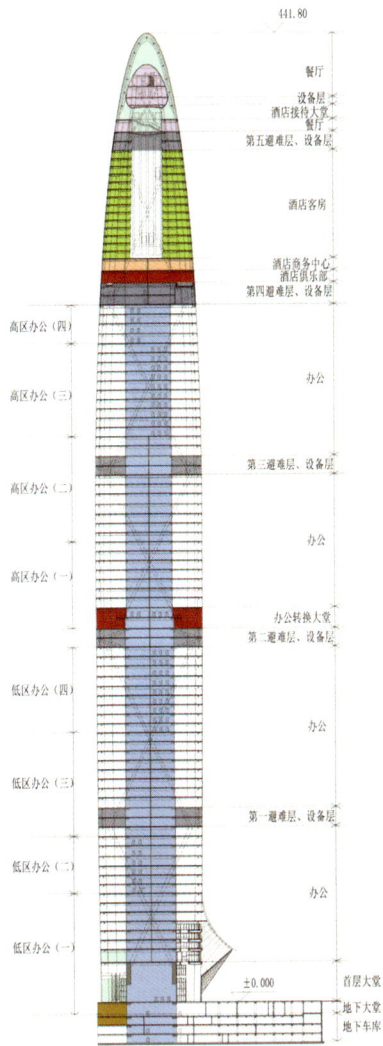

图 1.4-3 大厦剖面图

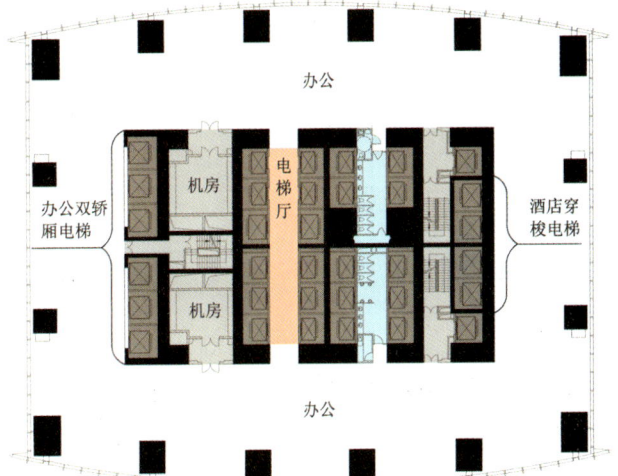

图 1.4-4 办公平面图

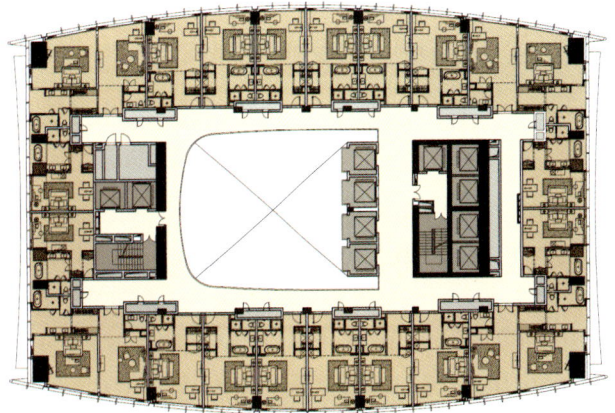

图 1.4-5 酒店客房平面图

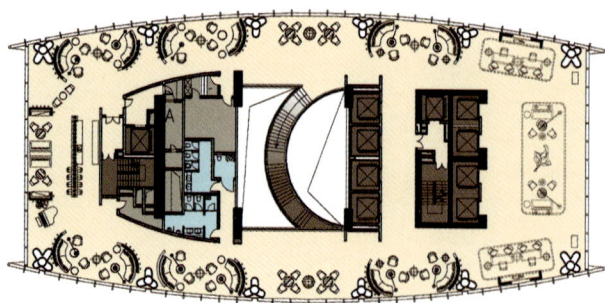

图 1.4-6 酒店大堂平面

图 1.4-7 酒店大堂室内

2）电梯设计特点

办公楼楼层划分为办公低区与办公高区两个区域，每个区域又分别由 4 组电梯组成，其中两组为 6 台电梯，另外两组为 4 台电梯。低区的办公大堂设于地下一层与地上一层，乘客可乘坐 6 台双轿厢高速电梯由低区的办公大堂至三十九层及四十层的高区办公大堂，然后转换乘坐高区电梯。高区的 4 组电梯与低区的 4 组电梯共用核心筒电梯井道。

酒店位于京基金融中心大厦办公楼层之上，设置 4 台酒店高速穿梭客梯服务宾客从酒店首层大堂直接到九十六层的酒店接待大厅，然后宾客可从九十六层酒店大堂向下转乘酒店客梯到达酒店客房楼层、中餐厅及健身俱乐部。

3）结构体系设计特点

大楼采用了三重结构体系抵抗水平荷载，它们由钢筋混凝土核心筒（内含型钢）、巨型钢斜支撑框架及构成核心筒和巨型钢管混凝土柱之间相互作用的伸臂桁架及腰桁架组成，建筑与结构完美结合。

1.4.2 基本消防设计

1）消防设计依据

《高层民用建筑防火规范》GB 50045—95（2005年版）

《自动喷水灭火系统设计规范》GB 50084—2001（2005 年版）

《火灾自动报警系统设计规范》GB 50116—98

《建筑钢结构防火技术规范》CECS 200：2006

《采暖通风与空气调节设计规范》GB 50019—2003

《汽车库、修车库、停车场设计防火规范》GB 50067—97

注：上述规范现均已作废。

2）总平面消防设计

本项目由 A、B、C、D、E 座塔楼、4 层裙房以及相应的地下室部分组成，各座塔楼以及建筑高度超过 24m 裙房（电影院、宴会厅）扑救登高面沿高层建筑一个长边且不小于周长的 1/4 设置，A 座塔楼与裙房在三层及四层连接，一、二层为架空，消防车道可环绕 A 座塔楼设置。

3）建筑消防设计

（1）防火分区

办公层每层为一个独立的防火分区，每层建筑面积约为 2400～2700m²。

酒店中庭与其回廊设为一个防火分区，酒店客房与中庭回廊相通的门、窗设置可自行关闭的乙级防火门、窗；酒店层每层设为一个独立的防火分区，每层建筑面积为1615～2007m²。

将九十六层的酒店大堂层与九十九、一百层观光餐厅划分为一个防火分区，在酒店大堂下沉区域周围用防火卷帘将酒店大堂与九十五层餐厅分隔。

（2）安全疏散

办公层设有3部疏散楼梯，直通至首层及室外，其楼梯疏散宽度均为1.2m。

酒店层设有2部疏散楼梯，通至办公层与酒店层交接处的避难层，再通过避难层转换至办公层的疏散楼梯，一直疏散至首层，酒店层2部疏散楼梯的疏散宽度均为1.2m。

1.4.3 消防设计难点及消防设计目标

1）消防设计难点

A座金融中心大厦建筑高度441.8m，容纳了数量庞大的办公人员、旅客与其他顾客，人员集中，垂直疏散距离长，疏散到地面或其他安全场所的时间也会较长。超高层建筑的楼梯间、电梯井、电缆井、水井、排烟井等竖向管井多，火灾时易产生烟囱效应，火势容易蔓延，建筑内部一旦发生火灾，想要凭借外部的消防手段来扑灭将比较困难。建筑消防设计成功与否，将直接影响整个工程的投资成本和安全使用，因此消防设计也成为建筑设计的关键。

本工程的设计难点有以下几个方面：

（1）办公层防火分区面积扩大。每层建筑面积为2400～2700m²，划分为一个防火分区。

（2）消防电梯不能到达顶层。由于顶部的"蛋"形造型，顶部不宜突出电梯机房，九十九层和一百层没有消防电梯停靠。并且消防电梯在办公与酒店交接的七十四层避难层进行转换。

（3）设于九十六层的酒店大堂上方大空间的防排烟设计。酒店大堂空间高大（高39.2m），外形为弧线形，很难在幕墙侧面较高的位置安装排烟设备。

（4）办公大堂入口有7层高的上空空间，防火分区的划分要兼顾消防安全、使用的灵活性及美观的要求（图1.4-8）。

图1.4-8 办公大堂入口

2）消防设计目标

遵循"预防为主，防消结合"的消防方针，尽量提高建筑的自防自救能力，采取可靠的防火措施，做到安全适用、技术先进、经济合理。

做到早期预警，当灾害发生时，尽可能快地通知在场的人员并确保其安全快捷地疏散；将火灾扑灭在初期阶段，利用自动喷水系统扑灭或阻止某一分区的火势向其他分区蔓延。

尽量避免发生火灾后火势和烟气在建筑内部蔓延，合理划分防火分区是阻挡火势蔓延的有力措施。

保障在火灾情况下，主塔楼和顶部观光层的结构安全，钢管混凝土柱、斜支撑、梁、楼板、酒店层钢管柱及拱顶等均按其耐火极限要求选用防火涂料。

1.4.4 京基金融中心防火设计

1）安全疏散

（1）疏散楼梯

《高层民用建筑防火规范》GB 50045—95（2005年版）规定，每个防火分区的建筑面积不应大于2000m²。办公层每层建筑面积为2400～2700m²，扣除核心筒内封闭不用的穿越井道等，面积约为2000m²。将办公层每层划分为一个防火分区，可保证办公楼层使用的灵活性。经过火灾场景电脑模拟计算及试验论证结果，虽然防火分区建筑面积超出规范要求，但扩大的范围较小；设计3部疏散楼梯，且均匀分布于办公层，总疏散宽度为3.6m，疏散楼梯的宽度远大于疏散人数；办公层设快速反应喷头，加快灭火系统的启动时间，缩小火灾规模。这些措施有效抵消了扩大防火分区面积的影响。办公平面呈环形布置，保证人员双向疏散并确保满足疏散距离的要求。

酒店大堂及其"蛋"形餐厅平面设有两部疏散楼梯，楼梯宽度均为1.2m。九十六层及九十六层以上楼层的人员通过这两部疏散楼梯疏散至下方就近的九十四层避难层。

人员数量的参考确定值：

办公室：10m²/人；酒店层：床位数＋20%员工；高级餐厅：2.5m²/人

厨房：10m²/人；后勤用房：19m²/人；健身房：控制人数；

据人员密度系数可以确定本大厦所能容纳最大人员数量为14695人。

（2）避难层

本大厦在十八层与十九层两层、三十七层与三十八层两层、五十五层与五十六层两层、七十四层、九十四层设置了避难区，用敞开楼梯将十八层与十九层、三十七层与三十八层、五十五层与五十六层连接成两层的敞开避难空间，避难区的外围护幕墙为竖向百叶，满足自然采光通风要求，同时在五层办公层设有通往裙楼屋面的门，将裙楼屋顶作为第一个避难层。屋顶平台面积大，屋面楼板具有一定的耐火极限，在火灾情况下，避难是安全的。

（3）电梯疏散

本大厦将穿梭电梯作为全楼疏散的辅助疏散方式。当消防控制中心根据火势或其他紧急情况作出判断，发出整楼疏散指令时，可采用"楼梯疏散为主，电梯疏散为辅"的疏散方案。

消防控制中心确定需要采用电梯疏散时主要采用以下策略：

将运行于负一层、首层至三十九层、四十层的双轿厢穿梭电梯转换为疏散电梯模式，且只采用其中的一层轿厢，往返于首层和三十七层避难层；同时火灾时将设置于负一层、三十九层和四十层电梯

门口的特级防火卷帘自动放下，由三十七层避难层以上楼层疏散至该层的人员可以选择等候电梯疏散，也可以继续使用疏散楼梯，三十七层以下的人员原则上不采用电梯疏散，只采用疏散楼梯疏散至首层室外。消防电梯仍然主要用于消防施救人员交通和运载灭火设施使用，可以停靠所能达到的任何楼层，必要时可实现部分人员救援运输功能，尤其是对残障人员的救援。

模拟火灾时大厦疏散，当仅使用楼梯疏散时，全体人员需1小时26分才能疏散离开大楼，而辅以穿梭电梯疏散，在最理想的情况下，只需1小时1分钟，时间缩短了25分钟，大大提高了同一时间内所疏散的人数。辅以电梯疏散也降低了楼梯间的拥挤程度，选择楼梯间进行疏散的人员可以在相对宽松的环境下进行疏散，这不但可以加快楼梯间的疏散速度，而且也可以缓减人员的紧张心理。

将穿梭电梯兼用作疏散，则必须做到以下方面的技术和管理措施：

① 电梯井、轿厢以及井中的物体需要做到防火、防烟和防水；

② 疏散电梯机房需要做到防烟和防水；

③ 电梯的供电需要得到保障；

④ 疏散电梯用于紧急疏散时需要有经过训练的专业人员操作；

⑤ 电梯疏散需要做到良好的信息沟通；

⑥ 疏散电梯系统需要进行良好的管理和维护。

2）酒店大堂屋顶钢结构防火保护

酒店大堂空间高39.2m，外形呈弧线形（图1.4-9），通过对酒店大堂不同火灾场景的设定模拟，确定酒店大堂屋顶钢结构的保护时间。

（1）九十六层火灾时，受火焰影响范围内横梁、柱脚均采用3.00h保护（0～4.6m高），其他采用1.50h保护，此时拱顶整体结构在模拟火灾设计条件下保持稳定；

（2）九十八层火灾时，受火焰影响范围内的横梁采用2.00h耐火保护，柱子1.50h耐火保护，此时拱顶整体结构受力分析表明构件受力低于结构设计值，整体结构满足弹性要求。

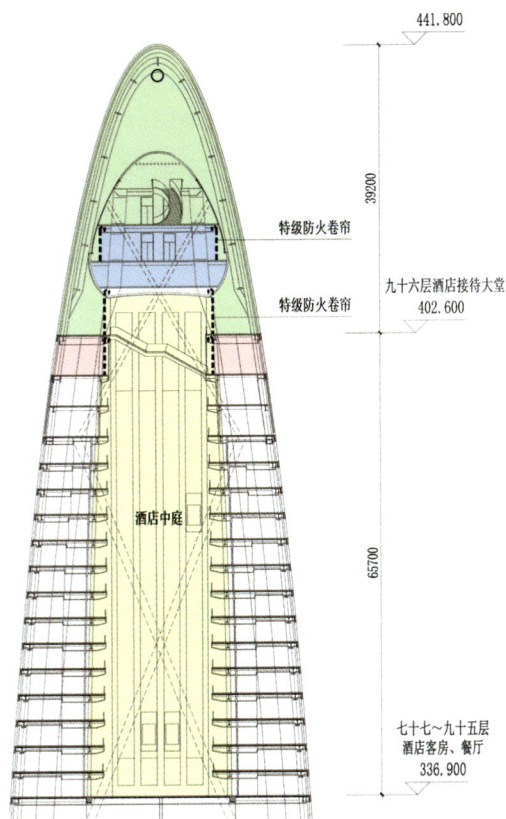

图 1.4-9　酒店中庭

3）酒店大堂烟气控制

酒店大堂上方大空间的防排烟设计，在九十八层两端的夹层及标高 434.8m 的东西两端设有排烟风机，合计机械排烟量为 164530m³/h；中庭体积为 39734m³，根据规范要求换气次数按 4 次 /h 计算得排烟量为 158936m³/h，满足要求。

4）消防供水

（1）在九十三层机电设备层设置了容量可达 540m³ 的消防水池，其中 432m³ 为消火栓用水，108m³ 为自动灭火用水。

（2）在顶层（一百层）设置 24m³ 的高位水箱，作为自动灭火系统前 10min 的消防供水。

（3）在地下设置 540m³ 的消防水池作为本大厦消防用水。

（4）在高位消防水池和高位消防水箱处设了增压设施，以保证最不利点消火栓和自动水灭火系统的水压要求。

（5）室内消火栓管道，国内规范要求环状布置，但一般设计仅采用竖向环状布置。为了加强京基金融中心的消防安全供水，采用立体成环的做法。

（6）对于自动喷水灭火系统的设计，规范并无要求双立管供水，但出于安全供水、水压均匀的考虑，本项目采用双立管环状供水，每层设置两个水流指示器。

1.4.5　结论

1）办公楼层防火分区面积超过规范要求，采取了加强措施，通过论证，有扩大防火分区面积的可行性。

2）将办公层的 6 台穿梭电梯兼用作疏散电梯以加强整座大楼的疏散能力。

3）酒店大堂为高 39.2m 的穹顶结构，采用整体钢结构支撑体系，结构构件同时起着结构柱、屋顶和幕墙支撑结构的作用，对酒店大堂柱、柱脚和横梁及其余构件（包括小斜撑）均采用不同级别的耐火保护。

4）酒店大堂采用机械排烟系统，通过火灾烟气模拟，酒店大堂大空间具有较好的蓄烟能力，烟气层下降到一定高度需要较长的时间，这为人员疏散提供了较有利的条件。

5）根据酒店大堂的空间特点，采用大空间智能消防水炮灭火系统来保护酒店大堂及其顶层餐厅，同时设置空气采样式早期烟雾探测器以加强大空间的火灾探测。

参考文献：

奥雅纳工程顾问有限公司《深圳京基金融中心性能化消防安全设计报告》

摄影：张广源

1.5 深圳市罗湖区笋岗街道城建梅园片区城市更新单元 01-01 地块

深圳市欧博工程设计顾问有限公司　李媛琴　丁　荣

1.5.1 项目概况

1）基地位置及定位

本项目（图 1.5-1）位于罗湖区笋岗片区——红岭产业带的北部门户，中央商务区与红岭创新金融产业走廊的交汇处，将成为笋岗片区发展轴带的形象展示窗口。周边景观资源丰富，场地北望银湖山郊野，西瞰笔架山公园，东面可远眺洪湖、围岭等公园景观。

项目由 01-01、01-03、01-05 三个地块（图 1.5-2）、6 栋超高层塔楼与商业裙楼组成，其中 01-01 地块 380m 超高层塔楼旨在为罗湖区和福田区的交界处建一座"罗湖之窗"的新地标。

图 1.5-1　项目效果图

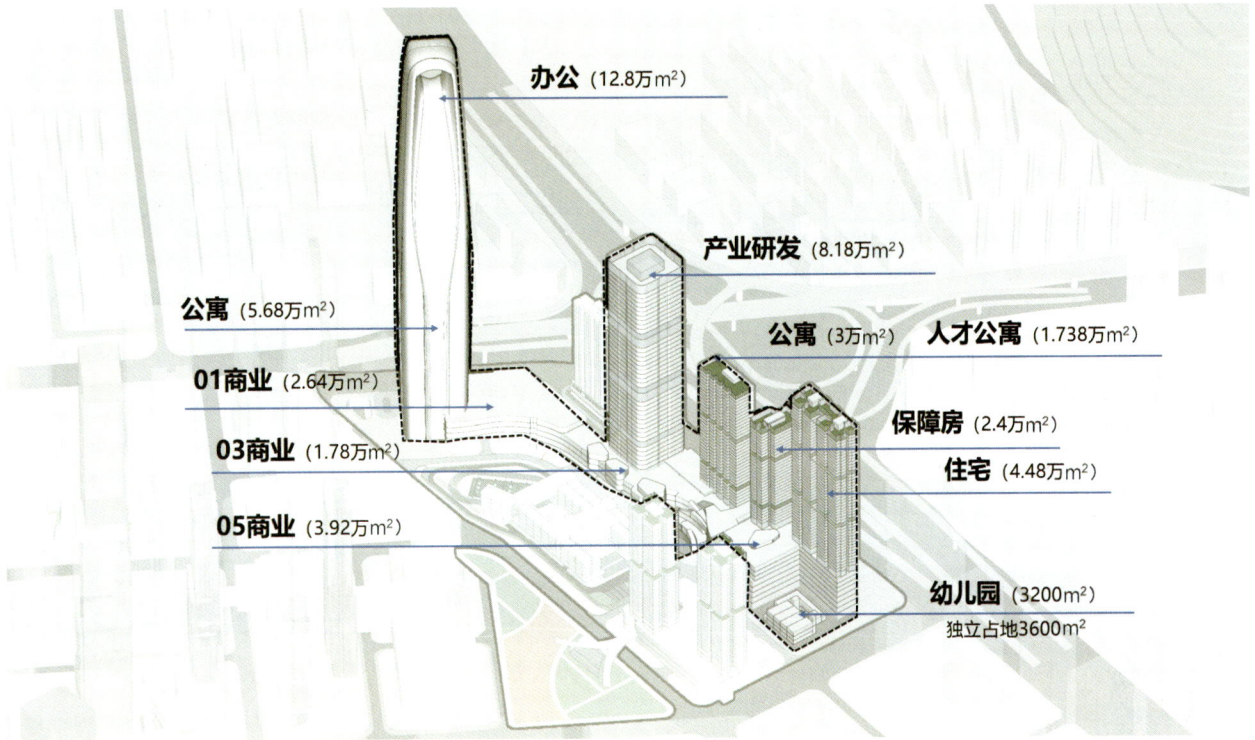

图 1.5-2　三个地块功能及容量

2）项目团队

工程名称：深圳市罗湖区笋岗街道城建梅园片区城市更新单元 01-01 地块

建设单位：深圳市城建产业园发展有限公司

设计单位：深圳市欧博设计顾问有限公司、伍兹贝格建筑设计咨询（上海）有限公司

施工单位：中建三局

消防顾问：广东誉诚消防技术服务有限公司

消防审批：深圳市罗湖区住建局

3）项目总图及指标（表 1.5-1；图 1.5-3，图 1.5-4）

建筑特征表	表 1.5-1
用地性质	商业用地
建筑规模	273550m²
用地面积	15233.23m²
主要功能	办公、商业公寓、商业等
基底面积	7388m²
容积率	7.9
覆盖率	48.5%
建筑高度	主塔楼建筑高度 379.9m，副楼 31.44m

续表

建筑层数	地上 83/5 层，地下 4 层
防火等级	一级
建筑结构安全等级	一级
抗震设防烈度	7 度
主要结构类型	塔楼结构体系为"钢管混凝土柱＋钢框架-混凝土核心筒"；副楼结构体系为钢筋混凝土框架结构
设计时间	2019 年至今
竣工验收时间	预计 2025 年

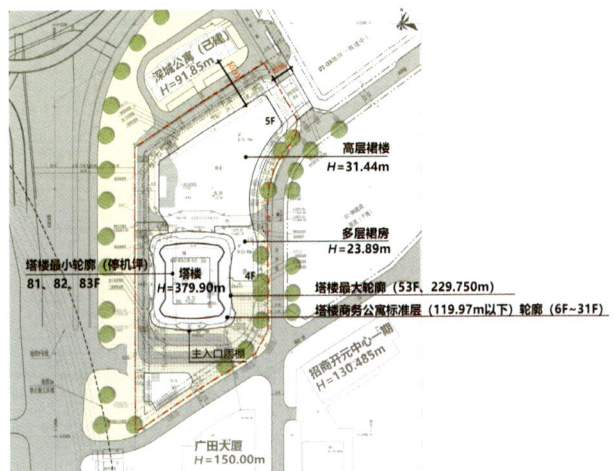

图 1.5-3　总平面图（01-01 地块）

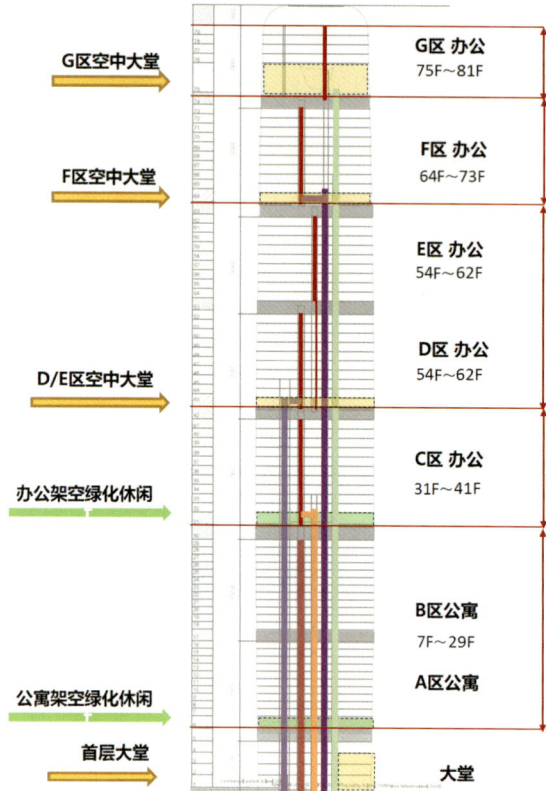

图 1.5-4 项目剖面示意

G区 办公 75F～81F
F区 办公 64F～73F
E区 办公 54F～62F
D区 办公 54F～62F
C区 办公 31F～41F
B区 公寓 7F～29F
A区 公寓
大堂

G区空中大堂
F区空中大堂
D/E区空中大堂
办公架空绿化休闲
公寓架空绿化休闲
首层大堂

4）各层功能分布（表 1.5-2）

各层功能分布　　　　表 1.5-2

楼层	主要功能
82F～83F	设备机房
81F	设备机房＋上人屋面
32F～41F、43F～52F、54F～62F、64F～73F、77F～80F	办公（43F～44F设局部空中大堂）
75F～76F	空中大堂
74F、63F、53F、42F、30F、17F	避难层（含设备区）
6F、31F	架空休闲层
7F～16F、18F～29F	商务公寓
5F	避难层（塔楼投影范围）及影院放映廊等（副楼）
4F	健身房（塔楼投影范围）及商业、影院（副楼）
1F～3F	公寓、办公大堂（塔楼投影范围）及商业（副楼）
B1F	地下商业、设备房、卸货
B2～B4	机动车库、设备房

5）项目设计及审批时间轴（表 1.5-3）

项目设计及审批时间轴　　　表 1.5-3

时间	完成事项
2019 年 10 月	方案设计合同签署
2020 年 6 月	设计总包合同签署
2020 年 10 月	取得《建设工程规划许可证》
2020 年 11 月	取得《消防设计评审专家意见》
2020 年 12 月	取得《消防意见审查意见书》
2021 年 7 月	取得《施工许可证》

6）消防设计依据

2019 年至今，国家及地方的法规、规范、条例均在频繁更新中，在项目设计过程中，既要保障设计满足现行法规等要求，尚应适当为未来设计优化、救援便利和运营留出弹性空间（表 1.5-4）。

项目消防设计的主要依据　　　表 1.5-4

规范名称	简称	执行日期
《商店建筑设计规范》JGJ 48—2014	《商店规范》	2014-12-01
《建筑设计防火规范》GB 50016—2014（2018 版）	《建规》	2015-05-01
《关于加强超大城市综合体消防安全工作的指导意见（公消〔2016〕113 号）》	113 号文	2016-04-25
《建筑高度大于 250 米民用建筑防火设计加强型技术要求（试行）》（公消〔2018〕57 号）	《加强性技术要求》	2018-04-10
《建筑防排烟系统技术标准》GB 51251—2017	《防排烟规范》	2018-08-01
《民用建筑设计统一标准》GB 50352—2019	GB 50352—2019	2019-10-01
《办公建筑设计标准》JGJ 67—2019	《办公规范》	2020-03-01
《建设工程消防设计审查验收管理暂行规定》（住建部第 51 号令）	51 号文	2020-06-01

其他机电专业、车库、人防、装修等规范均不在此一一列举。

1.5.2 消防设计路径

1）塔楼与副楼、01-01 地块与相邻地块的防火分隔

本地块（01-01 地块）的副楼与 01-03、01-05 地块的裙楼、地下车库物理相连。三个地块虽为独立宗地，独立报批报建和施工，但裙房、地下车库的功能、空间、流线都是一个整体（图 1.5-5）。

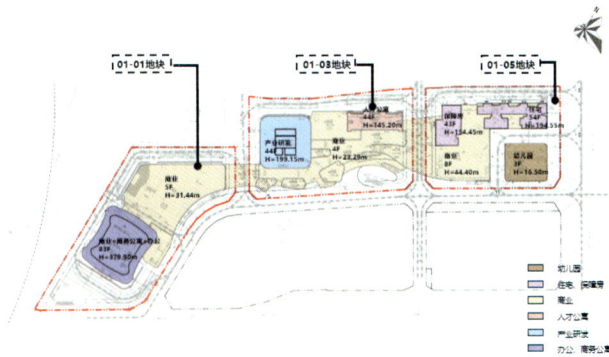

图 1.5-5 三地块总图关系

在满足消防设计要求的基础上，如何确保使用功能和空间的高效合理，是本次消防设计的出发点。

经与住建局多次沟通，建立了如下的消防设计思路：首先做好 380m 超高层塔楼与副楼之间的防火分隔：采用防火墙＋甲级防火门、防火隔间等方式进行分隔；其次将 01-01 地块副楼、地下室与 01-03 地块的裙房、地下室做好相应的防火分隔：采用防火墙＋防火卷帘的方式进行防火分隔；以此作为后续各地块、各空间消防定性的基础。

2）项目消防设计定性

在做好上述防火分隔基础上，经与审批部门沟通确认，仅 01-01 地块的塔楼副楼参照《加强性技术要求》执行，01-03、01-05 地块按照《建规》执行。

3）项目消防专家评审

01-01 地块项目主塔楼建筑高度 379.9m，属于建筑高度超过 250m 的建筑，符合《建规》第 1.0.6 条规定的建筑高度超过 250m 的建筑需要进行专家论证的情况。

本项目主塔楼塔冠区域因造型需要，现行国家工程建设消防技术标准对于外凸式弧形幕墙的层间封堵及窗槛墙高度没有覆盖，拟在此位置采用新工艺构造作为特殊消防设计加强措施，属需要进行专家评审的情况（图 1.5-6）。

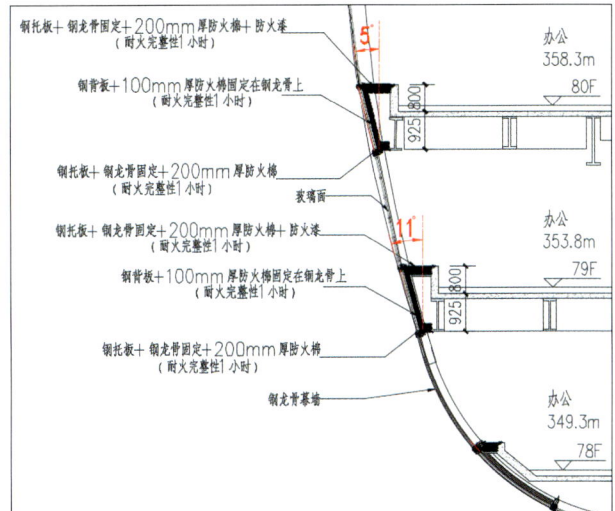

图 1.5-6 外凸幕墙层间封堵

在符合进行消防专家评审条件后，设计单位与区、市住建局进行了多轮沟通，对消防设计进行了多次优化，最终确定了需专家评审的项目议题，其中最重要的是取消超高层塔楼核心筒楼梯在首层、避难层、顶层的排烟固定扇，其他议题及解决方案在后面详述。

1.5.3 主塔楼消防设计

1）总平面设计

不规则体型与消防设计策略

① 设计现状

根据造型及方案设计要求，塔楼在三十一层（119.97m）以下为等截面平面，三十二层以上为变截面的曲线造型，最大的轮廓线位于五十三层（229.75m）位置，每层轮廓均有不同的收分。对于塔楼体量收分的总图登高场地与建筑的距离控制、雨篷可出挑的宽度，规范均未有明确的规定（图 1.5-7，图 1.5-8）。

51

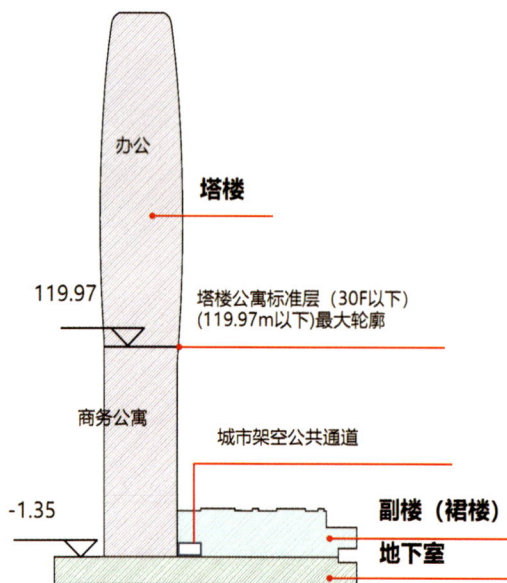

图 1.5-7 塔楼体型立面轮廓示意

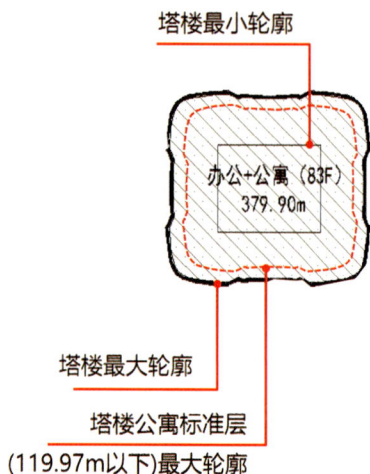

图 1.5-8 塔楼体型平面轮廓示意

② 难点描述

不规则体型,对于总图,首层消防扑救场地以哪一层的轮廓尺寸来控制消防扑救场与建筑的距离,直接影响建筑总体布局及退线等设计。

《建规》:

7.2.1 高层建筑应……布置消防车登高操作场地,该范围内的裙房进深不应大于4m。

7.2.2 消防登高操作场地应符合下列规定:

…… ……

4 场地应与消防车道联通,场地靠建筑外墙一侧的边缘距离建筑外墙不宜小于5m,且不应大于10m,场地的坡度不宜大于3%。

③ 解决方式

结合消防施救的实际情况,目前消防车云梯的伸臂长度最大为101m,大于100m的高度,消防车直接救援的可能性会下降很多。经与消防顾问及住建局沟通后,消防扑救场地距建筑的控制线以百米以下轮廓来确认登高场地与建筑距离,以满足消防施救的实际需求(图1.5-9)。

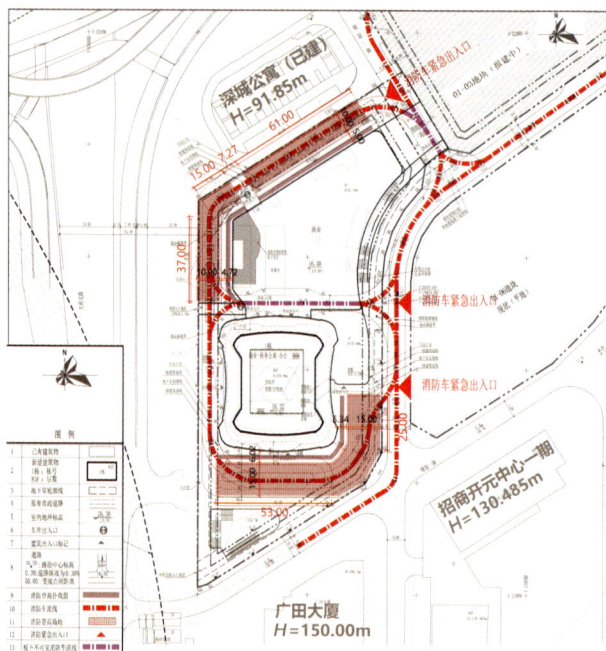

图 1.5-9 消防登高场地定位示意

而位于登高场地处的雨篷出挑宽度,则考虑扑救时的操作便利性,按照雨篷所在楼层的轮廓出挑不超过4m来控制。

2)核心筒设计

(1)疏散宽度与楼梯数量

① 设计现状

塔楼下部为商务公寓,上部为办公,商务公寓每层建筑面积均为2492.54m²,每层公寓40户。办公标准层最大建筑面积为2980m²,具体疏散要求见表1.5-5。

疏散要求　　　　　　　　　　表1.5-5

功能	层最大面积/m²	人员密度/(m²/人)	疏散人数/人	计算疏散宽度/m
商务公寓	2492.54	9	277	2.77
办公	2980	9	332	3.32

根据《加强性技术要求》，塔楼疏散楼梯的设置有较高要求：

第六条　除广播电视发射塔建筑外，建筑高层主体内的安全疏散设施应符合下列规定：

1　疏散楼梯不应采用剪刀楼梯；

2　疏散楼梯的设置应保证其中任一部疏散楼梯不能使用时，其他疏散楼梯的总净宽度仍能满足各楼层全部人员安全疏散的需要；

3　同一楼层中建筑面积大于2000m²防火分区的疏散楼梯不应少于3部，且每个防火分区应至少有1部独立的疏散楼梯。

②难点描述

对于超高层塔楼核心筒设计，楼电梯布局直接影响标准层的使用效率，如何在满足《加强性技术要求》基础上，尽量缩小核心筒体量，满足空间效率要求的同时避免因造型导致楼电梯在竖向的位置转换（若无法避免转换，应减少转换次数），这是考验设计师能力的地方。

③解决方式

结合核心筒高效需求，综合分析电梯分区、管井分布等实际情况，经比选发现，在满足相同疏散宽度的前提下，设置4部1.2m的疏散楼梯和3部1.6m的疏散楼梯，前者的标准层使用效率更高、占用建筑面积更小。同时，将4部楼梯均匀布置在核心筒的四个角部，完美地实现了整个楼层的疏散均好性需求，更好地保障了消防设计的安全性。

最终，塔楼楼梯设计为4部1.2m的双跑楼梯，疏散宽度为1.2m×4＝4.8m，当其中任一部疏散楼梯不能使用时，其他疏散楼梯的总净宽度为1.2m×3＝3.6m＞3.32m，满足疏散要求。

结合疏散楼梯，在核心筒西南角、东南角分别设1部消防电梯（载重1.6t、速度7m/s）、1部辅助疏散电梯（载重1.8t、速度7m/s），消防救援电梯对角线布置，进一步提升救援均好性。

同时受塔楼收分造型要求及在塔冠处开设洞口的限制，核心筒中部需释放空间，基于标准层的核心筒设计，消防电梯、辅助疏散电梯已设置在核心筒边缘，无需转换，可一次性升至八十一层上人屋顶，楼梯则须在七十四层避难层进行一次位置

转换，以满足造型需求，同时满足消防疏散要求（图1.5-10，图1.5-11）。

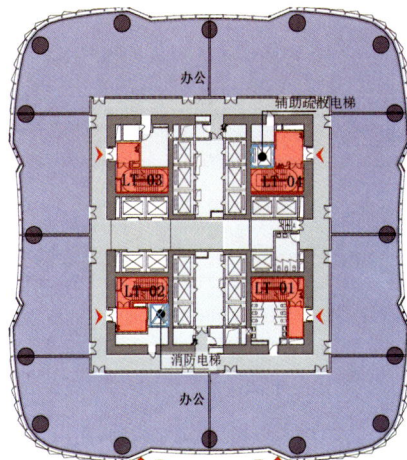

图1.5-10　办公标准层示意

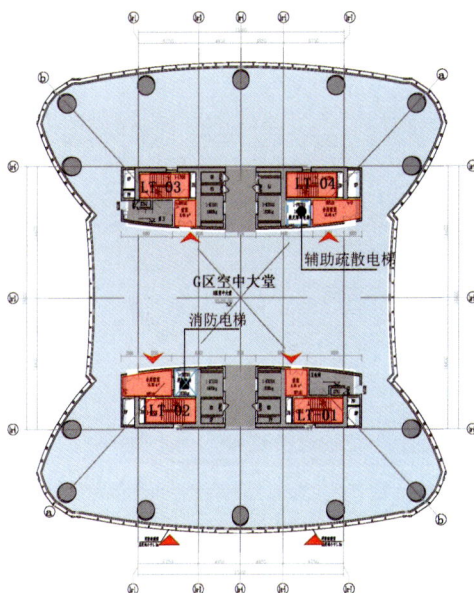

图1.5-11　七十五层平面示意（楼梯位置转换后）

3）首层大堂疏散

①设计现状

受功能空间限制，首层为办公、商务公寓等重要的大堂空间，地上、地下疏散楼梯在首层需经此空间疏散至室外。为尽量减少疏散楼梯对大堂空间的破坏，地下疏散楼梯应设置在核心筒内或结合空间布局设置。

地上4部疏散楼梯及地下设备房1-LT5需经大堂疏散至室外；另有地下设备房和车库疏散楼梯1-LT06需经首层大堂后再经过城市架空公共通道方

可到达室外，1D-LT03需通过城市架空公共通道后方可到达室外。

首层城市架空公共通道宽18m，长53m，净高5m；塔楼楼梯疏散至室外的距离不超过30m（图1.5-12）。

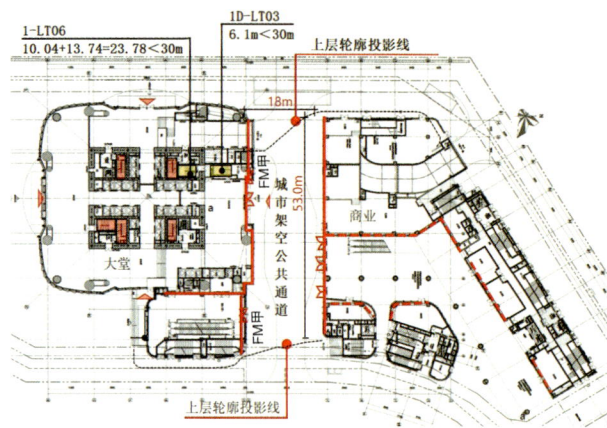

图1.5-12 首层平面示意

② 难点描述

核心筒疏散楼梯在首层经大堂后无法直通室外，需经架空空间到达室外；对此疏散路径，规范并未有明确约定。

③ 解决方式

大堂不设置任何可燃物，防烟楼梯间前室在首层予以保留，大堂做排烟设计。

城市架空公共通道两侧均为"防火墙+甲级防火门（常开）"，将塔楼与副楼进行完全分隔（架空层设置喷淋、烟感设施，同时考虑自然排烟）；

城市架空公共通道不设置任何功能（除车辆通行外），以最大限度降低火灾荷载，提高消防安全性。

1D-LT03自前室门起计，经大堂和架空通道至室外的距离控制在30m以内。

4）层间封堵

设计现状：

建筑上下层窗边着火点的烟火向上蔓延的可能性和破坏性极大。《加强性技术要求》规定，塔楼主体在建筑外墙上下开口之间设置高度不小于1.5m的不燃性实体墙，且在结构楼板上的高度不小于0.6m。

解决方案：

层间封堵在板上的反坎高度对于室内空间效果的影响，如何有效利用，将规范壁垒转化为设计可利用条件，将不利变为有利，是解决问题的思路。

塔楼的防火反坎结合幕墙护窗栏杆的需求，将板上反坎高度调整至不小于0.8m（大于规范0.6m要求），加上梁高0.8m，做到建筑外墙上下开口之间设置高度不小于1.6m的不燃性实体墙的加强措施，既可解决消防问题，又可兼顾防护安全，通过统筹立面菱片错缝的效果，形成相对良好的室内、室外效果（七十九层、八十层板上高度为0.8m）（图1.5-13）。

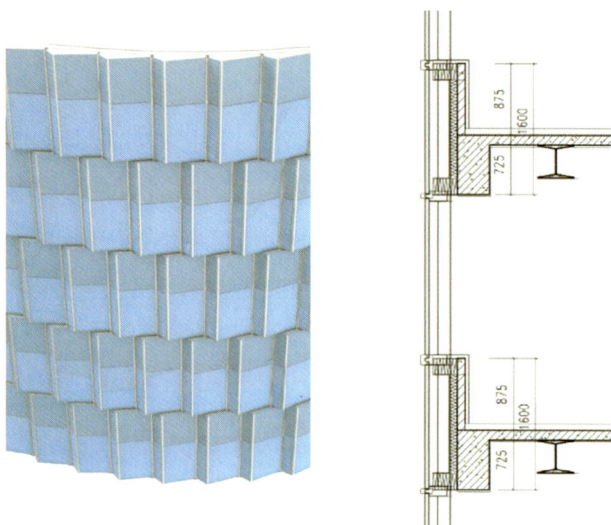

图1.5-13 塔楼公寓层间封堵墙身示意

5）建筑层数及救援联系电梯设置

① 设计现状

超高层塔楼屋顶设有较多的设备机房、水箱，以及出屋面的楼电梯等。对于本项目，塔楼整体在塔冠处形成收分，屋顶面积较其他楼层小，形成八十一层上人屋面的核心筒及机房面积大于屋顶面积1/4，导致八十一～八十三层形成自然层（八十一层为设备机房层、上人屋面；八十二层为消防水泵房、机房层；八十三层为消防水池、机房层）（图1.5-14～图1.5-16）。

② 难点描述

对照规范要求，八十一层至八十三层从设备层转变为自然层计入建筑高度后，原本设计的消防电梯、辅助疏散电梯受高速电梯冲顶高度、设备机房体量、直升机停机坪等因素限制，仅能到达八十一层，无法满足消防电梯层层到达的规范要求。

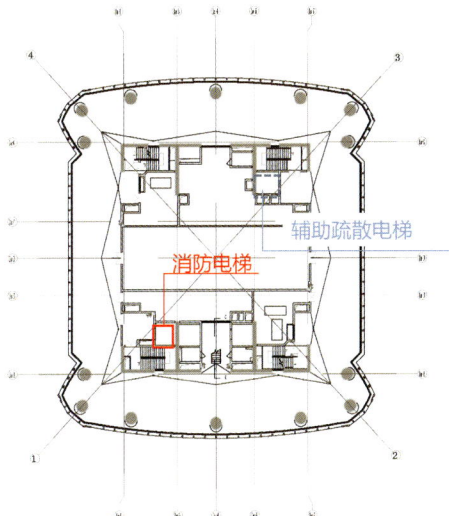

图 1.5-14 八十一层平面图

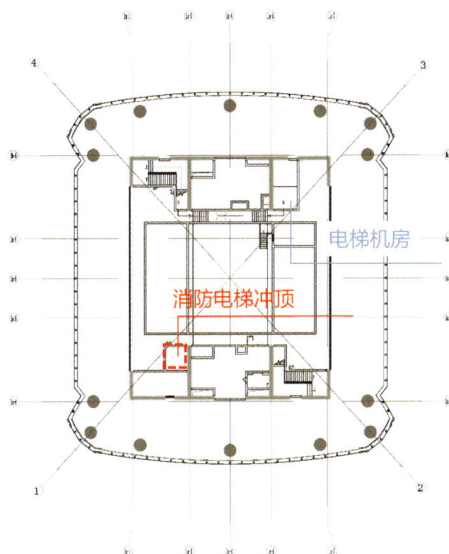

图 1.5-15 八十二层平面图

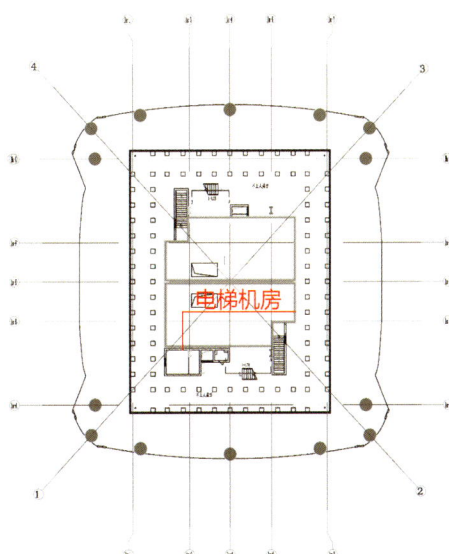

图 1.5-16 八十三层平面图

③ 解决方案：

对八十一～八十三层的功能使用要求及消防措施予以加强：八十一层屋顶空间不设置可燃物，仅用于临时疏散、设备检修；八十一层、八十二层、八十三层及停机坪平时不使用，仅在紧急疏散及检修时，人员可到达；八十一层、八十二层、八十三层均设置不少于2部疏散楼梯。

为更好地衔接八十一层屋面与直升机停机坪之间的联系，根据专家组评审意见，在八十一层消防电梯与屋顶救援平台之间增设联系电梯（图1.5-17，图1.5-18）。

图 1.5-17 停机坪专用电梯

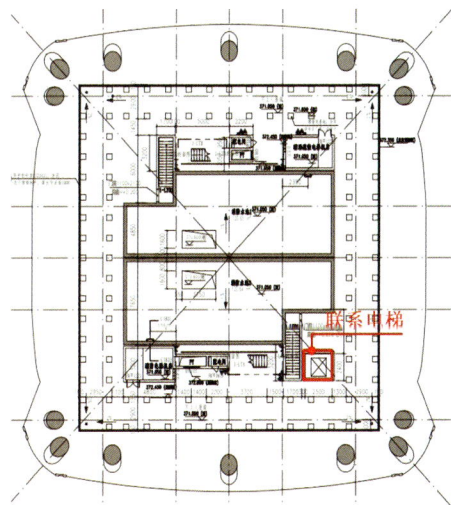

图 1.5-18 停机坪联系电梯

6）主体构件耐火等级及特殊构件耐火等级认定

① 设计现状

根据《加强性技术要求》第二条，超高层的塔楼各构件耐火极限及做法见表1.5-6。

各构件耐火极限及做法　　表 1.5-6

构件类型	耐火极限/h	防火材料做法
承重柱（包括斜撑）、转换梁、结构加强层桁架	4.00	建筑中的承重钢结构，当采用防火涂料保护时，采用厚涂型钢结构防火涂料
梁以及与梁结构功能类似构件	3.00	
楼板和屋顶承重构件	2.50	

整体塔楼主体受力构件严格按照上述要求执行和控制。

难点描述：

塔楼的塔冠是项目的亮点，在七十五层顶部形成洞口，成为整个塔楼的聚焦之处。塔冠洞口区域，因造型需要，七十五层空中大堂的采光顶采用了钢网壳结构。

按照《加强性技术要求》，钢网壳结构若作为主体构件，耐火极限为 4.00h。经与结构专业确认，钢网壳从受力角度，不参与主体结构受力，为纯幕墙构件（图 1.5-19）。

图 1.5-19　塔冠处采光顶效果图

同样，因造型需要，在八十一层屋顶之上设置有高约 15m 的幕墙，主体钢管柱升起至幕墙顶作为幕墙的受力支撑构件。屋顶八十一层以上钢管柱为室外柱；经与结构专业确认，此处钢管柱为屋顶幕墙支撑构件，不参与主体结构受力（图 1.5-20，图 1.5-21）。

解决方案：

七十五层采光顶钢网壳结构及屋顶八十一层以上室外钢柱均为幕墙支撑结构，参照《建规》，幕墙为非承重外墙，其耐火性能取值为 1.00h；考虑屋顶为上人屋面，一旦发生火灾，构件受损可能对

下方结构或人员造成不利影响，经专家评审会评定，以上两个位置的钢网壳、钢管柱耐火极限按照耐火极限 3.00h 进行设计。

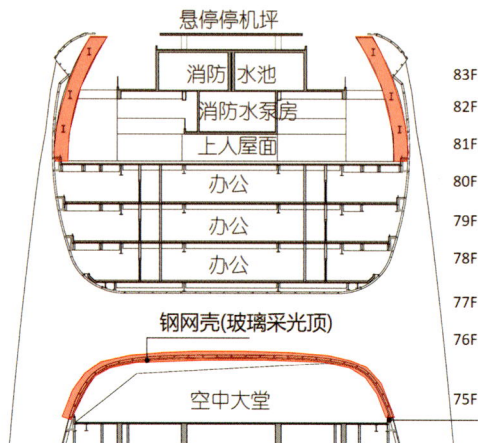

图 1.5-20　塔冠剖面示意

图 1.5-21　塔冠剖切位置示意

1.5.4　塔楼与副楼、地下空间的防火分隔

1）塔楼与其投影范围的地下空间的防火分隔设计

设计现状及难点描述：

超高层塔楼投影下方地下室空间主要功能为机动车库及设备房，按照《加强性技术要求》，塔楼投影下方地下室空间与周边空间需进行防火分隔，控制可能产生的火灾蔓延范围，同时降低塔楼投影下方地下室空间的火灾荷载。

塔楼主体投影范围内的地下室与整体地下室空间功能存在一定的连续关系，地下车库及设备房需

要通过塔楼核心筒楼梯疏散至首层室外，故塔楼投影范围内的地下室区域未在塔楼核心筒周围设置环形走道。同时考虑车库车道通行要求，须在防火分隔位置上采用防火卷帘的方式满足使用需求。

解决方式：

（1）对塔楼投影下方地下空间进行了消防加强措施：

塔楼投影范围内的各层地下室不设置人员密集场所，人员不做长期停留，仅设置设备房、停车库及楼电梯厅等空间；

地下一层地下商业和城市公共通道与塔楼投影范围用防火墙进行完全分隔（辅助电梯前室门为甲级防火门）；

塔楼投影范围地下车库的墙面、地面、顶棚装修材料全部使用A级装修材料；

塔楼投影范围所有门均为甲级防火门；

塔楼投影范围地下车库不设置充电桩车位；

塔楼投影范围地下空间内的承重柱、梁、楼板等建筑构件的耐火极限均按照《加强性技术要求》执行。

（2）在做好消防加强措施基础上，考虑受设备房及车库布局限制，防火分隔的轮廓与塔楼投影边界存在一定的扩大，结合平面设计，地下一层在塔楼投影附近与其他区域之间以防火墙＋双层甲级防火门的形式进行分隔（如图1.5-22紫色线区域）。

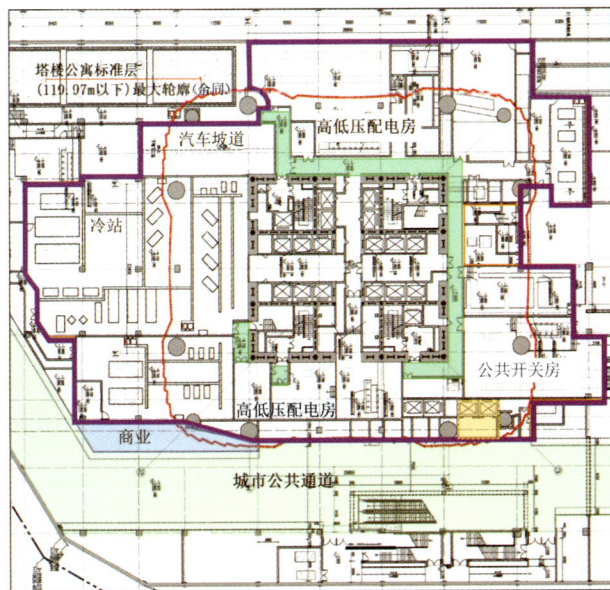

图1.5-22　地下一层局部平面图

地下二层～地下四层均为车库及少量小型设备房，在塔楼投影范围附近设置防火墙＋防火卷帘（车道处）、前室的方式与其他空间进行分隔（如图1.5-23）。

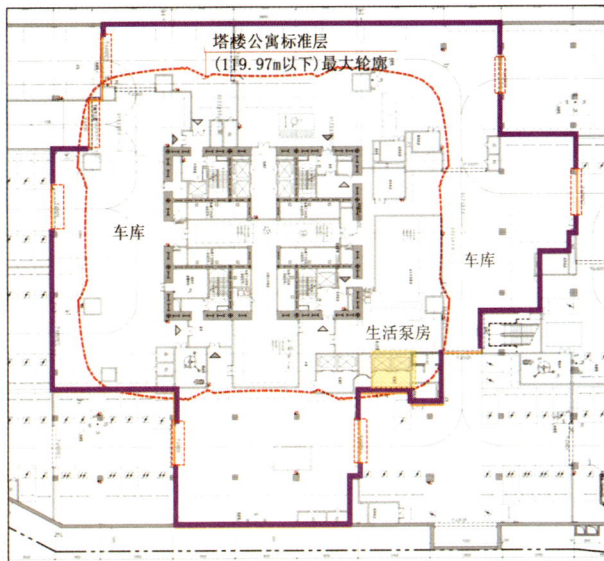

图1.5-23　地下二层局部平面图

（3）在专家评审会时，专家意见提出"地下车库与塔楼核心筒相连通的口部应采用防火隔间进行分隔"，进一步加强分隔力度，但采用防火隔间后，核心筒电梯厅出入口的昭示性会受到一定的影响。这是建筑师与室内设计师后续需要着力破解的难题（图1.5-24）。

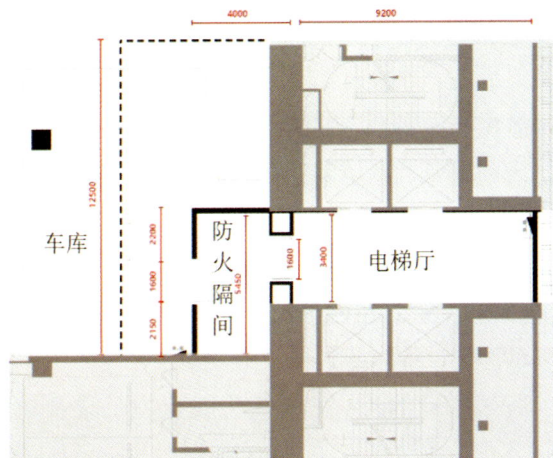

图1.5-24　地下室电梯厅防火隔间平面示意

因车库空间限制，通过外扩玻璃盒子形成扩大电梯厅和改善电梯厅通透的方式不具备落地性；经过多轮探讨，设计师选择了将电梯厅室内吊顶设计延伸至车库空间，使得停车后的人群可以通过吊顶和灯光的引导，快速识别电梯厅的位置；同时将防火门改为玻璃防火门，让电梯厅的暖色调灯光外溢，以及实体墙面的石材装饰和大号标识改善整体空间的体验（图 1.5-25）。

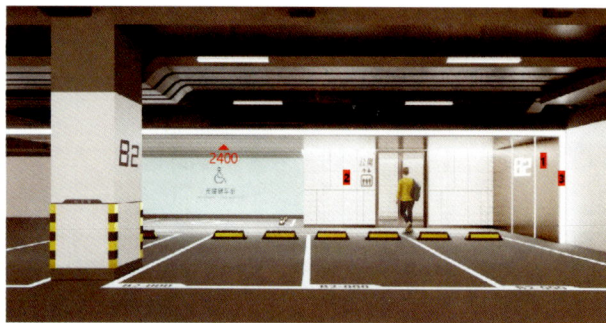

图 1.5-25　地下室电梯厅防火隔间室内示意

2）塔楼与副楼的防火分隔设计

本项目超高层塔楼与副楼是紧密相连的，副楼高度超过 24m，达到 31.44m。

在做好超高层塔楼消防的基础上，对塔、副楼之间进行有效防火分隔，是综合体设计中降低火灾蔓延，减少塔楼、副楼火灾影响的基本消防设计思路。

疏散路径方面，塔楼与副楼之间的疏散各自独立。

应城市规划要求，本地块塔楼与副楼之间在一层设有城市架空公共通道，供市民 24 小时通行。天然形成塔、副楼在首层的物理分隔。

塔楼一层主要功能为大堂，副楼主要功能为商业。为确保塔、副楼之间的有效防火分隔，在城市架空公共通道两侧均设置防火墙＋甲级防火门进行分隔（如图 1.5-26），通道吊顶设置烟感和自动水喷淋。同时城市公共通道区域不设置任何功能，仅供车辆通行，加强此区域的消防安全。

塔楼区域的二、三层为大堂上空及设备机房（图 1.5-27，图 1.5-28）；四层为健身房；五层为避难层，副楼各层为商业及影院。塔楼与副楼之间在各层均设置防火墙或防火墙＋双层甲级防火门，或前室或防火隔间进行完全分隔，在保证正常联通需求基础上，做好塔副楼的防火分隔。

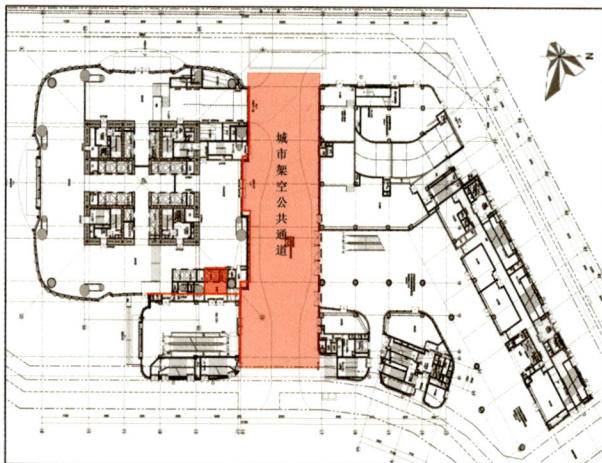

图 1.5-26　一层平面图

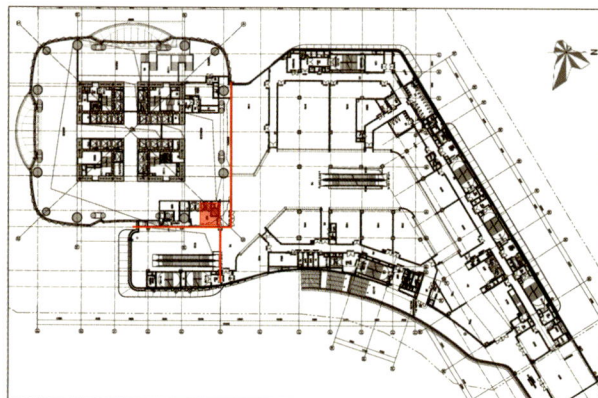

图 1.5-27　二层平面图

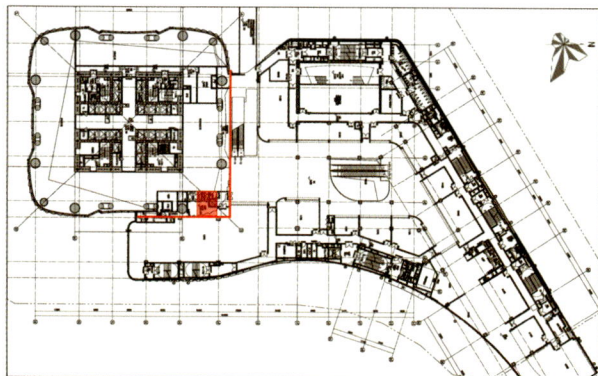

图 1.5-28　三层平面图

1.5.5　副楼的消防设计

01-01 地块副楼与塔楼相连，副楼的消防原则是参照《加强性技术要求》进行消防措施加强设计。

1）总图设计

副楼的消防登高场地设在西北侧，扑救场地的长度不小于裙楼建筑周长的 1/4 且不小于一个建筑长边。登高场地宽度按 10m 设计（图 1.5-29）。

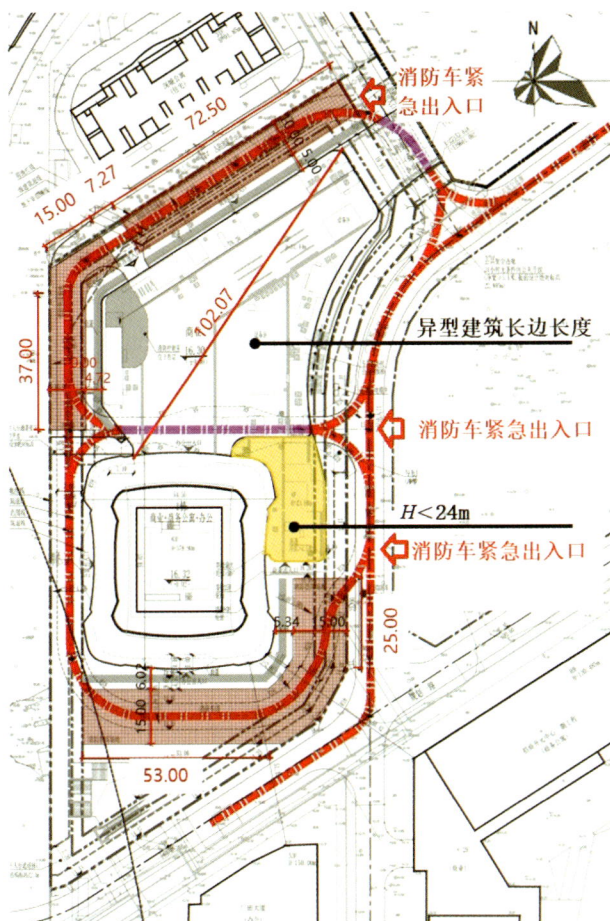

图 1.5-29　项目总图消防设计示意

2）副楼的首层架空层设计及中庭设计

设计现状：城市规划要求，项目需设置不小于 1240m² 的首层架空公共开放空间，且此空间不得有机动车辆通行。在项目用地紧张的现状下，设计团队结合首层商业空间设计，将商业面客区域的人流交通空间全部释放、架空形成半室外空间。

商业副楼通过中庭形成主要人流动线。副楼与塔楼二至四层相连，规划定义为同一栋楼。考虑超高层塔楼的安全性，经与审批部门多轮沟通，副楼的消防设计原则上需参照《加强性技术要求》执行。中庭的防火卷帘应用，需做出相应的加强措施并进行专家评审。

难点描述及解决方式：

首层架空空间的安全定性，在规范中未有明确定义。首层商业疏散时均采用后疏散的原则，避免穿越架空空间疏散。

面向架空公共空间的商铺店面采用普通玻璃＋特级防火卷帘处理的防火分隔方式，同时在架空空间设置自动喷淋及烟感设施，进一步提升架空空间的安全性（图 1.5-30）。

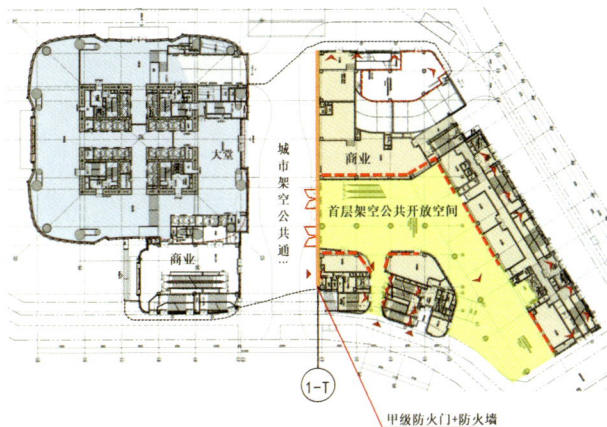

图 1.5-30　首层架空公共空间消防设计示意

副楼中庭店铺门口采用防火卷帘与中庭进行防火分隔，副楼的承重柱、梁、楼板等建筑构件的耐火极限均按照《加强性技术要求》执行；副楼的消防疏散设计及层间封堵均予以加强，以提升整个副楼的消防安全措施。

3）副楼的疏散设计

疏散楼梯：

参照《加强性技术要求》，副楼各层均可保证在室内任一部疏散楼梯不能使用时，其他疏散楼梯的总净宽度仍能满足各楼层全部人员安全疏散的需要。考虑地上总商业面积约 23000m² 的疏散压力，在副楼内采用了剪刀楼梯（按照一个安全出口计，仅计算疏散宽度），以改善有限用地空间的商业效率。

副楼所有疏散楼梯均为防烟楼梯，按照规范要求，机械排烟的防烟楼梯需设置固定扇，且在首层尽量直通室外。为此，本项目副楼疏散楼梯均靠外墙设置，一方面有利于消防高效疏散，另一方面将狭小的用地空间，尽量释放给商业营业厅及中庭，提升其使用效率（图 1.5-31）。

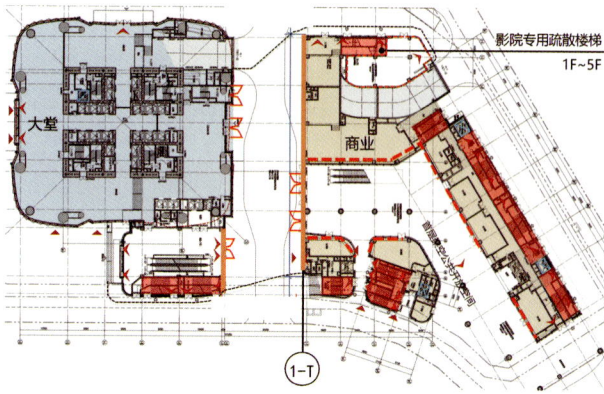

图 1.5-31　副楼疏散楼梯设计示意

消防电梯与辅助疏散电梯：

副楼每个防火分区设有一部消防电梯，每层设一部速度为 1.75m/s 的辅助疏散电梯（5 层电影放映廊除外），以提升副楼的消防救援能力。

4）副楼的层间封堵

副楼的层间封堵设计，参照《加强性技术要求》第九条：

在建筑外墙上、下层开口之间应设置高度不小于 1.5m 的不燃性实体墙，且在楼板上的高度不应小于 0.6m；当采用防火挑檐替代时，防火挑檐的出挑宽度不应小于 1.0m、长度不应小于开口的宽度两侧各延长 0.5m。

结合副楼立面设计及走道疏散的流线要求，副楼在建筑外墙上下层开口之间设置高度不小于 1.5m 不燃性实体墙，板上高度按照不小于 0.8m 设置，兼顾解决安全防护要求，同时，对外立面的造型未产生不利影响（图 1.5-32）。

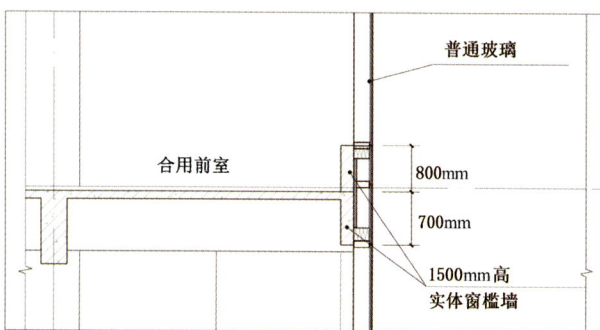

图 1.5-32　层间封堵墙身示意

副楼部分楼层设有城市公共通道外廊，天然形成出挑空间，充分利用外廊作为防火挑檐，完美解决防火层间封堵的问题（图 1.5-33）。

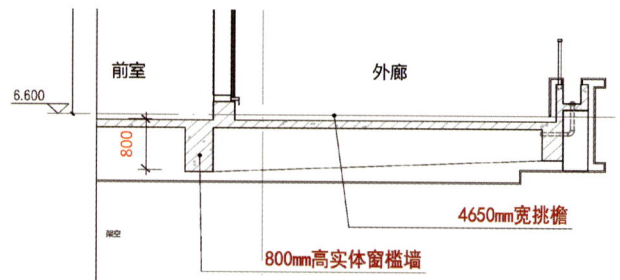

图 1.5-33　副楼利用外廊作为防火挑檐墙身示意

5）副楼地上商业与地下商业的联通

设计现状及难点描述：

项目规划条件明确设有地上商业和地下商业的面积要求，从商业运营及人流引导上，地下商业及地上商业势必需要设置必要的中庭或扶梯连通（楼电梯的连通参照消防要求设置）。

从规划角度，因地下商业的前场客流交通空间具备城市公共通道的开放属性，认定为核增面积，故其设置在公共通道上的扶梯在首层也将与同属核增的架空公共空间相连，形成属性闭环。

从消防角度讲，地下商业（城市公共通道）通过扶梯与地上首层架空空间联通，同时，扶梯继续串联与地上二至四层的室内中庭空间联通，其消防空间与商铺之间需要做好防火设计。

解决方式：

将扶梯串联的各空间按照一个防火单元的概念进行消防设计，将其整个空间与其他商业区域用防火卷帘或防火墙＋防火门的方式进行防火分隔。

地下商业扶梯处设置防火卷帘，将扶梯纳入地上防火单元，首层架空开放空间同样与商铺之间设置防火卷帘（局部非面客区域采用防火墙）进行分隔，二至四层按照中庭的要求进行防火分隔。

1.5.6　项目整体消防加强措施

从整体消防思路上，项目着眼整体，以加强防火分隔、便利消防扑救、降低火灾荷载为目标，在既有规范要求下，结合项目的实际情况，在总图上设置了 7m 宽的消防车道，消防车通行的架空空间高度按照不低于5m的要求进行控制，同时，在塔楼避难层的人员密度取值上也提高了要求，按照4人/m²进行考虑。

地下车库区域，地下充电桩车库及普通机动车库均采用泡沫－水喷淋系统；

另外，项目设备、结构专业设计均严格执行和满足《加强性技术要求》的规定，且塔楼前室、合用前室按照避难层分段设计防烟系统，避难层内的排烟机房与空调机房分别设置，以确保项目在设计过程中将消防风险降至最低。

1.6 深圳福田湾区智慧广场

深圳市建筑设计研究总院有限公司 章海峰 吴 超 洪 波

1.6.1 项目概况

工程名称：深圳福田湾区智慧广场（图1.6-1）

建设单位：深圳市福田福华建设开发有限公司
华润（深圳）有限公司（代建）

设计单位：深圳市建筑设计研究总院有限公司

施工单位：中建三局建设工程股份有限公司

消防顾问单位：斯美特安全技术顾问有限公司

消防验收单位：深圳市住建局消防验收科

项目性质：商业办公大楼

用地性质：商业性办公用地

建筑规模：超高层建筑

用地面积：1.3 万 m^2

总建筑面积：23.5 万 m^2

地上建筑面积：20.42 万 m^2

地下建筑面积：3.07 万 m^2

图 1.6-1 深圳福田湾区智慧广场

建筑容积率：15.64

覆盖率：50.22%

建筑高度：308m

建筑层数：地上66层，地下4层

防火等级：一级

建筑结构安全等级：一级

抗震设防烈度：7度

主要结构类型：钢管混凝土柱框架 - 核心筒

设计特点：建筑高度大于250m，在按照《建筑设计防火规范》GB 50016—2014（2018年版）等现行规范设计基础上，按照《建筑高度大于250米民用建筑防火设计加强性技术要求（试行）》（公消〔2018〕57号）的相关要求进行防火设计。

设计时间：2019年

深圳福田湾区智慧广场是一栋由政府在城市更新地块上兴建的科技产业地标，与都市林立的反映资本力量的超高层地标不同，它矗立于枢纽与公园、城市与未来之间，承载了政府对深圳未来城市发展的期望和抱负。大厦的形象希望能反映出当下深圳的城市精神和深圳人对未来的美好期望：发展没有极限，未来绚丽绽放（图1.6-2）。

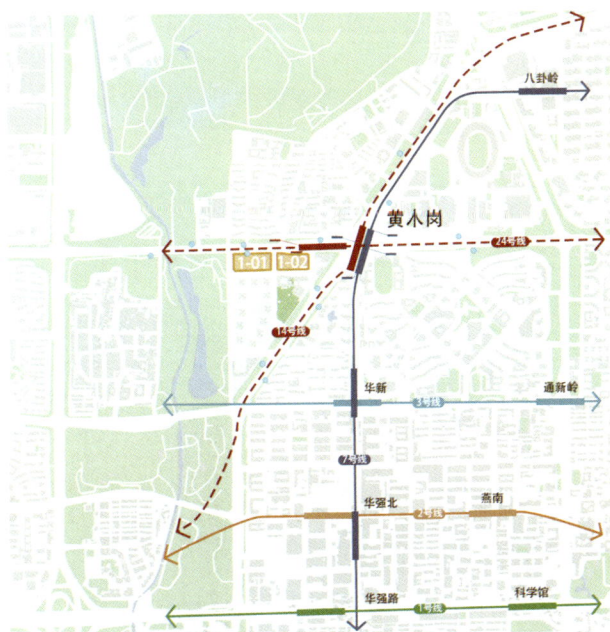

图1.6-2 深圳福田湾区智慧广场项目区位示意图

深圳福田湾区智慧广场超高层办公楼位于华富

村东、西区旧住宅区改造项目01-02地块内，坐落于深圳市福田区，用地西侧为深圳中心公园，东北侧为深圳体育中心，紧邻笋岗西路和华富路交汇处。

超高层办公塔楼坐落于基地东侧，人才公寓位于基地西北侧，场地北侧裙房为购物中心。东侧规划为公园和城市广场，以外向型的姿态向城市周边打开，提供一个大型的开放绿色空间，同时与北侧沿城市道路的绿化带融为一体，延伸至西侧的城市中心公园。用地北邻笋岗西路，南、东、西三侧均为用地规划道路，是整个旧改项目的昭示所在。建筑主体北望笔架山公园，西邻深圳中心公园，具有一流的城市景观资源（图1.6-3）。

塔楼从下至上采用符合黄金比例分段的立面曲线，从地面升至天空，呈现出富有弹性及生命力的自然生长之势，无限生长，无限绽放，用建筑语言完美诠释"绽放"这一概念。这些向上的曲线在建筑形象上行云流水，道法自然，如风升云起象征着深圳包容开放的时代精神；同时，作为结构的巨柱，随体形向上密度逐渐降低，更加契合超高层建筑的力学特性，形体更加稳定。未来这里将容纳来自四海八方的年轻人，带着他们的事业和梦想，无限上升，绚丽绽放。

深圳福田湾区智慧广场占地面积约13053m²，总建筑面积235053m²，超高层办公塔楼设4层地下室，地上66层。地上建筑面积为204253m²，地上1栋主塔超高层办公楼，建筑总高度358m，为商业办公大楼；2栋副塔为52层的人才公寓，建筑总高度173m。裙房为4层商业。

深圳福田湾区智慧广场超高层办公楼平面随立面造型变化呈十二边或六边对称规则变化，主体塔楼共66层，功能为商业性办公。首层设办公大堂（设有地下一层夹层办公大堂），东侧局部3层通高，西侧局部2层通高，三～四层与裙房商业连接，五层为局部架空层，六层及以上为办公，其中十、二十一、三十二、四十三、五十四层、六十四为避难层，三十一为设备层，三十三、三十四层为空中大堂层，天面设有直升机救援平台（图1.6-4）。

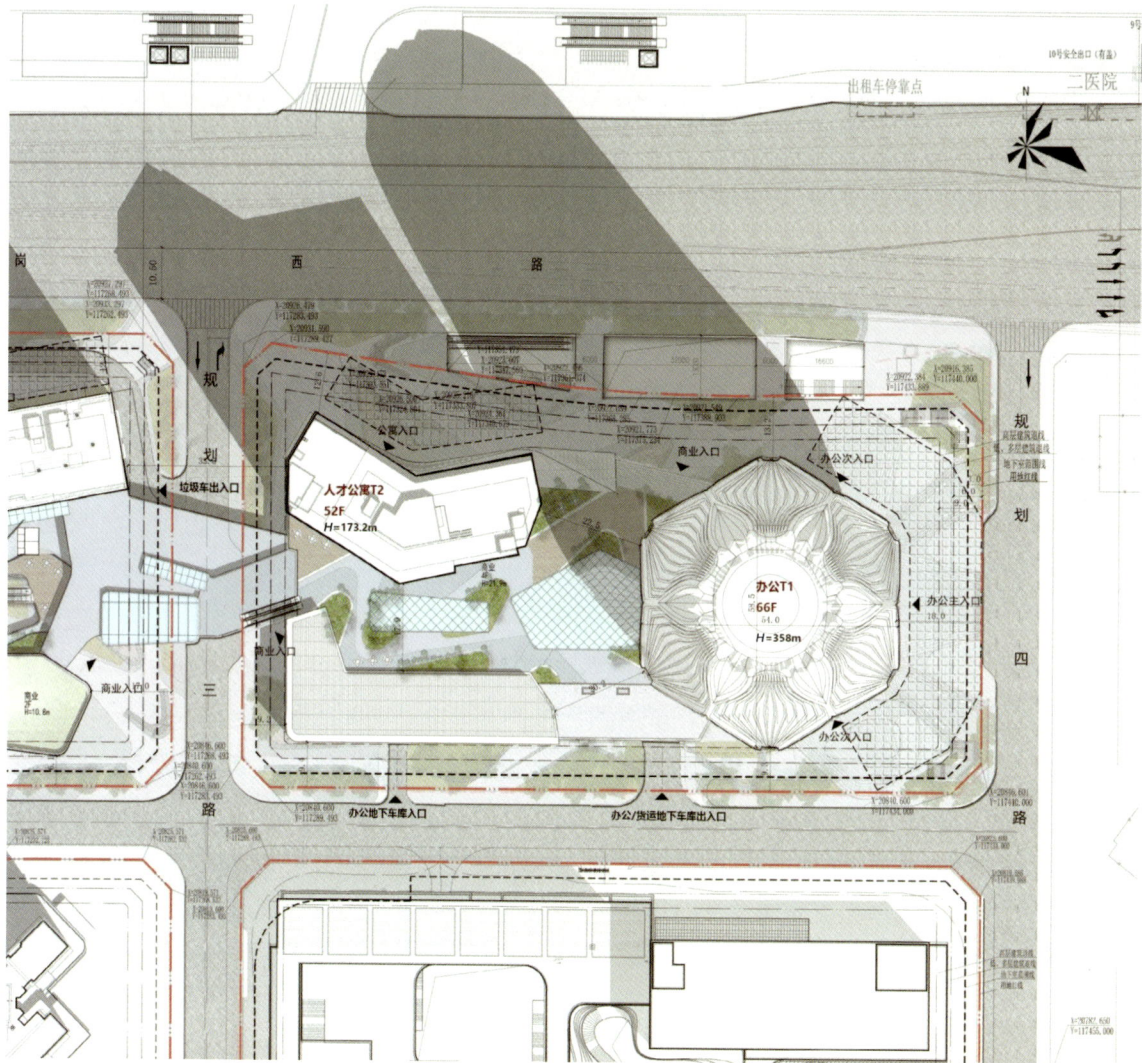

图 1.6-3　深圳福田湾区智慧广场项目总体规划

图 1.6-4　深圳福田湾区智慧广场效果图

1.6.2 消防设计依据及进程

1）项目里程碑

2018 年 深圳市政府确定华富村旧改开工

2019 年 深圳市建筑设计研究总院有限公司设计方案通过

2020 年 主体施工图设计完成，开始施工

2）消防设计依据

深圳福田湾区智慧广场超高层办公楼设计标准为一类高层建筑，一级耐火等级，主要设计依据和参考规范如下：

《建筑设计防火规范》GB 50016—2014（2018年版）

《建筑高度大于 250 米民用建筑防火设计加强性技术要求（试行）》（公消〔2018〕57 号）（以下简称《加强防火要求》）

《办公建筑设计标准》JGJ/T 67—2019

《商店建筑设计规范》JGJ 48—2014

《电影院建筑设计规范》JGJ 58—2008

《车库建筑设计规范》JGJ 100—2015

《汽车库、修车库、停车场设计防火规范》GB 50067—2014

《建筑内部装修设计防火规范》GB 50222—2017

《建筑防烟排烟系统技术标准》GB 51251—2017

《建设工程消防设计审查验收管理暂行规定》（住建部第 51 号令）

3）消防设计进程

2019 年 4 月 确定项目规模定位

2019 年 12 月 梳理消防设计难点

2020 年 5 月 消防顾问提供解决策略

2020 年 7 月 准备上会文件

2020 年 7 月 省厅专家评审申请

2020 年 9 月 专家评审论证会

2020 年 12 月 评审意见及回复

2021 年 1 月 消防报建通过

1.6.3 基本消防设计

1）总平面设计

项目红线内设有环形消防车道，消防车道设两个出入口与市政道路连通，净宽度不小于 4.5m，转弯半径大于等于 12m，能够满足消防车通行要求。消防车道距离大部分首层外墙不小于 3m，车道上方有二层连桥部分，下部净高不小于 5m，满足消防车通行要求。消防车道和救援操作场地下面的结构、管道和暗沟等，能承受不小于 75t 的重型消防车驻停和支腿工作时的压力。消防车道最大纵坡度不超 8%。

消防车登高操作场地对应的建筑物一侧范围内设有直通室外的楼梯或直通楼梯间的入口。沿场地外墙在每层适当位置设置可供消防救援人员进入的窗口，消防救援窗净高度和净宽度均不应小于 1.0m，下沿距室内地面不大于 1.2m，间距不大于 20m，每个防火分区不少于 2 个，并在室外设置易于识别的明显标志。消防车登高操作场地与建筑物之间不设置妨碍消防车操作的架空高压线、树木、车库出入口等障碍（图 1.6-5）。

1 栋超高层办公楼，建筑高度 358m，按《防火加强要求》设计，消防登高场地的长度不应小于建筑周长的 1/4 且不应小于一个长边的长度，并应至少布置在两个方向上，消防车登高操作场地的长度和宽度分别不应小于 25m 和 15m。

2 栋超高层公寓建筑高度 173m，按规范设置消防登高场地。裙房高度不超过 24m，建筑单体之间距离满足防火间距要求。

2）地下室

地下室共 4 层，其中地下一、二层为商业及部分设备用房，地下三、四层为机动车库和设备用房。地下室均设有火灾自动灭火系统，地下商业每个防火分区均不大于 2000m²，地下车库因设置有充电设施，每个防火分区不大于 2000m²，设备用房每个防火分区不大于 2000m²。地下商业按规范要求计算的疏散宽度设置疏散楼梯，每个分区大于两部，地下车库及设备用房每个防火分区安全出口不少于 2 个。

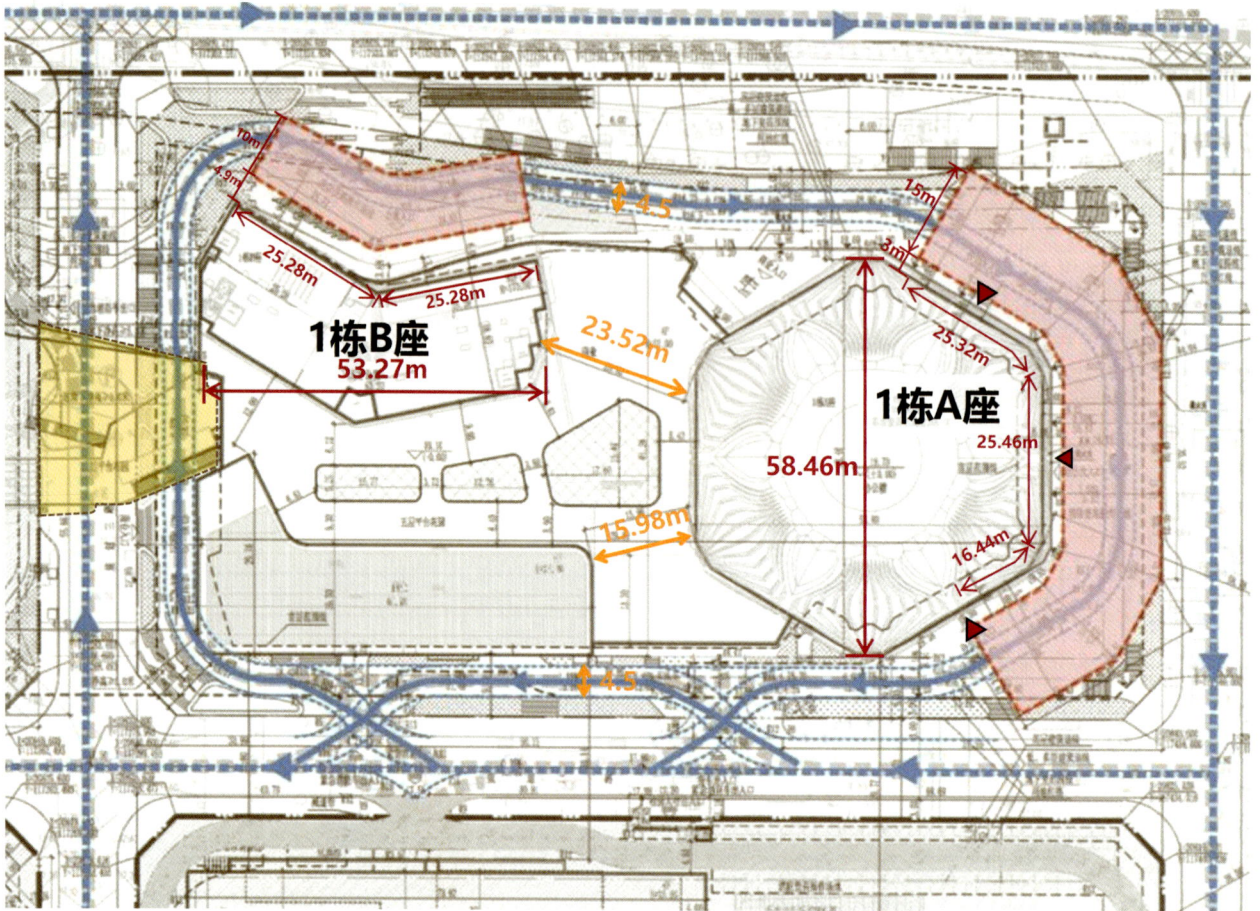

图 1.6-5　总平面消防扑救场地示意图

3）裙房

裙房共 4 层，建筑高度 23.95m。规划功能为商业（含电影院等功能）。裙房各层设火灾自动灭火系统，商业每个防火分区均不大于 4000m²，电影院区域每个防火分区均不大于 3000m²。商业按规范要求计算疏散宽度设置疏散楼梯，每个分区大于两部；电影院按使用人数设置疏散楼梯，且每个防火分区设一部独立的疏散楼梯，不与其他楼层共用。

4）塔楼

1 栋塔楼共 66 层，建筑高度 308m（含塔冠高度 358m）。除裙房部分外五层以上均为办公。塔楼每层面积均不超过 3000m²，每层设一个防火分区。按《防火加强要求》，每层办公设 3 部疏散楼梯，1 部消防电梯，1 部辅助疏散电梯。

5）避难层

1 栋塔楼共设有 6 个避难层，分别为十、二十一、三十二、四十三、五十四、六十四层，第一个避难层（十层）距离室外地面小于 50m。

通向避难层的疏散楼梯在避难层分隔，避难空间与其他区域用防火墙及甲级防火门分隔开，避难区对应位置外幕墙处内衬防火墙，开乙级防火窗。按《防火加强要求》，避难区净面积满足设计避难人数的要求，按不小于 0.25m²/ 人计算。

1.6.4　特殊消防设计

深圳福田湾区智慧广场办公塔楼为大于 250m 的超高层办公建筑，需按防火加强要求进行设计，无疑存在各种消防设计难点。

1）塔楼体形变化带来的消防扑救场地的布置设计

由于深圳福田湾区智慧广场办公楼体形的多变，该项目的消防车登高操作场地以建筑最大面积平面轮廓的投影线为建筑外边界去设置。

1栋塔楼的消防车登高场地连续布置在建筑东侧广场，长度不小于建筑周长的1/4且不小于一个长边的长度，并且布置在东北、东南两个方向上。消防车登高操作场地对应在建筑的第一个和第二个避难层的避难区外墙一侧设置，距离建筑首层外墙大于等于5m，距建筑最大平面轮廓的投影线大于等于3m，场地宽度15m。同时，建筑物与消防车登高场地相对应范围内，设有直通室外的楼梯间入口及消防电梯入口（图1.6-6）。

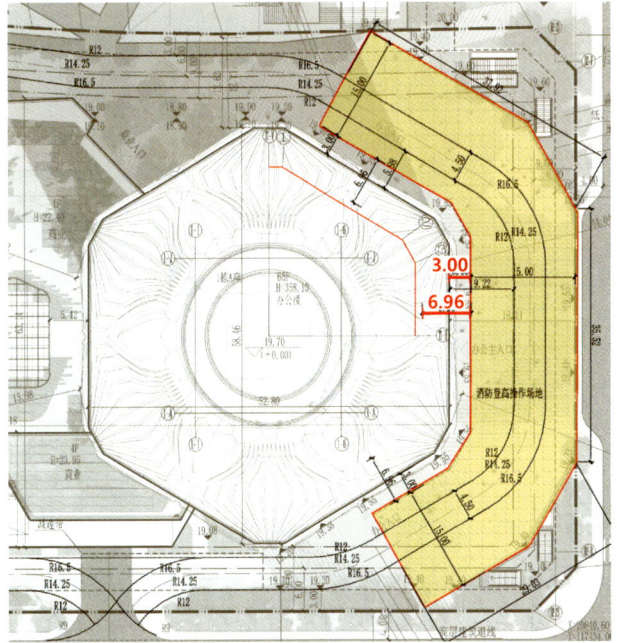

图 1.6-6　塔楼消防扑救场地示意图

2）塔楼内空中大堂通高部分的环形走道防火分隔设计

办公塔楼三十三、三十四层设置空中大堂，该区域利用大堂作为环形走道，采取以下加强措施（图1.6-7）：

（1）大堂仅用于人员通行，且采用不燃材料装修；

（2）大堂与周边功能房间采用耐火极限不低于2.00h的防火隔墙及甲级防火门进行分隔；

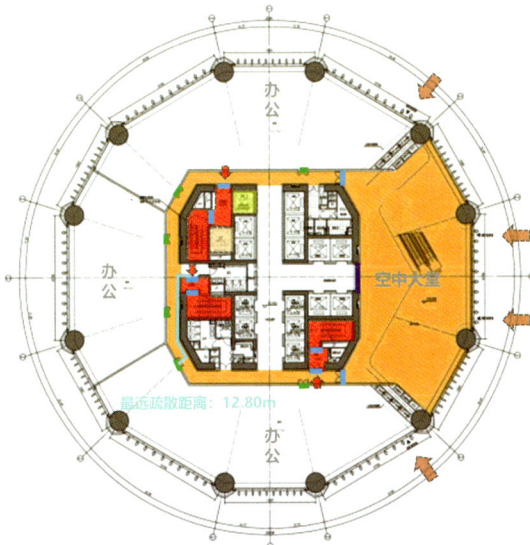

空中大堂下层平面图
本层防火分区面积：2263.09m²

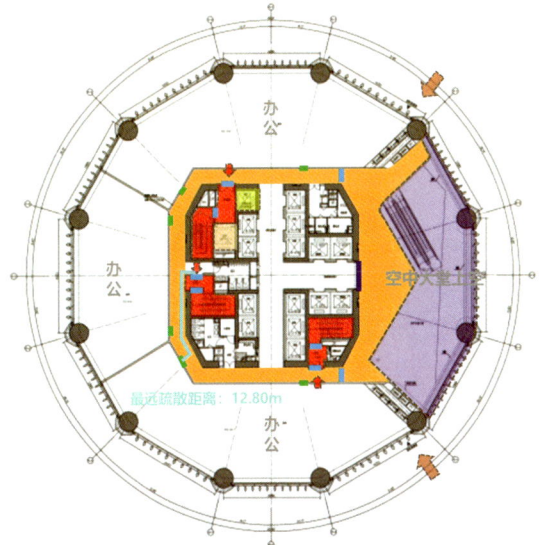

空中大堂上层平面图
本层防火分区面积：2003.26m²

安全疏散距离	特级防火卷帘	安全出口	辅助疏散电梯
甲级防火门	环形疏散走道	消防救援窗	疏散楼梯及前室
乙级防火门		消防电梯	大堂上空

图 1.6-7　空中大堂通高部分环形走道防火分隔

（3）大堂的上层挑空处不设置卷帘等进行分隔，但在上层和下层的走道、电梯厅面向挑空处一侧设置甲级防火门和耐火极限不低于3.00h的特级防火卷帘进行分隔。

3）采用双轿厢电梯时首层及夹层双大堂的防火分区及疏散设计

办公塔楼首层大堂与地下一层夹层大堂因设置双轿厢电梯，需要设置2处扶梯孔洞以满足使用功能要求，扶梯孔洞周边不设置卷帘分隔。此外，首层大堂防火分区面积1590.82m²，地下一层夹层大堂防火分区面积965.49m²，合计防火分区面积2556.31m²，因此，按地上防火分区面积不大于3000m²设置为一个防火分区，且按照以下加强措施开展消防设计：

首层及地下夹层大堂仅作为人员通行空间，无可燃物，且采用不燃材料装修；

首层大堂与周边区域之间采用防火墙及甲级防火门进行分隔，地下夹层大堂与同层其他区域之间采用防火墙及甲级防火门分隔（图1.6-8）；

地下一层夹层在东侧设置了两组与地下一层连通的扶梯，该扶梯在地下一层与同层其他区域之间设置3.00h防火隔墙和甲级防火门进行分隔（图1.6-9）。

4）塔楼投影的认定及下方地下室的防火设计

本项目地下室在按照《防火加强要求》进行消防设计时遇到问题。本塔楼地上体形渐变，不同高度的主体轮廓线不同，规范及《防火加强要求》对此类情况下，主体在地下室的投影轮廓线如何界定未作出明确规定。

本项目办公塔楼投影内的地下一层、地下二层功能为商业，在对核心筒进行充分的防火保护、确保地下室火灾不会对上部塔楼造成影响的情况下，与其他区域的地下室没有差异。经与消防顾问及相关部门沟通，在满足以下加强措施的情况下，塔楼投影内的地下一层和地下二层的地下室可按照普通地下室开展消防设计：

核心筒周围设置环形疏散走道，采用2.00h防火隔墙和甲级防火门；

塔楼主体轮廓内尽量不布置商业，确需布置时单个商业不大于100m²，且商业人员不利用核心筒楼梯疏散。

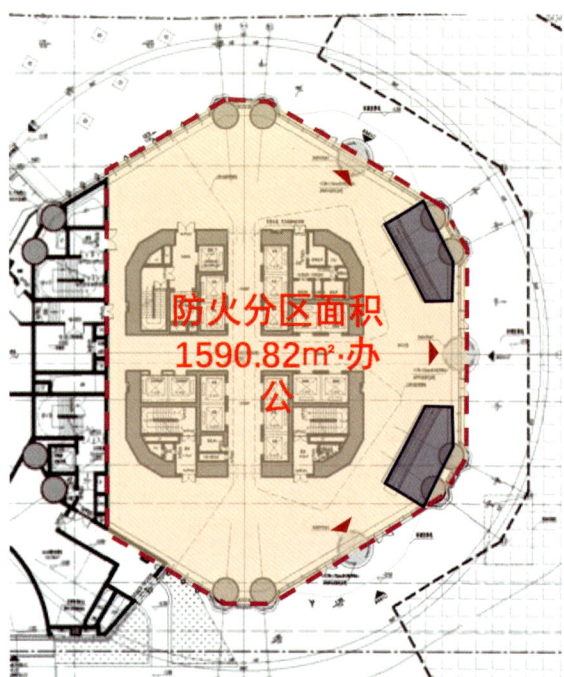

图1.6-8　首层防火分区图

防火分区面积1590.82m²·办公

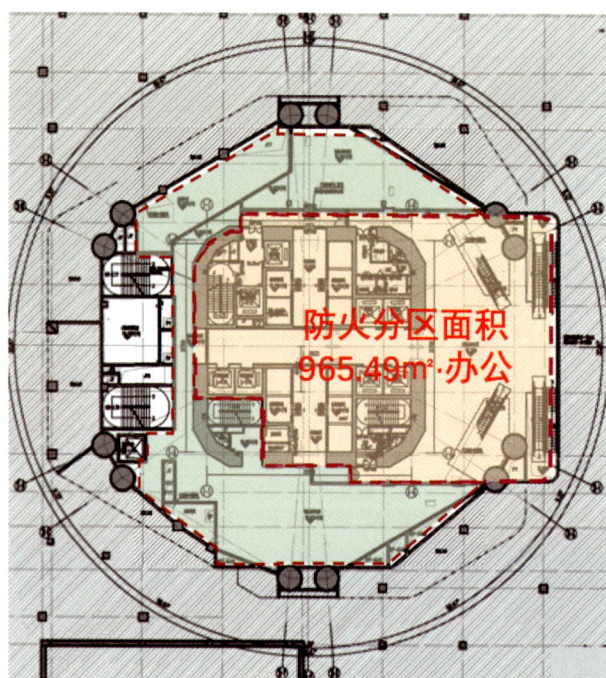

1.6-9　地下一层夹层防火分区

防火分区面积965.49m²·办公

地下三层和地下四层由于功能布局的需要，地下室的设备用房防火分区跨越塔楼主体轮廓投影线，导致防火分区一部分位于主体投影范围外。此分区内按照防火加强要求进行消防设计。核心筒周围设置走道或防火墙及甲级防火门与周边区域进行分隔，塔楼投影外的其他地下室分区按照现行相关规范要求进行设计，如地下车库消火栓系统、泡沫喷淋系统采用临高压系统，由地下室消防水池＋消防泵组加压供水等（图 1.6-10，图 1.6-11）。

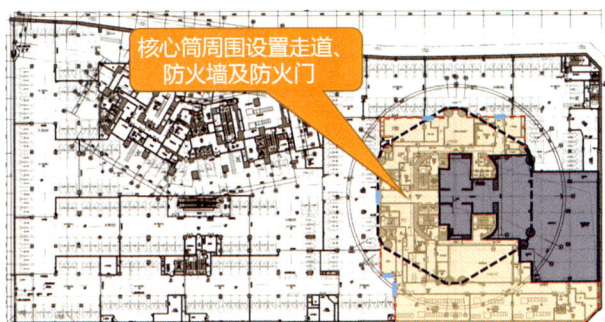

图 1.6-10 地下三层塔楼与地下室防火分隔示意图

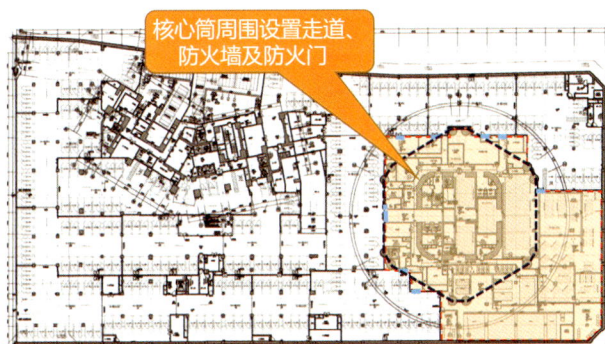

图 1.6-11 地下四层塔楼与地下室防火分隔示意图

5）幕墙层间防火分隔和防火处理

办公塔楼幕墙按照《防火加强要求》中第九条设计，即在建筑外墙上、下层开口之间应设置高度不小于 1.5m 的不燃性实体墙，且在楼板上的高度不应小于 0.6m；当采用防火挑檐替代时，防火挑檐的出挑宽度不应小于 1.0m，长度不应小于开口的宽度两侧各延长 0.5m。

因此，办公主体塔楼采用结构板下钢面石膏复合板 0.9m，结构板上设砌体墙 0.6m 的幕墙层间防火分隔处理（图 1.6-12）。

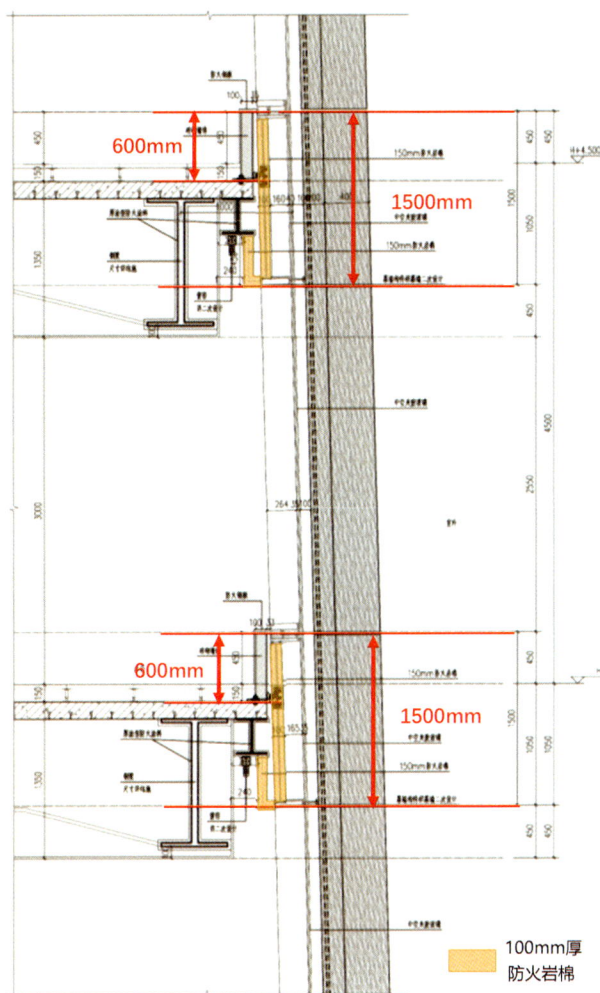

图 1.6-12 幕墙层间防火设计示意图

6）带竖向遮阳条幕墙的消防救援窗设置

根据《建筑设计防火规范》GB 50016—2014（2018 年版）第 7.2.4 条的要求，1 栋 A 座办公主楼每层为一个防火分区，在救援登高场地一侧应设置两个及以上消防救援窗口。消防救援窗口净宽和净高均不小于 1.0m，窗下沿距室内地面不大于 1.2m，窗间距不大于 20m（图 1.6-13）。

而本项目塔楼立面设有通长的遮阳条，这些遮阳条不仅是立面效果的组成部分，同时还具有节能和减低结构风荷载的作用。当部分楼层救援窗被其遮挡时，设计可水平滑动的装置，在消防救援时，将遮阳条推开，可满足消防救援时遮阳条间净宽为 1000mm 的要求（图 1.6-14）。

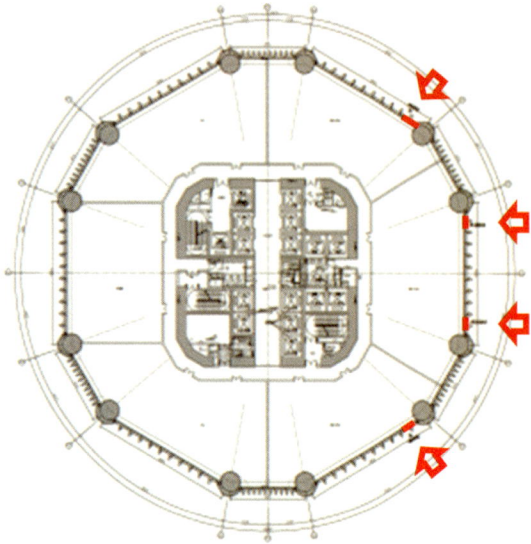

图 1.6-13　塔楼消防救援窗口设置示意图

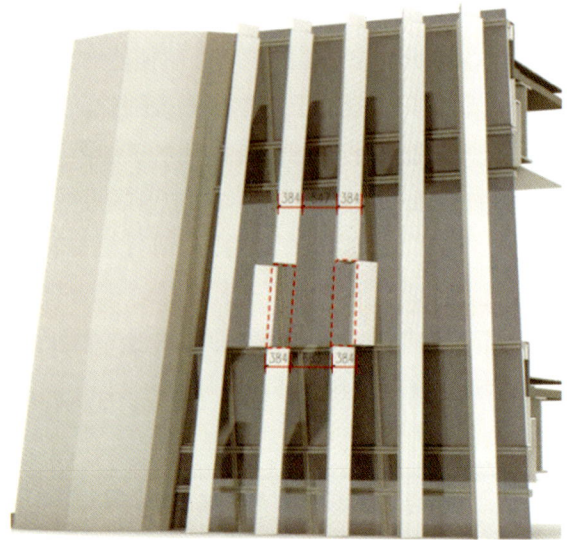

图 1.6-14　塔楼立面可开启遮阳条示意图

1.7 深圳南山科技联合大厦

深圳大学建筑设计研究院有限公司　张　赫　周　磊　孙颐潞

1.7.1 概述

1）项目概况

项目位于深圳市南山区留仙洞总部基地二街坊，为南山区重大建设项目，是14家高新科技民营企业的联合总部大厦，南山区政府拥有部分产权。用地性质为新型产业用地（图1.7-1）。

项目总用地面积11188.3m²，总建筑面积22.34万 m²。容积率：17.3，建筑基底面积：7025.5m²，机动车停车位：555辆。项目由1栋超高层塔楼及裙房组成，塔楼地上67层，建筑高度为295.2m，主要功能为研发办公用房。裙房4层，建筑高度23.95m。主要功能为首层大堂，三层企业大堂，穿梭梯厅，地铁出入口，敞开式城市客厅，配套商业、公交场站及配套用房、物业服务用房、公共管线转换层。地下4层，主要功能为配套商业、地铁站连通出口、食堂及厨房、24小时公共通道，设备房，汽车库、人防。其中地下三层设置有充电车位。地下四层为平战结合人防地下室兼机动车库。

2）项目进程（表1.7-1）

图 1.7-1　项目南侧效果图

项目进程表	表 1.7-1
时间	
2020 年 3 月	完成清表工作
2020 年 6 月	桩基础施工
2021 年 4 月 26 日	通过特殊消防设计专家评审会
2025 年 6 月	交付使用

71

3）总平面图及剖面示意（图1.7-2，图1.7-3）

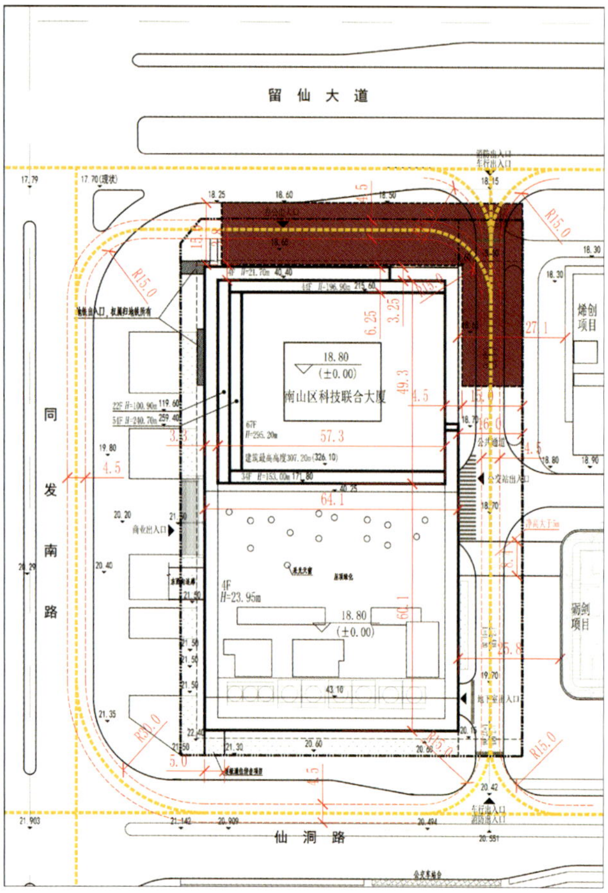

图1.7-2 项目总平面图

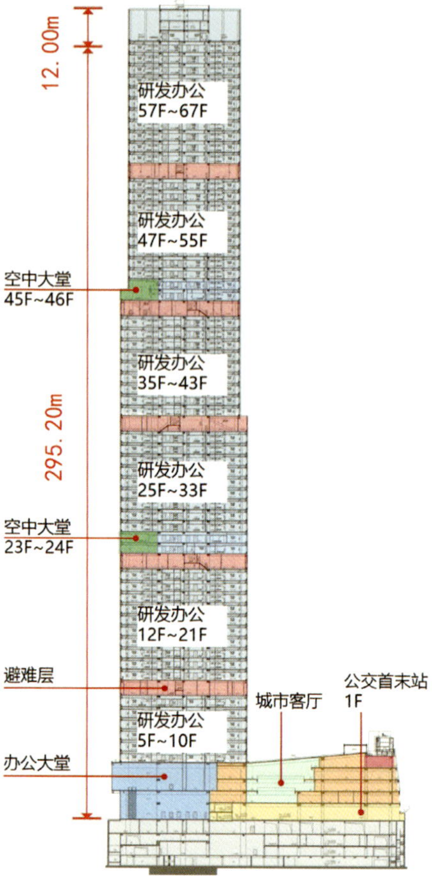

图1.7-3 剖面示意图

1.7.2 塔楼消防设计原则

1）防火设计总体原则

塔楼建筑高度大于250m，在《建筑设计防火规范》GB 50016—2014（2018年版）等现行规范设计基础上，按照《建筑高度大于250米民用建筑防火设计加强性技术要求（试行）》（公消〔2018〕57号）的相关要求进行防火设计。

裙房总体上按照现行防火规范要求进行防火设计。地下室在对超高层办公塔楼核心筒投影范围采取相关保护措施的前提下，塔楼投影内的地下室与裙房地下室防火分区划分均按照现行防火规范要求进行。对于因使用功能和建筑特点等因素，导致现行规范不明确或难以严格按照现行规范进行设计的消防问题，采取针对性的防火措施。

2）建筑分类、耐火等级、构件耐火性能

塔楼建筑高度大于250m，为一类高层建筑，耐火等级为一级。地下室耐火等级为一级。

按照《建筑设计防火规范》GB 50016—2014（2018年版）确定各构件的耐火极限和燃烧性能，其中塔楼按照《建筑高度大于250米民用建筑防火设计加强性技术要求（试行）》（公消〔2018〕57号）进行加强：

承重柱（包括斜撑）、转换梁、结构加强层桁架的耐火极限不应低于4.00h；梁以及与梁结构功能类似构件的耐火极限不应低于3.00h；楼板和屋顶承重构件的耐火极限不应低于2.50h；核心筒外围墙体的耐火极限不应低于3.00h；电缆井、管道井等竖井井壁的耐火极限不应低于2.00h；房间隔

墙的耐火极限不应低于1.50h、疏散走道两侧隔墙的耐火极限不应低于2.00h。

3）消防控制室

设置在塔楼首层东侧，直通室外。

1.7.3　标准层防火设计

功能：办公。面积：2190～2791m²，每层作为一个防火分区。设置环形走道，采用2.00h防火隔墙及乙级防火门分隔。

一至四十四层每层设4部防烟楼梯，四十五层至屋顶层设3部防烟楼梯，任意一部楼梯不能使用时，另两部楼梯的总净宽度仍满足各楼层全部人员安全疏散的需要。设置1部消防电梯，加1部辅助疏散电梯。

疏散距离：房间内任意一点到疏散门的距离小于25m，位于两个安全出口之间的疏散门的距离小于50m。

喷淋系统为中危Ⅱ级，快速响应喷头。设置机械排烟系统、火灾自动报警系统等其他消防设施（图1.7-4）。

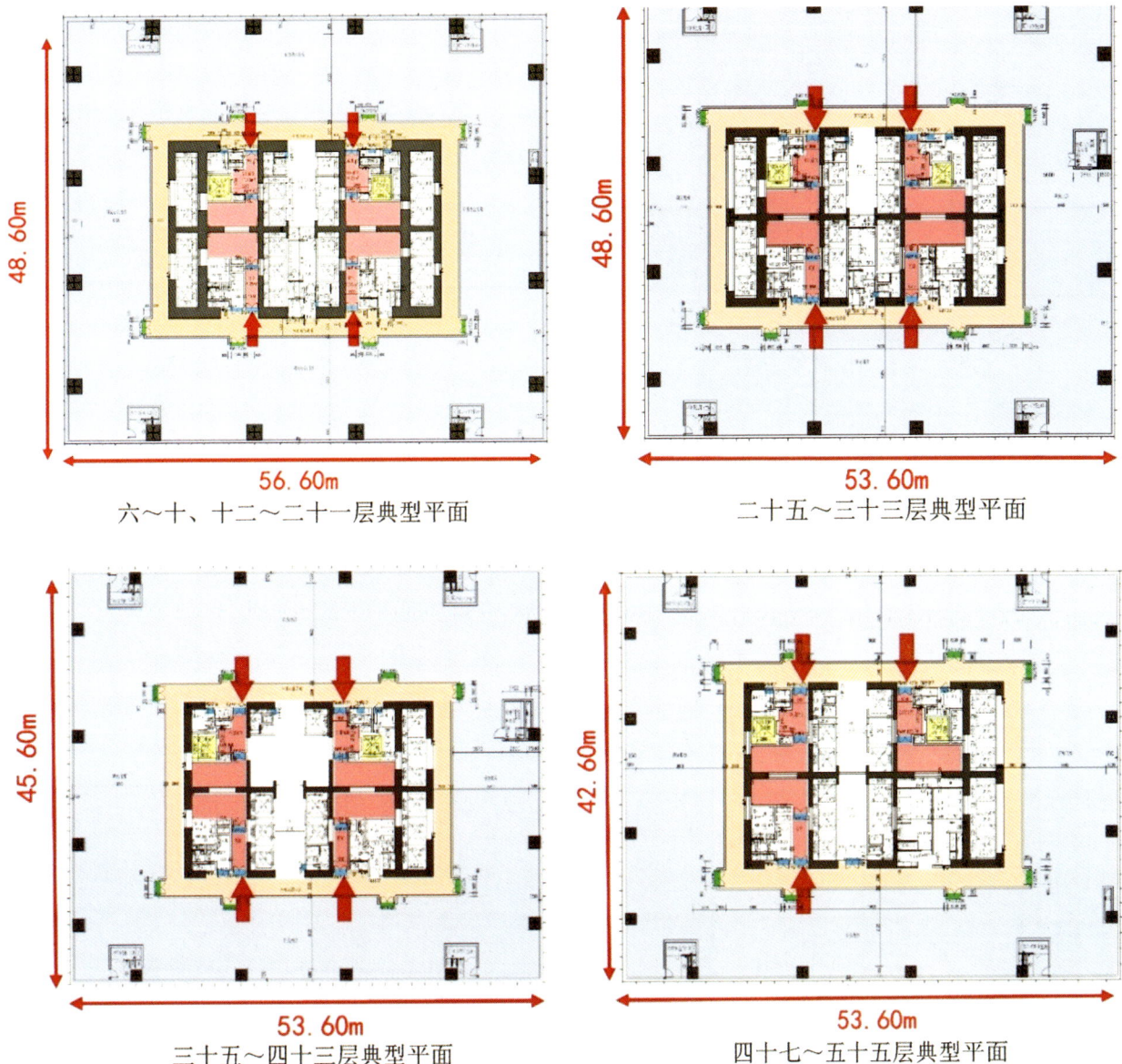

六～十、十二～二十一层典型平面

二十五～三十三层典型平面

三十五～四十三层典型平面

四十七～五十五层典型平面

图1.7-4　标准层平面图

1.7.4 特殊消防设计

1）塔楼消防救援设计

办公塔楼三层大堂，北侧外挑3.3m，三层、四层塔楼外墙与登高操作场地边缘距离为0.5m；塔楼四十五层空中阳台层及以上楼层面向登高操作场地一侧外墙内退3.3m，该区域以上外墙与登高操作场地边缘距离为7.1m，现行规范规定登高操作场地距塔楼外墙的间距不宜小于5m，本项目的设计未能严格满足"宜条"的规定（图1.7-5，图1.7-6）。

解决措施：

消防车登高操作场地宽度为15m，通过调整大堂凸出范围内消防车的停靠位置，使消防员登上三层大堂屋顶，同时将此凸出块体的顶部楼板设置为耐火极限不低于1.50h的上人屋面，在五层救援盲区设置进入建筑的救援窗，可有效解决突出体块上部盲区的消防救援问题，见分析图（图1.7-7）。

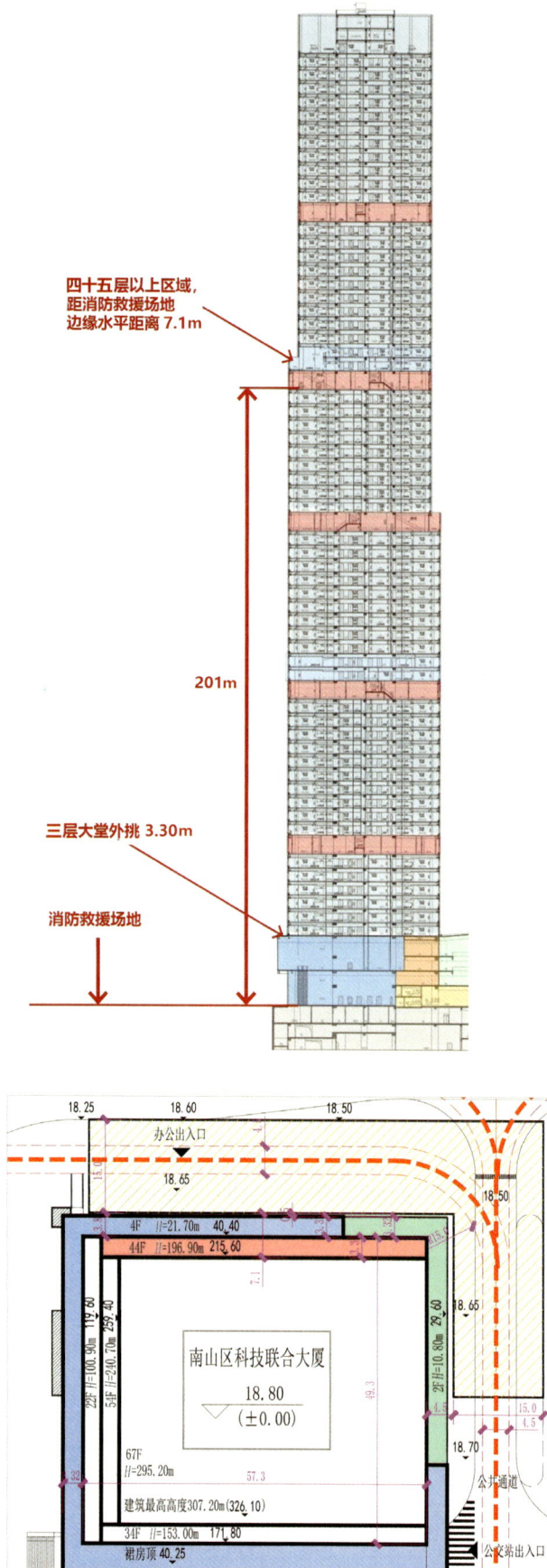

四十五层以上区域，距消防救援场地边缘水平距离7.1m

201m

三层大堂外挑3.30m

消防救援场地

图1.7-5 救援盲区示意图

三层大堂屋面

图1.7-6 裙房北侧效果

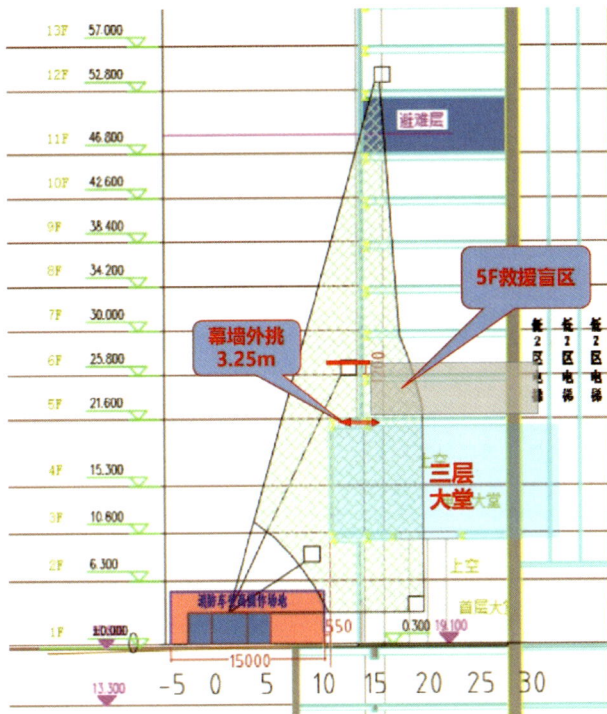

图 1.7-7　救援盲区解决措施示意

2）塔楼首层大堂与三层大堂消防设计

本项目塔楼首层大堂与三层大堂连通，从使用功能和空间形态上考虑，内部空间不进行防火分隔，为一个防火分区，此防火分区建筑面积达4524m²，超过规范要求的3000m²。

解决措施：

（1）首层大堂和三层大堂仅作为人员通行空间，不布置可燃物。

（2）首层大堂和三层大堂与周边区域之间采用防火墙分隔，所有开向首层大堂和三层大堂的管井门、设备间的门、楼梯间前室的门等，均采用甲级防火门。

（3）首层大堂和三层大堂的顶棚、墙面、地面的装修材料采用不燃材料。

（4）大堂内采用机械排烟系统，并设置与机械排烟系统联动的火灾自动报警系统，火灾探测装置采用线型光束感烟火灾探测器和红紫外火焰探测器的组合。大堂的排烟量按照《建筑防烟排烟系统技术标准》GB 51251—2017中关于中庭的排烟量确定，底部利用首层外门进行自然补风，补风量不小于排烟量的50%，且补风口风速不大于3m/s。

（5）大堂设置应急照明和疏散指示系统，疏散照明的地面最低水平照度不低于10.0lx，其备用电源的持续供电时间不小于3.0h（图1.7-8，图1.7-9）。

防火分区L1-1：4524.35m²
本层防火分区：2054.25m²

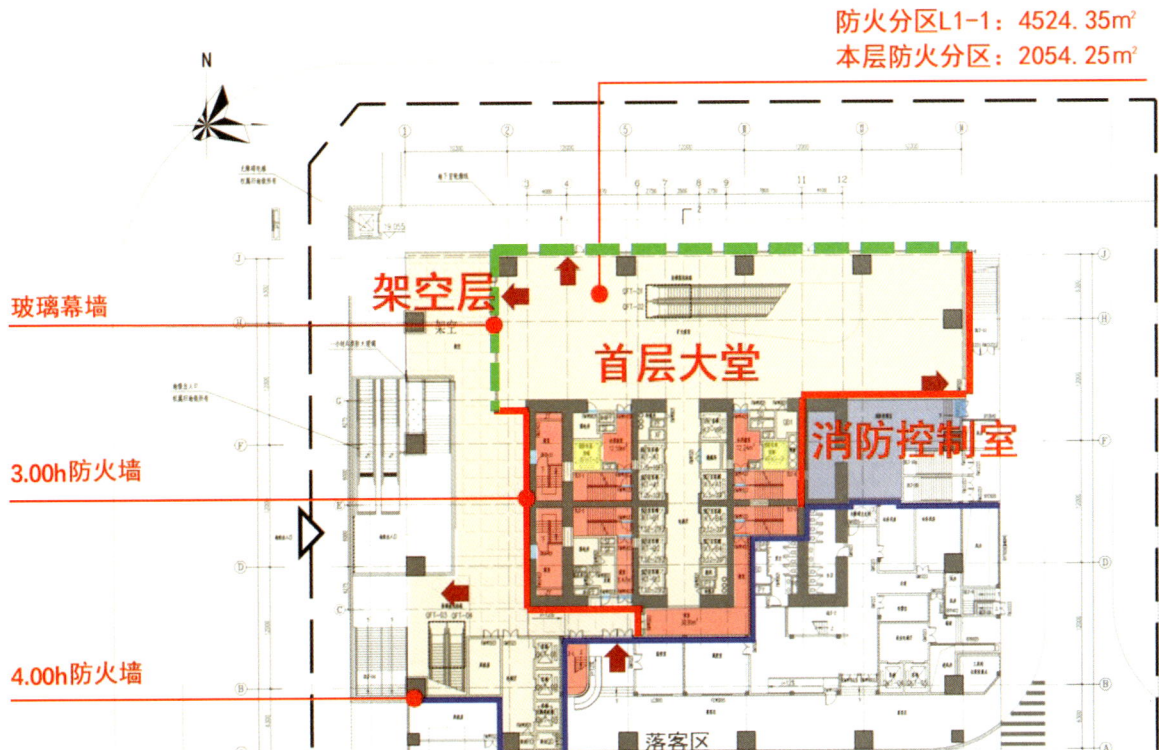

图 1.7-8　一层局部平面示意图

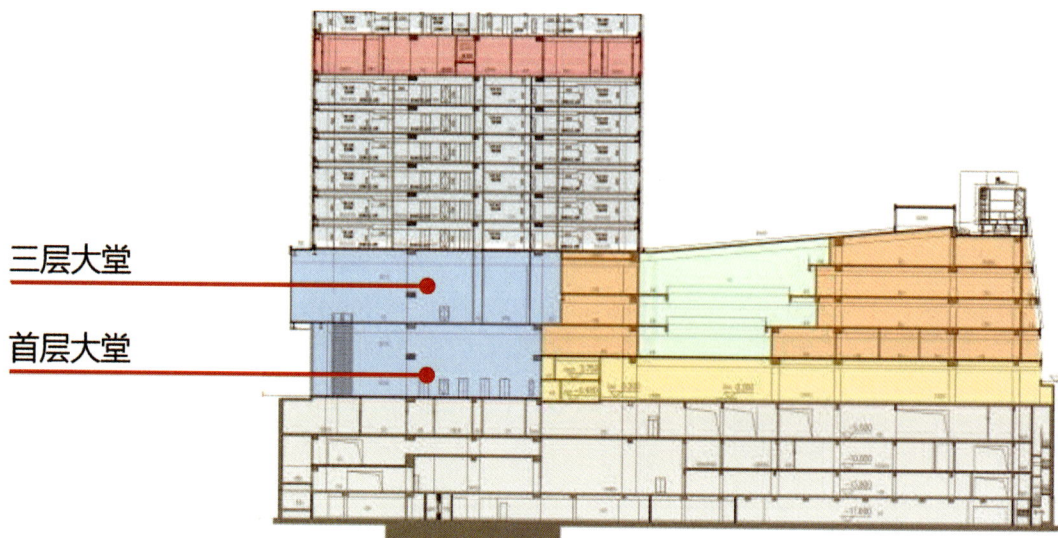

图 1.7-9 大堂剖面示意

3）空中大堂层消防设计

本项目在二十三至二十四层、四十五至四十六层空中大堂层设计了上下层连通的通高空间作为绿化休闲空间，该通高空间与核心筒相邻，核心筒面向通高一侧不设置防火隔墙，无法形成环形疏散走道（图 1.7-10，图 1.7-11）。

解决措施：

（1）此空间仅用于人员通行功能。

（2）此空间顶棚及墙面采用不燃材料装修，其他部位不低于 B₁ 级。

（3）此空间与周边功能房间之间采用耐火极限不低于 2.00h 的防火隔墙及甲级防火门进行分隔。

（4）上层挑空处不设置卷帘等进行分隔，在上层和下层与周边连通空间设置甲级防火门和耐火极限不低于 3.00h 的特级防火卷帘进行分隔。

（5）疏散走道疏散照明的地面最低水平照度不低于 10.01x。

4）地下室防火设计

因使用功能限制，地下室无法严格按照塔楼投影划分防火分区，塔楼投影范围内的地下室区域难以完全按照《建筑高度大于 250 米民用建筑防火设计加强性技术要求（试行）》（公消〔2018〕57 号）的相关要求设置环形通道。

解决措施：

（1）塔楼投影范围内的地下室，其中地下一层为商业，地下二层至四层为车库及设备用房，在满

图 1.7-10 空中大堂效果图

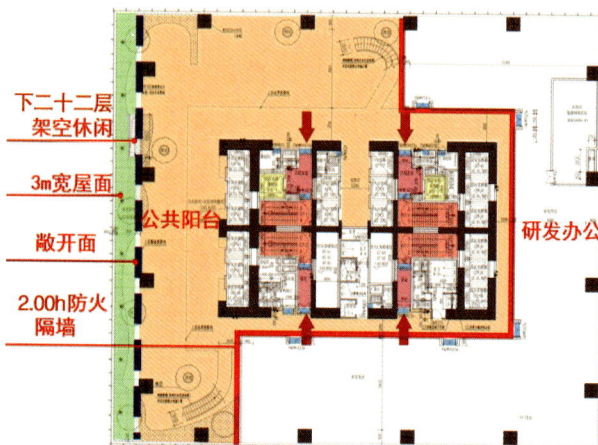

图 1.7-11 二十三层平面示意图

足下述要求后，塔楼投影内的地下室按照普通地下室开展防火设计。

（2）塔楼投影范围内地下室各防火分区各类构件的耐火极限满足公消〔2018〕57号文的相关要求设计。

（3）地下一层商业区域核心筒周围设置环形疏散走道，走道两侧隔墙的耐火极限不低于2.00h，门采用甲级防火门（图1.7-12）。

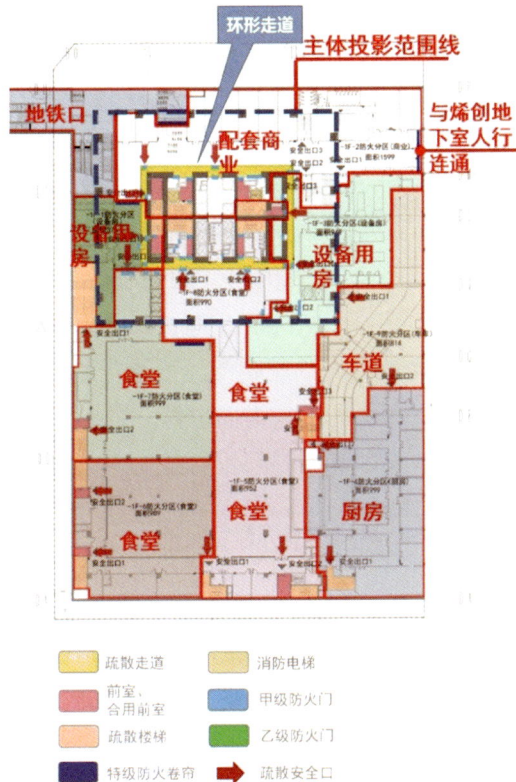

图1.7-12 地下一层平面示意图

（4）塔楼投影范围内地下室各防火分区各类构件的耐火极限按公消〔2018〕57号文的相关要求设计。

（5）地下车库、设备房与塔楼核心筒的连通口部设置2道甲级防火门进行分隔。

（6）塔楼投影范围内不设置充电车位。

5）充电公交首末站防火设计

首层公交首末站设置夜间停车站及充电设施，落客区及公交站辅助用房设置于塔楼内，现行消防规范对超过250m超高层充电公交首末站的消防设计并无明确规定（图1.7-13）。

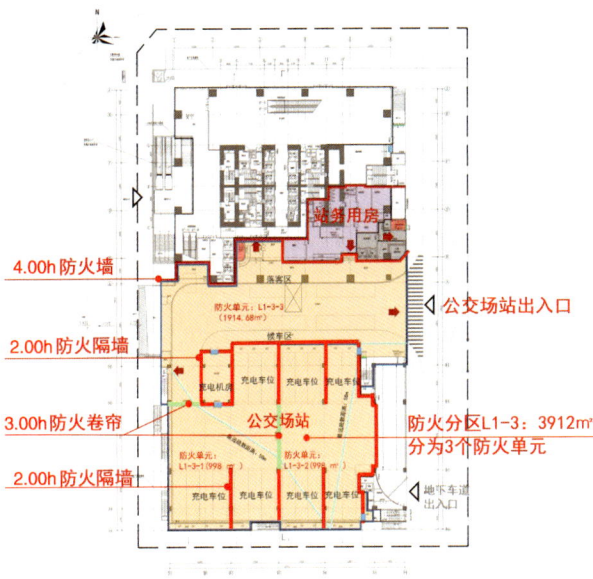

图1.7-13 一层平面示意图

解决措施：

（1）车辆停靠区域与站务辅助用房分为不同的防火分区。

（2）公交场站（含辅助用房）区域的疏散设施独立设置。

（3）公交场站（含辅助用房）区域与塔楼其他区域之间设置耐火极限不低于4.00h的防火墙和柱、耐火极限不低于2.50h的楼板进行分隔，防火墙上不开设门窗洞口（开向架空区的门采用甲级防火门）。

（4）公交场站（含辅助用房）区域与裙楼、地下室之间设置耐火极限不低于3.00h的楼板进行分隔。

（5）充电及停车区域按照不大于1000m²设置防火单元。停车区域还结合柱子设置耐火极限不小于2.00h的防火隔墙进行分隔。

6）城市客厅及裙房外廊的防火设计

塔楼二层至四层与裙楼之间设置了两侧敞开的架空城市客厅，城市客厅宽度为20～26m，深度为60m，高度为14～17m。该城市客厅与裙房及塔楼的外廊相连。将城市客厅和敞开的外廊，作为人员疏散安全区，城市客厅两侧房间需要利用城市客厅进行疏散。部分楼梯不能下到首层，需经城市客厅或外廊直通地面的敞开楼梯出到地面。现行消防规范对此类城市客厅空间的消防设计并无明确规定（图1-7-14）。

图 1.7-14 城市客厅效果示意

解决措施：

（1）城市客厅仅作为人员通行功能，二层以上在东西两端完全敞开，顶层盖板额外设置开洞，面积为 26.55m² （15m×1.77m）。

（2）塔楼及裙楼面向城市客厅一侧玻璃幕墙后侧设置实体墙橱窗，裙楼内部走道通向城市客厅处设置不小于走道净高 20% 的挡烟垂壁。

（3）裙楼面向外廊敞开楼梯一侧玻璃幕墙后侧设置实体墙橱窗。

（4）裙楼及塔楼不设置开向城市客厅的机械排烟口。

（5）城市客厅参照公共走道的要求，设置消火栓系统、自动灭火系统、应急照明及疏散指示系统等消防设施，并计算疏散人数。

（6）通过城市客厅疏散的楼梯直通城市客厅（图 1.7-15，图 1.7-16）。

7）楼梯间固定窗设计

《建筑防烟排烟系统技术标准》GB 51251—2017 第 3.3.11 条规定要求设置机械加压送风系统的防烟楼梯间顶部设置固定窗，由于疏散楼梯间会在地上、地下、避难层间转换断开，且多数设计核心筒居中不靠外墙，故该规定在多数超高层建筑设计中难以实现。有些项目为了完成这一规定，采用增加排烟井等方式实现。本项目经过消防性能化的研究采取以下措施，并通过专家评审会。

解决措施：

（1）地下室核心筒内楼梯间，利用开向首层大堂和室外的防火门作为固定窗（图 1.7-17）。大堂内排烟设计满足需求。

（2）裙房不出屋面的楼梯间，设置开向城市客厅和外廊的固定窗（图 1.7-18）。

（3）塔楼核心筒内楼梯间，直通至屋面的，利用其出屋面的楼梯间门作为固定窗。

（4）避难层间的楼梯间，不设置固定窗。

8）地铁出入口防火设计

由于地块限制首层地铁出入口及电梯位于塔楼架空层下方，与塔楼一层幕墙边距离较近，无法满足地铁出入口与高层塔楼防火间距 9m 要求（图 1.7-19，图 1.7-20）。

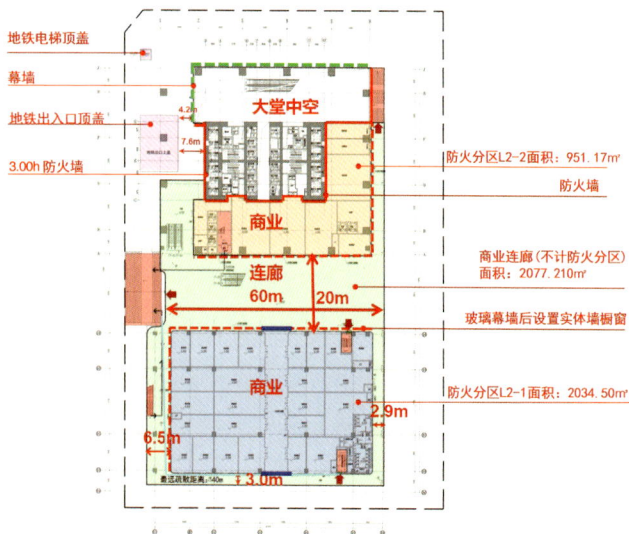

图 1.7-15 城市客厅二层平面示意

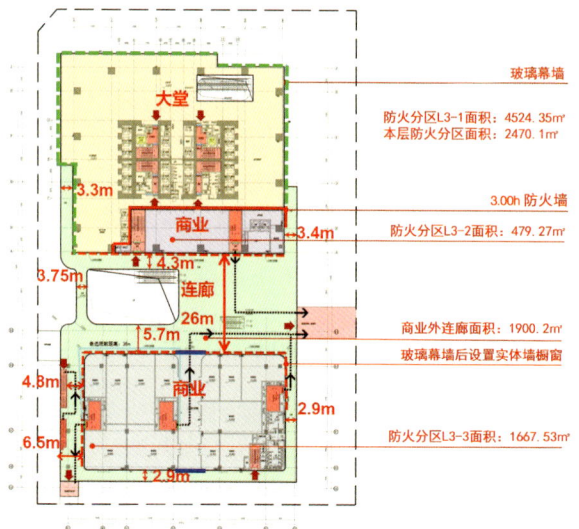

图 1.7-16 城市客厅三层平面示意

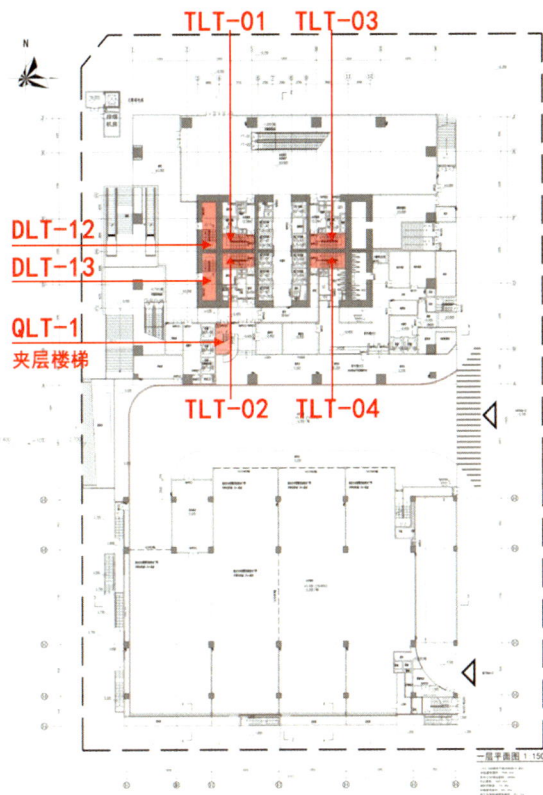

图 1.7-17　固定窗一层平面示意

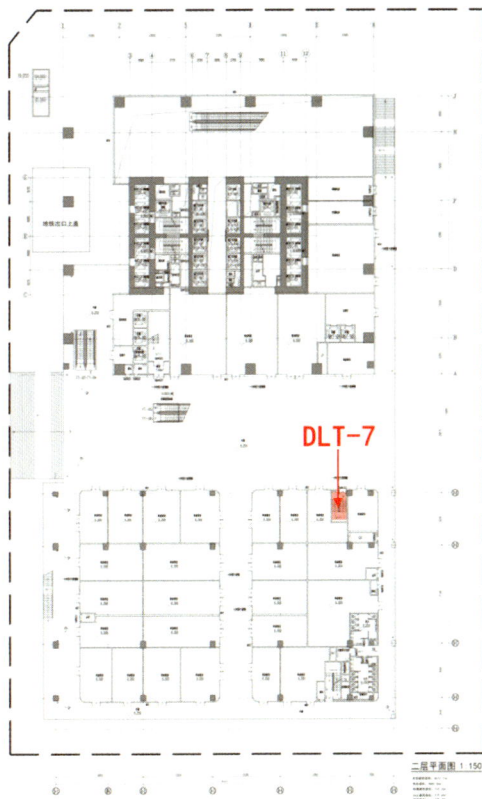

图 1.7-18　固定窗二层平面示意

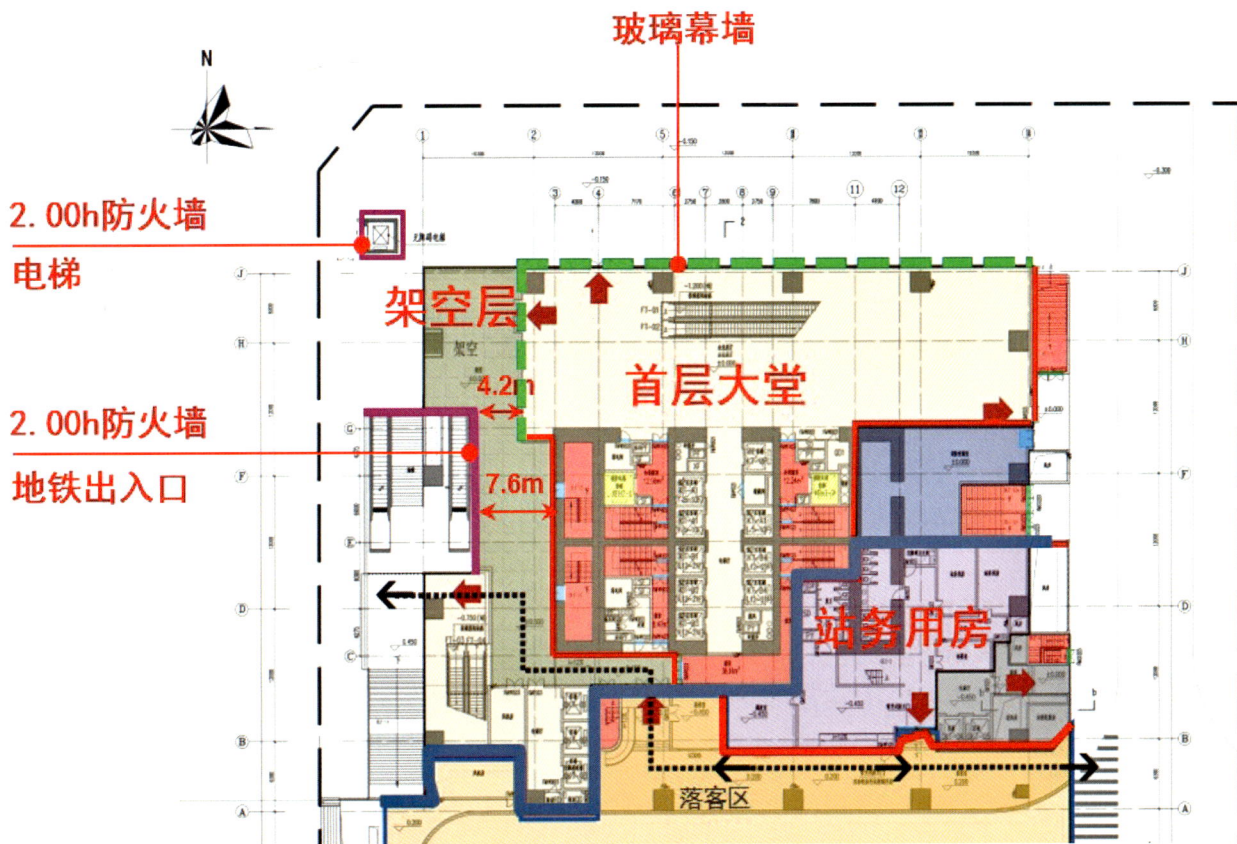

图 1.7-19　地铁出入口首层平面位置示意

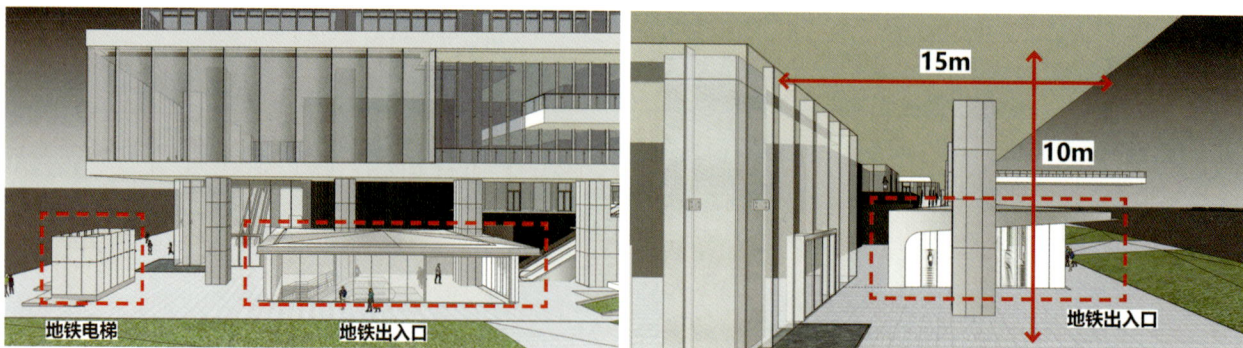

图 1.7-20 地铁出入口示意图

解决措施：

（1）地铁出入口及电梯，面向塔楼一侧和顶板分别采用耐火极限不低于 2.00h 的防火墙和 1.50h 的楼板。

（2）架空区不布置任何可燃物。

注：本项目消防咨询单位为斯美特（深圳）安全技术顾问有限公司

1.8 天誉南宁东盟创客城东盟塔（2-1号楼）

深圳华森建筑与工程设计顾问有限公司 夏 韬 李 欣

1.8.1 项目概况

建设单位：南宁天誉巨荣置业有限公司

设计单位：深圳华森建筑与工程设计顾问有限公司＋SOM建筑设计事务所

施工单位：广州建筑股份有限公司

机电顾问：柏诚工程技术（北京）有限公司广州分公司

消防顾问单位：国家消防工程技术研究中心

消防审查单位：南宁市公安消防队

设计时间：2015年3月～2019年12月

1）基地位置

本项目位于广西壮族自治区南宁市五象新区核心区东部，北面为邕江，南面为五象大道，东面为规划用地，西面为用地边界。

2）项目定位

本项目定位为超高层的国际5A甲级写字楼及五星级酒店。建成后将成为集办公、酒店、餐饮、金融功能于一体，进行全方位服务的高档CBD区域，具有城市标识性（图1.8-1）。

图 1.8-1 鸟瞰效果图

81

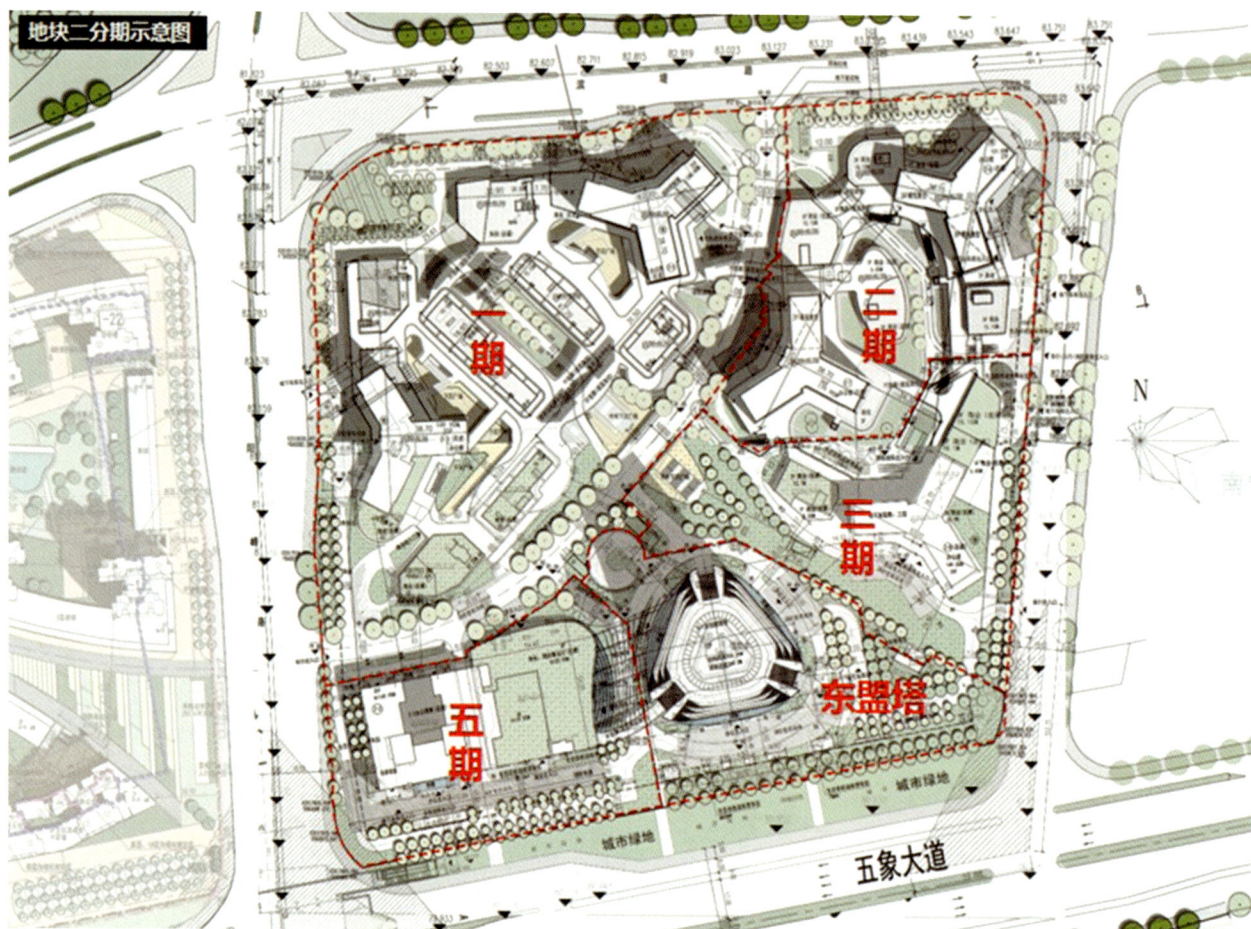

图 1.8-2　总平面图

1.8.2　设计概述

1）项目组成及整体布局

天誉南宁东盟创客城地块总用地面积约 19.4 万 m²，分为东、西两个地块。地块一为超高层住宅、商铺以及 18 班幼儿园；地块二为超高层地标塔楼（2-1 号楼）、超高层普通写字楼、超高层 SOHO 办公楼及多层零售式商业。地块二规划用地面积 86642m²，总建筑面积 630714.08m²，其中计容建筑面积 258327.42m²（南宁当地规定：100m 以上为不计容建筑面积），容积率 3.02，建筑密度 42.2%，绿地率 22.09%（图 1.8-2）。

2）功能组成

天誉南宁东盟创客城东盟塔（2-1 号楼）（以下简称"东盟塔"）为 1 栋超高层综合楼，由埋深 17.90m 的 3 层地下室、地上高 346m 的 72 层的酒店办公塔楼组成，结构高度为 330.35m。

地下一层包括酒店后勤管理用房、物业管理用房、卸货区及设备用房等，地下二层及地下三层主要是停车库及设备用房。

塔楼主要功能为办公、酒店（表 1.8-1）。

主要区域与楼层　　表 1.8-1

区域	楼层	层数
酒店餐厅层	72F	1
设备避难层	71F	1
酒店客房层（高区）	61F～70F	10
设备避难层	60F	1
酒店客房层（低区）	54F～59F	6
酒店泳池层	53F	1
设备避难层	51F～52F	2
酒店空中大堂	49F～50F	2
办公 5 区	42F～48F	7

续表

区域	楼层	层数
设备避难层	41F	1
办公4区	31F～40F	10
设备避难层	29F～30F	2
办公空中大堂	27F～28F	2
办公3区	21F～26F	6
设备避难层	20F	1
办公2区	11F～19F	9
设备避难层	10F	1
办公1区	5F～9F	5
首层大堂	1F～4MF	5

3）建筑外观

塔楼运用了玻璃幕墙和铝板组合的系统形式，优雅地呈现了塔楼倒角三角形的平面形式，以及逐渐收分的体量关系（图1.8-3）。

图1.8-3 立面效果图

针对塔楼的六根巨柱，在立面处理上采用了铝板外包，并通过对巨柱在材料上的强化将人的视线引向天空，同时也加强了塔楼的高耸感。巨柱从塔楼底部至顶部逐渐收分，强化表达了其在结构受力上的本质。在塔楼立面转换的关键部位，设置三个空中大堂，空中大堂既是塔楼立面节奏上的停顿，也是功能上电梯以及机电空间的转换，在实现室内空间无斜撑的同时提高了室内使用合理性及舒适度。

4）主要技术经济指标（表1.8-2）

建筑特征及主要技术经济指标 表1.8-2

楼栋 指标	东盟塔
建筑性质	超250m高层公共建筑
主要功能	办公、酒店、避难区、设备等
设计使用年限	50年
建筑类别	一类
建筑耐火等级	一级
结构类型	复合外围框架（钢管混凝土柱＋钢梁）＋带状桁架＋钢筋混凝土核心筒（下部型钢混凝土）组成的框架—核心筒结构
抗震设防烈度	7度丙类
层数	地上72层／地下3层
主要层高	4.35m/3.65m
建筑高度	346.0m
建筑面积	160470.00m²

1.8.3 消防设计依据

项目设计之初高度为528m，后因各种原因，高度降至346m。恰逢超250m消防规范试行版公示，在组织消防专家召开评审会后，设计遵循的设计依据为：

《建筑设计防火规范》GB 50016—2014（2018年版）；

《建筑高度大于250米民用建筑防火设计加强性技术要求（试行）》（公消〔2018〕57号）；

《关于对天誉南宁东盟创客城东盟塔（2-1号楼）设计方案进行技术审查的复函》（南公消函〔2018〕6号）；

《汽车库、修车库、停车场设计防火规范》GB
50067—2014;

《办公建筑设计标准》JGJ 67—2006;

《旅馆建筑设计规范》JGJ 62—2014;

《建筑内部装修设计防火规范》GB 50222—2017;

建筑消防专家组针对本项目消防设计的评审意见。

1.8.4 基本消防设计

1）总平面消防设计

（1）消防车道

消防车道沿建筑周边成环形布置，东、西、北三侧均有连通外部道路，环路宽度不小于7m，距离建筑外墙大于5m、小于10m。

建筑周围的净宽度和净空高度不小于4.5m。消防车道的路面、救援操作场地、消防车道和救援操作场地下面的结构、管道和暗沟等，按70t重型消防车荷载考虑。

（2）登高操作场地

根据超250m消防规范规定，消防登高场地长度不应小于建筑周长1/4且不应小于一个长边长度，并应至少布置在两个方向上，每个方向上均应连续布置。消防登高场地的尺寸不应小于（长×宽）25m×15m。

塔楼平面呈三角形，并在首层各边分设三个功能大堂。因塔楼西侧与副塔连接，且有连桥及镂空构架雨篷，无法设置。

本项目登高场地位于建筑南侧及东南侧，设置大于建筑周长1/4的连续登高面，并在项目东侧增加了一块25m×15m（长×宽）的登高面，以便更好地保障消防救援。场地靠建筑外墙一侧的边缘距离建筑外墙不小于5m，场地坡度不大于3%（图1.8-4）。在消防车登高操作场地的一侧设有直通楼梯间的出入口及消防梯出入口。

（3）消防救援窗

东南侧临消防登高场地的每个防火分区，均设置两扇救援窗。救援窗净高度和净宽度均不小于1.0m，下沿距室内地面0.9m。

在避难楼层位置，内设防火墙体，救援窗对应位置设置乙级防火窗，但因立面造型特殊，在部分避难楼层（二十九层、三十层、五十一层、五十二

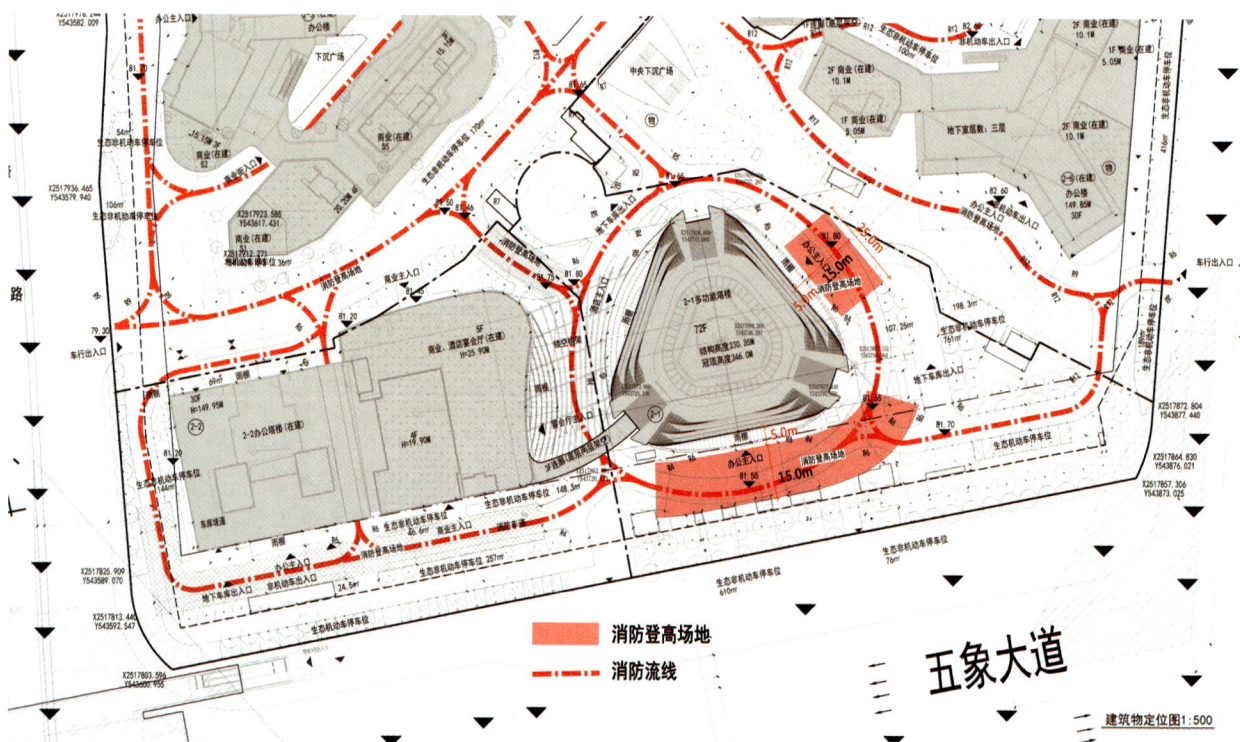

图 1.8-4　消防总平面图

层）设置4层立面关系，分别为桁架、间隔造型玻璃幕墙、百叶墙、实体防火墙，设计上对消防救援窗进行特殊处理（图1.8-5，图1.8-6）。

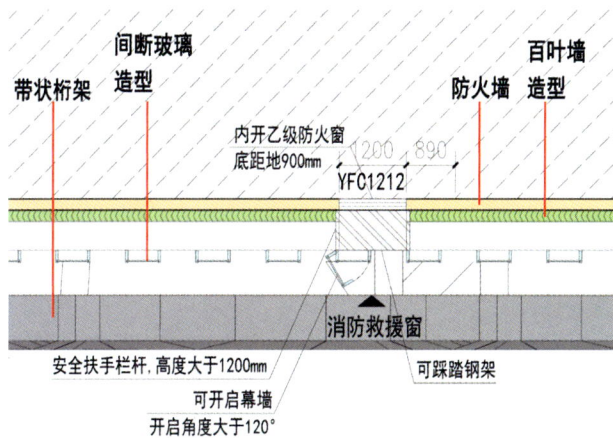

图1.8-5 消防救援窗

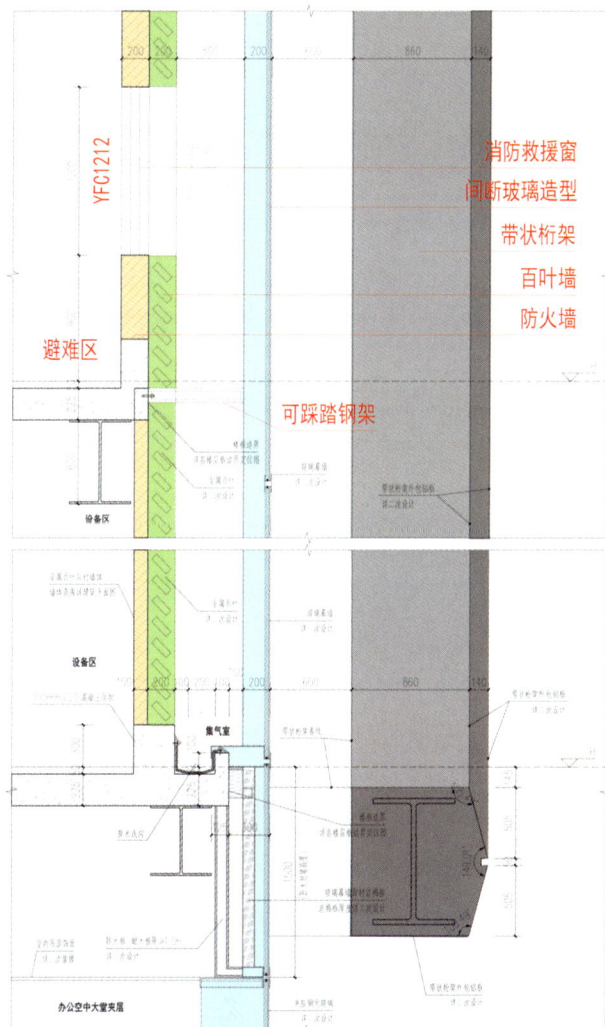

图1.8-6 消防救援窗剖面

2）建筑消防设计

（1）防火分区及疏散楼梯

立面造型为下大上小，底层最大楼层面积不超过3000m²，设计为一层一个防火分区。

根据超250m消防规范规定，同一楼层中建筑面积大于2000m²防火分区的疏散楼梯不应少于3部，且每个防火分区应至少有1部独立的疏散楼梯。

本项目特殊点在于，地下室作为单独的子项，现场已按照2017年设计的528m主塔核心筒进行施工。主塔后因航空限高等原因调整高度为346m，同时须执行250m防火加强措施，需增加一部疏散楼梯。

在原核心筒主结构不做大调整的情况下，因高度降低，利用电梯空间的梳理，调整出备用疏散楼梯。

（2）首层疏散

本项目疏散楼梯不采用剪刀楼梯。疏散楼梯间在首层设置直通室外的出口。首层门厅（公共大堂）作为扩大前室通向室外时，疏散距离不大于30m。

用于扩大前室的门厅（公共大堂）内不布置可燃物，其顶棚、墙面、地面的装修材料采用不燃材料。建筑外墙上设置的装饰、广告牌等采用不燃材料，不影响室内自然排烟、逃生和灭火救援，不改变或破坏建筑立面的防火构造。

（3）防烟设计

每个防烟分区面积小于等于500m²。标准层采用走道机械排烟，大于50m²的房间采用机械排烟。

首层大堂为超高空间，上空占用4个楼层空间，大堂高度25.2m。超大空间消防排烟与空调问题难以解决。

大堂根据250m消防技术要求，疏散楼梯间在首层应设置直通室外的出口。当确需利用首层门厅（公共大堂）作为扩大前室通向室外时，疏散距离不应大于30m。上空均与首层大堂采用防火墙隔开，各自独立防火分区。考虑消防排烟及空调机房的设置位置，同时为核心筒避免面积计算，保持大堂高大空间的感受，将机房分设于上空各楼层的角部，最上层机房（四层）利用检修通道，向下层（三层）疏散。四层夹层则为人不可到达空间（图1.8-7）。

85

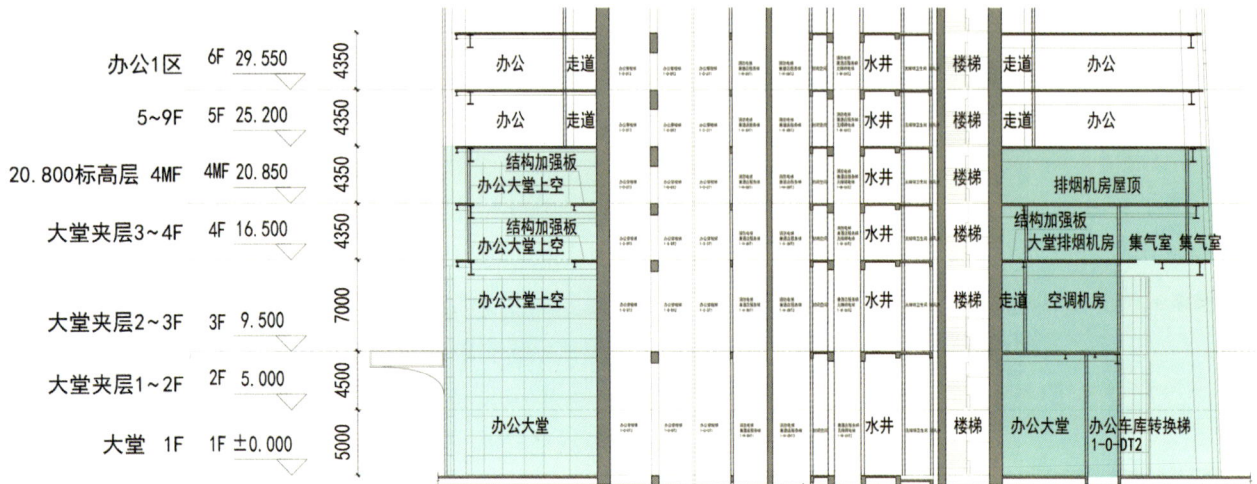

图 1.8-7　大堂剖面示意图

设置自然排烟设施的场所中，自然排烟口的有效开口面积不小于该场所地面面积的 5%。

防烟楼梯间及其前室分别设置独立的机械加压送风系统。避难层的机械加压送风系统独立设置，机械加压送风系统的室外进风口应至少在两个方向上设置。

（4）安全疏散

① 标准层疏散

a. 筒体位于平面中心位置，核心筒周围设置净宽 1.9m 的环形疏散走道，并在隔墙上设置乙级防火门，疏散走道两侧的墙体耐火极限为 2.00h 以上。

b. 低区（一层～三十层）在核心筒三个角部设置 3 部宽度为 1.6m 的防烟疏散楼梯，三十一层开始核心筒缩小，仅保留内筒，因此在三十层避难层进行了楼梯的转换，同时存在 6 部楼梯。三十层楼梯数量增多一倍对设备管井转换提出了较高的要求，因此在该位置设置了双设备楼层，在二十九层及三十层进行设备的分段处理。通向屋顶的疏散楼梯不少于 2 部。并且在避难层均按照防排烟规定设置固定窗夹层，为保障净高，需要考虑与设备管线之间的冲突问题。

c. 疏散人数根据《办公建筑设计标准》JGJ/T 07—2006 与《旅馆建筑设计规范》JGJ 62—2014 要求，取值如下：

办公、办公大堂：使用面积按照 $8m^2$/ 人计算

酒店：2.5 人 / 房＋10% 服务人员

酒店大堂：$9m^2$/ 人＋10% 服务人员

酒店餐厅：$2.5m^2$/ 人

酒店配套设施按人数取值原则：内装设置（柜位＋ SPA 床位＋服务人员）

需要额外提出的是，主塔四十九层至七十二层为酒店楼层，该酒店品牌公司为万豪酒店。酒店大堂分设在首层西侧及四十九层、五十层。《旅馆建筑设计规范》JGJ 62—2014 中未对大堂功能的消防人数进行规定。根据万豪酒店标准，按照 $9m^2$/ 人计算。

在餐厅人数计算方面，《旅馆建筑设计规范》JGJ 62—2014 中规定一级至三级旅馆建筑的中餐厅、自助餐厅（咖啡厅）宜按 1.0～$1.2m^2$/ 人计；四级和五级旅馆建筑的自助餐厅（咖啡厅）、中餐厅宜按 1.5～$2m^2$/ 人计；特色餐厅、外国餐厅、包房宜按 2.0～$2.5m^2$/ 人计。均衡后，本项目餐饮人数统一取值 $2.5m^2$/ 人进行设计。

② 避难层、避难间

本塔楼共设置 7 处避难区，分别位于十层、二十层、三十层、四十一层、五十一层、六十层、七十一层。避难区之间的高度严格控制小于 50m，并根据超 250m 消防规范规定，按照 $0.25m^2$/ 人计算避难面积，且通向避难区的疏散走道或联系走道的面积不计入人员的避难面积。

③ 电梯疏散

根据超 250m 消防技术要求，提出建筑的救援需求提升和利用电梯疏散的要求，核心筒内的 3 部供酒店使用的服务电梯均兼作整栋塔楼的消防电梯，贯穿整座塔楼，并将办公货梯调整为贯穿整栋

楼的辅助疏散梯。

④屋顶停机坪

塔楼顶部可使用面积较小。设置了擦窗机、冷却塔、卫星机房等设备。而直升机坪的设置要求较高，现有条件不能满足直升机坪的设计要求，根据250m消防加强措施第十二条要求设置直升机救助设施，采用悬停停机坪（图1.8-8）。

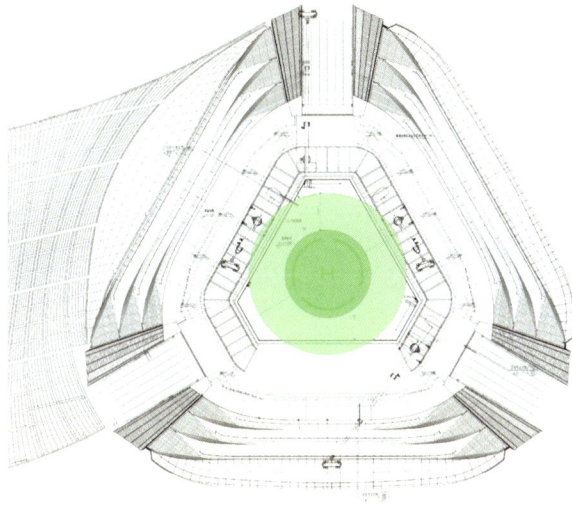

图1.8-8 屋顶停机坪

（5）防火构件

①建筑墙身防火构件

根据超250m消防技术要求，外墙需设1.5m不燃性实体墙。本项目采用特殊处理手段解决实体墙与幕墙预埋件之间的冲突问题。幕墙内侧在结构板上方设置实体墙，下部挂防火板满足耐火极限1.00h的要求。立面玻璃背衬岩棉板进行遮挡处理，同时立面设计中将开启扇及扶手栏杆结合设计（图1.8-9）。

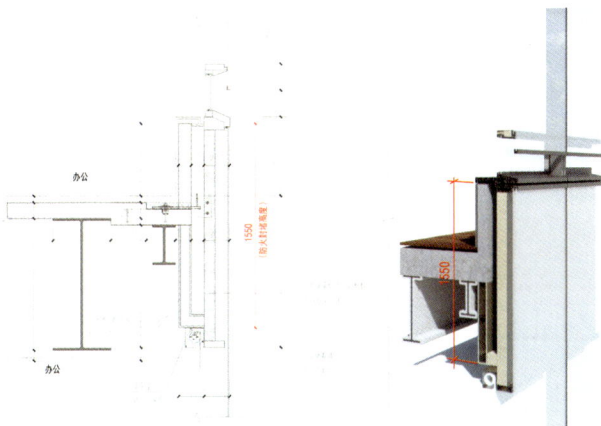

图1.8-9 标准墙身节点

实体墙与幕墙预埋的冲突，考虑现浇混凝土反坎中预留施工缝洞口350mm×350mm，保留钢筋水平拉通，待幕墙施工完后进行浇筑（图1.8-10）。

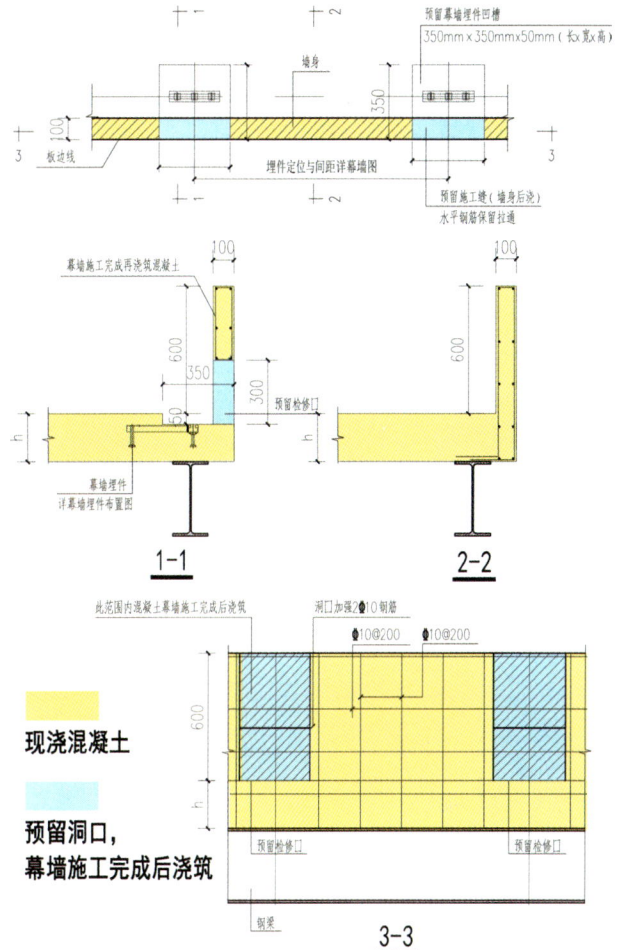

图1.8-10 幕墙预埋与结构冲突问题的解决

②钢结构构件防火

本项目为复合外围框架（钢管混凝土柱＋钢柱）＋带状桁架＋钢筋混凝土核心筒（下部型钢混凝土）组成的框架-核心筒结构。根据超250m消防规定，项目防火涂料全部采用厚型钢结构，并针对不同部位的钢结构构件，分别考虑防火、防腐方案（表1.8-3）。鉴于材料防腐设计年限为20年，同时为保证整个工程竣工后5年以内不需要进行涂装维修。在主体结构设计使用年限以内应根据实际情况进行保养维护，适时补涂和更换，保证构件的安全使用（表1.8-4）。

钢结构构件防火措施　表 1.8-3

部件　＼　内容	规范要求耐火极限	防火涂料耐火极限
巨型钢管柱、圆钢管柱、带状桁架	4.00h	4.00h
钢梁	3.00h	3.00h

注：防火涂料选用应满足《建筑钢结构防火技术规范》CECS 200:2006 第 9.1.3 条的要求。

防火涂料涂装　表 1.8-4

序号	涂装程序	油漆名称	涂装方法
1	底漆	环氧富锌底漆，锌粉含量＞80%	无气喷涂
2	封闭漆	快干型环氧云铁中间漆	无气喷涂
3	防火涂料	厚型钢结构涂料	涂抹

1.8.5　结语

在城市发展背景下，超高层建筑曾一度迅猛发展，但配套的消防救援可实施性值得大家冷静思考。在国家政策控制及超高层消防规范不断完善的情况下，针对每个项目的唯一性进行消防设计，可减少消防事故的发生，将危险性降到最低，保障人民群众的生命财产安全。

1.9 沈阳环球金融中心主塔楼

深圳大学建筑设计研究院有限公司　黎　宁　马　越　杨　华　高文峰

1.9.1 项目概况

建设单位：沈阳泰盛投资有限公司

T1、T2建筑方案及建筑初步设计单位：

阿特金斯顾问（深圳）有限公司

设计单位：深圳大学建筑设计研究院有限公司

施工单位：中建三局集团有限公司

机电顾问：柏诚工程技术（北京）有限公司

消防顾问单位：辽宁中科技公共安全有限公司

消防审查单位：沈阳市消防局建审科

设计时间：2012年11月～2016年12月

1）基地位置

本项目位于沈阳市核心地带，青年大街以西、文艺路以北的金廊沿线；东临青年公园，南接华润万象城，西邻万科春河里，北侧为待开发用地（图1.9-1）。

用地南北纵深约216～274m，东西宽约227m，地势平坦（图1.9-2）。

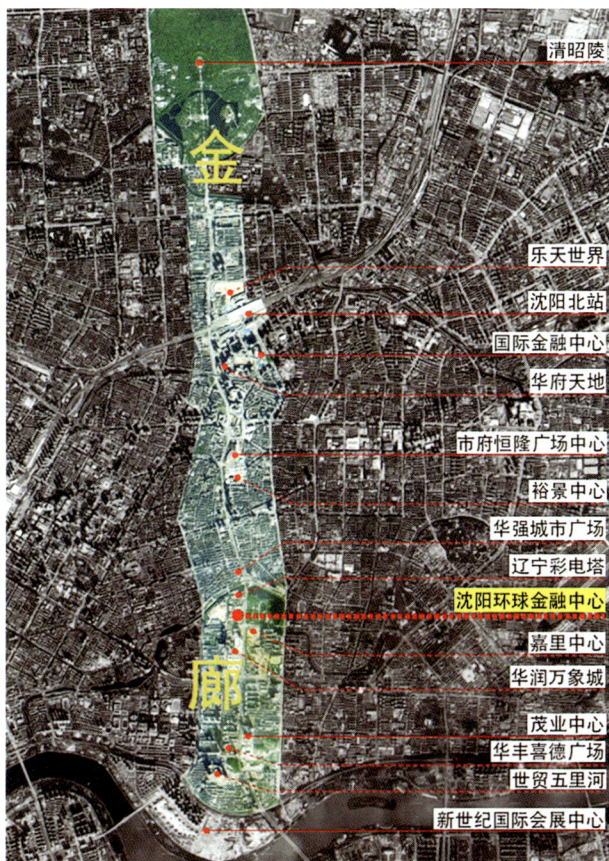

图1.9-1　基地位置

图1.9-2　青年大街北望效果图

2）项目定位

集办公、酒店、商业、住宅等功能为一体的大型超高层城市综合体项目，定位为国际金融中心，沈阳市乃至东北地区的地标建筑。

1.9.2 设计概述

1）项目组成

控制线用地面积为 58424.1m²，总建筑面积为 1066460.74m²。其中，地上、地下建筑面积分别为 788725.3m²、277735.39m²。

整体建筑包括埋深 24.35m 的 5 层地下室、高 29.20m 的 5 层商业综合体（局部 6 层）和 7 栋塔楼：T1 主塔楼（高 568m）、T2 副塔楼（高 308m）、T3~T7 住宅塔楼（高 194m）。

这里重点介绍 T1 主塔楼部分。

2）总体布局

T1、T2 塔楼均位于基地东侧，与青年公园自然景观相望，建成后将成为城市新地标。

其中，T1 塔楼处于青年大街与文艺路交叉路口的西北象限，与南侧的华润君悦酒店、东南角的香格里拉酒店共同构成城市的中心节点。

T3~T7 塔楼沿基地南、西、北侧分散布置，与 T1、T2 塔楼形成环绕式布局；商业综合体基本铺满基地，屋顶种植绿化，成为住宅中心绿岛（图 1.9-3）。

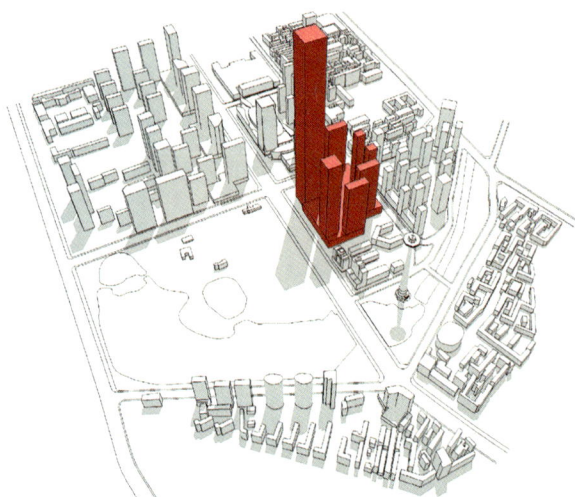

图 1.9-3　总体布局及周边环境

3）功能组成

T1 塔楼主要功能为办公，还包括大堂、会议、交易大厅、会所和避难区、设备机房等（表 1.9-1）。

各楼层主要功能　　表 1.9.1

楼层	层数	主要功能
L110~L112	3	私人会所
L108~L109	2	企业会所
L26~L27、L50~L51、L77~L78	6	双层空中大堂
L16、L33、L49、L67、L84	5	避难间层 除避难区域及核心筒外，其他均为会议室上空
L15、L32、L48、L66、L83	5	会议室
L12~L14、L17~L23、L28~L31、L34~L40、L43~L47、L52~L57、L60~L65、L68~L74、L79~L82、L85~L91、L94~L105	70	标准层办公用房
L9~L11	3	金融交易大厅
L7~L8、L24~L25、L41~L42、L58~L59、L75~L76、L92~L93、L106~L107	14	避难层及设备机房层 两层为一组：下层为避难区和设备机房，上层为设备机房
L2~L6	5	入口大堂上空
B1~L1	2	双层入口大堂
B5~B2	4	停车库、卸货区、设备机房

4）建筑外观

T1 塔楼为上下两端略收进、中间凸出的微梭形体，平面为四边向外微鼓的正方形、四角为弧形倒角；接近顶部镶嵌球形玻璃体，寓意为"北方明珠"。外立面采用竖向明框玻璃幕墙（图 1.9-4，图 1.9-5）。

图 1.9-4　项目东南入口效果图

图 1.9-5　项目东南角鸟瞰图

5）主要技术经济指标（表 1.9-2）

建筑特征及主要技术经济指标　　表 1.9-2

指标 ＼ 楼栋	T1 主塔楼
建筑性质	超高层公共建筑
主要功能	办公、会议、交易大厅、会所、避难区、机房等
设计使用年限	50 年
建筑类别	一类
建筑耐火等级	一级
结构类型	核心筒-外伸臂-外围巨型柱斜撑框架结构体系
抗震设防烈度	7 度丙类
层数	地上 112 层／地下 5 层
主要层高	4.5m
设计高度	568.0m
建筑面积	321933.83m²
建筑覆盖率	5.8%

6）项目设计及施工节点（表 1.9-3，表 1.9-4）

消防设计主要时间节点　　表 1.9-3

时间	完成事项
2013 年 1 月中	项目正式启动
2014 年 7 月～2015 年 11 月	编制《消防特殊设计评估报告》
2015 年 11 月	取得《消防设计评审专家组意见》
2015 年 12 月中	取得《消防设计审核意见书》
2016 年 12 月中	取得《施工图审查意见书》

项目施工主要时间节点　　表 1.9-4

时间	完成事项
2013 年 5 月中	项目正式动工
至今	主体施工中

1.9.3　消防设计依据

1）消防设计特点

超高、超大规模造成的消防设计内容超出规范规定范围的情况，是本项目消防设计的特点和难点。

对于超出建筑设计防火规范规定的内容进行特殊消防设计，参考国内外类似项目的消防设计措施，并综合以下各方消防设计意见：

（1）辽宁中科技公共安全有限公司完成的《沈阳环球金融中心 T1 塔楼消防特殊设计评估报告》中提出的加强措施意见；

（2）建筑消防专家组针对本项目消防设计的评审意见；

（3）当地施工图审查单位的审图意见；

（4）辽宁省消防局的指导意见；

（5）沈阳市消防局的审批意见。

以"保护人身和财产安全、预防和减少火灾危害"为宗旨，结合以上各方意见，对消防设计的安全措施进行加强和完善。

在规范规定范围内的基本消防设计，依据当时适用的建筑设计防火规范执行。

2）消防设计依据

（1）基本消防设计

截至 2015 年 10 月，基本消防设计依据的是国家有关建筑设计防火规范中的内容，主要防火设计规范如表1.9-5所示。

项目主要依据的防火设计规范　表1.9-5

规范名称	适用情况
《建筑设计防火规范》GB 50016—2014	已废止，2018年更新
《汽车库、修车库、停车场设计防火规范》GB 50067—2014	适用中
《人民防空工程设计防火规范》GB 50098—2009	适用中
《建筑内部装修设计防火规范》GB 50222—95	已废止，2017年更新
《自动喷水灭火系统设计规范》GB 50084—2014	适用中
《固定消防炮灭火系统设计规范》GB 50338—2003	适用中
《大空间智能型主动喷水灭火系统技术规程》CECS 263:2009	适用中
《气体灭火系统设计规范》GB 50370—2005	适用中
《建筑灭火器配置设计规范》GB 50140—2005	适用中
《火灾自动报警系统设计规范》GB 50116—2013	适用中

（2）特殊消防设计

结合《消防设计评审专家组意见》《消防特殊设计评估报告》《消防设计审核意见书》《施工图审查意见书》的建议内容，作为特殊消防设计的依据。

1.9.4 基本消防设计

1）总平面消防设计

（1）周围环境

本项目建筑主体与南、西侧建筑间距均超过30m；北侧建筑退红线最近点距离为16m；东侧为公园。附近无仓库、储罐等火灾危险性建筑。

（2）建筑间距

商业综合体与周围建筑间距远超13m；7栋塔楼与商业综合体之间均设置防火墙或甲级防火门，进行防火分隔。

（3）消防车道

利用南侧、西侧市政道路，与基地内东侧、南侧的应急消防车道、北侧的内部道路共同形成环形消防车道，于综合体北侧穿越建筑物。

（4）登高操作场地

沿建筑东侧设置消防登高操作场地，总长度合计大于建筑周长的1/4并大于一个长边长度。

登高场地距离建筑均大于等于5m，宽度大于等于10m。

在消防救援场地对应范围内，设置直通楼梯间的出入口。

各栋超高层塔楼及商业综合体的消防登高救援场地位置见图1.9-6。

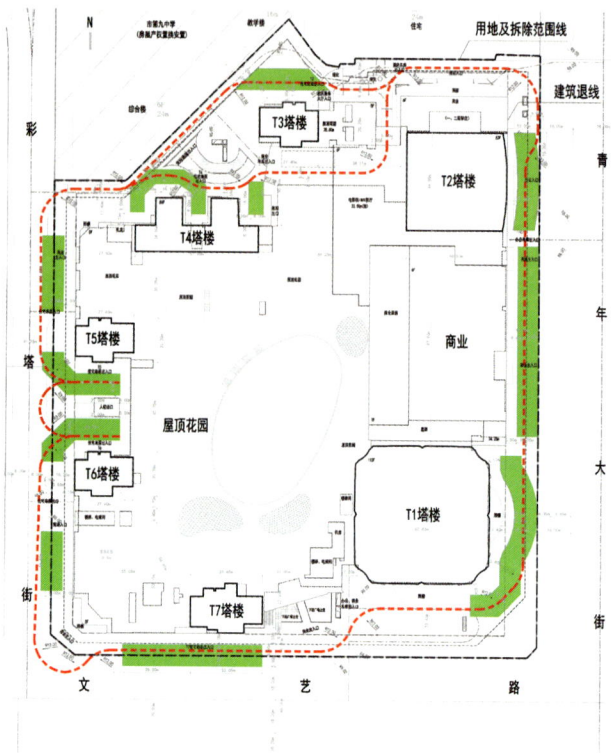

图1.9-6　消防总平面示意图

（5）消防救援窗

东侧临消防登高作业区100m以下的每个楼层每个防火分区，均设置两扇救援窗。救援窗净高度和净宽度均不小于1.0m，下沿距室内地面0.5m。

在避难间层及避难层，救援窗内布置墙体，墙体对应位置设置乙级防火门，防火门向室内开启，以便救援人员进入。

救援窗均通向室内公共区域。

2）建筑消防设计

（1）防火分区

除楼梯间及部分设备间外，各部分空间均设置

各楼层疏散人数及疏散宽度　　　　表 1.9-6

楼层	功能	使用面积/m²	人均使用面积/(m²/人)	疏散人数/人	计算疏散宽度/m	设计疏散宽度/m	结论
L9～L105	办公	2300	6.5	360	3.60	1.26×3＝3.78	
L108～L109	会所	—	—	300	3.00	1.26×3＝3.78	满足要求
L110～L112	会所	—	—	230	2.30	1.26×2＝2.52	

自动灭火系统。

七十四层以下各层建筑面积2238～3700m²，分别设置两个防火分区；七十五层及以上各层建筑面积小于3000m²，设置一个防火分区。

走廊与办公区之间设置防火隔墙，办公区开向走廊的门为乙级防火门。办公区装修材料、家具均采用不燃和难燃材料，并严格控制办公区内可燃用品的数量。

（2）防烟分区

每个防烟分区面积小于等于500m²。设置排烟设施的走道、净高不超过6.0m的房间，采用自动回转式挡烟垂壁、隔墙或从顶棚下突出不小于0.5m的梁划分防烟分区。

防烟楼梯间均采用机械排烟方式。

（3）安全疏散

① 标准层疏散

a. 筒体位于平面中心位置，围绕筒体四周为净宽不小于1.8m的环形走廊。

b. 标准层设有3部防烟楼梯间，直通至首层，其疏散宽度均为1.26m，通向屋顶的疏散楼梯不少于2部。

防烟楼梯前室、楼梯间、地下室楼梯在一层出口处的门均采用甲级防火门。

c. 疏散人数的确定见表1.9-6。

② 避难层、避难间

本塔楼共设置7个避难层，避难层之间设置5处避难间，两个避难层（间）之间的高度小于50m。

③ 电梯疏散

本塔楼利用穿梭电梯作为全楼消防疏散的辅助疏散方式。

当消防控制中心根据火势或其他紧急情况做出判断，发出整楼疏散的指令时，即采用"楼梯疏散为主，电梯疏散为辅"的方案，策略如下：

a. 某一楼层发生火灾时，通过火灾探测和报警系统发出警报，建筑各层人员通过疏散楼梯间向下疏散至最近的避难层；

b. 人员疏散至避难层后，可选择就地休息等待通知，或继续向下疏散至塔楼室外安全区域；

c. 只有确定无更大火灾危险时，由消防控制中心发出通知，人员疏散至避难层为止；如确定火势会影响到整个塔楼全体人员的安全时，避难层人员将通过疏散楼梯结合穿梭电梯进行整体疏散。

进行整体疏散时，各层疏散路径如表1.9-7所示。

各楼层人员火灾时疏散路径　　表 1.9-7

层级	所在楼层	疏散路径			
		第一阶段		第二阶段	
		疏散方式	到达区域	疏散方式	到达区域
5	L76以上	疏散楼梯	L76避难层	楼梯或穿梭电梯	继续向下疏散
4	L58～L75		L58避难层		
3	L41～L57		L41避难层		
2	L25～L40		L25避难层		
1	L24以下	仅通过楼梯进行疏散			

④ 屋顶停机坪

因T1屋顶有卫星天线、设备用房、电梯用房等设施导致无法满足设置直升机停机坪的安全间距要求，且受屋面场地和核心筒承重荷载限制，项目未设置直升机停机坪，在日常管理中须加强建筑内消防疏散设施的管理维护。

（4）消防电梯

本塔楼设有两部消防电梯，其指标见表1.9-8。

消防电梯设计指标表   表1.9-8

电梯编号	停靠楼层	速度	运行高度	运行时间
FT1	B4～L74	5m/s	339m	85s
FT2	B2～屋顶机房层	7m/s	543m	90s

注：两部消防电梯在七层至七十四层之间分设在两个防火分区内，均未设置转换。

（5）主要构造防火措施

① 外墙外保温系统

经节能计算，T1塔楼地上部分采用150mm厚岩棉作为外墙外保温层，燃烧性能等级达到A级。

② 钢结构防火保护

钢骨混凝土结构中的钢构件不做防火处理；其他钢构件耐火极限及防火材料做法等详见表1.9-9。

主要构件耐火极限与做法   表1.9-9

构件类型		耐火极限/h	防火材料做法
巨型柱、钢柱、带状桁架、伸臂桁架、巨型斜撑、屋顶支撑钢桁架		3	非膨胀型防火涂料
钢梁		2	膨胀型防火涂料
疏散钢楼梯	钢梯柱	3	非膨胀型防火涂料
	钢梯梁	2	膨胀型防火涂料
	钢梯板	1.5	膨胀型防火涂料

注：防火涂料必须选用经消防管理部门鉴定认可的材料，并具有质量保证资料。选用的防火涂料应与防锈漆相适应，并有良好的结合力及耐久性。

涂料作业的施工、检验与验收必须严格执行现行行业标准《建筑钢结构防火技术规范》CECS 200：2006。

1.9.5 特殊消防设计

设计评估：结合消防性能化评估分析与国内外类似案例采取的消防措施，在适用规范的基础上，对本项目超出规范规定的特殊消防设计内容，进行安全评估分析。

设计审查：通过消防设计专家评审、消防主管部门审查、设计审查等程序，综合得到安全、可靠的防火设计措施。

消防验收：跟踪落实实施，保证各类消防措施在消防验收时得以实现。

1）建筑高度远超250m

（1）消防问题

T1塔楼建筑高度远远超过250m，按照《建筑设计防火规范》GB 50016—2014第1.0.6条规定，除应符合规范的要求外，尚应结合实际情况采取更加严格的防火措施。

（2）安全分析

① 核心筒是人员安全疏散的必经途径，因此核心筒应作为安全区设计。

② 核心筒区域作为安全区的安全策略：保证核心筒不会发生火灾，同时能够有效防止周围区域的火灾和烟气向中央核心筒区域蔓延，以免影响人员疏散的安全性。

③ 加强避难层与其他部位的防火分隔措施。

④ 结合国内外成功案例，将穿梭电梯作为全楼消防疏散的辅助疏散方式。

（3）解决方案

① 加强核心筒内防火分隔

核心筒内部的楼梯间、合用前室、消防电梯前室、疏散走道、各类管道井等部位采用防火墙及防火门与相邻区域进行分隔，其中楼梯间及消防电梯间前室门均采用甲级防火门；防火门的开启、关闭及故障状态（包括闭门器故障、门被卡后未完全关闭等）信号应反馈给防火门监控器。

② 加强标准层防火分隔

核心筒周围设置宽度不小于1.8m的疏散走道，将核心筒与办公空间分隔开，如图1.9-7所示。

③ 加强避难层设计

避难层（间）除应符合《建筑设计防火规范》GB 50016—2014的规定外，尚应满足如下要求：

避难层楼板的耐火极限不应低于2.50h，且应增设隔热层；

建筑外墙避难层与其下层开口之间应设置高度不小于1.5m的实体墙；

塔楼各层应设置避难层（间）位置信息提示，

以便于提醒人员迅速找寻最近的避难层。

④ 利用穿梭电梯疏散人员

当消防控制中心根据火势或其他紧急情况作出判断，发出整楼疏散的指令时，采用"楼梯疏散为主，电梯疏散为辅"的疏散方案。具体运行方式和设计要求如下（图 1.9-8）：

a. 将运行地下一层、地上一层至避难层的 14 部双轿厢电梯转换为疏散电梯模式，且只采用上层轿厢，往返于地上一层与避难层之间。

b. 25 层以上人员到达避难层后可经楼梯继续往下疏散，也可利用电梯疏散至首层后再疏散至室外安全区域。各层利用穿梭电梯疏散的设置方式如图 1.9-9 所示。

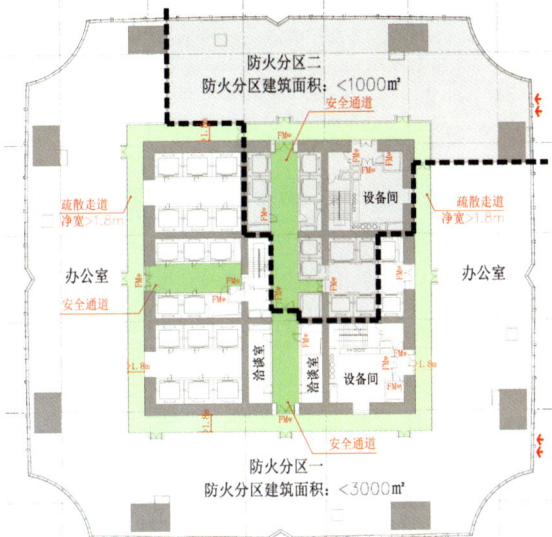

图 1.9-7　标准层防火设计示意图

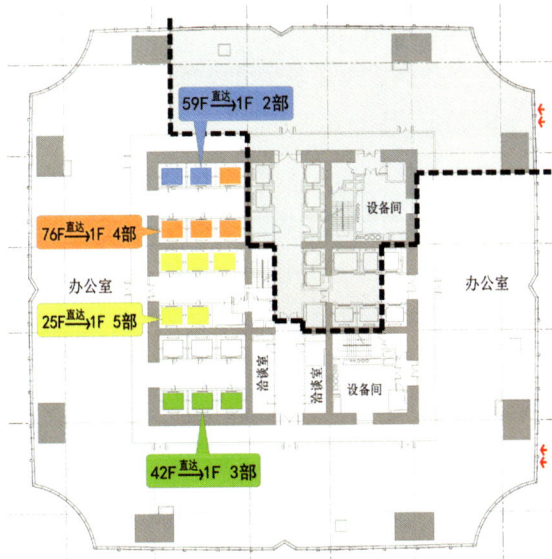

图 1.9-8　穿梭电梯平面位置示意图

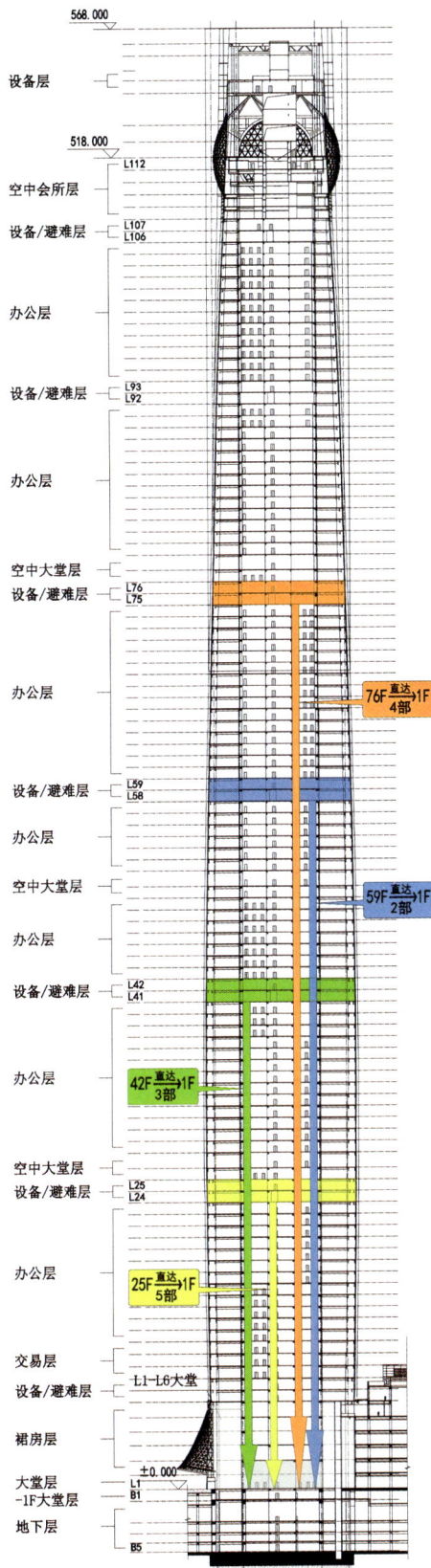

图 1.9-9　穿梭电梯运行范围示意图

c.穿梭电梯用于疏散时，与消防电梯有很大相似性，尤其在防火、防烟、通信等方面，因此穿梭电梯用于疏散时，须参照消防电梯的技术要求。主要技术要求如下：

机房内必须设置烟雾和温度火灾探测器，对机房环境进行监控，根据消防状态控制电梯运行；

机房的门和窗必须按照防火要求设计，耐火极限不低于 2.00h；

为了保证消防电梯运行时，井道内没有烟雾，杜绝"烟囱效应"对电梯乘员造成伤害，必须对垂直电梯井道或电梯前室加装机械送风系统；

消防电梯井道不能与普通电梯之间开设洞口；消防电梯如需开设检修或逃生门时，应开设在防烟前室或开设甲级防火门。

2）交易大厅的人员疏散问题

（1）消防问题

金融交易大厅位于 T1 塔楼九～十一层，属于人员密集场所，发生火灾后，该区域人员难以及时疏散至安全区域。

（2）安全分析

增加并加强交易大厅与疏散走道之间的防火分隔；增加不同疏散路径设计，减少相互干扰；增设快速扑救措施。

（3）解决方案

① 交易大厅与疏散楼梯之间分段设置疏散走道，其宽度均不小于 1.8m，采用耐火极限不低于 1.00h 的防火隔墙和乙级防火门进行防火分隔，如图 1.9-10 所示。

② 室内消火栓箱内配置消防软管卷盘，以便工作人员能够对初期火灾快速开展扑救行动。

3）首层大堂面积超大及疏散距离超长

（1）消防问题

T1 塔楼首层入口大堂防火分区面积约为 3360m²，超出《建筑设计防火规范》GB 50016—2014 第 5.3.1 条关于防火分区最大允许建筑面积的规定。

T1 塔楼疏散楼梯间首层出口至直通室外出口的距离最大达到 35m，不满足《建筑设计防火规

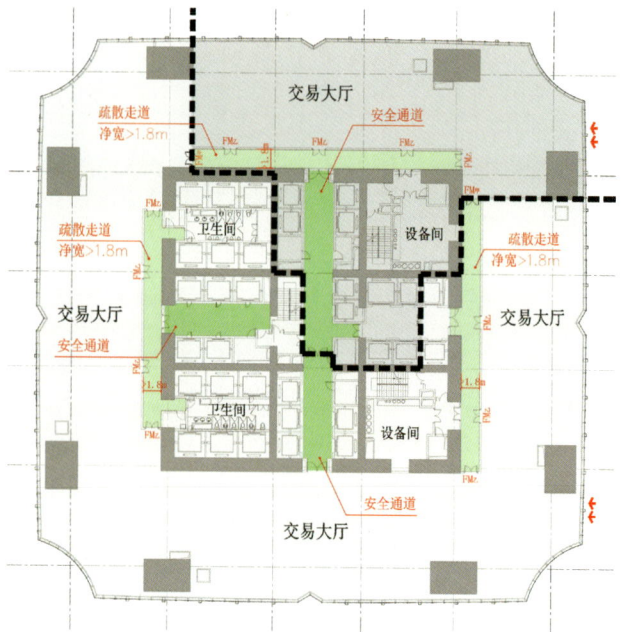

图 1.9-10　交易大厅平面图

范》GB 50016—2014 第 5.5.17 条第 2 款楼梯间应在首层直通室外的规定。

（2）安全分析

考虑到整体疏散时间长，首层的安全性对整栋建筑的消防管理至关重要，首层在装饰装修和使用过程中不得放置任何可燃物。

① 大堂与其范围之外的其他功能区域之间须加强防火分隔材料的耐火性能，提高大堂区域的耐火安全等级。

② 将大堂内其他功能区域进行分区处理，减小火灾对大堂疏散的影响。

③ 保证疏散通道的火灾安全性和疏散顺畅性。

（3）解决方案

① 首层大堂与其他区域之间应采用防火墙和耐火极限不低于 2.50h 的楼板进行分隔。

② 其他走道和功能房间通向首层大堂的必要开口应设防烟前室，防烟前室的门采用甲级防火门，并与火灾报警系统联动，保证火灾时可靠关闭，如图 1.9-11 所示。

③ 首层大堂门斗内的电动门由火灾自动报警系统联动开启，失电时呈开启状态。

④ 首层大堂内部严禁设置固定可燃物，装修材料的燃烧性能等级应为 A 级。

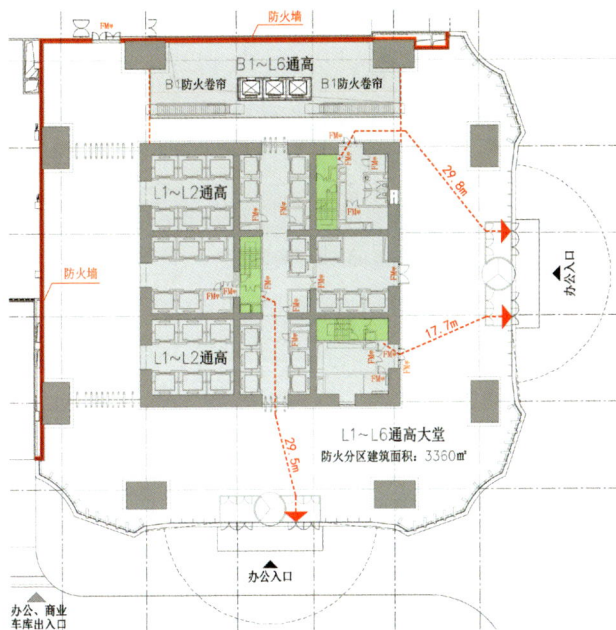

图 1.9-11 首层大堂疏散示意图

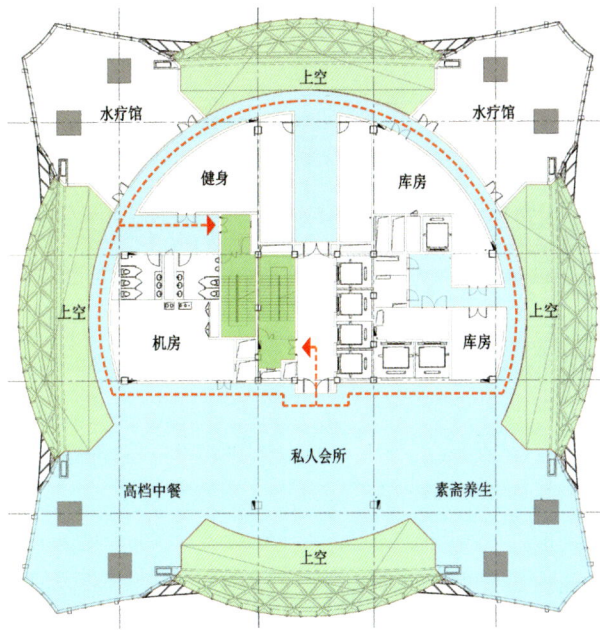

图 1.9-12 私人会所———层平面图

4）顶部会所建筑面积超大

（1）消防问题

顶部私人会所位于T1塔楼一一〇层至一一二层，三层划为同一个防火分区，建筑面积达到5215m²，超出《建筑设计防火规范》GB 50016—2014第5.3.1条关于防火分区最大允许建筑面积的规定。

（2）安全分析

加强会所与疏散走道之间的防火分隔；增设快速扑救措施。

（3）解决方案

① 设置环形疏散走道，保证疏散无尽端，便于组织疏散，如图1.9-12所示。

② 会所功能房间与疏散走道之间采用耐火极限不低于1.00h的防火隔墙，疏散走道上的门均为甲级或乙级防火门（图1.9-13）。

③ 室内消火栓箱内配置消防软管卷盘，以便工作人员能够对初期火灾快速开展扑救行动。

5）整体性要求

（1）玻璃幕墙防火安全性

T1塔楼玻璃幕墙的设计在满足《建筑设计防火规范》GB 50016—2014要求的基础上，尚应满足如下要求：

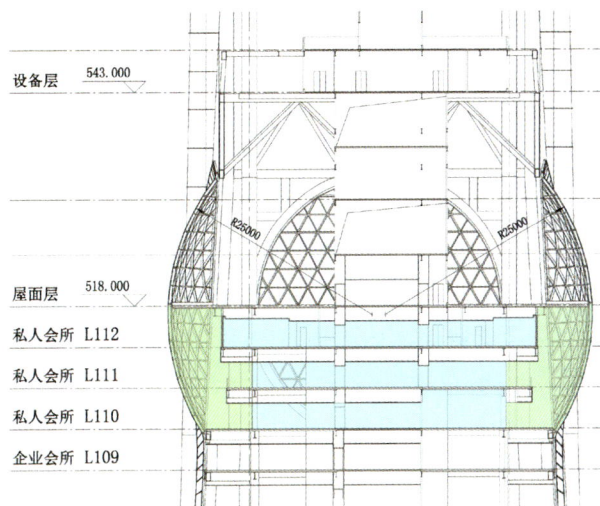

图 1.9-13 私人会所剖面图

① 玻璃幕墙与其周边的防火分隔构件间的缝隙、与楼板或隔墙外沿间的缝隙、与实体墙面洞口边缘间的缝隙等，须进行防火封堵设计。

② 玻璃幕墙的防火封堵构造系统，在正常使用条件下，应具有伸缩变形能力、密封性和耐久性；在遇火状态下，应在规定的耐火极限内，不发生开裂或脱落，保持相对稳定性。

③ 同一块幕墙玻璃板块不得跨越建筑物相邻的防火分区。

④ 楼面梁、隔墙等处容易导致火灾蔓延的部位，玻璃幕墙的内衬板采用燃烧性能等级为A级

的材料。

⑤ 入口玻璃雨篷在选材时，不仅应考虑到正负风压、结构自重、雨雪等荷载，还须充分考虑上部幕墙玻璃破碎坠落时对雨篷产生的冲击荷载（图 1.9-14）。

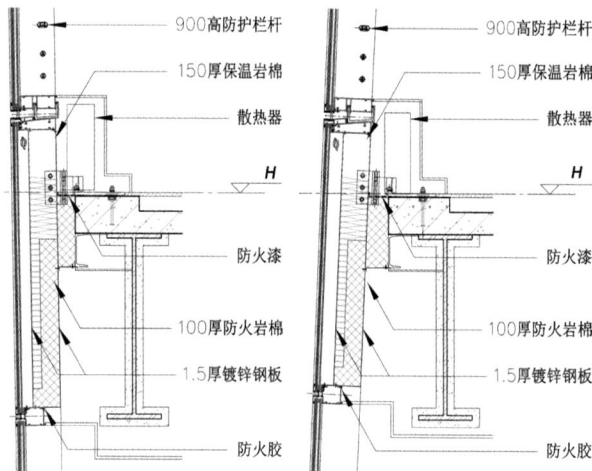

图 1.9-14　典型幕墙详图

（2）可燃物控制

为确保疏散的安全可靠，提出以下要求：

① 首层大堂仅用于人员集散和出入，不得作其他用途。

② 标准层内部墙面及疏散走道装修装饰材料的燃烧性能等级均应达到 A 级。

③ 餐饮楼层的装饰、装修材料以及餐桌餐椅等材料燃烧性能等级应为 A 级，确有困难的部位不应低于 B$_1$ 级。

④ 建筑内的家具如办公桌、柜等宜使用防火板材或金属材料。

（3）其他

① 办公区疏散人数按整层建筑面积 9.3m^2/人或办公区面积 6.5m^2/人确定。

② 塔楼楼板耐火极限不低于 2.50h。

1.9.6　特殊消防设计加强措施

由辽宁中科技公共安全有限公司论证完成的《沈阳环球金融中心 T1 塔楼消防特殊设计评估报告》中关于超出规范部分的分析评估内容如下：

评估原理：消防安全工程原理。

评估方式：通过危险源识别、火灾场景设计，利用火灾模拟软件 FDS 和人员疏散软件 Pathfin-der 对建筑内烟气运动和人员疏散进行了模拟计算，分析发生火灾时的火灾动力学特征、烟气蔓延规律以及发生火灾后人员疏散模拟结果，得到安全疏散策略，并提出消防设计加强措施。

结论：结合消防性能化建议与规范要求，T1 塔楼的消防设计通过了专家评审、主管部门审批、审图单位审查等审批环节，结论为合格。

针对上述存在的消防设计难点，结合消防性能化评估报告，在满足《建筑设计防火规范》GB 50016—2014 的基础上，对 T1 提出需要采取加强的消防安全措施汇总如下：

1）加强核心筒内防火分隔

T1 塔楼核心筒集中设置有竖向电梯井和管道井，这些竖井是火灾竖向蔓延的主要途径，也是竖向防火分隔的重点部位。电梯井和管道井的设计尚应满足如下要求：

① 电梯井内严禁敷设可燃气体和甲、乙、丙类液体管道，并不应敷设与电梯无关的电缆、电线等。电梯井井壁除开设电梯门洞和通气孔洞外，不开设其他洞口。

② 应在每层楼板处用相当于楼板耐火极限的不燃烧体作防火分隔。电缆井、管道井与房间、走道等相连通的孔洞，其空隙采用不燃烧材料填塞密实。

③ 强电井与水管井以及其他设备间所开设的检查门由丙级防火门提升为甲级防火门；管道井及设备间与疏散走道之间的隔墙采用防火墙。

④ 各类管道竖井层间进行严密防火封堵。

⑤ 强电井内消防电缆采用矿物绝缘电缆，其他线路采用低烟无卤阻燃电缆，并设置电气火灾监控系统。

⑥ 燃气管井的设置符合现行《城镇燃气设计规范》GB 50028—2006 的相关规定，在每层设燃气泄漏报警器，并与进燃气管道井前的紧急切断阀连锁。

2）加强标准层防火分隔

① 为阻止火灾和烟气蔓延至疏散走道，疏散走

道的隔墙砌至顶板底部，耐火极限不低于1.50h。

②办公室通向疏散走道的门采用乙级防火门。

③疏散走道内严禁摆设任何可燃物和阻碍人员疏散的物品。

④为使得人员能够尽快进入相对安全的疏散走道，办公区应尽量多开一些通往疏散走道的出口，总宽度不宜小于疏散楼梯宽度的2倍。

⑤办公区、酒店房间内标示出该房间的疏散路线图，并配备防毒面具、手电筒等救援逃生工具。

⑥室内消火栓箱内配置消防软管卷盘，以便于工作人员能够对初期火灾快速开展扑救行动。

3）加强人员安全疏散设计要求

（1）加强首层大堂的防火保护

①首层大堂内设置室内消火栓、消防应急广播和消防电话等设施。

②首层大堂内不得设置商业、机房、厨房等区域的门、窗、洞口以及可燃气管道，甲、乙、丙类液体管道，且不应有可燃物及影响疏散的突出物、障碍物。

③首层大堂内选用箭头长度不小于100mm的灯光疏散指示标志，灯具设置间距不大于2.0m；消防应急照明与疏散指示系统的照度指标在规范要求基础上提高一倍。T1塔楼的供电时间不小于150min，T2塔楼的供电时间不小于120min。

（2）加强避难层设计

①避难层的设备管道集中布置，设备管道区采用防火墙与避难区分隔。

②管道井和设备间采用耐火极限不低于2.00h的防火隔墙与避难区分隔。

③管道井和设备间的门不直接开向避难区；必须直接开向避难区时，与避难区出入口的距离不小于5.0m，且采用甲级防火门。

④设置直接对外的可开启窗口或独立的机械防烟设施，外窗采用乙级防火窗或耐火极限不低于1.00h的C类防火窗。

⑤在避难层进入楼梯间的入口处、疏散楼梯通向避难层的出口处以及避难区出入口处增设能保持视觉连续的灯光型疏散指示标志。

⑥应急照明的地面最低水平照度不低于6.0lx；避难走道应急照明的地面最低水平照度不低于10.0lx。

（3）塔楼利用穿梭电梯参与人员疏散

①疏散电梯井道的耐火极限不小于2.00h。

②疏散电梯轿厢门及其构件、电缆、装饰装修、电梯机房等防火要求不低于消防电梯。

③电梯井底部设置集水井及排水设施，集水井容量不小于2.0m³，排水泵的排水量不小于10L/s。

④疏散电梯具有可靠的、持续供电时间不小于2.50h的备用电源，以保证紧急情况下的安全运行。

⑤疏散电梯由专人驾驶，疏散时仅在特定避难层和首层停靠。应急疏散时需有专人维持秩序，避免发生拥挤踩踏事故。

⑥疏散电梯停靠的避难层设置明确的电梯疏散指示标志，日常管理中加强对建筑内人员疏散和逃生知识的宣传。

4）加强消防设施设计要求

（1）机械防烟排烟系统

防烟排烟机房采用耐火极限不低于2.00h的隔墙和楼板、甲级防火门与其他部位隔开。其他要求如下：

①排烟系统

核心筒环形走道的机械排烟系统采用竖向布置和分段设计；

办公区与疏散走道内、就餐区与厨房内排烟系统相对独立；

疏散走道外围大于100m²的办公室房间增设机械排烟；

疏散走道排烟口设置在顶棚上或靠近顶棚的墙面上，且远离疏散楼梯安全出口。

②防烟系统

送风口不设置在被门挡住的部位，并设置在下部；

大厦内设置补风系统，当为机械补风时，补风量不小于排烟量的50%。

③其他要求

为确保防烟排烟系统的可靠性，提出以下要求：

图 1.9-15　项目东侧裙楼效果图

应定期对防烟排烟系统进行检查，保证防烟排烟系统完好有效；

消防控制室能显示防烟排烟系统风机电源的工作状态和防烟排烟系统的手动、自动工作状态及防烟排烟系统风机的正常工作状态和动作状态；

消防控制室控制防烟排烟系统及通风空调系统的风机和电动排烟防火阀、电动防火阀、常闭送风口、排烟阀（口）的动作，并显示其反馈信号（图 1.9-15）。

（2）自动灭火系统系统

① 交易大厅、顶层会所、首层大堂、空中大堂等功能区内自动喷水灭火系统的喷头均采用快速响应喷头，即喷头的时间响应系数 RTI 小于等于 $50（m \cdot s）^{0.5}$。

② 高位消防水箱容量按至少 10min 室内消防用水量设计，且不小于 $100m^3$。

③ 将自动喷水灭火系统全部水量储存在最高消防水箱内，自动喷水灭火系统采用高压与临时高压系统相结合供水方式。

④ 采用阀门将报警阀前环状供水管道分成若干独立段，保证每个报警阀组都能做到双向供水。

⑤ 消防控制室能显示喷淋泵电源的工作状态、喷淋泵（稳压或增压泵）的工作状态，显示水流指示器、信号阀、报警阀、压力开关等设备的正常工作状态和动作状态，显示消防水箱（池）最低水位信息和管网最低压力报警信息。

⑥ 消防控制室能手动控制喷淋泵的启、停，并显示其手动启、停和自动启动的动作反馈信号。

⑦ 应定期对消防给水系统进行检查，保证自动喷水灭火系统完好有效。

（3）应急照明和疏散指示系统

① T1 塔楼内选用集中控制型疏散指示系统。大堂和避难层的地面疏散指示标志的间距不大于 3.0m，转角处指示标志的间距不大于 1.0m。

② 消防应急照明与疏散指示系统的照度指标在规范要求基础上提高一倍，应急供电时间不小于 150min。

（4）火灾自动报警系统

① 柴油发电机容量能满足重要消防设备的工作时间要求。

② 火灾报警控制器设置交流电源和蓄电池备用电源。

③ 分段设计：除消防控制室内设置的控制器外，每台控制器直接控制的火灾探测器、手动报警

按钮和模块等设备不跨越避难层。

④火灾自动报警系统的供电线路、消防联动控制线路采用耐火铜芯电线电缆，报警总线、消防应急广播和消防专用电话等传输线路采用耐燃或阻燃耐火电线电缆。

⑤系统总线上设置短路隔离器，每只总线短路隔离器保护的火灾探测器、手动火灾报警按钮和模块等消防设备的总数不超过32点，总线穿越防火分区时，在穿越处设置总线短路隔离器。

5）消防安全管理要求

考虑到消防安全是一个整体的系统工程，每个部分对人员安全及建筑物的保障都至关重要，因此对本项目的消防安全提出以下管理建议，以供设计人员和业主进行参考：

①加强消防安全"防火墙"工程的"消防安全四个能力"的建立：即提高检查消除火灾隐患的能力，提高组织扑救初起火灾的能力，提高组织人员疏散逃生的能力，提高消防宣传教育培训能力。

②加强内部可燃易燃物的管理，避免出现火灾荷载大量集中的现象，降低火灾隐患。

③加强消防设施的日常维护管理，建立健全消防档案。

④加强建筑内避难层（间）及安全逃生知识的宣传普及，特别是T1塔楼采用穿梭电梯辅助疏散与公众日常知识差别较大，需强化相关疏散逃生知识宣传，确保火灾时穿梭电梯能充分发挥作用。

⑤建立消防应急预案，严格管理用火用电，确保疏散通道畅通。

⑥针对特定预案场景进行定期培训演练，加强与当地消防救援部门的协同演练。

参考文献：

辽宁中科技公共安全有限公司《沈阳环球金融中心T1塔楼消防特殊设计评估报告》

2

高度 250m 以下的超高层塔楼

2.1 综论

深圳市建筑设计研究总院有限公司 章海峰 吴 超 洪 波

图 2.1-1 城市塔楼

在 21 世纪头二十年的时间里，超高层建筑在中国进入了一个迅猛发展的时期。作为现今社会和时代向前迈进及发展的产物，伴随着经济、科技发展水平的提升，超高层建筑无论是在数量、规模还是建筑品质上，都在不断攀登新的高峰。在日益繁华的城市中，鳞次栉比的超高层勾勒出优美的天际线，印证了中国城市经济的繁荣。

深圳作为中国经济发展的引领城市之一，超高层建筑的发展，已逐步赶上世界建筑发展的步伐，并不断探索建筑技术与艺术所共同赋予的新时代建筑体验。在寻求更灵活多变的空间划分，更生态自然的室内环境，更节能环保的建筑材料及更智能程控的机电设备的同时，人们对这一类建筑新时代特征下的安全性问题也有了更全面的关注与重视——超高层建筑因其空间构成的特征、功能的复合、新材料的引入等方面的综合影响，对建筑自身的防火安全设计提出了挑战。

国家现行防火规范在最近 20 年进行了不断的迭代和修订完善，尤其是在 2018 年推出的《建筑高度大于 250 米民用建筑防火设计加强性技术要

求（试行）》后，从防火设计角度将超高层建筑实际划分为两类：塔楼高度小于 250m 的和塔楼高度大于 250m 的。而 2021 年初颁布的《住房和城乡建设部、国家发展改革委关于进一步加强城市与建筑风貌管理的通知》中，把超大体量公众建筑、超高层建筑和重点地段建筑作为城市重大建筑项目进行管理。其中，对 100m 以上建筑应严格执行超限高层建筑工程抗震设防审批制度，与城市规模、空间尺度相适宜，与消防救援能力相匹配；严格限制新建 250m 以上建筑，确需建设的，要结合消防等专题论证进行建筑方案审查，并报住房城乡建设部备案；不得新建 500m 以上超高层建筑。这使得在今后很长一段时间里，国内新建的超高层建筑项目的主流是在 250m 以下的。本章集中研讨高度小于 250m 超高层建筑设计过程中遇到的消防问题。

超高层建筑本身存在火势蔓延快、安全隐患多、人员疏散困难和施救难度大等实际问题。因而防火设计的目标是：保证建筑内的人员在火灾时能尽快疏散到安全区域；保证建筑结构在火灾中的安全，在限定时间内不会发生破坏而危及人员安全；

保证火灾不会蔓延到相邻防火分区或相邻建筑，避免造成重大影响或经济损失等。

超高层建筑防火设计的基本设计方法是严格遵循国家相关防火规范各条例，针对不同建筑的火灾特点，结合具体工程、当地经济技术发展水平和消防救援能力实际情况进行，并处理好规范要求、建筑功能和建筑消防安全之间的关系，尽可能达到建筑消防安全水平与经济高效的统一。国家相关规范的制定原则是成熟一条制定一条，往往滞后于工程技术的发展，不能完全满足现实工程建设的需要，也很难把建筑的防火目标、功能要求、试验方法等全部包括进去，只能对其一般防火问题和建筑消防安全所需的基本防火性能进行原则性规定。这些规定并不限制建筑新技术、新材料、新工艺、新设备的发展与应用，反而鼓励积极采用先进的防火技术和措施，允许其在一定范围内积极、慎重地进行试用，以积累经验。要注意在应用这些新技术、新材料、新工艺、新设备时，必须按照国家规定的程序经过必要的试验与论证，并符合国家相关法律法规的规定。

近 20 年来，建筑消防性能化防火设计方法及其技术一直是各国消防安全工程技术和火灾科研领域新的热点。建筑消防性能化防火设计方法是一种更具个性化的防火设计方法，特别是在解决大型复杂建筑和特殊空间的防火问题方面，弥补了单纯依据规范标准设计的一些不足。但从目前实际应用情况看，此方法和技术还需要进一步发展和完善。因此，在实际工程设计时对此方法要采取科学、严谨的态度审慎对待。

本章将通过实际工程项目举例的方式，总结近20 年来在深圳落成或正在建设的高度小于 250m 超高层建筑实例（图 2.1-2～图 2.1-4），具体分析消防设计中碰到的难点及解决方法，如塔楼特殊体型与消防救援疏散设计，多塔空中连体消防设计，特殊大堂空间的消防设计，塔楼中庭消防设计，避难层与架空层结合消防设计，塔楼特殊幕墙防火构造与救援窗设计等。这些实际工程因其设计时间的不同，所适应的规范版本有一定差异，但防火设计的目的和原则是一致的，那就是针对超高层建筑的特点和难点，防止和减少火灾危害，保护人身和财产安全。

图 2.1-2 深圳证券交易所广场

图 2.1-3 深圳南方博时基金大厦

图 2.1-4 深圳国信金融大厦

105

2.2 深圳证券交易所广场

深圳市建筑设计研究总院有限公司 章海峰 吴 超 洪 波

2.2.1 项目概况

工程名称： 深圳证券交易所广场（图 2.2-1）

建设单位： 深圳证券交易所营运中心

设计单位： 深圳市建筑设计研究总院有限公司
大都会建筑事务所

施工单位： 中建三局建设工程股份有限公司

消防顾问单位： 奥雅纳工程顾问公司

消防验收单位： 深圳市公安局消防支队

建筑规模： 办公综合建筑

用地面积： 3.9 万 m²

总建筑面积： 26.24 万 m²

地上建筑面积： 17.85 万 m²

地下建筑： 8.39 万 m²

建筑容积率： 4.57

覆盖率： 34.2%

建筑高度： 241.45m

建筑层数： 地上 46 层，地下 3 层

防火等级： 一级

建筑结构安全等级： 一级

抗震设防烈度： 7 度

主要结构类型： 钢筋混凝土核心筒＋钢桁架体系

图 2.2-1 深圳证券交易所广场

设计特点：裙楼被抬升至距地约36m高，形成悬浮基座，基座顶面高度60m，最大悬挑跨度约为37.5m

裙楼结构体系：巨型钢结构桁架和次桁架组成

设计时间：2007年3月～2008年5月

验收时间：2014年4月

竣工时间：2014年12月

深圳证券交易所广场（以下简称深交所广场）坐落在深圳市商务和行政中心区，是一个以实现"发展金融性城市"为目标的空间场所。基地南临深南大道，东侧是鹏程二路，西侧为民田路，北侧是福中三路。东侧及西侧建有4栋超高层金融建筑，形成一个以深交所为中心的超高层金融建筑组团，矗立在深圳市民中心的西侧（图2.2-2）。主楼位于基地中央，并将基地分为南面的城市一侧和北面的公园一侧。公园一侧与基地周边绿化空间相联系。基地的东面为坐落在一大片公园绿地中的市民中心。这片公园绿地中，深交所广场基地公园一侧以及向西延伸的人行步道将人行系统连接成一体（图2.2-3）。

深交所广场设计打破传统（传统建筑往往是建立在稳固基础之上并与大地牢牢相连），借鉴股票市场的形象：股市的核心内容是买卖，它建立在资本的基础之上，受其操控，而不会因为自重而涨跌。在深圳几乎虚拟的股票市场中，象征性超越了功能性，因此深圳证券交易所必须代表股票市场，而不仅仅是容纳它的功能，它不应该只是有办公室的交易台，而应是一个五脏俱全的办公体，暗示和展现股票市场的过程。

于是，大厦成为一个有抬升裙楼的建筑。抬升裙楼似乎正被驱动市场的买卖热潮托起，从地面基座沿塔楼向上爬升而形成了一个空中平台。它解放了在地面上占用的面积，并同时支撑和创造了另一个空中的面积。抬升裙楼的四面和暴露出来的底面设置的LED屏将股票市场的活动播放给整个城市，而地面解放出来的空间成为有顶的城市公共广场，可进行大型公共庆典活动。

深圳证券交易所广场占地面积39091m²，总建筑面积262448m²，设3层地下室，地面以上46层，地上部分面积为178509m²，总高度241.45m，是一栋集办公、技术支持、研究、培训、会议、公共服务、配套商业和室外空间为一体的综合性大楼，同时也是服务于中国金融市场的一个崭新的地标性建筑。

深交所广场可以看作是由3个独立的建筑功能

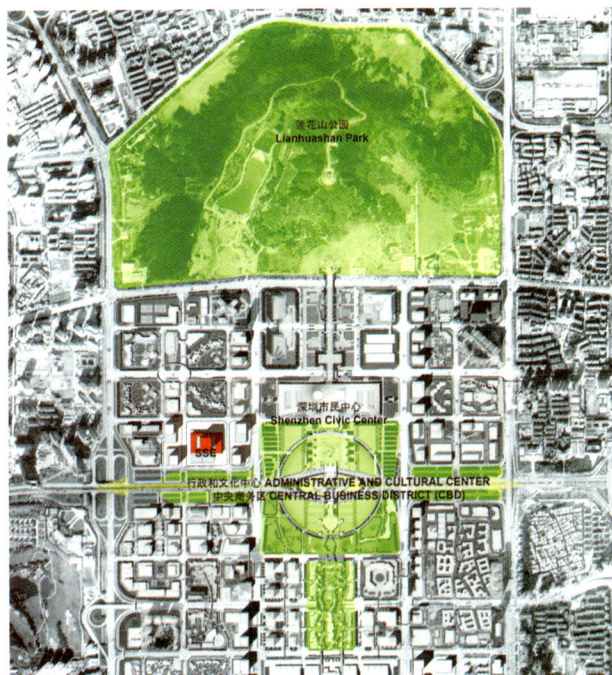

图2.2-2 深圳证券交易所广场项目区位示意图

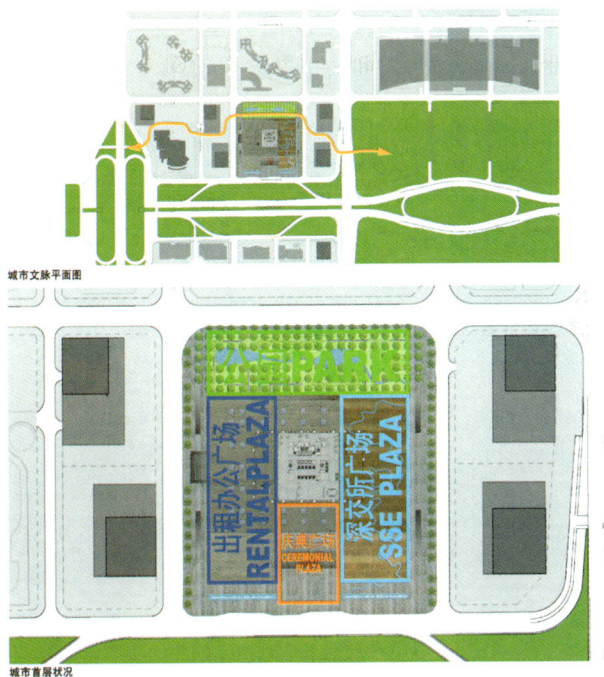

图2.2-3 深圳证券交易所广场项目总体规划

图 2.2-4 深圳证券交易所广场概念设计

塔楼 TOWER　　裙楼 PODIUM　　抬升 LIFTED　　两个公共空间 2 PUBLIC SPACES

图 2.2-5 深圳证券交易所广场立面效果

部分上下叠加组合而成的独特整体。一座抬升的裙楼包围住一座办公塔楼，将其一分为二。地上一层为深交所入口大厅及配套商务用房，二层为出租办公区入口大厅。三层为物业管理办公用房，四～六层为深交所内部技术机房区。七～九层为悬挑裙房层，深交所自用办公和交易活动空间集中布置，上市大厅、交易室、国际会议厅和博览展示等功能空间将深交所员工、投资者和参观者汇聚于此。九层的深交所办公室有直接的通道可以通往裙楼顶部的屋顶花园。十层为深交所员工餐厅，十一～十五层为深交所高层办公区，均具有极佳的视野可以欣赏抬升裙楼顶的屋顶花园和远眺深圳的天际线。十七～四十三层为出租办公区。最顶部四十四、四十五层为员工活动中心。地下一至三层为大型停车库及设备机房（图 2.2-4，图 2.2-5）。

2.2.2 消防设计依据及进程

1）项目里程碑

2004 年 深圳市政府确定深圳证券交易所选址

2005 年 国际设计竞赛——确定 OMA 建筑方案中标，SADI 为合作设计单位

2006 年 深圳证券交易所营运中心成立

2008 年 主体施工图设计完成，开始施工

2010 年 结构封顶，进入幕墙、室内等施工

2014 年 深圳证券交易所广场验收并投入使用

2）消防设计依据

深交所广场设计标准为一类高层建筑一级耐火等级，因此主要以《高层民用建筑防火规范》GB 50045—95（2005 年版）（以下简称"高规"）为设计依据和参考。除高规外，以下规范亦作为设计依据和参考：

《建筑设计防火规范》GB 50016—2006

《办公建筑设计标准》JGJ 67—2006

《火灾自动报警系统设计规范》GB 50084—2001（2005 年版）

《自动灭火器配置设计规范》GB 50140—2005

《建筑灭火器配置设计规范》GB 50222—95

《汽车库、修车库、停车场设计防火规范》GB

50067—97

《建筑钢结构防火技术规范》CECS 200: 2006

3）消防设计进程

2006 年 9 月　确定项目规模定位

2007 年 3 月　梳理消防设计难点

2007 年 4 月　消防顾问提供解决策略

2007 年 9 月　提供消防性能化防火设计报告

2007 年 10 月　准备消防报审图及报告

2007 年 10 月　省厅消防局专家论证会

2007 年 11 月　专家评审意见回复

2007 年 12 月　报审报建资料提交

2008 年 3 月　消防报建通过

2.2.3　基本消防设计

1）总平面设计

本建筑南侧为深南大道辅道，东、西、北侧均为小区道路，距拟建的周围建筑物的距离均大于 13m。建筑四周设不小于 4m 的环形消防车道，并连接东西侧城市道路，登高面处宽 6m，转弯半径 12m。车道坡度小于等于 10%，登高面处小于等于 2%。消防车道路荷载按 30t 计算。

本建筑塔楼及抬升裙楼均按高层建筑设置登高

面，其长度均不小于建筑的长边长度 1/4 周长的长度。抬升裙楼的登高面设在西面、东面、南面东侧。塔楼的登高面设在二层平台南北两侧，并设 18m×18m 的消防回车场。登高场地宽 6m，距建筑物大于 5m。同时，在登高面范围内，分别在首层、二层平台均设有直通室外的楼梯或出口（表 2.2-1）。

消防登高面计算表　　表 2.2-1

	周边长度 /m	长边长度 /m	登高面长度 /m
抬升裙楼	520.4	163.6	172.0
抬升裙楼以下塔楼	299.2	92.8	112.6

2）地下室

地下室（地下一层～地下三层）根据消防规范的规定划分防火分区，其中地下车库的防火分区面积均不大于 4000m²。各防火分区之间采用防火墙、防火卷帘等防火分隔措施进行分隔。设备房防火分区面积小于 1000m²（除地下三层制冷机房外）。地下一层车库分为 6 个分区，设备房分为 7 个分区；地下二层车库分为 6 个分区，设备房分为 3 个分区；地下三层车库分为 6 个防火分区，设备房分为 5 个防火分区，其中制冷机房面积 1235m²，其余均小于 1000m²。地下室所有防火分区内均设有自动灭火

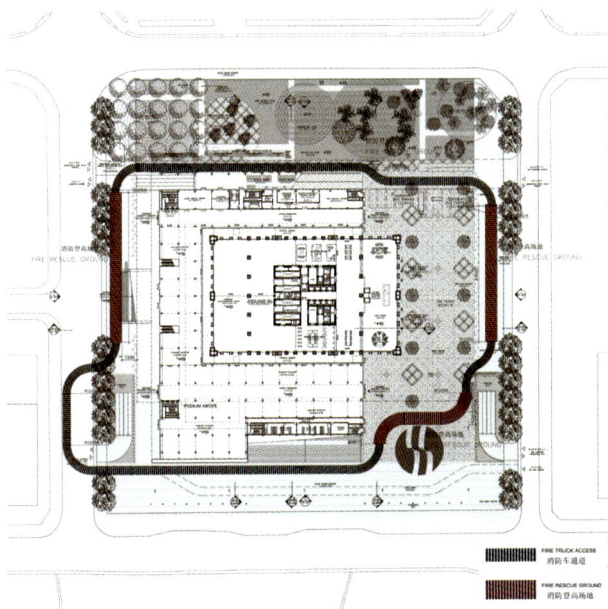

图 2.2-6　首层消防扑救场地

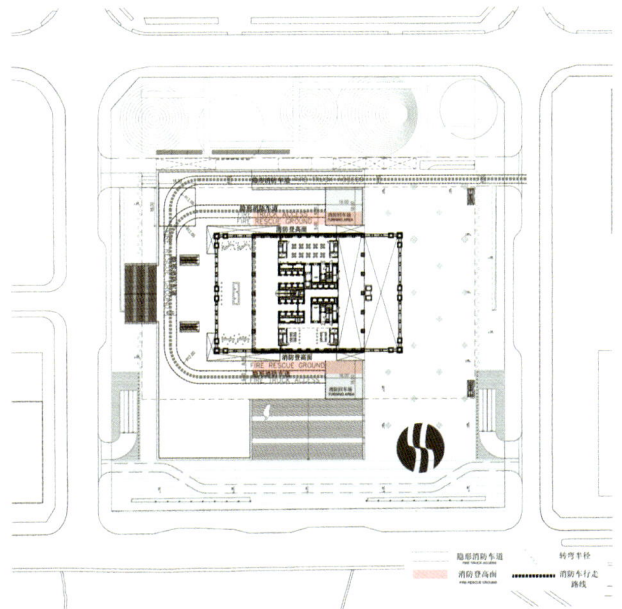

图 2.2-7　二层消防扑救场地

设施。

地下室每层设有 12 部直通地面室外的防烟楼梯间（其中核心筒有 3 部楼梯），每个疏散楼梯的净宽度大于等于 1.2m。地下车库每个防火分区设 2 个安全出口，最远疏散距离不超过 60m，疏散楼梯均为防烟楼梯间，在一层设直通室外的出入口，汽车安全出口设一条单车道及三条双车道坡道出入口。地下设备房每个防火分区设不少于一个楼梯疏散口及一个通向相邻防火分区的甲级防火门。

3）塔楼

塔楼首层设有配套商务用房，此区域按每个防火分区最大面积不超过 4000m² 来划分。塔楼（三~六层，十一~四十六层）的楼层依据消防规范，使用防火墙、防火卷帘等防火分隔措施划分防火分区。每个防火分区的面积不大于 2000m²，对于有空中花园的区域，采用特级防火卷帘进行分隔。塔楼单层面积约为 2880m²，每层划分为两个防火分区（图 2.2-8）。

塔楼的安全疏散策略为：塔楼人员疏散方向主要为向下；塔楼在十六层、三十二层分别设有避难区域，供塔楼人员疏散时临时避难。塔楼主要是通过核心筒内的 3 部总宽度为 3.6m 的疏散楼梯向下疏散，南北两部楼梯疏散到一层大堂后疏散至室外，西侧一部核心筒楼梯疏散至二层大堂后疏散至室外平台。

塔楼每层划分为两个防火分区，目前 3 部疏散楼梯中，位于核心筒西侧的楼梯间为 2 个防火分区共用，以保证各楼层每个防火分区都有 2 个安全出口（疏散楼梯）。塔楼区域所有的疏散楼梯都设置前室，并在前室设置机械加压送风系统。

4）抬升裙楼

抬升裙楼区域防火分区设置方案如下：

抬升裙楼将按照规范划分面积不大于 2000m² 的防火分区。七层划分为 8 个防火分区；八层划分为 6 个防火分区；八层夹层划分为 4 个防火分区，另南北侧参观廊与下方展厅合并为 1 个防火分区；九层划分为 8 个防火分区。抬升裙楼（图 2.2-9）的安全疏散较特殊，将在后面重点介绍。

5）中庭

深交所广场东西两侧设有两个中庭，东侧中庭贯穿一~六层，西侧中庭贯穿二~六层，中庭高度约为 36m/30m，体积约为 298800m³/249000m³。

中庭的消防防火设计做法如下：

• 在塔楼与中庭之间使用的钢化玻璃以加密喷淋的保护方式进行防火分隔（图 2.2-10）。

• 对中庭烟气控制进行模拟分析。分析将包括对火灾场景的分析、烟气流动、烟气控制效果的分析，并据此确定中庭的排烟量。

• 对中庭处大型斜撑等外露钢结构做防火保护，满足耐火极限的需求。

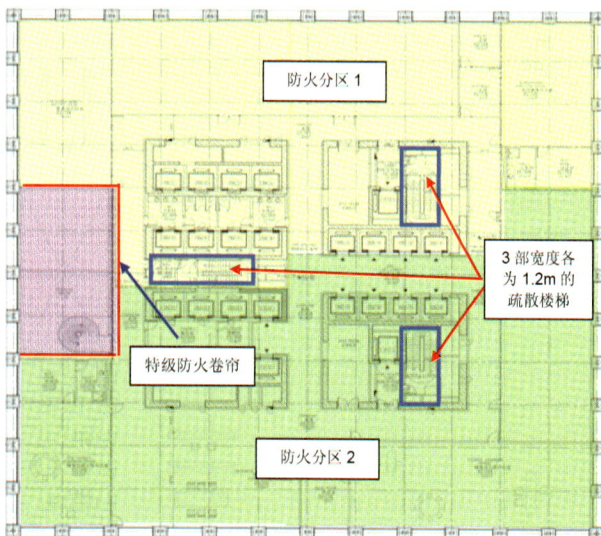

图 2.2-8 深交所广场塔楼防火分区示意图

图 2.2-9 深圳证券交易所抬升裙楼

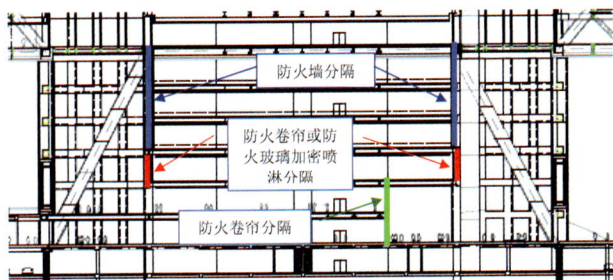

图2.2-10　深交所广场中庭与塔楼防火分隔示意图

6）避难层兼设备层

设置在大厦十六层、三十二层的避难层可以作为临时安全区，各避难层的面积按照5人/m²设置，塔楼的3部疏散楼梯在避难层进行转换；各避难层避难面积分别为923m²和995m²。

设置在七层的消防避难转换走道供抬升裙楼疏散人员使用。避难层其他区域则布置设备用房，并与避难区之间使用防火墙、防火门等防火措施分隔开。为增强抬升裙楼的疏散安全，裙楼屋顶可以作为临时安全区，并在屋顶区域提供消防应急照明、消火栓等消防措施（图2.2-11）。

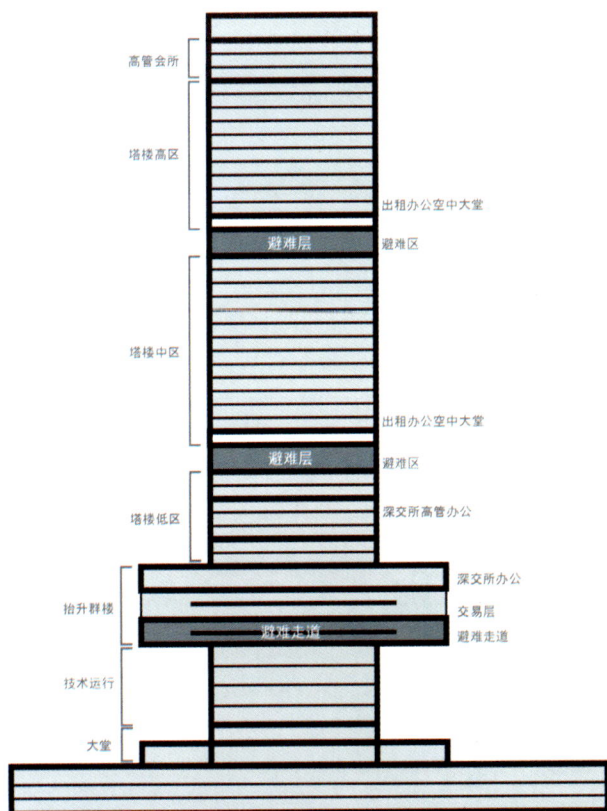

图2.2-11　深交所广场避难层分布

7）消防电梯

塔楼部分设置2部消防电梯，每个防火分区设置1部。消防电梯与疏散楼梯合用前室，前室面积不小于10m²，消防电梯停靠地下室至四十六层的所有楼层。

裙房部分在核心筒内设置3部消防电梯，其中两部消防电梯与塔楼共用，另一部停靠地下室至裙楼顶层（地下三层至九层）的各楼层。消防电梯均设置前室，与疏散楼梯间合用的前室面积不小于10m²，消防电梯单独使用的前室面积不小于6m²。

2.2.4　特殊消防设计

深交所广场塔楼上部和地下室均为常规场所，这些部位可依照相关建筑防火规范进行消防安全设计。其高位抬升裙楼的建筑形式为该项目的主要特点，抬升裙楼底部距地约36m，平面尺寸约为162m×98m，最大悬挑跨度约为37.5m，裙楼结构体系由巨型钢结构桁架和次桁架组成。建筑东、西两侧各有一个贯穿多层的中庭。

独特的造型是该建筑设计的最大亮点，但是也带来了消防设计的难题，难以套用当时《高规》的部分规定，需要引入当时可采用的消防性能化设计方法进行设计（图2.2-12）。

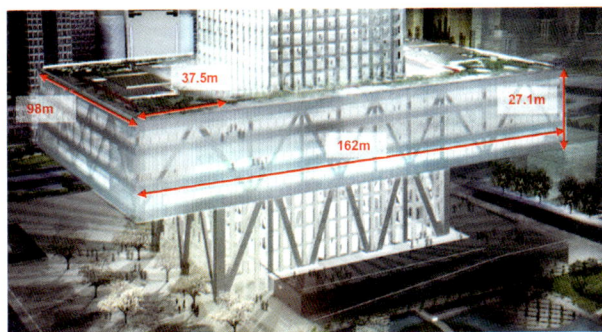

图2.2-12　裙楼尺寸示意图

1）高位抬升裙楼的消防疏散

抬升裙楼为深交所广场最特殊的部分，其主要为深交所工作办公的区域，各层主要功能如下：七层为技术部门办公及机房，八层为会议及上市仪式

111

功能区域，八层夹层为公众接待区、媒体采访区等，九层为深交所自用办公区域。

而抬升裙楼区域的人员主要为深交所员工，这些人员对裙楼环境比较熟悉，可以快速疏散。基于裙楼特殊的建筑形式及抬升裙楼使用功能、人员数量的情况，裙楼区域人员安全疏散设计如下：

· 抬升裙楼七～九层的主要疏散方向向下；

· 裙楼七～九层核心筒周边塔楼投影区域人员直接由核心筒内的 3 部楼梯和塔楼四角楼梯向下疏散到室外；

· 悬挑区域的 8 个楼梯在七层与塔楼 4 个四角楼梯之间，采用转换避难走道相连通；悬挑区域的人员通过裙楼的 8 部楼梯向下疏散到七层的转换走道，然后通过转换走道进入设置在七层塔楼区域四个角的 4 部楼梯向下疏散至室外；

· 裙楼的 8 个楼梯与抬升裙楼屋顶连通，人员可以通过这 8 个楼梯到达裙楼屋顶。第九层悬挑部分人员在个别楼梯因火灾阻碍而无法使用时，可通过这 8 个裙楼楼梯上到裙楼屋面，然后转换到其他裙楼楼梯、下至七层转换走道，然后由四角楼梯向下疏散至室外（图 2.2-13）。

本项目抬升裙楼每一层的面积远超过裙楼上下方塔楼楼层的面积，相应地抬升裙楼楼层的人员数量也多过塔楼楼层。为满足疏散距离和疏散宽度的要求，在抬升裙楼层需要布置数量较多的疏散楼梯，有些楼梯还位于抬升裙楼悬挑区域，不可能直接下落到地面。

抬升裙楼下方塔楼楼层主要是技术机房和少量办公室，人员数量较少，设置和抬升裙楼同样宽度的楼梯不仅没有必要，建筑设计上也无法实现。因此，为了兼顾裙楼的疏散安全和建筑设计的可行性与经济性，针对项目特点采用消防性能化设计方法，研究提出在抬升裙楼的最低楼层设置"疏散避难转换空间"，解决疏散设计难题。

具体措施：在裙楼最低的第七层设 4 个避难转换走道，连通裙楼悬挑区域的 8 个防烟楼梯间和塔楼四角处 4 部防烟楼梯间。每个避难转换走道的宽度约为 2.6m，面积为 170m^2，4 个避难转换走道的总面积为 680m^2。

由于抬升裙楼内设有数量较多的无法直接下落到地面层的楼梯，人员可以先疏散到位于七层的避难转换走道（兼具稍作停留和通过的功能），再通过该走廊转换到塔楼四角处的防烟楼梯下到地面室外安全区域，完成整个疏散过程。

由于七层的 4 个转换走道对裙楼人员安全疏散具有至关重要的作用，因此需保证其安全度达到不低于避难层的相应消防安全要求（图 2.2-14）。主要消防安全措施如下：

· 转换走道只作为人员紧急疏散时使用，平时禁止存放任何物品；

· 设置机械加压送风系统，其送风量按其净面积每平方米不小于 30m^3/h 提供；

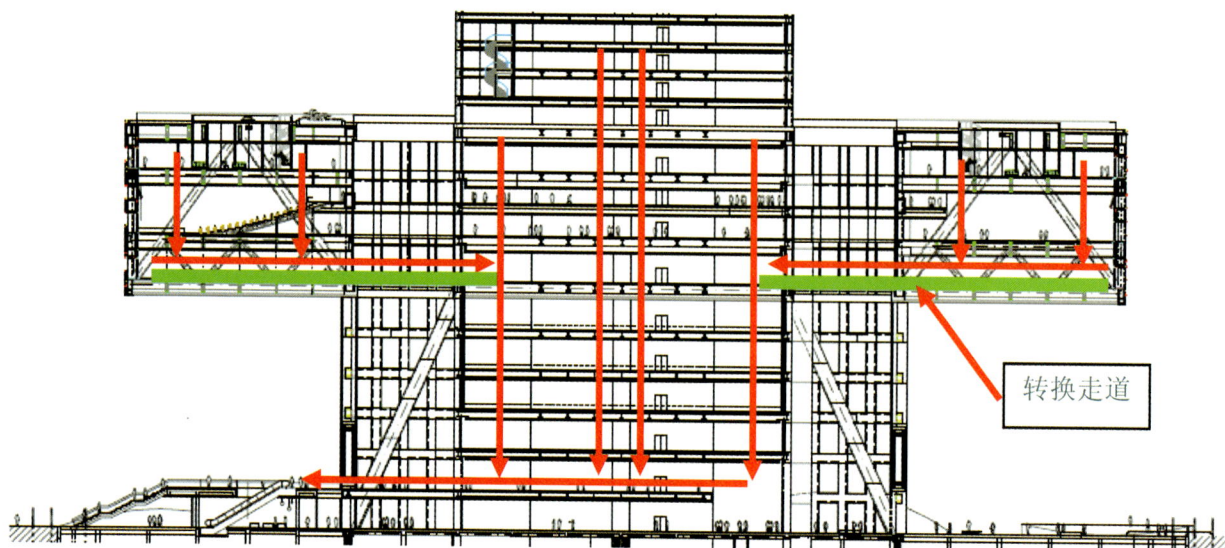

图 2.2-13　裙楼人员疏散路线

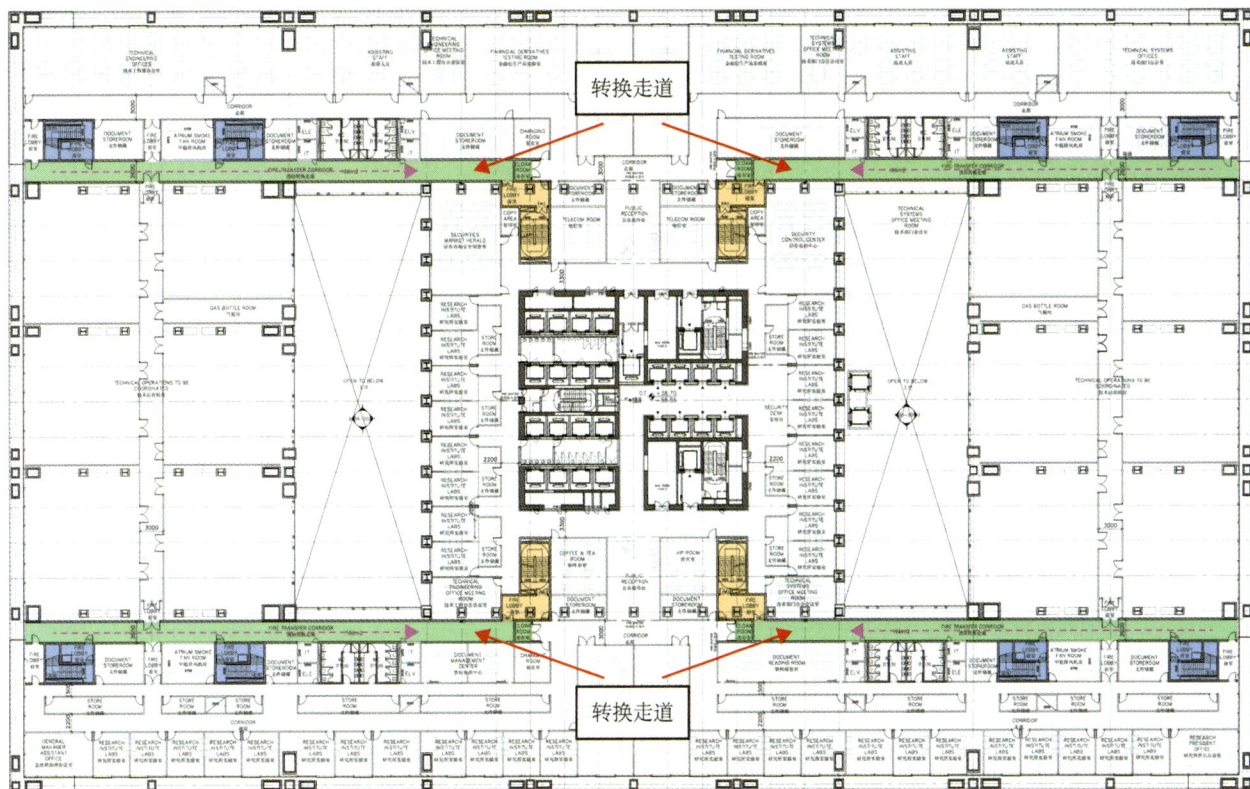

图 2.2-14 七层转换走道设置平面图

• 转换走道内提供连续的疏散指示、消防电话、消防广播、应急照明等装置；

• 转换走道内装修全部采用不燃材料，走道两侧墙的耐火极限不小于 3.00h；

• 转换走道内设置喷淋系统、室内消火栓及卷盘保护；

• 转换走道面积满足不小于 5 人 /m²；

• 转换走道与其他使用功能区域之间设置前室，前室设置正压送风，其压值根据高规要求进行确定；

• 其他通风管道不穿越转换走道，如有穿越，相应增加防火保护措施。

抬升裙楼各楼层疏散人数的计算是根据规范及实际使用人数来确定的，楼梯和走道的疏散宽度则通过对各防火分区的火灾场景模拟、火灾烟气模拟及人员安全疏散模拟等消防性能化分析手段计算得出。

2）抬升裙楼的钢结构抗火设计

深交所广场建筑造型新颖，其结构设计也颇为独特。部分起支撑作用的结构构件暴露在建筑的外立面上，本身既起着结构的作用，又成为建筑表现的一个重要部分。因此，要求结构防火设计不但要保证火灾条件下的安全，又要兼顾建筑造型的美观（图 2.2-15）。

深交所广场塔楼及抬升裙楼主要采用钢－混凝土组合结构，其结构构件布置如图 2.2-16 所示。塔楼的结构体系为钢－混凝土组合筒中筒体系，外筒是由密柱深梁构成的外筒框；内筒为钢筋混凝土剪力墙核心筒，并内嵌钢柱。

裙楼平面尺寸 162m×98m，最大悬臂跨度约 40m，包含 3 个主楼层、1 个夹层及可上人的屋顶花园。裙楼的空间结构体系，包括多榀平面巨型桁架和次桁架，屋顶及最下层为刚性楼板。荷载经由主塔楼的结构系统和带斜撑柱组向下传至基础。裙楼内典型楼面的结构布置，采用直接支撑于主桁架上的大跨度楼面梁或桁架梁。裙楼平台以下，中庭周边带斜撑的钢结构框架在外围构成了钢桁架筒；其中，绿色构件为抬升裙楼的支撑构件，即中庭的钢结构构件，四个柱子为箱型钢内加混凝土结构柱、M 形斜撑为纯钢结构。抬升裙楼主要由钢桁架构成，其中红色部分为钢管混凝土构件，蓝色部分为纯钢构件。

图 2.2-15　深圳证券交易所人视图

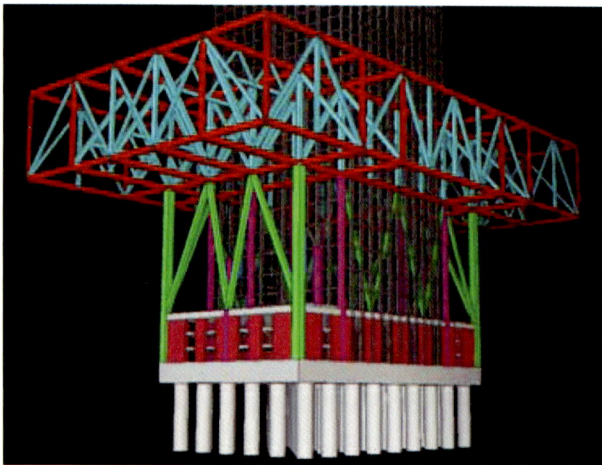

图 2.2-16　深交所广场主要结构体系示意图

准温升。此外，钢管混凝土柱的抗火性能比单纯钢结构要好，原因是钢管内存在大量的混凝土。混凝土的比热与钢的比热相比大很多，而钢材的导热系数却比混凝土大很多。钢管混凝土柱管内的混凝土体积是钢管的 11 倍以上，发生火灾时钢管虽升温较快，但管内混凝土升温滞后且沿截面分布不均匀。因此，温度不高的混凝土仍具有承载力，使钢管混凝土的耐火时间增长，能经较长的火灾延续时间而不被破坏（图 2.2-17）。

本项目出于建筑效果要求，将采用耐火保护时间为 1.50h 的薄涂型防火涂料，通过性能化的结构抗火设计方法，对此进行分析和验算。实际中，采用薄型和厚型防火涂料保护的钢构件，在受火影响下其构件温升有所差别，但满足相同耐火极限要求的防火涂料，在其耐火极限时间内最高温度均应低于临界温度。图 2.2-18 给出了采用薄型及厚型防火涂料情况下的构件温升曲线示意图。

对于薄型防火涂料，在刚开始受火时刻，构件温度升高较快，当温度升高至薄型涂料开始膨胀发泡时，防火效果逐渐增强，温升逐渐减慢，到达一

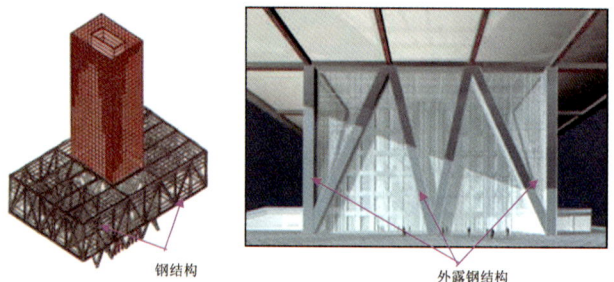

图 2.2-17　深交所广场钢结构示意图

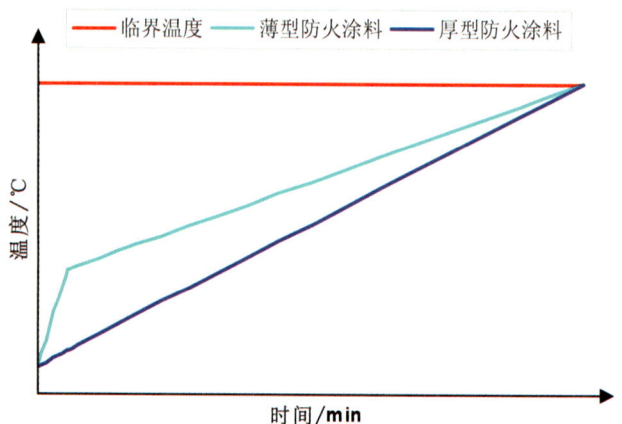

图 2.2-18　薄型及厚型防火涂料在受火情况下的温升示意图

针对本项目特点，抬升裙楼外立面钢结构可能受局部火灾影响，而受限空间火灾需要考虑其发生轰燃的可能性。中庭的大型外露钢结构位于较大的空间内，受到大空间局部火灾的影响，而大空间烟气温度低于标准试验炉内的温度，构件温升小于标

定的膨胀厚度时其防火保护效果将达到厚型防火涂料的保护效果。由薄型防护涂料试验测试可知，温度在 200℃左右时，已经产生膨胀，可起到较好的防火保护效果。根据温度计算结果可知，相同耐火极限下采用薄型防火涂料的构件温升在开始受火阶段比采用厚型防火涂料的温升较快。但温度远低于临界温度，对结构受力分析的结果没有影响。

因此，通过性能化分析，在建筑内设定 3.00h 火灾持续时间的场景下，采用耐火保护时间为 1.50h 的薄涂型防火涂料，可达到与规范相当的安全水平。

2.3 深圳南方博时基金大厦

深圳市建筑设计研究总院有限公司 章海峰 吴 超 洪 波

2.3.1 项目概况

工程名称：南方博时基金大厦（图 2.3-1）

建设单位：南方基金管理有限公司／博时基金管理有限公司

设计单位：深圳市建筑设计研究总院有限公司＋HANS HOLLEIN

施工单位：中国建筑一局（集团）有限公司

消防顾问单位：国家消防工程技术研究中心

消防验收单位：深圳市公安局消防监督管理局

建筑规模：超高层办公建筑

用地面积：0.72 万 m²

总建筑面积：11.03 万 m²

地上建筑面积：8.22 万 m²

地下建筑面积：2.80 万 m²

建筑容积率：11.33

覆盖率：33.77%

建筑高度：199.70m

建筑层数：地上 42 层，地下 4 层

防火等级：一级

图 2.3-1 深圳南方博时基金大厦

116

建筑结构安全等级：一级

抗震设防烈度：7 度

主要结构类型：钢框架＋钢筋混凝土核心筒

设计特点：立面造型采用分段式设计，窗盒式窄腔外呼吸双层幕墙与普通单层幕墙混合使用。

设计时间：2009 年

验收时间：2018 年

竣工时间：2019 年

深圳南方博时基金大厦选址于城市中心，邻近市民中心及纵贯南北的主轴线，坐落于深南大道北侧。位于大厦西北侧的深圳证券交易所广场是此金融办公区域的中心，因此大厦自然而然作为副中心而存在（图 2.3-2）。

图 2.3-2 项目区位示意图

为强调此情景，一方面，大厦在裙楼造型上呼应证券交易所的悬挑裙楼，在城市构筑中建立一个正副相协的中心；另一方面，大厦建筑形式与邻近所有高楼又有明显的差异。大厦塔楼的造型寓中国园林的隐喻及想象于建筑之中，在塔楼间分布的 3 个空中花园层与我国传统的五行八卦相合，为办公空间营造出与众不同的环境。建筑主体展现了高度的雕塑性，垂直超高层塔楼分布的空中花园与建筑有机地结合在一起，形成了整座建筑非常独特的外观（图 2.3-3）。

基金大厦占地面积 7260m²，总建筑面积110320m²，设 4 层地下室，地面以上 42 层，地上部分面积 82232m²，总高度 199.70m，是一栋为南

图 2.3-3 深圳南方博时基金大厦街景图

方基金管理有限公司和博时基金管理有限公司提供总部办公、配套服务、配套商业和公共广场的综合性大楼。

塔楼平面为一个 45m×45m 的简洁方形，以垂直面而言，此塔楼为叠层结构，分成两个分别由 5 至 6 个楼层组成之区域，不同区域交互呈现三至四次。一个区域是由具有简洁方形外缘的标准楼层组成，采用窗盒式窄腔外呼吸双层幕墙；另一个区域则为具有高度交错变化形式的花园楼层，采用普通单层幕墙（图 2.3-4）。

建筑地上部分裙房为 4 层，塔楼为 42 层。首层为通高办公大堂及对外营业厅，三层为高级餐饮，四层为厨房及大厦物管办公。塔楼五层以上均为办公层，其中十五层、三十一层为避难层；四十二层为基金公司会所层。建筑地下部分布置了 4 层地下室和 1 个地下夹层。其中地下夹层为自行车停车库，其他为停车库及设备机房。停车数约 400 辆。

117

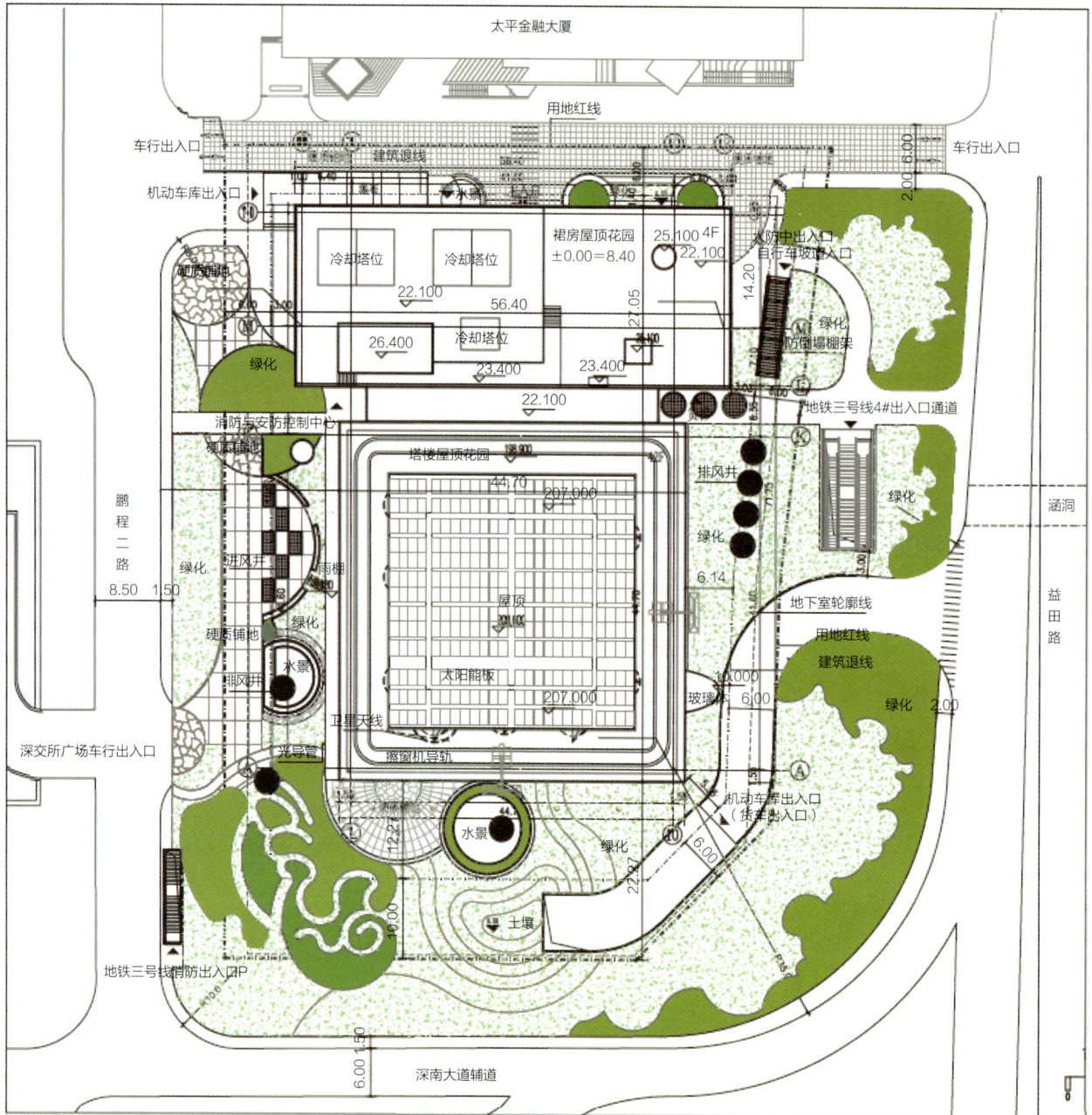

图 2.3-4　深圳南方博时基金大厦总平面图

2.3.2　消防设计依据及进程

1）项目里程碑

2006 年 深圳市政府确定基金大厦选址

2009 年 国际设计竞赛——确定 HANS HOLLEIN 建筑方案中标，SADI 为合作设计单位

2010 年 基金大厦联合基建办成立

2011 年 主体施工图设计完成，开始施工

2015 年 结构封顶，进入幕墙、室内等施工

2019 年 深圳南方博时基金大厦验收并投入使用

2）消防设计依据

深圳南方博时基金大厦为一类超高层建筑，一级耐火极限，因此主要设计依据为：

《高层民用建筑设计防火规范》GB 50045—95（2005 年版）（简称《高规》）

《建筑设计防火规范》GB 50016—2006

《民用建筑外保温系统及外墙装饰防火暂行规定》

《双层玻璃幕墙防火设计规程（暂行）》（上海市消防局）

3）消防设计进程

2009 年 9 月 确定项目规模定位
2010 年 4 月 梳理消防设计难点
2010 年 5 月 消防顾问提供解决策略
2010 年 10 月 提供双层幕墙消防设计报告
2010 年 12 月 准备消防报审图与报告
2011 年 1 月 消防报建通过
2018 年 8 月 消防验收通过

2.3.3 基本消防设计

1）总平面设计

本建筑南侧为深南路辅道，北侧为太平金融大厦超高层建筑，间距 18m，东侧为益田路，西侧为深圳证券交易所广场，建筑间距大于 13m。消防车道在东侧和南侧利用现有市政道路，西侧和北侧在用地内形成环形消防车道。消防车道宽 4m，转弯半径 12m，道路荷载按 30t 计算。

本建筑在西侧设消防登高面，长度不小于建筑的长边，其建筑总长度 256m，登高面长度 72m。登高场地宽 6m，距高层主体 9m（图 2.3-5）。

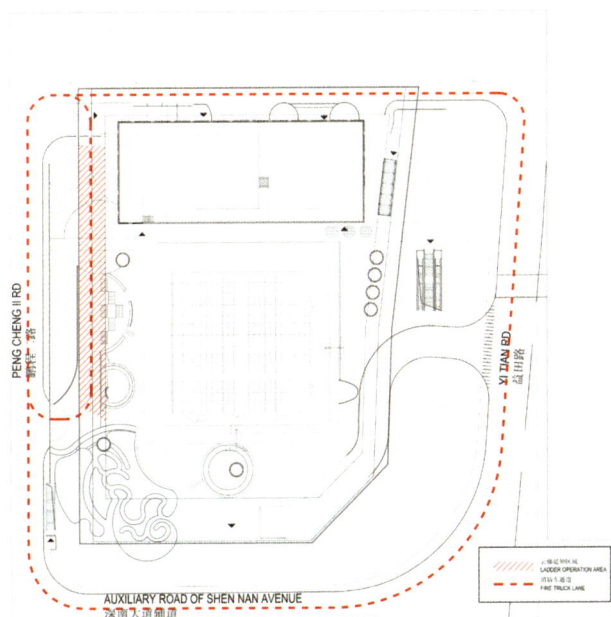

图 2.3-5 消防车道及消防登高面

2）地下室

地下室共 4 层，为地下停车库和设备用房。车库设有自动灭火系统，每个防火分区面积不大于 4000m²，设备用房设有自动灭火系统，每个防火分区面积不大于 1000m²。

地下停车库每个防火分区设有两个安全出口，各层设两条汽车坡道。地下设备用房每个防火分区设不少于一个楼梯疏散口及一个通向相邻防火分区的甲级防火门。

3）裙楼及塔楼

首层办公大堂设有自动灭火系统，防火分区面积不大于 2000m²。裙楼三层为餐饮功能，总面积 1488m²，因其防火分区面积不大于 2000m²，所以单独设为一个防火分区。按照餐厅座位布置，最多就餐人数为 182 人，加上服务人员约 50 人，合计共 232 人。设置两部疏散楼梯，疏散总宽度为 4.0m，按照 1m/100 人的要求，可满足最多 400 人的疏散。

塔楼均为标准办公平面，设有自动灭火系统，每层面积均不超过 2000m²，每层设两部防烟楼梯，每部楼梯疏散宽度 1.2m，在首层直通室外或经大厅疏散，顶层直通屋面。

塔楼九层以及二十层为基金公司的员工餐厅，按照分时就餐原则，同时段最多就餐人数（加上服务人员）不超过 240 人。塔楼疏散总宽度为 2.4m，按照 1m/100 人的要求，满足疏散要求。

4）中庭防火

入口中庭设机械排烟系统，排烟风机设置于三层夹层风机房内。部分花园层也设置了 2 层高的中庭，中庭防火方案为：

（1）房间与中庭回廊相通的门、窗，设自行关闭的乙级防火门、窗。

（2）与中庭相通的过厅、通道等设乙级防火门或耐火极限大于 3.00h 的防火卷帘分隔。

（3）中庭每层回廊设有自动喷水灭火系统和火灾自动报警系统。

5）避难层

塔楼分别在十五、三十一层设避难层，避难面积分别为 632.21m² 和 749.91m²。避难空间与其他房间用防火墙分隔，设有消防电梯停靠。疏散楼梯在避难层上、下段用实墙隔开，并分别设前室通向避难区域（表 2.3-1）。

避难人数列表　　　　　表 2.3-1

层数	避难人数	计算标准 /（人 /m²）	最小避难面积 /m²	分管层数
15F	2082	5	416.4	14 层
31F	2220	5	444	15 层

6）消防电梯

塔楼每层面积不大于 2000m²，设两部消防电梯。消防电梯与楼梯共享前室，前室面积不小于 10m²。

2.3.4　特殊消防设计

深圳南方博时基金大厦的立面造型采用分段式设计，分为标准层和花园层。其中标准层采用窗盒式窄腔外呼吸双层幕墙，花园层为普通单层幕墙。

采用双层幕墙具有节能的效果，有更好的隔声性能，水密性、气密性更好，可以为室内创造更优良的办公环境。

本项目标准层采用的是窄腔窗盒式双层幕墙，腔体净宽度为 250mm，内置遮阳百叶；在水平方向每层设置阻火带，每层上下部位均设有约 500mm 高的通风百叶，使内墙形成空气动力效应，从而形成自然通风，达到降温和节能的效果。双层幕墙内侧为中空 Low-E 双膜隔热玻璃，外侧为单片高反射单膜钢化玻璃。具有反射遮阳板的双层隔热钾钠玻璃幕墙作为窗带，起到窗盒式双层幕墙层间隔断的作用（图 2.3-6）。

因而，塔楼标准层双层幕墙的防火及疏散救援窗的设置是该项目的消防设计难点。

本项目双层幕墙在执行当时《高规》相关规定的同时，也参考《民用建筑外保温系统及外墙装饰

图 2.3-6　分段式幕墙设计示意图

防火暂行规定》及当时上海市消防局颁布的《双层玻璃幕墙防火设计规程（暂行）》的内容进行设计，定性为窄腔窗盒式双层玻璃幕墙系统。

根据《民用建筑外保温系统及外墙装饰防火暂行规定》，采取的消防措施有：

（1）建筑高度大于 24m，保温材料的燃烧性能应为 A 级。

（2）保温材料应采用不燃材料作防护层；防护层应将保温材料完全覆盖；防护层厚度不应小于 3mm。

根据上海市消防局《双层玻璃幕墙防火设计规程（暂行）》，采取的消防措施有：

（1）在 100m 高度以下范围内的双层幕墙使用层，每个层间单元设不少于 1 块易于紧急击碎的玻璃，且每块易于击碎的玻璃面积不少于 1.0m×1.2m（图 2.3-7）。

（2）内侧中空玻璃为可开启扇，向内开启，消防救援时可完全打开（图 2.3-8，图 2.3-9）。

（3）水平方向每层设耐火极限不低于 1.00h 的不燃烧体，双层幕墙内侧设不少于 800mm 高的不燃烧体（图 2.3-10）。

图 2.3-7 层间单元设易于击碎玻璃

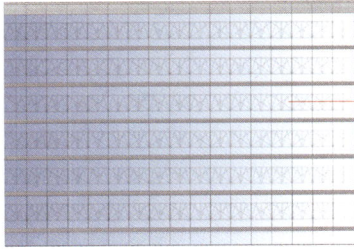

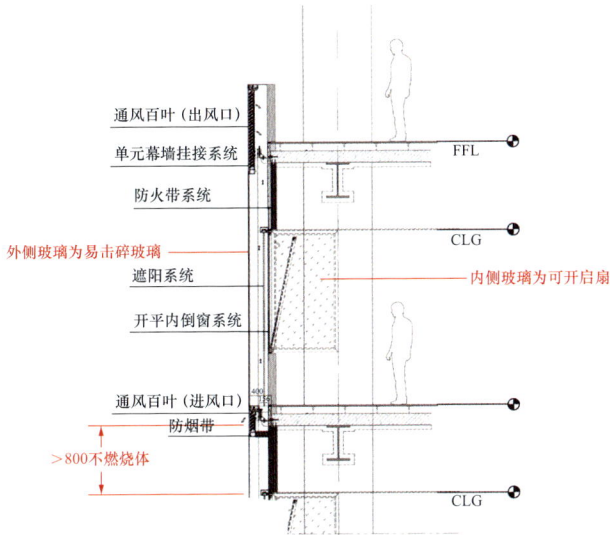

双层幕墙外侧玻璃为单片钢化玻璃，属于易于击碎玻璃。且每块易于击碎玻璃的面积均大于1.0×1.2m。

图 2.3-8 内侧玻璃可开启窗示意图

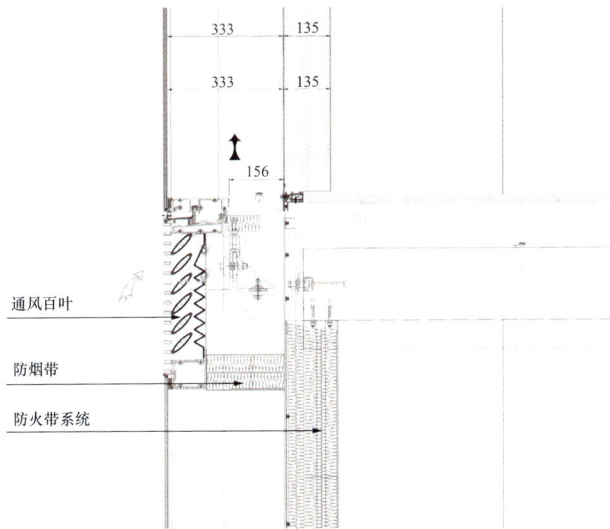

通风百叶（出风口）
单元幕墙挂接系统
防火带系统
外侧玻璃为易击碎玻璃
遮阳系统
开平内倒窗系统
通风百叶（进风口）
防烟带
>800不燃烧体
FFL
CLG
内侧玻璃为可开启扇
CLG

图 2.3-9 双层幕墙节点大样图

333 135
333 135
156
通风百叶
防烟带
防火带系统

（4）室内为建筑面积大于或等于100m²的房间设机械排烟系统。

（5）消防登高面侧在首层设挑檐等防碎片击伤措施（图 2.3-11）。

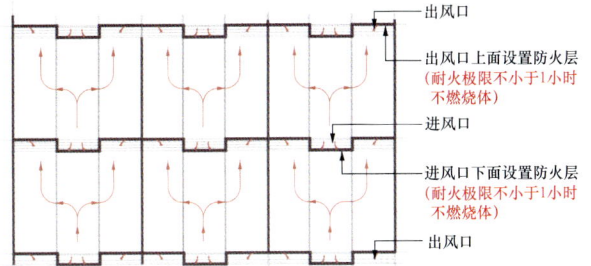

图 2.3-10 水平防火层示意图

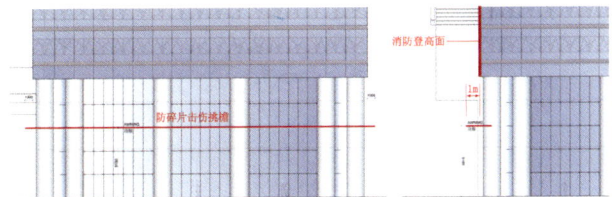

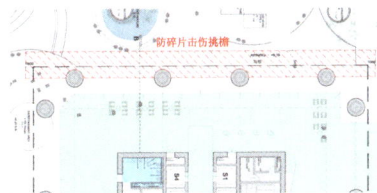

出风口
出风口上面设置防火层（耐火极限不小于1小时不燃烧体）
进风口
进风口下面设置防火层（耐火极限不小于1小时不燃烧体）
出风口

图 2.3-11 消防登高面设防击碎挑檐示意图

消防登高面
防碎片击伤挑檐
1m

121

2.4　深圳国信金融大厦

深圳市建筑设计研究总院有限公司　章海峰　吴　超　洪　波

2.4.1　项目概况

工程名称： 国信金融大厦（图2.4-1，图2.4-2）

建设单位： 国信证券股份有限公司

设计单位： 深圳市建筑设计研究总院有限公司＋FUKSAS

施工单位： 福建省闽南建筑工程有限公司

消防顾问单位： 奥雅纳工程顾问公司

消防验收单位： 深圳市公安局消防监督管理局

建筑规模： 超高层办公建筑

用地面积： 0.54万 m²

总建筑面积： 10.47万 m²

地上建筑面积： 7.93万 m²

地下建筑面积： 2.53万 m²

建筑容积率： 14.55

覆盖率： 69.99%

建筑高度： 206.40m

建筑层数： 地上办公46层，地下5层

防火等级： 一级

建筑结构安全等级： 一级

抗震设防烈度： 7度

主要结构类型： 混凝土核心筒、混凝土楼板、型钢混凝土柱及钢梁压型钢板组合楼板

设计特点： 贯通全楼的动态斜向序列中庭

设计时间： 2010年

验收时间： 2019年

图 2.4-1　深圳国信金融大厦

图 2.4-2　深圳国信金融大厦细部

竣工时间：2020 年

深圳国信金融大厦将深圳中央商务区的连通价值和金融优势相融合，创造了引导 21 世纪高层建筑的全新视野。

用地位于深圳市福田中心区民田路与福华路交汇处的西北角，东临民田路，南临福华路，西北临地块内规划支路。同时位于深南大道和滨海大道之间，在中央商务区内与广深高速入口邻近，也有地铁站毗邻。大厦拥有极好的交通便捷性（图 2.4-3～图 2.4-5）。

为了融入中央商务区多变的天际线，国信证券大厦以纯净的外部玻璃体量与环境相呼应，而内部公共空间序列则策略性地沿表皮布置，利用视野和可视性的变化呼应城市文脉，从而创造出多变的空间效果。主旨是为塔楼打造一个全新的垂直公共交流空间。沿着立面布置的三维中庭赋予建筑动态的形象，并创造出办公区不同的公共场景。贯通中庭的设计发掘了裙房与塔楼纵向剖面之间的关系，通过流动的斜向空间沿塔楼通高产生了纵向张力。

为了强调中空的概念，塔楼外侧将以纯净、理性的平行六面体的玻璃表皮出现，办公区体量顺应中庭空间布置。两者之间的虚实对比展现了项目内

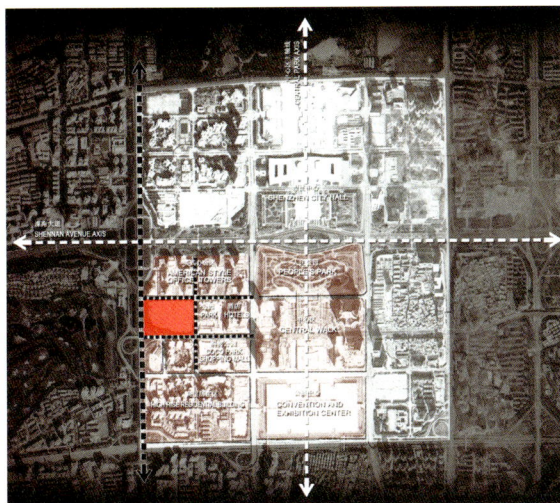

图 2.4-3 深圳国信金融大厦项目区位示意图

图 2.4-4 深圳国信金融大厦项目总体规划

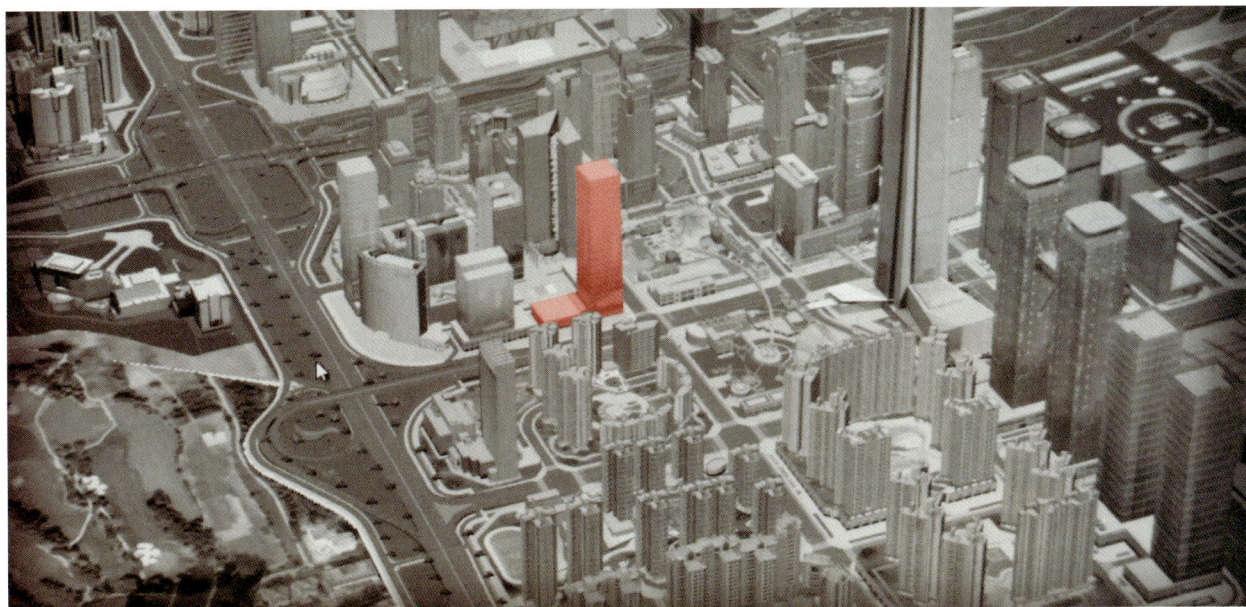

图 2.4-5 深圳国信金融大厦城市环境

在的逻辑辩证关系：前者的存在提升了后者的价值，反之亦然。贯通中庭空间设计是对城市文脉的呼应，创造最佳可视性和视觉效果，并且顺应了办公楼的使用功能，为每个功能区提供有效空间。

动态式的贯通中庭将办公区主体分成四个不同尺度的悬浮体量，核心筒作为中心元素也是仅有的连续体量贯穿整栋塔楼。中空空间将以垂直广场的形象成为国信证券大厦的灵魂——一个在中央商务区用于社会交往和公司展示的场所。建筑本身也沿贯通中庭以标志性的形象向城市张开双臂。

深圳国信金融大厦占地面积 5454m²，总建筑面积约 104705m²，其中商业面积约 12000m²、办公面积约 68000m²。建筑总高度为 206.40m，其中地上 46 层，地下 5 层。

塔楼高区为国信总部办公区，入口以 3 层通高的空中大堂为特色。顶层为高管办公区，包括屋顶花园及数个能 360° 欣赏城市景观的高档区。其下为国信总部标准办公层，包括二十九层和三十层的员工餐厅。

塔楼中区为出租办公区。出租办公区入口设置于首层的入口大堂。其中设在十二层的空中花园，能满足不同进驻者的主要功能要求。根据面积，出租办公区被分为 3 种不同的类型，其中大型出租办公区设置于区域顶部。

塔楼低区为会议室、休闲中心和运营中心。其中会议室设在三楼，包括一个两层通高的大会议厅，其位于裙楼，并与塔楼相接。职工活动区设在四楼，可以把裙房屋顶上的景色引入室内，运营中心设于其上部。

裙房主要用于商业区。裙房的商业区是一个独立的功能单元，以谦虚的姿态承载塔楼。首层的人行通道清楚地区分了办公区和商业区人流。商业区的中庭给区内各层人流带来视线的流通，增加了不同楼层的使用价值和租用潜力。

2.4.2 消防设计依据与进程

1）项目里程碑

2008 年 深圳市政府确定国信大厦选址

2010 年 国际设计竞赛——确定 FUKSAS 建筑方案中标，SADI 为合作设计单位

2011 年 国信大厦联合设计合同确定

2012 年 主体施工图设计完成，开始施工

2016 年 结构封顶，进入幕墙、室内等施工

2019 年 深圳国信大厦验收并投入使用

2）消防设计依据

深圳国信金融大厦设计标准为一类高层建筑、一级耐火等级，因此主要以以下规范作为设计依据和参考：

《高层民用建筑防火规范》GB 50045—95（2005 年版）（简称《高规》）

《建筑设计防火规范》GB 50016—2006

《火灾自动报警系统设计规范》GB 50084—2001（2005 年版）

《建筑灭火器设计规范》GB 50140—2005

《民用建筑外保温系统及外墙装饰防火暂行规定》（2009 年）

《汽车库、修车库、停车场设计防火规范》GB 50067—97

《建筑钢结构防火技术规范》CECS 200: 2006

3）消防设计进程

2010 年 12 月 确定项目规模定位

2011 年 6 月 梳理消防设计难点

2011 年 8 月 消防顾问提供解决策略

2011 年 10 月 提供贯穿式中庭消防设计报告

2012 年 12 月 准备消防报审图及报告

2013 年 9 月 消防报建通过

2018 年 12 月 消防验收通过

2.4.3 基本消防设计

1）总平面设计

本项目南侧为福华路，西侧为中国人寿大厦超高层建筑，间距大于 13m，东侧为民田路，北侧为区域内部道路，建筑间距大于 13m。

基地设环形消防车道，消防车道在北侧和东侧

利用现有市政道路，西侧与人寿大厦各退线形成消防车道，南侧在建筑退线及局部公用城市绿地形成消防车道。消防车道宽 4m，转弯半径 12m，道路荷载按 30t 计算（图 2.4-6）。

本建筑在北侧和东侧设消防登高面，其长度之和不小于建筑的一个长边。塔楼主体周边长度 167.4m，长边长度 43.2m，登高面长度 52m，登高场地宽 6m，距高层主体大于等于 5m。在登高面范围内道路上不种植乔木植物。

消防控制中心设于首层西侧，可直通室外。

2）地下室

地下室共 5 层，其中地下一层为商业，其他层为地下停车库和设备用房。

地下机动车停车库防火分区面积不超过 4000m²；地下设备房防火分区面积不超过 1000m²；地下商业防火分区面积不超过 2000m²。

地下车库每个防火分区安全出口不少于两个。地下设备用房每个防火分区设不少于一个楼梯疏散口及一个通向相邻防火分区的甲级防火门。地下车库和设备用房共用核心筒楼梯井道，地上、地下楼梯在首层断开。地下一层商业每个分区设不少于两部疏散楼梯，每部楼梯净宽大于 1.4m（图 2.4-7）。

3）裙房及塔楼

裙房东侧办公大堂 3 层通高，设单独防火区。西侧一～三层为商业裙房，每层为一个防火分区，面积不超过 4000m²。裙房商业每个防火分区安全出口不少于两个，每部楼梯宽大于 1.4m（图 2.4-8，图 2.4-9）。

塔楼从一层至四十六层，每层面积都小于 2000m²，主要为标准办公平面，每层为一个防火分区。

塔楼设置两部疏散楼梯，在首层经大厅疏散，顶层直通屋面。每部楼梯宽大于 1.2m，合用前室 10m²，单独使用前室 6m²。疏散楼梯在避难层断开，人员在避难层转换楼梯。

疏散楼梯每个门的净宽经计算确定，且应满足地下车库和设备用房不小于 1.1m，办公不小于 1.2m，商业不小于 1.4m。

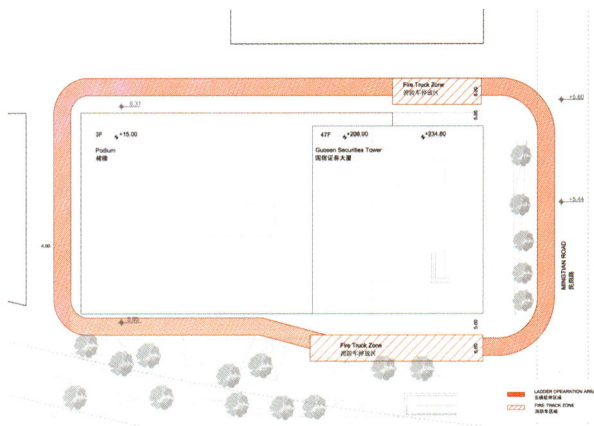

图 2.4-6 深圳国信金融大厦消防车道及消防登高面示意图

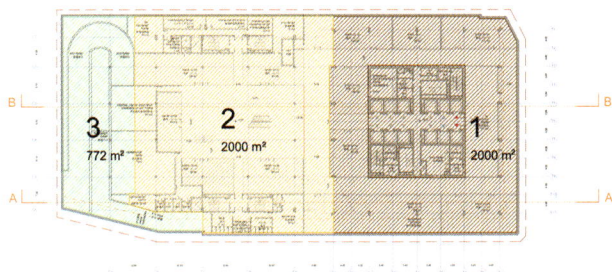

图 2.4-8 地下二层防火分区示意图

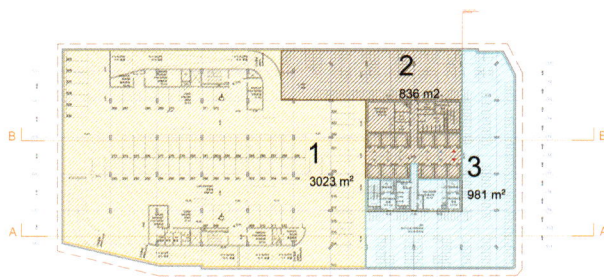

图 2.4-7 地下一层防火分区示意图

图 2.4-9 首层防火分区示意图

4）中庭防火

办公首层大堂设 4 层高的中庭作为疏散大厅设计，其南北两侧分别设直通塔楼顶层的贯穿中庭，并与十一层及二十六层的空中大堂相连。该空中大堂按原高规 5.1.5 条设计，并参考相关加强措施，为消防设计的难点，将在稍后重点介绍。

5）避难层

塔楼分别在十、二十四、四十层设避难层，避难空间与其他房间用防火墙分隔，设有消防电梯停靠，疏散楼梯在避难层上、下段用实墙隔开，并分别设前室通向避难区域（图 2.4-10）。

图 2.4-10 四十层避难区示意图

6）消防电梯

塔楼每层面积不大于 2000m²，设两部消防电梯。消防电梯与楼梯共用前室，前室面积不小于 10m²；消防电梯单独使用前室，前室面积不小于 6m²（表 2.4-1）。

消防电梯使用列表 　　表 2.4-1

区域/功能	服务楼层	服务层数	电梯数目/台	载重/kg	电梯速度/（m/s）
消防梯	B5～L46	51	2	1600	5

7）玻璃幕墙防火

玻璃幕墙的玻璃选用安全玻璃；窗间墙、窗槛墙的填充材料采用不燃性材料；无窗槛墙和窗槛墙高度不足 800mm 的玻璃幕墙，在每层楼板外沿设置高 800mm 的不燃性实体裙墙；玻璃幕墙与每层楼板、隔墙处的缝隙，采用防火封堵材料严密填实。

2.4.4 特殊消防设计

中庭的动态斜向序列连接了主门厅（一楼）、西立面的出租办公区大堂（十一楼）、东立面的总部办公区大堂（二十六层）和屋顶花园层。

自下而上的贯穿中庭成了该建筑设计的最大特点，同时也成了该建筑消防设计的难点（图 2.4-11）。

图 2.4-11 贯穿中庭室内效果图

1）贯穿式中庭的消防设计

原高规 5.1.5 条中，高层建筑中庭防火分区面积应按上、下层连通的面积叠加计算，当超过一个防火分区（2000m²）面积时，应符合下列规定：

（1）房间与中庭回廊相通的门窗应设自行关闭的乙级防火门窗；

（2）与中庭相通的过厅、走道等，应设乙级防火门或耐火极限大于 3.00h 的防火卷帘分隔；

（3）中庭每层回廊应设自动喷水灭火系统及火灾自动报警系统。

深圳国信金融大厦办公首层大堂设 4 层高的中庭作为疏散大厅设计，建筑主体南北两侧分别设置从首层大堂直通塔楼楼顶的贯穿式中庭空间，并且与十一层、二十六层空中大堂相连，因而消防设计采取了以下措施：

（1）首层、十一层、二十六层的 3 个大堂层公共区域面积叠加计算超过一个防火分区面积，各层所有通向中庭的走廊及房间均采用乙级防火门分隔（图 2.4-12）。

（2）中庭防火分区与各层间设耐火极限不小于 3.00h 的防火墙、特级防火卷帘分隔，防火墙上开放的门窗均采用甲级防火门窗。

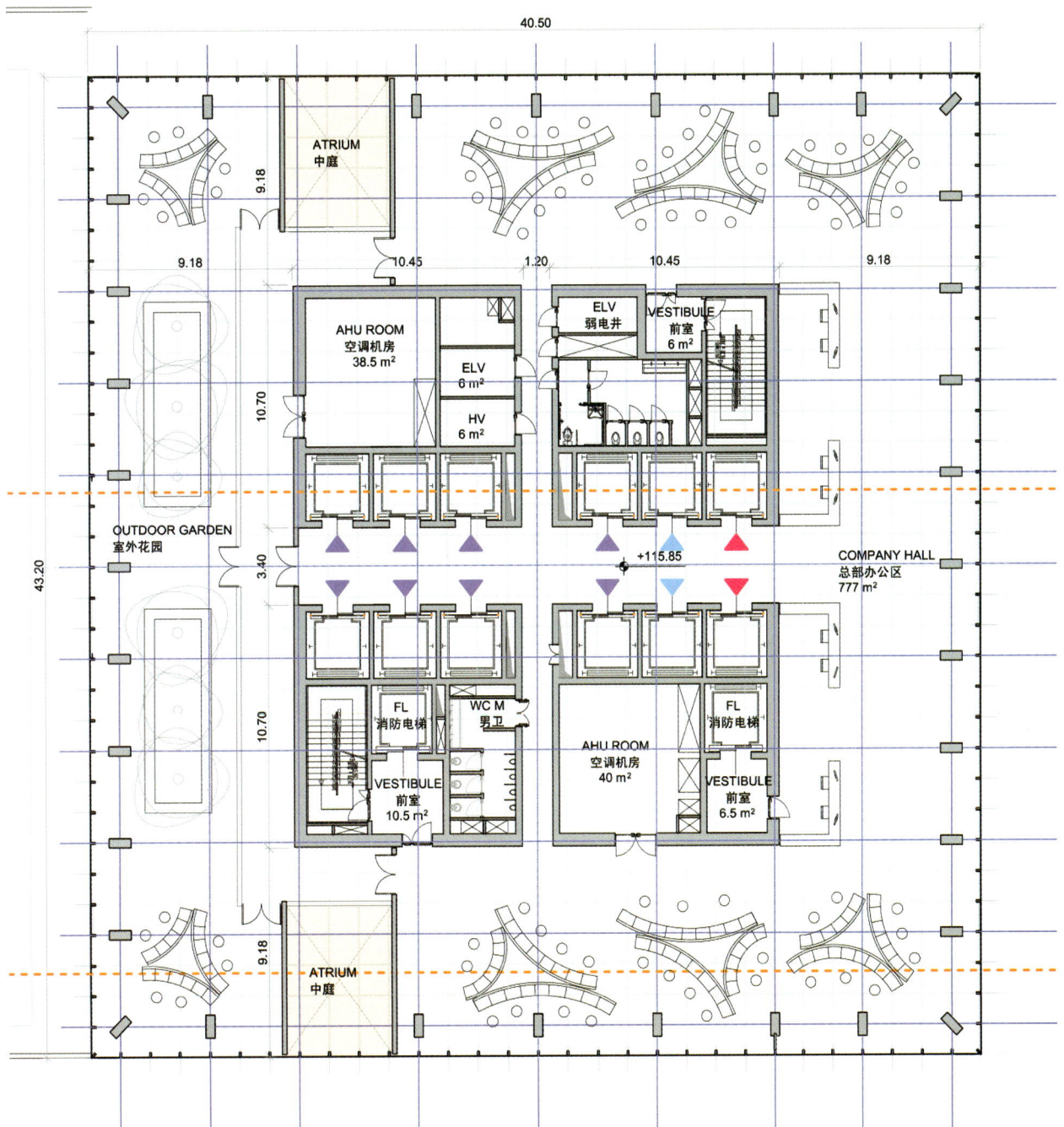

图 2.4-12　二十六层平面图

127

（3）各大堂层设置自动喷水灭火系统及火灾自动报警系统。

另考虑贯穿中庭各层的空间特殊性，采取如下加强措施：

（1）中庭与每层相邻防火分区，在外墙交接处两侧的幕墙之间，设水平距离不小于2mm的固定乙级防火幕墙单元（图2.4-13）；

（2）中庭在穿过避难层时，周边采用实体防火墙分隔（图2.4-14）；

（3）中庭对外的玻璃幕墙分层设置电动排烟窗，解决超高层空间排烟问题。

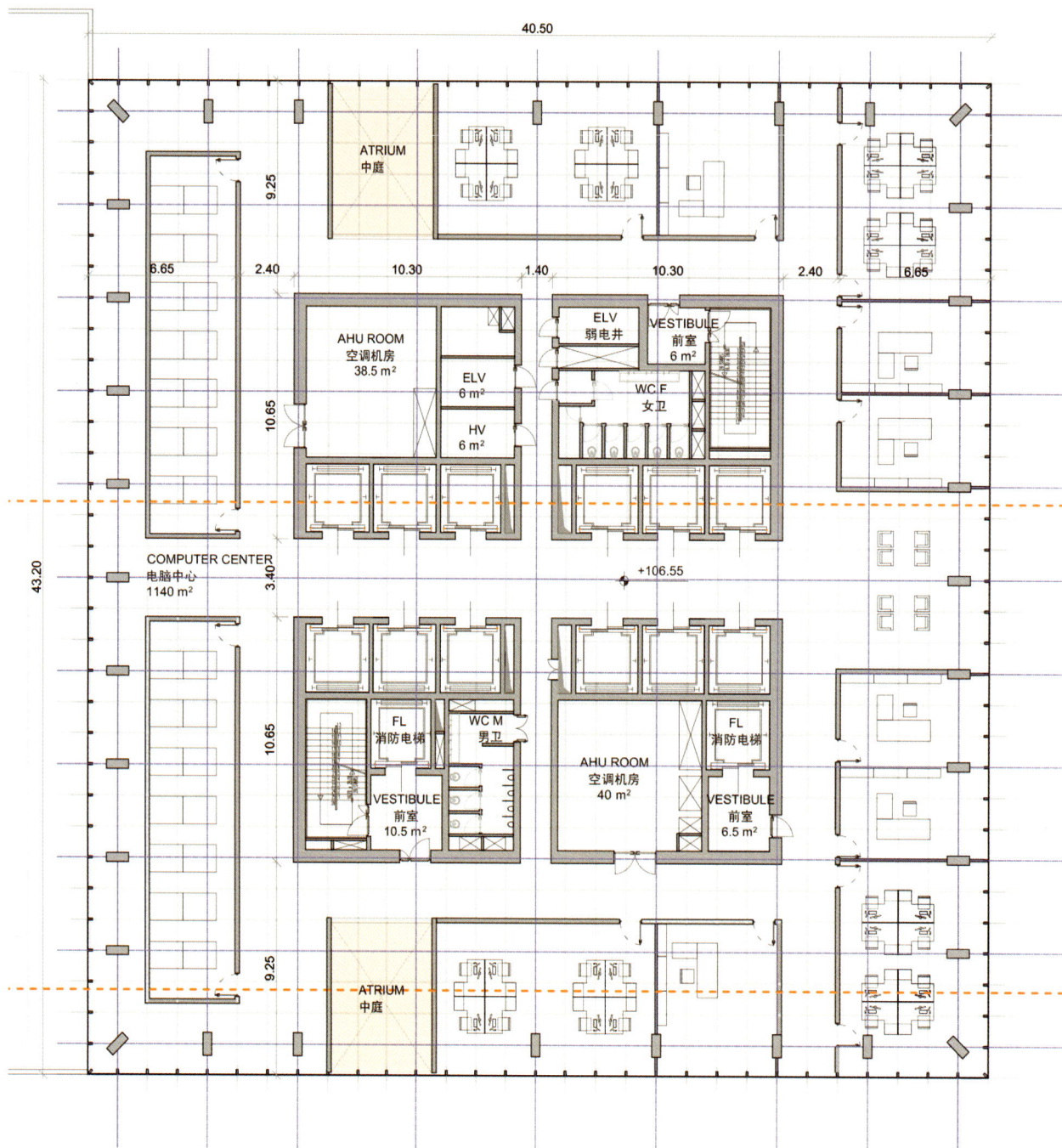

图2.4-13　二十五层办公平面图

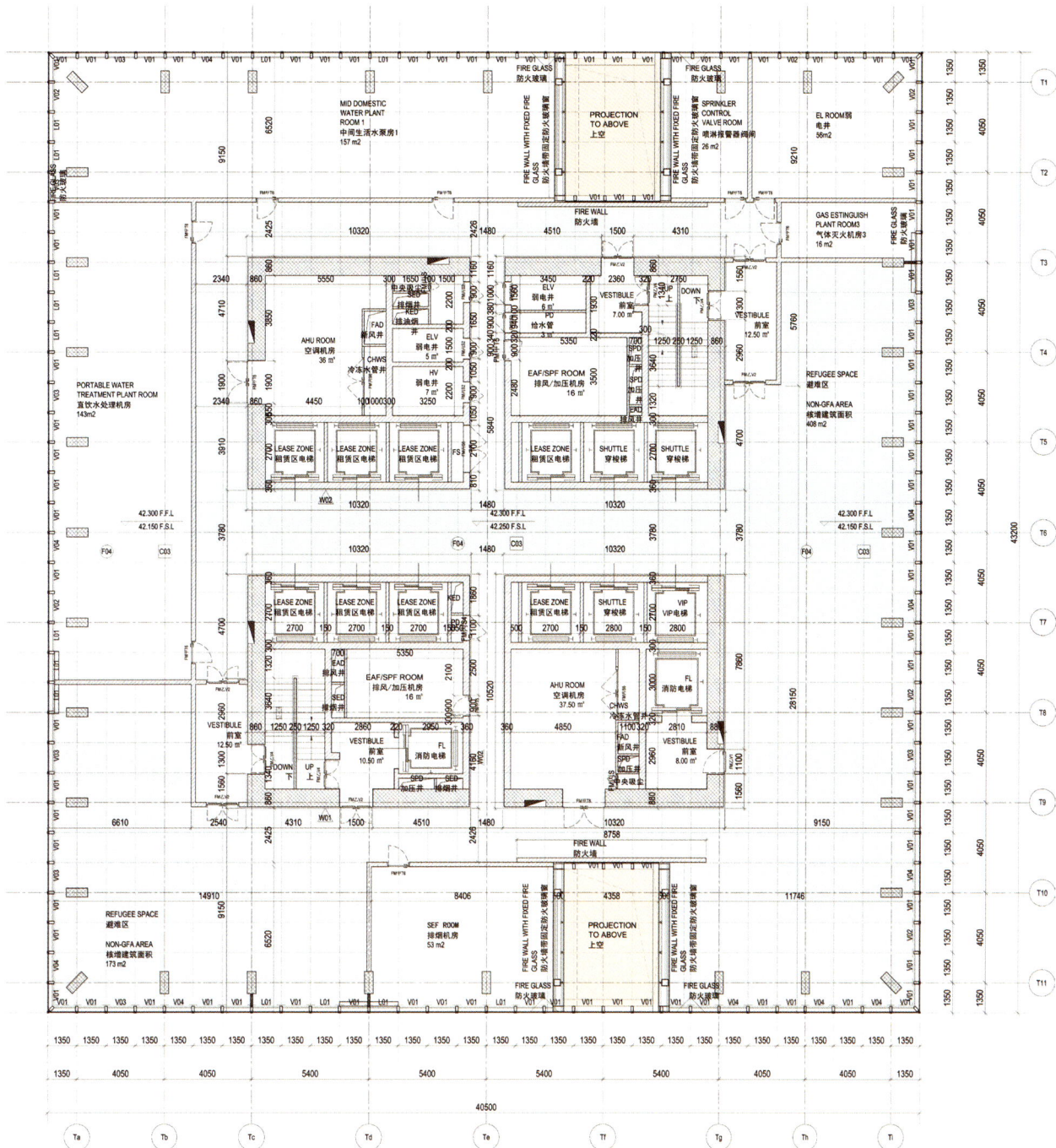

图 2.4-14 十层避难层平面图

2.5 腾讯滨海大厦

深圳市同济人建筑设计有限公司　高　泉

2.5.1 项目概况

工程名称：腾讯滨海大厦（图2.5-1，图2.5-2）

建设单位：腾讯科技（深圳）有限公司

设计单位：

　　方案＋建筑初步设计：NBBJ

　　施工图设计：深圳市同济人建筑设计

　　　　　　　有限公司

施工单位：中国建筑第二工程局有限公司

消防验收单位：深圳市公安局消防监督管理局

建筑规模：超高层办公建筑

用地面积：18650.95m²

总建筑面积：341431.98m²

地上建筑面积：274034.65m²

地下建筑面积：67397.33m²

建筑容积率：14.28

覆盖率：38.90%

建筑高度：南塔：244.10m　北塔：194.85m

图 2.5-1　腾讯滨海大厦夜景

摄影：邵峰

图 2.5-2　腾讯滨海大厦远眺

摄影：邵峰

建筑层数：地上 50 层（南塔：50 层 北塔 39 层），地下 4 层

防火分类：一类超高层公共建筑

耐火等级：一级

建筑结构安全等级：一级

抗震设防烈度：7 度

主要结构类型：带连体桁架的框架－核心筒体系

设计特点：通过低区、中区、高区三个功能性连体将南北塔楼融为一个整体

设计时间：2011～2014 年

竣工及投入使用时间：2017 年

1）项目介绍

本项目坐落于深圳市南山区后海大道与滨海大道交汇处深圳市高新技术工业园的西南角，西面为后海大道（白石路），南面为滨海大道，北侧为园区内道路，邻近芒果网项目用地，东侧为赛西科技大厦。地块性质为研发、商业、食堂、文体活动设施用地，项目总用地面积为 18650.95m²，总建筑面积为 341431.98m²。

项目主要功能为研发、商业、食堂、文体活动设施，分为南北两座塔楼。其中南塔楼 50 层，建筑高度为 244.10m，北塔楼 39 层，建筑高度为 194.85m。南北塔楼在一～五层相连形成低区连接层，主要功能为大堂、食堂等，建筑高度约为 29.4m。南北塔楼在二十一～二十五层相连形成中区连接层，主要功能为健身等文体活动设施。南北塔楼在三十四～三十七层相连形成高区连接层，主要功能为阅读、培训等。整栋建筑为一类超高层公共建筑，耐火等级为一级，设计使用年限为 50 年（图 2.5-3）。

图 2.5-3 东侧俯瞰

摄影：邵峰

131

地下室共 4 层，主要功能为小汽车停车库、大巴停车区和设备用房。地下室建筑分类为特大型地下汽车库，防火分类为 I 类，耐火等级为一级。

2）幕墙简介

腾讯滨海大厦项目为全幕墙围护建筑，造型独特，幕墙种类丰富，一共分为 8 种。其中 CW1、CW2 幕墙设计复杂，其层间防火做法也是消防设计的难点。

CW1 位于南塔南立面，为跨楼层的单元式幕墙，外观效果为竖向锯齿状。其主要模块为向外倾斜的形式，但也有部分向内倾斜的模块无序穿插其中（图 2.5-4）。

CW2 位于南北塔东、西立面及北塔北立面，为一层的单元式幕墙，外观效果为水平锯齿状。其主要模块为三角形平面形式（图 2.5-5）。

除玻璃幕墙外，本项目屋顶部分还有五种形式的天窗，分别位于低区、中区、高区连体层屋顶，南塔屋顶，北塔屋顶。低区、中区顶部为不规则四边形 ETFE 膜天窗。

2.5.2 消防设计的难点、重点

腾讯滨海大厦项目是一栋业主自用型的研发办公楼，根据业主提供的任务书，本项目总使用人数在 12000 人左右。主要功能为研发、员工食堂及员工文体活动设施等。

滨海大厦项目从建筑高度上来说，满足《高层民用建筑设计防火规范》GB 50045—95（2005 年版）总则 1.0.3 条的适用范围，但因为其内部使用功能丰富，且这些丰富的功能并没有全部布置在裙房，而是分散在低区、中区、高区三个连接层，表达了互联网企业"link"的概念，满足年轻员工在紧张的工作之余开展多种活动的需求。这也给消防设计工作带来了新的挑战（图 2.5-6）。

主要执行规范：

《高层民用建筑设计防火规范》GB 50045—95（2005 年版）（简称《高规》）

《建筑设计防火规范》GB 50016—2006

《汽车库、修车库、停车场设计防火规范》GB 50067—97

图 2.5-4 CW1 幕墙系统

图 2.5-5 CW2 幕墙系统

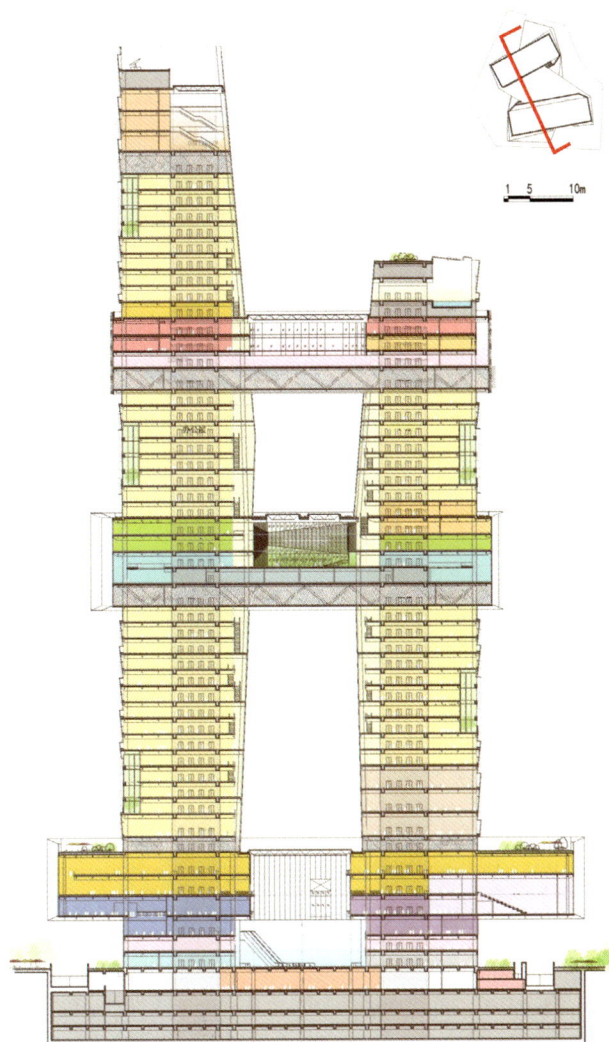

图 2.5-6 剖面图示意

《办公建筑设计规范》JGJ 67—2006

1）总平面布局

高层建筑周围应设环形消防车道，困难时应沿建筑的两个长边设置消防车道。本项目建筑占地较满，且建筑外形不规则，环形消防车道要借助市政道路。消防登高面的设置，除南北塔楼外，还有三处不同高度的连体层且其外轮廓各不相同、有交错。如何界定建筑物的长边或周长，以便判断登高面满足规范要求？同时根据深圳市的规定，建筑高度越高，登高场地距建筑外墙的距离越大，此条也很难满足（图 2.5-7）。

消防登高面的长度，分别计算了塔楼和三个连体层的不同周长，以及对应的登高面长度是否满足四分之一。

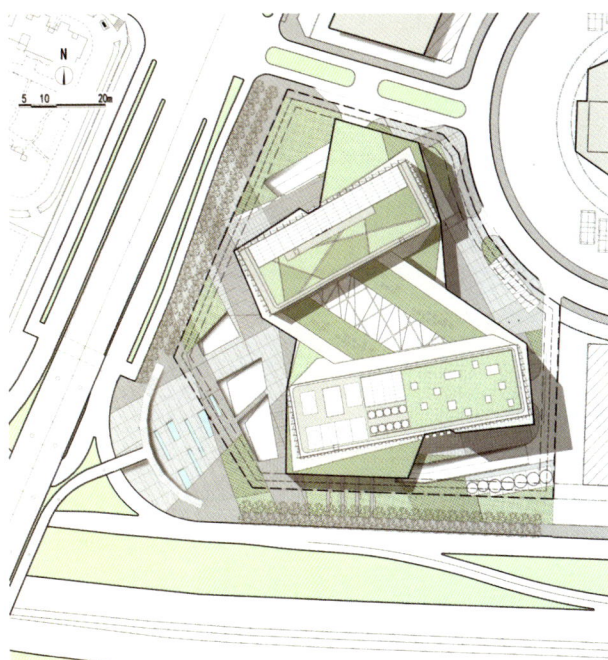

图 2.5-7 总平面图

经计算，北塔消防登高面位于其北侧和西侧，消防登高面长度为 85.03m，大于北塔楼周长长度的 1/4（52.80m），且不小于一个长边长度（77.50m）；南塔消防登高面位于其南侧和东侧及北侧，消防登高面长度为 96.93m，大于南塔楼周长长度的 1/4（61.80m），且不小于一个长边长度（94.80m）；一～五层连体层的登高面长度为 149.30m，大于其周长长度的 1/4（115.70m）；二十一～二十五层连体层的登高面长度为 149.30m，大于其周长长度的 1/4（107.60m）；三十四～三十七层连体层的登高面长度为 55.88m，由于该部分连体层建筑高度大于 155m，一般消防车的云梯无法到达，同时三十四层设置避难层，逃生人员可在此暂时避难等待救援。高区连接体层的登高场地虽然无法满足规范要求，但考虑到上述情况，消防审查部门认可了此种解释。

消防登高场地与外墙的距离满足 5m，幕墙轮廓线凸出楼板较多，消防登高场地距外墙的距离按照幕墙最外边线计算（图 2.5-8）。

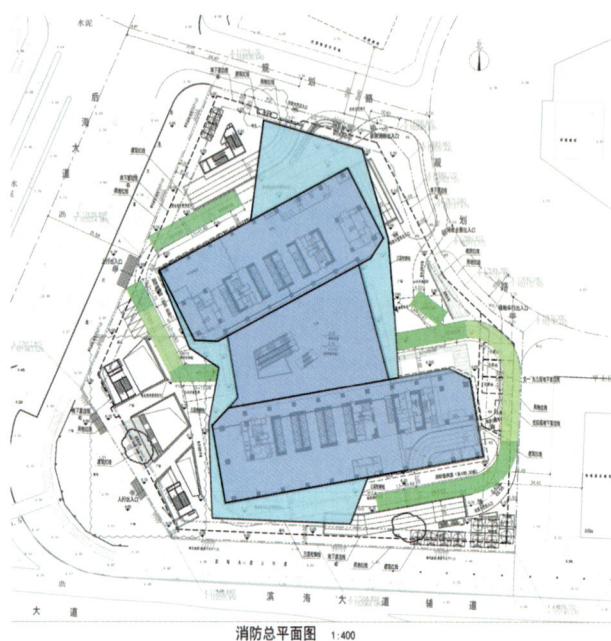

图 2.5-8　消防登高场地长度计算示意

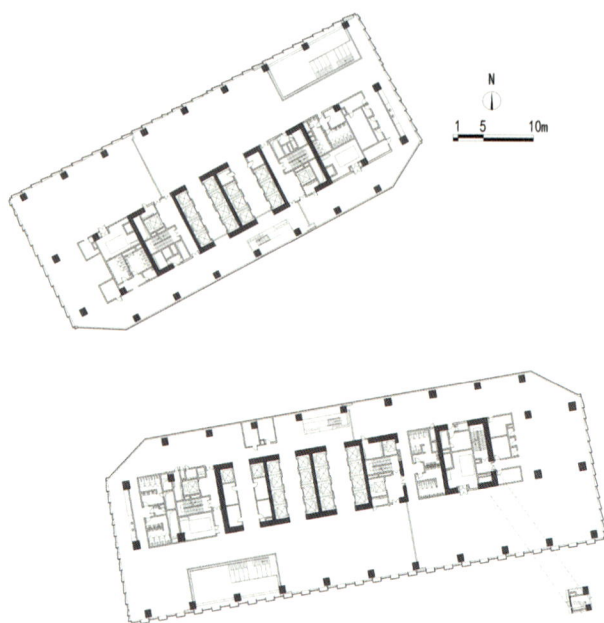

图 2.5-9　标准层平面图

2）防火分区（所有防火分区面积均为设有火灾自动报警及自动灭火系统时的面积）

（1）地下一层大巴区

目前的规范对地下车库等有防火分区面积规定，但地下一层的大巴区并不是大巴长时间停车的区域，而是员工巴士上下客的区域，大巴车即停即走。对此防火分区，倾向于按车库 4000m² 划分，如按照 1000m²，更不利于人员疏散。此处顶板为了减少尾气对人的影响开了三个洞口。是否可参照下沉广场将此处定义为安全空间？

经与消防审查部门沟通，根据以往地铁接驳站等项目的经验，可以按照汽车库建筑设计防火规范的要求，大巴区防火分区按 4000m² 划分。本防火分区疏散口不可以与临近的其他防火分区共用，疏散宽度不可以借用临近其他防火分区。

（2）标准层

北塔楼标准层面积为 2700～2900m²，南塔标准层面积为 2900～3400m²，均超出目前规范 2000m² 的要求，应分为两个防火分区，但即将执行的消防新规已放宽到 3000m²，即按新规北塔标准层可作为一个防火分区（图 2.5-9）。

经与消防审查部门沟通，标准层按照目前规范 2000m² 分成两个防火分区。考虑到实际使用人数，核心筒楼梯位置调整，仍为北塔两部楼梯，南塔三部楼梯，不同防火分区可共用楼梯，每个防火分区有两个安全出口直通前室。楼梯总的疏散宽度满足整个标准层疏散人数的要求，即疏散宽度没有借用。

（3）中、高区连体层

中高区连体层功能较多，如篮球、羽毛球、乒乓球、阅读等，二十三层还设有与二十二层相通的空中跑道。这些部位的防火分区如何划分？

经与消防审查部门沟通，高层建筑内的商业营业厅、展览厅等当设有火灾自动报警系统及自动灭火系统，且采用不燃烧或难燃烧材料装修时，地上部分防火分区的允许最大建筑面积为 4000m²。其他防火分区按最大不超过 2000m² 处理。

由于中高区连体部分需划分防火分区，原来南北塔核心筒的楼梯无法满足所有防火分区的疏散距离要求，因此在连体层部分增加一些本区段的楼梯，将人员转移到本区段最下方的避难层，再转到核心筒的楼梯疏散。这些连体层部分的楼梯仅能辅助解决疏散距离的问题，疏散宽度仍以原南北塔核心筒楼梯的宽度之和作为上限。

另外，根据沟通意见，文体活动设施按设计经验及文体设施的布置计算人数。业主的设计任务书是人数计算的一个重要依据。根据业主提供的设计任务书，中高区连体各楼层使用人数均不超过600人，而南北塔核心筒各楼梯总的疏散宽度为6.5m，按照1m/100人的要求换算，是满足规范要求的。（注：这个问题的核心是滨海大厦是业主自用的办公楼，员工数量在业主的整体计划安排之中。对于出租、出售型的办公建筑，人数计算应按照规范要求确定。）

二十三层悬空处跑道的人员疏散问题按照以下方式处理：将二十三层与二十二层分隔的防火卷帘移至二十三层核心筒剪力墙处，使得悬空处的跑道有至少两个直接通向前室的安全出口，疏散距离按《高规》第6.1.5条不大于40m。悬空跑道和走道的面积计入二十二层的防火分区（图2.5-10，图2.5-11）。

图 2.5-10 中区连体空中跑道

摄影：邵峰

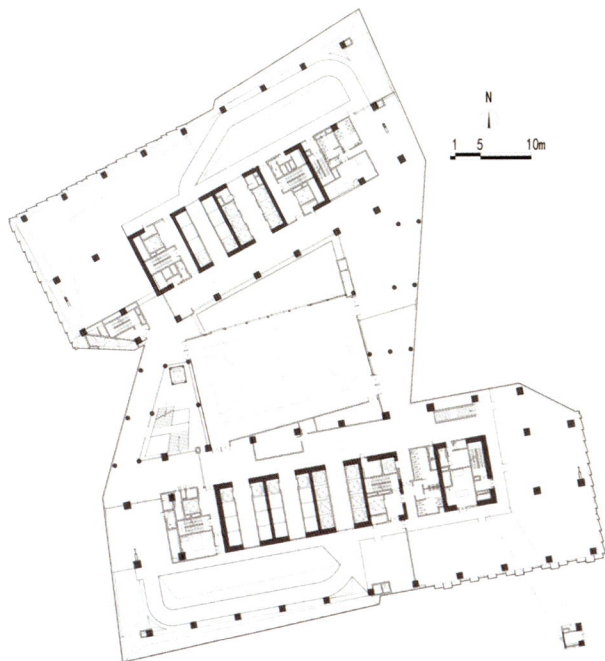

图 2.5-11 中区连体层平面图

3）幕墙防火设计（《高规》3.0.8）

本项目的幕墙为单元式立体幕墙。幕墙最外侧的玻璃和建筑楼板之间的距离从300mm到1200mm不等，这就给层间的封堵带来了困难，经与消防审查部门沟通，最终确定按照以下方法进行处理：

层间楼板处类似凸窗的幕墙防火设计增加一个与楼板连接的"T"形构件，该"T"形构件水平部分需满足楼板不低于1.50h的防火要求，垂直部分需满足外墙1.00h的防火要求（高度不低于0.8m），且与楼板之间的缝隙需要用防火材料封堵。后续幕墙深化设计时，水平与垂直构件的耐火极限统一为1.50h（图2.5-12）。

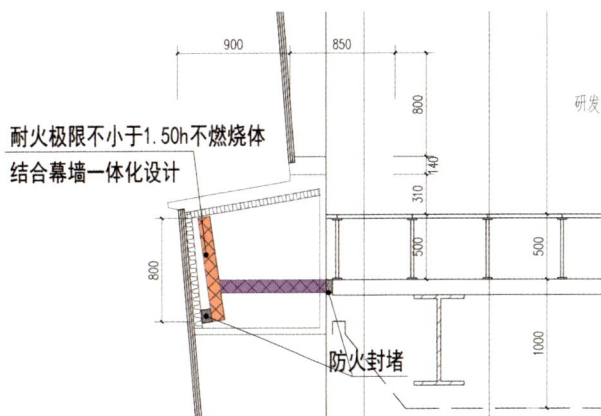

图 2.5-12 CW1 幕墙层间防火示意

2.5.3 总结

对于滨海大厦这样规模较大、功能较复杂的项目，消防设计应对方案可能存在的消防问题有清晰全面的判断，与建筑师充分沟通、了解其设计意图。如避难层，建筑师提供的方案两个避难层之间超过15层，在和结构、机电设计协商后分别在六层及中高区连体的最底层（二十一层、三十四层）结合结构桁架设置了避难层，保证使用合理的同时满足现行规范要求，而且对建筑方案整体没有太大影响，这获得了建筑师的认可。对于可能需要进行重大修改的部分，和业主、建筑师解读规范、分析利弊。现行的规范在实际复杂工程设计中无法全面涵盖，如果仅仅从规范字面意思出发，严格执行，

135

会对实际使用产生影响。充分了解业主的使用需求，再结合消防设计原理采取措施，往往更能得到业主的认可，后续与审查部门沟通时也能更深层次地说明问题和困难。

此次滨海大厦项目能顺利通过消防审批是与设计过程中多次的沟通分不开的。消防审查部门对规范的认识有理有据，灵活运用，并不死板教条，能从设计的实际困难出发，提出建设性意见。比如，因标准层面积超出规范要求，业主不愿增加楼梯，开始是想做消防性能化设计的，在与消防审查部门沟通后，结合即将实行的新规，在现有两个疏散楼梯宽度满足的情况下，将核心筒的疏散楼梯间横向布置，使得可以共用安全出口，满足两个防火分区的要求。

在和消防审查部门沟通解决了其他一些设计难点后，本项目最终没有进行消防性能化设计及上会评审等。

2.6　佳兆业金融大厦

深圳市同济人建筑设计有限公司　何敏鹏

2.6.1　项目概况

工程名称：佳兆业金融大厦

建设单位：丰隆集团有限公司

设计单位：

方案设计：德国 gmp 国际建筑设计有限公司

建筑及机电施工图设计：深圳市同济人建筑设计有限公司

结构施工图设计：深圳市力鹏建筑结构设计事务所

机电顾问：柏城工程技术（北京）有限公司广州分公司

施工单位：中建三局第一建设工程有限责任公司

建筑规模：超高层办公建筑

用地面积：14411.11m²

总建筑面积：176884.14m²

地上建筑面积：125567.15m²

地下建筑面积：51316.99m²

容积率：8.71

覆盖率：42.50%

建筑高度：247.30m

建筑层数：地上 52 层，地下 4 层

防火等奖：一级

建筑结构安全等级：二级

抗震设防烈度：7 度

主要结构类型：巨型框架 - 筒体结构

设计特点：四个小型塔楼组成塔楼主干，塔楼的顶层逐层后退；单体塔楼内设有三个开阔的户外空中花园，逐层上升；中央双柱结构形成挺拔的塔楼立面效果（图 2.6-1）。

图 2.6-1　佳兆业金融大厦鸟瞰图

设计时间：2017～2018 年

　　佳兆业金融大厦基地位于深圳市福田区深南中路与上步路交叉路口西南侧，西临松岭路，南临南园路。

　　项目由一栋 250m 以内的超高层主塔楼及高层附楼组成，项目使用性质为企业自用（佳兆业集团公司）和出租的超甲级总部办公楼结合商业功能的综合性建筑。

　　裙楼为 6 层，一层为入口及商业，二～五层为商业，六层为商业、设备房、屋顶。塔楼为办公，七层起为办公用房，层数为七至五十二层。裙楼及

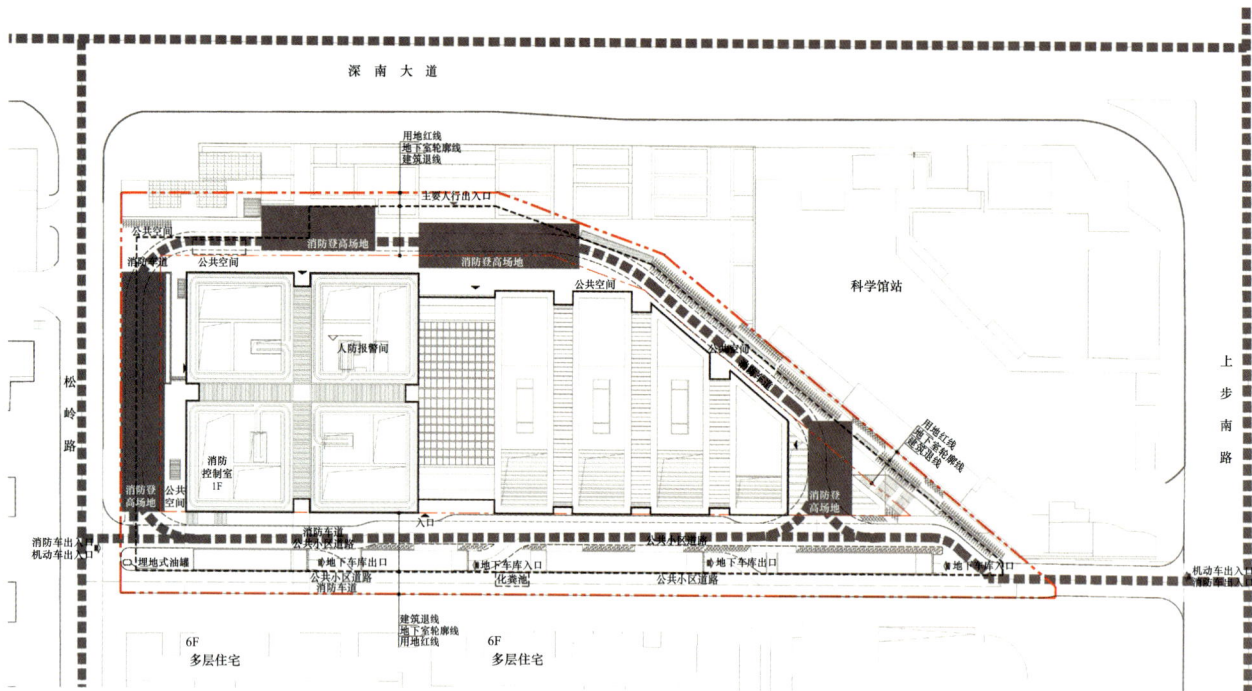

图 2.6-2　佳兆业金融大厦总平面

部分的地下一层为商业及办公用房，地下二层到地下四层的主要功能是人防地下室、地下停车库及设备机房。地下四层为车库和设备房，设有人防区域。地下一层与地铁 1 号线和 6 号线有两个连通口连通。

2.6.2　消防设计依据及进程

1）项目里程碑

2016 年 10 月　设计投标，确定 gmp 建筑方案中标，深圳同济人及力鹏为施工图设计单位

2017 年 12 月　主体施工图完成

2017 年 12 月　施工图审查合格

2018 年 1 月　消防审核合格

2020 年 11 月　主体结构封顶

2）消防设计依据

佳兆业金融大厦为一类超高层建筑，一级耐火极限，主要设计依据：

《建筑设计防火规范》GB 50016—2014

《汽车库、修车库、停车场设计防火规范》GB 50067—2014

《办公建筑设计规范》JGJ 67—2006

2.6.3　一般消防设计

1）总平面设计

佳兆业金融大厦北侧为深南中路，西侧为松岭路，东侧为上步南路，南面为一市政道路（图 2.6-2）。

消防车分别由东侧上步南路和西侧松岭路引入，通过场地内的广场及车行道路形成环形消防车道。场地内环形消防车道至少有两处与地块外市政道路相接，消防车可达高层建筑的两个长边。主塔楼在西侧设有连续消防登高场地，满足沿一个长边设消防车登高操作面的要求。附楼高度小于 50m，在北侧和东侧设有消防登高场地，场地的长度和宽度分别不小于 20m 和 10m。

消防车道宽 4m，坡度均小于 8%，转弯半径 12m，道路荷载按 75t 计算。东侧穿过高层构架连廊的消防车道净高不小于 5m，消防车道两侧无影响消防车通行或人员安全疏散的设施（表 2.6-1）。

消防登高面计算			表 2.6.1
名称	周长 /m	1/4 周长 /m	设计登高面总长 /m
塔楼	213.00	53.25	53.25
裙楼	379.00	94.75	137.75

2）地下室

地下为 4 层，其中地下一层为商业，地下二～四层为停车库及设备房，人防地下室设置在地下四层。地下室商业防火分区面积为 2000m²，每个防火分区均设有两个以上的安全出口。地下一层商业与地铁 1 号线和 6 号线有 2 个连通口连接。

汽车库及设备房均设有自动灭火系统，汽车库防火分区面积小于 4000m²，每个防火分区设有不少于两个直通室外的安全出口。汽车库内设备用房防火分区面积均小于 2000m²，设有两个直通室外的安全出口。

3）附楼

附楼为 6 层，建筑高度为 31.6m，高度超出 24m，超出裙房范畴；功能为商业，每层的防火分区面积均小于 4000m²，每个防火分区均设不少 2 个安全出口。消防设计采用《建筑设计防火规范》GB 50016—2014 进行设计，无突破消防条文项。

4）中庭防火

附楼中庭的防火分区面积按上、下层相连通的建筑面积叠加，叠加后防火分区的面积大于 4000m²，按照以下要求：

（1）与周围连通的空间进行防火分隔：当采用防火隔墙时，其耐火极限不应低于 1.00h；当采用防火玻璃时，其耐火隔热性和耐火完整性不应低于 1.00h，采用耐火完整性不低于 1.00h 的非隔热性防火玻璃时，应设置自动喷水灭火系统进行保护；当采用防火卷帘时，其耐火极限不应低于 3.00h，并应符合规范第 6.5.3 条的规定；与中庭相连通的门、窗，采用火灾时能自行关闭的甲级防火门、窗；

（2）高层建筑内的中庭回廊应设置自动喷水灭火系统和火灾自动报警系统；

（3）中庭设置排烟设施；

（4）中庭内不布置可燃物。

5）主塔楼

主塔楼为办公，七～五十二层，楼层建筑面积最大为 2769.61m²，不超过 3000m²，按每人 9.7m² 建筑面积计算，人数最多为 285 人，根据《建筑设计防火规范》GB 50016—2014 第 5.5.21 条，塔楼疏散人数按每 100 人最小疏散宽度 1.00m 计算，所需疏散宽度为 2.85m，设计宽度为 2.85m，满足疏散要求。

6）避难层

塔楼设有五个避难层：

六层避难层，供七～十四层人员避难时使用。

十五层避难层，供十六～二十四层人员避难时使用。

二十五层避难层，供二十六～三十四层人员避难时使用。

三十五层避难层，供三十六～四十二层人员避难时使用。

四十三层避难层，供四十四～五十二层人员避难时使用。

7）消防电梯

每个防火分区均设有不少于一部消防电梯，消防电梯设有前室，在首层直通室外或者经中庭通向室外，消防电梯前室距大堂外门的距离不大于 30m。

消防电梯每层停靠，消防电梯载重量均为大于 1050kg，电梯从首层至顶层的运行时间不大于 60s，电梯的动力与控制电缆、电线、控制面板采用防火措施，在首层的消防电梯入口处设置供消防队员操作的按钮。电梯轿厢内部装修采用不燃材料，轿厢内部设置消防对讲电话。

2.6.4 特殊消防设计

1）地下商业与地铁防火设计

地下一层商业防火分区面积为 2000m²，每个防火分区均设有两个以上的安全出口。地下商业区域按《建筑设计防火规范》GB 50016—2014 常规设计。

地下一层商业与地铁 1 号线和 6 号线有 2 个连通口。在连通口处，采用甲级防火门将地下商业区域与地铁区域分开。地铁区域内按《地铁设计防火标准》GB 51298—2018 来设计（图 2.6-3）。

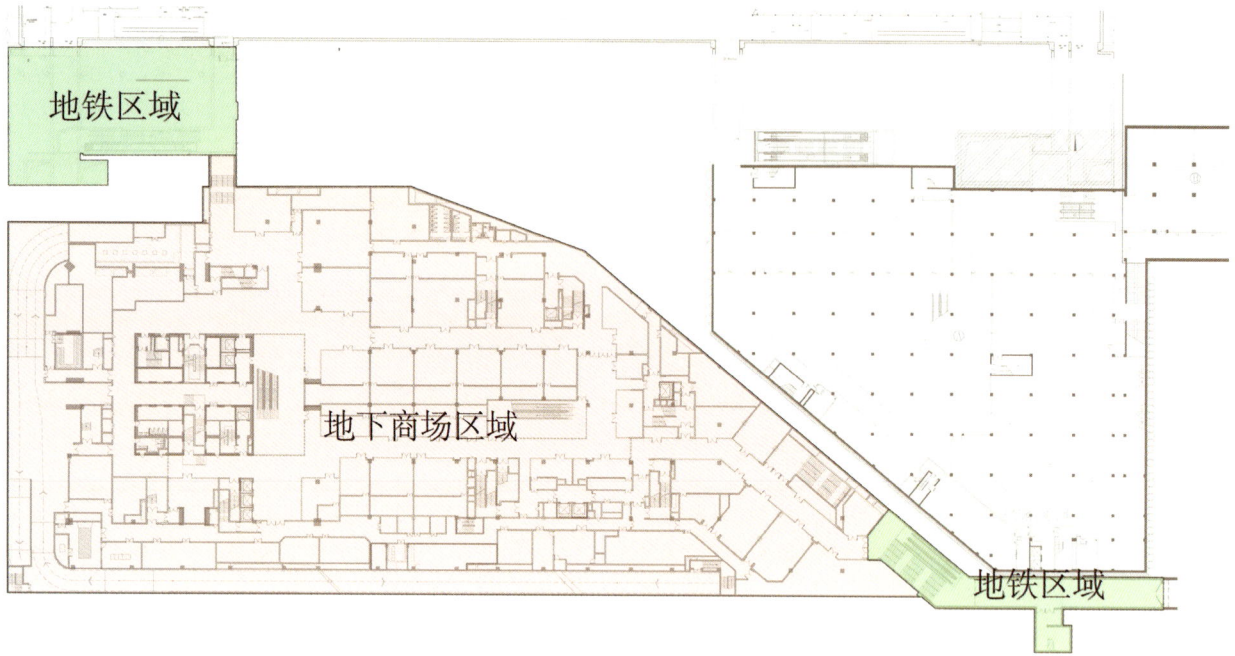

图 2.6-3 佳兆业金融大厦地下一层平面图

2）塔楼防火设计

（1）塔楼基本情况

塔楼为办公，标准楼层建筑面积最大为 2769.61m²，设有喷淋，不超过 3000m²，按每人 9.7m² 的建筑面积计算，人数最多为 285 人，根据《建筑设计防火规范》GB 50016—2014 第 5.5.21 条，塔楼疏散人数按每 100 人最小疏散宽度 1.00m 计算，所需疏散宽度为 2.85m，设计宽度为 2.85m，满足疏散要求。

建筑设计充分考虑到地块周边景观的多样性，在设计上结合以多朝向的立面，4 个小型塔楼组成塔楼主干，塔楼的顶层逐层后退。塔楼内设有开阔的户外空中花园，空中花园设在每条对角线的位置上，错落的塔楼顶层形成开敞的屋顶露台，使观景空间更加开阔无阻，带来立面造型的独特性（图 2.6-4，图 2.6-5）。

图 2.6-4 七层平面图（标准层典型平面）

图 2.6-5 十一层平面图（带空中花园标准层典型平面）

图 2.6-6　三十九层平面图

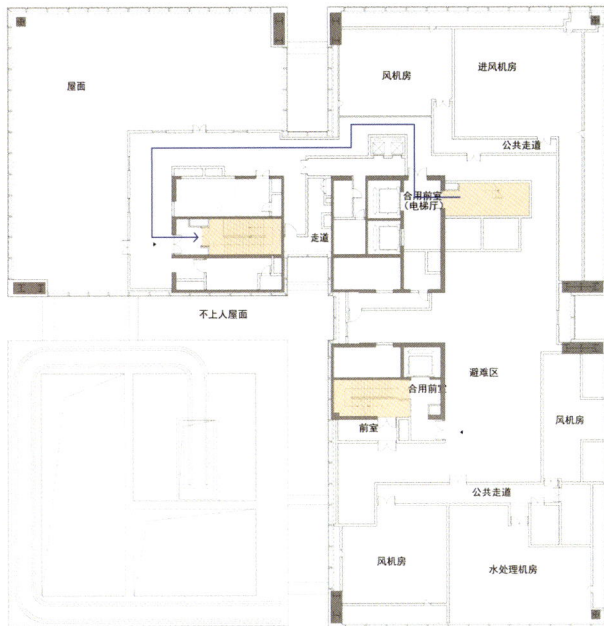

图 2.6-7　四十三层平面图

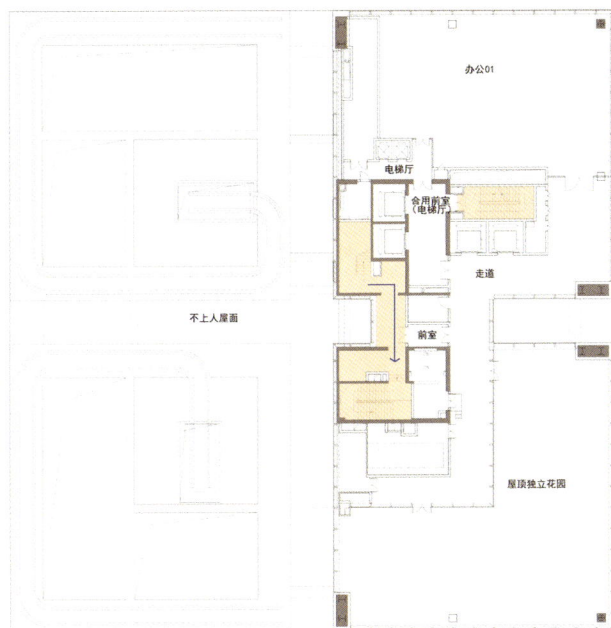

图 2.6-8　四十七层平面图

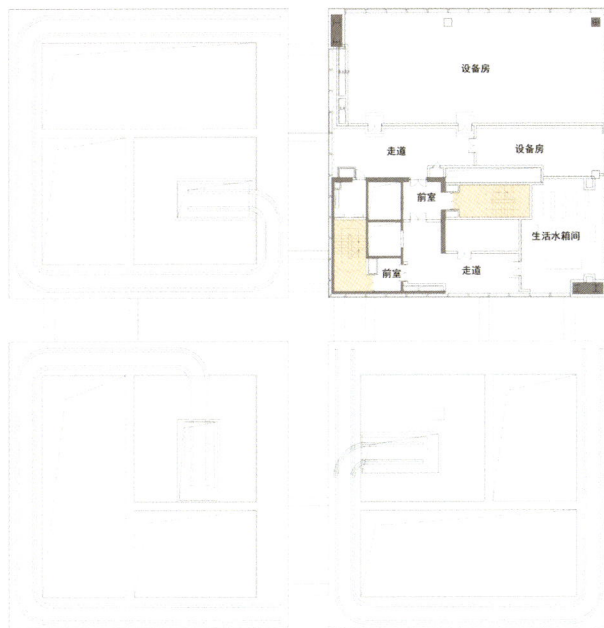

图 2.6-9　五十二层平面图

（2）塔楼平面设计特点

除塔楼标准层外，在十一、二十一、三十一层设有不同朝向的空中花园，从三十九层开始，四十三、四十七、五十二层有四分之一的塔楼面积退台形成屋面（图 2.6-6～图 2.6-9）。

（3）塔楼平面消防设计难点

①空中花园处理

塔楼平面在十一层、二十一层、三十一层均设置有空中花园，功能为架空休闲，为 4 层高，消防部门在审核时提出需要按中庭的方式来处理，在空中花园与室内分界面采用防火分隔（防火门及防火卷帘）。

②疏散楼梯转换

由于 4 个塔在屋顶逐步退台，疏散楼梯必须在避难层进行转换。七～二十五层平面，两部疏散楼梯分别设置在西北塔和东南塔的核心筒内。二十五

141

层避难层东南塔核心筒内缩，楼梯进行转换。在四十三层避难层，西北塔的楼梯转换至东北塔楼梯。在四十七层，东南塔楼梯转换至东北塔。东北塔四十七层至五十二层有两部疏散楼梯。每层平面均有两部疏散楼梯（图2.6-10～图2.6-13）。

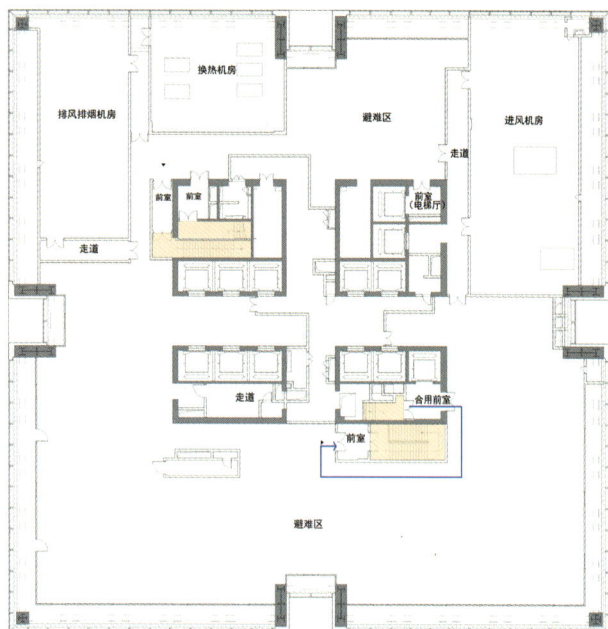

图2.6-10　二十五层平面图

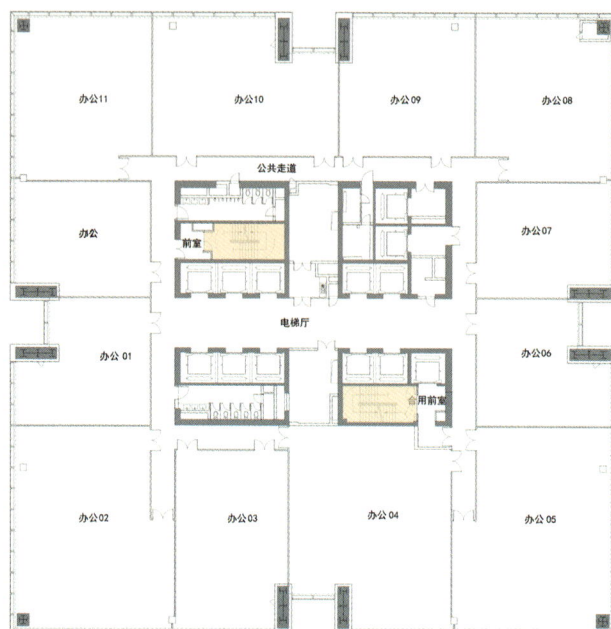

图2.6-11　二十六层平面图

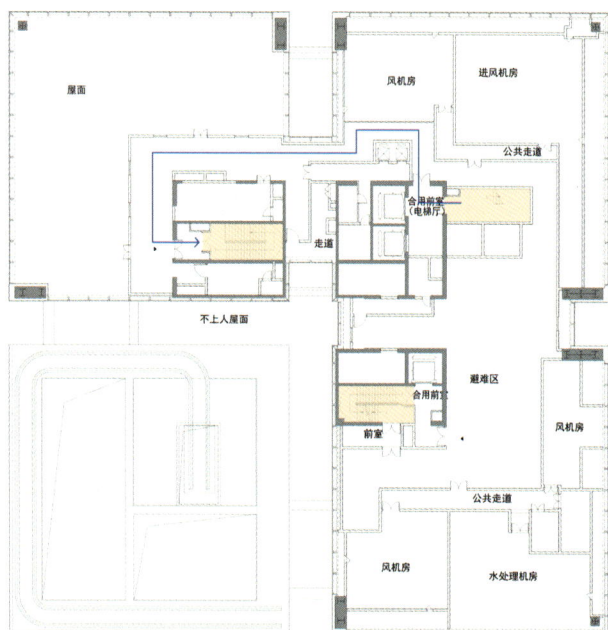

图2.6-12　四十三层平面图

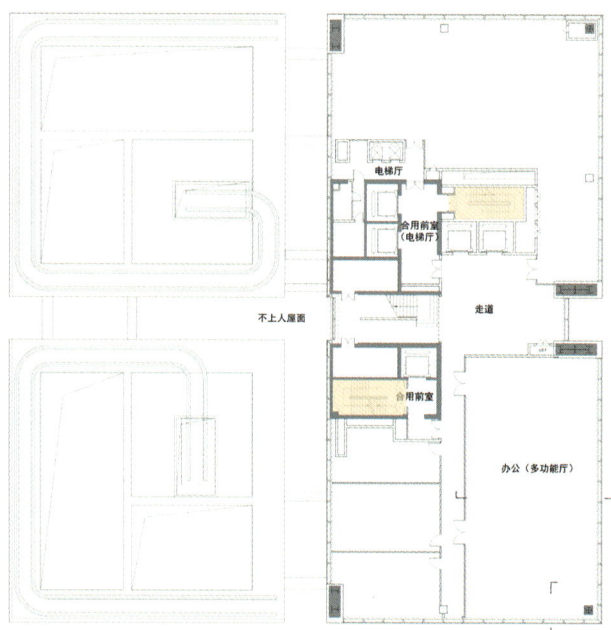

图2.6-13　四十四层平面图

3

商业综合体

3.1 综论

深圳市华阳国际工程设计股份有限公司　符润红

3.1.1 商业综合体发展、定义及特点

1）发展

早在古希腊时代，每个城市中心就出现了一些公共活动空间，如广场、体育场、体育馆、剧场、神庙等，这可以看成是城市综合体的雏形。随着现代社会的不断发展，特别是城市化进程的不断加速，城市综合体逐步成为完善城市功能和塑造城市形象的重要手段：从20世纪40年代美国纽约曼哈顿建成的洛克菲勒中心（图3.1-1）到1986年诞生于法国巴黎的拉德方斯再到日本东京2003年建成的六本木新城（图3.1-2），均是集多种功能（包含办公、公寓、餐饮、影剧院、酒店等功能）为一体的超大型城市综合体，可为人们提供全天候工作、休闲服务。从现代意义上来讲，"城市商业综合体"是指将城市中的商业、餐饮、办公、居住、酒店、展览、会议、娱乐和交通等城市生活空间的各种功能进行组合且相互融合、相互补充，从而形成一个多功能融合、高效率运转的复杂统一城市有机体。城市商业综合体所具备的高效性能，不仅能满足现代城市发展的多元化需要，也能为城市地标性建筑的打造提供重要支撑，发挥更大的社会与文化价值。国内近年来随着经济和社会的发展已涌现大量的城市综合体，早期出现的综合体多以商业与办公、公寓及酒店的组合为主，近年来开始凸显出以文化休闲为主导功能的趋势并与轨道交通相互结合。深圳作为中国最早成立的一个经济特区，是全国经济中心城市和国际化城市，近年来综合体项目在深圳成为主流，超大的空间尺度及复合的功能组合给消防设计带来新挑战。

图 3.1-1　洛克菲勒中心
图片来源：网络

图 3.1-2　六本木新城
图片来源：网络

2）定义及特点

（1）定义

在国内，对城市综合体和商业综合体并没有一个明确的定义，本章节从城市综合体建筑的构成来定义商业综合体与城市综合体。

商业综合体：通常为城市综合体中的裙房部分，其业态一般包括超市、营业厅、展览厅、电影院、儿童活动场所、餐饮、品牌主力店、品牌次主力店、歌舞娱乐场所及各塔楼入口大堂等。

城市综合体：包含以集中商业为主要功能的裙房商业综合体以及塔楼部分的酒店、办公、住宅及配套的公建等。

如图 3.1-3 所示城市综合体是由裙房的商业综合体和塔楼共同组成。

图 3.1-3　万象天地实景图

（2）特点

商业综合体一般有超大的空间尺度及复合的功能组合，通常具备如下特点：① 有开放的公共空间如中庭等（图 3.1-4），这些开放的空间能与城市对话并增加商业人气和活力氛围；②除设置地上商业外，地下商业建筑面积也较大；③ 通常结合旧城改造成为该片区的城市商业中心，且用地较为紧张；④ 购物、旅店、展览、餐饮、文娱并存，并与轨道地铁交通紧密相连。

图 3.1-4　公共开放空间

3.1.2　现行消防设计依据

《建筑设计防火规范》GB 50016—2014（2018年版）

《建筑防烟排烟系统技术标准》GB 51251—2017

《商店建筑设计规范》JGJ 48—2014

《电影院建筑设计规范》JGJ 58—2008

《展览建筑设计规范》JGJ 218—2010

《饮食建筑设计标准》JGJ 64—2017

《民用建筑设计统一标准》GB 50352—2019

《建设工程消防设计审查验收管理暂行规定》（住建部第 51 号令）

3.1.3　消防设计目标

商业综合体的特点决定了其消防设计的复杂性，有时规范并不能涵盖全部，这就需要了解消防

145

设计的原理，弄清楚消防设计的目标并且不得低于现行规范要求。消防设计的目的是火灾发生时需要在一定时间内保证相关人员的安全。当发生火灾时，自救和施救都非常重要，此时建筑内的人员以及前来救援人员的生命安全可能都会受到威胁，消防设计应设定一定的安全目标来保证自救和施救的顺利进行，建筑物的消防安全目标包括人员生命安全、财产或结构安全、建筑使用或功能运行的连续性、古迹或文物保护以及环境保护等，通常情况下消防设计的目标可归纳如下：

（1）为使用者在疏散时提供安全保障：设计时尽量避免发生火灾后火灾和烟气在建筑内部蔓延，为人员疏散争取时间和更安全有利的疏散路径。

（2）为消防救援人员提供消防便利并保证其生命安全：火灾发生时，消防人员应能快速进入起火建筑并在安全的环境下施救，为此设计需要从以下方面考虑：① 提供足够的消防扑救设施和供水设施；② 提供消防车道和消防救援场地使消防救援车辆可接近起火建筑实施救援操作；③ 合理设计足够的消防救援通道，使火灾时消防救援人员能迅速到达起火部位；④ 在消防人员救援火灾所需要的时间内，火场环境应保证消防人员安全；⑤ 建筑的结构应保证消防人员在火灾救援所需时间内不发生坍塌或可能伤及消防人员安全的破坏。

（3）尽量减少财产损失，避免停业损失。为了实现目标，规范制定相关要求，目的就是为了火灾发生时能有相对安全的保障。

3.1.4 基本消防设计

规范对商业综合体在建筑分级分类、建筑间防火、建筑内防火、安全疏散与避难、消防救援等方面作如下具体要求：

（1）建筑分级及分类：根据建筑高度、规模或重要性进行分类、分级。

（2）建筑间防火：防火间距及特殊距离。

（3）建筑内防火：包含防火分区、防火分隔、平面布置、特殊区域防火（中庭、外墙、外廊、防火门窗及防火卷帘）、建筑保温（室内外保温材料）、

防护层、装饰层等；其中防火分区面积要求与所处的平面位置（地上还是地下）功能业态及建筑内是否全部设自动喷淋等相关。对建筑内全部设自动喷淋时：① 地下营业厅、展览厅小于等于2000m²，地下其他功能小于等于1000m²；② 多层营业厅、展览厅及其他小于等于5000m²，当营业厅、展览厅仅设置在单层或多层建筑的首层内（其他楼层均不是营业厅、展览厅时）小于等于10000m²；③ 高层营业厅、展览厅及其裙房（与主体无防火墙分隔）小于等于4000m²；地上其他功能小于等于3000m²，其他特殊业态详见特殊业态的消防设计。当地下商业总面积大于20000m²，需设置防火分隔，分隔方式可分采用防烟楼梯间、下沉广场等室外开敞空间、防火隔间、避难走道等。

（4）安全疏散与避难：安全疏散是火灾时建筑内部人员逃生和自救的重要路径和保障措施，包含人员密度、疏散宽度、疏散距离、疏散楼梯、安全出口等，其具体要求执行《建筑设计防火规范》GB 50016—2014（2018年版）中第5.5.8～5.5.21条中相关规范条文要求。在商业综合体中安全疏散应特别避免疏散行经路线出现瓶颈，即房间疏散门、安全出口、疏散走道、疏散楼梯等部位均应满足各自的总净宽要求。

（5）消防救援：主要保障发生火灾时外部救援人员能快速进入内部起火点进行施救的路径或设施，包含消防车道与消防救援场地、消防救援窗、消防电梯，其具体要求执行《建筑设计防火规范》GB 50016—2014（2018年版）第7章中相关规范条文。

3.1.5 专项业态消防设计

商业综合体通常会涉及的特殊业态有电影院、儿童活动场所、歌舞娱乐场所等，其在平面布置、防火分区与防火分隔、安全出口与疏散距离等方面有别于正常的商业设计，下面具体分述如下：

1）电影院

平面布置：设置在一、二级耐火等级的建筑内时，观众厅宜布置在首层、二层或三层；确需布置

在四层及以上楼层时，一个厅、室的疏散门不应少于 2 个，且每个观众厅的建筑面积不宜大于 400m²；设置在地下或半地下时，宜设置在地下一层，不应设置在地下三层及以下楼层。

防火分区与防火分隔：电影院在商业综合体内时应划分为单独的防火分区；设在高层内时（建筑内全部设自喷时）地下小于等于 1000m²，地上小于等于 3000m²；设在多层内时（建筑内全部设自喷时）地下小于等于 1000m²，地上小于等于 5000m²；电影院区应采用防火墙和甲级防火门与其他区域分隔。

安全出口：电影院必须至少设置一个独立专用的安全出口，且直通室外地面，每个观众厅的疏散出口应经计算确定且不应少于 2 个，每个疏散门的平均疏散人数不应超过 250 人；当观众厅面积大于 400m² 时，应采取当地认可的加强措施，疏散出口和走道最小净宽大于等于 1.4m；不应设置门槛，在紧靠门口 1.40m 范围内不应设置踏步。疏散门应采用开向疏散方向的平开门，严禁采用推拉门、卷帘门、折叠门、转门等。

疏散距离：观众厅至最近疏散门或安全出口小于等于 30m，当疏散门不能直通室外或疏散楼梯间时，应采用长度不大于 10m 的走道通至最近的安全口，设喷淋时距离增加 25%。

2）儿童活动场所

平面布置：设置在一、二级耐火等级的建筑内时，应布置在首层、二层或三层；不应设置在地下或半地下。

防火分区与防火分隔：设在高层内时（建筑内全部设自喷时）地上小于等于 3000m²；设在多层内时（建筑内全部设自喷时）地上小于等于 5000m²；附设在建筑内的托儿所、幼儿园的儿童用房和儿童游乐厅等儿童活动场所，应采用耐火极限不低于 2.00h 的防火隔墙和 1.00h 的楼板与其他场所或部位分隔，墙上必须设置的门、窗应采用乙级防火门、窗。

安全出口：设置在高层建筑内时，应设置独立的安全出口和疏散楼梯（所有此部分的楼梯均不得

用作其他功能的疏散楼梯宽度）；设置在单、多层建筑内时，宜设置独立的安全出口和疏散楼梯。

疏散距离：商业综合体内的儿童活动场所到门口疏散距离应按袋形走道两侧或尽端的疏散门至最近安全出口的直线距离（即 20m），从门口到安全出口按表 3.1-1 控制，建筑内全部设自喷时按距离增加 25%。

直通疏散走道的房间疏散门至最近
安全出口之间的距离 /m　　表 3.1-1

名称	位于两个安全出口之间的疏散门			位于袋形走道两侧或尽端的疏散门		
	一、二级	三级	四级	一、二级	三级	四级
托儿所、幼儿园老年人照料设施	25	20	15	20	15	10

3）歌舞娱乐场所

平面布置：歌舞厅、录像厅、夜总会、卡拉 OK 厅（含具有卡拉 OK 功能的餐厅）、游艺厅（含电子游艺厅）、桑拿浴室（不包括洗浴部分）、网吧等歌舞娱乐放映游艺场所（不含剧场、电影院）的布置应符合下列规定：① 不应布置在地下二层及以下楼层；② 宜布置在一、二级耐火等级建筑内的首层、二层或三层的靠外墙部位；③ 不宜布置在袋形走道的两侧或尽端；④ 确需布置在地下一层时，地下一层的地面与室外出入口地坪的高差不应大于 10m；⑤ 确需布置在地下或四层及以上楼层时，一个厅、室的建筑面积不应大于 200m²，特别注意即使设置自喷，面积也不得增加。

安全出口：歌舞娱乐场所的安全出口应根据建筑面积和使用人数来确定，且应注意不可随意标注歌舞娱乐放映游艺厅、室的使用人数，使用人数应与建筑面积匹配（歌舞娱乐放映游艺场所中录像厅的疏散人数，应根据厅、室的建筑面积按不小于 1.0 人 /m² 计算；其他歌舞娱乐放映游艺场所的疏散人数，应根据厅、室的建筑面积按不小于 0.5 人 /m² 计算），除符合下述可设一个安全出口的情况外均需设置两个安全口。可设一个安全出口的条

件：单层或多层的首层，建筑面积小于等于 200m² 且人数小于等于 50 人；可设一个疏散门的条件：建筑面积小于等于 50m² 且人数小于等于 15 人，疏散门净宽大于等于 1400mm。

疏散距离：歌舞娱乐场所到门口疏散距离应按袋形走道两侧或尽端的疏散门至最近安全出口的直线距离，即 9m，建筑物内全部设自动喷水灭火系统时按 11.25m 控制；从门口到安全出口按表 3.1-2 控制，建筑内全部设自喷时按距离增加 25%。

直通疏散走道的房间疏散门至最近
安全出口之间的距离 /m　　表 3.1-2

名称	位于两个安全出口之间的疏散门			位于袋形走道两侧或尽端的疏散门		
	一、二级	三级	四级	一、二级	三级	四级
歌舞娱乐放映游艺场所	25	20	15	9	—	—

3.1.6　消防设计难点概要

商业综合体由于本身规模庞大、功能复杂，除常规的消防设计问题外，还将带来以下消防设计难点：

（1）总图消防：紧张的用地给消防车道及消防登高场地的设置带来难度。

（2）首层楼梯不能直通室外：商业综合体由于是大底盘的建筑，地下地上的疏散楼梯有时不能全靠外墙导致在首层不能直通室外，通常会采用避难走道来解决。

（3）疏散距离超规范规定：通常用避难走道解决。

（4）疏散宽度不足：特别是地下商业宽度无法满足全部用楼梯来解决其疏散宽度，通常借助下沉广场来最大限度核减所需宽度。

（5）跨街天桥处一层室外安全认定：通过消防加强技术措施。

（6）地下商业超 2 万 m² 防火区域分隔划分：地下商业面积大，通常需要采用避难走道、防火隔间、下沉广场等室外开敞空间、防烟楼梯间来分隔。

（7）平面布置无法完全满足规范要求：常见的如电影院、宴会厅等的平面布置。

这些消防难点需要在准确理解消防设计原理的基础上拓展思路，寻求不低于现行规范要求的措施来实现，下面章节将结合实际案例来阐述其中一些消防难点的具体解决措施。

3.2 恒裕金融中心一期

深圳市华阳国际工程设计股份有限公司 符润红 张建锋

3.2.1 项目概况

建设单位：深圳市创佶置业有限公司

设计单位：深圳市华阳国际工程设计股份有限公司（平面方案＋初步设计、施工图设计）

方案设计：许李严（立面设计）

消防审查单位：深圳市公安消防支队

施工单位：江苏省建工集团有限公司

恒裕金融中心（图3.2-1）位于深圳市南山区后海中心金融区，整个项目由四个地块组成（如图3.2-2，图3.2-3所示），由于处于城市中心地带，项目零退线。项目分两期开发建设，一期总建筑面积280350.9m²，由购物中心（设置在裙楼地下二层至地上三层，其中局部5层，包括商业、超市、百货、餐饮、电影院等功能，商业总建筑面积8万m²，其中地下4万m²）及2栋超高层公寓（高度分别为245.95m和243.40m）组成，二期A座为300m高的办公＋酒店，这里主要针对一期的购物中心商业综合体消防难点做阐述。

图3.2-1 恒裕金融中心

图 3.2-2　鸟瞰图

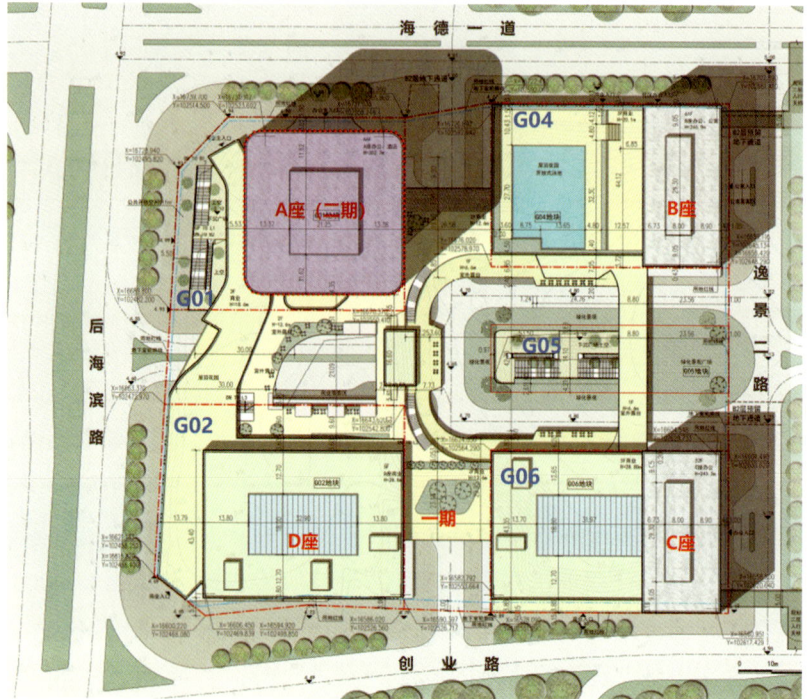

图 3.2-3　总平面图

3.2.2　消防设计依据及项目进程

1）消防设计依据

《建筑设计防火规范》GB 50016—2014（2015年版）

《建筑内部装修设计防火规范》GB 50222—2017

《电影院建筑设计规范》JGJ 58—2008

《关于加强超大城市综合体消防安全工作的指导意见》公消〔2016〕113 号

《关于印发加强部分场所消防设计和安全防范的若干意见的通知》粤公通字〔2014〕13 号

2）项目进程（图 3.2-4）

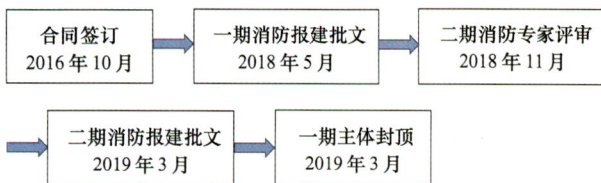

图 3.2-4　项目进程

特别说明：一期消防报建时《建筑防烟排烟系统技术标准》GB 51251—2017 尚未正式颁布，故一期未执行该标准，该项目目前一期已主体封顶。

3.2.3　基本消防设计

本项目属于一类高层，地上、地下耐火等级均为一级。

1）总图消防

（1）防火间距：项目各栋塔楼之间、项目与周边建筑的防火间距均大于 13m。

（2）消防车道：项目利用周边和场地内的市政道路设置消防环道，消防车道净宽大于等于 4m，净高大于等于 5m，消防车道按承受 75t 消防车荷载考虑。

（3）消防登高场地：建筑消防登高操作场地沿建筑底边设置，根据每座建筑长边及周长需求单独设置，消防扑救面局部利用人行道宽度，人行道与消防车道间采用平接，设置无高差的路缘石，人行道采用花岗石，荷载满足消防扑救荷载要求。消防扑救范围内设有直通室外楼梯的出入口及消防电梯出口。

（4）消防控制室：消防控制室设置在首层，其中主控室放于一期D座，单独为二期超250m服务的分控室位于A座首层，均在一层有直通室外的安全出口。

2）单体消防

（1）防火分隔：项目各区域均按规范划分防火分隔区域及防火分区，具体如下：地下商业共2层，面积约4万m²，划分为2个面积不大于2万m²的防火区域，相邻防火区域在地下室利用下沉广场、防火隔间、防烟楼梯间局部连通。

（2）防火分区：地下商业在不大于2万m²的防火区域内划分防火分区，除中庭外，地下非餐饮商业防火分区面积小于等于2000m²；地下带餐饮商业防火分区面积小于等于1000m²；地下影院防火分区小于等于1000m²。地上商业不设置中庭防火分区，每层沿中庭洞口的边缘设置防火卷帘，将中庭洞口与周边商业分隔开。地上非餐饮商业防火分区面积小于等于4000m²，带餐饮商业防火分区面积小于等于3000m²；一层商业防火分区按地块各自划分，二层、三层商业防火分区按地块各自划分。地块之间的过街楼区域单独划分为一个防火分区，四、五层按地块每层一个防火分区。

（3）防烟分区：地上地下商业每个防烟分区不大于500m²设置，采用机械加压防烟。

（4）安全疏散：本项目采用后走道或下沉广场疏散。由于本项目设置了自动喷淋灭火系统，疏散距离满足商业内最远点至安全出口距离小于等于37.5m或者商业内最远点至房间出口距离不超过37.5m且商业房间门至安全出口的距离不超过12.5m，经后走道进入防烟楼梯后或下沉广场到达一层室外安全区域；本项目商业规模属于大型商业，人员密度按规范各层取下限值，百人指标均按1.0m取值。

（5）防火构造：① 各层设置可供消防救援人员进入的救援窗，救援窗的玻璃采用钢化中空玻璃（不采用夹胶玻璃），易于击碎，并在室外设置可识别的明显标识；救援窗设置在东侧登高扑救面，每层2个，间距不大于20m，净高度和净宽度均不小于1m，下沿距离室内楼地面不大于1.2m；② 幕墙在上下楼层间设置0.8m高实墙体，每层楼板外沿处、隔墙处的缝隙采取100mm厚防火岩棉板封堵。

3.2.4　消防设计难点

整个项目由多个地块组成且零退线，因此消防设计存在一些难点，有些规范未明确之处，本着消防设计安全的原理，在保证消防安全水平不低于现行消防规范的前提下进行消防设计，具体如下：

1）消防登高场地

（1）消防难点描述

根据《建筑设计防火规范》GB 50016—2014中第7.2.1条规定："高层建筑应至少沿一个长边或周边长度的1/4且不小于一个长边长度的底边连续布置消防登高操作场地，该范围内的裙房进深不应大于4m、建筑高度不大于50m的建筑，连续布置消防车登高操作场地确有困难时，可间隔布置，但间隔距离不宜大于30m，且消防车登高操作场地的总长度仍应符合上述规定。"公共建筑高度超过24m时应按上述要求设置消防登高场地。

本项目的商业裙楼在二层及三层跨越市政道路连接成一体，但G02及G06地块局部设有5层商业，5层部分建筑高度28.70m（超24m，如图3.2-5），本项目零退线造成消防登高场地的设置存在难度，如何对建筑进行消防定性，既满足规范要求又减少对城市道路的影响，是本项目设计的一大难点。

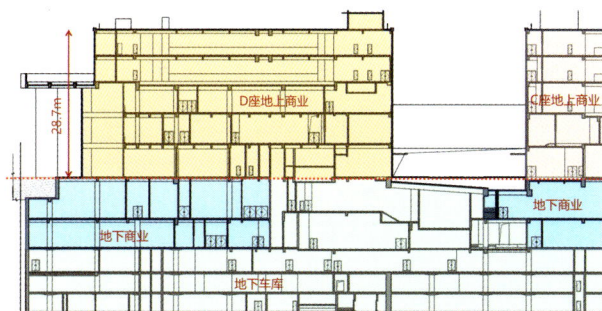

图3.2-5　购物中心剖面图

（2）消防解决策略

本项目由四个地块组成，且市政路相对每个地块独立成环布置（如图 3.2-6），借助四个地块均有独立成环消防车道这一有利条件，对购物中心采取如下消防策略：将沿市政路自然分隔的四个地块中局部 5 层高的商业建筑分别定义为单独的座，仅把在二层及三层连通的塔楼投影范围外的商业定义为裙房，座与座的建筑防火间距满足 2 栋高层建筑防火间距要求，同时 4 层及以上层每座均独立满足安全疏散的要求，且每座建筑同时满足《建筑设计防火规范》GB 50016—2014（2015 年版）中第 7.1.2 条中"高层民用建筑，占地面积大于 3000m² 的商店建筑、展览建筑等单、多层公共建筑应设置环形消防车道"要求的环形消防车道及第 7.2.1 条要求的消防登高场地长度。

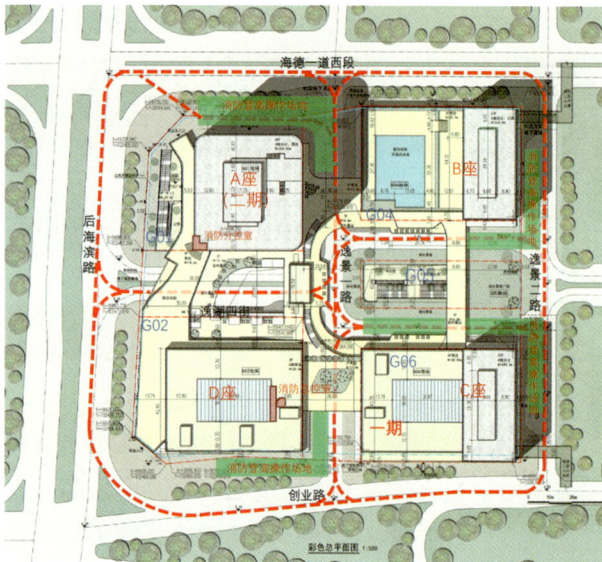

图 3.2-6　消防总平面图

通过这样定性确定的消防登高场地，对地面景观及市政道路影响最小，可最大限度地降低消防登高场地与市政道路的矛盾冲突。

2）跨街连廊下首层室外安全区域的认定

（1）消防难点描述

商业裙楼在二层及三层跨越市政道路连接成一体，一层疏散楼梯出口很多在跨街连廊的覆盖区域采取什么样的消防措施可使得一层覆盖区域能作为室外安全区域？

（2）消防解决策略

室外地面之所以可以视为最终的安全区域，是因为其具备以下几个方面的特点：① 开敞空间，烟气不聚集；② 人员可自由地向各个方向疏散，远离火源；③ 有消防车道，消防车可接近建筑物，并提供室外消火栓等作为水源。

一层各座（被跨街天桥覆盖的市政路处）的外墙间距分别如下：沿逸景一路的 A 座与 B 座及 D 座与 C 座之间均为 26.5m，沿逸湖四路的 A 座与 D 座之间为 28.2m，B 座与 C 座之间为 54.3m，各座一层的建筑间距远大于建筑物之间的防火间距，同时从图 3.2-7 中可以看到市政路本身无可燃物，通过消防加强措施如控制跨街建筑在市政道路上的连续覆盖长度不超 30m，并在沿着车道的方向设置长度大于 15m 且宽度至少与车道等宽的露天开口（图 3.2-8），整体跨街天桥正上方的开洞率达到 38.7%（远高于规范对于同样作为开敞空间的下沉广场 25% 开洞率的要求）。这样既让市政道路开敞明亮又能保证起火时烟气不聚集；沿场地周边和内部的市政道设置消防环道，使每座建筑塔楼、裙房均可以形成独立消防环道，消防车可以通过环道到达建筑首层的任何一边，满足每座建筑有环形消防车道的要求；同时沿场地内的市政道路周边设置室外消火栓、消防水泵接合器等消防救援设施，加上该市政路四通八达，可自由地往各个方向疏散，因此人疏散到跨街天桥覆盖区也是安全的。

图 3.2-7　B 座与 C 座跨街连桥透视图

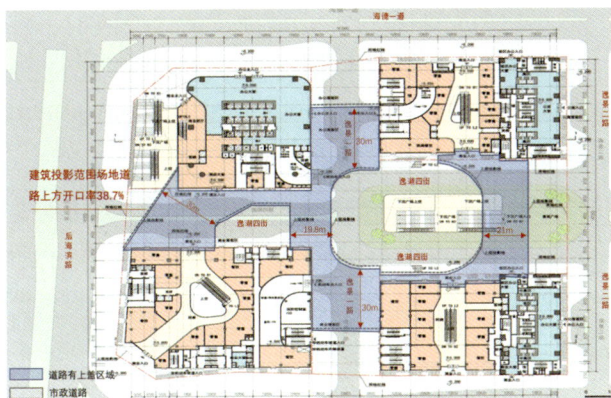

图 3.2-8　一层总平面图

3）地下商业超 2 万 m² 防火区域分隔划分

（1）消防难点描述

由四个地块组成的 4 万 m² 的地下商业接近方形，传统购物中心一条主动线的做法无法满足商业人流的需求。本项目为了获得更好的购物体验，方案设计中将地下两层商业的主动线设计成井字形，尽量将人流带到每个商铺（图 3.2-9），这给 2 万 m² 的防火区域带来了巨大挑战：如何在保证项目品质的前提下实现合理的 2 万 m² 防火区域的划分是本项目的消防难点。

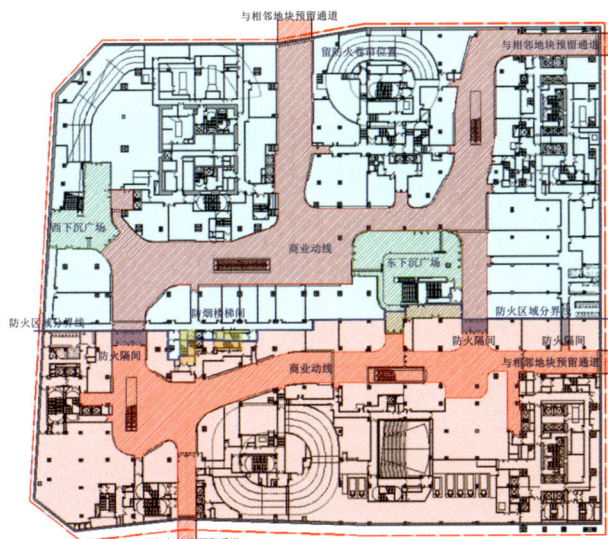

图 3.2-9　地下二层商业平面

（2）消防解决策略

根据《建筑设计防火规范》GB 50016—014（2015 年版）中第 5.3.5 条"总建筑面积大于 2 万 m² 的地下或半地下商店，应采用无门、窗、洞口的防

火墙、耐火极限不低于 2.00h 的楼板分隔为多个建筑面积不大于 2 万 m² 的区域。相邻区域确需局部连通时，应采用下沉广场等室外开敞空间、防火隔间、避难走道、防烟楼梯间等方式进行连通"的要求，超 2 万 m² 需进行防火区域划分。

本地块的地下商业共两层面积约 4 万 m²，需要划分为 2 个面积不大 2 万 m² 的防火区域。设计中综合并充分利用防火墙、下沉广场、防火隔间、防烟楼梯间等措施组合以最大限度地保证项目品质。为了追求良好的空间效果，设计之初就对中庭空间上下贯通提出了要求，防火区域的划分无法按层通过楼板封堵分隔来实现，为此设计采用了水平分隔方案，但"井"字形动线的商业如何选择合适的边界来划分防火区域是个难题。消防设计利用现有相邻商铺的实体墙作防火墙，同时综合运用东下沉广场等室外开敞空间、防火隔间、防烟楼梯间等划分防火区域：本项目在东侧有一个贯通地下一层和地下二层的下沉广场，该下沉广场作为市政用地兼顾本区域的室外景观要求（图 3.2-10），有较大的空间尺寸（东下沉广场一层总开口尺寸为长 42.65m、宽 14.15m），地下一层和地下二层均能满足下沉广场相邻防火区域门窗洞口最小水平距离 ≥ 13m 的要求（图 3.2-11，图 3.2-12），且地下一层和地下二层的开敞净面积均大于 169m²（不含楼梯和扶梯，以下提到的净面积均不含），故该下沉广场可作为 2 万 m² 的防火分隔；同时在防火区域经过的中庭动线处设防火隔间，防火隔间采用常开的甲级

图 3.2-10　东下沉广场效果图

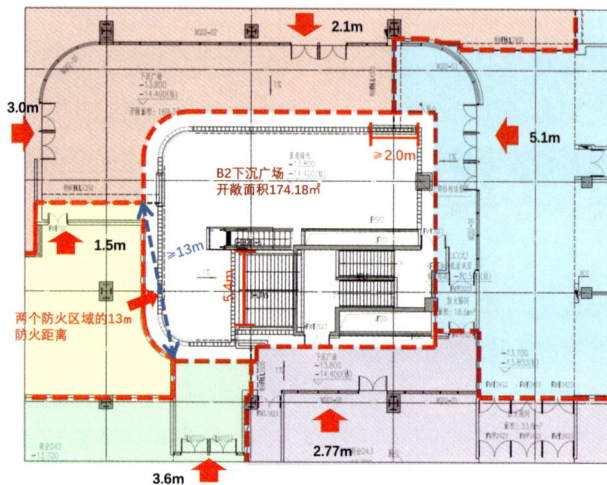

图 3.2-11　东下沉广场地下二层平面图

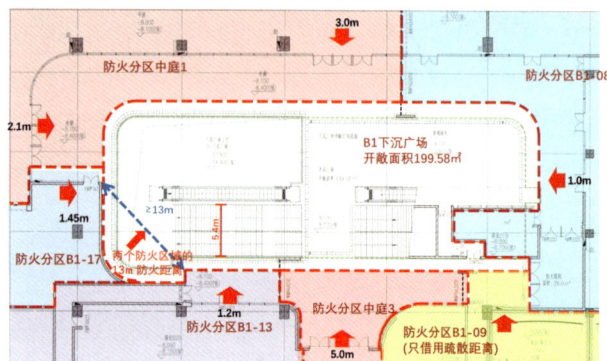

图 3.2-12　东下沉广场地下一层平面图

防火玻璃门，防火隔间内的商铺墙体采用实体墙满足防火要求，在满足净面积 6m² 的前提下尽量减少防火隔间的进深。本项目采用 4.2m（满足规范要求的至少 4m）。地下商业在每个不大于 2 万 m² 的防火区域的框架内进一步划分防火分区。

4）地下商业疏散宽度不足

（1）消防难点

本项目地下两层商业共计约 4 万 m²，通过计算所需疏散宽度：地下一层有 22 个防火分区需 84.01m，地下二层有 20 个防火分区需 93.26m。如果全部依靠楼梯疏散，楼梯数量多，将严重影响商业品质；且一层市政路多，如果楼梯过多将无法全部在一层找到合适位置出室外地面。合理解决地下商业疏散是本项目的难点。

（2）消防解决策略

在东西两侧均设满足要求的下沉广场（规范对下沉广场并没有明确定义，仅在 GB 50016—2014

中第 6.4.12 条对用作 2 万 m² 地下防火分隔的下沉广场等室外开敞空间作了要求，对于非 2 万 m² 地下防火分隔的下沉广场等室外开敞空间未作相关明确要求，基于工程常规表达及表述方便，这里统一将地下室外开敞空间称为"下沉广场"，但将结合案例详述用于 2 万 m² 地下防火分隔与非 2 万 m² 防火分隔的下沉广场的区别，以期为同行工作提供借鉴），以最大限度折减计算所需的疏散宽度。

东下沉广场：该下沉广场如前所述，不仅作为 2 万 m² 的防火分隔，同时肩负着解决地下商业疏散宽度的使命，如图 3.2-11 所示，地下二层有 5 个防火分区合计 18.07m 需借用东下沉广场来疏散，如图 3.2-12 所示，地下一层有 6 个防火分区合计 13.75m 需借用东下沉广场来疏散，东下沉广场满足《建筑设计防火规范》GB 50016—2014 中第 6.4.12 条"室外开敞空间的开口最近边缘之间的水平距离不应小于 13m、用于疏散的净面积不应小于 169m²、开口的面积不应小于该空间地面面积的 25%"等要求，据此，可以采用"当连接下沉广场的防火分区需利用下沉广场进行疏散时，疏散楼梯的总净宽度不应小于任一防火分区通向室外开敞空间的设计疏散总净宽度"的标准。从图中可判断：地下一层和地下二层只考虑本层疏散时，都只需要满足本层最大防火分区所需的疏散宽度 5.1m 即可。地下二层采用 5.4m 直跑梯满足要求；但地下一层所需的最大疏散宽度是否需要叠加地下二层的宽度？本案由于地下一层和地下二层下沉广场开敞部分净面积均大于 169m²，分别都是属于室外安全区域，虽然规范没有明确可以不叠加，但参照楼梯在消防疏散时下层的宽度要求也只是考虑上面所有楼层中最大层的疏散宽度，经与当地消防审批部门的沟通，确认地下一层的疏散楼梯宽度可以按这两层中取大值来设计。

西下沉广场：西下沉广场邻接的是位于同一个 2 万 m² 防火区域的不同防火分区。地下二层开敞净面积 169.7m²，开洞尺寸长 20.2m，宽 12.1~13.0m，本层有 4 个防火分区合计 11.2m（最大为 4.0m），需借用下沉广场来疏散（图 3.2-13）；其地下一层开敞净面积 169.25m²，开洞尺寸长 21.9m，宽 6.0~10.6m，

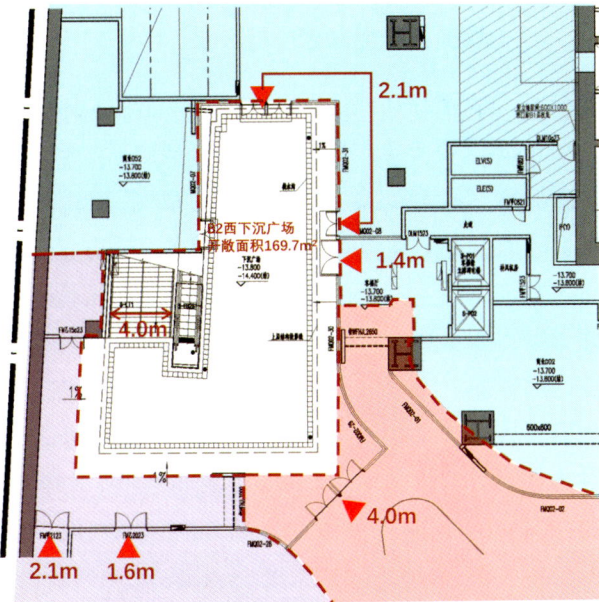

图 3.2-13 西下沉广场地下二层平面

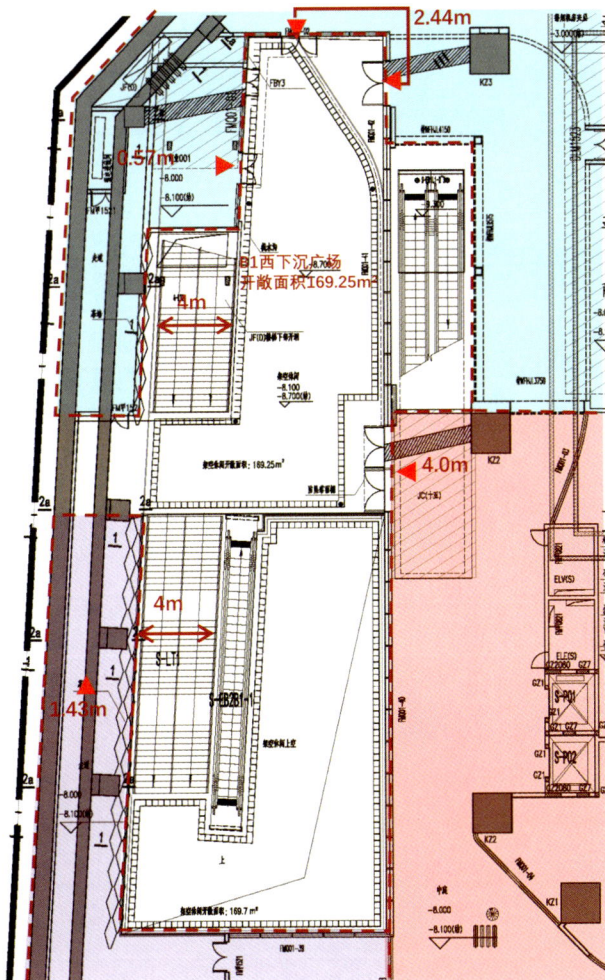

图 3.2-14 西下沉广场地下一层平面图

本层有 4 个防火分区合计 8.44m（最大为 4.0m），需借用下沉广场来疏散（图 3.2-14）。《建筑设计防火规范》GB 50016—2014 第 5.3.5 条及第 6.4.12 条对用于 2 万 m^2 防火区域分隔的下沉广场做了明确规定，但对于在同一防火区域仅用作不同防火分区的下沉广场，规范并没有明确其相关要求，本案中地下两层每层开敞部分净面积均大于 169m^2，但短边距离小于 13m。短边最小距离应该是多少，规范并没有明确要求。参照《建筑设计防火规范》图示 18J811-1，U 形建筑不同防火分区按 6m 控制后能把 U 形开口定义为室外空间，本案的下沉广场短边也按 6m 控制并与审批部门沟通最终获得同意，但下沉广场不同防火分区也需要控制水平 2m、转角 4m 的距离要求，同时在开敞净面积大于等于 169m^2 的前提下，两层的下沉广场仍然可按计算所需疏散宽度最大层来设置楼梯宽度，而不用地下两层宽度叠加。

5）电影院局部设于地下二层

（1）消防难点

本项目地处城市繁华区域，甲方有诉求设约 1000 座的影厅，但地上由多个地块跨街组合而成，地上没有足够空间来设置电影院。本项目大部分影厅设于地下一层，但 390 座的影厅由于空间高度不足，需局部设于地下二层，对设置于地下二层的影厅，规范并没有明确规定，如何通过消防加强措施满足消防安全？

（2）消防解决策略

《建筑设计防火规范》GB 50016—2014（2015 年版）中第 5.4.7 条："剧场、电影院、礼堂宜设置在独立的建筑内；……2）设置在一、二级耐火等级的建筑内时，观众厅宜布置在首层、二层或三层；确需布置在四层及以上楼层时，一个厅、室的疏散门不应少于 2 个，且每个观众厅的建筑面积不宜大于 400m^2；……4）设置在地下或半地下时，宜设置在地下一层，不应设置在地下三层及以下楼层。"

规范对电影院的平面位置，优选位置为一层、二层及三层，其次为地下一层，不得设于地下三层，虽然对地下二层没有禁止但也不是规范提倡的

155

位置。本项目设置的约390人影厅要两层的高度才能满足影厅的净高需求，因此需要局部放置在地下二层，为此本项目在影厅防火面积上严控，地下影厅的防火分区面积小于等于1000m²。设计将影院区域划分为3个防火分区，同时3个影院防火分区各自有一个独立安全出口，局部设于地下二层的影厅也有独立楼梯疏散；此外地下一层的影院还可以通过东下沉广场进行疏散，使得地下一层的人员可快速疏散至室外。电影院的内装修选用符合《建筑内部装修设计防火规范》GB 50222—2017的材料，即符合地下电影院内装修材料的燃烧性能等级的规定。此外本项目电影院全面设置火灾自动报警装置、自动灭火系统、机械排烟系统等，以快速探测火灾和在火灾初期控制火灾，有效降低火灾风险，

为人员疏散争取时间（图3.2-15，图3.2-16）。

3.2.5 结语

恒裕金融中心一期的商业综合体是个用地紧张、功能复杂的商业综合体，如何在保证方案创意的前提下让设计满足消防安全要求，需要从消防原理出发，拓宽消防思路，提出消防解决方法。消防设计贯穿商业综合体方案前期到后期商业运营的全过程，特别是在后期商业运营中，随着招商业态的引入将会对消防设计带来不同程度的挑战，如何制定好的消防策略以尽可能减少后期的消防修改就显得至关重要。针对不同项目、不同区域，在实际设计过程中要采用不同的消防策略。

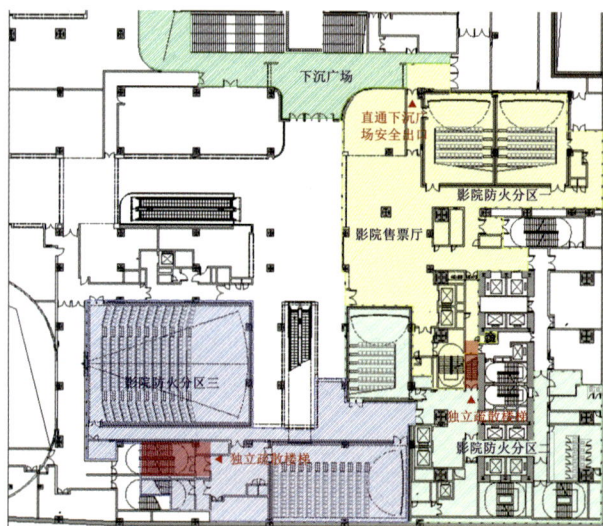

图 3.2-15 电影院地下一层平面图

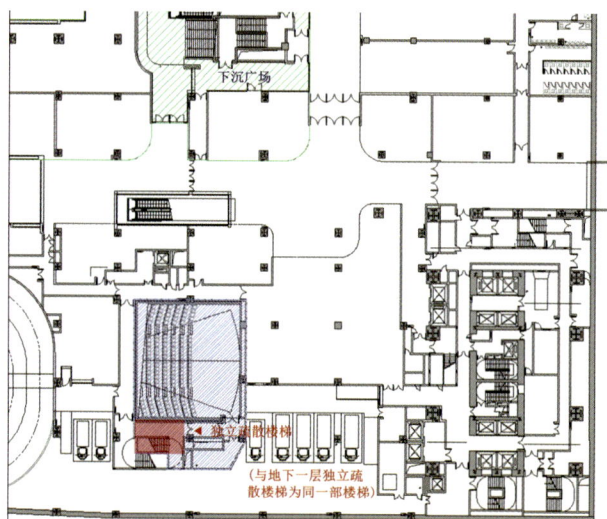

图 3.2-16 电影院地下二层平面图

3.3 深业上城（南区）一期

深圳市华阳国际工程设计股份有限公司　符润红

3.3.1 项目概述

建设单位：深圳市科之谷投资有限公司

设计单位：深圳市华阳国际工程设计股份有限公司（设计总协调＋前期规划＋LDI设计）

方案设计：SOM建筑设计事务所＋ARQ建筑设计事务所＋深圳市都市实践设计有限公司

结构顾问：SOM建筑设计事务所＋奥雅纳工程顾问

消防及机电顾问：奥雅纳工程顾问

消防审查及验收单位：深圳市公安消防支队

施工单位：中建三局

项目位置：位于深圳市福田中心区北侧，东临皇岗路，南临笋岗路，西临彩田路，北临市政规划路及其高架桥，东侧为笔架山，西侧为莲花山公园

建筑功能与布局：总建筑面积9.3737万 m^2。该项目是一个集购物、娱乐、办公、酒店于一体的复杂城市综合体建筑（图3.3-1）。这里阐述裙房部分的商业综合体。商业总建筑面积为16.7万 m^2（含地下商业3.2万 m^2），由集中商业、商业街和小镇三部分组成。集中商业位于地下一层、一层及二层，内部设置三层通高的中庭，包括超市、商铺、餐饮和影院等；商业街位于北侧二层平台上，为两层高独立街铺的名品街；小镇位于三层平台上，由若干独立的商铺沿三条步行街布置而成，所有商铺可直接疏散至三层平台（图3.3-2）。

图3.3-1　深业上城

图 3.3-2 深业上城实景

3.3.2 消防设计依据及项目进程

1）消防设计依据

《建筑设计防火规范》GB 50016—2006

《高层民用建筑设计防火规范》GB 50045—95
（2005 年版）

《建筑内部装修设计防火规范》GB 50222—95
2001 版

《办公建筑设计规范》JGJ 67—2006

《商店建筑设计规范》JGJ 48—88

《电影院建筑设计规范》JGJ 58—2008

奥雅纳工程顾问《深业赛格日立改造南区消防
设计优化报告》

2）项目进程（图 3.3-3）

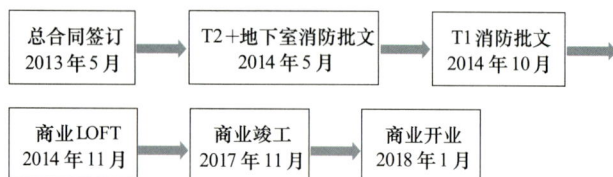

图 3.3-3 项目进程

3.3.3 基本消防设计

本项目塔楼属于一类高层、超高层建筑，商业
裙房为一类高层建筑的裙房，耐火等级地上地下均
为一级。

1）总图消防

（1）防火间距：项目两栋超高层塔楼、各栋高
层产业研发用房、高层酒店宴会厅之间以及与周边
建筑之间的间距均超过 13m；三层平台上方的产业
研发用房为多层建筑，按 2500m² 分组，组间防火
间距按 6m 控制，组内防火间距按 4m 控制；高层、
超高层与多层建筑之间的防火间距按 9m 控制。

（2）消防车道：项目基地周边均为市政道路，
在地面一层可形成消防环道，二层平台可通过市政
高架桥与一层地面连通，穿过室外步行商业街的消
防车与高架桥形成二层的消防环道，同时消防车可
以在西侧通过 8m 宽消防车坡道从二层高架桥到达
三层的城市公共广场及室外商业街，形成消防环
道，并在东端设 18m×18m 回车场（图 3.3-5）。

（3）消防登高场地：按设计时现行的规范要求
执行，具体如下：各栋高层建筑的底边均设有消防
登高面，登高面的长度不小于一个长边长度，且在此
范围内均设有直通室外的楼梯出口。登高操作场地宽
度为：高度小于 50m 时 8m，高度大于 50m 时 15m，
距离建筑外墙为 5～10m，地面坡度不大于 2%。

（4）消防控制室：根据本项目的特点，设置一
个总消防控制中心和多个消防分控室，总消防控制
中心监控整个项目的消防报警及联动控制整个项目
的消防设备，各消防分控室可以联动各自区域的消
防设备，但仅总消防安保控制中心能够手动控制所

有区域的消防设备；总消防控室兼做商业消防控制室，总消防控室和消防分控室均设在一层，采用防火墙和其他部位隔开，并设有直通室外的安全出口。

2）商业单体消防

（1）防火分隔：本项目购物中心设置在地下一层至地上二层，裙楼商业总建筑面积为 16.7 万 m²，其中地下一层商业面积为 3.57 万 m²，超 2 万 m² 采用防火墙在地下一层的超市、电影院与其他商铺之间进行防火分隔，将其分为三个各不大于 2 万 m² 的区域，各区域之间的局部连通部位设置防火隔间（图 3.3-4）或避难走道。

（2）防火分区：地下一层商业，按 2000m² 划分防火分区；地上商业，按 4000m² 划分防火分区；地下一层电影院，按 1000m² 划分防火分区；商业中庭，上下连通的中庭空间设为 1 个防火分区，中庭与商铺之间设特级防火卷帘进行分隔；上下连通的中庭为一个防火分区，中庭两侧店铺设置特级防火卷帘将火灾限制在店铺内部。

（3）防烟分区：每个防烟分区不大于 500m²，采用机械排烟的方式。

（4）安全疏散：每个防火分区的安全出口不少于 2 个，安全出口的位置、距离、宽度和设施均按

图 3.3-4 防火隔间实景照片

规范要求执行；大空间商业最远点到安全出口的距离不大于 37.5m，同时本项目采取整体疏散的策略：充分利用多个楼层可直通室外，除了首层人员可直接疏散至室外之外，地上二层商业北侧与商业室外步行街连通，二层人员可直接疏散至室外商业步行街后再疏散至南北高架桥；地上二层中庭以南商店的人员由于与步行街距离较远，则经后走道进入防烟楼梯疏散至一层；三层平台可通过东、西天桥疏散至公园或经室外大楼梯疏散到一层。地下一层的人员通过防烟楼梯疏散至一层，人员在到达一层后，直接从楼梯间疏散至室外或者经过避难走道疏散至室外（图 3.3-6）。疏散宽度按 1m/ 百人计算。

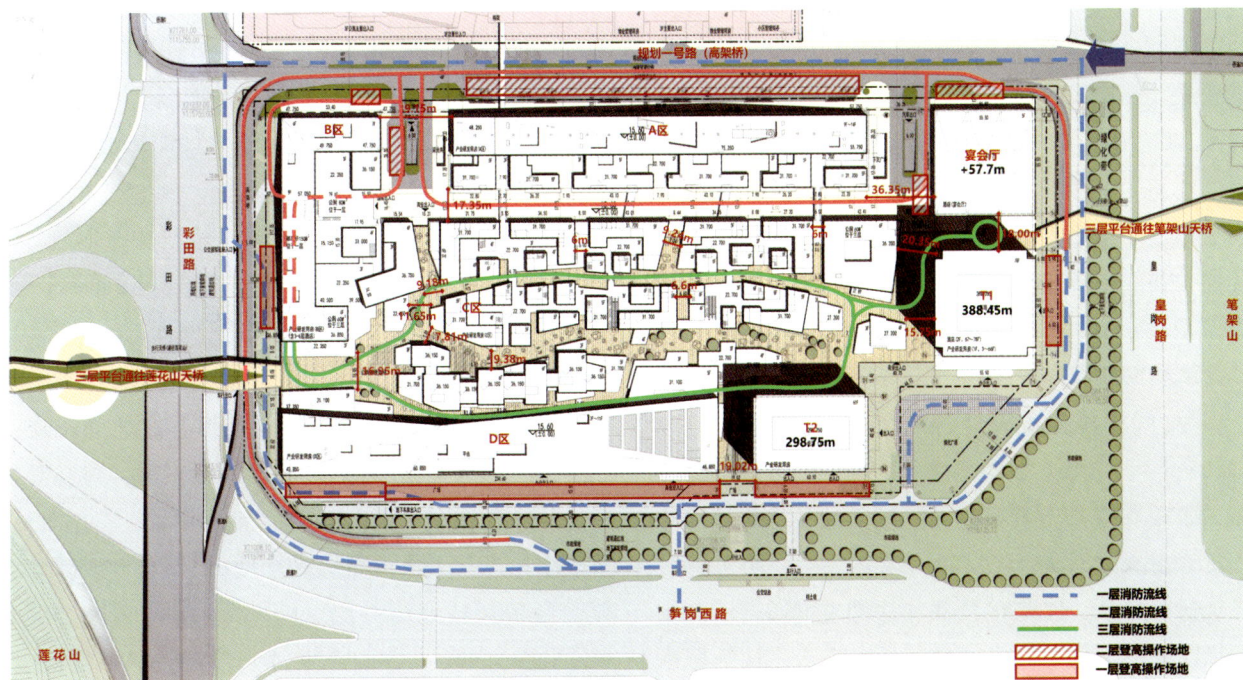

图 3.3-5 消防总平面图

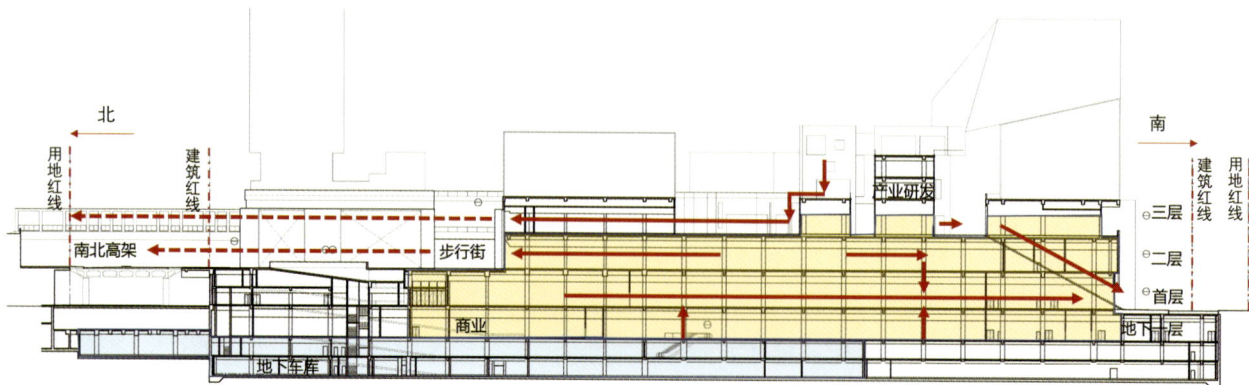

图 3.3-6 商业整体疏散路径

3.3.4 消防设计难点

由于商业由集中的购物中心、商业街和小镇组成，方案虽颇具特色但同时存在一些消防难点，有些无法严格按照当时规范进行设计。本着消防设计安全的原理，在保证消防安全水平不低于现行消防规范的前提下进行消防设计，本项目商业遇到的消防重难点概述如下：

1）消防车道

消防难点

本项目在一层和二层设置了可环绕整个地块的消防车道，但由于整个建筑设计的特点，高层建筑周边与裙楼紧密相连，致使消防车道的设置不能严格满足《高层民用建筑设计防火规范》GB 50045—95（2005 年版）中关于"高层建筑的周围应设环形消防车道"的要求，如图 3.3-5 中的 D 区、T1、T2 由于裙房直接连接至塔楼底部，消防车道难以单独环绕，在一层仅能沿着高层塔楼的西侧、东侧和南侧设置消防车道，均无法严格满足规范要求。

消防解决策略

《高层民用建筑设计防火规范》GB 50045—95（2005 年版）规定："高层建筑周围应设环形消防车道，当设环形车道有困难时，可沿高层建筑的两个长边设置消防车道。"在利用现有一层消防车道可环绕整个地块、二层的西侧和北侧也可通行消防车的情况下，考虑到商业裙房的顶部平台三层为城市公共绿化平台，设有两座人行天桥分别连接至笔架山和莲花山，三层平台具备设置消防车道的条件。为了给消防救援提供尽可能多的灭火救援进入路线，在三层平台上引入消防车道：消防车通过西侧 8m 宽的消防坡道从二层高架桥到达三层的城市公共广场及室外商业街，延伸至 D 区、塔楼 T2 北面以及塔楼 T1 西侧和北侧，并在塔楼 T1 的北侧提供一个 18m×18m 的消防回车场（见图 3.3-7）；通过在三层平台上设置消防车道作为一层消防车道的补充，塔楼 T1 的东、南、西、北面局部以及塔楼 T2 的东、南、北面均提供了可供消防车通行的车道，也就是说，高层塔楼的消防车道满足了尽可能环绕这个建筑同时沿高层建筑的两个长边设置的要求。此外南北区高架桥为双向 4 车道的市政道路，与本项目二层处于同一标高，并与本项目无缝连接，同时二层的商业步行街宽 13m，可通行消防车（图 3.3-5），故北侧高层办公 A 区在二层可形成环形的消防车道，而南侧高层办公 D 区及 T1、T2 的消防车道在一层和三层均沿长边设置，满足规范要求。

2）多层室外安全区域的认定

消防难点

本项目基地周边均为市政道路，在地面一层、二层均可形成消防环道，同时本项目三层开敞的城市公共广场在东、西两侧通过天桥分别与莲花山及笔架山相连，人员可直接到达两座公园，且南侧设有大台阶直达地面一层。但本项目在三层平台有多座独立建筑，C 区疏散是否一定要到达一层、二层，如果只有一、二层作为室外安全区域，那独立

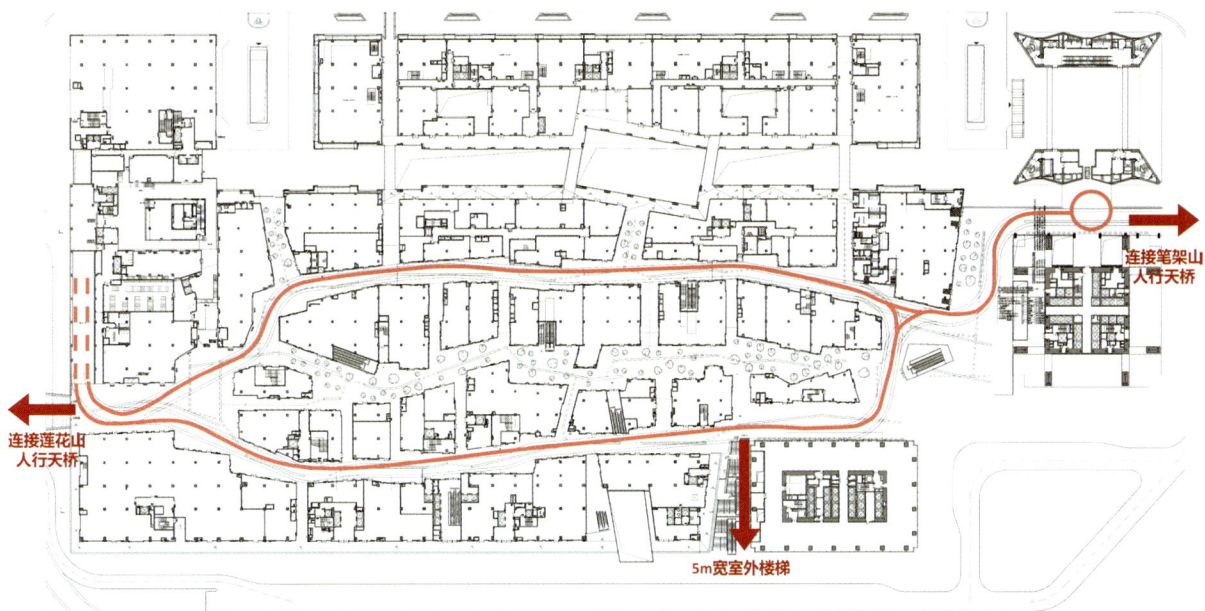

图 3.3-7　三层平面图

注：虚线为二层通过坡道上至三层消防路线，实线为三层消防车通行路线。

建筑的疏散均要通过楼梯进入二层或一层，对二层的商业破坏极大并严重影响商业的使用和品质。可否把三层也认定为室外安全区域？

消防解决策略

认定室外安全区域，需从室外安全区域的特点着手：（1）开敞空间，烟气不聚集；（2）人员可自由地向各个方向疏散，远离火源；（3）有消防车道，消防车可接近建筑物，并提供室外消火栓等作为水源。

本项目基地周边均为市政道路，在地面一层可形成消防环道，二层平台通过市政高架桥与一层地面连通，消防车穿过二层平台北侧的室外商业步行街与北边二层的市政高架桥形成二层的消防环道，并在一层、二层布置高层建筑的消防登高面。从消防救援和人员安全疏散来看，一层和二层属于室外安全区域。为实现方案创作的想法，需将三层认定为室外安全区域，为此采用如下几项具体消防加强措施：（1）在三层平台引入消防车道，同时按规范布置室外消火栓系统，各消火栓间距不超过120m，保护半径150m；（2）三层平台作为商业裙楼的屋顶是露天、开放的城市公共广场，除了部分区域被建筑覆盖外，大部分区域为开敞空间，同时L3层平台提供了多条通往首层地面的路径：如在东、西

两侧分别设置连接笔架山公园和莲花山公园的人行天桥且在南侧设置一部宽5m的室外楼梯直接通往一层，人员疏散到三层平台后可快速地从东、西、南三个方向疏散到更为广阔的室外地面；（3）购物中心机械排烟的室外排烟口设置于三层顶板和四层楼板之间的夹层内，距三层楼板标高有6m的高差，购物中心遇火灾时机械排烟的烟气不会对三层的人员疏散造成影响。

综上所述，三层平台虽然是裙房屋顶平台，但具备了多路径通往地面、提供消防车道和室外消火栓等有利条件，三层平台达到相当于室外地面的安全水平，可作为三层平台上A区、C区、D区的疏散室外安全区域。

3）小镇消防定性

消防难点

本项目最具特色的是三层平台上的小镇（图3.3-8）。小镇在三层由若干独立的商铺沿三条步行街布置，小镇的中部步行街（图3.3-9）的上方为四～六层的研发用房，步行街小尺度街道的营造极具亲和力，让人在繁华城市的偌大购物中心有着别样的购物体验。三层平台上的小镇如果从一层起算，建筑高度达到36.25m，根据规范需要满足

高层建筑之间的防火间距，这种防火间距的距离与小尺度的街区感相互矛盾。如何保证这种独立建筑小尺度空间的实现，最重要的是解决其防火间距问题。本项目利用引入到三层平台的消防车道，通过一些加强措施使三层及其之上各座建筑高度从三楼裙房顶计算其建筑高度（三层平台起算的建筑高度为21.25m），这样起算的建筑高度可以定义为多层来确定建筑的防火间距。因此，通过什么样的消防加强措施可以将三层平台上的建筑高度以三层平台标高为基准面来起算建筑高度是本项目面临的一大难点。

图 3.3-8　小镇实景图

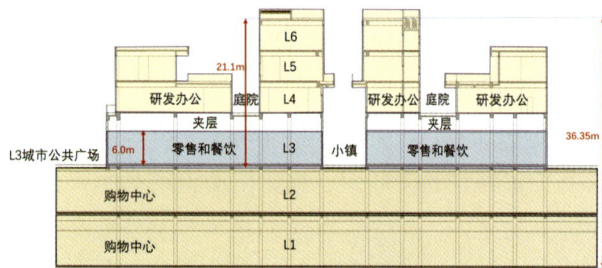

图 3.3-9　小镇局部剖面图

消防解决策略

通过消防加强措施将三层平台认定为室外安全区域后，将平台上的建筑高度以三层平台标高为基准面来起算建筑高度是解决问题的消防思路。从图3.3-9中可以看到：创新型产业研发用房位于三层平台之上，三层平台之下则为商业和车库，三层裙房屋顶平台将多层办公用房与购物中心完全分隔，同时三层平台具备与室外相当的安全水平，可视为疏散的安全区域，同时三层的销售、餐饮商铺与上部四～六层的研发用房通过夹层完全隔

开。参照当时的《建筑设计防火规范》GB 50016—2012版（送审稿）附录对建筑高度的计算方法中提到："对于台阶式地坪，当位于不同高程地坪上的同一建筑之间有防火墙分隔，各自有符合规范规定的安全出口，且可沿建筑的两个长边设置贯通式或尽头式消防车道时，可分别计算各自的建筑高度。"借鉴此条，将三层平台设计成类似防火墙的消防性能来分隔下部购物中心与上部独栋建筑，为此对三层楼板的耐火极限和承载力做出如下要求：（1）三层裙房屋顶承重构件和屋面板的耐火极限不低于3.00h，购物中心采光天窗应采用耐火极限不低于3.00h的A类防火玻璃；（2）三层楼板应满足大型消防车通行的承载力要求（消防车道荷载不小于35t）；同时采光天窗不应设置在三层消防车道的范围内。为此三层平台虽然是裙房屋顶平台，在具备了多路径通往地面、消防车道直达和室外消火栓等有利条件下，三层平台达到相当于室外地面的安全水平，可作为三层平台上独栋建筑的疏散安全区域；同时三层平台与购物中心采用相当于防火墙的3.00h耐火极限楼板完全分隔，参照防火规范附录，建筑高度将从三层平台开始计算。三层平台的小镇在从三层平台处起算建筑高度不超过24m的前提下，各独栋的建筑防火间距将按照《建筑设计防火规范》GB 50016—2006第4.2.1条中多层建筑的要求来控制：建筑间的防火间距不小于6m，同时按照第5.2.3条的规定，当建筑物的占地面积的总和小于等于2500m²可成组布置，组团内建筑之间的间距不小于4m，组团与组团之间的防火间距不小于6m，实现了方案创意所要求的极具亲和力的小镇效果（图3.3-10）。当然小镇的消防定性是因项目特殊性而设置的，此部分也进行了消防性能化的分析论证。其消防安全性经过专家评审，最终获得消防相关主管部门的认可。

4）电影院地下一层影厅超400m²

消防难点

电影院设置在地下一层和首层，其中地下一层的IMax影厅面积达573m²，不能满足"设置在地下的观众厅不宜超过400m²"的规范要求。

图 3.3-10 小镇局部实景图

消防解决策略

本项目电影院设置在地下一层和首层，为了加强 IMax 影厅的疏散条件，除了可利用一层的内部通道进行疏散外，同时在地下一层电影院旁设置下沉广场，供地下一层电影院的人员快速疏散至一层室外（图 3.3-11）。

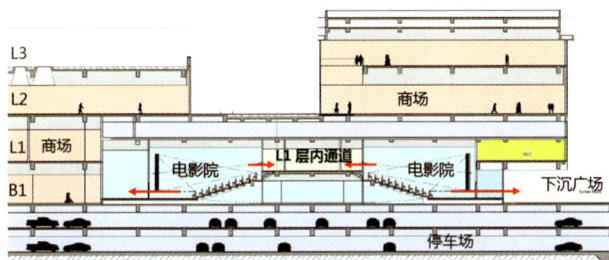

图 3.3-11 购物中心剖面图

下沉广场的条件分析

位于 B1 层电影院东侧的下沉广场长 43.5m、宽 13m，设有室外楼梯通往地上一层，下沉广场与

电影院相邻的一侧设置了雨篷（由二层商业步行街的楼板覆盖），但下沉广场的开口范围为长 23.5m、宽 7m，下沉广场开洞率（顶层开口面积与下沉广场地面面积之比）为 29.01%。同时为了引入自然光，地下一层下沉广场内设置了楼板开洞（洞口长 7.6m，宽 2.6m），供地下二层车库引入自然光线，以改善地下二层的环境（如图 3.3-12）。考虑到地下一层下沉广场作为人员疏散时的安全区域，为了避免地下二层车库的火灾影响到下沉广场，在地下二层车库开洞四周设置防火卷帘，同时电影院的室内装修材料的燃烧性能等级严格按规范要求执行，机械排烟量在规范基础上增加 15%。

图 3.3-12 下沉广场效果图

从规范对"设置在地下的观众厅不宜超过 400m²"的规定和条文解释来看，对地下电影院设置位置的严格要求，主要是考虑到消防救援和安全疏散的困难。本项目为两层通高的电影院，贯通地下一层和地上一层，且设置了下沉广场作为加强措施，发生火灾时观众可以往地下一层的下沉广场或者地上一层疏散，影厅里的部分观众可以从地下一层快速离开影厅，进入下沉广场，再通过下沉广场内设置的 7m 宽的大台阶疏散至地上一层（图 3.3-12，图 3.3-13）。下沉广场的开洞率为 29.01%（大于 25%），热和烟气无法在此聚集，可作为开敞的室外空间，具备作为安全区域的条件；其他观众可以从影厅进入地上一层的电影院内部通道（内部通道正常情况下仅作为电影结束放映后观众的散场通道且无可燃物），再往东侧的避难走道出至室外疏散

163

（如图 3.3.14）。从安全疏散的角度来讲，本项目电影院虽然位于地下一层和地上一层，但由于在电影院旁设置了下沉广场作为加强措施，火灾发生时大部分人员可以在地下一层同层疏散，与设置于首层的电影院的疏散并无太大差别，并没有降低规范要求的安全疏散条件，因此在采用加强措施并通过消防性能化论证并经专家评审后适当放大了影厅的面积要求。

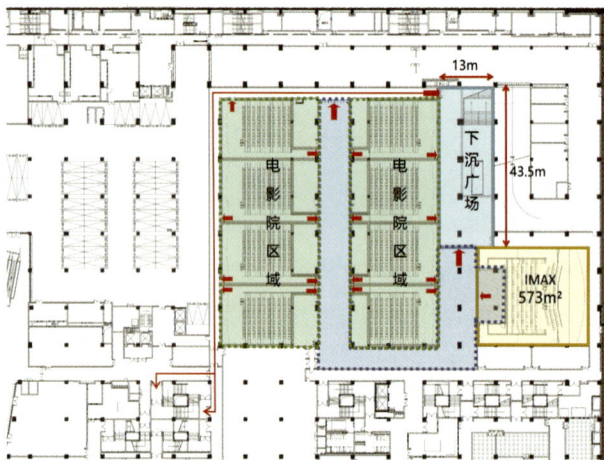

图 3.3-13　地下一层电影院下沉广场平面

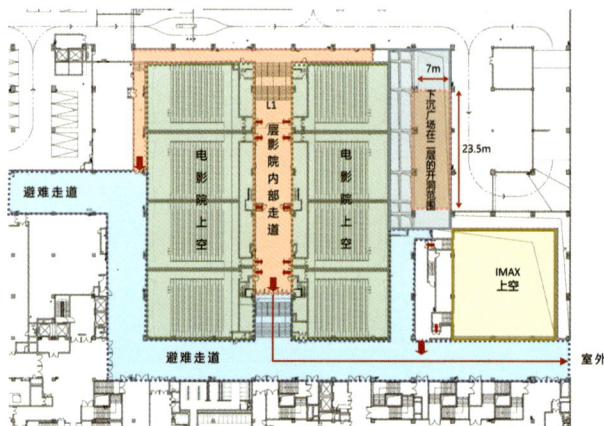

图 3.3-14　电影院一层局部平面

5）地下冰蓄冷机房超 1000m²

消防难点

本项目采用集中中央冰蓄冷制冷系统，集中冰蓄冷机房位于商业地库地下二、三层（两层通高），建筑面积约 3600m²，机房周边均为设备房及停车库，为了利于该机房内机电设备及管线的布局，该机房拟划分为一个防火分区，但超过了当时现行规范《高层民用建筑设计防火规范》GB 50045—95（2005 年版）第 5.1.1 条，即位于地下的设备用房设自喷时防火面积不超 1000m²。

消防解决策略

消防划分防火分区的主要目的是防止火灾在建筑物内大范围快速蔓延。本项目采用的集中中央冰蓄冷制冷系统，建筑面积虽大约 3600m²，但由于冰蓄冷制冷机房内主要放置空调制冷系统的制冷设备、蓄冷设备及输送动力设备，包括制冷机组、蓄冰槽、水泵、热交换器等均为不燃设施，内部可燃物少，火灾危险低，因此在冰蓄冷制冷机房内起火的可能性较小，发生火灾大范围蔓延的概率更低，划分为一个防火分区不会降低该冰蓄冷机房的安全性，同时冰蓄冷机房与其他功能区域之间采用了耐火极限不低于 2.00h 的隔墙、耐火极限不低于 1.50h 的楼板及甲级防火门分隔；冰蓄冷机房平时无人员长时间逗留，为了利于该机房内机电设备及管线的布局，该机房划分为一个防火分区，机房内最远一点至房门的直线距离超过 15m，最长疏散距离为 29m，并设有 3 个安全口且其中有一个独立疏散口（图 3.3-15）。机房内设置了通风系统，可满足设备放置区域 6 次 /h 换气量的要求。综上所述，本项目集中冰蓄冷制冷机房划为一个防火分区消防上是可行的。

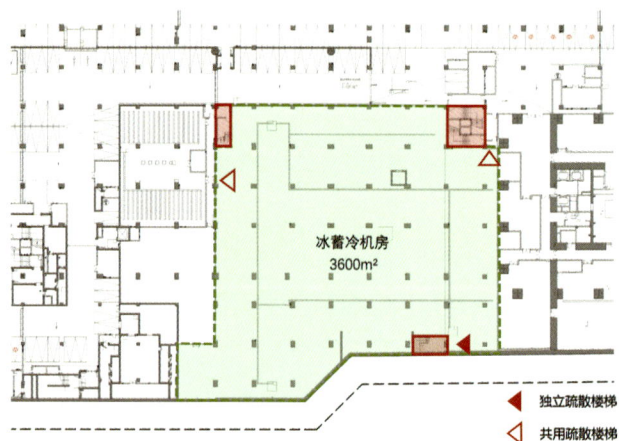

图 3.3-15　冰蓄冷机房平面图

3.3.5　结语

深业上城（南区）一期的商业综合体是个功

能复杂、形态创新的商业综合体，如何在保证方案创意的前提下让设计满足消防安全要求，需要从消防条文制定的原理出发，提供不低于规范要求的设计加强措施。由于本项目审批时对规范未明确的部分可以做性能化消防设计，故还借助了消防性能化的论证来提供相关的数据支撑并得到评审专家的认可。这里也仅从商业综合体常遇到的几个问题出发来分析商业综合体的消防设计思路和策略供大家参考，可以说对商业综合体而言消防设计是贯穿方案设计前期到商业运营以及招商业态引入的全过程设计，如何在设计前期制定好消防策略至关重要，在实际设计过程中要因地制宜、因时制宜地分析并采用不同的消防策略来最大限度保证方案创作的实现，这是商业综合体要走的一条艰难的消防设计之路，为此就需要从消防的原理出发，提供不低于现行规范要求的一些加强措施以取得满意的设计效果，实现技术为创作服务的最终目标。

3.4 华腾商务广场商业综合体

深圳市欧博工程设计顾问有限公司 李媛琴 涂 靖

3.4.1 项目概况

1）项目概况（图3.4-1）

建筑规模：196900m²

用地面积：24613.93m²

主要功能：酒店、商业性办公、商业、文化设施用房、邮政所、公交首末站等

基底面积：14733.56m²

容积率：8.43

覆盖率：59.86%

建筑高度：主塔楼247.90m，商业裙房23.40m

建筑层数：地上54/4层，地下4层

防火等级：一级

建筑结构安全等级：一级

抗震设防烈度：7度

主要结构类型：主塔楼为钢筋混凝土框架核心筒结构；商业裙房为钢筋混凝土框架结构

设计时间：2020年至今

2）基地位置及定位

华腾商务广场位于深圳市坪山区坪山大道与体育二路交汇处西南侧，基于项目功能及与坪山区的

图3.4-1 华腾商务广场

166

图 3.4-2　项目效果图

图片来源：RMJM 罗麦庄马（深圳）设计顾问有限公司

关系。项目致力打造成集高端办公、五星级酒店、会议宴会、休闲娱乐、时尚购物、文化艺术设施等功能于一身的城市综合体，为坪山中心区提供高品质以及充满活力的城市公共空间。项目建设将成为引领坪山中心区未来发展的地标项目，提升坪山区整体的产业和商业活力（图 3.4-2）。

3）项目团队

建设单位：深圳华侨城华腾投资有限公司

方案设计：RMJM 罗麦庄马（深圳）设计顾问有限公司

施工图设计：深圳市欧博工程设计顾问有限公司

消防顾问：深圳市鼎成国际建设工程管理有限公司

机电顾问：迈进建筑工程设计（深圳）有限公司

施工单位：陕西建工集团有限公司

4）分期建设及消防验收要求

项目整体来看，其地上空间为超高层塔楼与其他区域通过三层连廊进行连接，地下空间则为地下商业与车库完全相连。考虑超高层塔楼建设周期长、项目存在分期报建的情况，根据《深圳市公安局、深圳市规划和自然资源局关于新建建筑物地址管理的通知》[深公（人）字〔2019〕62 号文] 要求，分期必须分栋，且各期的面积计算不得产生公摊（图 3.4-3，图 3.4-4）。

消防验收要求：消防设施、疏散楼梯、消防电梯等原则上需要在本期内自行解决，确保分期验收时消防系统可以正常使用。分期线连接处需做好防火分隔处理；若存在共用消防设施，则需确保设置位于先期验收区域。

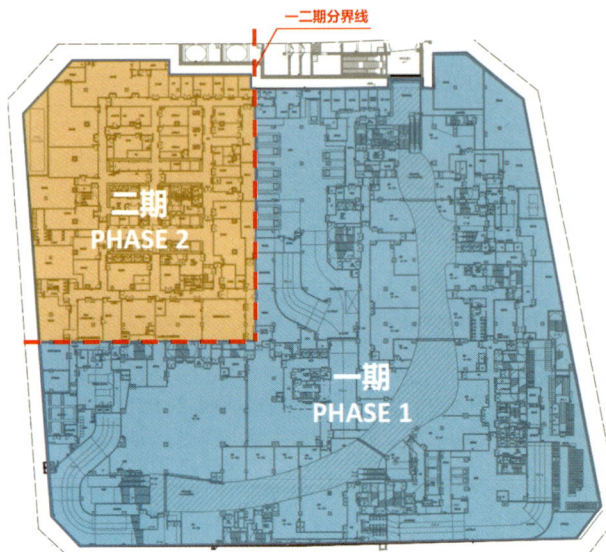

图 3.4-3 项目分期地下一层示意图

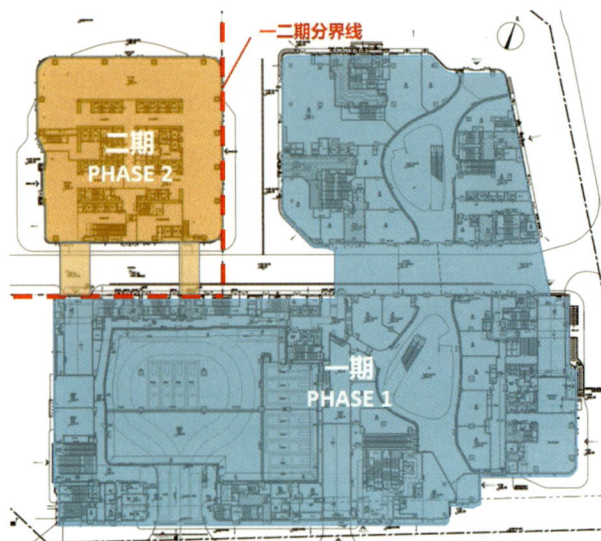

图 3.4-4 项目分期一层示意图

5）项目分期及功能概况

经与区规划局及建设方沟通确认，将项目分为两期进行报建，水平分期界限设置在塔楼东侧幕墙边和南侧裙房连桥处，竖向分期界限设置在地下一层对应的位置。

分期后，一二期建筑形成独立的两个建筑单体，根据《关于加强超大城市综合体消防安全工作的指导意见》（公消〔2016〕113 号），总建筑面积大于等于 10 万 m²（不包括住宅和写字楼部分的建筑面积），集购物、旅店、展览、餐饮、文娱、交通枢纽等两种或两种以上功能于一体的建筑，为超大城市综合体，本项目的一二期均可定性为小于 10 万 m² 的城市综合体。

项目楼栋编号确定为：1 栋为超高层塔楼和局部地下一层（二期），2 栋为多层裙房、裙房上方的高层（分别编号为一单元、二单元、三单元）及地下室（一期）（图 3.4-5，图 3.4-6）。

具体分期功能指标为：

一期（2 栋）商业 4.3 万 m²（不含地下一层商业公共通道），酒店约 1.73 万 m²，办公 7440m²，文化设施用房 3600m²，公交车站 3500m²，邮政所 150m²，建筑总面积不超过 10 万 m²。

二期（1 栋）酒店 3.25 万 m²，办公 8.92 万 m²，为一栋小于 250m 的超高层塔楼。

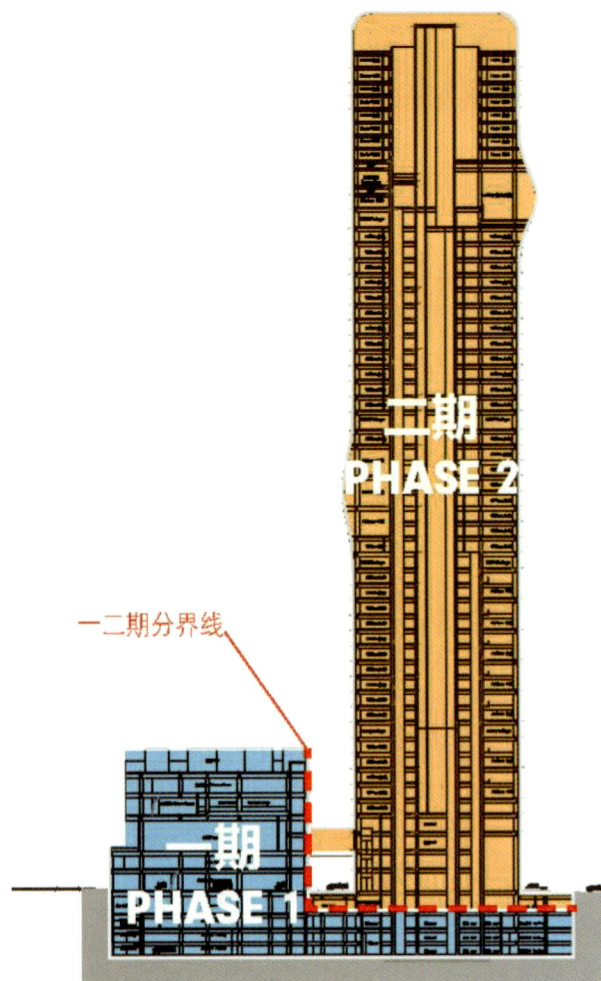

图 3.4-5 项目分期剖面示意图

图 3.4-6　总平面

图片来源：RMJM 罗麦庄马（深圳）设计顾问有限公司

3.4.2　项目设计进程（图 3.4-7）

图 3.4-7　项目设计进程

3.4.3　消防设计依

《建筑设计防火规范》GB 50016—2014（2018年版）

《建筑防排烟系统技术标准》GB 51251—2017

《办公建筑设计标准》JGJ/T 67—2019

《关于加强超大城市综合体消防安全工作的指导意见》（公消〔2016〕113 号）

《建设工程消防设计审查验收管理暂行规定》（住建部第 51 号令）

3.4.4　消防设计重点及难点

1）总图消防设计

（1）对塔楼的安全保护：消防车道利用规划的内部道路，在用地红线范围实现 1 栋和 2 栋消防环道。

（2）2 栋（一期）的裙房高度小于 24m，裙房上方的一、二、三单元共 3 座高层塔楼及 1 栋（二期）超高层塔楼，共计 4 座（栋）塔楼分别设置独立的消防登高场地，且每个登高场地对应的登高操作面均不小于塔楼一个长边且大于周长的 1/4。

（3）各座（栋）塔楼之间的消防间距均不小于13m（图 3.4-8）。

2）小于 10 万 m² 的超大城市综合体的消防设计

（1）规范依据

① 根据《关于加强超大城市综合体消防安全工

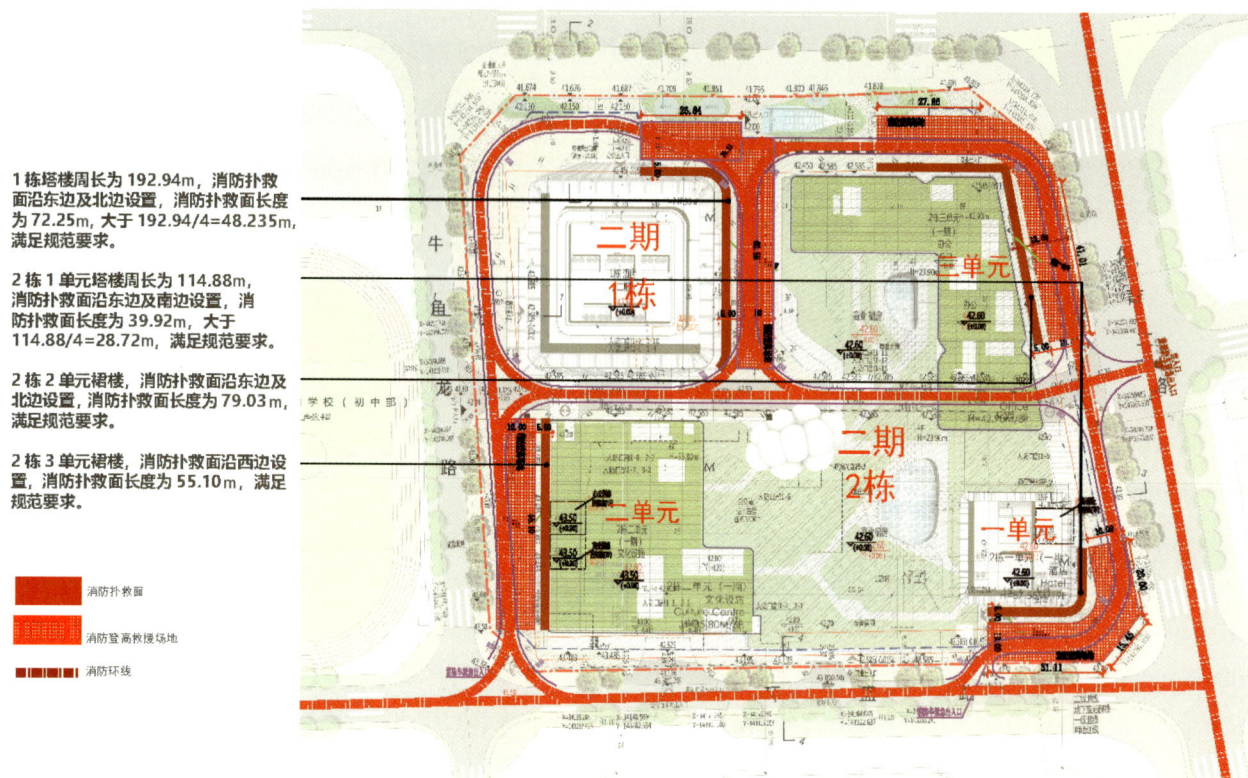

1栋塔楼周长为192.94m，消防扑救面沿东边及北边设置，消防扑救面长度为72.25m，大于192.94/4=48.235m，满足规范要求。

2栋1单元塔楼周长为114.88m，消防扑救面沿东边及南边设置，消防扑救面长度为39.92m，大于114.88/4=28.72m，满足规范要求。

2栋2单元裙楼，消防扑救面沿东边及北边设置，消防扑救面长度为79.03m，满足规范要求。

2栋3单元裙楼，消防扑救面沿西边设置，消防扑救面长度为55.10m，满足规范要求。

■ 消防扑救面
■ 消防登高救援场地
▬▬ 消防环线

图 3.4-8　总图消防设计
图片来源：RMJM 罗麦庄马（深圳）设计顾问有限公司

作的指导意见》（公消〔2016〕113号），总面积大于10万 m² 的超大城市综合体，严禁使用侧向或水平封闭式及折叠提升式防火卷帘，防火卷帘应当具备火灾时依靠自重下降自动封闭开口的功能。

② 灭火救援窗应直通建筑内的公共区域或走道；在设置机械排烟设施的同时，在建筑外墙上仍需设置一定数量用于排除火灾烟热的固定窗。

（2）规范解读

控制综合体建筑的规模大小及有效控制火灾危险等级和灾害范围。若规模过大，则消防设计必须采用相应的加强措施。

（3）难点描述

考虑货运后场运输及消防疏散要求，设计拟采用店铺门口设置防火卷帘的防火设计原则。因本项目商业动线及中庭均为曲线设计，若无法使用折叠提升式防火卷帘，需在中庭与商业之间设置防火玻璃或实体墙，对商业室内空间效果造成较大影响。

（4）解决方式

项目早期方案为超高层塔楼与二期商业完全功能空间相连的设计，对于项目分期和消防定性（是否大于10万 m²）产生了很大困难（图3.4-9）。

经团队技术及空间优化，将超高层塔楼与商业之间的联系空间从功能房间优化为仅具交通功能的连廊空间＋防火分隔的方式，既解决了分期的难度，又彻底将咬合的功能体量进行了分隔，形成了两栋相对独立的小于10万 m² 的综合体建筑，为商业空间防火分隔方式及卷帘选型提供了更多选择，有效保证了商业动线和室内效果的品质和灵活性。

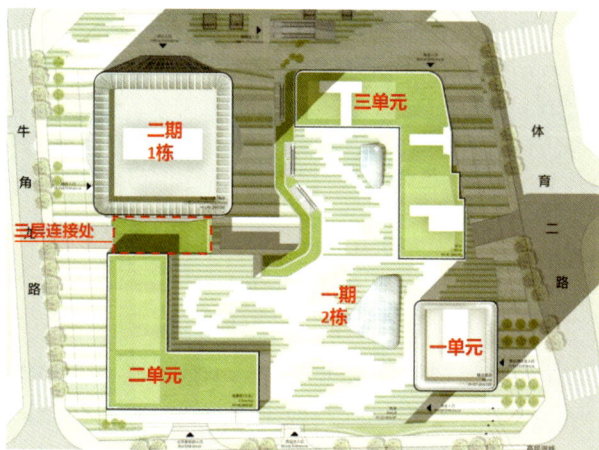

图 3.4-9　原设计总平面
图片来源：RMJM 罗麦庄马（深圳）设计顾问有限公司

（5）总结分析

① 近些年的实际工程中，综合体规模越来越大，对于大于 10 万 m² 的综合体建筑（公消〔2016〕113 号）消防设计要求及消防措施的加强对室内空间效果的影响需引起建筑设计时的高度重视。

② 为满足方案和对曲线造型的商业动线设计需要，且减少垂直卷绕式防火卷帘构造柱对室内空间的影响，在满足相关规范的前提下，使用折叠提升式防火卷帘能较好地提升室内空间效果（但住建局原则上也不推荐折叠提升式卷帘，应在方案设计阶段尽量避免使用，参照大于 10 万 m² 的城市综合体使用依靠自重下降自动封闭开口的防火卷帘）（图 3.4-10）。

图 3.4-10　室内设计概念方案
图片来源：艾优德（上海）建筑设计咨询有限公司

③ 通过合理的建筑设计，将建筑体量拆分为较小规模，如将大规模体量建筑通过适当断开或采用交通连桥（连桥仅为通行无其他功能，火灾荷载较低）等方式，降低火灾荷载压力，达到控制综合体规模的目的，同时满足消防设计和商业空间的需要。

3）地上商业架空通道的消防设计

（1）难点描述

规划条件要求地块内设置东西双向两车道内部规划道路，在物理空间上将首层商业一分为二（二层以上仍连为一体）。商业部分疏散楼梯在首层需通过此空间到达室外区域。

首层架空通道有盖区域长度约 58.6m，宽度约 13.4m，净空高度约 5.5m。架空通道两侧为商铺及中庭及疏散楼梯出口。消防规范上对此类空间未有明确的消防定性。

（2）解决方式

经与消防审批部门沟通，本项目采取以下措施，架空通道认定为安全区域：

① 架空通道长度控制在 60m 以内；

② 架空通道两侧商业外墙设耐火极限大于等于 2.00h 的 A 类玻璃或防火墙；

③ 架空通道两侧安全出口的门均采用甲级防火门；

④ 此区域需设置消防喷淋系统。

（3）总结分析

① 正常情况下，方案设计时应尽量避免通过架空空间进行消防疏散，以保证架空层的正常功能及立面效果。

② 当消防设计无法避免通过架空空间进行消防疏散时，应采用相应的消防措施确保架空空间的消防安全。

③ 严格控制架空空间的尺度，尽量减少疏散口通过架空空间至室外的距离，再参照扩大前室的相关要求，通过设置 2.00h 耐火极限的 A 类玻璃、甲级防火门、防火隔墙和消防喷淋灭火系统等加强措施（具体以审批部门意见为准），确保架空空间的消防安全（图 3.4-11）。

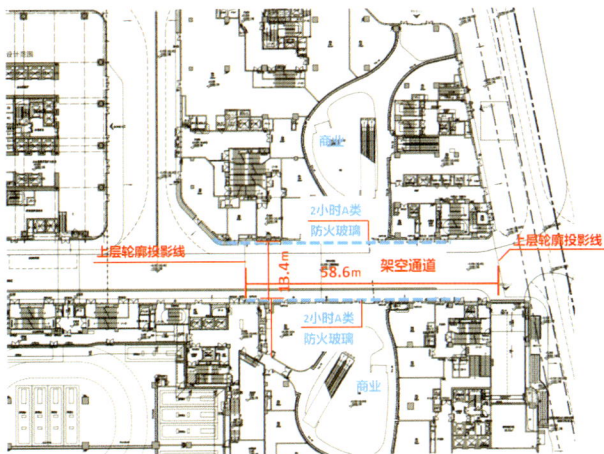

图 3.4-11　架空通道设计

4）关于商业中庭的消防设计

（1）规范要求

① 定义：《建筑设计防火规范》GB 50016—2014

171

对于何为"中庭"没有明确给出定义。

② 防烟固定窗：《建筑防烟排烟系统技术标准》GB 51251—2017 第 4.1.4 条要求，靠外墙或贯通至建筑屋顶的中庭，当设置机械排烟系统时，尚应按本标准第 4.4.14 条～第 4.4.16 条的要求在外墙或屋顶设置固定窗；

③ 天窗：《建筑设计防火规范》GB 50016—2014（2018 年版）第 6.3.7 条要求：建筑顶上的开口与邻近建筑或设施之间，应采取防止火灾蔓延的措施。

④ 地下商业：《建筑设计防火规范》GB 50016—2014（2018 年版）第 5.3.5 条要求：总建筑面积大于 2 万 m² 的地下或半地下商店，应采用无门、窗、洞口的防火墙、耐火极限不低于 2.00h 的楼板分隔为多个建筑面积小于 2 万 m² 的区域。相邻区域确需局部连通时，应采用下沉式广场等室外开敞空间、防火隔间、避难走道、防烟楼梯间等方式进行连通，并应符合相关规定。

（2）难点描述

① 因规范对中庭定义未明确，故对于与商业中庭连接的公共空间是否属于中庭未有明确；

② 中庭固定窗面积计算基数，按照中庭回廊面积还是按照中庭洞口面积计算，以及中庭各层面积是否需要叠加等，规范未做出明确定义；

③ 中庭串联地上地下商业空间，需控制总建筑面积（是否超过 2 万 m²），在防火单元划分时，需要在考虑水平划分面积的同时，对地下商业与地上商业进行严格防火分隔，也要兼顾竖向划分。

（3）解决方式

经与消防审批部门沟通，在中庭环道顶板无洞口的情况下，本项目采取以下措施，实现商业中庭空间的消防认定（图 3.4-12）：

① 仅将设有洞口的临近区域（含环道）定义为"中庭"，其他区域则划入商业区域，与中庭之间设置防火卷帘分隔。

② 贯通至建筑屋顶的中庭排烟固定窗面积原则：本项目中庭排烟固定窗面积为屋顶下层中庭环道有效楼地面面积的 5%（经复核，其面积大于本层中庭洞口面积）。

③ 靠外墙的中庭固定扇面积原则：按本层中庭

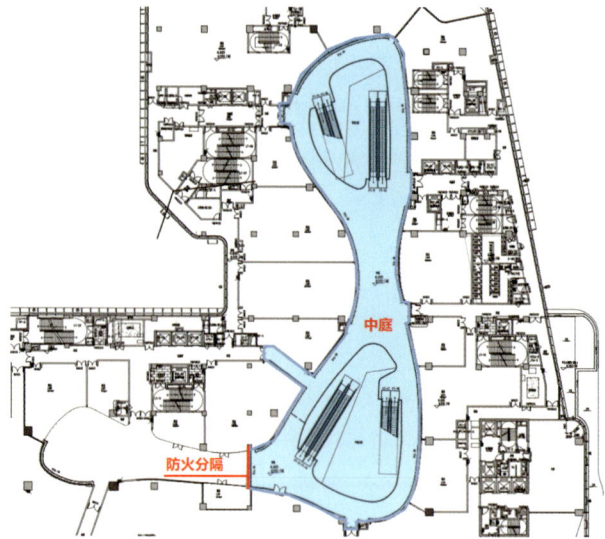

图 3.4-12　中庭范围

楼地面面积的 5% 计算。

④ 裙房屋顶天窗与建筑间距：天窗洞口边缘距离屋面其他建筑间距大于等于 6m，或采取设置防火玻璃采光天窗，或在邻近开口一侧的建筑外墙采用防火墙等措施。

⑤ 地上地下商业中庭防火分隔：本项目地下商业面积 8810m²，地上商业面积 34190m²，合计超过 2 万 m²；考虑地下商业消防疏散比地上商业消防疏散困难，控制地下商业规模，以有效降低火灾危险度。

本项目地上地下商业之间未设置中庭而仅由有扶梯连通，并在地下一层扶梯周边设置防火卷帘进行分隔。

（4）总结分析

① 中庭范围的界定：中庭定义不清晰。是否将商铺以外与透空洞口相通的区域均定义为中庭，需提前与审批部门沟通确认，同时应结合排烟固定窗面积的设置要求综合判定和控制中庭范围，并做好防火分隔设计。

② 中庭排烟固定窗面积计算原则：计算基数的确认，规范定义不清晰。考虑烟气主要是通过中庭洞口向上汇集，并在最上层蔓延，故建议按照最顶层楼层中庭洞口与中庭回廊地面面积最大者取值（具体以当地消防审批意见为准）。

③ 天窗与排烟固定窗：屋顶天窗通常平行地面设置，且为安全玻璃，若水平天窗兼顾排烟固定

窗，则需考虑天窗被破拆时的垂直下落安全问题。出于安全角度，本项目将固定窗设置在天窗侧面，同时为防止被破拆的固定窗对中庭人员造成二次伤害，在固定窗下方设置一定宽度的防坠落水平跳板（图 3.4-13）。

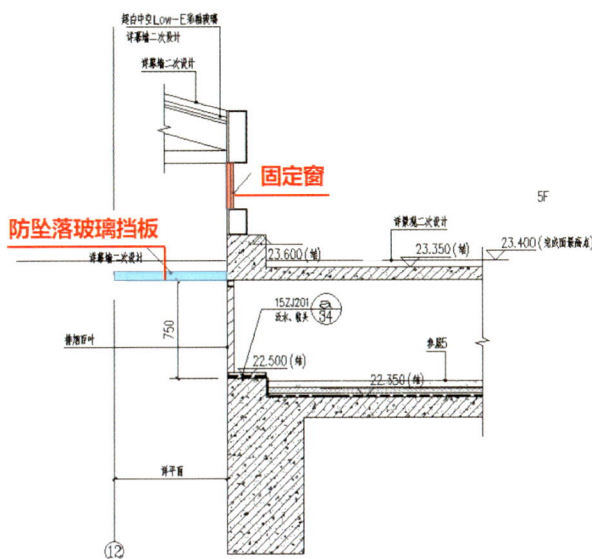

图 3.4-13　天窗固定扇节点

④ 天窗与建筑间距：在设计屋顶天窗或洞口时，需考虑洞口边缘与邻近建筑或设施的距离大于等于 6m，或邻近一层的建筑外墙设置防火墙的可能性（如图 3.4-14～图 3.4-16）。

5）其他消防设计：文化设施用房人员密度取值

（1）难点描述

本项目文化设施用房位于商业裙房范围内，规范对于文化设施用房人员密度取值不明确。经与建设方及政府相关部门沟通，其后期运营需求不明确，使用方定位不清晰，无法提供准确的空间布局及人员密度取值依据。

（2）解决方式

空间布局上，按照大空间设计报建，为后续运营提供灵活空间和更多可能。

消防设计上，本项目文化设施面积较大，达 3600m²，考虑后续可能存在一定的商业运营可能，故人员密度取值按照《建筑设计防火规范》GB 50016—2014（2018 年版）第 5.5.21 条的要求设置。

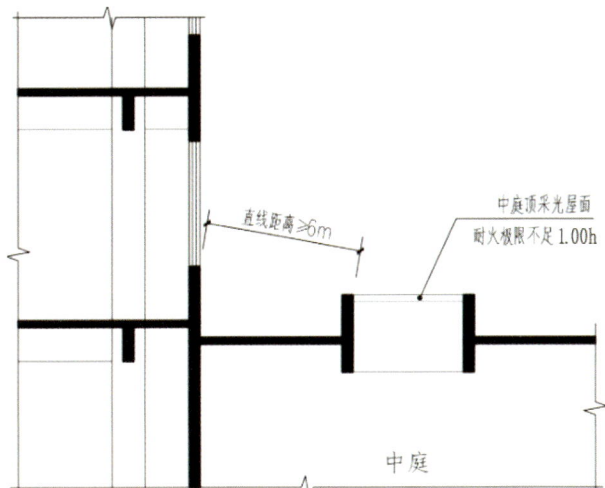

图 3.4-14　与周边建筑示意（一）

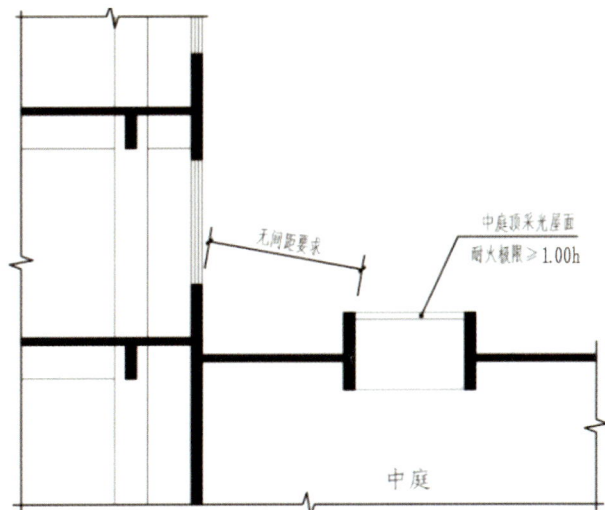

图 3.4-15　与周边建筑示意（二）

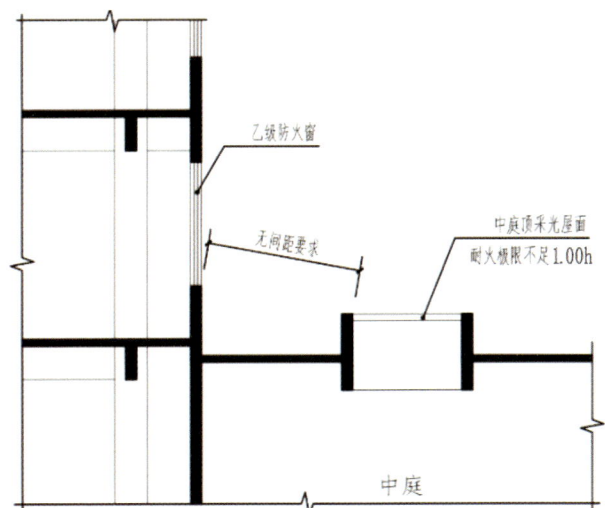

图 3.4-16　与周边建筑示意（三）

3.5 深圳湾超级总部某商业综合体

深圳市欧博工程设计顾问有限公司　李媛琴　涂　靖

3.5.1 项目概况

地理位置： 深圳市南山区超级总部基地

工程名称： 南山区超级总部某商业综合体项目
（图 3.5-1）

用地性质： 商业服务用地

设计单位： 深圳市欧博工程设计顾问有限公司＋法铁

施工单位： 中建一局

消防顾问： 广东誉诚建设工程有限公司

消防审批： 深圳市消防局

消防验收： 深圳市住建局

建筑规模： 25 万 m^2

用地面积： 3.30 万 m^2

总建筑面积： 25 万 m^2

基底面积： 3.30 万 m^2

容积率： 7.5

覆盖率： 45%

建筑高度： 154.30m

建筑层数： 地上 33 层，地下 4 层

防火等级： 一级

建筑结构的安全等级： 二级

抗震设防烈度： 7 度

主要结构类型： 框架－剪力墙

设计时间： 2014 年 5 月～2020 年 7 月

验收时间： 2020 年 5 月

竣工时间： 2020 年 7 月

图 3.5-1　深圳湾超级湾总部某商业综合体

图 3.5-2　总平面

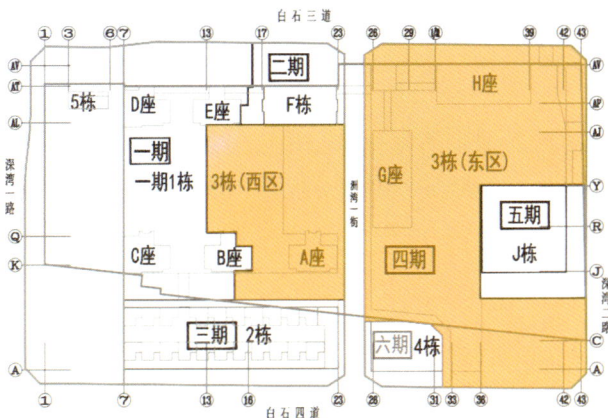

图 3.5-3　项目分区平面示意

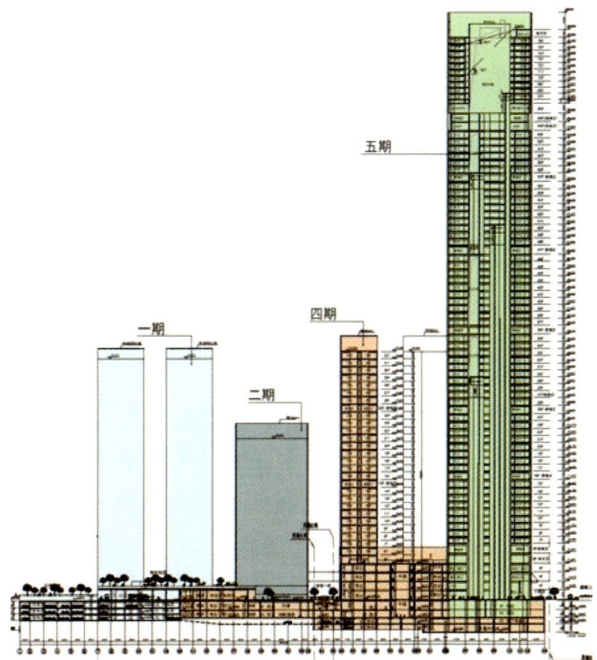

图 3.5-4　项目分区剖面示意

1）分期建设及消防验收要求

本项目为深圳首个立体分期项目，共分为六期开发（图 3.5-2）。其中四期含裙楼（东区、西区）、一座商务公寓，两座办公，地下一、二层商业及地下三、四层车库（如图 3.5-3，图 3.5-4 中橙黄色区域）。

消防验收要求：消防设施、疏散楼梯、消防电梯等原则上均需要在本期内自行解决。

2）商业概况

本商业位于四期地下室一~二层和地上一~五层。四期综合体的商业规模为：地上 5.6 万 m²；地下 4.3 万 m²；公寓塔楼 1.40 万 m²。四期商业面积＋酒店面积超过 10 万 m²。根据《关于加强超大城市综合体消防安全工作的指导意见》（公消〔2016〕113 号），总建筑面积大于等于 10 万 m²（不包括住宅和写字楼部分的建筑面积），集购物、旅店、展览、餐饮、文娱、交通枢纽等两种或两种以上功能于一体的建筑，为超大城市综合体。故本项目的 TOD 商业综合体规模定性为大于 10 万 m² 的超大城市综合体。

3.5.2 项目设计进程（图 3.5-5）

图 3.5-5 项目设计进程

3.5.3 消防设计依据

《建筑设计防火规范》GB 50016—2014

《办公建筑设计标准》JGJ 67—2006

《关于加强超大城市综合体消防安全工作的指导意见》（公消〔2016〕113 号）（2016 年 4 月 25 日执行）

其中公消〔2016〕113 号关于超大城市综合体的设计要求：

（1）严格防火分隔措施

严禁使用侧向或水平封闭式及折叠提升式防火卷帘，防火卷帘应当具备火灾时依靠自重下降自动封闭开口的功能。建筑外墙设置外装饰面或幕墙时，其空腔部位应在每层楼板处采用防火封堵材料封堵。电影院与其他区域应有完整的防火分隔并应设有独立的安全出口和疏散楼梯。餐饮场所食品加工取得明火部位应靠外墙设置，并应于其他部位进行防火分隔。商业营业厅每层的附属库房应采用耐火极限不低于 3.00h 的防火隔墙和甲级防火门与其

他部位进行分隔。

（2）充分考虑灭火救援需求

在消防设计中应结合灭火救援实际需要设置灭火救援窗，灭火救援窗应直通建筑内的公共区域或走道；在设置机械排烟设施的同时，在建筑外墙上仍需设置一定数量用于排除火灾烟热的固定窗；鼓励面积较大的地下商业建筑设置有利于人员疏散和灭火救援的下沉式广场。

3.5.4 消防设计策略

根据业主需求，本项目整体分为六期，商业综合体位于四期，四期由裙楼（东区、西区），一座商务公寓，两座办公，地下一、二层商业及地下三、四层车库组成。

1）项目分期与综合体定义

本项目四期商业与五期 J 栋塔楼（办公＋酒店）仅以防火墙进行防火分隔，虽然不同期，但商业总面积超过 10 万 m²，消防设计也整体考虑，本项目定义为大于 10 万 m² 的商业综合体。

2）栋的定义与消防扑救场地

地面以上由裙房（含架空层）相连通或由计入地上建筑面积的半地下室相连通的建筑均可视为一栋，同一栋建筑中的不同建筑塔楼各自视为一座。（摘自《深圳市建筑设计规则》深规土〔2015〕757 号 2015 年 11 月 25 日版，第 3.7.1 条）。

由于本项目四期被一期、二期、五期包围，而一、二、四、五期从消防角度可整体看作一栋。本项目沿公共建筑周边设置环形消防车道，沿高层建筑至少一个长边或者周边长度的 1/4 且不小于一个长边长度的底边布置消防车登高操作场地。

3.5.5 消防设计难点

1）总图消防设计

（1）规范要求

① 高层民用建筑等建筑，应设置环形消防车

道，确有困难时，可沿建筑的两个长边设置消防车道。（摘自《建筑设计防火规范》GB 50016—2014第7.1.2条）

② 高层建筑应至少沿一个长边或周边长度的1/4且不小于一个长边长度的底边连续布置消防车登高操作场地，该范围内的裙房进深不应大于4m。（摘自《建筑设计防火规范》GB 50016—2014第7.2.1条）

（2）难点描述

① 本项目四期的高层建筑塔楼与裙楼连接，无法沿每个高层建筑设置环形消防车道。

② 各高层塔楼均被裙楼三面围合，无法沿每个高层建筑两个长边设置消防车道。

③ 局部裙楼高度超过24.00m。

（3）解决措施

① 栋的定义分为规划认定和消防认定，经与规划部门、消防部门沟通，规划和消防均认可本项目的一、二、四、五期整体为一栋建筑物。

② 规划层面栋的认定原则：地面以上由裙房（含架空层）相连通或由计入地上建筑面积的半地下室相连通的建筑均可视为一栋，同一栋建筑中的不同建筑塔楼各自视为一座。（摘自《深圳市建筑设计规则》深规土〔2015〕757号2015年11月25日版，第3.7.1条）。

本项目由裙楼（东区），裙房（西区），A~F座商务公寓，G~J座办公及酒店、地下一、二层商业及地下三、四层车库组成。按照《深圳市建筑设计规则》的规定，四期建筑由裙楼（东区）、局部裙房（西区）、A座商务公寓、G座办公、H座办公组成。四期与五期的J栋（办公＋酒店，高度为350m），整体按照一栋楼进行消防设计。消防设计时，按照这一栋楼的两个长边设置消防车道，登高场地不小于一个长边且大于周长的1/4。总图消防设计详见图3.5-6。

（4）总结分析

由此案例可见：多座塔楼与裙房（裙楼）结合的建筑，在复杂情况下，其消防车道及扑救场地设计原则，可从楼栋定义来寻找突破口。只要从整体来看某一栋楼满足规范规定即可。但需要注意的

图3.5-6 整体按一栋进行消防设计

是：本案裙房局部高出24m，在高度大于24m部分进行了加强（增设登高场地），但由于场地受限，不能满足《建筑设计防火规范》GB 50016—2014第7.2.1条关于登高场地间距的要求（规范条文：建筑高度不大于50m的建筑，连续布置消防登高操作场地确有困难时，可间隔布置，但间隔距离不宜大于30m，且消防登高操作场地的长度仍应符合上述规定）。

2）大型地下商业（＞2万㎡）消防设计

（1）规范要求

总建筑面积大于2万㎡的地下或半地下商店，应采用无门、窗、洞口的防火墙、耐火极限不低于2.00h的楼板分隔为多个建筑面积不大于2万㎡的区域。相邻区域确需局部连通时，应采用下沉式广场等室外开敞空间、防火隔间、避难走道、防烟楼梯间等方式进行连通，并应符合相关规定。（摘自《建筑设计防火规范》GB 50016—2014第5.3.5条）

（2）难点描述

本项目四期的地下商业面积约5万㎡，需要进行防火分隔。

（3）解决措施

将大于2万㎡的区域，划分为多个面积不超2万㎡的防火区域，相邻防火单元采用防火分隔、防烟楼梯间连通（图3.5-7）。

① 防火隔间设置要求（图3.5-8）：

a. 防火隔间的建筑面积不应小于6㎡；

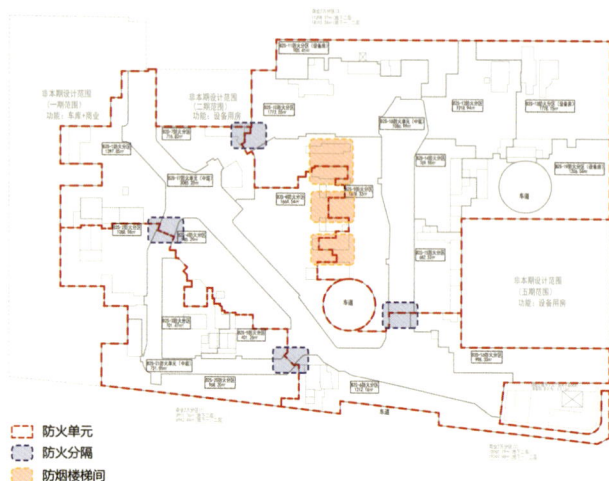

图 3.5-7 不大于 2 万 m² 的防火单元

图 3.5-8 防火隔间
摄影：丁荣

b. 防火隔间的门应采用甲级防火门；

c. 不同防火分区通向防火隔间的门不应计入安全出口，门的最小间距不应小于 4m；

d. 防火隔间内部装修材料的燃烧性能应为 A 级；

e. 不应用于除人员通行外的其他用途。

② 防烟楼梯间设置要求：

a. 防烟楼梯间的门应为甲级防火门；

b. 其他设置要求同普通防烟楼梯间。

（4）总结分析

目前实际工程中地下商业规模越建越大，并大量采用防火卷帘门作防火分隔，以致数万平方米的地下商店连成一片，火灾影响范围变大，不利于安全疏散和扑救。为最大限度地减少火灾的危害，参照国外有关标准，并结合我国商场内的人员密度

和管理等多方面实际情况，《建筑设计防火规范》GB 50016—2014 对地下商店总建筑面积大于 2 万 m²时，提出了比较严格的防火分隔规定，此处所指的总建筑面积包括营业面积、储存面积及其他配套服务面积。同时，考虑到使用的需要，可以采取规范提出的措施进行局部连通。当然，实际中不限于这些措施，也可采用其他等效方式。

大型地下商业防火分隔设计要点：

① 在单个 2 万 m² 分区内无中庭洞口时，可以仅考虑水平划分；

② 若是在单个 2 万 m² 分区内存在中庭洞口，考虑到可实施性，需要在考虑水平划分面积的同时兼顾竖向划分。

3）地上商业消防设计

（1）规范要求

避难走道的设置应符合下列规定：避难走道防火隔墙的耐火极限不应低于 3.00h，楼板的耐火极限不应低于 1.50h；避难走道直通地面的出口不应少于 2 个，并应设置在不同方向；当避难走道仅与一个防火分区相通且该防火分区至少有 1 个直通室外的安全出口时，可设置 1 个直通地面的出口。任一防火分区通向避难走道的门至该避难走道最近直通地面的出口的距离不应大于 60m；避难走道的净宽度不应小于任一防火分区通向该避难走道的设计疏散总净宽度；避难走道内部装修材料的燃烧性能应为 A 级；防火分区至避难走道入口处应设置防烟前室，前室的使用面积不应小于 6.0m²，开向前室的门应采用甲级防火门，前室开向避难走道的门应采用乙级防火门；避难走道内应设置消火栓、消防应急照明、应急广播和消防专线电话。（摘自《建筑设计防火规范》GB 50016—2014第 6.4.14 条）

（2）难点描述

本项目多部裙楼疏散楼梯被塔楼和裙楼围合，裙楼疏散楼梯无法直接对外。

（3）解决措施

通过设置避难走道直通室外（图 3.5-9）。

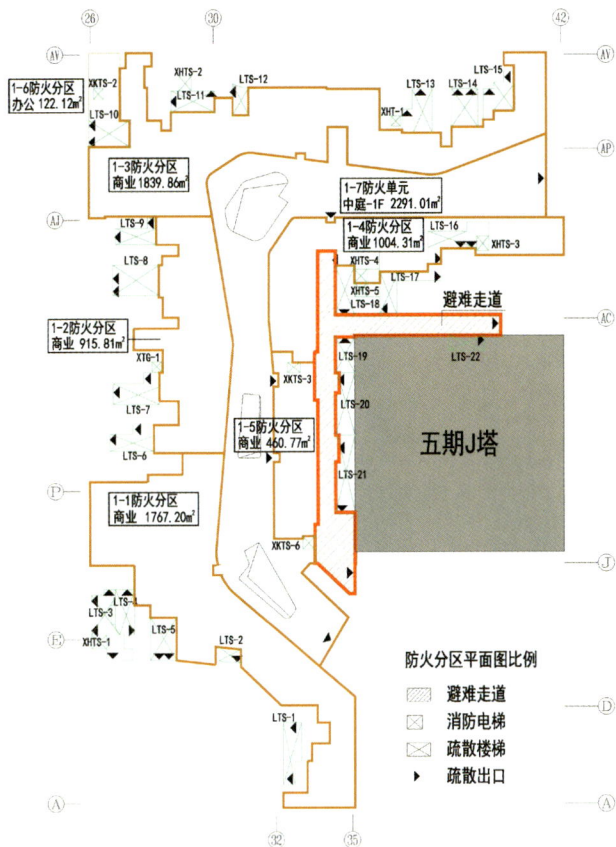

图 3.5-9　避难走道

（4）总结分析

避难走道在消防设计中的运用：

① 避难走道主要用于解决平面巨大的大型建筑中疏散距离过长，或难以按照规范要求设置直通室外的安全出口等问题。

② 避难走道和防烟楼梯间的作用类似，疏散时人员只要进入避难走道，就可视为进入相对安全的区域。

③ 为确保人员疏散的安全，当避难走道服务于多个防火分区时，规定避难走道直通地面的出口不少于2个，并设置在不同的方向。

④ 当避难走道只与一个防火分区相连时，直通地面的出口虽然不强制要求设置2个，但有条件时应尽量在不同方向设置出口。

⑤ 避难走道的总净宽度不应小于任一防火分区通向避难走道的设计疏散总净宽度。

⑥ 在满足消防疏散要求的同时，可兼顾后勤货运通道。

4）中庭与相邻商业之间的防火分隔设计

（1）规范要求

① 建筑内设置自动扶梯、敞开楼梯等上、下层相连通的开口时，其防火分区的建筑面积应该上、下层相连通的建筑面积叠加计算；当叠加计算后的建筑面积大于规范第5.3.1条的规定时，应划分为防火分区。建筑内设置中庭时，其防火分区的建筑面积应按上、下层相连通的建筑面积叠加计算，当叠加计算后的建筑面积大于规范5.3.1条的规定时，应符合下列规定：与周围连通空间进行防火分隔：采用防火分隔时，其耐火极限不应低于1.00h；采用防火玻璃墙时，其耐火隔热性和耐火完整性均不应低于1.00h；采用耐火完整性均不应低于1.00h的非隔热性防火玻璃墙时，应设置自动喷水灭火系统进行保护；采用防火卷帘时，其耐火极限不应低于3.00h，并应符合本规范第6.5.3条的规定。（摘自《建筑设计防火规范》GB 50016—2014第5.3.2条）

② 严禁使用侧向或水平封闭式及折叠提升防火卷帘，防火卷帘应当具备火灾时依靠自重下降自动封闭开口的功能。［摘自《关于加强超大城市综合体消防安全工作的指导意见》（公消〔2016〕113号）第一、（四）条］

（2）难点描述

中庭所在的防火单元与商业展示面所在的防火分区之间不能采用非自重下降式防火卷帘（侧向或水平封闭式及折叠）进行分隔。

（3）解决措施

商业展示面非弧形区域采用自重下降式防火卷帘，弧形区域采用防火玻璃墙（需要满足《建筑设计防火规范》GB 50016—2014第5.3.2条）或者其内无火灾荷载的橱窗进行分隔。

（4）总结

① 考虑到商业能有更多的展示面并兼顾成本，商业与中庭之间的防火分隔直线段优先采用防火卷帘，需要结合室内效果处理防火卷帘与中庭的相对关系，并注意防火卷帘下方500mm范围不能摆放物品。

② 弧形区域可采用防火玻璃墙（耐火隔热性和耐火完整性均不应低于1.00h；采用耐火完整性均不低于1.00h的非隔热性防火玻璃墙时，应设置自动喷水灭火系统进行保护）进行分隔，但要注意防火玻璃墙产品的尺寸和质量验证可靠。

5）下沉广场设计

（1）规范要求

用于防火分隔的下沉式广场等室外开敞空间，应符合下列规定：

① 分隔后的不同区域通向下沉式广场等室外开敞空间的开口最近边缘之间的水平距离不应小于13m。室外开敞空间除用于人员疏散外不得用于其他商业或可能导致火灾蔓延的用途，大于2万 m^2 的地下商业用于疏散的净面积不应小于169 m^2。

② 下沉式广场等室外开敞空间内应设置不少于1部直通地面的疏散楼梯。当连接下沉广场的防火分区需利用下沉广场进行疏散时，疏散楼梯的总净宽度不应小于任一防火分区通向室外开敞空间的设计疏散总净宽度。

③ 确需设置防风雨篷时，防风雨篷不应完全封闭，四周开口部位应均匀布置，开口的面积不应小于该空间地面面积的25%，开口高度不应小于1.0m；开口设置百叶时，百叶的有效排烟面积可按百叶通风口面积的60%计算。

（2）难点描述

本项目地下一、二层商业每层各约20个防火分区，对应的疏散楼梯数量众多。

（3）解决措施

设置地下二层的下沉广场，用于解决防火分区内疏散楼梯数量问题（图3.5-10，图3.5-11）。

图3.5-10　下沉广场示意一

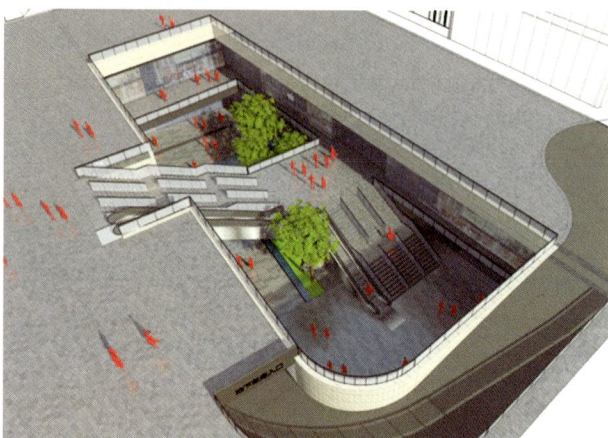

图3.5-11　下沉广场示意二

（4）总结分析

基于当时项目沟通情况，服务同一个2万 m^2 分区内的下沉广场可按照如下方式设置：

① 本项目设置的下沉广场服务地下一层和地下二层，并且每层内均有3个防火分区（位于同一个2万 m^2 分区内）疏散向下沉广场，每个防火分区室外开敞空间的开口最近边缘之间的水平距离不应小于2m（水平位置）或者4m（转角位置）。

② 用于疏散的室外开敞空间净面积不应小于169 m^2，仅控制每层的露天面积即可（此面积可为异形，但不能含室外楼梯踏步区域面积）。

③ 下沉广场内的疏散楼梯净宽度不应小于任一防火分区通向室外开敞空间的设计疏散总净宽度。

3.6　东莞国贸中心

深圳华森建筑与工程设计顾问有限公司　张　晖　夏　韬　杨静宁

图 3.6-1　项目全景效果图

3.6.1　项目概况

建设单位：东莞市民盈房地产开发有限公司

设计单位：深圳华森建筑与工程设计顾问有限公司

五杰建筑设计咨询（上海）有限公司

消防顾问单位：广东誉诚消防技术服务有限公司

设计时间：2011年11月～2014年1月

本项目坐落在东莞市新的城市市政、文化、商务中心，位于广东省东莞市南城区东莞大道与鸿福路交界，东城与南城两大人口密集区交汇处，西临东莞大道，南临鸿福东路，北接簪花路。离黄旗山10分钟步行距离，周边视野开阔。项目所在地块西南低、东北高、最高高差约为6m（图3.6-1）。

3.6.2　设计概述

1）整体指标概况

本项目用地面积为104870m²，容积率为6.13，计容建筑面积642853m²，总建筑面积1046808m²。总体规划为5座高层建筑：1号商业办公楼43层，建筑高度192.5m；2号商业办公楼86层，建筑高度398m，塔冠顶高度420.1m；3号商业、办公、公寓楼61层，建筑高度245.2m；4号酒店楼，5号商业楼均不超过100m（图3.6-2）。地下四层，地下一层、地下二层为商业、公交车站、车库以及设备房；地下三层、地下四层为车库以及设备房，地上一层为商业、车库以及设备房，地上二～七层为商业裙房。各栋区位如图3.6-3。

这里重点阐述商业综合体部分。

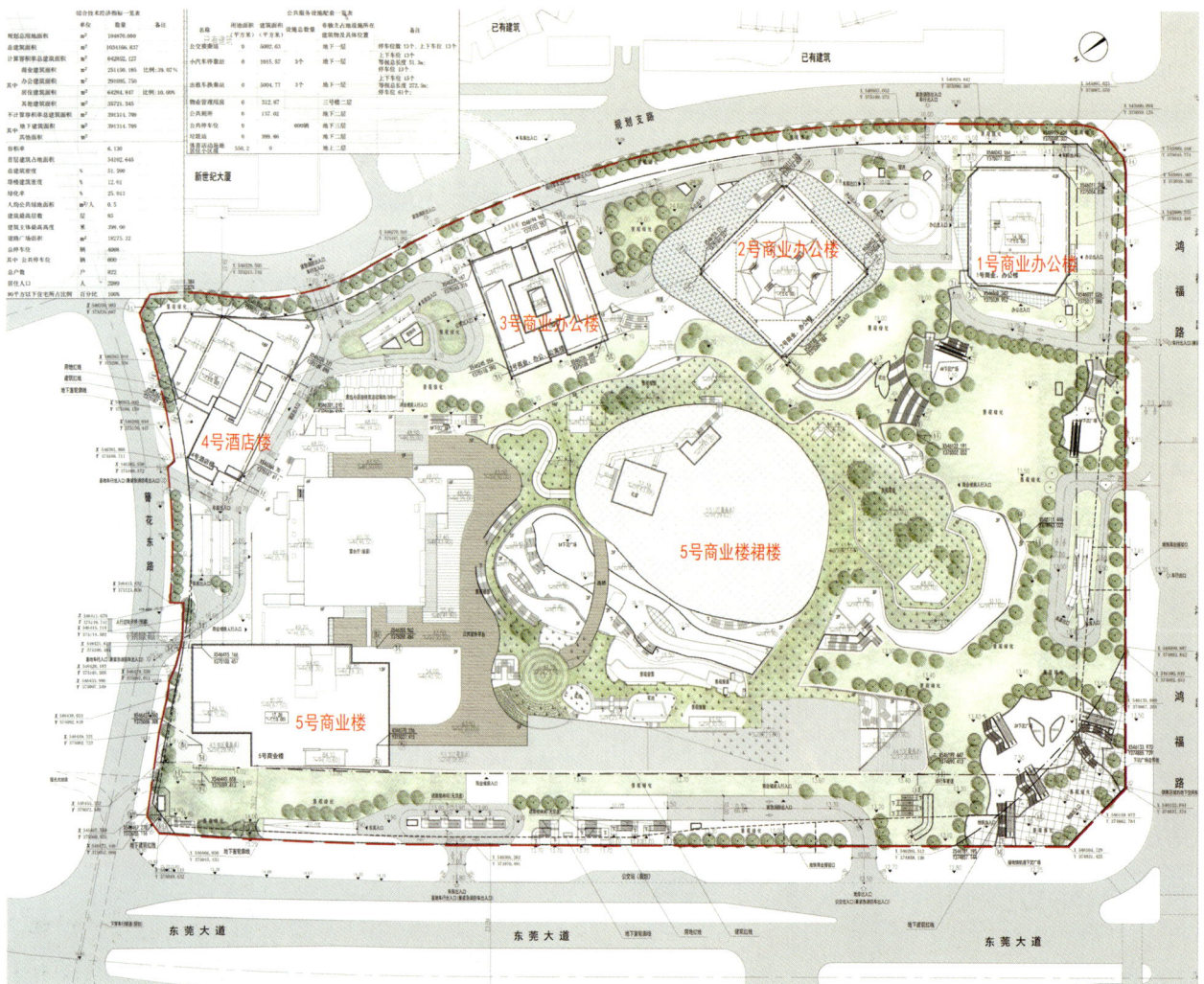

图3.6-2　总平面图与主要经济技术指标

图 3.6-3 项目各栋概况

2）商业设计理念

利用基地自然条件，创造全新社区生活形态，将生活、休闲、购物与环境关系高度融合。利用开放空间系统，创造完美亲切的步行环境，强化社区环境生态的品质，提升地块自然环境品质。

商业裙房布置在用地西南侧，运用自然大地的理念，将"山谷"从用地西南角延伸至用地东南角，形成商业内街。高层塔楼采用围合点式布局，布置在用地北侧与东侧。高层塔楼与商业裙楼之间设置多条连接天桥，使各栋建筑紧密相连，形成有机统一的整体。公交车站和的士站均布置在地下二层，与地铁出口相连，方便公众出行（图 3.6-4）。

3.6.3 消防设计依据

《高层民用建筑设计防火规范》GB 50045—95
（2005 年版）

《建筑设计防火规范》GB 50016—2006

《汽车库、修车库、停车场设计防火规范》GB 50067—97

图 3.6-4 商业沿街人视效果图

《人民防空工程设计防火规范》GB 50098—2009

3.6.4 消防设计

1）总平面消防设计

（1）消防间距

本项目 1 号楼与 2 号楼间距 40.6m，2 号楼与 3 号楼间距约 44.8m，3 号楼与 4 号楼间距约 80.5m，2 号楼与 5 号楼裙楼间距 13m，3 号楼与 5 号楼裙楼间距 14.9m，4 号楼与 5 号楼裙楼间距 13.2m。本项目各栋与用地周边建筑间距最小为 45m。

（2）消防车道

本项目用地周长较长，接近 1400m，为了能够使消防救援快速、便捷地到达各个扑救点，消防车道的设计上采用"多入口模式"，在场地的各个方向均有多个消防车道入口，总的消防车道入口多达 9 处。多入口模式可有效缓解建筑周长过长、建筑体型复杂给消防扑救带来的不利因素，确保消防车到达和扑救的效率（如图 3.6-5）。

由自身场地内消防车道和市政道路组成消防路网，建筑物的外围设环形消防车道或沿两个长边设消防车道，并在 5 号商业楼局部增设穿越内院的消防车道。消防车道距建筑物外墙大于 5m、小于 10m，消防车道净宽以及净高度均不小于 4m，坡度不大于 8%。

5 号商业裙楼体量较大、周长较长，现虽已基本环通，但在东南角局部因高差关系，因无法满足规范"消防车道坡度≤8%"的要求而不能自行环通。因此，增加与市政道路连通的消防入口，借助

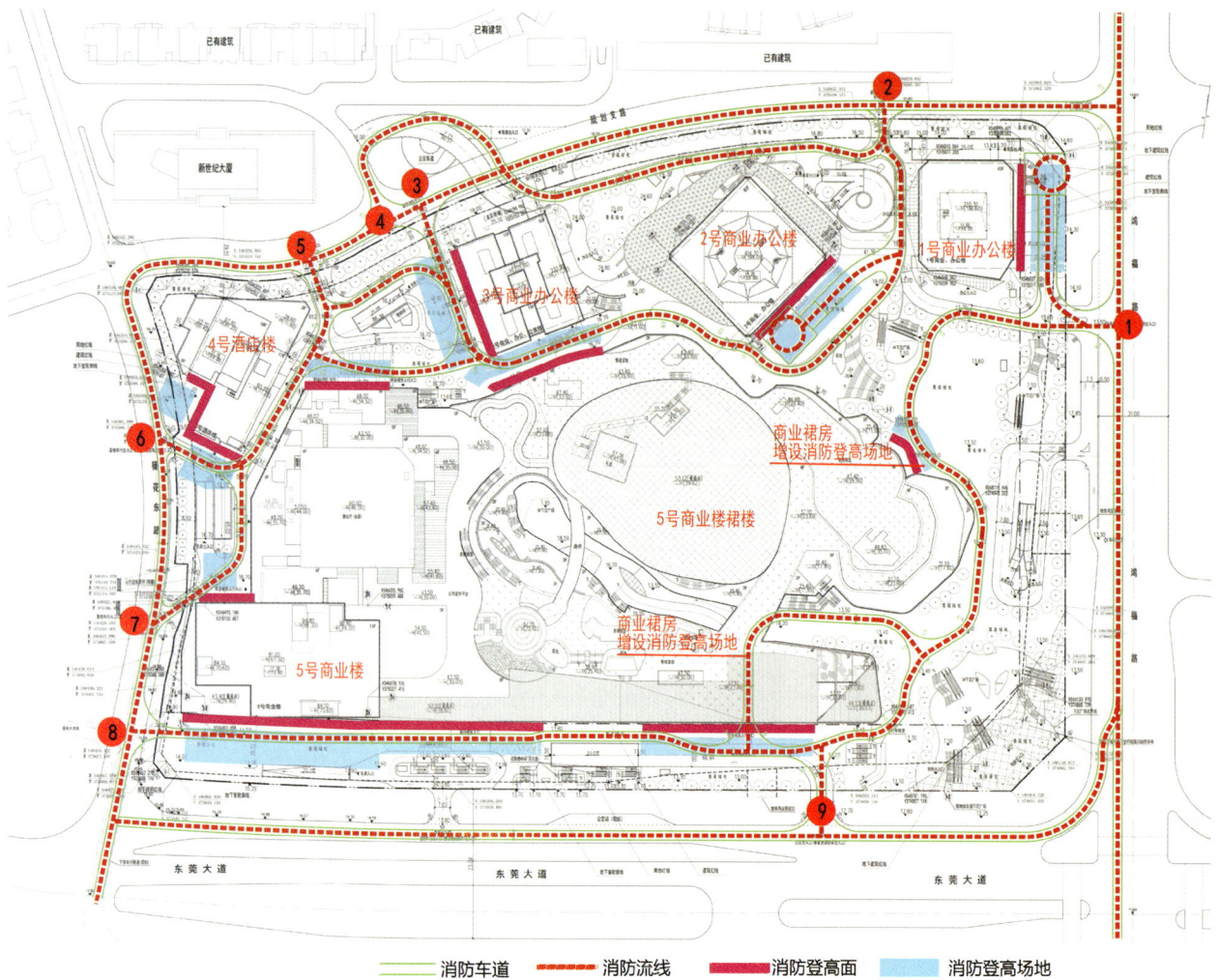

图 3.6-5 消防总平面图示意图

市政道路使 1 号楼与 5 号楼整体形成环形消防车道，确保消防车在同等或者更少的时间内到达各个扑救点。

（3）消防扑救面

1 至 4 号塔楼均在其一个长边或不小于 1/4 周长设消防扑救面。5 号商业综合平面形状凹凸较多，将其西侧作为主要的消防扑救面，消防登高面的设计已满足大于建筑周长 1/4 的要求。为了取得更好的救援效果，在消防设计中，在满足大于建筑周长 1/4 的要求外，还在各方向增设了多处消防登高面，以便快速、有效地进行救援。

消防登高面路边距建筑的距离为 5～10m，最小转弯半径为 12m，坡度小于 2%；建筑高度大于 50m 时，登高场地宽度大于 15m；建筑高度小于 50m 时，登高场地宽度大于 8m；消防车道荷载按 30t 计算。

（4）屋顶停机坪设计

本项目在 2 号商业办公楼顶层设置直径大于 12m 的直升机悬停救援平台，救援平台与出屋面设备保持 5m 以上的安全距离。

2）商业部分基本消防设计

（1）地上及地下的商业部分与中庭（公共交通区域）之间防火分隔措施，采用耐火极限不小于 1.00h 的 C 类防火玻璃＋2.00h 的水系统保护的分隔形式。水系统保护的具体技术措施如下（如图 3.6-6）：

①喷头采用快速响应喷头；

②喷头动作温度为 68℃；

③喷头间距 1.8～2m；

④喷头溅水盘宜与玻璃上檐平齐；

⑤喷头与玻璃的水平距离控制在 200～300mm；

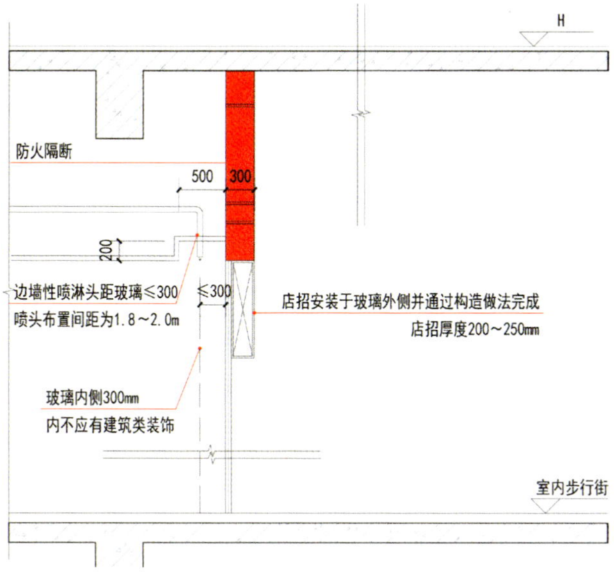

图 3.6-6 玻璃冷却保护系统方案示意图

⑥ 喷头采用普通侧式边墙型或窗玻璃喷头，喷水强度不小于 0.6L/s·m，保护长度按沿街玻璃铺面最长的店铺的实际长度的 1.5 倍且不小于 30m 确定，持续喷水时间不小于 2.0h；

⑦ 喷水冷却系统采用独立的管网和泵组。

（2）商业部分防火分区之间采用实体防火墙进行分隔。确有困难时，采用耐火极限不低于 3.00h 的防火卷帘分隔。当防火分隔部位的宽度不大于 30m 时，防火卷帘的宽度不大于 10m；当防火分隔部位的宽度大于 30m 时，防火卷帘的宽度不大于该防火分隔部位宽度的 1/3，地下部分防火卷帘的长度不大于 20m。

（3）对于餐饮类商铺，使用燃气等明火的厨房和备餐区与营业区之间采用耐火极限不低于 2.00h 的墙体和乙级防火门进行分隔。

（4）人员疏散设计

① 疏散人数计算及疏散宽度指标：

a. 各层商店营业厅内的人员数量按照《建筑设计防火规范》GB 50016—2006 核算；疏散宽度的指标按照 1m/100 人确定。营业厅计算面积包括楼梯间、疏散通道、卫生间等顾客到达的区域，扣除仓储用房、设备用房、工具间和办公室等非营业部分的面积。

b. 餐饮类店铺的餐厨比按照《饮食建筑设计规范》确定为 1:1.1，餐厅内人员密度按照 1.3m²/人。

厨房人员密度按 9.3m²/人计算。

c. 健身房厨房内的人数目前国内标准尚无相关规定，参考国外标准的规定（表 3.6-1），健身房按 4.6m²/人。

国外规范健身房和厨房的人员密度（m²/人）

表 3.6-1

	健身	厨房
美国 NFPA101《生命安全规范》	4.6	9.3
美国 NFPA5000《建筑施工和安全规范》	4.6	9.3
美国《国际建筑规范》	4.6	18.6
英国 BS9999《建筑的设计、管理和使用中消防安全的操作规范》	根据提供的健身器械数	7.0
本项目设计取值	4.6	9.3

② 各分区可向相邻分区借用宽度，其借用比例不应超过所需宽度的 30%。各层安全出口的总宽度满足现行国家标准规范的要求，借用相邻分区的部位采用甲级防火门进行连通。

③ 后疏散模式：商铺均在其内部设置楼梯间，或在后侧设置可直通楼梯间或室外的疏散通道。

④ 中庭通至疏散楼梯的走道按避难走道或防烟前室设计，中庭通往安全出口的疏散走道两侧 2m 范围设置耐火极限不低于 2.00h 的实体隔墙。

⑤ 单个商铺建筑面积大于 120m² 时，设置 2 个通向疏散走道的出口，其疏散门采用乙级防火门且 2 个出口距离大于 5m。

⑥ 连接中庭、中庭环廊公共区与商铺的疏散走道，其宽度与其连接的楼梯间前室门及梯段宽相匹配。商铺通向走道的门向外开启时不得占用疏散走道的宽度，不得阻碍通道内人员行走。

⑦ 不同防火分区之间可共用疏散楼梯间，但共用一部楼梯的防火分区不超过 2 个。

⑧ 裙楼屋面各个分区开设通向裙楼屋面的疏散出口，仅可作为辅助疏散条件，仅能借用 30% 的疏散宽度。

3）地上商业

（1）防火分区

① 商业部分防火分区面积均按不大于 4000m²

设计（加设自动灭火系统）；

② 影院部分防火分区面积不大于 2000m²；二层、四层为放映厅入口，三层、五层为放映厅上空，功能为设备走廊，其中最大 IMax 放映厅贯穿 3 层，三层及四层为观众疏散层，五层为放映厅上空。

③ 宴会厅及前厅各自按防火分区面积不大于 2000m² 设计。宴会厅与前厅、前厅与商业区均采用防火墙、甲级防火门及防火卷帘进行分隔。

④ 溜冰场将真冰场及其相应配套服务用房作为一个分区考虑（包含真冰场净面积），防火分区面积不大于 4000m²；分区内溜冰场冰面积约 1780m²，考虑到冰面无法燃烧，火灾无法在此区域蔓延，冰面以外面积不大于 2000m²。发生火灾时，实际过火面积不到 2000m²。为达到视觉通透的功能要求，溜冰场周边的商业店铺采用 2.00h 的 C 类防火玻璃进行分隔。

⑤ 集中餐饮部分防火分区面积按不大于 2000m² 设计。

⑥ 一层车库部分，按防火分区面积不大于 4000m² 设计；设备及后勤用房防火分区面积均按不大于 1000m² 设计。

⑦ 地上一层~七层中庭按一个防火分区设计。

防火分区采用了以下分隔措施：

① 中庭与周边商铺均设耐火极限不小于 1.00h 的 C 类防火玻璃及 2.00h 喷淋的防火分隔，且商铺门具有自闭功能。

② 每层中庭设有多处直接对外自然排烟口、采光，中庭区域最小宽度为 9m，可形成室内有效防火隔离带。

③ 采用三级排烟措施，即中庭两侧商铺、各层中庭回廊、共享中庭集中排烟相结合的方式，其中，中庭区域无论其体量大小均设置机械排烟系统，且排烟量按换气次数不小于 6 次/h 设计。

④ 楼板、隔墙、防火墙、防火门、窗、管道井的分隔等均能达到有关规范要求，隔墙处的缝隙，采用不燃烧材料填充等。

⑤ 设备机房采用甲级防火门，管井检修口均采用乙级防火门（如图 3.6-7）。

图 3.6-7 地上商业防火分隔方案示意图

（2）安全疏散

① 安全出口

每个防火分区均有两个或两个以上疏散出口。设置疏散楼梯间及消防电梯，所有疏散楼梯均按防烟楼梯间设置。本项目体量巨大、功能复杂、人员密集，为了保障人员的安全疏散，地上商业裙楼疏散楼梯除个别外均通至屋面。

为使人员快速平层疏散，本设计在各层设置了多处退台屋面，各退台屋面均有可直通地面的室外疏散楼梯，同时退台屋面满足以下设计要求：

a. 屋顶平台需具备足够空间，可以容纳向其疏散的人数，其净面积应满足 5 人/m² 的要求，且不小于 169m²。

b. 屋顶平台设置的室外疏散楼梯，具备疏散至室外地面的条件，疏散楼梯净宽不小于任一防火分区通向该室外开敞空间的设计疏散总净宽度。

c. 屋顶平台设置应急照明和疏散指示标识。

② 疏散距离

商业采用后疏散模式。餐厅、商场、营业厅室内任何一点至最近的安全出口的直线距离均不超过 37.5m。中庭内任何一点至最近安全出口的距离不超过 37.5m。溜冰场内任何一点至最近安全出口的距离不超过 37.5m。其他部分室内最远一点到房门的疏散距离均不超过 15m。

4）地下商业

（1）防火分区

地下商业总面积约 95400m²，按规范划分为 6 个商业分区，其中地下二层超市部分为一个独立商业分区，其他部分按地下一、二层合计不超过20000m²划分为5个商业分区，商业分区之间连通处均以防火隔间、下沉广场、避难走道或防烟楼梯间进行分隔。

商业采用后疏散模式，将商业与公共交通区域划分为不同的防火分区，商业部分防火分区按不大于2000m²划分。各商业分区的公共交通区域在上下层连通口处均采用特级防火卷帘分隔，各层分别为一个防火分区。商业与公共交通区域之间采取1.00h C类防火玻璃加2.00h喷水保护的分隔方式，公共交通区域严格控制，除人员公共交通外不具备任何其他功能，其最小宽度均大于9m，可形成室内有效防火隔离带，严格限制公共交通区域的装修材料，燃烧等级至少为B₁级（图3.6-8）。

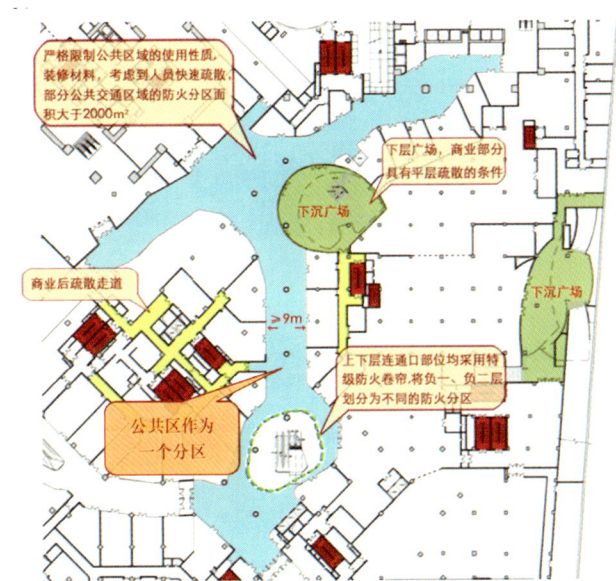

图3.6-8 地下商业部分防火分区划分示意

（2）安全疏散

① 安全出口

建筑面积大于1000m²的防火分区均设有不少于2个专用安全出口；建筑面积小于1000m²的防火分区设有不少于1个专用安全出口，开向相邻防火分区的甲级防火门作为第二安全出口。

在地下商业各层中均设置了多处下沉式广场，各下沉式广场均有直通地面的疏散楼梯，可供临近区域的人员实现平层快速疏散，下沉式广场满足以下要求：

a. 下沉式广场需具备足够空间以容纳向其疏散的人数，其净面积应满足5人/m²的要求，且不小于169m²。

b. 不大于2000m²的商业区域通向下沉广场的安全出口之间距离不小于13m。

c. 下沉式广场设置的室外疏散楼扶梯，具备疏散至室外地面的条件，疏散楼梯净宽不小于任一防火分区通向该下沉式广场的设计疏散总净宽度。

d. 下沉式广场设置急照明和疏散指示标识。

② 疏散距离

商业采用后疏散模式。商业公共交通区域、大型商场营业厅的室内任何一点至最近的安全出口的直线距离均不超过37.5m；商铺（不超300m²）室内最远一点到房门的疏散距离均不超过15m；地下车库每个防火分区内任何一点至最近的安全出口的直线距离均不超过60m；少数面积较大、位置偏置的机房（如空调机房、水泵房、风机房等），火灾危险性较低、平时无人员值守，且机房门均采用甲级防火门，房间内最远点至该房间门的距离按不超过27.5m控制，其他房间最远点到房门口距离不大于15m；疏散走道内房间门至楼梯间的距离按两个出口之间不大于40m、袋型走道或尽端房间不大于20m控制；公交车站候车及落客区按照商业设计，最大疏散距离不大于37.5m，停车区按照车库设计，最大距离60m。个别不能满足相关规范疏散距离要求的部分采用避难走道的方式解决。

③ 疏散人数及疏散宽度的确定

地下一层、二层有大型集中商业参照《建筑设计防火规范》GB 50016—2006的规定，商店的疏散人数应按每层营业厅建筑面积乘以面积折算值和疏散人数换算系数计算，本项目面积折算值采用70%；餐厅按《建筑设计防火规范》GB 50016—2006说明计算，餐厅分为两部分，厨房区占营业面积的52%，按9.3m²/人计算，就餐区占营业面积的48%，按1.3m²/人计算；公共交通区域部分按照商业的计算方式计算疏散人员；普通顾客平时不易到达的后勤通道和后疏散通道（仅作为通道使用），则按4m²/人计算。地下一层、二层有大型集中商业参照《建筑设计防火规范》GB 50016—2006

的规定，商店的疏散人数根据《高层民用建筑设计防火规范》GB 50045—95 第6.2.9条规定，各层疏散总宽度按其通过人数每100人不小于1.0m计算。

5）商业疏散宽度借用和疏散通道宽度匹配

（1）疏散宽度借用

由于商业功能的特殊性及商业空间的复杂性，以及商业疏散楼梯相对集中布置，个别防火分区会出现无法满足100%疏散宽度的情况，本设计在相邻防火分区之间做了甲级防火门作为第二安全出口，并将通向相邻分区的疏散宽度计入该分区的有效疏散宽度内，且此部分疏散宽度控制不大于本防火分区疏散宽度的30%。每层商业疏散总净宽度满足本层各商业分区计算需要总净宽度之和，从整体上满足商业部分人员疏散的要求。

（2）通道宽度匹配

商业多处疏散楼梯成组相对集中、居中布置，造成部分与楼梯相连通走道过于宽大，平面上难以全部实现通向楼梯的走道宽度与楼梯疏散宽度等宽。而现实情况中平地行走与楼梯、坡道行走有差异，楼梯的通行能力低于走道的通行能力，并且走道不同位置的通过人数不尽相同。依据"单位时间内走道和楼梯的人员通行量相等"原则，可以得到以下公式：

走道的净宽计算值＝疏散楼梯出口流量×疏散楼梯净宽度／走道的出口流量。

通过查阅相关资料：对于走道和楼梯的通行能力，《美国消防工程师手册》（*SPE Handbook of Fire Engineering*）中针对不同拥挤情况下出口的流量给出了以下数据（如表3.6-2）：

不同拥挤情况下出口的流量 表3.6-2

疏散设施	拥挤情况	密度／（人／m²）	行走速度／（m/min）	流率／（人/min）
楼梯	最小	＜ 0.54	45.72	＜ 16.40
	中等	1.08	36.58	45.90
	最佳	2.04	28.96	59.06
	拥挤	3.23	＜ 12.19	＜ 39.37
水平走道	最小	＜ 0.54	76.20	＜ 39.37
	中等	1.08	60.96	65.62
	最佳	2.15	36.58	78.74
	拥挤	3.23	＜ 18.29	＜ 59.06

续表

疏散设施	拥挤情况	密度／（人／m²）	行走速度／（m/min）	流率／（人/min）
门	中等	＜ 1.08	51.82	—
	最佳	2.36	36.58	—
	拥挤	3.23	＜ 15.24	—

注：本表来自 *SPE Handbook of Fire Engineering*.3rd edition. CHAPTER 13

表中数据显示：走道宽度达到楼梯疏散宽度2/3以上，即可与楼梯疏散能力相匹配。因此平面上平层连通一组楼梯的走道总净宽能达到此组楼梯间出入口宽度之和的67%以上也可满足要求，但有坡道或踏步的地方需达到100%。通过这些措施，可在不影响人员疏散的情况下减少对平面功能的影响。

6）特殊消防设计

（1）溜冰场

① 消防问题：溜冰场及其配套用房面积超2000m²。

② 解决方案：按非冰面面积计算防火分区。溜冰场将真冰场及其相应配套服务用房作为一个分区考虑，包含真冰场净面积后防火分区面积不大于4000m²；分区内溜冰场冰面积约1780m²，考虑到冰面无法燃烧，火灾无法在此区域蔓延，冰面以外面积不大于2000m²，发生火灾时，实际过火面积不到2000m²。为达到视觉通透的功能要求，溜冰场周边的商业店铺采用2.00h的C类防火玻璃进行分隔（如图3.6-9）。

（2）首层局部向上疏散

① 消防问题：部分首层与室外有较大高差，无法直接疏散到室外。

② 解决方案：由于场地内有竖向高差的原因，有部分区域首层地面低于室外地面标高约半层，导致该区域人员在疏散时需往上走半层才能到达室外安全区域。因此本设计采取了以下措施以便于人员快速疏散：

a. 采用专用疏散通道直接向室外地面疏散，低于室外地面的区域在通道内采用坡道或踏步的方式来处理，通道内最远点到疏散出口的距离不超过15m；超过15m时，则按避难走道来设计。

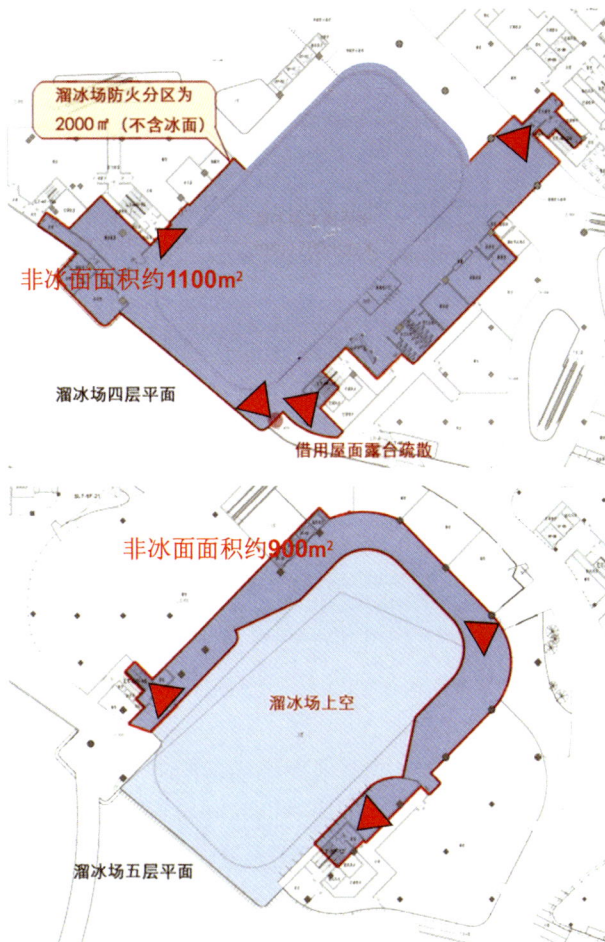

图 3.6-9　室内溜冰场防火分区划分示意图

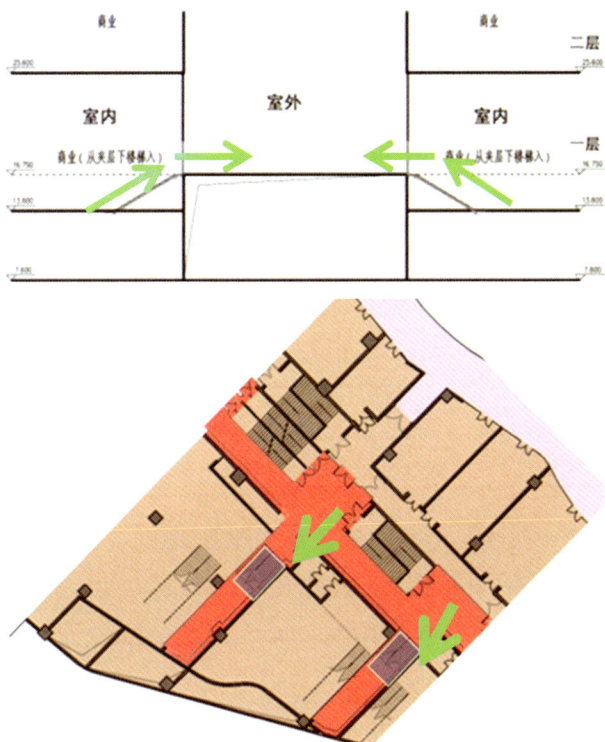

图 3.6-10　首层上疏散的部分楼体疏散路径示意

b. 设有坡道、踏步的区域，疏散宽度不进行折减，按 100% 宽度设计。

c. 设置地面疏散指示标志加强引导。经加强处理后实际效果已经等同于平层疏散，疏散方向清晰明确，火灾时该区域人员可迅速疏散至室外（如图 3.6-10）。

（3）能源中心

① 消防问题

位于地下四层能源中心面积约 8000m²，两层通高，防火分区面积按不大于 1000m² 设计，由于功能集中及防火分区数量较多，每个防火分区只有一个直通楼梯间的安全出口（个别防火分区无直通楼梯间的安全出口）。能源中心面积大，防火分区多，安全出口不足。

② 解决方案

考虑到该区域机房平时无人员值守，因此该部分防火分区采用一条共用的避难走道作为第二安全出口或直接利用同一条避难走道进行疏散，避难走道在不同方向设置 2 个直通室外地面的出口（如图 3.6-11）。

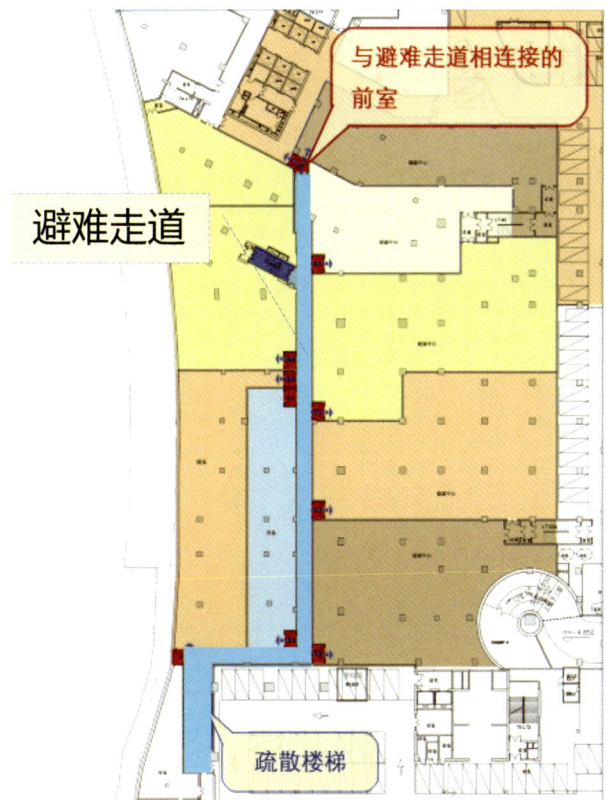

图 3.6-11　能源中心分区示意

（4）影院

① 消防问题：本建筑中影院设在地上二层～五层，人员主要活动区域为二层和四层，且最大观众厅的面积约为 $582m^2$，超过 $400m^2$ 影院按照不大于 $2000m^2$ 划分防火分区。每个观众厅采用耐火极限不低于 2.00h 的实体墙、甲级防火门和耐火极限不低于 1.50h 的楼板与其他部位分隔，划分为独立的防火单元。

② 解决方案

影院部分设置一部 1.4m 宽靠外墙独立的疏散楼梯；对影院的每个分区至少设置 1 部靠外墙布置的防烟楼梯间，可直通室外地面；另外影院还设置 2 个出口直接通向屋面，便于影院人员通过屋面向附近非影院部分的楼梯疏散至首层室外。

由于二层为影院一侧的主要入口平台，位于四层的观众厅内人员可先疏散到二层平台，再由二层平台疏散至地面（如图 3.6-12）。

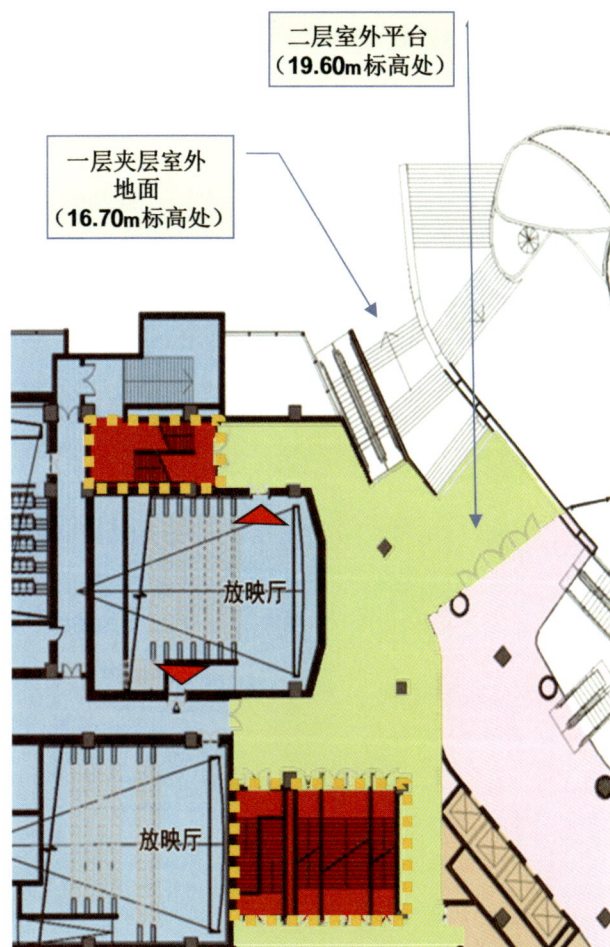

图 3.6-12　影院观众厅通过平台疏散示意

每个观众厅的疏散出口不少于 2 个；当观众厅面积大于 $400m^2$ 时，每个观众厅的疏散出口不少于 3 个。

影院的厅室人数按照规定座位的 1.1 倍计算，候场人数按照全部观众厅人数的 20% 计算。

（5）地上宴会厅

① 消防问题

宴会厅设置在六层，且宴会厅厅室面积大于 $400m^2$。

② 解决方案

a. 宴会厅应按照不大于 $2000m^2$ 划分防火分区。宴会厅与前厅、前厅与商业区均采用防火墙、甲级防火门或防火卷帘进行分隔。

b. 餐饮大厅及前厅人均使用面积为 $1.3m^2$，包间人均使用面积 $3m^2$；另每 10 个顾客配 1 个服务员计算。

c. 除各自有疏散至地面的楼梯间外，宴会厅及其前厅均在适当位置设置开向室外退台的出口作为辅助安全出口，出口宽度之和不大于本分区所需宽度的 30%（如图 3.6-13）。

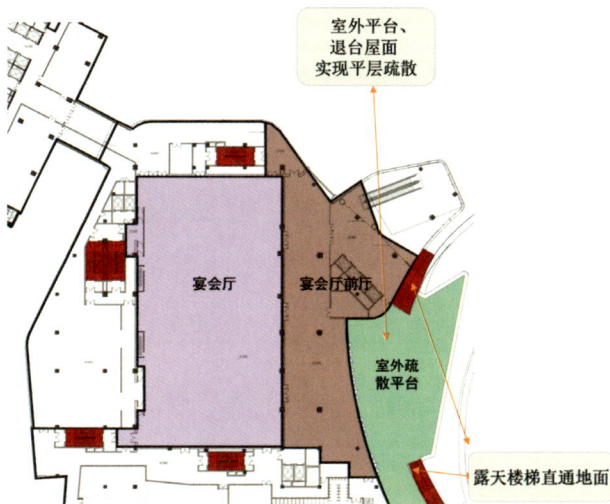

图 3.6-13　宴会厅示意图

d. 宴会厅装修材料燃烧性能等级至少为 B_1 级，装饰材料采用经阻燃处理的织物和材料。

3.6.5　结语

本项目总建筑面积超 100 万 m^2，属功能复杂

190

的大型商业综合体。消防安全既是相对的，又是一个完整系统总体性能的反映。设计及使用形成建筑完整的周期。设计阶段，设计师针对不同项目设计采取相应消防策略，交付使用后安全管理制度的定制、疏散设施、消防设施的检测维护等后期运营和消防管理策略同样至关重要，合理的设计及严谨的消防管理共同为项目的全周期安全做护航。

参考文献：

1. 广东誉诚消防技术服务有限公司《东莞国贸中心防火设计优化研究报告》
2. 深圳华森建筑与工程设计顾问有限公司《东莞国贸中心消防设计专篇》

3.7 前海大厦 T3（220kV 附建式变电站）

深圳华森建筑与工程设计顾问有限公司　夏　韬　李　娜

3.7.1 项目概况

建设单位： 深圳市前海开发投资控股有限公司
方案设计： gmp 国际建筑设计有限公司
施工图设计： 深圳华森建筑与工程设计顾问有限公司
消防顾问： 国家消防工程技术中心
建设地点： 深圳市前海合作区
设计时间： 2017～2018 年

1）基地位置及用地情况

本项目位于深圳市前海深港现代服务业合作区桂湾片区二单元 05 街坊 03-05 地块，场地东侧为桂湾大街，南侧为滨海大道，西侧为金融西街，北侧为滨海北一街及项目一期，前海大厦 T3 为项目二期，位于 05 号地块（图 3.7-1～图 3.7-3）。

2）建筑规模

前海大厦 T3 为项目二期（图 3.7-4），建筑性质为附建式变电站和办公。范围为地下一层夹层至地上九层，220kV 变电站位于建筑地下一层夹层至地上五层，六层为架空层，地上七层至九层为办公。建筑高度 44.45m，建筑面积约 1.6 万 m²，其中变电站地上建筑面积 4500m²，地下建筑面积 1500m²，其他办公及设备用房等建筑面积约 1 万 m²。

图 3.7-1　鸟瞰图

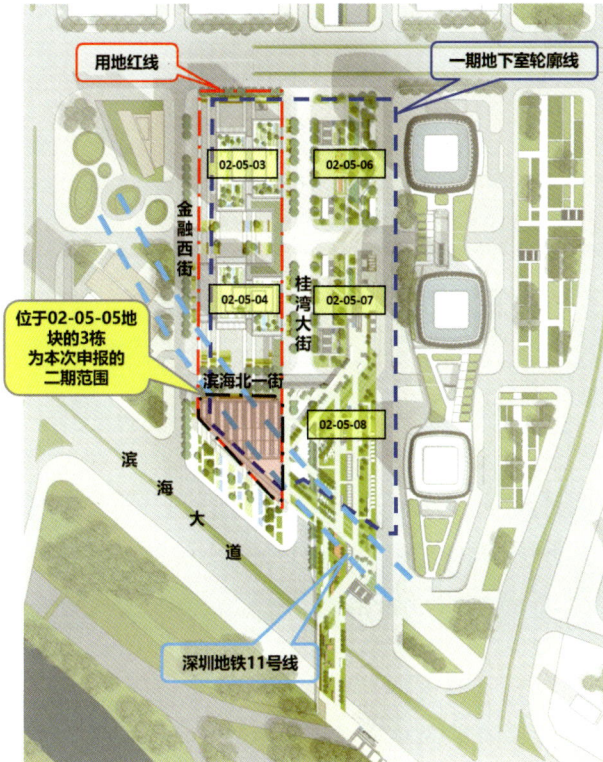

图 3.7-2　总平面图

图 3.7-3　效果图

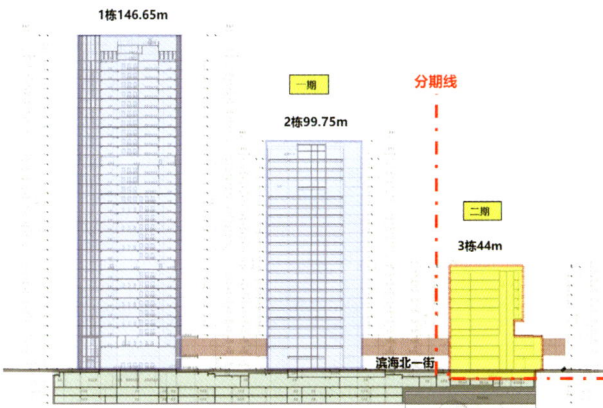

图 3.7-4　分期剖面示意图

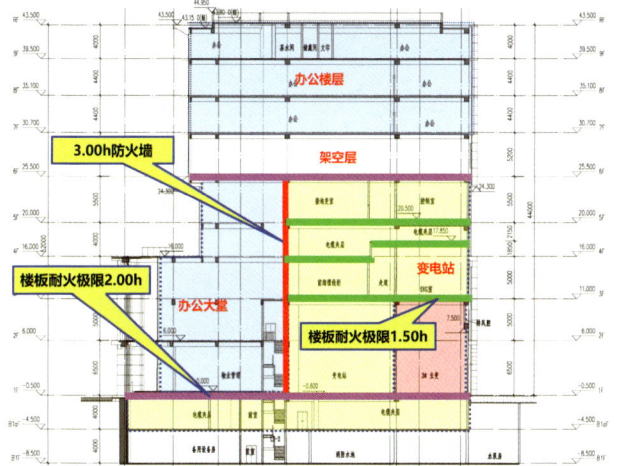

图 3.7-5　功能分区剖面示意图

3）建筑功能及耐火等级

建筑地下一层夹层（-4.5m）为电缆夹层，首层为变电站的主变压器室、GIS室、消防控制室、办公门厅及物业管理用房；二层为办公门厅、主变压器室上空、GIS室上空；三层为变电站的控制室、二次设备室、蓄电池室和馈线柜室；四层为电缆夹层；五层为变电站的控制中心、接地室和20kV配电装置室；六层为室外架空层，七层至九层为办公（图3.7-5）。

设计耐火等级均为一级。设置了室内外消火栓系统、自动喷水灭火系统、火灾自动报警系统、防排烟系统、水喷雾系统等消防设施。

3.7.2　基本消防设计

1）主要消防设计依据

《建筑设计防火规范》GB 50016—2014

《火力发电厂与变电站设计防火规范》GB 50229—2006（现已废止）

《办公建筑设计规范》JGJ 67—2006（现已废止）

《建筑防烟排烟系统技术标准》GB 51251—2017

《消防给水及消火栓系统技术规范》GB 50974—2014

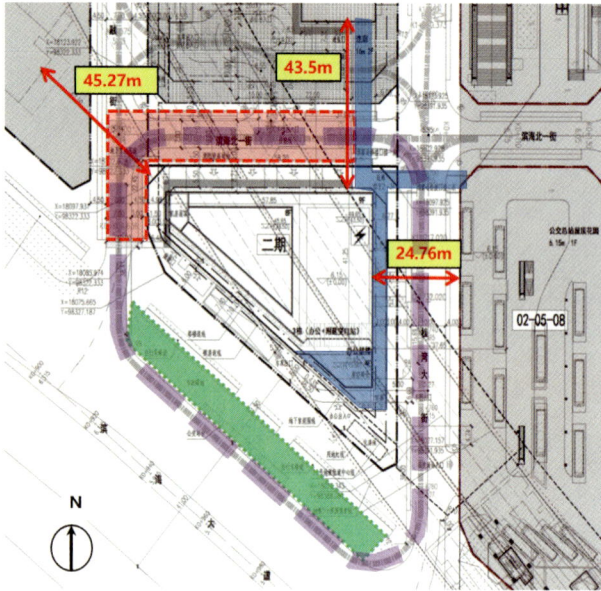

图 3.7-6　消防总平面图

图 3.7-7　地下一层夹层防火分区示意图

2）总平面消防设计

消防车道利用周边市政道路形成环道，消防车道宽度不小于7m。消防登高操作场地位于北侧与西侧连续布置，宽度为10m，长度为80.65m，约为建筑周长的1/2（图 3.7-6）。

3）建筑消防设计

地下变电站部分的电缆夹层分为两个防火分区，每个防火分区建筑面积不大于1000m²，每个防火分区各有1部独立的疏散楼梯，另一个利用开向相邻分区的甲级防火门作为安全出口。非变电站部分的地下设备用房防火分区建筑面积不大于500m²（图 3.7-7）。

地上部分变电站与办公部分采用不开门窗洞口的防火墙和耐火极限不低于2.00h的楼板进行分隔；在竖向利用六层架空层把变电站与办公区隔开，架空层层高5.2m；变电站和办公区分别设置2部疏散楼梯，人员疏散互不影响。

变电站为无人值守式变电站，仅在检修和巡查时有少量维护和管理人员，设有两部独立疏散楼梯，发生火灾时人员能够迅速撤离着火区域。变电站的防火分区建筑面积不大于1500m²，变电站内的设备房采用耐火极限不低于2.00h的防火隔墙和1.50h

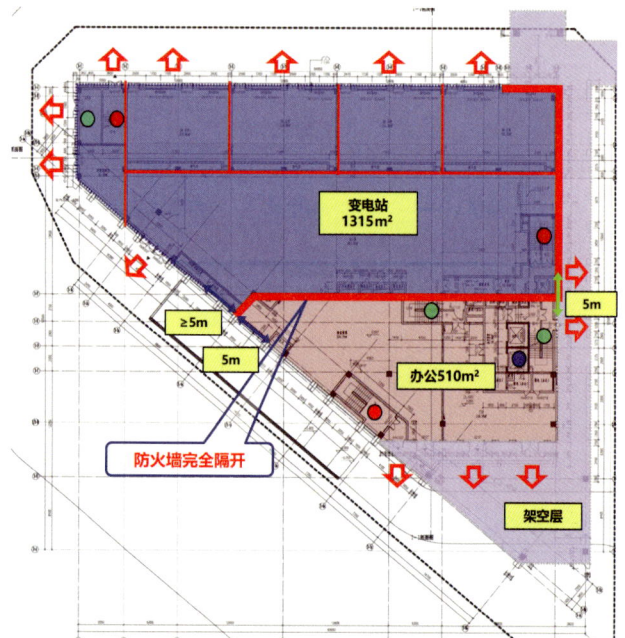

图 3.7-8　一层防火分区示意图

的楼板与其他部位分隔，开设的门采用甲级防火门。办公的防火分区建筑面积不大于 $1500m^2$，疏散人数按现行规范 $6m^2$/人取值，设有一部消防电梯。

首层变电站 4 台主变压器每台单独成室，与相邻区域采用耐火极限不低于 3.00h 的防火墙进行分隔，采用甲级防火门直通室外（图3.7-8）。

外墙上开设的通风口采用防火阀减少火灾对室外的影响（图3.7-9）。

二层南侧有室外架空连廊，与北侧项目一期相连（图3.7-10～图3.7-13）。

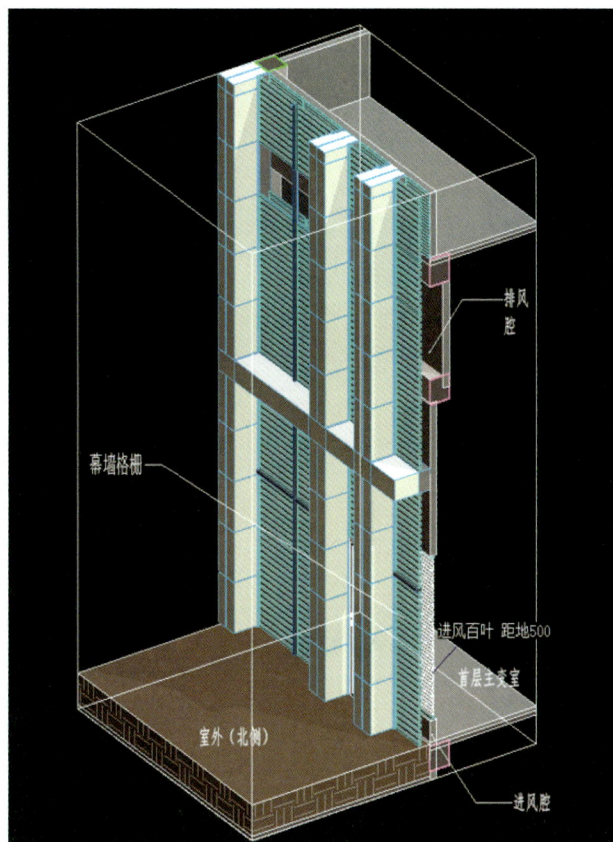

图 3.7-9　外墙开设的通风口

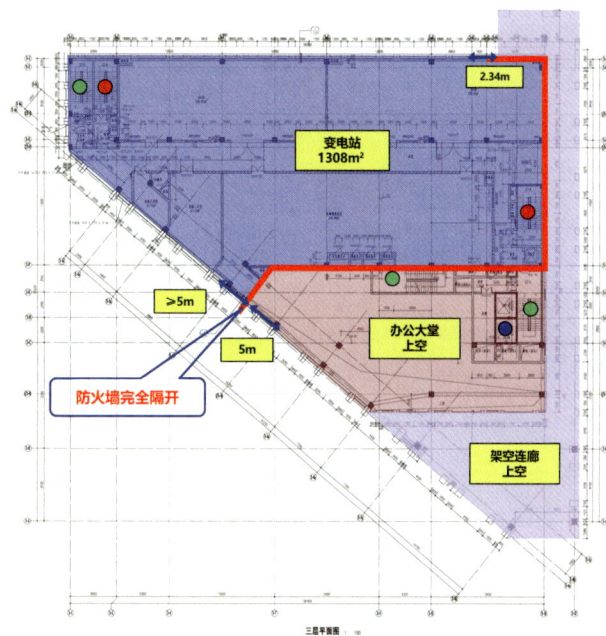

图 3.7-11　三层防火分区示意图

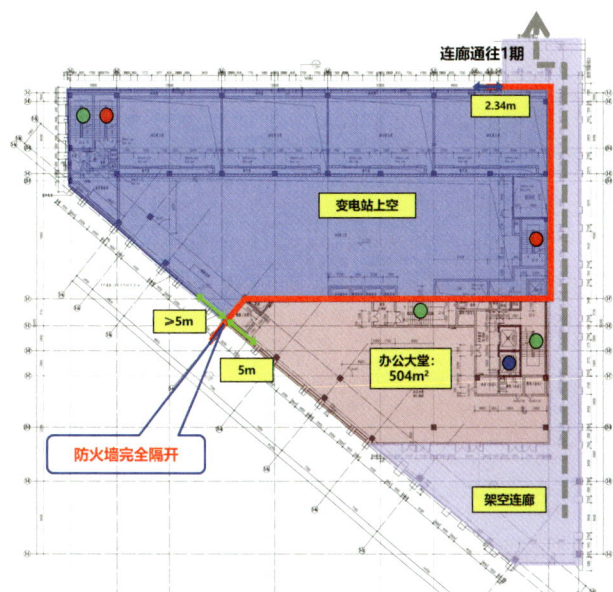

图 3.7-12　四层防火分区示意图

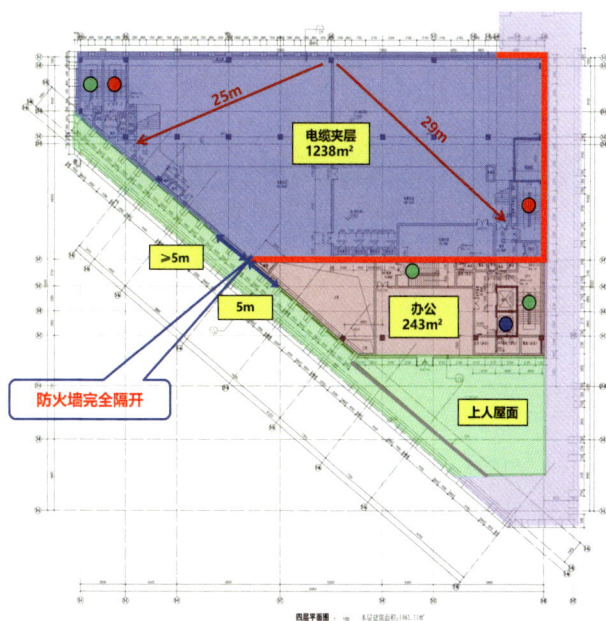

图 3.7-10　二层防火分区示意图

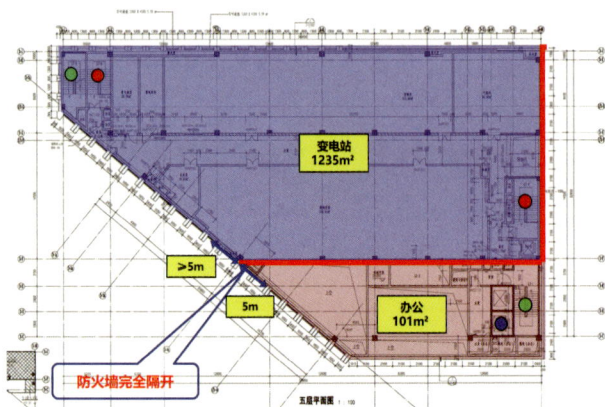

图 3.7-13 五层防火分区示意图

4）其他防火设计加强技术措施

① 变电站全站采用气体绝缘变压器、GIS 设备（无油浸式设备），在选择气体变压器、干式电容器和相关电气设备后，除电缆夹层外，变电站区域的火灾危险类别为丁类，火灾危险性较小，着火的可能性小且不容易发生火灾蔓延。

② 电缆夹层由于设置有 B 类阻燃电缆，火灾危险类别为丙类，但 B 类阻燃电缆仅占 20%，其余约 80% 为 A 类阻燃电缆，且 B 类阻燃电缆外缠绕电缆用阻燃包带，电缆夹层内设置气体灭火系统，火灾危险性低于普通电缆夹层。

③ 变电站外墙上的门、窗等开口部位的上方设置高度不小于 1.5m 的不燃性实体墙，且在楼板上设置高度不小于 0.6m 的不燃性实体墙。

④ 变电站和办公楼层之间设置架空层，变电站屋顶（即架空花园楼板）的耐火极限由 1.50h 提高至不低于 2.00h。

⑤ 变电站内的装修和装饰材料均选用 A 级。

⑥ 本项目室内消火栓的用水量由规范（《消防给水及消火栓系统技术规范》GB 50974—2014）要求的不小于 20L/s 提高至不小于 25L/s，每根竖管的流量按规范要求的不小于 10L/s 提高至不小于 15L/s，同时使用的消防水枪数由规范要求的不少于 4 支提高至不少于 5 支。

⑦ 变电站的消防用电按一级负荷供电。

3.7.3 消防设计难点

近年来随着城市的快速建设和发展，城市中心区变电站无处落地问题已成为国内许多大中城市不可回避的老大难问题，大力推广"附建式变电站"的呼声越来越高。而现行国家工程建设消防技术标准未涵盖设置在民用建筑内的附建式变电站的消防设计。

1.《建筑设计防火规范》GB 50016—2014（以下简称《建规》）第 3.1.1 条及条文说明，油浸变压器室的火灾危险性类别为丙类，干式变压器的火灾危险性类别无明确规定；而现行国家标准《火力发电厂与变电站设计防火规范》GB 50229—2006 第 11.1.1 条将气体或干式变压器室的火灾危险性类别定为丁类。

2.《建规》第 5.2.3 条规定，民用建筑与单独建造的变电站的防火间距应符合本规范第 3.4.1 条有关室外变、配电站的规定。第 5.2.3 条条文解释，单独建造的其他变电站，则应将其视为丙类厂房来确定有关防火间距。

3.《建规》第 3.4.1 条仅规定了室外变、配电站油浸式变压器与民用建筑的防火间距，并未提及设置在室内的变压器、气体和干式变压器与民用建筑的防火间距。

4.《建规》第 5.4.12 条规定了油浸变压器室确需与民用建筑贴邻或布置在民用建筑内时的防火安全措施和油浸变压器的容量要求，未明确气体或干式变压器室的安全措施和变压器的容量要求；第 5.4.12 条条文说明提出："干式或其他无可燃液体的变压器火灾危险性小，不易发生爆炸，故本条文未作限制"。

本项目就以上消防设计难点向国家规范《建规》管理组致函咨询，规范组给予答复如下："确需布置在民用建筑内或与民用建筑贴临建造的 220kV 干式室内变电站，其防火设计技术要求可以比照丙类火灾危险性厂房的要求确定，并应采用不开门窗洞口的防火墙和耐火极限不低于 2.00h 的楼板进行分隔，设置独立的安全出口和疏散楼梯。"

3.8 沈阳环球金融中心商业综合体

深圳大学建筑设计研究院有限公司 马 越 杨 华 高文峰

3.8.1 项目概况

建设单位：沈阳泰盛投资有限公司

T1、T2 建筑方案及建筑初步设计单位：阿特金斯顾问（深圳）有限公司

设计单位：深圳大学建筑设计研究院有限公司

施工单位：中建三局集团有限公司

机电顾问：柏诚工程技术（北京）有限公司

消防顾问单位：辽宁中科技公共安全有限公司

消防审查单位：沈阳市消防局建审科

消防验收单位：沈阳市消防局验收科

设计时间：2012 年 11 月～2016 年 1 月

1）基地位置

本项目位于沈阳市核心地带，青年大街以西、文艺路以北的金廊沿线；东临青年公园，南接华润万象城，西邻万科春河里，北侧为待开发用地。

用地南北纵深 216～274m，东西宽约 227m，地势平坦（图 3.8-1，图 3.8-2）。

图 3.8-1 项目西南角鸟瞰图

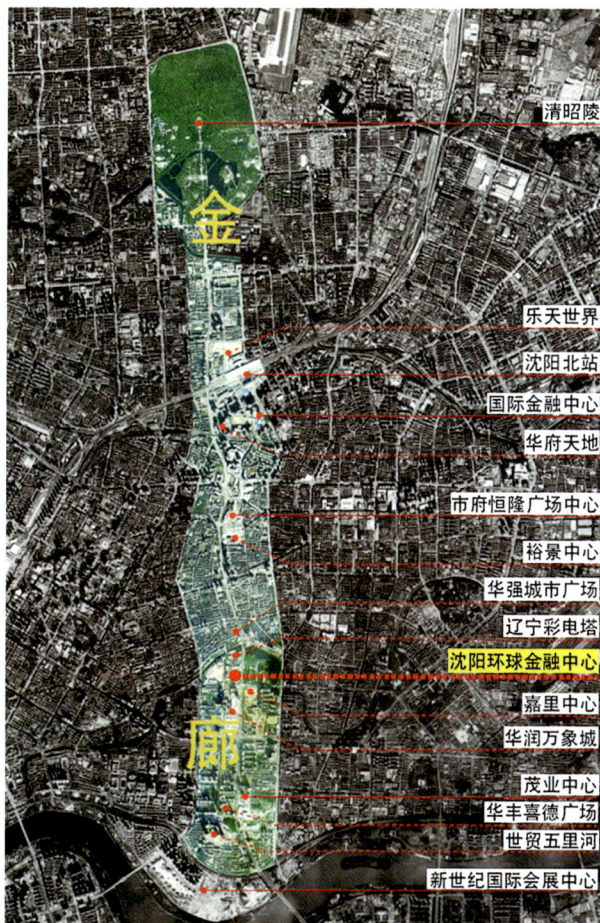

图 3.8-2 基地位置

2）项目定位

集办公、酒店、商业、住宅等功能为一体的大型超高层城市综合体项目，定位为国际金融中心，将成为沈阳市乃至东北地区的地标建筑。

3.8.2　设计概述

1）项目组成

控制线用地面积为58424.1m²，总建筑面积为1066460.74m²。其中，地上、地下建筑面积分别为788725.35m²、277735.39m²。

整体建筑包括埋深24.35m的5层地下室、高29.20m的5层商业综合体（局部6层）和7栋塔楼：T1主塔楼（高568m）、T2副塔楼（高308m）、T3～T7住宅塔楼（高194m）（图3.8-3，图3.8-4）。

这里重点阐述商业综合体部分。

2）总体布局

T1、T2塔楼分别位于基地东侧，与青年公园自然景观相望，形成城市新地标；T3～T7塔楼沿基地南西北侧分散布置，形成环绕式布局。

商业综合体基本铺满基地，屋顶种植绿化，成为住宅中心立体绿岛。

3）功能组成

商业综合体由商场、书城、儿童游乐场所、餐饮、影院、多功能活动厅、地下停车库及设备机房等功能组成。

一至三层主要为商场、书城、儿童游乐场所，四至五层设有电影院、餐饮等功能，局部六层为大型多功能厅。其功能分布如图3.8-5所示。

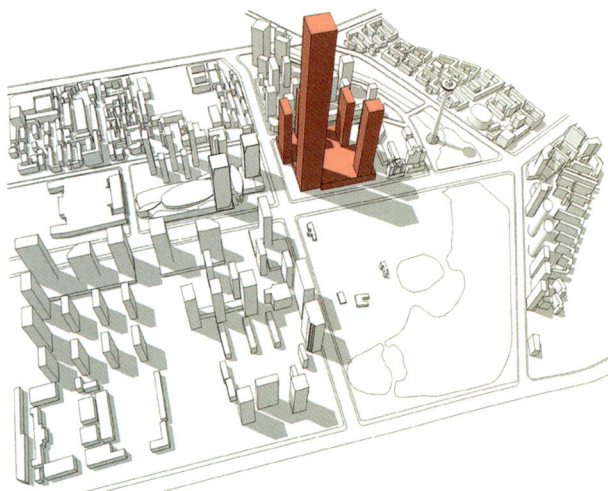

图3.8-3　总体布局及周边环境

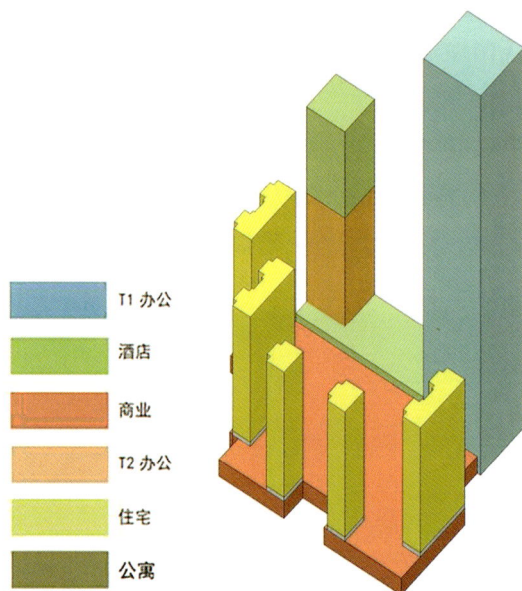

图3.8-4　项目功能组成

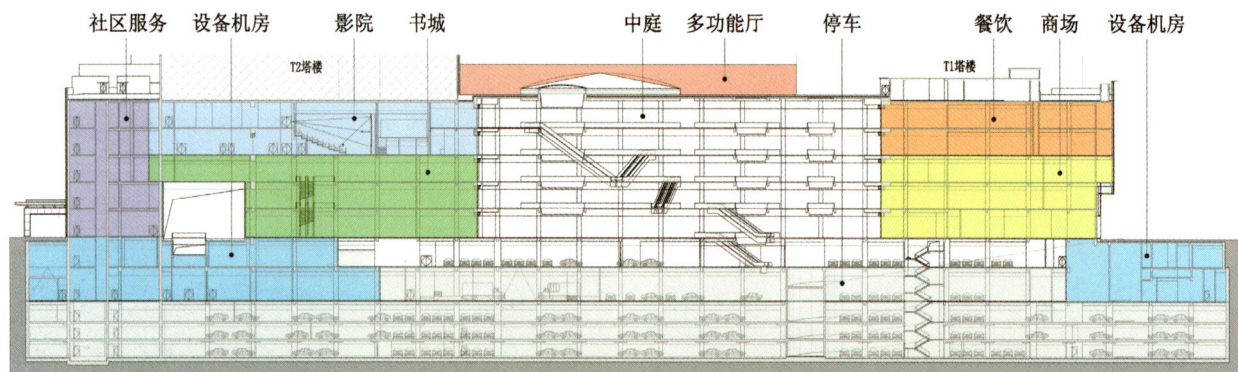

图3.8-5　商业综合体功能分区示意图

图 3.8-6　沿青年大街南望效果图

采用环形动线组织商业人流，动线将满铺的商业划分为环形外围商业和中岛商业区域。结合商业动线设置 5 层连通的中庭，中庭顶部设采光天窗。

地下室为 5 层停车库和设备机房。

4）建筑外观

利用斜向的几何形体进行穿插、叠加组合，体现商业建筑的现代、简洁的高品质感。一、二层为通高橱窗，三层以上为几何形石材墙面，其上结合内部空间需求，开设与整体形式呼应的玻璃幕墙。外观效果如图 3.8-6 所示。

5）主要技术经济指标（表 3.8-1）

建筑特征及主要技术经济指标　　表 3.8-1

指标＼楼栋	商业综合体	地下室
建筑性质	高层公共建筑	多层停车库
主要功能	商业、餐饮、影院、多功能厅	停车、设备机房
设计使用年限	50 年	
建筑类别	一类	
建筑耐火等级	一级	
结构类型	框架剪力墙	
抗震设防烈度	7 度乙类	7 度丙类
人防工程等级	甲类常 6、核 6 级	

续表

指标＼楼栋	商业综合体	地下室
层数	地上 5 层	地下 5 层
主要层高	6.0m/5.4m	6.0m/3.6m
建筑高度	29.20m	24.35m
建筑面积	158253.45m²	277735.39m²
建筑覆盖率	63.4%	91.7%
停车位（地上／地下）	0/3500	

6）项目设计及施工节点（表 3.8-2，表 3.8-3）

消防设计主要时间节点　　表 3.8-2

时间	完成事项
2013 年 1 月中	项目正式启动
2014 年 7 月～ 2015 年 9 月	编制《消防性能化评估报告》
2014 年 11 月底	取得《施工图审查意见书》
2015 年 9 月中	取得《消防设计评审专家组意见》
2015 年 10 月底	取得《消防设计审核意见书》

项目施工主要时间节点　　表 3.8-3

时间	完成事项
2013 年 5 月中	项目正式动工
2016 年 11 月	商业综合体主体结构封顶
2017 年 12 月	商业综合体消防验收合格
2018 年 2 月	商业综合体竣工初验

3.8.3 消防设计依据

1）消防设计特点

超长的建设周期造成建筑消防设计跨越新旧规范执行期，以及超高、超大规模造成的消防设计内容超出规范规定范围的情况，是本项目消防设计的特点和难点。

（1）规范更新

本项目设计和实施阶段分别处于建筑设计防火规范新旧交替时期，经过与当地消防审批单位的沟通，确定了消防设计原则如下：

在执行更新前建筑防火规范的前提下，对涉及宜满足新防火规范要求的部分进行适当调整，确定全部满足旧规范、部分满足新规范的原则。

（2）特殊消防设计

对超出建筑设计防火规范规定的内容进行特殊消防设计，参考国内外类似项目的消防设计措施，并综合以下各方消防设计意见：

① 辽宁中科技公共安全有限公司完成的《沈阳环球金融中心商业综合体部分（T8）消防性能化设计评估报告》中提出的加强措施意见；

② 建筑消防专家组的评审意见；

③ 当地施工图审查单位的审图意见；

④ 辽宁省消防局的指导意见；

⑤ 沈阳市消防局的审批意见。

以"保护人身和财产安全、预防和减少火灾危害"为宗旨，结合以上各方意见，对消防设计的安全措施进行加强和完善。

在规范规定范围内的基本消防设计，依据当时适用的建筑设计防火规范执行。

2）消防设计依据

（1）基本消防设计

截至 2015 年 10 月，基本消防设计依据的是国家有关建筑防火设计的旧规范以及当时适用的防火设计新规范中的部分内容，主要防火设计规范见表 3.8-4。

项目主要依据的防火设计规范　　表 3.8-4

规范名称	适用情况
《建筑设计防火规范》GB 50016—2014	已废止，2018 年更新
《高层民用建筑设计防火规范》GB 50045—95	已废止，2015 年更新
《建筑设计防火规范》GB 50016—2006	已废止，2015 年更新
《汽车库、修车库、停车场设计防火规范》GB 50067—2014	适用中
《人民防空工程设计防火规范》GB 50098—2009	适用中
《建筑内部装修设计防火规范》GB 50222—95	已废止，2015 年更新
《自动喷水灭火系统设计规范》GB 50084—2014	适用中
《固定消防炮灭火系统设计规范》GB 50338—2003	适用中
《大空间智能型主动喷水灭火系统技术规程》CECS 263:2009	适用中
《气体灭火系统设计规范》GB 50370—2005	适用中
《建筑灭火器配置设计规范》GB 50140—2005	适用中
《火灾自动报警系统设计规范》GB 50116—2013	适用中

（2）特殊消防设计

结合《消防设计评审专家组意见》《消防性能化评估报告》《消防设计审核意见书》《施工图审查意见书》的建议内容，作为特殊消防设计的依据。

3.8.4 基本消防设计

1）总平面消防设计

（1）周围环境

本项目建筑主体与南、西侧建筑间距均超过 30m；北侧建筑退红线最近点距离为 16m；东侧为公园。附近无仓库、储罐等火灾危险性建筑。

（2）建筑间距

商业综合体与周围建筑间距远超 13m；7 栋塔楼与商业综合体之间均设置防火墙或甲级防火门，进行防火分隔。

（3）消防车道

利用南侧、西侧市政道路，与基地内东侧、南侧的应急消防车道、北侧的内部道路共同形成环形消防车道，消防车道于建筑北侧穿越建筑物。

（4）登高操作场地

沿建筑周边坡道及塔楼范围以外的室外场地，结合塔楼消防登高操作场地，分段设置综合体消防登高操作场地，总长度合计大于建筑周长的1/4、并大于一个长边长度。

登高场地距离建筑均大于等于5m，每段场地的长度和宽度分别大于等于15m、10m。

在消防救援场地对应范围内，均设置了直通室外的楼梯或直通楼梯间的入口。

各栋超高层塔楼及商业综合体的消防登高救援场地位置见图3.8-7所示。

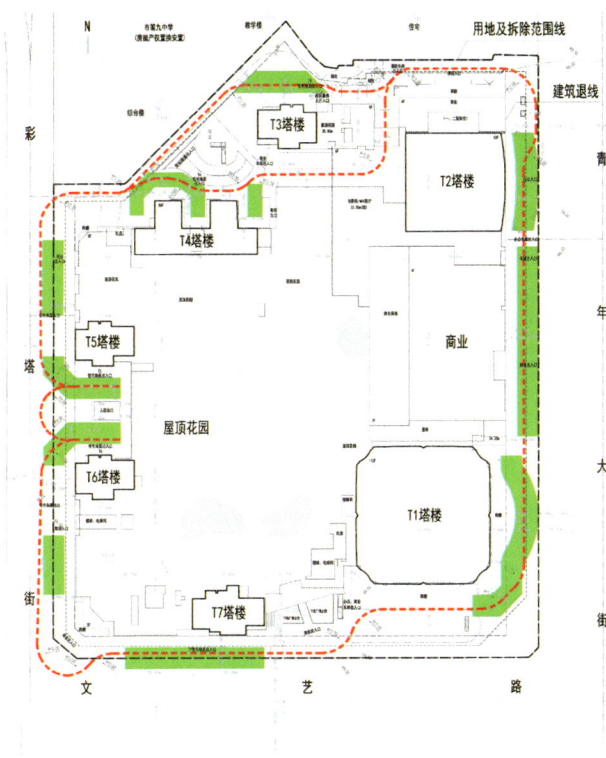

图3.8-7　消防总平面示意图

（5）消防救援窗

二层以上每个临外墙的防火分区均设有两个间距不超过20m的救援窗，设置位置与消防车登高操作场地相对应。

救援窗均通向室内公共区域或设备间。

2）建筑消防设计

（1）防火分区

除楼梯间及部分设备间外，各部分空间均设置自动灭火系统。

① 商业综合体

防火分区的设置分为两部分：

a. 商业营业及后勤部分：防火分区最大允许建筑面积，见表3.8-5。

商业部分防火分区设置标准　　　表3.8-5

建筑功能	防火分区最大允许建筑面积
商场、书城、机房、工具间、仓储	按商业营业厅标准＜4000m²
餐饮	＜3000m²
电影院	＜2000m²

b. 公共交通（中庭）部分：中空一～五层的大空间，建筑面积共计约24000m²，远远超过规范规定，需通过消防性能化评估论证安全疏散的可行性。

防火分区分隔措施：采用防火墙、C类防火玻璃墙及自闭式C类防火玻璃门＋水幕、特级防火卷帘、甲级防火门等方式分隔。

② 地下室（表3.8-6）

地下室防火分区最大允许建筑面积　　表3.8-6

建筑功能	防火分区最大允许建筑面积
商业营业厅	＜2000m²
商业附属功能用房	＜1000m²
停车库	＜4000m²
设备机房	＜2000m²

防火分区分隔措施：采用防火墙、特级防火卷帘、甲级防火门等方式分隔。

（2）防烟分区

每个防烟分区面积小于等于500m²。设置排烟设施的走道、净高不超过6.0m的房间，采用自动回转式挡烟垂壁、隔墙或从顶棚下突出不小于0.5m的梁划分防烟分区。

防烟楼梯间均采用机械排烟方式。

（3）安全疏散

① 商业综合体

a. 疏散宽度

商业部分均按商场营业厅内的人员数量计算楼梯宽度。

商业营业厅部分本层/（防火分区）疏散楼梯宽

度＝营业厅／（防火分区）建筑面积×商店营业厅的人员密度 K_1（人/m²）×每100人最小疏散宽度 K_2（m/百人）×0.01（表3.8-7）。

商业营业厅 K_1 及 K_2 的取值标准　　表3.8-7

系数	楼层位置或建筑层数	取值
K_1 /（人/m²）	地下一层	0.60
	地上一、二层	0.43
	地上三层	0.39
	地上四层以上	0.30
K_2 /（m/百人）	地下（与地面出入口地面的高差＞10m）	1.00
	地上楼层≥4层	1.00

注：营业厅／防火分区建筑面积，包括展示货架、柜台、走道等顾客参与购物场所以及营业厅卫生间、楼梯间、自动扶梯等建筑面积。仓储、设备间、工具间、办公室等后勤部分与商业营业厅间均采用隔墙和乙级防火门分隔，且疏散时无需进入营业厅，其面积不计入营业厅面积。

地上商业的下层楼梯总宽度按其上层人数最多一层的人数计算，即一层楼梯宽度应满足二层营业厅人数。

中庭部分疏散楼梯宽度＝本层／（防火分区）营业厅建筑面积×消防性能化折算系数 K_1（人/m²）×每100人最小疏散宽度 K_2（m/百人）×0.01。

其中，经消防性能化评估分析，K_1 取值0.25人/m²，K_2 取值1.0m/百人。

本防火分区疏散宽度无法满足时的设计措施：根据消防性能化评估结果，在确保每个防火分区疏散宽度满足自身要求70%的前提下，不足部分可借用相邻防火分区疏散宽度，但每层总体疏散宽度须满足规范要求。

b.儿童游乐场所：设置独立使用的疏散楼梯，满足人员疏散宽度要求，如图3.8-8所示。

c.安全出口形式：防烟楼梯间或室外走道。

d.安全出口数量：每个防火分区均不少于2个，相邻两个疏散门最近边缘之间的水平距离均大于等于5m。

e.排烟方式：中庭屋盖设机械排烟设施。

f.疏散距离：普通商铺（＜500m²）内任一点至疏散门的直线距离小于等于27.5m，大型商铺（≥500m²）内任一点至疏散门的直线距离小于等于37.5m。

以二层平面为例，消防设计见图3.8-9。

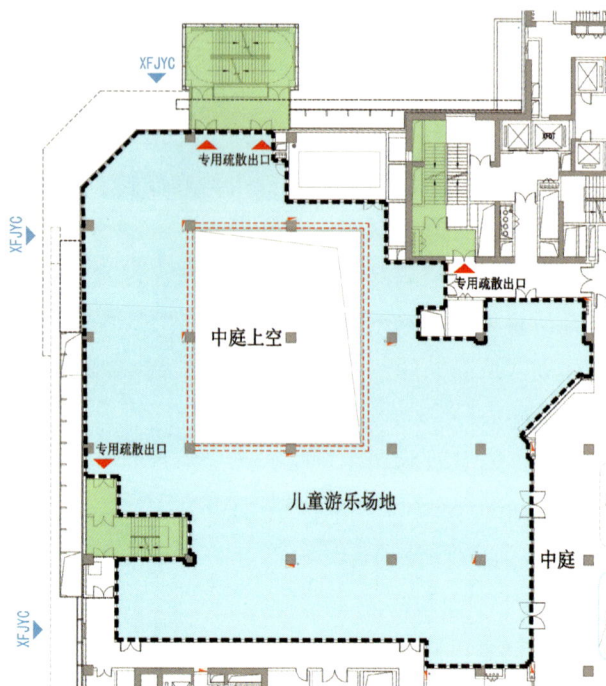

图3.8-8　三层儿童游乐场所疏散示意图

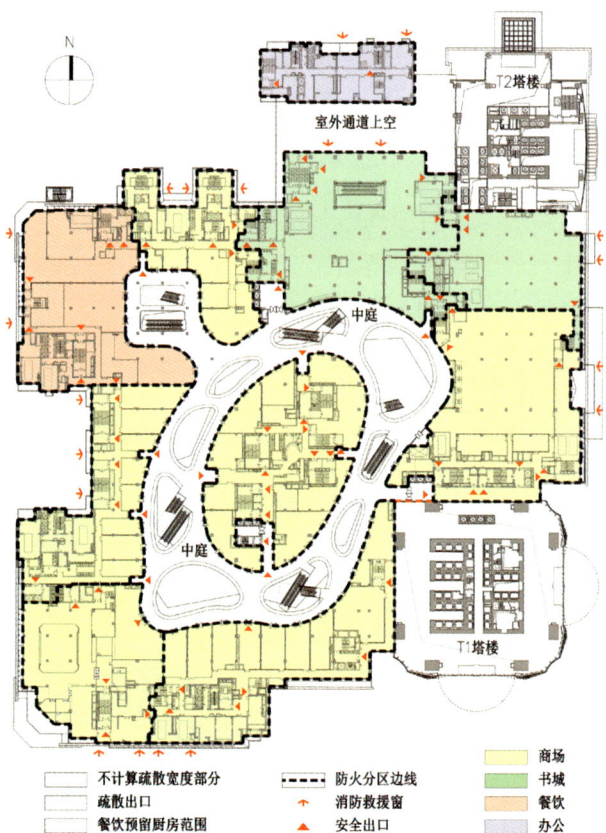

图3.8-9　二层消防设计平面图

g. 首层出口：各疏散楼梯在一层均直通室外，或通过一层中庭（亚安全区）再通向室外；外门的总宽度由一层或二层需疏散的总人数计算确定。

② 地下室

地下室每个防火分区均设有 2 个及以上安全出口，安全出口的设置可分为两部分：

停车库部分及建筑面积大于 1000m² 的设备机房部分：一个安全出口为独立使用的疏散楼梯，另一安全出口也为独立使用的疏散楼梯，或与相邻防火分区共用的疏散楼梯。

建筑面积不大于 1000m² 的设备机房部分：一为独立使用或共用的疏散楼梯，一为通向相邻分区的甲级防火门。

（4）消防电梯

商业综合体均匀布置 8 部消防电梯（每层约 10 个防火分区），基本保证大部分防火分区设置消防电梯。

除部分消防电梯未通至地下五层外，其他均通至地上、地下各层。一层通过前室、合用前室直通室外消防救援场地。

（5）主要构造防火措施

经节能计算，地上商业部分需采用 80mm 厚岩棉作为外墙外保温层，燃烧性能等级达到 A 级要求。

3.8.5　特殊消防设计

针对本项目超出规范规定的特殊消防设计内容，结合消防性能化评估分析、国内外类似案例采取的消防措施，在适用规范的基础上，进行安全评估分析，得出整体消防系统设计（图 3.8-10）。

进而通过消防设计专家评审、消防主管部门审查、设计审查等程序，综合得到安全、可靠的防火设计措施。

在实施阶段跟踪落实，保证上述措施在消防验收前得以实现。

1）中庭部分防火分区面积超大

（1）消防问题

商业综合体中庭从地下一层贯穿至地上五层，划分为一个防火分区，其中地上面积为 23997.29m²，地下面积为 1689m²，远远超过《建筑设计防火规范》第 5.3.1 条规定的 4000m² 要求。

（2）安全分析

① 中庭区域作为一个通透、开阔的公共交通区域，是整个商业综合体的灵魂。

在运营时作为购物人流主要通道，在紧急情况下又为人员创造了一个相对安全的区域。

② 中庭区域作为人流通行空间，一般情况下存在的火灾荷载较少，本身发生火灾的可能性较小。

（3）解决方案

将中庭定义为介于商铺功能区域和室外之间的"亚安全区"。

通过将中庭区域设置成"亚安全区"，可以解决中庭防火分区面积超大、部分区域疏散距离超长以及首层中岛区域疏散楼梯无法直通室外这三个消防设计问题。

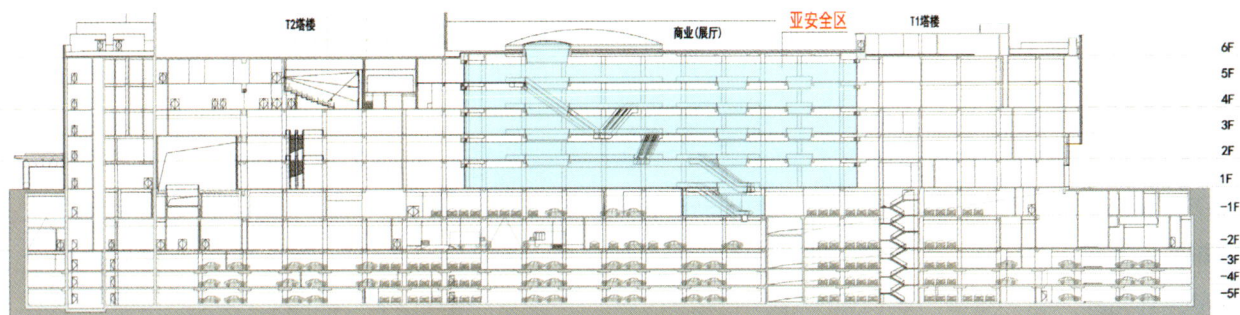

图 3.8-10　商业综合体剖面示意图

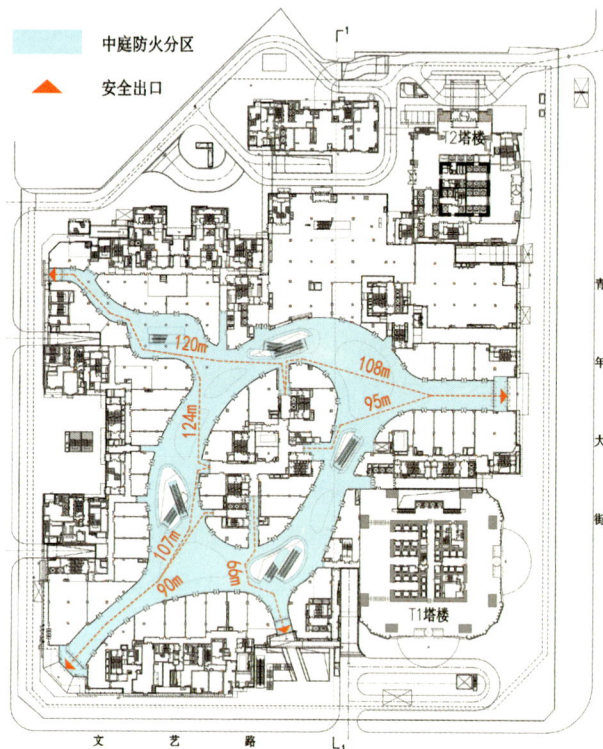

图 3.8-11 一层平面疏散距离超长示意图

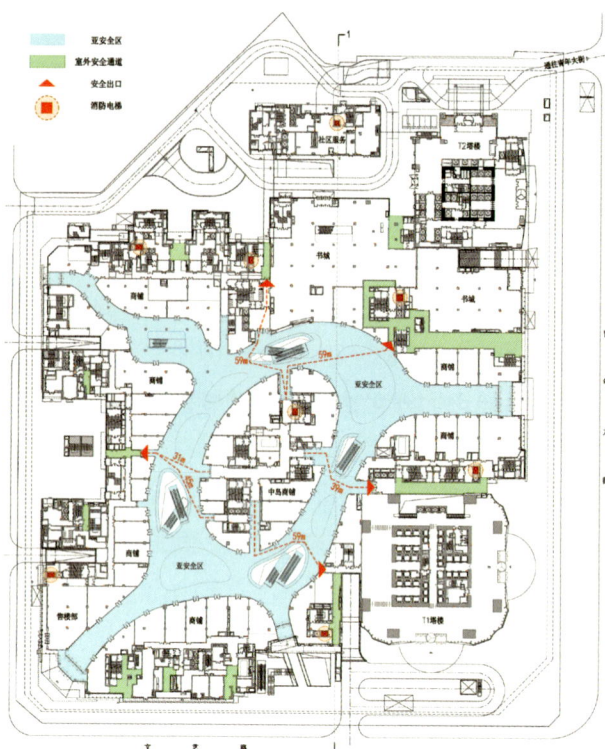

图 3.8-12 一层平面疏散设计示意图

2）中岛疏散楼梯出口至室外距离超长

（1）消防问题

中岛区域疏散楼梯在首层的出口仍位于中岛内，人员需通过中庭公共区域才能到达室外，最不利点人员疏散距离达到 100m 以上，远远超出《建筑设计防火规范》GB 50016—2014 第 5.5.17 条的规定，如图 3.8-11 所示。

（2）安全分析

① 利用中庭"亚安全区"疏散

中庭作为商业综合体主要出入口的联系空间，也是顾客进入商铺的主要通道。商铺发生火灾时，人们会本能地利用这一熟悉的通道向室外疏散。

② 相邻防火分区增设辅助安全出口

利用"亚安全区"周边与室外距离较小、能方便连通的位置，设置直通室外的安全通道。

向相邻防火分区开设甲级防火门作为辅助安全出口，但其宽度不应超过中庭防火分区和中岛所有疏散楼梯所需疏散宽度的 30%，以此解决疏散距离过长和疏散宽度不够这两种疏散问题。

（3）解决方案

在首层中庭部分外围增加直接连通室外的走道，控制中岛首层至室外走道与中庭之间的开口部分的安全疏散距离不大于 60m，如图 3.8-12 所示。

3）六层多功能厅难以疏散的问题

（1）消防问题

本建筑的多功能厅设置在商业综合体六层，建筑面积为 1000m²，属于人员密集场所，发生火灾时，该区域人员难以及时疏散至安全区域。

（2）安全分析

① 多功能厅与前厅等其他功能区域之间增加防火分隔，将多功能厅设置为"独立防火单元"。

② 将多功能厅进行分区处理，减小火灾对邻近区域的危害。

③ 加强多功能厅的疏散设计，增加安全出口数量，加强疏散指示和防排烟设计。

（3）解决方案

① 多功能厅与前厅等其他功能区域之间采用防火墙、甲级防火门进行防火分隔。

② 采用特级防火卷帘，将多功能厅分隔成多个小于 400m² 的区域，每个区域设置两个疏散出口。

③ 每个厅单独设置排烟口，通过探测联动系统控制。

多功能厅平面分隔措施如图 3.8-13 所示。

4）IMax 巨幕影厅面积超大

（1）消防问题

本项目中电影院设置在商业四层，IMax 巨幕影厅跨越四至六层，建筑面积为 644m²，超过《建筑设计防火规范》GB 50016—2014 第 5.4.7 条规定的 400m² 要求。

（2）安全分析

通过消防性能化相关软件，模拟烟气计算场景过程，对不同解决方案的火灾烟气危险性分析及人员疏散安全性进行论证、对比，分析选择最优方案。

（3）解决方案

① 影院按不大于 2000m² 划分防火分区。防火分区建筑面积缩小，以提高防火安全性能等级。

② 各观众厅采用耐火极限不小于 3.00h 的实体墙和甲级防火门进行分隔，设为独立的防火单元。

③ IMax 巨幕影厅设置不少于 3 个疏散出口。

④ 供影院独立使用的专用疏散楼梯间设置在 IMax 巨幕影厅所在的防火分区内。

⑤ 每个观众厅作为一个独立的防烟分区，将观众厅和大堂按建筑面积 90m³/（m²·h）和换气次数不小于 13 次的最大值确定排烟量。

各影厅按排烟量的 50% 设计机械补风。

影院消防设计如图 3.8-14 所示。

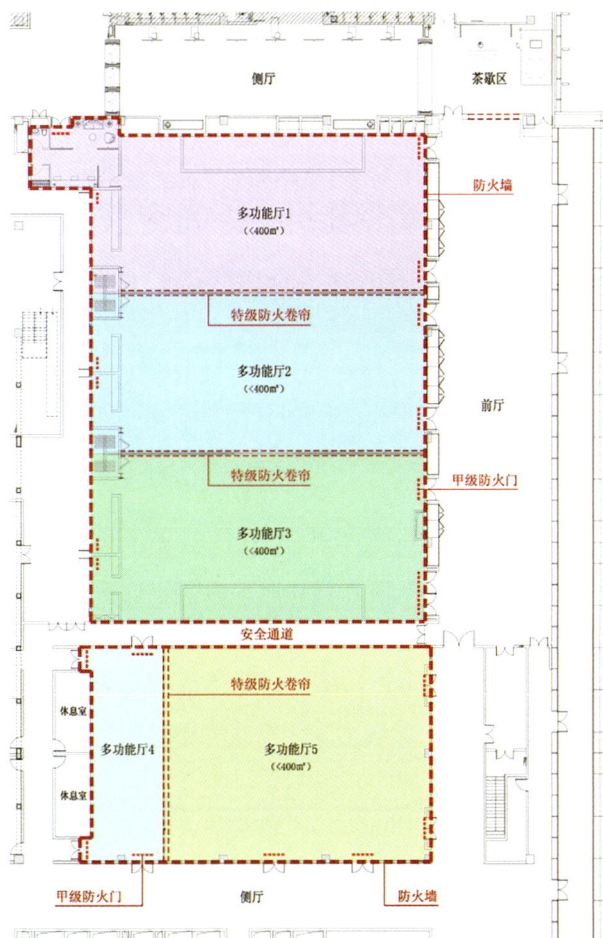

图 3.8-13　多功能厅消防设计示意图

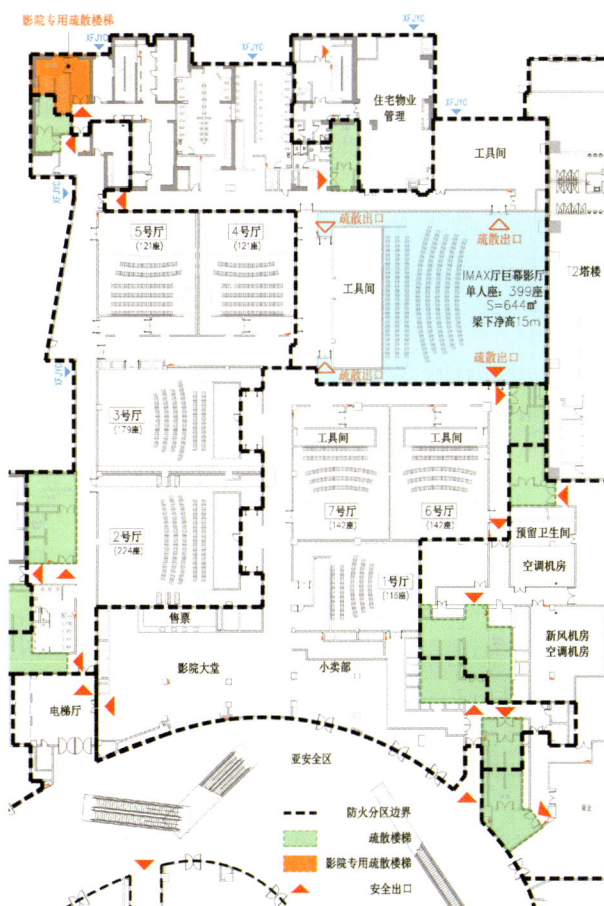

图 3.8-14　影院消防设计示意图

3.8.6　特殊消防设计加强措施

由辽宁中科技公共安全有限公司论证完成的《沈阳环球金融中心商业综合体部分（T8）消防性能化设计评估报告》中关于超出规范部分的分析评估内容如下：

评估原理：消防安全工程原理

评估方式：通过危险源识别、火灾场景设计，利用火灾模拟软件 FDS 和人员疏散软件 Pathfin-der 对建筑内烟气运动和人员疏散进行了模拟计算，分析发生火灾时的火灾动力学特征、烟气蔓延规律以及发生火灾后人员疏散模拟结果，得到安全疏散策略，并提出了消防设计加强措施。

结论：结合消防性能化建议与规范要求，商业综合体的消防设计通过了专家评审、主管部门审批、审图单位审查等审批环节，结论为合格，并已通过主管部门消防验收。

针对上述存在的消防设计难点，结合消防性能化评估报告，提出需要采取加强的消防安全措施汇总如下：

1）中庭区域防火设计

（1）建筑加强措施

① 地下一层中庭设置安全出口，通向相邻防火分区，地下区域不得借用地上亚安全区进行疏散。

② 中庭两侧商铺或餐饮（含厨房）的面积不宜大于300m²，当大于300m²且小于500m²时，应采用防火墙分隔；中庭两侧餐饮（含厨房）不宜大于500m²，当大于500m²且小于1000m²时，应有独立于中庭的疏散条件，并应采用防火墙分隔。

如在防火墙上开口应采用防火门或防火卷帘分隔，防火卷帘的长度不大于9.0m。

③ 相邻商铺之间实体墙的耐火极限不低于3.00h，且砌至楼板；相邻商铺之间隔墙两侧面向中庭的开口或非实体墙之间设置宽度不小于1.0m、耐火极限不低于3.00h 的实体墙；商铺与后勤走道之间采用2.00h 耐火极限隔墙和乙级防火门分隔。

④ 每层面向中庭一侧设置回廊或挑檐，其出挑宽度不小于1.2m。

⑤ 商铺与中庭公共区域之间采用 C 类防火玻璃构件及自闭式 C 类防火玻璃门＋自动喷水保护系统进行分隔，并达到如下要求：

a. C 类防火玻璃构件的耐火完整性不小于1.00h，设置喷淋保护后玻璃及安装框架的耐火完整性不低于3.00h。

防火玻璃的构造及材料要求：

· 上檐至楼板处应采用不燃材料进行封堵，连接用钢型材、吊顶至楼板处封堵构件耐火极限不小于1.00h；

· 防火玻璃隔墙不采用无竖框结构方式，竖向连接构件同玻璃之间设有阻燃橡胶等不燃或难燃材料衬垫，整体须满足相应的耐火性能要求；

· 室内防火玻璃隔墙产品须有公安部消防局国家固定灭火系统和耐火构件质量监督检验中心（天津）或国家防火建筑材料质量监督检验中心（四川）出具的1.00h 及以上非隔热防火玻璃隔断型式检测报告和"防火型材系统配窗式喷淋保护"系统的试验报告（图3.8-15）。

图3.8-15　商铺防火产品的合格证书

b. 防火玻璃不在竖直方向上拼接；当防火玻璃需要横向折线拼接时，在喷头保护一侧拼接玻璃之间的折角不小于90°，拼接用的每块玻璃的宽度不小于0.9m，每块玻璃均采用窗式专用喷头对其进行保护。

c. 店铺开向中庭公共区域的防火玻璃门可双向开启，防火玻璃门的门套和门框使用钢型材，着火时能自动关闭。采用带电磁门吸式双向弹簧门，平时采用电磁门吸使之常开，火灾时报警系统切断电源，从而使门自动关闭，关闭后能从两侧手动开启并再自动关闭。

d. 自动喷水保护系统在商铺内侧独立设置，且采用窗式专用喷头。窗式专用喷头设计要求（图3.8-16）：

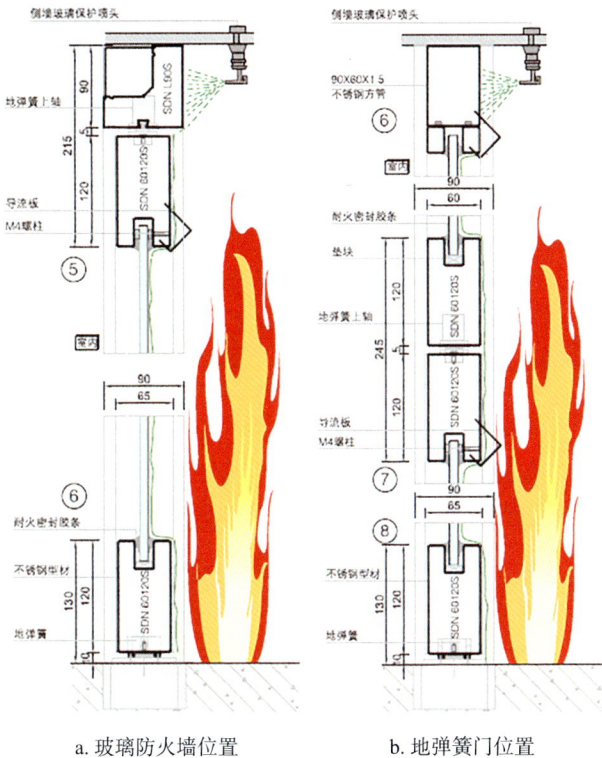

a.玻璃防火墙位置　　b.地弹簧门位置

图3.8-16　窗式喷头剖面示意图

• 喷头动作温度68℃；

• 喷头间距1.8～2.5m，喷头与玻璃之间距离控制在200～300mm，喷头溅水盘与顶板的距离控制在150～300mm；

• 喷头的工作压力需经计算确定，但不小于0.1MPa，喷水强度不小于0.5L/s·m；

• 当喷头距地面高度大于4.0m时，每增加1.0m（不足1.0m，按1.0m计算），喷水强度增加0.1L/s·m；设计喷淋保护时间不低于3.00h。

e. 设计水量按保护长度和设计喷水时间计算确定，其保护长度根据沿各层中庭玻璃铺面最长店铺的实际长度的1.5倍且不小于30m确定。

设计喷水时间不小于3.00h。

（2）机电加强措施

① 中庭区域及店铺内的自动喷头采用 $RTI \leqslant 50$（m·s）$^{0.5}$ 的快速响应喷头；中庭内设置自动跟踪射流灭火系统。

② 中庭两侧的商铺外每隔30m设置DN65的消火栓，并配备消防软管卷盘。

③ 回廊与中庭边界处设置挡烟垂壁。

④ 中庭顶部设机械排烟系统，排烟量按不低于每小时6次换气设计。

⑤ 中庭采用线型红外光束感烟火灾探测器。

⑥ 消防配电线路与其他配电线路合用一个电缆井时，采用矿物绝缘类不燃性电缆。

（3）装修加强措施

中庭区域的地面、墙面、顶棚等采用不燃材料装修，顶棚承重结构的耐火极限不低于2.00h。

（4）消防管理措施

① 中庭及各层回廊仅作为人流通行的走道使用，不应布置摊位、展示台等阻碍人员疏散的物品及任何可燃物。

② 中庭内不应布置可燃物，供顾客休息的桌椅等公共设施应采用不燃或难燃材料，如石材、金属材料等。

2）多功能厅防火设计

① 多功能厅和疏散走道的顶棚、墙面和地面应采用不燃材料装修；所有线路均采用低烟无卤电力电缆和电线；疏散走道严禁堆放任何可燃物。

② 多功能厅及走道内每个区域单独设置机械排烟口，发生火灾后，着火区域排烟系统启动。

③ 多功能厅内自动喷水灭火系统采用 $RTI \leqslant 50$（m·s）$^{0.5}$ 的快速响应喷头。

④ 多功能厅、前厅、疏散走道等区域采用消防广播系统，有效指挥疏散人群。

⑤ 地面设置能保持视觉连续的灯光型疏散指示标志，疏散指示标志使用安全电压，间距不大于3m。应急照明照度不低于5.0lx，并能保证持续供电时间不小于90min。

3）四层影院防火设计

① 观众厅和疏散走道的顶棚、墙面和地面采用不燃材料装修；大堂内的所有装修均选用不燃材料，疏散走道上不得堆放任何可燃物。

② 观众厅的自动喷水灭火系统的喷头采用 $RTI \leqslant$ 50 $(m \cdot s)^{0.5}$ 的快速响应喷头，且喷水强度不小于 $8L/min \cdot m^2$。

③ 影厅及影院疏散走道地面设置能保持视觉连续的灯光疏散指示标志，影厅内间距不大于 1.5m，影院其他公共区域间距不大于 3m；疏散走道及楼梯间的地面最低水平照度不低于 5.0lx，并保证持续供电时间不小于 90min。

4）加强人员疏散安全措施

① 走道内所有装修材料须采用不燃或经阻燃处理的难燃材料。

② 首层无法直通室外的疏散楼梯间至中庭走道两侧设置耐火极限不低于 1.00h 的实体墙，不采用玻璃分隔（图 3.8-17）。

图 3.8-17　中庭效果意象图
（GLC-INTERIOR 公司提供）

③ 加强对人员的疏散诱导，各楼层、回廊、走道上空装设广播音响装置、视频监控装置、灯光频闪装置；火灾时，消防控制室能利用上述装置引导人员疏散。

④ 在中庭、各走道及其回廊部位设置疏散路线连续导流指示标志，其位置、宽度、间距、照度等方面均提高设计标准。

⑤ 各疏散走道、人行通道、中庭回廊上空禁止悬挂可燃装饰物及广告宣传饰品，不设置任何火灾荷载以及影响人员安全疏散的障碍物。

5）加强与塔楼区域防火分隔

① 商业综合体部分与各塔楼之间严格分隔，楼梯间不能互通，疏散宽度不得相互借用，相邻位置以防火墙彻底分隔封死。

② 塔楼在裙楼顶投影区向外的 13m 范围内的裙楼屋面，为耐火极限至少达到 1.50h 的实体楼板，不设天窗等洞口。

6）加强消防管理措施

① 加强对用电、明火的管理。

② 制定消防安全制度，增强管理人员的消防安全意识。

③ 为管理人员提供持续的消防安全知识培训。

④ 设置消防安全责任人。

⑤ 建筑物中相关消防系统应依规范进行定期的维修保养，确保消防设施的可靠性。

7）制定完善的应急管理制度和应急预案

应急管理制度至少应包含以下几个方面：建筑物应急管理；员工应急培训；消防设备设施维护管理；消防知识宣传；应急预案与应急演练等制度，并加强与当地消防救援部门的协同演练。

参考文献：

辽宁中科技公共安全有限公司《沈阳环球金融中心商业综合体（T8）消防性能化设计评估报告》

4

观 演 建 筑

4.1 综论

北建院建筑设计（深圳）有限公司 黄 捷

4.1.1 定义

设有观众厅、舞台、技术用房和演员、观众用房等的观演建筑，具有可看、可演、多功能、多元化的综合性文化艺术中心。观演建筑包括剧院、音乐厅、演艺厅、电影院、多功能厅、会议厅、室内外表演场。

4.1.2 现行规范依据

《剧场建筑设计规范》JGJ 57—2016
《电影院建筑设计规范》JGJ 58—2008
《建筑设计防火规范》GB 50016—2014（2018年版）
《建筑内部装修设计防火规范》GB 50222—2017
《汽车库、修车库、停车场设计防火规范》GB 50067—2014
《民用建筑设计统一标准》GB 50352—2019
以及其他现行国家规范及标准。

4.1.3 现代观演建筑发展及特点

初期，以供广大群众观看电影的电影院功能为主，各类剧种表演、音乐演奏、会议厅等多用途厅堂功能为辅。总体表现为功能布局较为简单紧凑，空间形式缺少变化、较为单调，建筑形式较为简单、规整。

随着商业模式改变，消费观念和生活水平的提高，对观演建筑提出了文化娱乐多功能的需求。随着观众群体文化生活品位和审美情趣的提升，观演模式由一个集多种功能为一体的综合大厅向专业型大厅、数个专业型小厅转变。随着演出形式种类的多样化，舞台和观众厅组合应具有多样性和灵活性。城市上层规划对建筑文化意义的表达，提出了民族性和地域性、标志性、国际化的要求。到了21世纪，观演建筑已步入一个多元化共生的时代，正营造一个集文化、艺术、科技于一身的高层次、多专业、多功能的建筑形象。

4.1.4 消防难点

观演建筑通常包括一个或者多个观众厅，同时结合多种其他服务性附属空间的组合空间模式，规模越大越容易出现超大、超高的观众厅，此类建筑中舞台和观众厅占据主导位置，且均属于超常规尺度空间。

观演建筑表演艺术形式的多样性，空间组合模式不仅局限于功能的合理性，更注重建筑造型和室内公共空间的效果及独特性，如在观众重点达到区域的设计上，往往也会出现超高、超大无分隔的空间。

观演建筑室内空间极为复杂，室内空间效果独特性和演艺功能要求多样性会导致多种空间上下楼层的连通，如入口前厅和侧厅、休息厅的高大空间，观众厅池座、楼座上下空间连通，主舞台与侧台、后台的连通，主舞台的台仓、马道、栅顶上下各层连通。

超大、超高空间是消防设计的重点和难点，观演建筑主要从以下几个方面提出消防策略。

1）观众厅

消防策略取决于观众厅规模的大小。观众厅规模在1000座左右时，防火分区一般可控制在现行规范允许范围内。规模在1200座以上时通常设置池座、楼座，加上与观众厅内部连通的灯光、音响、耳光控制室等附属用房，以及观众厅上空的栅顶面光桥等，在划分防火分区时，难以采用隔墙、防火卷帘、防火门等措施将池座、楼座、附属用房独立隔开，空间上下连通叠加后防火分区面积一般会超出现行规范限值。

观众厅属于人员密集场所，除考虑池座、楼座平层人员疏散外，还需同时考虑楼座竖向往下的人员疏散，人员疏散较常规建筑复杂。为确保观众厅人员得以快速疏散，观众厅内的座席排距、座位数量和疏散出口数量、宽度及疏散距离应严格执行建筑规范的要求。

观众厅地面、墙面、顶棚、座椅等材料的选用，除考虑声学、效果要求外，还应重点考虑材料的燃烧性能，不燃材料能大大降低火灾危险性及延长可供疏散时间。观众厅顶棚及吊顶内的吸声、隔热、保温材料应采用不燃材料，其他宜采用不燃材料，确保观众厅内发生大规模火灾蔓延的可能性降低至最小，如目前通常选用新材料降低座椅的燃烧性能，在座椅内部添加阻燃成分，使其具有自熄性等。

2）舞台

主要包括主舞台、侧舞台、后舞台以及台仓上下方舞台机械设备区，防火分区将以上功能区合并为同一防火分区，防火分区面积往往容易超出规范的要求。《剧场建筑设计规范》JGJ 57—2016规定甲等及乙等的大型、特大型剧场舞台台口应设防火幕，并设水幕确保3.00h的耐火时间，中型剧场的特等、甲等剧场及高层民用建筑中超过800个座位的剧场舞台台口宜设防火幕。舞台与其他区域采用防火隔墙或甲级防火门进行分隔，运景洞口应采用特级防火卷帘或防火幕进行分隔。

舞台内幕布、景片、道具均为易燃材料，灯具

多，电气线路复杂，容易引起电气火灾，演出中往往还有效果烟气，舞台空间高大，易于燃烧，扑救困难，舞台往往是剧场中火灾主要起源之一。

舞台台板燃烧性能不能低于B_1级，幕布应做阻燃处理，燃烧性能不能低于B_1级。舞台内的天桥、渡桥码头、平台板、栅顶应采用不燃材料，耐火极限不应低于0.50h。

3）出入口门厅空间

出入口公共门厅通常包括前厅、休息厅、售票厅等，既作为剧场交通空间，也作为消防集散空间。功能布局上观众厅往往被前厅、休息厅、演职人员后场、办公等空间包围，人员可能无法直接疏散至室外安全区域，需要通过前厅、休息厅作为人员疏散的过渡空间，很难满足现行《建筑设计防火规范》GB 50016—2014（2018年版）的要求。

设计上通常将前厅、休息厅、售票厅划分为一个防火分区，防火分区面积可能会超出规范的要求。针对防火分区过大及人员疏散问题，消防特殊设计上往往提出"临时安全区域""防火隔间"的概念，通过对此类空间的装修材料和家具的燃烧性能、防火墙、防火门、防火卷帘、疏散指示、排烟等采取加强措施，提高相应区域的火灾安全性，并确保火灾不会在各个单元之间蔓延，也不会蔓延至临近的开放空间内。

4.1.5　小结

观演建筑具有观众群体状态不确定性的特点，属于人员密集场所，对于公共安全的要求尤其突出，一旦发生紧急情况会产生较大的经济和政治影响。对于观众容量规模较大、多功能组合的复杂观演建筑，依照现行国家防火技术规范关于消防救援操作场地、防火分区、安全疏散、构件燃烧性能及耐火极限的规定，难以实现项目特定的使用功能、建筑效果及构造需求。

2019年之前，通过消防性能化运用消防安全工程学的原理进行分析论证，2019年之后，特殊消防工程需采用新技术、新材料、新工艺等加强措施进

行特殊分析论证，确保消防安全达到规范要求的同等水平，对于观众容量规模较小的观演建筑，可通过合理的设计米满足现行防火规范的要求。

消防设计仅是建筑设计的一部分，两者相辅相成，缺一不可。建议在进行建筑方案落地性论证时提前引入消防设计，明确建筑分类，确定属于多层建筑还是高层建筑，依据防火分区、安全疏散等规范要求提出合理合规的消防解决策略。通过消防设计的提前介入，尽早规避不符合规范的设计并提出合理、合规的消防策略，或提出满足消防规范的建筑设计方案建议，最终呈现建筑方案所期望表达的空间、艺术效果。

4.2 金沙湾国际乐园演艺中心

北建院建筑设计（深圳）有限公司　张金保

4.2.1 项目概况

整体项目位于大鹏半岛中部大鹏湾北海岸，大鹏新区大鹏街道办事处下沙社区。项目属于佳兆业金沙湾国际乐园 06-02 地块，该地块包含洲际酒店、凯悦酒店、艺术展览馆及演艺中心四个建筑单体。演艺中心位于该地块东侧部分用地。

演艺中心总建筑面积 27322.54m²，包括 1011 座观众厅及后勤配套设施、临街商业、旅游服务设施等（图 4.2-1）。

工程名称：佳兆业金沙湾国际酒店（一期）2 栋（简称演艺中心）

设计时间：2018 年

建设地点：深圳市盐田区大鹏金沙湾

建设单位：深圳市佳富东部旅游开发公司

总用地面积：93577.11m²，演艺中心用地面积 9974.7m²（东侧视线通廊、西侧控制线与西侧用地红线之间的围合区域）

建筑主要功能：地上为剧院及首层临街商业，地下为车库、设备机房及观演类机房

图 4.2-1　总平面图

建筑类别：观演建筑，1011 座中型乙等多用途剧场。

建筑面积：27322.54m²

计容建筑面积：9737.94m²

不计容建筑面积：17584.6m²。其中，地下规定建筑面积（台仓、乐池）434.51m²

建筑特征：

（1）建筑层数：地上 4 层，地下 2 层

（2）建筑规划高度：29.01m（地面最低点至装饰屋面最高点）

（3）建筑消防高度：前区，包含前厅、侧庭及观众厅，即南侧四片屋盖范围；舞台区；后勤行政区分别统计：

·前区 17.40m（主入口室外地面至第四片屋盖最高点与第一片檐口的平均高度）

·舞台区 25.85m（主入口室外地面至舞台混凝土屋面）

·后勤行政区 20.85m（主入口室外地面至后勤行政区混凝土屋面）

前区及后勤行政区为多层公建，舞台区按单层大空间考虑，综合判断演艺中心单体建筑为多层公共建筑

（4）建筑最高点绝对标高：35.61m（建筑正负零绝对标高 6.60m）

（5）建筑分类：多层公共建筑

（6）建筑耐火等级：地上为二级，地下为一级

4.2.2 执行的设计规范与标准

本工程设计执行现行国家、住房和城乡建设部建筑设计规范、标准及深圳市有关标准、规定。主要的规范、标准包括但不限于：

·《建筑内部装修设计防火规范》GB 50222—95（2001 年修订版）

·《人民防空工程设计防火规范》GB 50098—98

·《汽车库、修车库、停车场设计防火规范》GB 50067—2014

·《剧场建筑设计规范》JGJ 57—2016

·《建筑设计防火规范》GB 50016—2014

4.2.3 建筑设计

项目位于深圳市大鹏半岛中部，大鹏湾东北海岸，下沙社区佳兆业金沙湾国际乐园内。项目所属地块为 06-02 地块，项目西北侧 1.5km 为东部电厂和 LNG 接收站。地块北侧潮歌路为片区次干道，已建成双向双车道市政路。东侧为已建成欢庆广场及万豪酒店，南侧为欢庆广场及海滩。欢庆广场包围演艺中心的东侧及南侧。西侧为规划中的视线通廊及凯悦酒店。演艺中心是国际乐园项目海岸线的中心位置，东侧欢庆广场将作为国际乐园的游客进入沙滩的主要入口广场（图 4.2-2）。

演艺中心为多层公共建筑。与四周建筑间距最近的建筑物为西侧的凯悦酒店（一类高层公共建筑），消防间距为 26.1m，满足《建筑设计防火规范》GB 50016—2014 对于防火间距的要求。建筑四周设置消防环道，消防车从北侧市政路进入地块，消防环道净宽 4m，半径按 12m 控制，坡度不大于 8%，消防车道距建筑外墙的距离 8.3～17.85m。消防车道消防车荷载按 36t 考虑。在东侧的观众主要出入口外侧，设置约 600m² 观众集散场地（按每座 0.2m²）。在北侧二三层每层设置两个消防救援窗。

北侧潮歌路为地块唯一毗邻的市政道路。机动车出入口设置在北侧。国际乐园为大型主题乐园及旅游度假区，到达演艺中心的方式，除了传统的自驾机动车，还包括从水上航线经码头抵达，可在乐园入口换乘电动环保巴士及共享单车。

按照演艺中心各类使用人群，设计有配套各类流线的交通组织方式，以各类流线互不干扰、流线便捷为设计原则。

演艺中心为多层公共建筑，地上 4 层，地下 2 层。地上部分分为前区、后区。前区范围主要为：前厅、侧庭及观众厅等观众可到达区域，前区为地上 2 层；后区范围主要为舞台及后勤行政区，舞台为单层高大空间，后勤行政区为地上建筑 4 层。地下 2 层主要功能为车库及设备用房，车库停车数量 316 辆，属于 I 类汽车库。地下二层部分区域战时作为人防物资库及二等人员掩蔽所使用（图 4.2-3）。

图 4.2-2　总体效果图

图 4.2-3　立面效果图

4.2.4 消防设计难点及解决措施

本项目为中型乙等多用途剧场，规模相对较小，没有做消防性能化论证，但是其剧场功能完备、室内空间复杂，大型剧场的消防设计的难题仍然存在，且需要在常规的消防设计规范内予以解决。

难点1：建筑高度

由于剧场建筑的特性，在舞台区域需要足够空间安装升降设备，因此局部建筑高度会突破24m的限制。高层或是多层建筑类别的定性对整栋建筑的消防策略（如防火分区面积、消防疏散距离）有至关重要的影响。

解决措施：演艺中心的舞台区域为单层空间，屋顶标高为25.5m；后区为辅助功能，屋面标高为21.3m；前区为入口前厅和观众厅，采用大空间钢结构屋盖，屋面平均高度为18.87m，超过24m的区域仅为单层舞台部分，可视为单层高大空间，舞台与其他部分采用防火墙和甲级防火门窗进行分隔，将整栋建筑定性为多层功能建筑。

难点2：防火分区

剧场室内空间极为复杂，室内空间效果和演艺功能要求，会产生多层的上下空间连通。入口前厅和侧厅的高大空间，观众厅的乐池、主舞台的台仓上下各层连通；观众厅、舞台与前厅、后台在防火分区划分和疏散路径上有一致性。

解决措施：地上防火分区按前区及后区使用功能，首层划分为两个防火分区。

前区（包括前厅侧厅及观众厅）为一个防火分区，前厅侧厅为单层高大空间，观众厅视为高大空间内的独立厅房。观众厅与前厅侧厅采用防火隔墙及甲级防火门进行分隔。该分区建筑面积约4000m²，其中首层防火分区面积约为2500m²，二层防火分约为1500m²。

后区（舞台及后勤行政用房）首层，舞台与首层行政后勤区域为一个防火分区，面积约为2500m²。后勤行政区其他层按自然层划分防火分区。舞台为单层高大空间，舞台与其他区域使用防火隔墙或甲级防火门进行分隔。舞台台口与观众厅采用3.00h隔离水幕分隔。

台仓及乐池的地下部分因功能要求与地上的舞台及观众厅联通，随地上划分防火分区，台仓及乐池与地下室其他区域相邻部分采用防火墙及防火门进行分隔。前厅、侧厅为高大公共空间，净高8～14m，按自然排烟设计，观众厅内按机械排烟设计（图4.2-4，图4.2-5）。

难点3：疏散方案

剧场观众厅为人员密集场所，常规消防设计对此类别建筑的安全疏散要求较高，如疏散路径和距

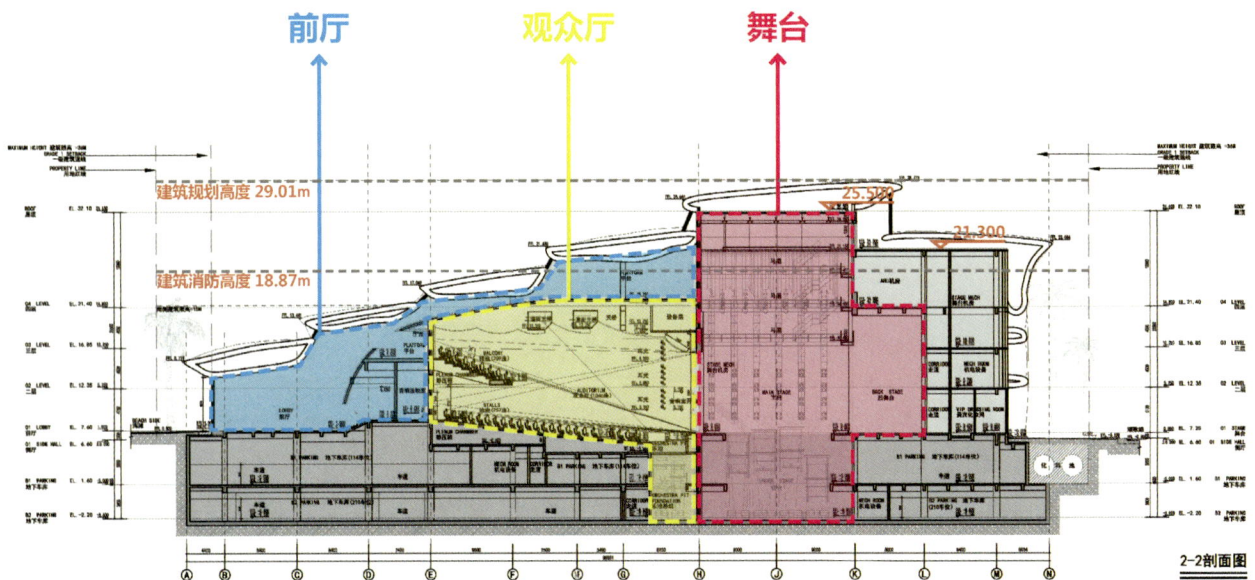

图 4.2-4 剖面图

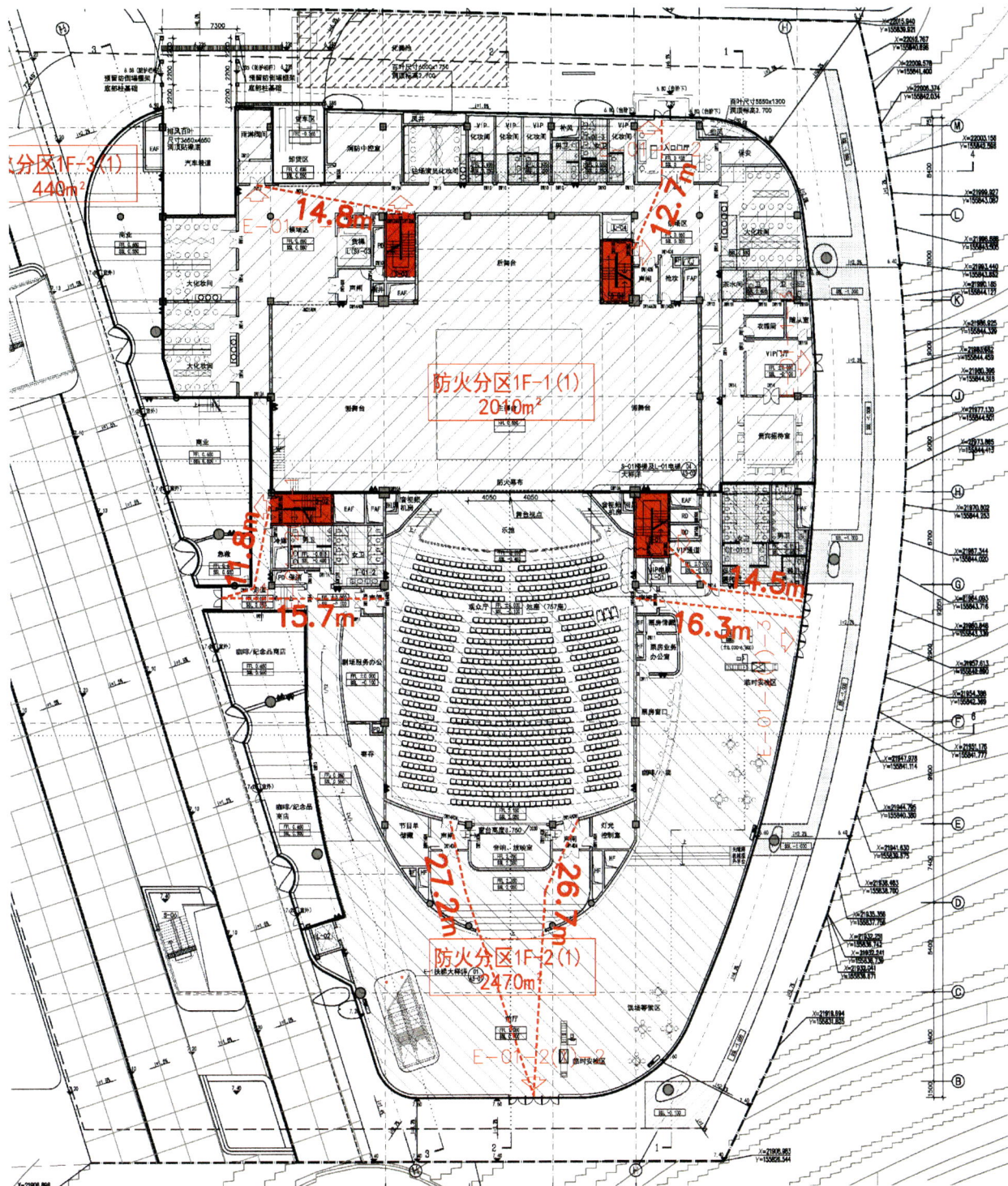

图 4.2-5　防火分区

离的准确性，相关建筑的整体功能布局。

解决措施：因在演出时不存在等场情况，根据《剧场建筑设计规范》JGJ 57—2016 第 8.4.2.3 条，在紧急时刻观众厅内池座观众可通过观众厅首层疏散门经前厅侧厅疏散至室外。前厅侧厅具备自然采光条件。观众厅池座前区两侧门至室外安全出口距离为 15.7m 及 16.3m。池座后区疏散门至外安全出口距离为 27m。前厅侧厅为单层高大空间（净高 8～14m），有较好的蓄烟能力，前厅侧厅天窗设置与消防连通的自然排烟窗。面积按不小于前厅侧厅地面面积的 5% 控制有效排烟面积。前厅侧厅装修材料均为 A 级，火灾危险性较低。室外安全出口正对观众厅门，视线无遮挡。地面设置连续疏散引导标示，出入口设置安全出口标志。

观众厅内按座位数计算所需疏散宽度，观众厅内最不利点至最近疏散门距离按不大于 37.5m 控制。因观众厅座位数 1011 个，厅内采用阶梯地面，疏散净宽度折算系数为 0.75。未超过 2000 人，每个疏散门按平均不超过 250 人控制，楼座及池座共设置 6 个疏散门。疏散门净宽 1.4m。二层楼座前排两侧为疏散门，观众厅楼座区域内最不利点至最近疏散门按不大于 37.5m 控制，疏散门至安全出口的距离（即疏散走道长度）按不大于 12.5m 控制。观众厅楼座通过两部封闭楼梯间疏散到首层，因未超 4 层，按《建筑设计防火规范》GB 50016—2014 第 5.5.17.2 条的规定，首层楼梯间门至室外安全出口按不大于 15m 控制。穿越首层区域，不作为扩大的封闭楼梯间进行防火设防。

4.3　宝安中心区演艺中心

北建院建筑设计（深圳）有限公司　李敏茜

4.3.1　项目概况

工程名称：宝安中心区演艺中心（图 4.3-1）

建设单位：深圳华侨城滨海有限公司

设计单位：北京市建筑设计研究院有限公司
　　　　　　严迅奇建筑师事务所

建设地点：广东省深圳市宝安区

施工单位：中建三局集团有限公司

消防验收单位：深圳市住建局消防验收科

建筑主要功能：观演文化设施

建筑规模：1500 座大剧院、600 座多功能厅

用地面积：20660.1m²

总建筑面积：39560m²

　　地上建筑面积：22550.3m²

　　地下建筑面积：17009.7m²

容积率：1.09

图 4.3-1　东南立面实景

覆盖率：50.2%

绿化率：30%

建筑高度：50m（屋面结构高度47.35m）

建筑层数：地上7层，地下1层

耐火等级：一级

建筑结构安全等级：一级

抗震设防烈度：7度

主要结构类型：钢筋混凝土框架-剪力墙结构；局部钢结构

设计时间：2009年～2021年6月

验收时间：2021年6月23日

竣工时间：2021年6月30日

深圳前海，是国家新一轮改革的战略前沿和创新高地；创新，是前海建设的核心任务，也是"前海模式"的核心元素。

宝安中心区演艺中心位于宝安中心区南部滨海地带，沿前海湾岸线而生，是粤港澳大湾区的核心节点；作为粤港澳大湾区工程建设项目，充分体现了前海合作区功能。该项目为深圳华侨城公司代建，由北建院华南设计中心与香港Rocca公司深度合作设计完成，体现了"湾区所向""前海所能"的项目创新模式（图4.3-2，图4.3-3）。

宝安中心区演艺中心是宝安中心区滨海文化公园的标志性节点，也是宝安中心区中轴上三个文化建筑的滨海沿岸焦点。

演艺中心东临宝华路，西靠宝兴路，北以海秀路为界，南面向海滨开放。用地面积20660.1m²，总建筑面积39560m²；建筑主体地上7层，地下1层；建筑高度50m。

本案主要功能包括一座1500座的大剧院、一座600座的小剧场及相关配套功能，是本地区的最高艺术表演中心，能满足大型歌剧、舞剧（含芭蕾舞剧）和大型交响乐、综合文艺表演等演出的需要，

图4.3-2 主入口实景

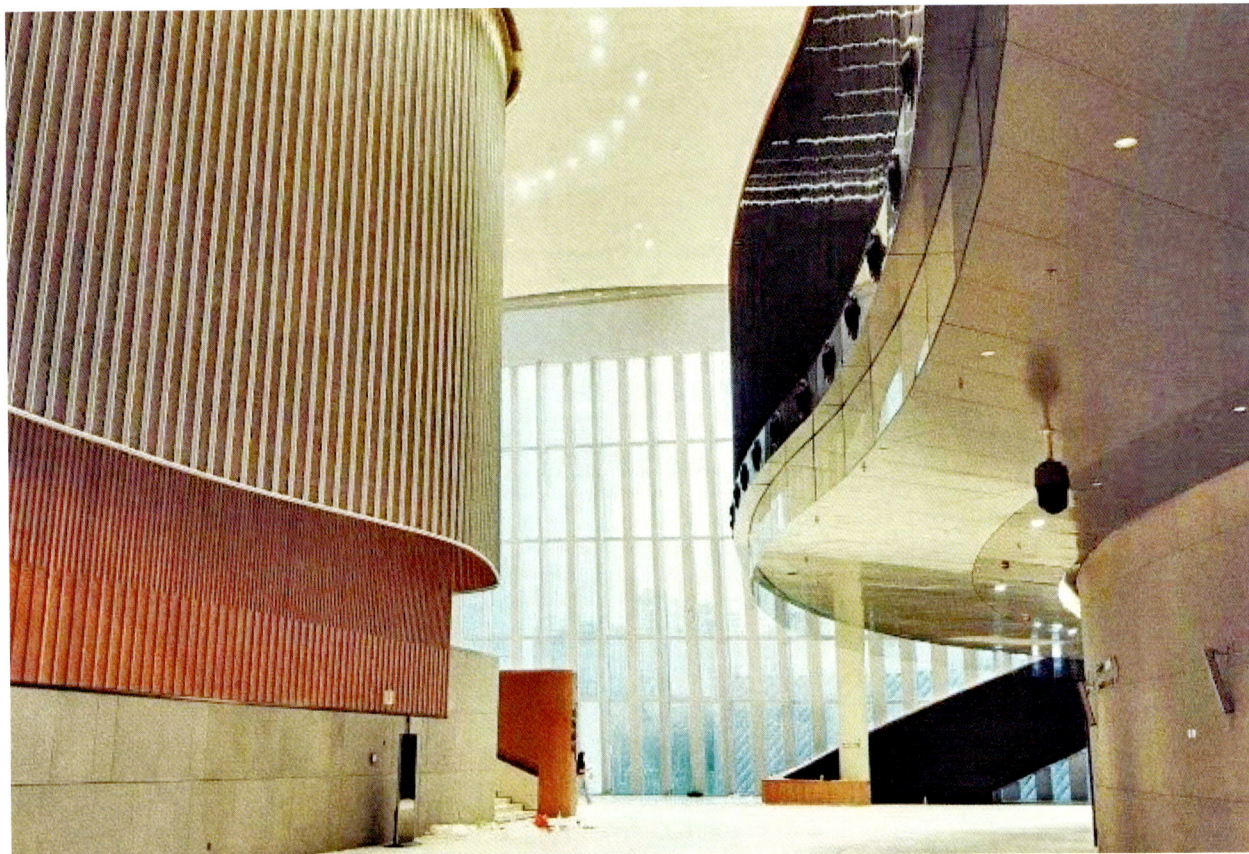

图 4.3-3　前厅实景

同时兼顾多种功能要求，具备接待世界级优秀表演艺术团体演出的条件和能力，并具有一定的前瞻性，力求成为体现国际滨海城市新坐标、世界级滨海文化旅游地的标志性文化建筑。

文化观演建筑的功能独特、技术复杂、专业繁多，是一个技术与艺术的结合体，同时代表了当代的文化内涵，更是城市共享空间的演绎。

在设计中建立建筑与城市之间的结构关系，使剧院真正成为城市独有的"文化名片"；定义剧院在城市之中的社会属性，以其作为城市空间的标尺，营造供市民展示生活之美的开放性。

在宝安中心区演艺中心项目创作实践中，将城市空间与建筑文化的传承，观演建筑的协同性、创新性作为项目的研究重点。

1）城市空间与建筑文化的传承

古今文化传承的是一种流动的能量，生生不息。方案意在塑造宝安海滨的流动风景，引领中央绿轴的人文气息，融合水石林萌的自然生态（图 4.3-4，图 4.3-5）。

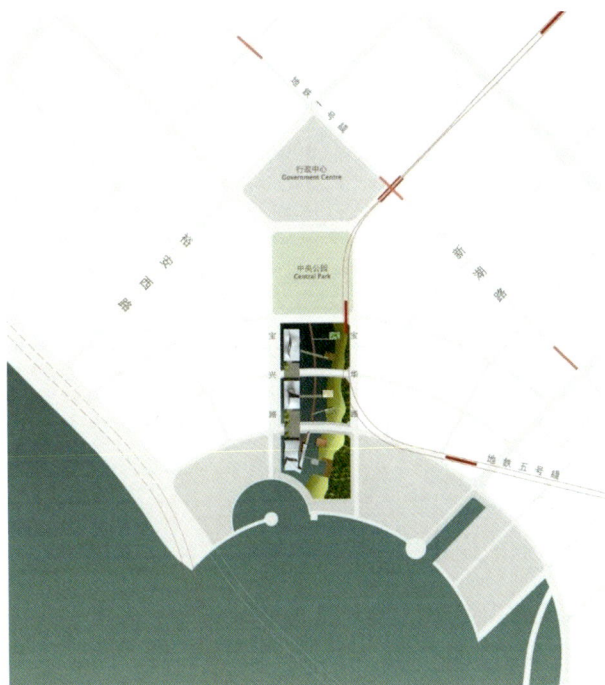

图 4.3-4　宝安新中轴规划平面

图 4.3-5 宝安新中轴规划鸟瞰图

2）设计构思：水流蚀石

流动的意象，水与石的景致，传统的禅意。

水与石，蕴含传统哲学与艺术中虚实共生的禅意，隐现中国园林石景"漏、皱、透"的韵味。

建筑造型的创意取自水流冲蚀石块的形象，起伏的建筑形态反映着水流冲蚀的力量与动感。

演艺中心的造型与其他两座建筑一脉相承，作为文化轴线与滨海文化公园的交织点，延续了文化中轴整体流动的形态，又与滨海文化公园自由灵动的曲线元素呼应。

来到南段临海处，建筑如石壁般骤然上升，以昂扬的姿态作为轴线的收尾。建筑造型中的波浪起伏与几何直线有机地融为一体，融汇了传统书法柔中带刚的笔意。建筑群本身就成了陈列于宝安中心区的艺术品，构成中央绿轴的独特风景。

3）创作理念：与城市协调、与环境共生

宝安中心区演艺中心的设计从与宝安图书馆及青少年宫成为一个整体的设计理念出发，三座文化建筑从北向南形成一条文化轴线。体量上，演艺中心在保证功能合理的前提下，采用相近的方形体量，达到城市空间层面上的协调，同时建筑在文化中轴的末端骤然抬高，打破了文化中轴平缓的天际线，回应了设计构思，也暗合了功能需求。立面上，演艺中心采用与后二者相同的幕墙系统，使文化中轴的城市立面协调一致，但演艺中心更强调虚实结合，前厅在东立面上采用了曲面的玻璃幕墙体系，既丰富了立面造型，又为前厅引入了大量的自然光，令前厅更加通彻透亮。

建筑不是孤立的个体，而是与环境、城市空间共生的有机整体。演艺中心在二层和屋顶均设计了对城市开放的观景平台，滨海文化公园的人流可通过扶梯和电梯直达各平台休憩观海。副楼相对独立，流线上与中轴景观协同设计，作为交通及休闲空间对市民开放，同时将二层及屋顶的观景平台与城市中轴景观联系起来，将建筑空间整合成为城市的一部分，打造开放性的城市空间。

4）数字化技术的全专业模式创新

设计通过 BIM 进行多专业集成和全过程设计，并借助参数化手段对幕墙面板进行曲率分析，为面板划分类型（平板、单曲板、双曲板）和面板优化提供参考，有效减少了面板的加工周期和成本。在观众厅的视线分析中，使用参数化手段对每个座位进行编号，计算每个座位观众的视线距离和视角（俯视角），检查视线有无遮挡等。此外，通过虚拟漫游可检查建筑设计的合理性及建模的准确性，也可应用模型在后期对施工现场管理人员及工人进行三维漫游交底，从而提高对设计方案和管综优化的直观理解（图4.3-6～图4.3-8）。

4.3.2 项目消防设计依据及项目进程

1）项目里程碑

2009年 国际设计竞赛——确定严迅奇建筑师事务所为方案中标单位

2017年4月 确定华侨城为建设运营单位

2017年7月 确定北京市建筑设计研究院有限公司为深化设计单位

2018年7月 施工图设计通过消防审核

2018年9月 开始施工（图4.3-9）

2019年12月 结构封顶

2021年7月 宝安中心区演艺中心竣工验收并正式投入运营

2）消防设计依据

主要执行以下设计规范与标准，包括（但不限于）：

《建筑设计防火规范》GB 50016—2014（2018年版）

《车库建筑设计规范》JGJ 100—2015

《汽车库、修车库、停车场设计防火规范》GB 50067—2014

《建筑内部装修设计防火规范》GB 50222—2017

《剧院建筑设计规范》JGJ 57—2016

《办公建筑设计规范》JGJ 67—2006

《饮食建筑设计规范》JGJ 64—2017

《建筑防火封堵应用技术规程》CECS 154:2003

《建筑灭火器配置设计规范》GB 50140—2005

《关于贯彻落实国务院关于加强和改进消防工作的意见的通知》（住房和城乡建设部2012.2.10）

《民用建筑外保温系统及外墙装饰防火暂行规定》（公通字46号）

图4.3-6 前厅效果图

图4.3-7 大剧院效果图

图4.3-8 多功能厅效果图

图 4.3-9　施工过程实景

3）消防设计进程

2017 年 7 月　明确项目规模定位

2017 年 7～12 月　研究项目特点，深化设计

2017 年 12 月　初步咨询专家意见

2018 年 4 月　深化后梳理消防设计难点

2018 年 4 月　咨询专家沟通解决策略

2018 年 4～7 月　研究解决消防问题

2018 年 7 月　消防报建并通过审核

4.3.3　消防设计难点及关键点

宝安中心区演艺中心前厅为贯通首层、二层及三层的中庭空间，1500 座大剧院及 600 座多功能厅主要人员疏散流线均需穿越前厅到达室外，在消防上存在一定难度。

1）前厅防火分区面积

规范依据：《建筑设计防火规范》GB 50016—2014（2018 年版）第 5.3.1 条：

除本规范另有规定外，不同耐火等级建筑的允许建筑高度或层数、防火分区最大允许建筑面积应符合表 5.3.1 规定。

表 5.3.1　不同耐火等级建筑的允许建筑高度或层数、防火分区最大允许建筑面积

名称	耐火等级	允许建筑高度或层数	防火分区的最大允许建筑面积（m²）	备注
高层民用建筑	一、二级	按本规范第 5.1.1 条确定	1500	对于体育馆、剧场的观众厅，防火分区的最大允许建筑面积可适当增加
单、多层民用建筑	一、二级	按本规范第 5.1.1 条确定	2500	
	三级	5 层	1200	—
	四级	2 层	600	—
地下或半地下建筑（室）	一级	—	500	设备用房的防火分区最大允许建筑面积不应大于 1000m²

宝安中心区演艺中心属于高层民用建筑，防火等级为一级，防火分区最大允许建筑面积为 1500m²×2＝3000m²。而前厅分区面积达到了 3815m²，若进一步细分，将对室内效果产生严重影响。前厅防火分区面积超大是本案面临的消防难点之一。

设计上，认定此前厅属于单层高大空间，且其使用功能单一，仅作为交通空间，可燃物可控，在前厅分区与塔楼部分交界处采用防火墙及甲级防

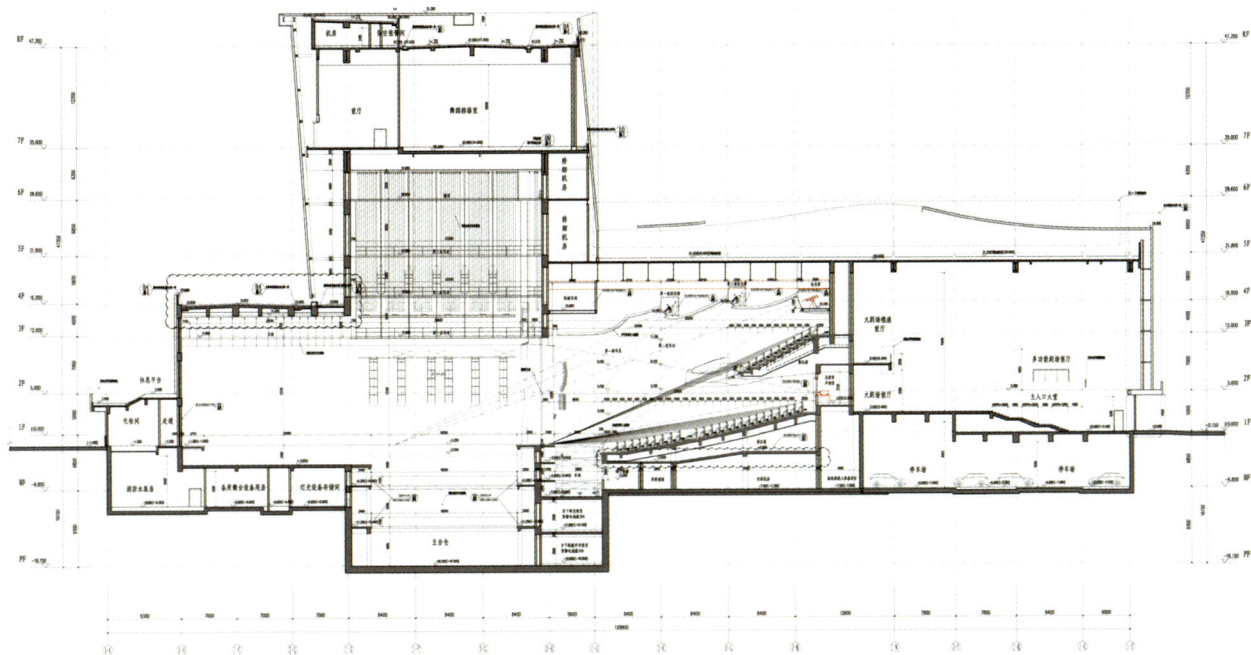

图 4.3-10　剖面图

火门进行完全隔开，前厅部分可认定作裙房，前厅分区按照多层建筑进行消防分区划分，即不大于 5000m² 设计（图 4.3-10）。

2）疏散楼梯间首层直通室外

规范依据：《建筑设计防火规范》GB 50016—2014（2018年版）第 5.5.17 条注 3：

楼梯间应在首层直通室外，确有困难时，可在首层采用扩大的封闭楼梯间或防烟楼梯间前室。

本案两大主要功能——1500 座大剧院与 600 座多功能厅，主要疏散流线均需穿越前厅防火分区方能到达室外，此为本案面临的消防难点之二。

设计上，通过将前厅防火分区按扩大前室设计，前厅内装修及防火等级均满足防烟楼梯间前室要求，1500 座大剧院与 600 座多功能厅及疏散楼梯首层通过前厅分区进行疏散，疏散距离不大于 30m，部分疏散楼梯首层穿越前厅（扩大前室）达到室外，以解决首层直通室外问题。

4.4　珠海歌剧院

北建院建筑设计（深圳）有限公司　陈　辉

4.4.1　概述

建设地点：广东省珠海市情侣中路野狸岛填海区

建设单位：珠海市文体旅游局

代建单位：珠海九州旅游开发有限公司

设计单位：北京市建筑设计研究院有限公司＋北建院建筑设计（深圳）有限公司

建设性质：重要文化建筑

建筑主要功能：1550 座歌剧院、550 座多功能剧院及其配套

建筑用地面积：57670m²

建筑占地面积：16200m²

总建筑面积：59000m²（地上 31450m²，地下 27550m²）

建筑层数：歌剧院地上 7 层，多功能剧院地上 5 层，裙房 1 层，地下 3 层（含 -4.50m 海岛地坪层）

建筑高度：歌剧院 60m（构筑物高度 90m），多功能剧院 36m（构筑物高度 56m），裙房高 10.5m

主体结构形式：框架剪力墙混凝土结构

贝壳及入口门厅屋面结构：钢结构

防火建筑分类：一类高层

耐火等级：一级

图 4.4-1　实景照片

建筑内部设有的消防设施包括消火栓系统、自动喷水灭火系统、雨淋系统、防护冷却水幕系统、灭火器、火灾自动报警系统、气体灭火系统和防排烟系统等。

珠海歌剧院定位为高雅的文化艺术殿堂、闻名的文化旅游胜地，属于珠海市重要的文化旅游建筑。其建造不单是打造一所高品质的剧院，而是为珠海这座城市创造一个具有原创性、地域性和艺术性的标志性建筑（图4.4-1）。

项目设计于2009年，2016年竣工投入使用，项目设计上存在与《高层民用建筑设计防火规范》GB 50045—95（2005年版）不完全相符的做法，项目建筑特点和功能特殊性决定其无法完全依照规范，而只能在依照规范设计的基础上，通过性能化防火设计并运用消防安全工程学的原理进行分析论证，确保其消防安全达到规范要求的同等水平。

4.4.2　消防设计依据

国家消防工程技术研究中心《珠海歌剧院性能化防火设计报告》第4版（2011.4）

国家消防工程技术研究中心《关于珠海歌剧院有关防火设计问题的复函》（2011.8.10）

广东省公安厅消防局《珠海歌剧院项目消防设计专家评审会会议纪要》（2010.4.18）

广东省公安厅消防局《珠海歌剧院项目消防设计专家评审会会议纪要补充意见》（2011.7.21）

《高层民用建筑设计防火规范》GB 50045—95（2005年版）（以下简称《高规》）

《建筑内部装修设计防火规范》GB 50222—95

《汽车库、修车库、停车场设计防火规范》GB 50067—97

《民用建筑设计通则》GB 50352—2005

《剧场建筑设计规范》JGJ 57—2000/J 67—2001

《饮食建筑设计规范》JGJ 64—89

《商店建筑设计规范》JGJ 48—88（试行）

《办公建筑设计规范》JGJ 67—2006

4.4.3　建筑设计

1）总平面设计

珠海歌剧院南北长160m，东西长152.8m。歌剧院长130m，宽98.19m，多功能剧场长80.34m，宽40m。

根据剧院建筑的特点，歌剧院主要出入口门厅层设为0.00m标高层。建筑图中的-4.50m标高层与海岛自然地坪平齐，设计上按照地上层设计。实际情况是地下一层（-4.50m标高）的海岛平面层、一层（±0.00m标高）歌剧院主出入口大厅层、二层（6.00m标高）的裙房景观屋面层均视为直通室外的"建筑首层"，因此更有利于建筑的疏散（图4.4-2，图4.4-3）。

2）各层功能分区

地下三层（-15.00m标高）、地下二层（-7.50m标高）为舞台台仓区、设备用房、舞蹈排练厅和声乐排练厅。地下一层（-4.50m标高）为入口门厅、后勤办公区、主设备机房区、机动车停车库。一层（±0.00m标高）为主出入口大厅、票务区、主侧

图4.4-2　区位总图

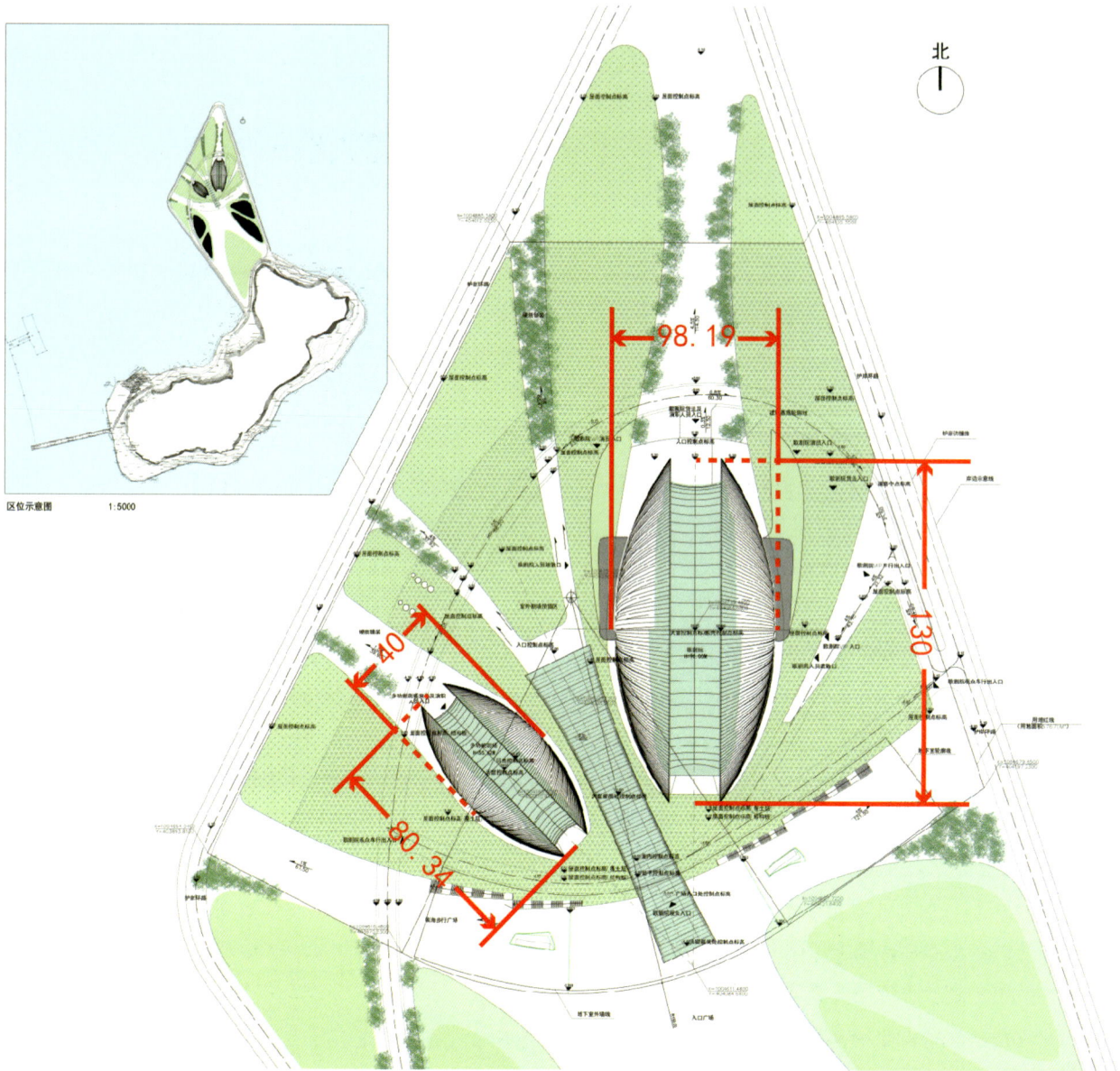

图 4.4-3 总平面图

舞台、观众厅、观众休息区、演职人员准备区。二层（6.00m 标高）为室外屋面景观平台、观众厅、观众休息区，三层（10.50m 标高）为观众厅楼座前区、观众休息区、舞台区上空，四层（16.00m 标高）为观众厅楼座后区、观众楼座休息厅、舞台区上空。五层（22.10m 标高）为歌剧院区的观众厅马道层平面，多功能剧院观众厅顶部咖啡厅。六层（27.00m 标高）为歌剧院观众厅顶部咖啡厅。七层（32.50m 标高）为歌剧院舞台栅顶层平面（图 4.4-4，图 4.4-5）。

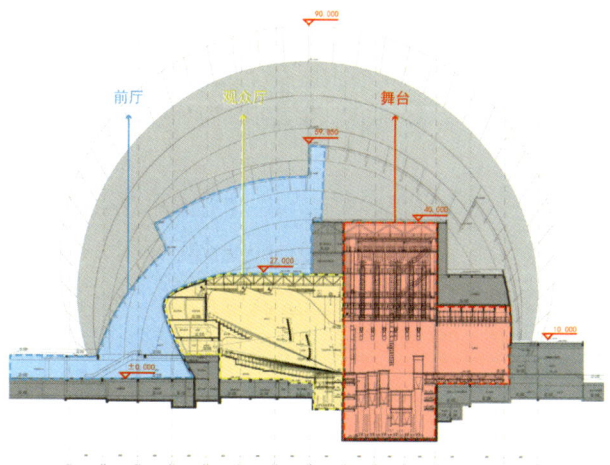

图 4.4-4 大剧场剖面图

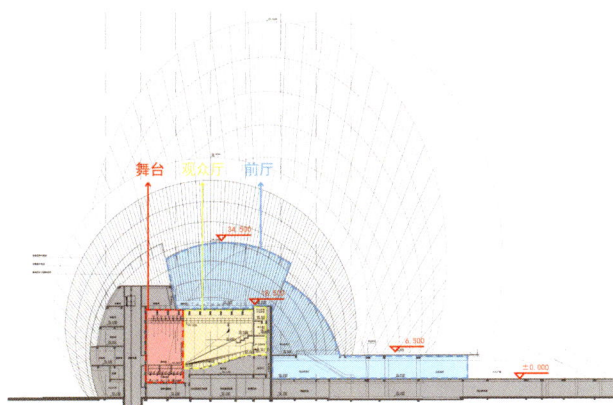

图 4.4-5　小剧场剖面图

4.4.4　消防设计难点及解决措施

本项目消防扑救面、防火分区、防火分隔、安全疏散出口无法满足《高规》规定，完全依据现有的消防规范进行消防设计无法体现珠海歌剧院的建筑特点和功能特殊性。在依照规范设计的基础上，通过性能化论证，可在满足歌剧院正常使用功能的前提下，更加优化消防设计。

1）难点 1：消防救援场地

《高规》第 4.1.7 条规定："高层建筑的底边至少有一个长边或周边长度的 1/4 且不小于一个长边长度，不应布置高度大于 5.00m、进深大于 4.00m 的裙房，且在此范围内必须设有直通室外的楼梯或直通楼梯间的出口。"

本项目歌剧院和多功能剧场两个高层建筑被裙房包围，裙房高 10.5m，进深最小为 18m，即在首层（±0.0m 标高）或地下一层（-4.5m 标高）无法提供对歌剧院及多功能剧院两座高层建筑实施消防救援的消防救援场地，不满足《高规》第 4.1.7 条的规定。

解决措施：由于 6.0m 标高裙房屋面可以让消防车驶入，将裙房屋面设计为消防车登高操作场地，以满足歌剧院及多功能剧院两座高层建筑的消防扑救要求。歌剧院及多功能剧院的消防车道、消防救援设计如图（图 4.4-6）。

（1）在裙房屋面沿歌剧院和多功能剧院的一个建筑长边设置消防车道及消防车登高操作场地。

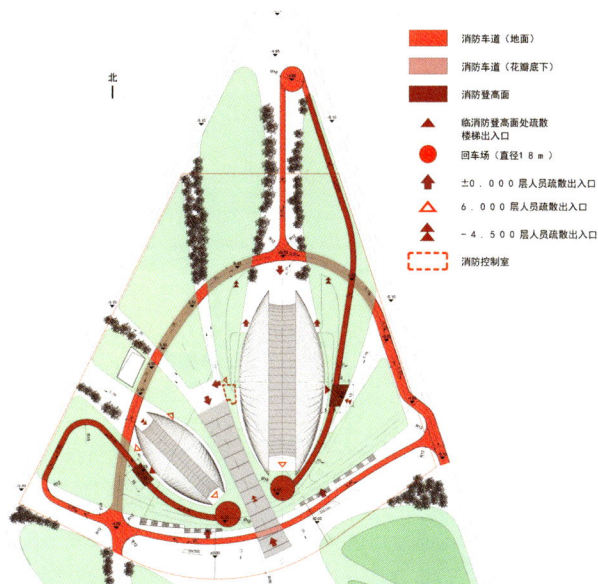

图 4.4-6　消防总平面图

（2）消防车道的坡度不大于 8%，消防车登高操作场地坡度不大于 3%。

（3）消防登高操作场地结合消防车道布置且与消防车道连通，场地距离建筑外墙的距离不小于 5m 且不应大于 15m，操作场地的长度和宽度分别不应小于 15m 和 8m。

（4）由于 ±0.0m 标高入口大厅的钢结构屋面无法承受消防车重量，因此在裙房屋面无法沿歌剧院和多功能剧院建筑外墙形成环形消防车道，在消防车道尽端设置回车场，回车场不应小于 15m×15m。

（5）歌剧院和多功能剧院分别在消防车道范围内设一通往疏散楼梯间的入口，以使得消防人员能够安全进入建筑内开展救援行动。

（6）为满足消防人员能够使用登高消防车在外部进行救援和进入建筑内部的需要，建筑外墙与消防登高车操作场地相对应的范围内，每层均设置可供消防救援人员进入的窗口，窗口的净尺寸不得小于 0.8m×1.0m，窗口下沿距室内地面不宜大于 1.2m，窗口处设有明显标识。

2）难点 2：防火分区

《高规》第 5.1.1 条规定："高层建筑内应采用防火墙等划分防火分区，每个防火分区允许最大建筑面积，不应超过表 5.1.1 的规定。"

表 5.1.1　每个防火分区的允许最大建筑面积

建筑类别	每个防火分区建筑面积（m²）
一类建筑	1000
二类建筑	1500
地下室	500

注：设有自动灭火系统的防火分区，其允许最大建筑面积可按本表增加 1.00 倍；当局部设置自动灭火系统时，增加面积可按该局部面积的 1.00 倍计算。

歌剧院观众厅防火分区面积为3117m²，歌剧院舞台防火分区面积为3317m²，歌剧院公共空间（包含±0.00m标高展厅、+6.00标高主出入口大厅、+10.50m标高及+16.00m标高走道、+27.00m标高屋顶咖啡厅）防火分区面积为8035m²，多功能剧场及化妆间所在防火分区面积为2844m²，多功能剧场公共空间（包含±0.00m标高观众休息厅、+6.00m标高主出入口大厅、+10.50m标高走道、+22.10m标高屋顶咖啡厅）防火分区面积为2875m²。因歌剧院及多功能剧院功能及空间结构的特点，以上防火分区建筑面积均大于2000m²，不满足《高规》第5.1.1条的规定。

解决措施：

（1）公共空间内的入口大厅、走道及敞开楼梯仅作为通道及人员休息场所使用，内部不应摆放沙发、软椅等高分子易燃材料制成的座椅，整个区域使用不燃或难燃材料进行装修。公共空间防火分区设计中引入防火隔间的概念，防火隔间要求顶棚具有不低于1.50h的耐火极限，围护结构采用耐火极限大于等于2.00h的隔墙及乙级防火门与入口大厅进行分隔。防火隔间内设置火灾探测报警系统、自动喷水灭火系统以及机械排烟系统。防火隔间小于100m²时，无需设置机械排烟系统。穿越防火隔间的管道设置防火阀。防火隔间的位置见图4.4-7。

（2）−4.50m观众车道、过厅及室外庭院定义为临时安全区（疏散安全区），要求仅作为车辆及人员通道使用，使用不燃材料装修，内部设置喷淋、排烟（自然排烟）系统。此区域除演职员餐厅及入口门厅外，其余区域使用防火墙及甲级防火门与此临时安全区分隔，演职员餐厅临庭院侧围护采用耐火极限1.50h的A类防火玻璃，入口门厅采用

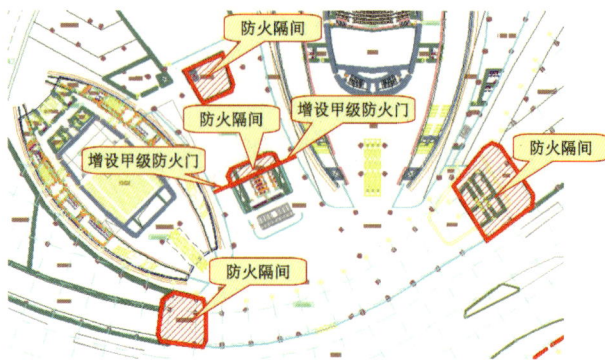

图 4.4-7　防火隔间示意图

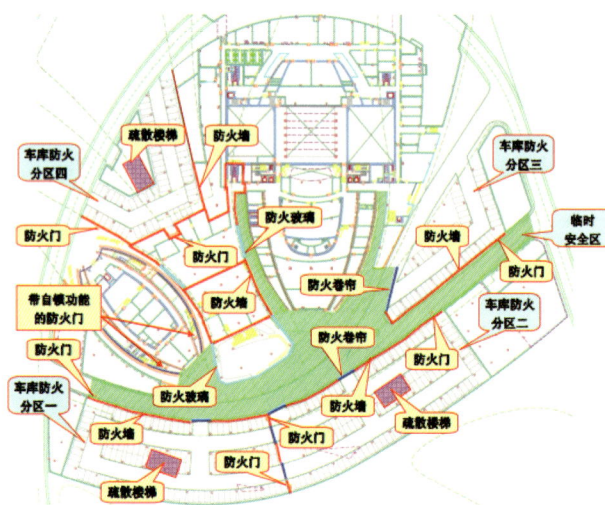

图 4.4-8　临时安全区示意图

耐火极限1.50h的C类防火玻璃。门采用常开防火玻璃门，应满足双向开启要求（图4.4-8）。

（3）由于建筑内部空间复杂，为了更好地保证人员疏散，性能化报告在局部区域设置避难走道（概念同封闭扩大前室）。走道两侧的墙体设为满足3.00h的防火墙，通往走道的开口设置甲级防火门，走道内进行正压送风，送风量按入口门洞风速0.7m/s计算确定（平时无人的设备间及淋浴间的门可不计算）。避难走道内应采用不可燃材料进行装修，避难走道应设置耐火极限不低于2.00h的防火吊顶。

3）塔楼与裙房防火分隔

《高规》第5.1.3条规定："当高层建筑与其裙房之间设有防火墙等防火分隔设施时，其裙房的防火分区允许最大建筑面积不应大于2500m²，当设有自动喷水灭火系统时，防火分区允许最大建筑面

积可增加 1.00 倍。"

裙房区设有自动喷水灭火系统，防火分区面积不大于 5000m²，剧院区与裙房区之间由于视觉通透的需求，未设置防火墙进行分隔，不满足《高规》第 5.1.3 条的规定。

解决措施：

（1）对于 −4.50m 标高层，结合设备机房的布置，使用防火墙及甲级防火门将裙房区和剧院区进行分隔，如图 4.4-9 所示。

（2）±0.00m 标高层由于视觉通透的需要，裙房区的入口大厅和剧院区的外墙均使用玻璃作为分隔墙体。考虑到裙房区和剧院区之间有 2~3m 的净空间距，可以有效阻止火灾的蔓延和火焰产生的热辐射，且玻璃墙体内侧为走道或卫生间，内部基本无可燃物，因此结合建筑视觉效果要求，±0.00m 标高处裙房区和剧院区相对的玻璃幕墙均使用 I 级 C 类防火玻璃（耐火完整性、耐火时间 ≥ 90min），如图 4.4-10 红线所示，以达 3.00h 的耐火极限要求，阻止火灾在不同区域的蔓延。

4）钢结构防火

（1）《珠海歌剧院性能化防火设计报告》提出

钢结构防火原则下：

① 建筑屋面上方处于室外的钢结构及非承重的钢构件可不进行防火保护。

② 对于屋面钢结构及建筑内贝壳造型的钢结构：

歌剧院展厅（±0.00m 标高）地面上方 10m 高度范围内；

歌剧院入口门厅（+6.00m 标高）地面上方 8m 高度范围内；

歌剧院观众厅顶部咖啡厅（+27.00m 标高）地面上方 9m 高度范围内；

多功能剧场观众休息厅（±0.00m 标高）地面上方 8m 高度范围内；

多功能剧场屋顶咖啡厅（+22.10m 标高）地面上方 9m 高度范围内；

各钢构件可采用防火涂料进行保护，其耐火极限不应低于 2.00h。

（2）±0.00m 标高以下钢构件按常规处理，桁架弦杆及环向构件防火涂料耐火极限不应低于 3.00h，腹杆不应低于 2.00h。

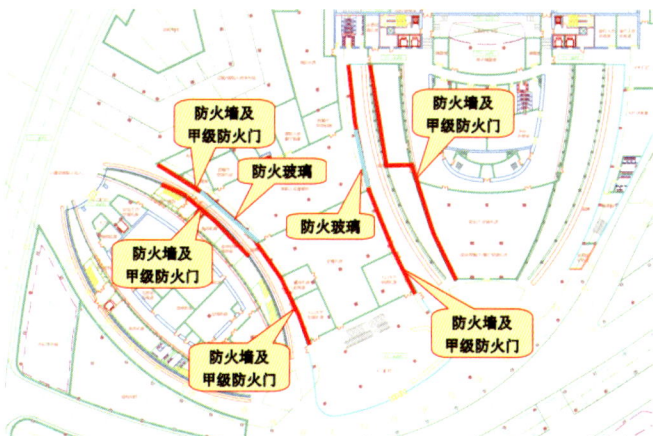

图 4.4-9　−4.50m 层防火分隔示意图

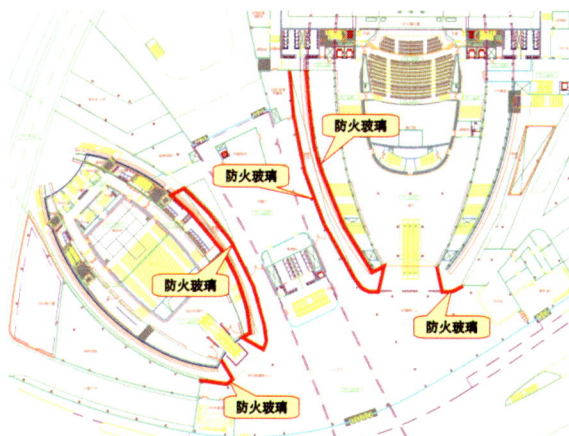

图 4.4-10　±0.00m 层防火分隔示意图

5

体 育 建 筑

5.1 综论

中国建筑东北设计研究院有限公司　任炳文

　　我国体育事业蓬勃发展，体育场馆和体育设施建设方兴未艾，随着越来越多地承办国内国际大型赛事，我国超大型体育馆的建设也愈来愈多，我们有幸参与了其中三座的设计工作，本章各节力图以超大型体育馆在建筑设计过程中所面对的消防设计问题，及其相应的解决办法，与同侪分享（图5.1-1，图5.1-2）。

5.1.1 超大型体育馆建筑的特点与火灾危险性

　　体育馆建筑主要是为满足室内型赛事的正常运行而建设，其在使用中时，往往公众人员聚集多、专业人员流线独立、设备运行集中，这些特点为防火设计带来难度。

　　无论是专业型馆还是多种赛事用途的综合馆，在其赛后的运营中都或多或少会承办与赛事无关的其他会议类、展览类、演出类等人员密集的活动，这些活动由于用途的不完全确定性，给防火设计工作带来了隐患。

　　随着公共安全工作的日趋被重视，体育馆被临时改建为安全场所的可能性被提到设计需求中来，如震中临时安置场所、疫中的方舱医院等非人员密集场所，其用途与密集场所的用途存在较大差异，

图 5.1-1　深圳世界大学生运动会体育中心

图 5.1-2 西安奥体中心

存在原有设计系统的临时性改建等情形，这些情况也为防火设计带来了不确定性。

1）超大型体育馆的特点

超大型体育馆由于规模大，存在如下主要特点：

（1）单一赛事组织复杂性高

大规模的设计取决于需要，往往意味着其承接赛事的等级高、种类多，预示着其功能复杂性大、流线组织繁多，必然对防火设计产生更高要求。

（2）赛后非满负荷使用频率高

赛后能达到同等级别负荷的可能性微乎其微，这意味着设备系统与空间组织的可变性更高，其单元化、区块化要求明显，防火设计的适应性也要求更高。

（3）多种用途的可能性更高

超大型体育馆必定是地标型建筑，其承载的社会效益更大，用途更为广泛，在社会发展过程中，不可预见性的用途对防火设计的复杂性要求更大。

2）超大型体育馆的火灾危险性

体育馆的火灾危险性主要存在于以下几个方面：

（1）火荷载主要来源于场内可燃设施、可燃装修材料；

（2）诱发火灾的因素比较多，主因是设备老化以及超负荷使用，且公众人员素质不确定以及临时工作人员素质不确定，在面积大、死角多的情形下，引发火灾的实例较多；

（3）建筑空间大，导致火灾蔓延速度快，且结构屋面主体以钢结构居多，防火耐久性不足，易坍塌；

（4）人员密集程度高，且人员众多，单位时间同时疏散需求大，在火灾蔓延速度快、多处起火的状态下，极容易引发踩踏事件等灾难后果。

5.1.2 超大型体育馆的设计原则及设计思路

1）设计原则

鉴于此，我们在设计实践中主要约定如下的设计原则，作为消防设计的指导思想：

（1）以人员的安全要求为主要出发点，重点考虑人员的疏散和安全；

（2）不影响使用功能，保证空间效果；

（3）在消防上采取有力措施，尤其是规范中允许扩大防火分区面积的部分，以提高建筑的综合消防能力；

（4）针对非原定功能的运用，以消防设施的预留为主。

2）设计思路

具体如下：

（1）常规空间的防火分区的划分、疏散宽度、疏散距离等必须符合规范的要求。

（2）超大空间因功能需求的必要性，其防火分区在面积控制和疏散距离等方面突破规范要求，但需要采取必要的加强措施，常见的加强措施主要来源于：加强构件的耐火性能；充分采用不燃材料；增加防排烟措施；提高火灾报警能力；增强灭火能力。

（3）以当前功能的满负荷为防火设计预留的上限。

5.1.3 消防定性的困扰

超大型体育馆往往配置较多，一般性的功能结构包括看台区、观众休息区、竞赛区、运动员及随队官员休息区、竞赛管理区、新闻媒体区，连同必备的设备区等以及经常出现的热身区，建筑实际为多层结构。尽管如此，建筑的主体空间为看台区与竞赛区，实际为单层空间，因此界定其为单层建筑是可行的，也是符合《建筑设计防火规范》GB 50016—2014（2018年版）关于单层建筑的定义的。

有两种形式是需要刨除在外的：

（1）地上有与主体空间叠层的情形不能被界定为单层建筑，不论其功能为车库还是热身馆；主要原因是竞赛区的疏散已经发生叠层情况；

（2）与主体空间并联式空间过大，且分层布置，不能界定为单层建筑。

在深圳世界大学生运动会体育馆的设计中，通过下沉竞赛场地的方法，规避了以上两种形式，并按超过24m的单层建筑设计，执行有关多层公共建筑的相关防火措施（图5.1-3）。

然而，随着体育馆建筑的发展，休息厅和热身厅等空间有着和观众厅、竞赛场地一样的空间需求，这些需求导致剖面设计难以满足规范要求的单层主体空间，实际已经无法再按照定性为超过24m高的单层建筑来进行防火设计，需要通过特殊消防设计的形式来取得设计依据。

在西安奥体中心体育馆的设计中（图5.1-4），采用的是分割为多个建筑物的方式，将体育馆主体独立出来，让消防车可抵达7.8m平台，以实现降低主体建筑扑救高度（低于24m）的目的。在这样的处理后，体育馆主体执行有关多层公共建筑的相关防火措施。

在西安奥体中心游泳馆的设计中（图5.1-5），由于主体空间（观众厅、竞赛场地、休息厅和热身厅）的地面高度远低于24m，且具备在6.6m处的疏散场地，因而同样执行有关多层公共建筑的相关防火措施。

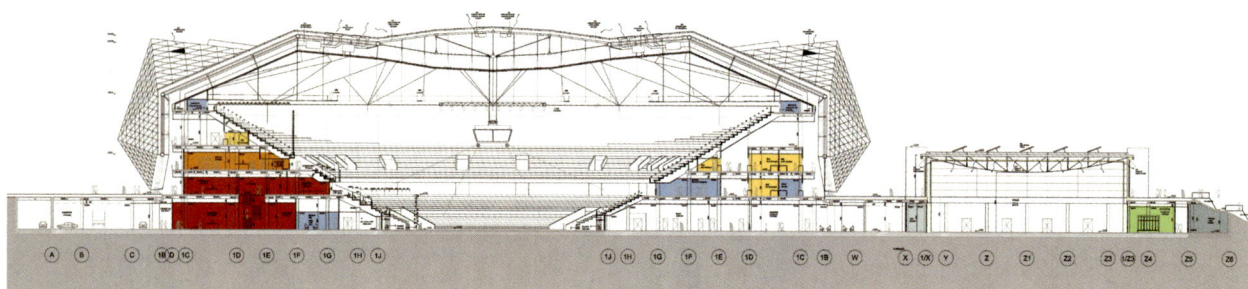

图5.1-3 深圳世界大学生运动会体育馆剖面图

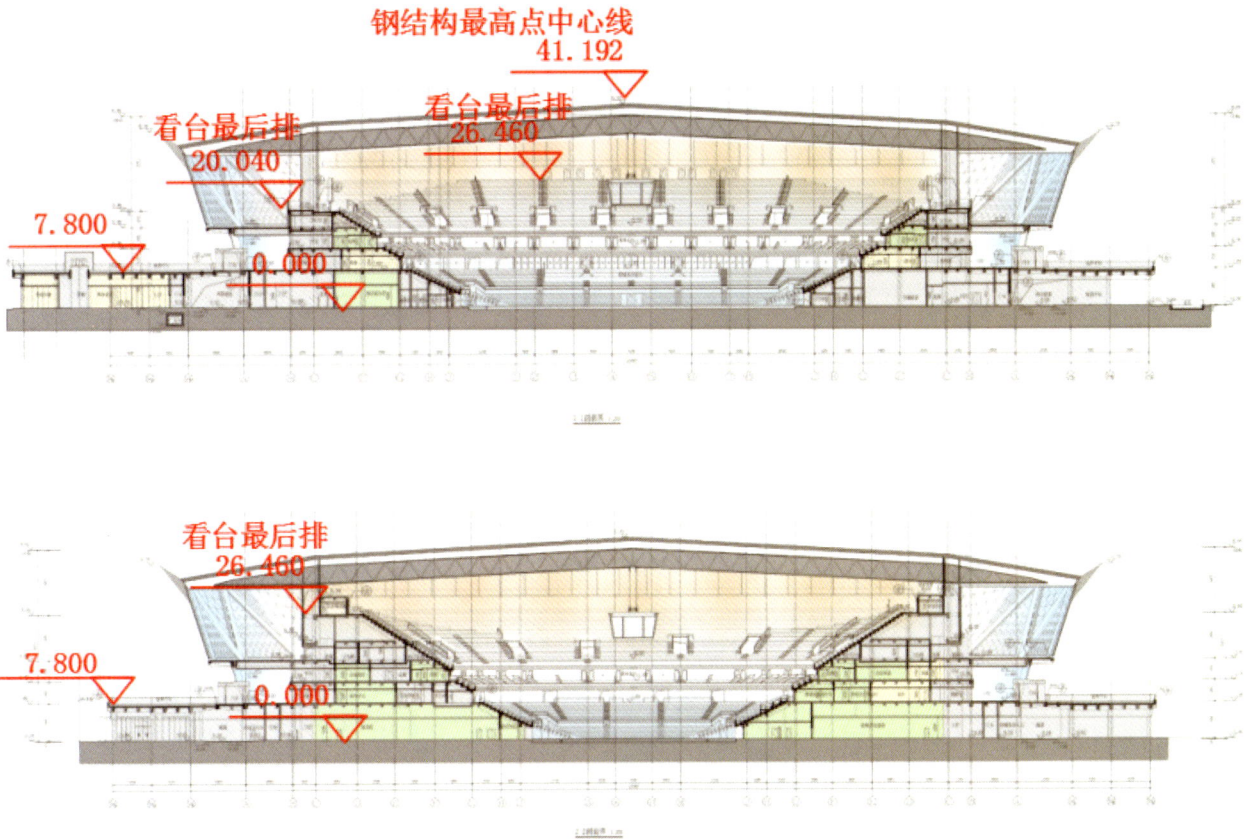

图 5.1-4　西安奥体中心体育馆剖面图

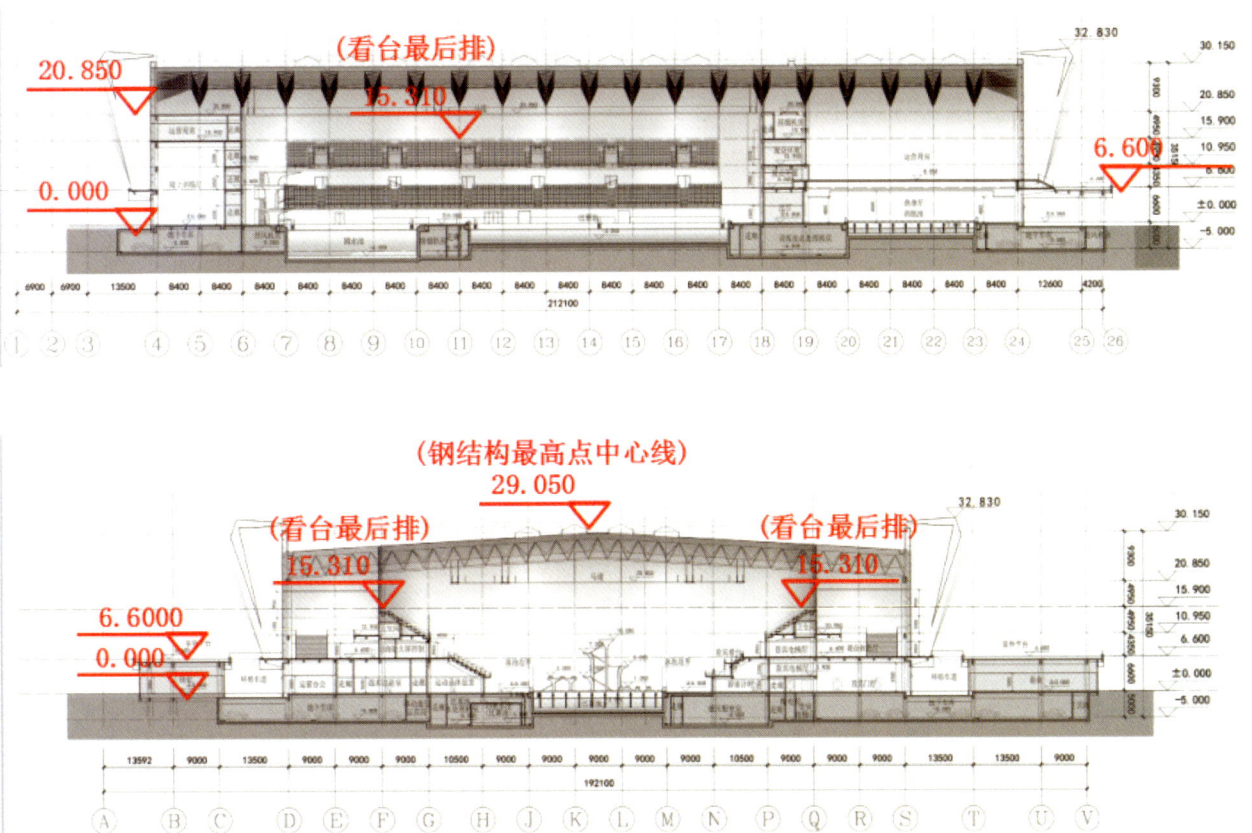

图 5.1-5　西安奥体中心游泳馆剖面图

5.1.4 超大防火分区的处理措施

《建筑设计防火规范》GB 50016—2014（2018年版）规定，观众厅部分的防火分区面积是可以适当扩大的。考虑使用的需要，这个适当扩大，是指按观众厅的大小为最终尺度，不包括可通过防火分隔等措施来分离出去的部分，如场内指挥设备间、演播间等，其原则以能分离出去为最佳方案。

同时，建筑内防火分区的建筑面积为满足功能要求而需要扩大时，必须采取相关防火措施，按照国家相关规定和程序进行充分论证，必要的论证结论将作为最后的设计依据被执行（图5.1-6）。

在实际的设计中，由于观众厅内人数众多，且多数被疏散至观众前厅，也将导致观众前厅面积过大，是否需要进行防火分区的划分是需要仔细分析求证的，我们认为：

（1）观众前厅主要功能是疏散走道，在火荷载被有效控制的情况下，其与安全疏散通道有相近功能；

（2）观众前厅一般比较高大，烟气聚集可能性较小，且开阔的空间更有利于疏散。

基于此，在西安奥体中心的两个项目中，我们对前厅的防火分区面积进行了扩大处理，采取了一些加强措施，获得了专家评审的认可（图5.1-7）。

从功能出发，以客观条件为依托，采取必要的措施是应对超大型体育馆设计中大空间的防火分区设计的原则。

1.2 观众厅防火分区（含三层贵宾包厢）面积22195㎡，超过规范的规定。

根据《建筑设计防火规范》GB 50016—2014的5.3.1条文解释第5条（P260）：

5.3.1 本条为强制性条文。

······

（5）体育馆、剧场的观众厅等由于使用需要，往往要求较大面积和较高的空间，建筑也多以单层或2层为主，防火分区的建筑面积可适当增加。但这涉及建筑的综合防火设计问题，设计不能单纯考虑防火分区。因此，为确保这类建筑的防火安全最大限度地提高建筑的消防安全水平，当此类建筑内防火分区的建筑面积为满足功能要求而需要扩大时，要采取相关防火措施，按照国家相关规定和程序进行充分论证。

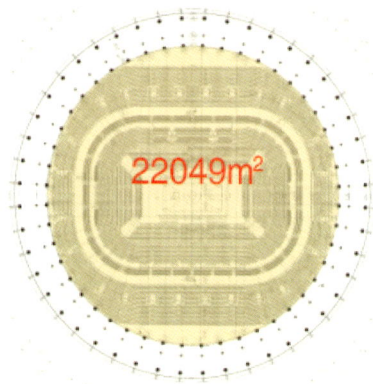

措施：
a. 通过计算，控制所有观众在4分钟内疏散到观众入口前厅；
b. 座椅采用B₁级耐火材料；
c. 设置固定消防水炮；
d. 火灾探测采用空气采样。
e. 采用机械排烟，观众厅排烟量按4次/h，贵宾包厢排烟量按60m³/h·㎡。

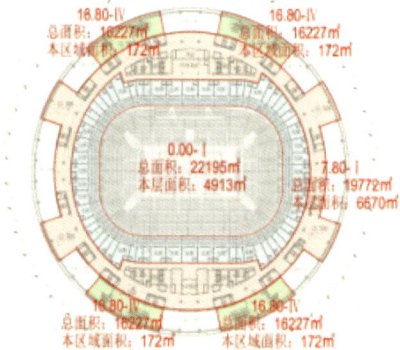

图 5.1-6 西安奥体中心体育馆观众厅

1.1 观众入口前厅防火分区 面积二、三层为一个防火分区，面积为19772㎡、四层为一个防火分区，面积为16227㎡，超过规范的防火分区。

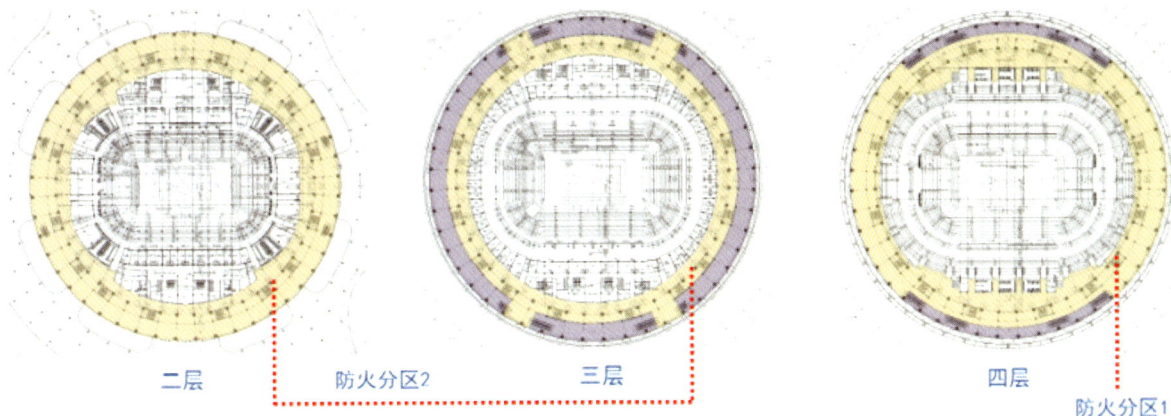

二层　　　防火分区2　　　三层　　　　四层　　　防火分区1

措施：
a.前厅对外安全出口的宽度加大，按18000人宽度计算；
b.与前厅相通的所有房间的墙体为防火墙，门均为乙级防火门，防火门设闭门器；
c.临时零售窗口通过防火卷帘与前厅分开；
d.前厅内所有的装修材料均采用A级不燃材料；
e.设置红外对射光束感烟探测器和图像型火灾探测器；
f.设置智能水炮；
g.设置机械排烟系统。二、三层前厅单层空间排烟量按60m³/h·m²，两层相通空间排烟量按6次/h；四层前厅排烟量按4次/h

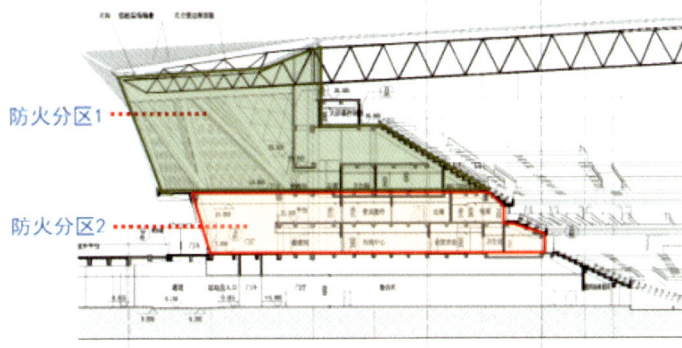

图 5.1-7　西安奥体中心体育馆入口前厅

5.1.5 看台区的疏散计算

看台区的疏散计算的设计依据与数据主要来自于《建筑设计防火规范》GB 50016—2014（2018年版）中第5.5.20条的规定及其条文说明，而关于这些规定和论述的原理及相关的处理办法，则需要更多的知识储备，事实上这方面的文献比较多，例如《体育馆建筑设计中的疏散研究》（同济大学，张莺，2007），这里以西安奥体中心体育馆为例简述其疏散设计：

西安奥体中心体育馆疏散计算的基本参数如下：

体育馆疏散时间计算公式：

疏散时间＝观众人数／每分钟每股人流通过人数×疏散口的人流股数＋最远点距离／每分钟移动平均速度

观众入口通道每分钟每股人流通过人数为37人；

最远处座椅到场地疏散口移动的平均速度：45m/min；

体育馆观众人数为18000人，按规范疏散时间需控制在4min内；

10001～20000座体育馆室内看台疏散宽度指标（m/百人）：平坡地面0.32，阶梯地面0.37；

安全出口宽度不应小于1.1m，同时出口宽度应为人流股数的倍数，每股人流按照0.55m计。

西安奥体中心体育馆疏散口疏散时间验算见图5.1-8、图5.1-9。

验算结果显示每个疏散口的疏散时间小于4min，满足相关要求，由于疏散口目标人数按就近均分统计，尽管疏散时间离散度较大，考虑其自调节能力和功能分布的需要，不再进行疏散口分布调节。

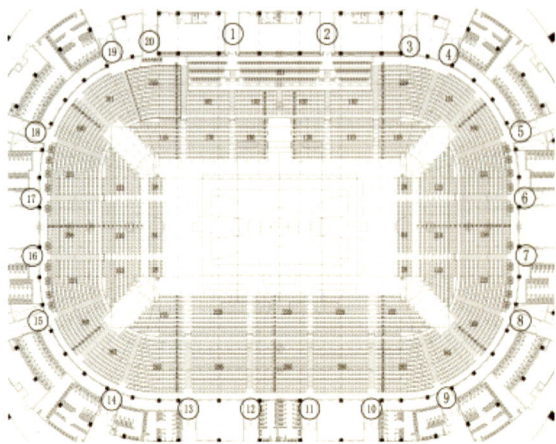

分区	人数	设计疏散宽度 (m)	按规范计算宽 度(m)	设计疏散时间 (min)
3、4号通道	1111	5.70	4.12	3.85
5号通道	269	2.75	1.01	1.93
6号通道	546	2.75	1.98	3.67
7号通道	546	2.75	1.98	3.67
8号通道	269	2.75	1.01	1.93
9号通道	295	2.75	1.10	2.16
10号通道	540	2.75	1.36	3.69
11号通道	506	2.75	1.87	3.51
12号通道	506	2.75	1.87	3.51
13号通道	540	2.75	1.36	3.69
14号通道	295	2.75	1.01	2.16
15号通道	269	2.75	1.01	1.93
16号通道	546	2.75	1.98	3.67
17号通道	546	2.75	1.98	3.67
18号通道	269	2.75	1.01	1.93
19、20号通道	1112	5.70	4.12	3.85

图 5.1-8　下层坐席区疏散口分布与疏散计算汇总表

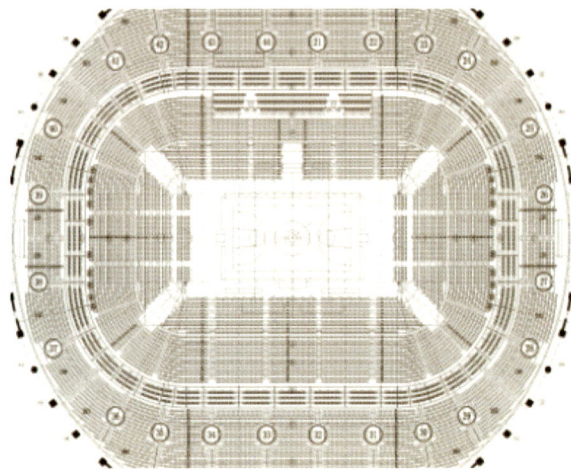

分区	人数	设计疏散宽度(m)	按规范计算宽度(m)	设计疏散时间(min)
21号通道	430	2.75	1.59	3.08
22号通道	446	2.75	1.65	3.18
23号通道	381	2.75	1.40	2.81
24号通道	372	2.75	1.36	2.66
25号通道	309	2.75	1.08	2.25
26号通道	249	2.75	0.92	1.91
27号通道	249	2.75	0.92	1.91
28号通道	309	2.75	1.08	2.25
29号通道	373	2.75	1.36	2.66
30号通道	381	2.75	1.40	2.81
31号通道	447	2.75	1.65	3.18
32号通道	430	2.75	1.59	3.08
33号通道	430	2.75	1.59	3.08
34号通道	448	2.75	1.66	3.19
35号通道	381	2.75	1.40	2.81
36号通道	373	2.75	1.36	2.66
37号通道	309	2.75	1.08	2.25
38号通道	249	2.75	0.92	1.91
39号通道	249	2.75	0.92	1.91
40号通道	309	2.75	1.40	2.81
41号通道	373	2.75	1.36	2.66
42号通道	381	2.75	1.40	2.81
43号通道	446	2.75	1.65	3.18
44号通道	430	2.75	1.59	3.08

图 5.1-9　上层坐席区疏散口分布与疏散计算汇总表

5.1.6　其他防火设计

在体育馆建筑的防火设计中，我们采用的非典型设计手段如下，供读者参考：

1）救援窗

考虑到体育馆建筑的特殊性，观众前厅所有的空间均可以无阻碍通行，因此救援窗均设置在有楼板层，救援窗的间距最远不超过60m（图5.1-10）。

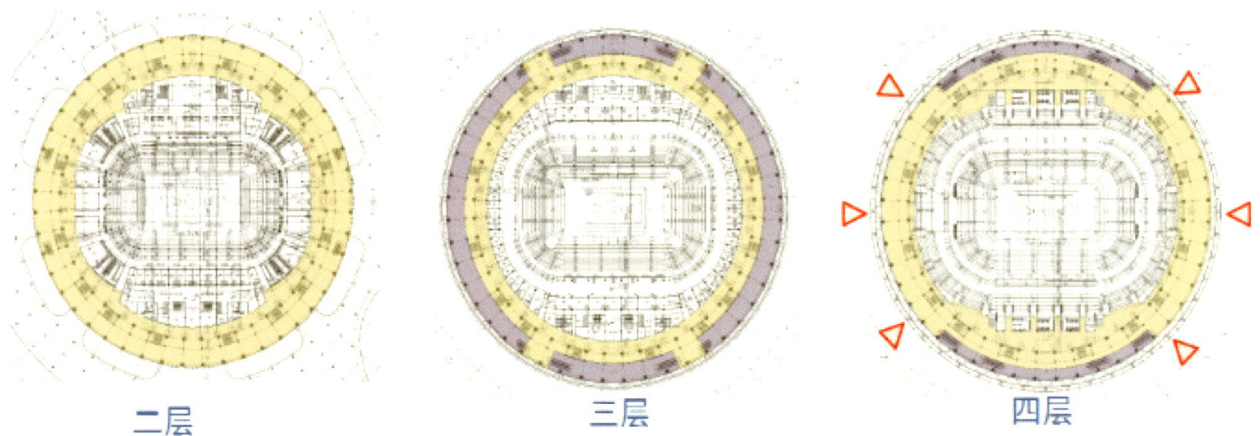

二层　　三层　　四层

图 5.1-10　救援窗设置

2）避难走道

由于竞赛场地的规模较大，并考虑后期多用途使用，为满足疏散距离的要求，需要对场地内的疏散做必要的处理，在西安奥体中心的项目中采用了避难走道的措施（图 5.1-11）。

3）消防车道（环道）

消防车道设置于疏散平台下方，是建筑空间设计的需求，但需要满足其安全性，并成为安全区域，是我们在西安奥体中心项目中采用的方式（图 5.1-12）。

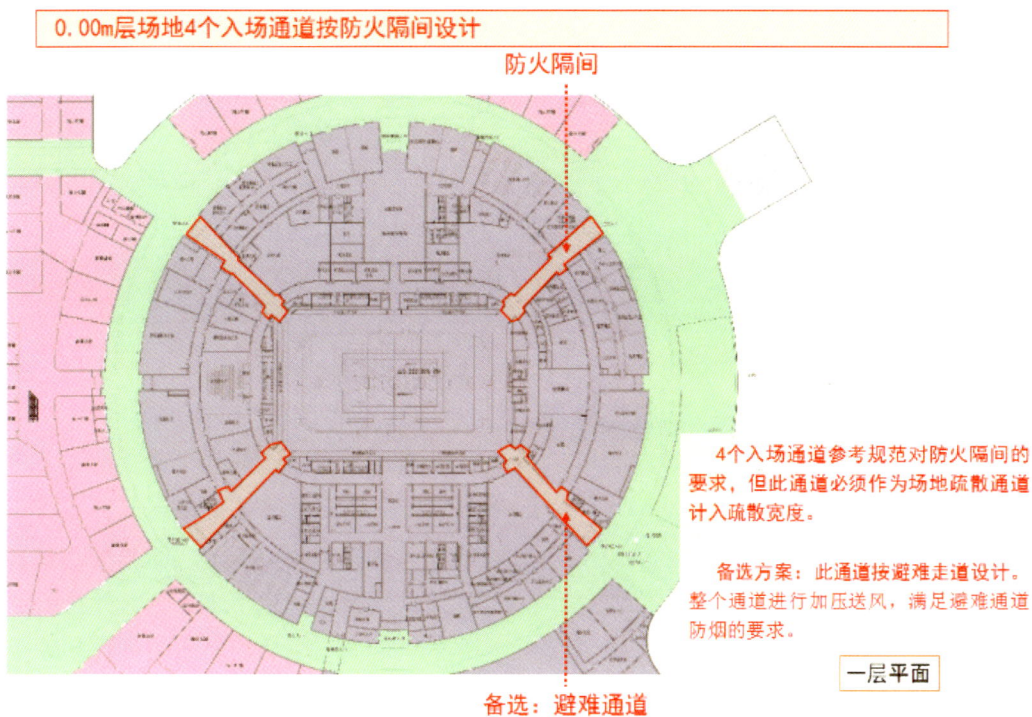

图 5.1-11　避难走道设置

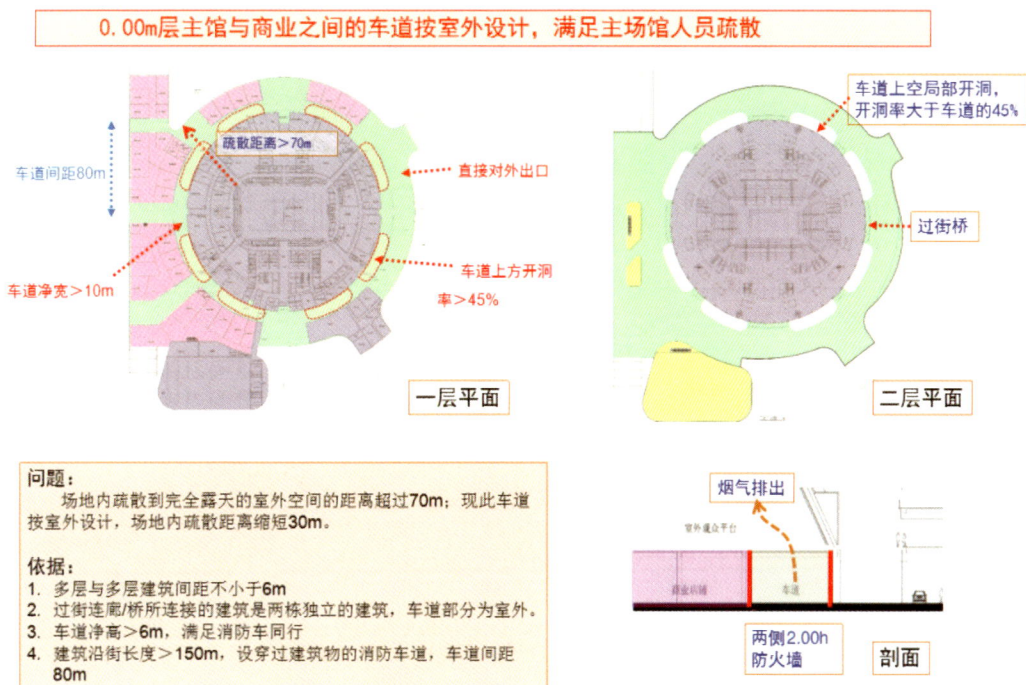

图 5.1-12　消防车道设置

4）构件防火保护

通常的外围护结构多为一体化的设计，且多数采用钢结构体系，因此针对不同部位的防火保护成为现实的问题。在深圳世界大学生运动会体育馆的设计中，这个围护被分为柱与屋面，前者采用防火保护，后者并未采用（图 5.1-13）。

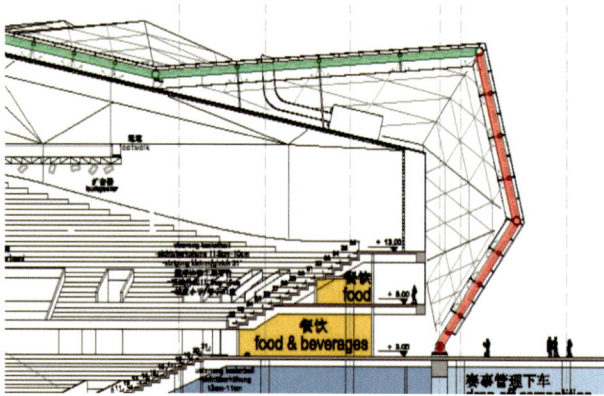

图 5.1-13　防火保护相关

5.1.7　关于其他用途防火设计的构想

无论哪种用途，其核心都是对竞赛场地的重新设计，增加疏散宽度需求并复核看台区疏散指标是针对其他用途使用预留的方向。

不难理解的是，当前最有可能的其他用途，对体育馆而言，不外乎为观演用途和避难用途，而这些用途的变化都集中在对竞赛场地的重新设计，因此，防火设计的设施方案需要必要的强化。

针对建筑设计而言，更重要的是疏散的设计，在我们的设计中，都是按照竞赛场地作为密集场所的人员密度来设计疏散宽度，并适当优化疏散距离，如设置避难走道等方案。

而对于观众厅和休息厅部分，其防火设施和疏散设计自身具备完善度，且观众厅为固定座席，因此可以理解为是适应观演一类防火需求的，只需必要的复核即可。

5.1.8　结语

体育馆本身功能的防火设计是一个相对复杂的设计，但基本的设计依据都来源于当前版本的建筑设计防火规范有关的规定，而相对改建与一馆多用的实际应用的论述还不多见，且此类的需求是客观存在的，因此，相关的研究与实践使设计变得规范化，会是一个相对重要的课题。

5.2 世界大学生运动会体育馆

中国建筑东北设计研究院有限公司 任炳文 张 强

5.2.1 设计概况

深圳奥林匹克体育新城拥有各类引人入胜的体育活动、居住小区、商业空间和娱乐活动。在新城中心处，景观区与城市街区环绕铜鼓岭相互融合。

设计的总体目标是：创造出能代表世界水平的、具有高度标志性的体育设施。在此基础上，其总体的重要任务则是将体育场馆与周边景观和城市格局联系起来。

所有3座体育场馆均按照清晰的几何秩序布置，形成三角形。因此，体育馆位于体育场北面，与规划12号道路和黄阁路的矩形十字路口相呼应。主体育馆西面是矩形的游泳馆，所有的3个体育场馆通过＋3.00m标高层上抬高的步行休闲体育广场相互联系。

包括基地南端三个体育场馆在内的体育公园集体育、休闲与娱乐于一体，在赛时和赛后为运动员、观众与市民奉上精彩的比赛、演出活动与秀美的公园景观。

体育馆是2011年世界大学生运动会的主赛场，是集体操、足球、篮球、排球及室内短跑道速度滑冰比赛、文化和休闲活动于一体的多功能体育场馆。可满足各类国际综合赛事和专项锦标赛的功能要求，也能满足大型演出、集合和小型展览等的要求（图5.2-1）。

体育馆总面积73385m²，看台可容纳观众18002人，固定观众席总数为14866人，其中上层看台10012人，下层看台4168人。

体育馆分为观众厅、前厅、热身场馆及附属设备用房等。建筑檐口高度（距离＋3.0m标高平台）

图 5.2-1 深圳世界大学生运动会体育馆

243

最高点 33.5m，最低点 20.67m。

5.2.2 防火设计依据

《建筑设计防火规范》GB 50016—2006

《汽车库、修车库、停车场设计防火规范》GB 50067—97

《建筑内部装修设计防火规范》GB 50222—95（2001 年修订版）

《体育建筑设计规范》JGJ 31—2003

5.2.3 建筑防火分类

本建筑属大规模、大空间的大型体育建筑。建筑屋面为折板结构，观众厅为高度超过 24m 的单层公共建筑。根据《建筑设计防火规范》GB 50016—2006 第 1.0.2 条第 3 点："本规范适用于下列新建、扩建和改建的建筑……建筑高度大于 24m 的单层公

共建筑。"本建筑防火设计执行《建筑设计防火规范》GB 50016—2006。本建筑设计使用年限为 50 年，根据《体育建筑设计规范》JGJ 31—2003，体育建筑等级为甲级，耐火等级为二级。

5.2.4 防火分区和防烟分区

本建筑用耐火的墙体和楼板将整栋建筑划分成若干防火分区。地下车库分成 4 个面积不超过 4000m² 的防火分区，符合《汽车库、修车库、停车场设计防火规范》GB 50067—97，地下室其他部分分区面积尽可能控制在 1000m² 以内，+3.00m 层以上分区面积尽可能控制在 5000m² 以内；每个分区都有一个独立对外出口：其中 XXII_-4.0 与相邻两个分区分别共用一个楼梯。

每个防烟分区面积控制在 500m² 以内（图 5.2-2～图 5.2-5）。

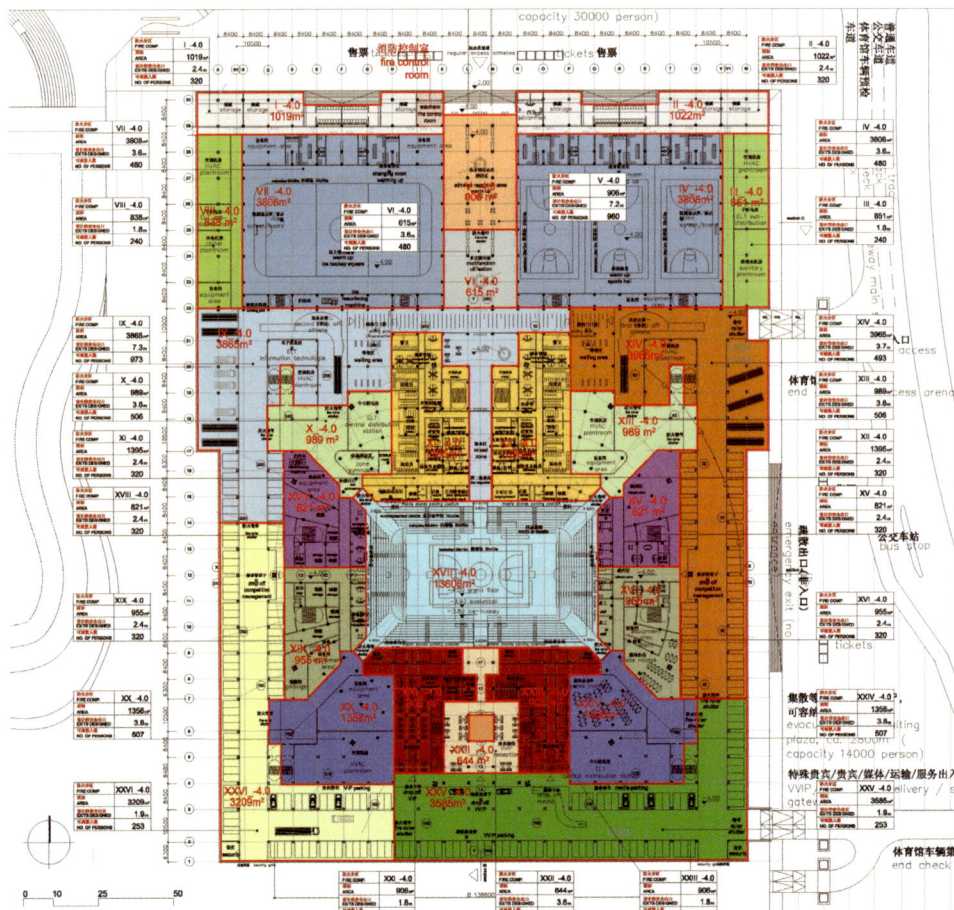

图 5.2-2　地下室防火分区示意图

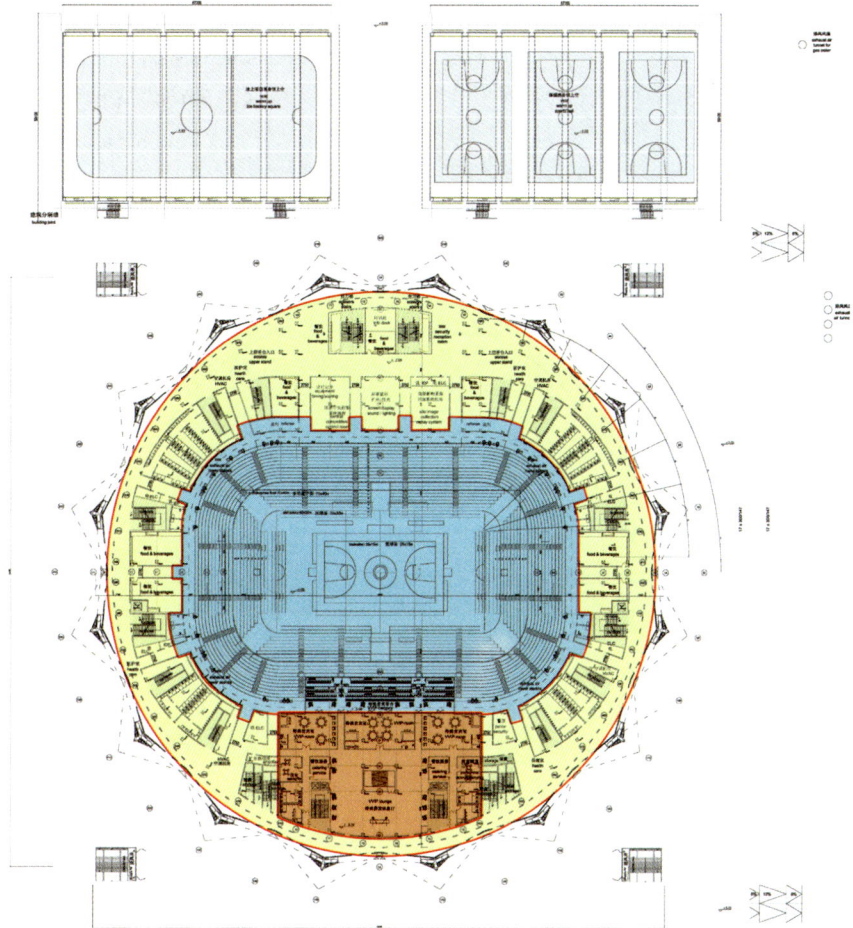

图 5.2-3　一层防火分区示意图

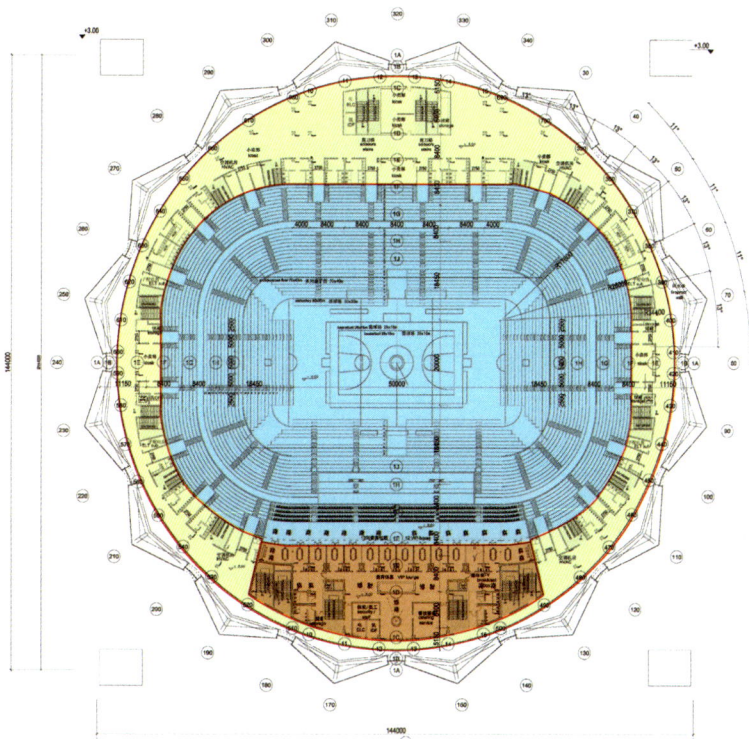

图 5.2-4　二层防火分区示意图

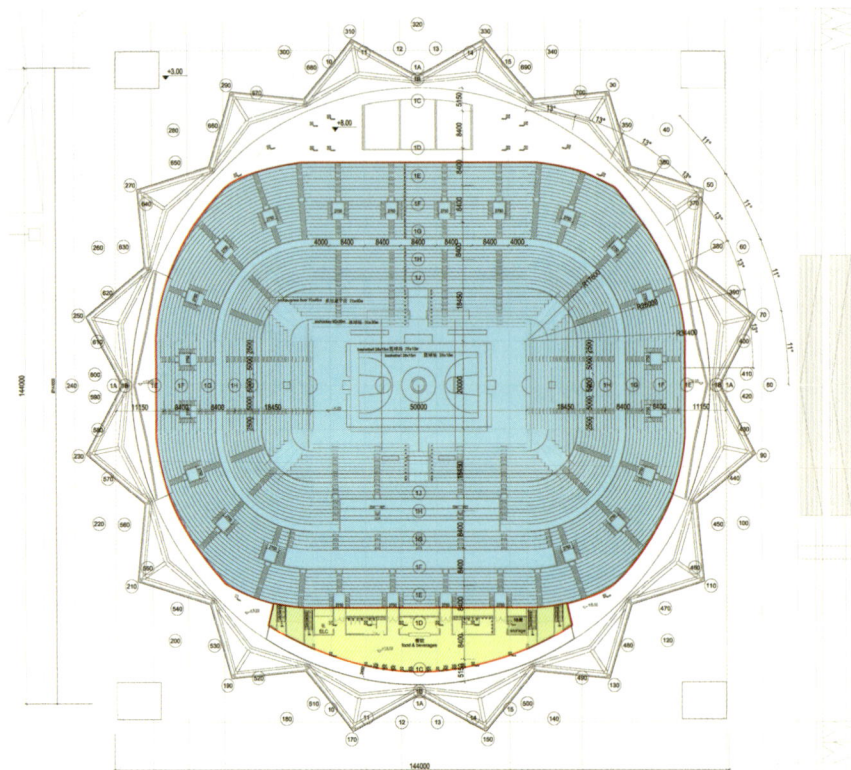

图 5.2-5　三层防火分区示意图

5.2.5　疏散通道和距离

本建筑共设有可供安全疏散楼梯间 38 个，其中地上 18 个（开敞楼梯间），地下有 20 个（防烟楼梯间）。

根据《建筑设计防火规范》GB 50016—2006 要求通往安全区域（室外、疏散楼梯间、相邻的防火分区）的最大安全距离如下：

地下车库：60m 半径距离。

观众厅：37.5m 半径距离。

其他区域：位于两个安全出口或楼梯间之间的房间为 50m 距离，端部为 27.5m 距离。

5.2.6　疏散人数的计算

比赛观众厅观众席总数为 18002 人（图 5.2-6）。

固定观众席总数为 14866 人，其中上层看台 10012 人，下层看台 4168 人，特殊贵宾席 154 人，临时特殊贵宾席 55 人，包厢座席 332 人，媒体座席 145 人，活动观众席总数为 3136 人。

图 5.2-6　室内照片

观众通过 40 个疏散口及 18 个疏散楼梯疏散到＋3.00m 标高观众休息厅（视为安全地带）。18002/40 ＝ 450（人），满足体育馆每个疏散口疏散观众人数不宜超过 400～700 人之规定要求（《体育建筑设计规范》JGJ 31—2003 第 4.3.8 条）。

1）下层观众席疏散时间计算

（1）场内 16 个疏散口疏散宽度为 44m（按每个出口净宽为 2.75m 计算）；

（2）所需疏散总宽度为：

$$7304 \times 0.43/100 = 31.4\text{m} < 44\text{m}$$

（每百人疏散宽度 0.43m：《体育建筑设计规范》表 4.3.8）

（3）疏散人流股数总和为 5×16 = 80 股；

（4）最不利疏散时间计算如下（至 +3.00m 标高平台休息处）：

$$
\begin{aligned}
T &= N/AB + S/V \\
&= 7304/(37 \times 80) + 48/45 \\
&= 2.47 + 1.07 \\
&= 3.54\ (\text{min})
\end{aligned}
$$

（控制疏散时间见《体育建筑设计规范》JGJ 31—2003 第 4.3.8 条条文说明，以 < 4min 为宜）

式中　N——总人数 7304 人；

　　　A——单股人流通行能力：37 人/min；

　　　B——人流股数：80 股；

　　　S——最远处座席到场内疏散口的距离：48m（计首层活动看台至疏散口）；

　　　V——最远处座席到场内疏散口的平均速度：45m/min。

2）上层观众席疏散时间计算

（1）除去标高为 13.0m 的 4 个出口（疏散人数为观众 1457 人，媒体 145 人），二层其余出口共 20 个，疏散出口宽度为 2.75×20 = 55m（每个出口净宽为 2.75m），疏散楼梯总宽度为 2.4×8 + 3.6×2 + 2×8 = 42.4m。

① 疏散总人数为 10012−1457−145 = 8410 人；

② 所需疏散总宽度为 8410×0.43/100 = 36.2m < 55m；

③ 疏散人流股数总和为 5×20 = 100 股。

最不利疏散时间计算如下（至 +3.00m 标高平台休息处）：

疏散出观众厅时间：

$$
\begin{aligned}
T1 &= N/AB + S/V \\
&= 8410/(37 \times 100) + 36/45 \\
&= 2.27 + 0.8 \\
&= 3.07\ (\text{min})
\end{aligned}
$$

下楼梯所需时间：

$$
\begin{aligned}
T2 &= H/V' \\
&= 5/10 \\
&= 0.5\ (\text{min})
\end{aligned}
$$

由疏散出口到楼梯间所需时间：

$$
\begin{aligned}
T3 &= S''/V'' \\
&= 18/65 \\
&= 0.28\ (\text{min})
\end{aligned}
$$

总疏散时间为：

$$
\begin{aligned}
T &= T1 + T2 + T3 \\
&= 3.07 + 0.5 + 0.28 \\
&= 3.85\ (\text{min}) < 4\ (\text{min})
\end{aligned}
$$

式中　N——总人数 8410 人；

　　　A——单股人流通行能力：37 人/min；

　　　B——人流股数：100 股；

　　　S——最远处座席到场内疏散口的距离：36m；

　　　V——最远处座席到场内疏散口的平均速度：45m/min（《建筑设计资料集》(7)，P108）；

　　　H——场内疏散口通过楼梯至安全平台的垂直距离：5m（从 8.00 至 3.00m 平台）；

　　　V'——场内疏散口通过楼梯下至安全平台的平均速度：10m/min；

　　　S''——疏散口至最近疏散楼梯的最远距离：18m；

　　　V''——人群在平地上的步行速度：65m/min（《建筑设计资料集》(7)，P108，为 60~65m/min）。

（2）标高为 13.0m 的 4 个出口，疏散出口宽度为 4×2.75 = 11m（按每个出口净宽为 2.75m 计），疏散楼梯总宽度为 3.6×2 = 7.2m

疏散总人数为 1602 人；

所需疏散总宽度为 1602×0.43/100 = 6.9m < 11.0m；

疏散人流股数总和为 5×4 = 20 股；

最不利疏散时间计算如下（至 +3.00m 标高平台休息处）：

至观众厅疏散口的时间：

$$
\begin{aligned}
T1 &= N/AB + S/V \\
&= 1602/(37 \times 20) + 22/45
\end{aligned}
$$

$$= 2.16 + 0.49$$
$$= 2.65（min）$$

下楼梯所需的时间：

$$T2 = H/V'$$
$$= 10/10$$
$$= 1（min）$$

由疏散口到楼梯间的时间：

$$T3 = S''/V''$$
$$= 20/65$$
$$= 0.31（min）$$

总疏散时间：

$$T = T1 + T2 + T3$$
$$= 2.65 + 1 + 0.31$$
$$= 3.96（min）< 4（min）$$

3）一层观众休息厅出口总宽度 64×2 = 128m

所需疏散总宽度为 18002×0.43/100 = 77.4m < 128m，疏散人流总股数为 192 股。

$$T = N/AB + S/V$$
$$= 18002/（37×192）+ 32/65$$
$$= 2.53 + 0.49$$
$$= 3.02（min）$$

式中　S——观众休息厅最远处到场内疏散口的距离：32m；

　　　V——人群在平地上的步行速度：65m/min（《建筑设计资料集》（7），P108，为60～65m/min）。

4）特殊贵宾席共有 154 人

位于+3.00m 包厢贵宾厅，临时可增加 55 席，

直接疏散至观众大厅（+3.00m）。

5）包厢共有 332 人

疏散楼梯宽度 1.8×2 = 3.6m，所需疏散总宽度为 332×0.43/100 = 1.42m < 3.6m

6）结果

考虑整体时，一般情况下看台上观众疏散至+3.00m 标高观众休息厅的最不利时间为 3.96min（小于规范要求 4min）（图 5.2-7）。

注：观众厅内最不利观众疏散至室外所需时间为 3.43min，此时间与上述观众疏散出观众厅的时间有交叉。按《体育建筑设计规范》JGJ 31—2003 第4.3.8条条文说明，将体育馆出观众厅的控制疏散时间作为安全疏散设计的一个基本依据，而非第二阶段所有观众从观众厅的出口到体育馆的外门安全疏散所需要的时间——称为观众厅外面允许的疏散时间，更不等于此两个阶段疏散时间之和。

5.2.7　特殊消防设计

防火分区 I_3.0 在+3.00m、+8.00m、+13.00m 层是共享空间，面积分别为7819m²、4464m²、961m²，共计13244m²，由于建筑效果的要求，此部分很难独立分隔为5000m²以下的防火分区，设计时按《建筑设计防火规范》GB 50016—2006 第5.1.10条采取措施以保证此区域的安全。

观众厅由于功能的需要，划分为一个防火分区，防火分区的面积14976m²，观众疏散的时间控制在 4min 之内。

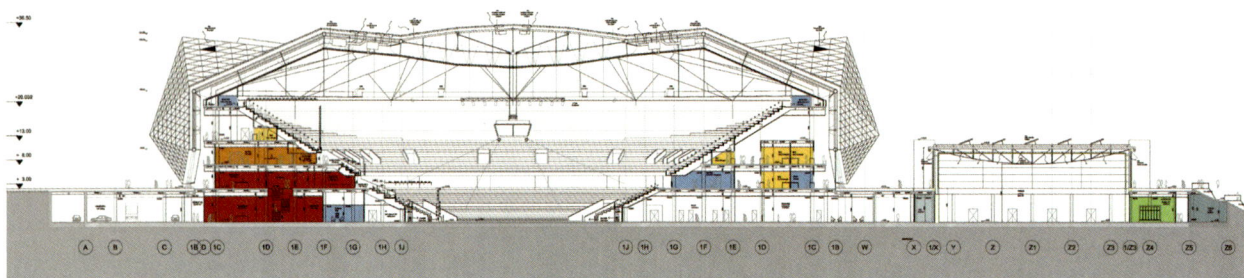

图 5.2-7　剖面图

比赛场地内疏散距离局部超过 37.5m，约为 45m。

前厅部分钢结构防火保护为 2.00h：根据规范，承重柱的耐火等级为 2.50h，而现有产品中，薄型防火涂料的最大保护时间为 2.00h，因此，此部分防火保护时间改为 2.00h。

主要加强措施如下：

（1）有家具、装修材料等均采用《建筑内部装修设计防火规范》GB 50222—95（2001 年修订版）中的 A 级材料即不燃或难燃材料。

（2）所有房间安装自动消防报警系统及自动喷洒系统。

（3）采取措施使之变成安全区域，措施包括不设任何对疏散不利的障碍物、增加机械排烟量等。

（4）建筑内不使用燃料（气或油）烹调。

（5）建筑内无娱乐设施。

（6）在设备选用方面建议选用高标准的设备以确保各系统正常工作。

5.3　西安奥体中心体育馆

中国建筑东北设计研究院有限公司　任炳文　张　强

5.3.1　工程概况

一场两馆单体建筑以"盛世之花"为设计概念，建筑形态取西安市花——石榴花的形态，建筑表皮采用银白色金属百叶，通过有规律的变化，表达了丝绸飘动的质感。远远望去，繁星闪耀，浩瀚水面，轻盈通透的罩棚透出赛场内热烈的赛事气氛，宛如皓月长空下的盛世之花（图5.3-1）。

设计的总体目标是：创造出能代表世界水平的、具有高度标志性的体育设施。在此基础上，其总体的重要任务则是将体育场馆与周边景观和城市格局联系起来。

所有3座体育场馆均按照清晰的几何秩序布置，形成三角形。因此，体育馆位于体育场东南面。主体育馆北面是矩形的游泳馆。

包括基地南端三个体育场馆在内的体育公园集体育、休闲、娱乐于一体，在赛时和赛后为运动员、观众与市民奉上精彩的比赛、演出活动与秀美的公园景观。

体育馆是第十四届全国运动会的主赛场，是集体操、足球、篮球、排球及室内短跑道速度滑冰比赛、文化和休闲活动于一体的多功能体育场馆。可满足各类国际综合赛事和专项锦标赛的功能要求，也能满足大型演出、集合和小型展览等的要求（图5.3-2～图5.3-4）。

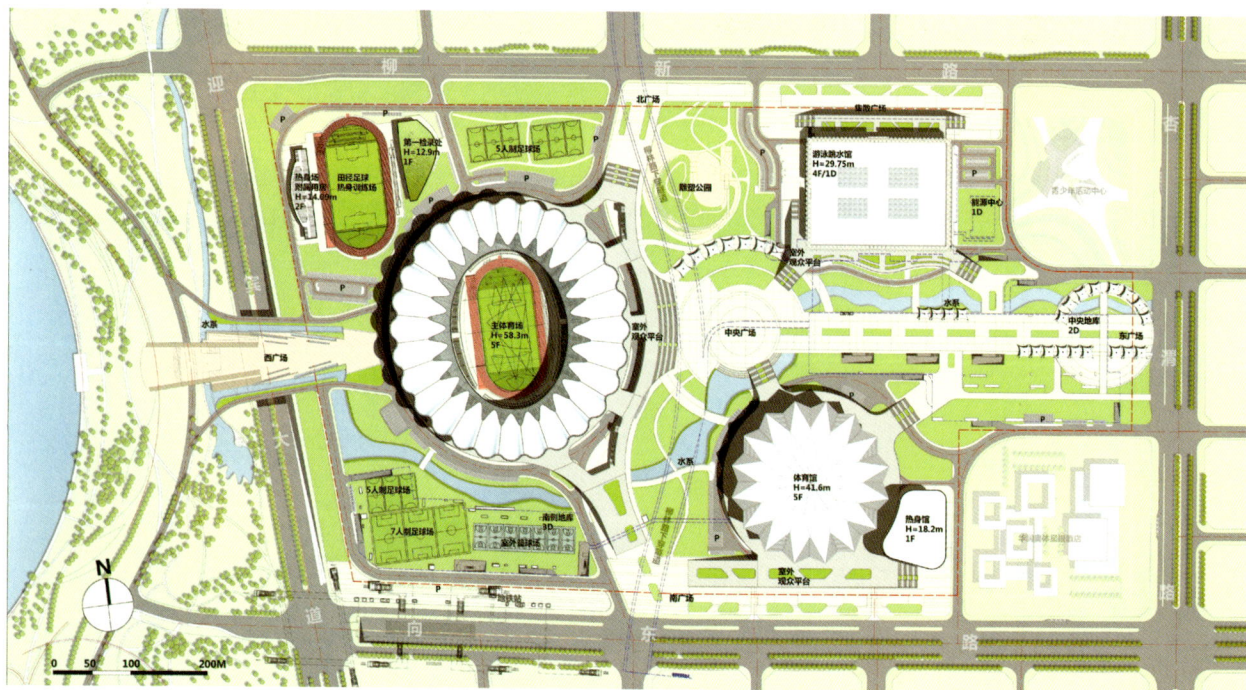

图 5.3-1　西安奥体中心总平面图

图 5.3-2　西安奥体中心总体鸟瞰

图 5.3-3　西安奥体中心体育馆透视图

图 5.3-4　西安奥体中心体育馆实景

体育馆总面积 108283m²，其中：主场馆面积 80071m²，热身馆面积 8933m²，商业及辅助面积 11523m²，架空面积 7756m²。看台可容纳观众 18000 人，固定观众席总数为 15044 人，其中上层看台 8741 人（含媒体座席 221 人），下层看台 5105 人（含运动员 229 人），特殊贵宾席 151 人，活动观众席总数为 2956 人，残障人士及陪护 88 人。

5.3.2 防火设计依据

《建筑设计防火规范》GB 50016—2014

《汽车库、修车库、停车场设计防火规范》GB 50067—2014

《建筑内部装修设计防火规范》GB 50222—95（2001 年修订版）

《体育建筑设计规范》JGJ 31—2003

西安奥体中心（一场两馆）项目消防设计专家评审会专家组意见

上海安邦消防安全技术服务有限公司提供的本项目消防专题分析论证报告

5.3.3 建筑分类与耐火极限

本建筑属大规模、大空间的大型体育建筑（图 5.3-5）。

图 5.3-5 室内实景照片

建筑屋面网架结构，观众厅为高度 41m。依据为《建筑设计防火规范》GB 50016—2014 第 5.1.1 条条文说明，本建筑定性为超过 24m 的单层公共建筑。本建筑防火设计执行《建筑设计防火规范》GB 50016—2014 中多层公共建筑的相关要求。

根据《体育建筑设计规范》JGJ 31—2003，本工程的体育建筑等级为甲级，设计使用年限为 50 年，耐火等级一级。

5.3.4 一般建筑防火设计

1）防火分区和防烟分区

（1）防火分区

本建筑用耐火的墙体和楼板将整栋建筑划分成若干防火分区。防火分区面积尽可能控制在 5000m² 以内；每个分区都至少有两个独立安全出口（图 5.3-6～图 5.3-10）。

（2）防烟分区

每个防烟分区面积控制在 500m² 以内。

2）疏散通道和距离

本建筑共设有可供安全疏散楼梯间 20 个，其中地上 16 个开敞楼梯间，4 个防烟楼梯间。

根据《建筑设计防火规范》GB 50016—2014 要求通往安全区域（室外、疏散楼梯间、相邻的防火分区）的最大安全距离如下：

比赛大厅、观众厅、观众前厅疏散距离按消防评估报告执行。

其他区域：位于两个安全出口或楼梯间之间的房间距离为 50m，端部距离为 27.5m。

3）疏散人数的计算

比赛观众厅观众席总数为 18000 人。

固定观众席总数为 13846 人，其中上层看台 8741 人，下层看台固定座椅 5105 人，活动座椅：2956 人。其中特殊贵宾席 151 人，包厢座席 1198 人。

观众通过 42 个疏散口疏散到观众休息厅，每个疏散口平均疏散人数 16802/42 = 400（人）：其中上层看台平均每个疏散口的疏散人数：8741/24 = 364（人）；下层看台平均每个疏散口的疏散人数：8145/18 = 448（人）

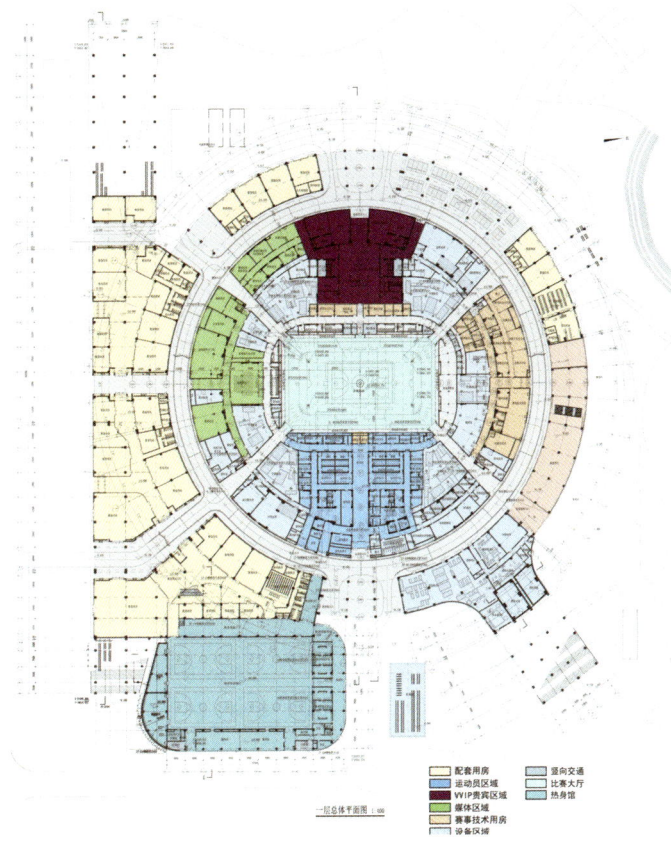

图 5.3-6　一层防火分区示意图

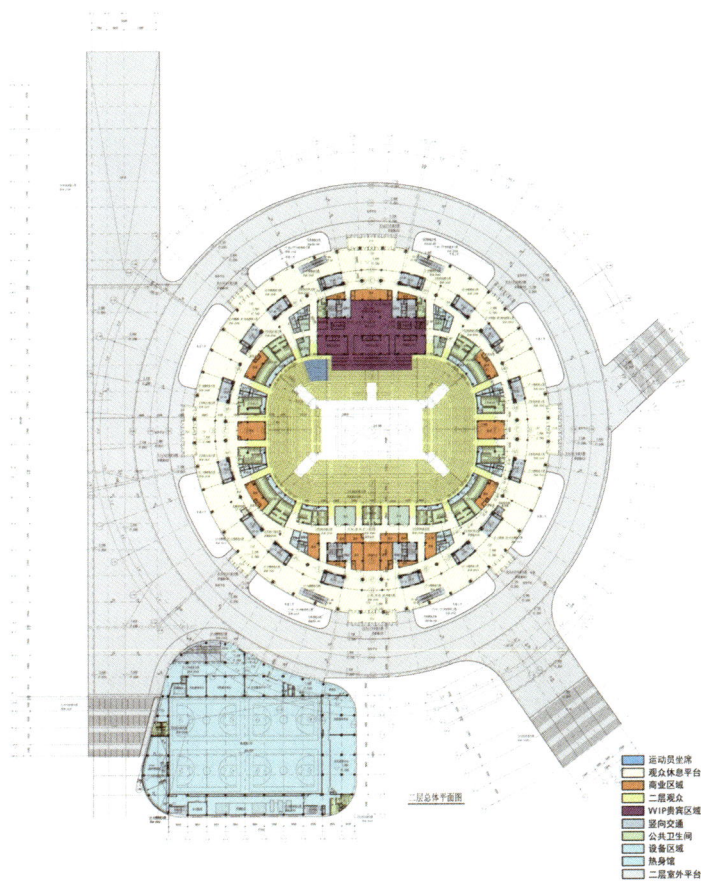

图 5.3-7　二层防火分区示意图

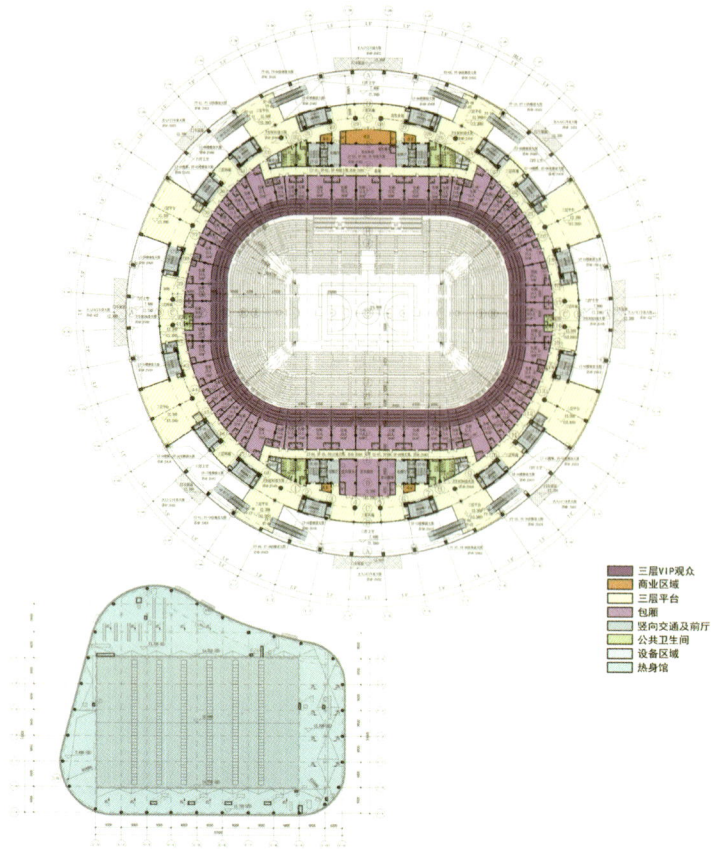

图 5.3-8　三层防火分区示意图

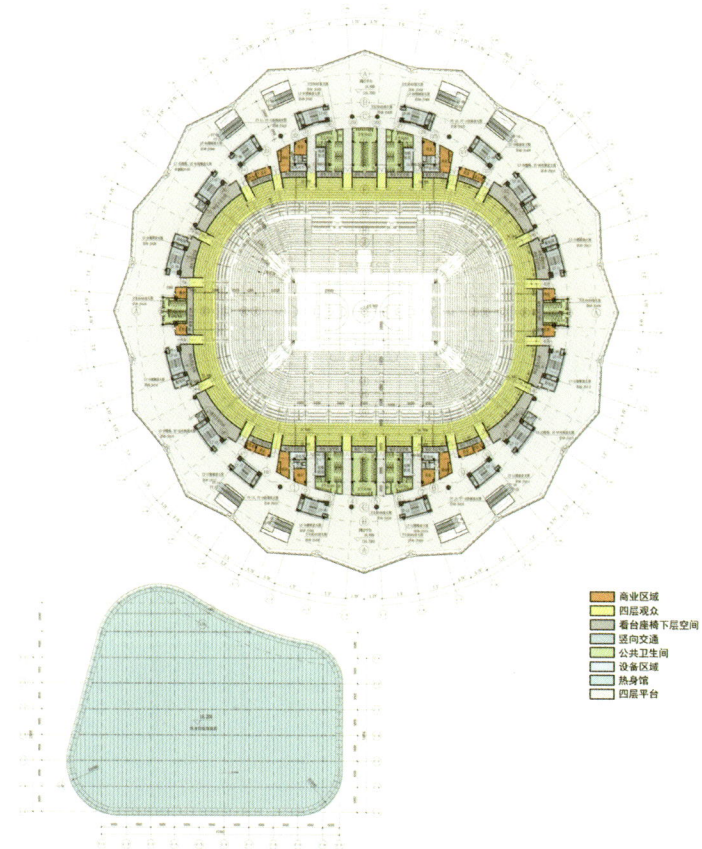

图 5.3-9　四层防火分区示意图

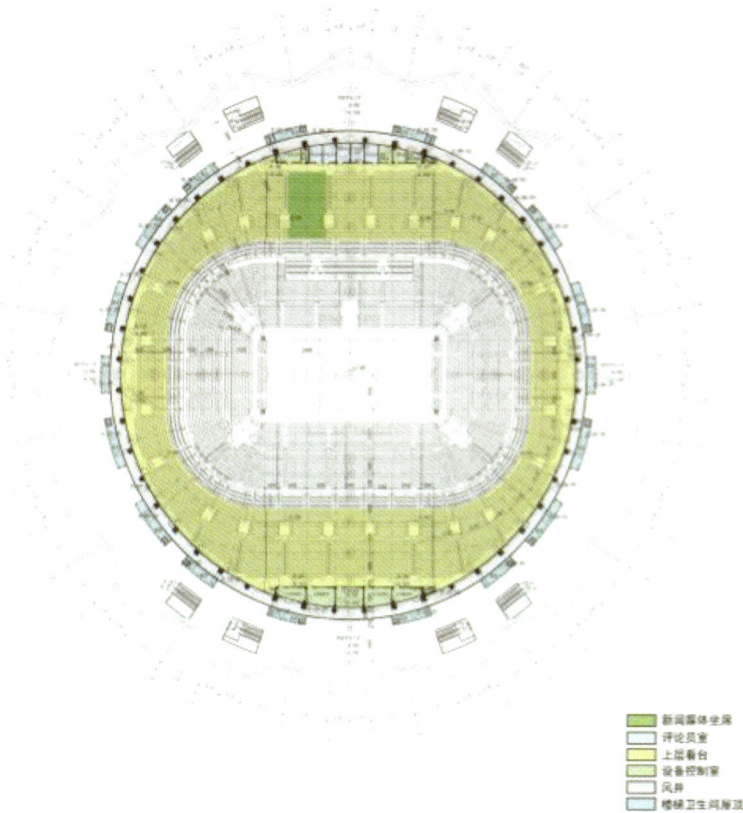

图 5.3-10 五层防火分区示意图

满足体育馆每个疏散口疏散观众人数不宜超过 400～700 人的要求（《建筑设计防火规范》GB 50016—2014 第 5.5.16.2 条、《体育建筑设计规范》JGJ 31—2003 第 4.3.8 条）。

（1）下层观众席疏散时间计算（表 5.3-1）

座席分区疏散特征表（一）　表 5.3-1

分区	人数	设计疏散宽度 /m	按规范计算宽度 /m	设计疏散时间 /min
3、4 号通道	1111	5.70	4.12	3.85
5 号通道	269	2.75	1.01	1.93
6 号通道	546	2.75	1.98	3.67
7 号通道	546	2.75	1.98	3.67
8 号通道	269	2.75	1.01	1.93
9 号通道	295	2.75	1.10	2.16
10 号通道	540	2.75	1.36	3.69
11 号通道	506	2.75	1.87	3.51
12 号通道	506	2.75	1.87	3.51
13 号通道	540	2.75	1.36	3.69

续表

分区	人数	设计疏散宽度 /m	按规范计算宽度 /m	设计疏散时间 /min
14 号通道	295	2.75	1.01	2.16
15 号通道	269	2.75	1.01	1.93
16 号通道	546	2.75	1.98	3.67
17 号通道	546	2.75	1.98	3.67
18 号通道	269	2.75	1.01	1.93
19、20 号通道	1112	5.70	4.12	3.85

注：

1 体育馆疏散时间计算公式：

疏散时间＝观众人数／每分钟每股人流通过人数×疏散口的人流股数＋最远点距离／每分钟移动平均速度

2 观众入口通道每分钟每股人流通过人数为 37 人；

3 最远处座椅到场地疏散口移动的平均速度：45m/min；

4 体育馆观众人数为 18000 人，按规范疏散时间需控制在 4min 内；

5 10001～20000 座体育馆室内看台疏散宽度指标（m/百人）：平坡地面 0.32，阶梯地面 0.37；

6 安全出口宽度不应小于 1.1m，同时出口宽度应为人流股数的倍数，每股人流按照 0.55m 计。

（2）上层观众席疏散时间计算（表 5.3-2）

续表

座席分区疏散特征表（二） 表 5.3-2

分区	人数	设计疏散宽度 /m	按规范计算宽度 /m	设计疏散时间 /min
21 号通道	430	2.75	1.59	3.08
22 号通道	446	2.75	1.65	3.18
23 号通道	381	2.75	1.40	2.81
24 号通道	372	2.75	1.36	2.66
25 号通道	309	2.75	1.08	2.25
26 号通道	249	2.75	0.92	1.91
27 号通道	249	2.75	0.92	1.91
28 号通道	309	2.75	1.08	2.25
29 号通道	373	2.75	1.36	2.66
30 号通道	381	2.75	1.40	2.81
31 号通道	447	2.75	1.65	3.18
32 号通道	430	2.75	1.59	3.08
33 号通道	430	2.75	1.59	3.08
34 号通道	448	2.75	1.66	3.19
35 号通道	381	2.75	1.40	2.81
36 号通道	373	2.75	1.36	2.66
37 号通道	309	2.75	1.08	2.25
38 号通道	249	2.75	0.92	1.91
39 号通道	249	2.75	0.92	1.91

分区	人数	设计疏散宽度 /m	按规范计算宽度 /m	设计疏散时间 /min
40 号通道	309	2.75	1.40	2.81
41 号通道	373	2.75	1.36	2.66
42 号通道	381	2.75	1.40	2.81
43 号通道	446	2.75	1.65	3.18
44 号通道	430	2.75	1.59	3.08

备注：

1 体育馆疏散时间计算公式：

疏散时间＝观众人数 / 每分钟每股人流通过人数×疏散口的人流股数＋最远点距离 / 每分钟移动平均速度

2 观众入口通道每分钟每股人流通过人数为 37 人；

3 最远处座椅到场地疏散口移动的平均速度：45m/min；

4 体育馆观众人数为 18000 人，按规范疏散时间需控制在 4min 内；

5 10001～20000 座体育馆室内看台疏散宽度指标（m/百人）：平坡地面 0.32，阶梯地面 0.37；

6 安全出口宽度不应小于 1.1m，同时出口宽度应为人流股数的倍数，每股人流按照 0.55m 计。

（3）二层观众休息厅（7.8m 标高处平面）出口总宽度 48×2 ＝ 96m（图 5.3-11）

① 按最不利疏散条件计算宽度：场馆内全部观众（含贵宾）均同时通过二层休息厅疏散到室外，所需宽度为：18000×0.37 ＝ 66.6m ＜ 96m

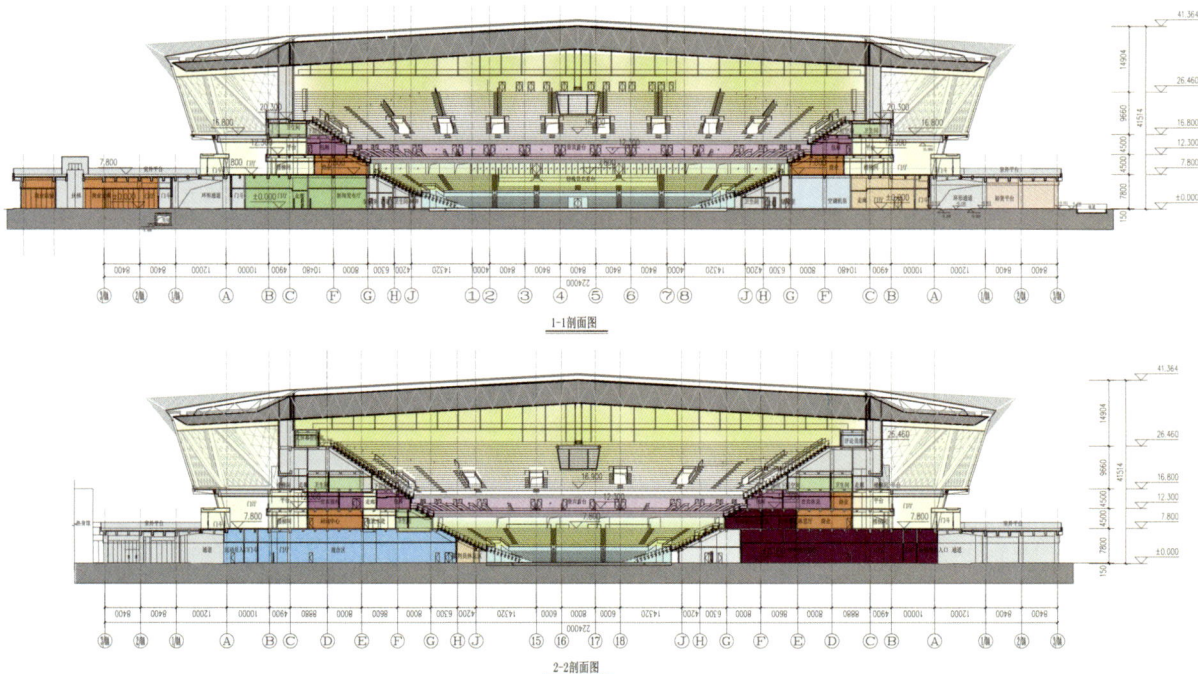

图 5.3-11 剖面图

② 按现有宽度复核疏散时间：所需疏散总宽度为 18000×0.32/100 ＝ 57.6m ＜ 60m，疏散人流总股数为：2m 宽的门是 3 股人流，48×3=144 股。

$$T = N/AB + S/V$$
$$= 17884/（37×144）＋ 32/65$$
$$= 3.36 + 0.49$$
$$= 3.85（min）＜ 4（min）$$

式中　S——观众休息厅最远处到场内疏散口的距离：43m；

　　　V——人群在平地上的步行速度：65m/min（《建筑设计资料集》（7）P108，为 60～65m/min）。

（4）特殊贵宾席共有 151 人

位于＋7.80m 包厢贵宾厅，直接疏散至观众前厅（7.80m），也可通过专用疏散梯疏散到一层后，疏散到室外。

（5）包厢共有 1198 人

贵宾包厢的贵宾通过东南西北四面共 8 部楼梯疏散，疏散楼梯宽度 1.6×4 ＋ 2.0×4 ＝ 14.4m，所需疏散总宽度为 1233×0.37/100 ＝ 4.6m ＜ 14.4m。

结果：考虑整体时，一般情况下看台上观众疏散至观众厅防火门的最不利时间为 3.85min（小于规范要求 4min）。

5.3.5　特殊消防设计加强措施

1）总体措施

（1）消防救援

二层平台增设消防车道；二层平台增设室外消火栓；额外增设一组消防救援窗，一组救援窗间距不大于 20m。

（2）消防供水

分为两座水箱，一座 48m³，一座 27m³，屋顶水箱总容积 75m³。

（3）结构防火

室外二层平台楼板耐火极限提高至 3.00h。

2）观众厅防火分区扩大

（1）座椅采用难燃材质，并对阻燃等级、产烟率、毒性提出细化要求，固定装饰全部采用 A 级不燃材料。

（2）细化防火门联动控制措施，并增加防火门监控系统。

（3）排烟量由 4 次/h 提高至 4.5 次/h。

（4）疏散宽度冗余设计，冗余度达到 40%。

（5）观众厅的应急照明照度不低于 10lx 并加密铺地疏散指示标志的间距（不大于 3m）。

3）前厅防火分区扩大

（1）墙顶地面装修均采用不燃材料，对电缆电线阻燃提出具体要求。

（2）加强前厅与周边区域尤其是商业用房的防火分隔，商业面积不超过 300m²，前厅相邻商业若采用防火卷帘，应根据消防评估报告采取相关加强措施保证可靠性。

（3）疏散宽度冗余设计，冗余度达到 40%。

5.4 西安奥体中心游泳馆

中国建筑东北设计研究院有限公司 任炳文 张 强

5.4.1 项目概况

西安奥体中心位于西安国际港务区,用地紧邻灞河,总用地约108.6hm²。建设包括"一场两馆一中心",分别是6万座的体育场,1.8万座的体育馆、4000座的游泳馆及相关配套附属设施。游泳跳水馆位于西安奥体中心东北侧,临近柳新路。所有3座体育场馆均按照清晰的几何秩序布置,形成三角形。因此,游泳跳水馆位于体育场东北面。游泳跳水馆南面是圆形的主体育馆。

游泳跳水馆是第十四届全国运动会的主赛场,是集游泳、跳水、花样游泳、水球比赛、文化和休闲活动于一体的多功能体育场馆。可满足游泳、

跳水、花样游泳、水球国际单项赛事的功能要求(图5.4-1~图5.4-3)。

游泳跳水馆总建筑面积102759m²,其中:主馆面积54784m²,地下面积35376m²,架空平台面积5012m²,室外平台下房间面积7587m²。看台可容纳观众4046人,低层看台总数为2156人,其中观众固定座席1763座(含12个残疾人轮椅席和12个陪伴座椅)、媒体座席占171座(媒体使用前为171座,使用后将减少座席),运动员162座,主席台18座,贵宾座席42座;高层看台总数为1890人,全部为普通观众临时座席和可拆卸座席。

游泳跳水馆分为比赛大厅(观众厅)、观众休息厅(前厅)、训练大厅、陆上训练厅及附属设备

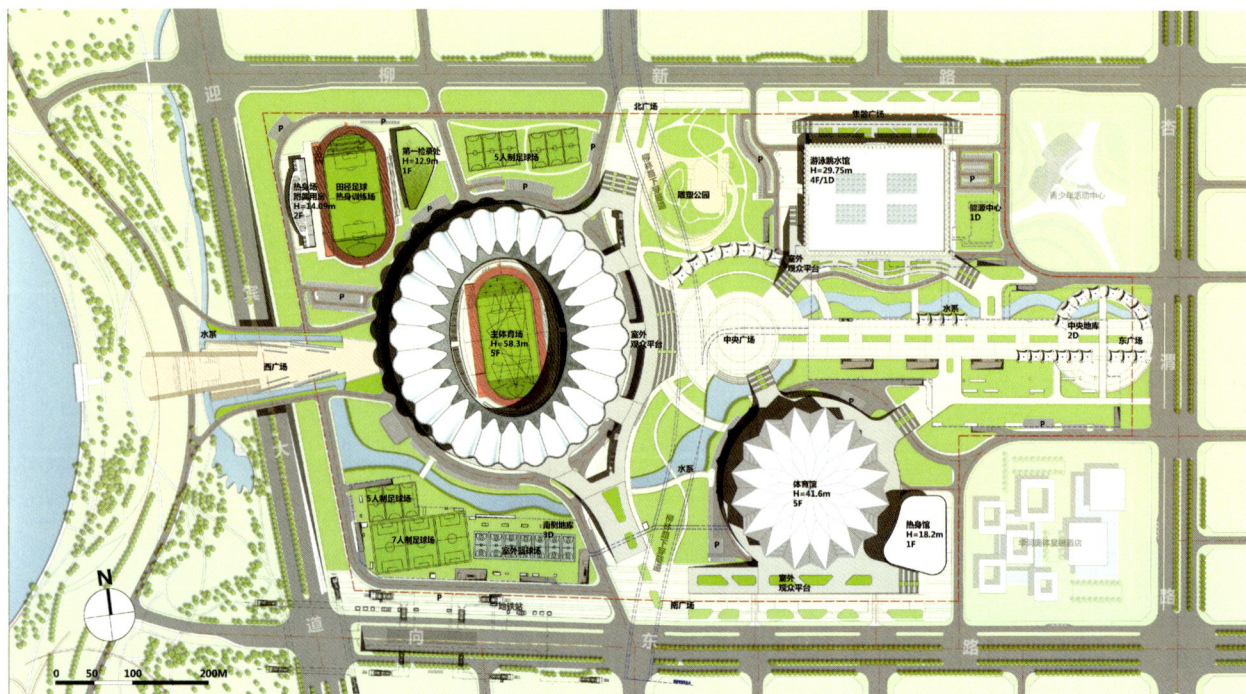

图 5.4-1 西安奥体中心总平面图

258

图 5.4-2 西安奥体中心游泳跳水馆效果图

图 5.4-3 西安奥体中心游泳跳水馆实景照片

用房等。建筑檐口高度最高点（钢结构中心线）29.050m，最低点（钢结构中心线）21.710m。

5.4.2 防火设计依据

《建筑设计防火规范》GB 50016—2014

《汽车库、修车库、停车场设计防火规范》GB 50067—2014

《建筑内部装修设计防火规范》GB 50222—2017

《体育建筑设计规范》JGJ 31—2003

5.4.3 建筑防火分类和耐火等级

本建筑属大规模、大空间的甲级体育建筑。建筑屋面桁架结构，比赛大厅高度为 29.050m。依据《建筑设计防火规范》GB 50016—2014 第 5.1.1 条条文说明，本建筑定性为超过 24m 的单层公共建筑。本建筑防火设计执行《建筑设计防火规范》GB 50016—2014 中多层公共建筑的相关要求。

根据《体育建筑设计规范》JGJ 31—2003，本工程的体育建筑等级为甲级，本建筑设计使用年限为 50 年，耐火等级一级（图 5.4-4）。

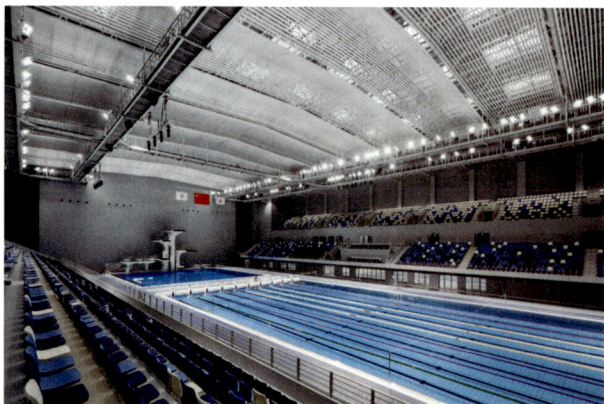

图 5.4-4 室内图

5.4.4 一般建筑防火设计

1）防火分区和防烟分区

① 防火分区

本建筑用耐火的墙体和楼板将整栋建筑分划成若干防火分区。防火分区之间采用防火墙分隔，洞口位置设甲级防火门窗或耐火极限大于等于3.00h的双轨双帘无机布基复合防火卷帘，且有背火面温升要求或背火面辐射热要求。

地下一层主要功能为设备用房和地下车库，划分为11个防火分区，其中4个防火分区主要功能为设备用房，分区均不大于2000m²；其中7个防火分区主要功能为车库，分区均不大于4000m²。

一层主要功能为运动员、裁判官员、运营、媒体、比赛、训练等用房，划分为6个防火分区，除了第102防火分区外，其他防火分区均不大于5000m²（图5.4-5）。

二层和三层主要功能为观众、观众服务、运营等用房，划分为6个防火分区，除了第102、201、202防火分区外，其他防火分区均不大于5000m²（图5.4-6，图5.4-7）。

四层主要功能为设备、运营等用房，划分为2个防火分区，均不大于5000m²（图5.4-8）。

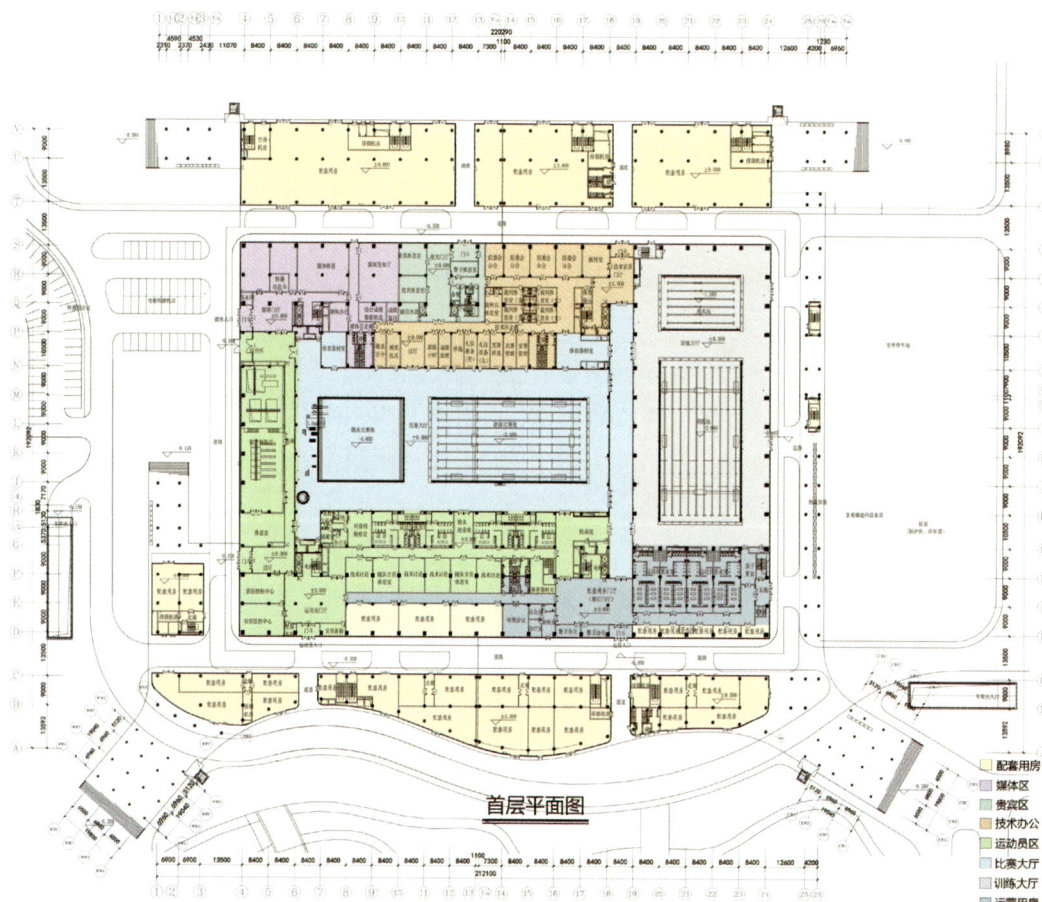

首层平面图

图 5.4-5 一层防火分区示意图

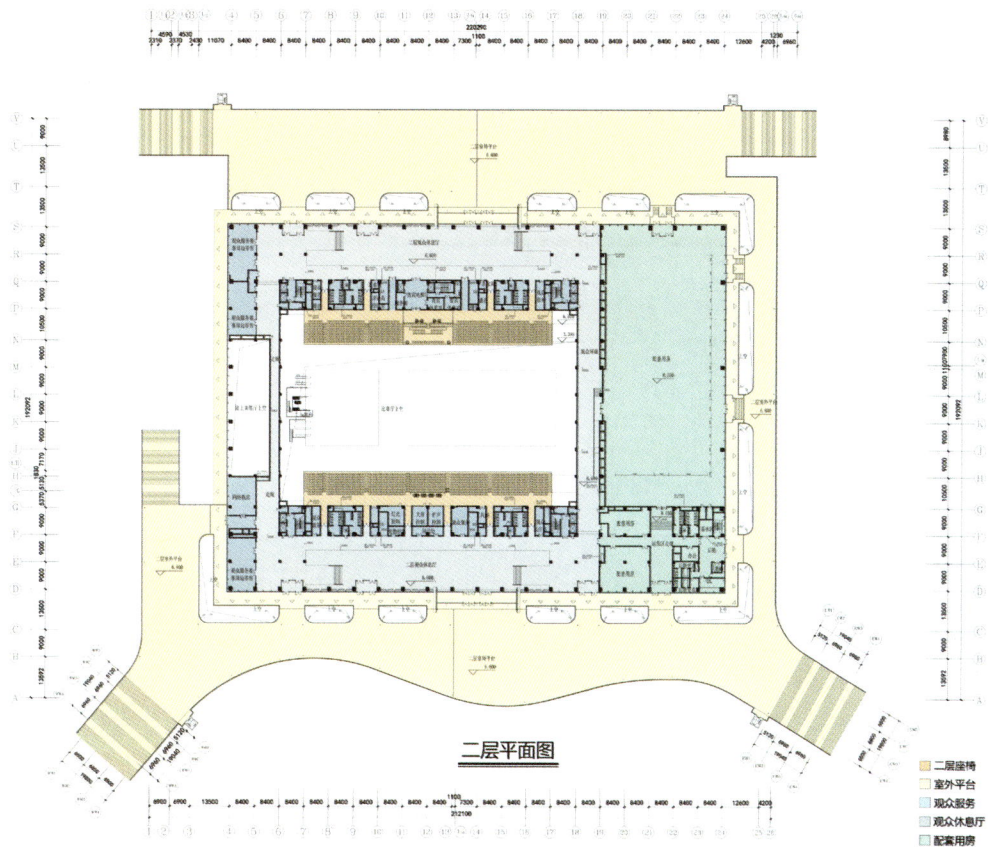

图 5.4-6　二层防火分区示意图

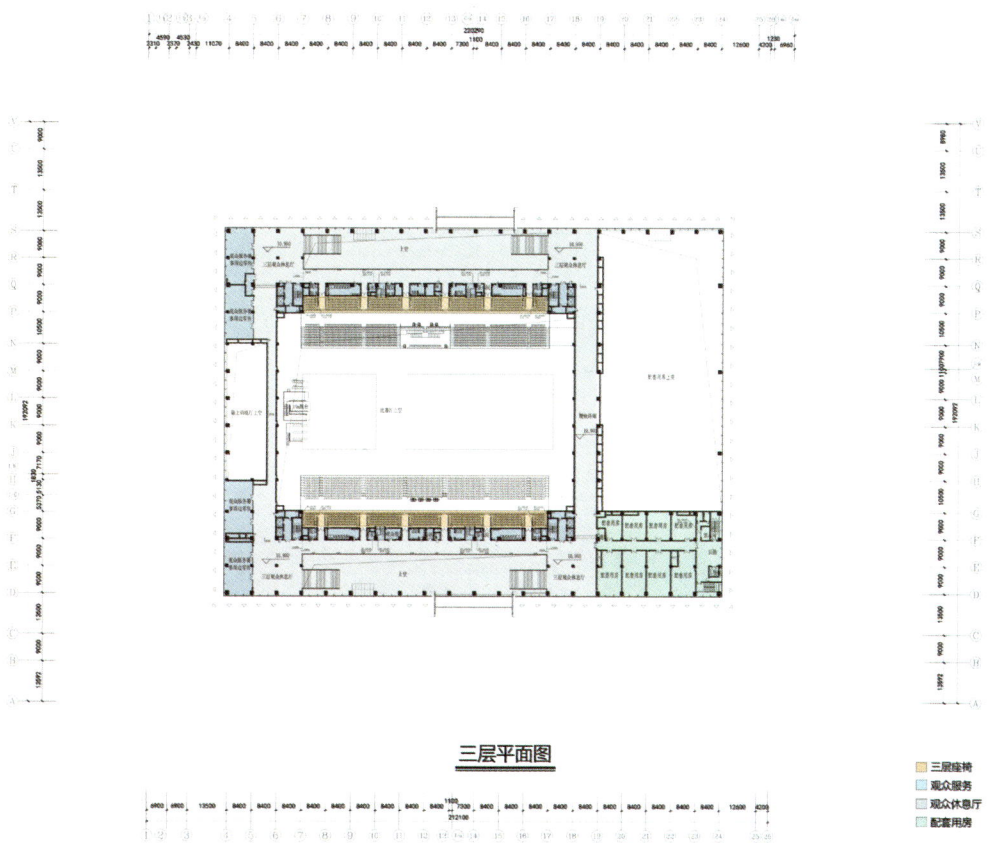

图 5.4-7　三层防火分区示意图

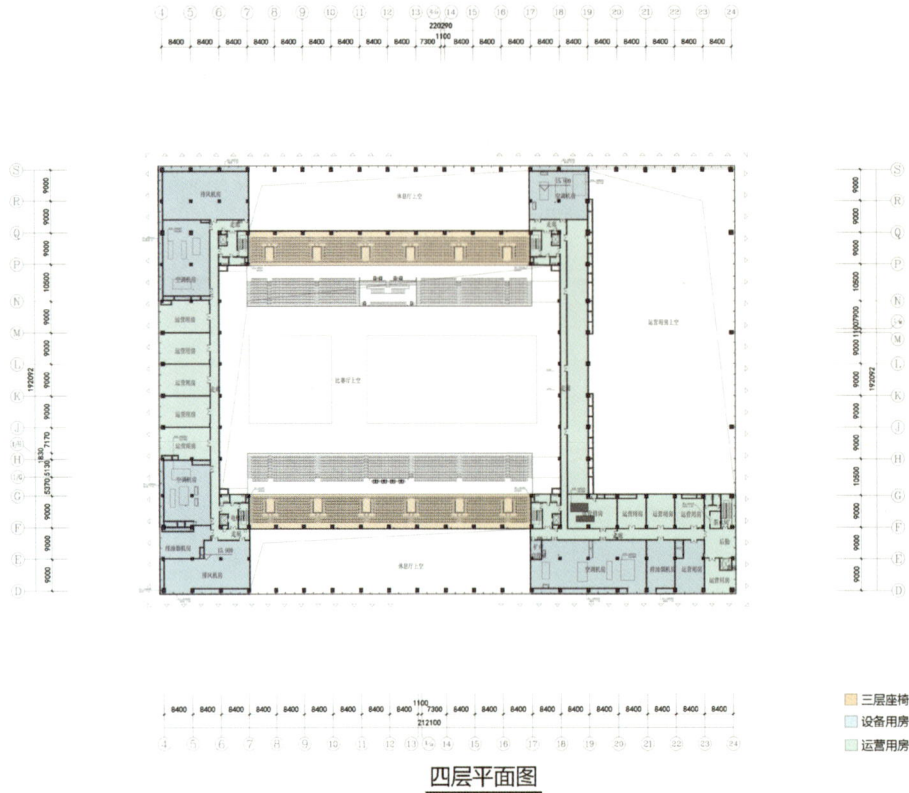

四层平面图

图 5.4-8　四层防火分区示意图

第 102 防火分区功能为比赛大厅和观众厅，在一层、二层、三层是共享空间，面积分别为 4630.61m²、2611.94m²、1674.21m²，共计 8916.76m²；第 201、202 防火分区功能为观众休息厅，在二层、三层是共享空间，面积分别为 6346.44m²、6599.46m²。上述 3 个防火分区由于建筑功能和建筑效果的要求，很难独立分割为 5000m² 以下的防火分区，设计时按《建筑设计防火规范》GB 50016—2014 第 5.3.1 条采取措施以保证此区域的安全。

②防烟分区

每个防烟分区面积控制在 500m² 以内。

2）疏散通道和距离

本建筑共设有可供安全疏散楼梯间 27 个，其中地上 4 个开敞楼梯间，23 个封闭楼梯间。

根据《建筑设计防火规范》GB 50016—2014 要求通往安全区域（室外、疏散楼梯间、相邻的防火分区）的最大安全距离如下：

比赛大厅、训练大厅：37.5m 半径距离。

地下车库：60m 半径距离。

其他区域：位于两个安全出口或楼梯间之间的房间为 50m 距离，端部为 27.5m 距离。

3）疏散人数的计算

比赛观众厅观众席总数为 4046 人（图 5.4-9）。

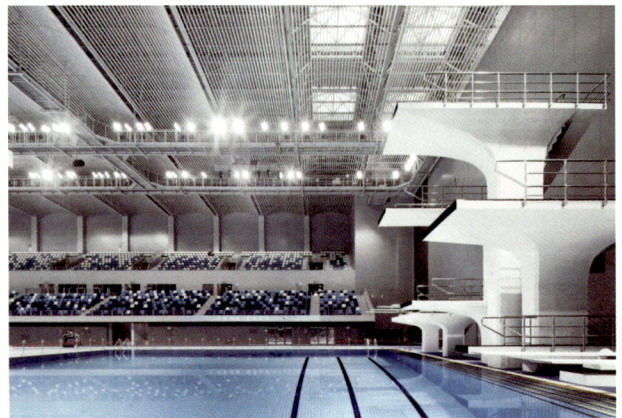

图 5.4-9　室内实景照片

低层看台总数为 2156 人，其中观众固定座席 1763 个（含 12 个残疾人轮椅席和 12 个陪伴座椅）、媒体座席占 171 座（媒体使用前为 171 座，使用后将减少座席）、运动员 162 座，主席台 18 座，贵宾座席 42 座；高层看台总数为 1890 人。

观众通过 24 个疏散口疏散到观众休息厅，每个疏散口平均疏散人数 4046/24 = 168（人）；其中高层看台平均每个疏散口的疏散人数：1890/12 = 158（人）；低层看台平均每个疏散口的疏散人数：2156/12 = 180（人）。

满足体育场馆每个疏散口疏散观众人数不宜超过 400~700 人之规定要求（《建筑设计防火规范》GB 50016—2014 第 5.5.16.2 条、《体育建筑设计规范》JGJ 31—2003 第 4.3.8 条）。

（1）低层观众席疏散时间计算

低层看台共 2156 人：

① 场内 12 个疏散口疏散宽度为 26.4m（按每个出口净宽为 2.2m 计）；

② 所需疏散总宽度为：2156×0.5/100 = 10.78m ＜ 26.4m（每百人疏散宽度 0.5m；《建筑设计防火规范》GB 50016—2014 表 5.5.20-2、《体育建筑设计规范》JGJ 31—2003 表 4.3.8；每股人流按照 0.55m 计）；

③ 疏散人流股数总和为 4×12 = 48 股；

④ 最不利疏散时间计算如下（至二层观众休息厅）：

$$T = N/AB + S/V$$
$$= 2156/（37×48）+ 26/45$$
$$= 1.22 + 0.58$$
$$= 1.80（\text{min}）< 3（\text{min}）$$

（控制疏散时间见《建筑设计防火规范》GB 50016—2014 第 5.5.20 条条文说明，以＜3min 为宜）

注：疏散时间计算公式：

疏散时间＝观众人数／每分钟每股人流通过人数 × 疏散口的人流股数＋最远点距离／每分钟移动平均速度，即：

$$T = N/AB + S/V$$

式中 N——总人数 2156 人；

A——单股人流通行能力：37 人 /min；

B——人流股数：48 股；

S——最远处座席到场内疏散口的距离：26m（计首层活动看台至疏散口）；

V——最远处座席到场内疏散口的平均速度：45m/min。

（2）高层观众席疏散时间计算（图 5.4-10，图 5.4-11）

高层看台共 1890 人；

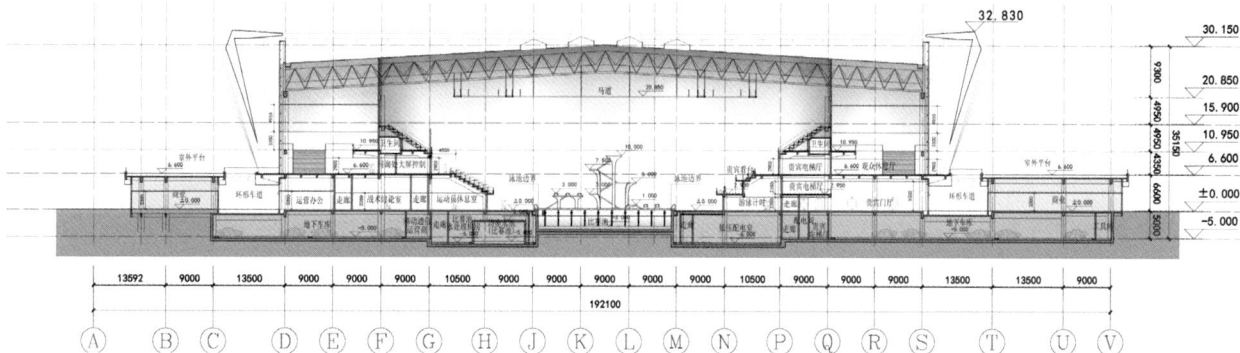

图 5.4-10　剖面图 1

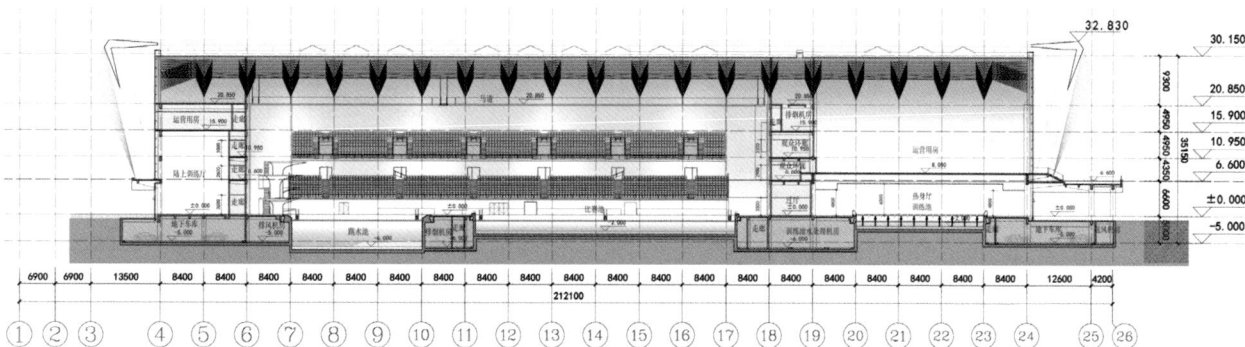

图 5.4-11　剖面图 2

① 场内 12 个疏散口疏散宽度为 26.4m（按每个出口净宽为 2.2m 计），观众休息厅 8 个疏散楼梯，总疏散宽度 11.2m（每个疏散楼梯净宽为 1.4m）；

② 所需疏散口宽度：$1890 \times 0.5/100 = 9.45m$ $< 26.4m$；

③ 所需楼梯宽度：$1890 \times 0.5/100 = 9.45m$ $< 11.2m$（走道每百人疏散宽度 0.43m、每百人疏散宽度 0.5m：《建筑设计防火规范》GB 50016—2014 表 5.5.20-2、《体育建筑设计规范》JGJ 31—2003 表 4.3.8；每股人流按照 0.55m 计）；

④ 疏散人流股数总和为 $4 \times 12 = 48$ 股；

⑤ 最不利疏散时间计算如下（至三层观众休息厅）：

$$T1 = N/AB + S/V$$
$$= 1890/（37 \times 48）+ 25/45$$
$$= 1.06 + 0.56$$
$$= 1.62（min）< 3（min）$$

（控制疏散时间见《建筑设计防火规范》GB 50016—2014 第 5.5.20 条条文说明，以 $<3min$ 为宜）

注：疏散时间计算公式

疏散时间＝观众人数／每分钟每股人流通过人数×疏散口的人流股数＋最远点距离／每分钟移动平均速度，即：

$$T = N/AB + S/V$$

式中　N——总人数 2156 人；

　　　A——单股人流通行能力：37 人／min；

　　　B——人流股数：48 股；

　　　S——最远处座席到场内疏散口的距离：26m（计首层活动看台至疏散口）；

　　　V——最远处座席到场内疏散口的平均速度：45m/min。

（3）二层观众休息厅（6.6m 标高处平面）出口总宽度 $3.6 \times 10 = 36m$

所需疏散总宽度为 $4046 \times 0.43/100 = 17.4m$ $< 36m$，疏散人流总股数为：1.8m 宽的门是 3 股人流，$20 \times 3 = 60$ 股。

$$T = N/AB + S/V$$
$$= 4046/（37 \times 60）+ 32/65$$
$$= 1.82 + 0.49$$

$$= 2.31（min）$$

式中　S——观众休息厅最远处到场内疏散口的距离：32m；

　　　V——人群在平地上的步行速度：65m/min（《建筑设计资料集》(7)，P108，为 60～65m/min）。

（4）主席台共有 18 人

位于夹层看台，通过楼梯疏散。疏散楼梯宽度 1.4m，所需疏散总宽度为 $18 \times 0.5/100 = 0.09m$ $< 1.4m$。

（5）贵宾看台共有 42 人

贵宾看台位于二层，直接疏散至二层观众休息厅（6.60m）。

（6）结果

考虑整体时，一般情况下看台上观众疏散至观众厅防火门的最不利时间为 1.80min（小于规范要求的 3min）。

5.4.5　特殊消防设计

1）总体措施

（1）消防救援

场地西侧增加消防扑救场地。

场地东侧增加两部从地面上到二层室外平台的室外楼梯（救援梯）。

高位消防水箱容积不应小于 36m³。

三层和四层主要为运营用房，每个防火分区分别在外墙设置不少于 2 个灭火救援窗，救援窗间距不大于 20m。

（2）结构防火

室外二层平台楼板耐火极限提高至 3.00h。

（3）安全疏散

安全疏散通道应急疏散照明不应小于 10lx。

（4）消防供水

消防水泵组均应设置消防自动巡检功能。

2）观众厅防火分区扩大

（1）火灾荷载

观众厅包括包厢内的顶棚、墙面、地面装修材料应采用不燃材料。

观众厅座椅应全部采用难燃材料，烟密度指数小于 50。

观众厅电器线路均要求采用低烟无卤阻燃型电缆，主要插座回路设有漏电保护（RCCB），MCB/MCCB 配电箱的总开关将设置漏电报警系统，避免建筑使用一定年限后由于电线老化等原因引发火灾。

（2）防火分隔

比赛厅与前厅之间采取耐火极限不低于 3.00h 防火隔墙进行分隔，比赛厅入口门均采用甲级防火门，考虑实际使用需求及后期管理，甲级防火门建议采用常开防火门，平时通过电磁门吸门扇完全打开，发生火灾时通过火警系统联动门吸使防火门关闭，同时增加防火门监控系统，对防火门的开闭状态进行监管。

与比赛厅内部直接连通的灯光、声音控制等配套功能性用房应采用耐火极限不低于 2.00h 隔墙和乙级防火门与比赛厅隔开。

（3）安全疏散

疏散宽度冗余设计，冗余度达到 50%。

观众厅的应急照明照度不低于 10lx 并加密铺地疏散指示标志的间距不大于 5m，地面疏散指示为灯光型。

3）前厅防火分区扩大

（1）火灾荷载

前厅内的顶棚、墙面、地面全部常采用不燃材料。

前厅电器线路均要求采用低烟无卤阻燃型电缆，主要插座回路设有漏电保护（RCCB），MCB/MCCB 配电箱的总开关将设置漏电报警系统，避免建筑使用年限增加后由于电线老化等原因引发火灾。

前厅内若设置座椅家具等需采用不燃材料制作。

（2）防火分隔

设备用房和运营管理完全采用耐火极限不低于 2.00h 隔墙和乙级防火门与前厅彻底分隔开，防火门需采用常闭防火门。

前厅周边布置的商业用房，单个商业用房面积不应超过 300m²，商业用房之间应采用耐火极限不低于 2.00h 隔墙完全分隔，与前厅之间采用耐火极限不低于 2.00h 隔墙和乙级防火门进行分隔，商业开口若需要保持开敞，则要常采用耐火极限不低于 3.00h 的防火卷帘进行分隔，应采用能依靠自动降落的防火卷帘，卷帘两侧 5m 范围内设置不少于 2 组烟感和温感组合的探测器，并在卷帘两侧分别设置感温易熔元件，严禁采用侧向和异形防火卷帘，单樘防火卷帘的长度不应超过 6m。

前厅内布置的商业用房内部应采用快速响应喷头，并设置独立的排烟设施。

（3）安全疏散

前厅的应急照明照度不低于 10lx 并加密，铺地疏散指示标志的间距不大于 5m，地面疏散指示为灯光型。

（4）防排烟

机械排烟量考虑前厅防烟分区及其相邻防烟分区排烟口均能同时动作。

4）首层消防车道为室外安全区域

（1）车道上空开洞面积不小于地面面积的 60%。

（2）除位于开洞下方区域以外，车道两侧设备及后勤服务用房采用耐火极限不低于 2.00h 隔墙和乙级防火门窗进行分隔。

6

会 展 建 筑

6.1 综论

深圳市欧博工程设计顾问有限公司　丁　荣

6.1.1 会展建筑发展背景

会展是欧洲工业革命的产物，自 1851 年诞生于欧洲的第一个国际博览会"万国工业大展览会"至今，现代展览业经历了近一个半世纪的发展历程，不仅规模、体量在不断扩大，其专业性、功能性、综合性也在不断增加，对相关产业乃至城市、全球经济的综合影响力也日益增强（图 6.1-1）。

会展的规划布局模式的选择，取决于会展的展览规模、展览类型及用地条件的影响。大型会展（展馆规模大于 10 万 m^2），展厅的布局模式应满足多种展览同时举办时的人流和货运需求（图 6.1-2～图 6.1-5）。

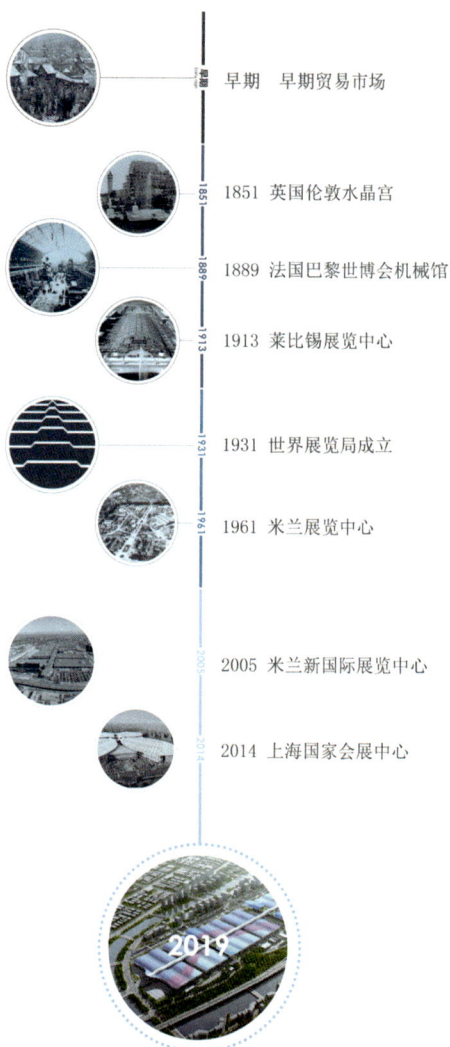

早期　早期贸易市场

1851 英国伦敦水晶宫

1889 法国巴黎世博会机械馆

1913 莱比锡展览中心

1931 世界展览局成立

1961 米兰展览中心

2005 米兰新国际展览中心

2014 上海国家会展中心

2019

图 6.1-1　会展历史发展年表

图 6.1-2　模式一：单边布局

图 6.1-3　模式二：双边式布局

图 6.1-4　模式三：其他类型布局

模式一：单边式布局	模式二：双边式布局	模式三：其他类型布局	
优秀 Excellent	良好 Good	良好 Good	◀ 小型展会
良好 Good	优秀 Excellent	优秀 Excellent	◀ 中型展会
——	良好 Good	较差 Bad	◀ 大型展会物流组织
——	良好 Good	距离长，方向感良好 Long distance, good oreintation	◀ 大型展会步行距离/方向感
优秀 Excellent	优秀 Excellent	良好 Good	◀ 多个展会
良好 Good	优秀 Excellent	较差 Bad	◀ 用地利用效率
良好 Good	良好 Good	较差 Bad	◀ 用地形状适应性

图 6.1-5　三种模式布局比较

以大型专业高效工业展会为导向的米兰会展类型和融合了专业展会与商务旅游、休闲、会议活动等多功能的复合式美国会展类型已是第二、三代会展的风向标（图 6.1-6，图 6.1-7）。

近 20 年来，高速发展的中国会展业在吸收欧美先进经验的基础上，又注入了本土与国际领先智慧会展的最新技术，正在形成全新的国际一流的第四代会展类型（图 6.1-8）。

图 6.1-6　米兰会展中心

图 6.1-7　拉斯维加斯国际展览中心

图 6.1-8　CEOC 综合可视化大屏展示图

269

由于国内外的消防设计规范以及制度保障体系不同，会展建筑的消防设计可借鉴国外的经验有限。设计师需立足于中国会展建筑消防相关规范，充分了解会展消防特点，借鉴过往项目经验，解决超规或规范未涵盖的消防设计问题，形成会展建筑特殊消防设计策略。

6.1.2 会展建筑消防特点

（1）会展建筑是人员密集场所，特别是在开展、就餐和闭馆的时间段，人员高度密集。

（2）展览展品种类多样，火灾荷载大，如纺织品展等。

（3）展会布展形式多变，机电管线复杂，容易产生火灾。

（4）展厅空间需求超大，无法实施实体防火墙分隔且疏散距离过长。

（5）展厅空间一般较高大，可形成储烟仓，有利于赢得疏散时间。

（6）展厅功能多变，消防预案需一事一议。

6.1.3 会展建筑特殊消防设计策略

（1）总平面应创造消防施救最佳条件，每个展厅消防环道及扑救场地均需保证，立面消防施救窗和排烟固定扇要便于消防队员施救。

（2）防火分区"虚"划分

方法一：利用防火水幕；

方法二：屋面开启；

方法三：防火隔离带＋超强机械排烟。

（3）疏散距离控制

方法一：确保疏散通道安全性，等效室外安全条件；

方法二：设地下逃难走道。

（4）其他机电加强措施和火灾智慧监控和报警。

6.1.4 会展建筑设计可查阅的现行规范标准

《建筑设计防火规范》GB 50016—2014（2018年版）

《建筑防烟排烟系统技术标准》GB 51251—2017

《关于加强超大城市综合体消防安全工作的指导意见》公消〔2016〕113 号

《展览建筑设计规范》JGJ 218—2010

《商店建筑设计规范》JGJ 48—2014

《饮食建筑设计标准》JGJ 64—2017

《剧场建筑设计规范》JGJ 57—2016

《办公建筑设计标准》JGJ/T 67—2019

《体育建筑设计规范》JGJ 31—2003

《建筑内部装修设计防火规范》GB 50222—2017

《建设工程消防设计审查验收管理暂行规定》住建部令第 51 号

《人员密集场所消防安全管理》GB/T 40248—2021（2021.12.1 实施）

6.2 深圳国际会展中心

深圳市欧博工程设计顾问有限公司　丁　荣　李媛琴

6.2.1 项目概况

工程名称：深圳国际会展中心（一期）（图6.2-1）

建设单位：深圳市招华国际会展发展有限公司

设计单位：深圳市欧博工程设计顾问有限公司＋法国VP

施工单位：中国建筑股份有限公司

消防顾问单位：广东誉诚建设工程有限公司

防火水幕实体实验单位：国家消防工程技术研究中心

消防验收单位：深圳市住建局消防验收科

建筑规模：全球最大单一会展工程

用地面积：148万 m²（一期）

总建筑面积：160万 m²

展厅及配套：104万 m²

地下车库设备用房：56万 m²

建筑容积率：0.83

覆盖率：60%

建筑高度：多层<24m

建筑层数：地上3层，地下2层（单层展厅、

图 6.2-1　深圳国际会展中心

摄影：陈凡

271

多层配套）

防火等级：一级

建筑结构安全等级：一级

抗震设防烈度：7 度

主要结构类型：地上钢结构，地下钢筋混凝土结构

超长结构：1.7km 长地下无缝钢筋混凝土结构

超大跨度结构：标准展厅主桁架 99m

设计时间：2016 年 3 月～2019 年 3 月

验收时间：2019 年 9 月 25 日

竣工时间：2020 年 6 月 18

1）项目定位

深圳国际会展中心是深圳市委与深圳市人民政府布局粤港澳大湾区的重要引擎，为此提出以"一流设计、一流建设、一流运营"的国际最高水平的展馆为标杆，建成后将成为依托珠三角、粤港澳两大中心，辐射全球的一流展馆，并与地处长三角的上海国际会展中心和地处环渤海的天津国际会展中心，形成三足鼎立之势，成就未来中国会展业的大格局。同时推动深圳逐步成为中国乃至全球会展中心城市，促进深圳加快建成现代化、国际化、创新型城市，以及助力深圳建设中国特色社会主义先行示范区。

深圳国际会展中心以满足展览和会议未来发展趋势的功能配置需求为核心，结合"三城一港"的区域规划（"三城"即国际会展城，海洋新城，会展田园城；"一港"为综合港区的建设），以会展为中心打造区域商圈，成为集展览、会议、中长期展示、商务活动于一体的会展综合发展区。

作为粤港澳大湾区"全球最大会客厅"的超级地标，深圳国际会展中心关系着深圳未来发展的百年大计，将成为深圳城市新地标、新产业发展的龙头，其消防安全保障无疑是重中之重。

2）项目选址

深圳国际会展中心项目选址粤港澳大湾区湾顶，珠三角广深科技创新走廊，狮子洋与内伶仃洋交汇处的会展新城片区。项目位于深圳宝安机场 T3 航站楼以北 7km，沿江高速以东，属于传统意义上的临空经济区。会展核心区用地西至海滨大道，北至塘尾涌，东南边界为海云路。

为了尽最大可能利用高速路和快速路到达会展地区，会展中心片区构建了"五横三纵"的高速路网和"六横七纵"的主干路网，重点利用车库定向匝道连通海滨大道一期来完成快速交通转换。通过福州大道快速化改造实现会展与广深高速、107 国道的密切联系，沿江高速接凤塘大道出入口的开通，将更便捷地为会展中心服务。另外，项目用地 12 号线和 20 号线地铁线路从会展休闲带西侧道路下穿过，在会展南北两个站点停靠。

深圳国际会展中心具备海陆空铁轨的五维交通系统。客流可便捷到达，而货流可不经市区即可到展馆。便利的交通条件为深圳会展提供了最佳的安全保障，而项目毗邻机场，其自身的安全性也尤其重要。

3）项目规模

深圳国际会展中心核心片区占地 148 万 m²，展厅面积 50 万 m²，一期用地 121.4 万 m²，展览面积 40 万 m²，会议、餐饮、办公等配套 64 万 m²；地下车库及设备用房 56 万 m²，总建筑面积 160 万 m²。北侧为二期预留用地，拟建空港新城综合应急中心，含一个标准的 8 车一级消防站（图 6.2-2～图 6.2-4）。

会展主体建筑由 1～11 栋单、多层建筑群组成。

其中 1 栋会展核心主体建筑由 1.75km 长的中央廊道串联成 3 个登录大厅、19 个展厅。凤塘大道将展厅划分为南区和北区，南区设有 16 个 2 万 m² 规模的标准展厅（1～16 号），北区设有 1 个超大展厅（17 号）约 5 万 m²，2 个特殊展厅（18、20 号）兼会议、宴会和体育赛事功能（图 6.2-5）。

鱼骨式的规划布局和超大展览空间的设计，是充分吸收德国会展的高效运转和美国会展的功能复合，"一流的设计"使得深圳国际会展中心抢占了国际领先性和前瞻性的会展产业高地（图 6.2-6）。

另外，160 万 m² 的会展核心片区，1.7km 长的

会展双线公园，带动周边 7 个板块的综合配套区的 25 万 m² 星级酒店群，23 万 m² 高端公寓和 26 万 m² 商务办公等综合配套建设。6.4km 长会展河不仅为

东西两岸配套提供了优良的景观资源，还为片区安全起到了防护隔离作用。

图 6.2-2　总图鸟瞰图

图 6.2-3　会展中心近景

摄影：罗佳妮

图 6.2-4　会展远景

摄影：张超

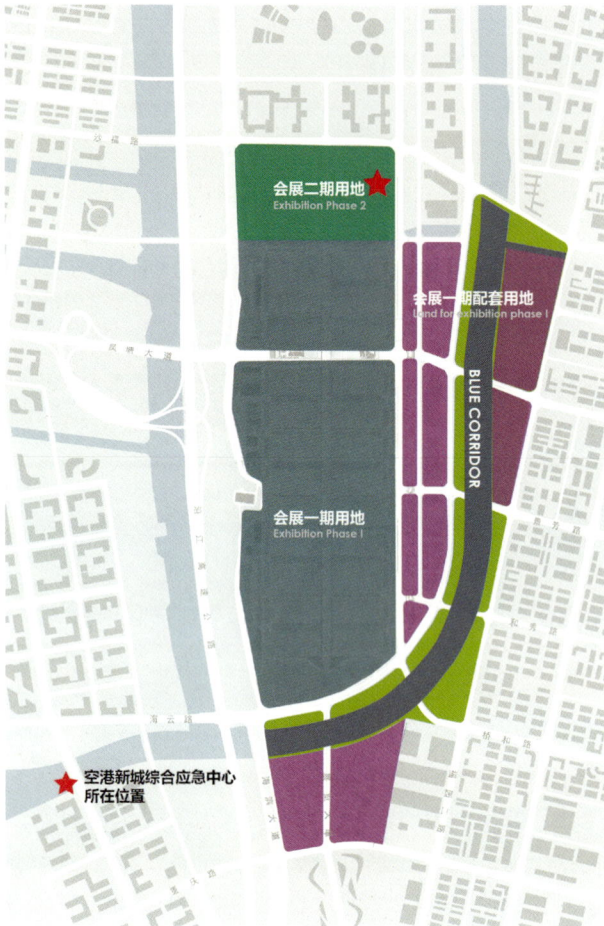

图 6.2-5　项目规划

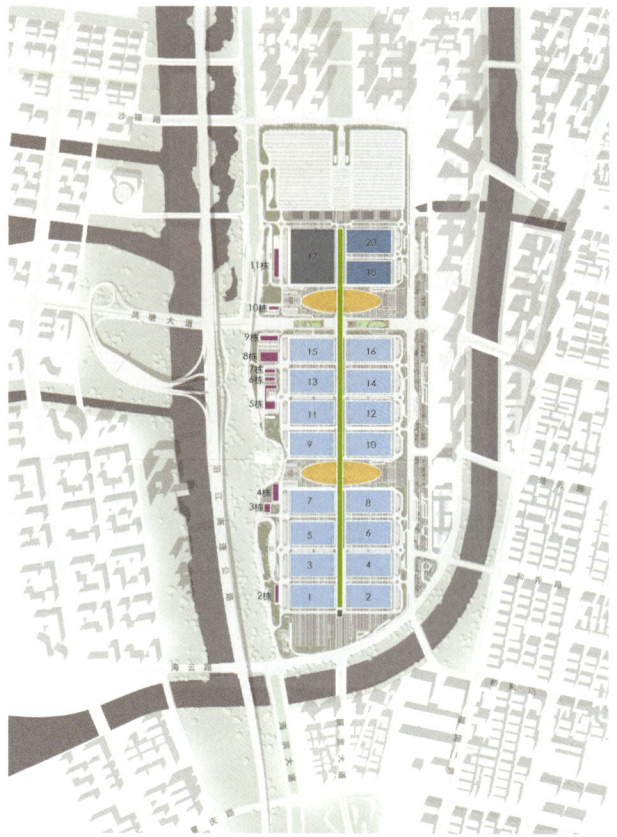

图 6.2-6　鱼骨式规划布局

6.2.2　项目消防设计依据及项目进程

1）项目里程碑（图 6.2-7）

2014 年　深圳市政府确定深圳国际会展中心选址

2015 年　成立会展中心建设指挥部

2016 年 2 月　国际设计竞赛——确定 VP ＋ AUBE 会展中心规划建筑方案中标

2016 年 8 月　确定招商＋华侨城＋美国 SMG 联合体为建设运营单位

2016 年 9 月　开始施工

2019 年 9 月　深圳国际会展中心竣工验收并正式投入运营

2）消防设计依据

《建筑设计防火规范》GB 50016—2014（2015 年执行）

《展览建筑设计规范》JGJ 218—2010（2011 年执行）

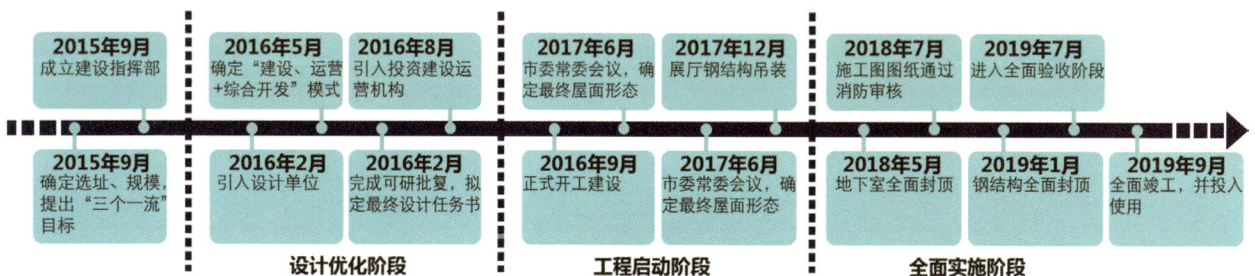

图 6.2-7　设计管理的三个阶段

274

图 6.2-8　会展中心内景

摄影：张超

图 6.2-9　登录大厅西广场屋盖

摄影：张超

《体育建筑设计规范》JGJ 31—2003（2003 年执行）

《建筑内部装修设计防火规范》GB 50222—95（2001 年执行）

《关于加强超大城市综合体消防安全工作的指导意见》（公消〔2016〕113 号）

《关于印发加强部分场所消防设计和安全防范的若干意见的通知》（粤公通字〔2014〕13 号）

3）消防设计进程

2016 年 4 月 27 日　确定项目规模定位

2016 年 12 月　SMG 确定功能组成

2016 年 12 月　梳理消防设计难点

2017 年 2 月　消防顾问提供解决策略

2017 年 3～9 月　准备上会文件

2017 年 7 月　省厅专家评审申请

2017 年 9 月　防火水幕实验论证

2017 年 9 月 29 日　消防设计专家评审

2017 年 12 月 22 日　完成专家评审意见回复

2018 年 3 月　消防报建

6.2.3　消防设计难点及关键点

深圳国际会展中心所有展厅规模均超出规范要求，而且展厅的多功能转换是国内会展的首次突破性设计，其消防设计的复杂性和特殊性不言而喻（图 6.2-8，图 6.2-9）。

1）消防设计难点

（1）展厅的防火分区划分

【规范依据】《建筑设计防火规范》GB 50016—2014 第 5.3.4 条：

一、二级耐火等级建筑内的商店营业厅、展览厅；当设置自动灭火系统和火灾自动报警系统并采用不燃或难燃装修材料时，其每个防火分区的最大允许建筑面积应符合下列规定：设置在单层建筑或仅设置在多层建筑首层内时，不应大于 10000m²。

对标国际最优运营的会展，展厅规模均在 1 万～3 万 m²，深圳国际会展中心的 16 个标准展厅均接近 2 万 m²，而且 17 号超大展厅高达 5 万 m²。展会运营要求每个展厅空间巨大，且采用实体防火分隔。防火分区面积超标是本项目消防设计难点之一（图 6.2-10）。

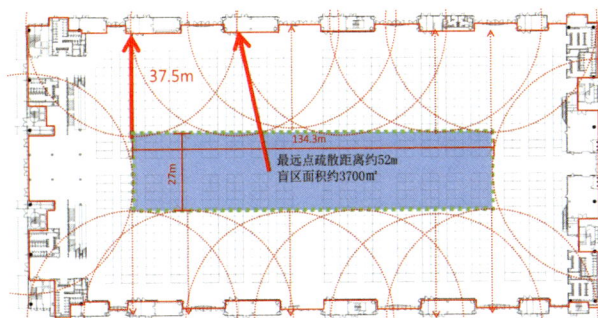

图 6.2-10　标准展厅疏散距离示意图

（2）展厅内最远点疏散距离

【规范依据】《建筑设计防火规范》GB 50016—2014第5.5.17公共建筑的安全疏散距离：

展览建筑　30×1.25% = 37.5m

深圳国际会展中心标准展厅为108m×209.5m，超大展厅为249m×209.5m，展厅存在消防疏散盲区，而展厅空间室内不适合设置楼梯间等障碍物，展厅疏散距离超标是本项目最大消防设计难点之二（图6.2-11）。

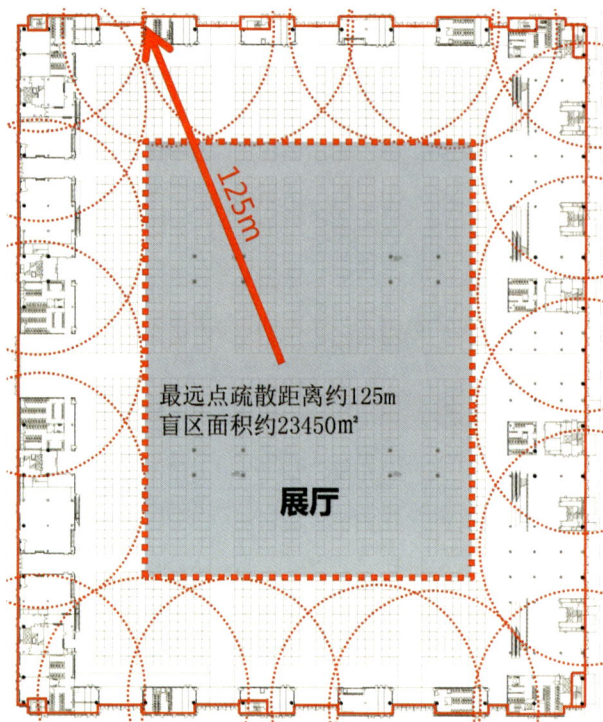

图6.2-11　超大展厅疏散距离示意图

（3）展厅兼甲等体育赛事功能的防火分区划分

【规范依据】《体育建筑设计规范》JGJ 31—2003第8.1.3条规定：

体育建筑的防火分区，尤其是比赛大厅训练厅和观众休息厅等大空间处应结合建筑布局功能分区和使用要求加以划分并应报当地公安消防部门认定。

深圳国际会展中心20号展厅兼具甲等体育赛事功能，如何合理划分防火分区，控制火灾影响范围是本项目消防设计难点之三（图6.2-12）。

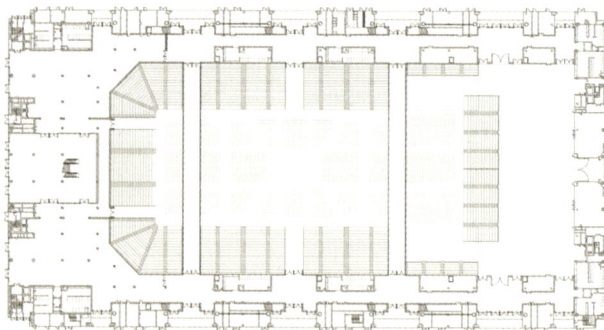

图6.2-12　20号展厅一层平面图

2）消防设计关键点

（1）展厅内永久疏散主通道

【规范依据】粤公通字〔2014〕13号第十三条关于展览会布展：

1）展览面积大于5000m²的展厅内连接两个安全出口之间的疏散主通道宽度不应小于5m，连接展示区域和疏散主通道之间的疏散次通道不应小于3m。

2）展位或搭建场与展厅墙体之间应留出通道，其宽度不应小于0.6m。

深圳国际会展中心由于展厅面积均远远超出5000m²，而国际标准展位3m×3m，标准展位的排距3m，如何将展厅划分成合理大小的展览单元（非标准展位仅可以在展览单元内布展），留出永久主通道并保证其宽度，确保人员安全疏散是本案的消防设计关键点之一（图6.2-13～图6.2-15）。

（2）消防施救窗和排烟固定窗

【规范依据】公消〔2016〕113号《关于加强超大城市综合体消防安全工作的指导意见》（总建筑面积大于10万m²的展览、餐饮等两种及以上功能于一体的超大城市综合体）：

（五）充分考虑灭火救援需求。在消防设计中应结合灭火救援实际需要设置灭火救援窗，灭火救援窗应直通建筑内的公共区域或走道；在设置机械排烟设施的同时，在建筑外墙上仍需设置一定数量用于排除火灾烟热的固定窗。

深圳国际会展中心项目属于超大城市综合体，合理设置救援窗和排烟固定扇，对消防施救很有必要，但展厅为单层高大空间，储烟仓位于高区，如

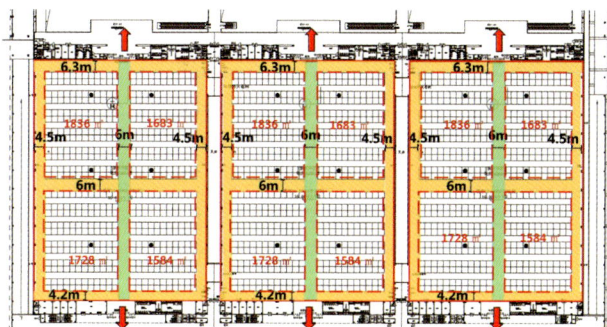

图 6.2-13　广州琶洲会展疏散通道布置示意图

图 6.2-14　上海国家会展中心疏散通道布置示意图

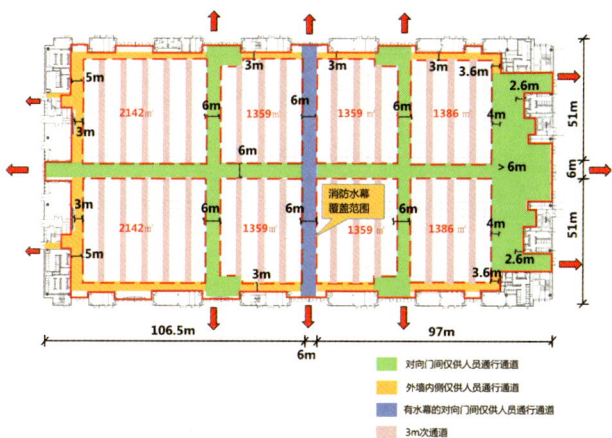

图 6.2-15　深圳会展标准展厅消防平面示意图

何安全合理地设置救援窗和排烟固定扇是本案消防设计关键点之二。

6.2.4　消防设计路径

1）参考案例

学习参考已建展厅规模相似的会展建筑的消防设计策略，分析其原理，是解决新会展项目消防设计的最佳路径。

首先考察了厦门国际会展中心三期：由4个展厅串联而成，由于布展需要，展厅之间采用了防火分隔水幕进行防火分区分隔。通过防火水幕进行防火分区分隔，可确保空间无障碍，适用于会展项目，但需关注超长超高防火水幕实际防火分隔的性价比和实效、水量和排水、火灾探测报警的准确性和对展品的破坏性影响（图6.2-16）。

图 6.2-16　厦门国际会展中心示意图
图片来源：网络

通过对珠海航展馆的考察，了解到为满足飞机类巨型展品的展览，适合设置重力滑动可开启屋盖，将1个超大展厅的物理空间划分为面积小于1万 m² 的若干小展厅。屋顶开启大小与对应立面开窗大小均不小于6m，以保证每个小展厅的防火间距大于6m。开启屋面下方为主要疏散通道，将火灾危害度降到最小，确保安全性。屋盖可开启已有成熟产品和案例，但要关注其开启行程时长的控制、防水节点构造及定期的维护管理（图6.2-17，图6.2-18）。

图 6.2-17　珠海航展馆鸟瞰图
图片来源：网络

277

图 6.2-18 珠海航展馆重力开启＋电动窗开启实景图

图片来源：作者拍摄

2）消防定性

（1）多层建筑定性

深圳国际会展中心出于运营效率的考量，结合航空限高的限制与消防设计的压力，方案选择单层展厅和主体配套建筑，定义为多层建筑。

以标准展厅为例：

标准单层展厅金属屋面标高为 20.65～26m；标准展厅周边配套混凝土屋面标高为 15～20m。

特别要关注多层配套屋面机房面积大小，确定建筑高度定义小于 24m（图 6.2-19）。

【规范依据】《建筑设计防火规范》GB 50016—2014（2018 年版）中表 5.5.1 规定：

单、多层民用建筑包括：

1 建筑高度大于 24m 的单层公共建筑；

2 建筑高度不大于 24m 的其他公共建筑。

《建筑设计防火规范》GB 50016—2014（2018 年版）附录 A 第五条：

局部突出屋顶的瞭望塔、冷却塔、水箱间、微波天线间，或设施、电梯机房、排风和排烟机房以及楼梯出口小间等辅助用房占屋面面积不大于 1/4 时，可不计入建筑高度。

1 展厅（单层部分）与展厅配套（多层部分）防火分区完全独立；

2 多层部分的混凝土小屋面的楼梯间和设备用房面积之和要小于 1/4 屋面面积，否则会计入自然层数和建筑高度；

3 配套混凝土屋面投影上方为金属屋面，应为镂空装饰屋面，否则计入建筑高度（图 6.2-20）。

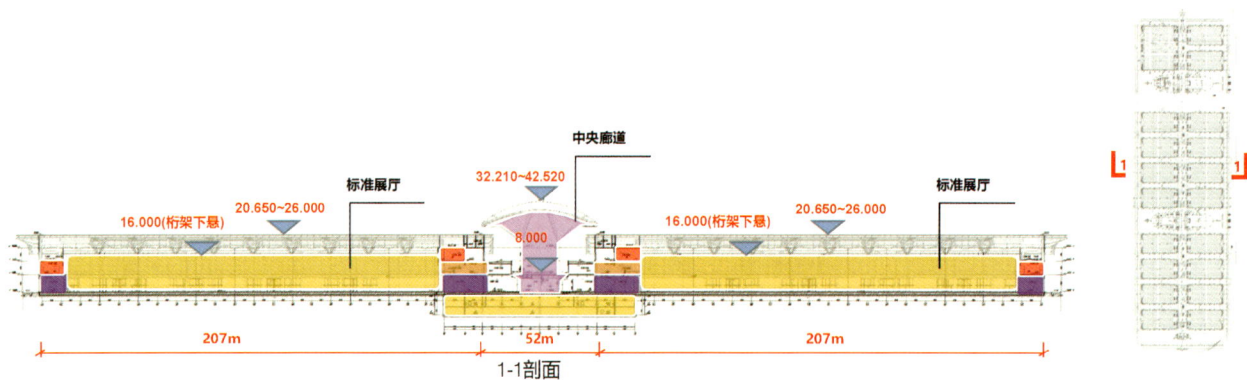

图 6.2-19 组合剖面示意图

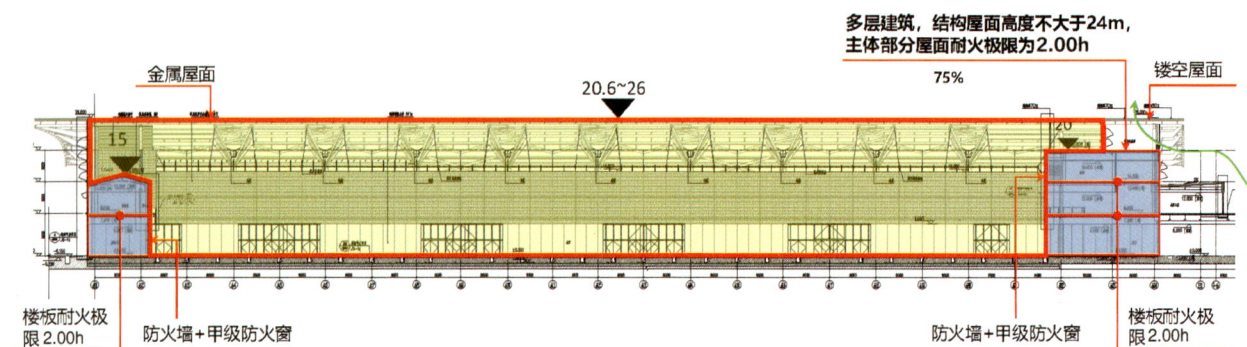

图 6.2-20 标准展厅剖面示意图

278

图 6.2-21　中央廊道局部
摄影：张超

图 6.2-22　中央廊道实景图

（2）中央廊道安全定性

深圳国际会展中心主体建筑南北长 1750m，东西宽约 500m，展厅选择了鱼骨式规划布局的动线组织模式，以双层的中央公共通廊衔接两侧展厅的首层和二层。交通流线简洁直接，可灵活适应不同规模展会的需求，实现不同展期的展会人车货分流，同时保证每个展厅使用的均好性（图 6.2-21，图 6.2-22）。

【规范依据】《建筑设计防火规范》GB 50016—2014（2018 年版）中第 5.3.6 条规定：

4　……应保证步行街上部各层楼板的开口面积不应小于步行街地面面积的 37%，且开口宜均匀布置。

……

7　步行街的顶棚下檐距地面的高度不应小于 6.0m，顶棚应设置自然排烟设施并宜采用常开式的排烟口，且自然排烟口的有效面积不应小于步行街地面面积的 25%。常闭式自然排烟设施应能在火灾时手动和自动开启。

中央廊道安全定性条件：

① 中央廊道上方的遮阳金属屋顶距 8m 平台高度不小于 6m；

② 中央廊道两侧与展厅之间留有 12.5m 宽的消防车道，上方的镂空挑檐保证镂空面积不小于地面面积的 50%；

③ 首层展厅之间 52m 宽的空间上方，金属屋顶需保证有不少于地面面积 25% 的透空面积；

④ 8m 标高的 27m 宽（局部 33m 宽）平台楼板，整体透空率满足 52m 宽地面面积的 37%；

⑤ 各展厅均不利用二层中央廊道进行消防疏散，而是直接从展厅各自的安全出口疏散至室外。

二层中央廊道除垂直和水平交通功能外，不可设置任何人员密集性功能（图 6.2-23，图 6.2-24）。

（3）防火水幕实体模拟

20 世纪 80 年代以来，防火分隔水幕系统在建筑防火分隔中得到了广泛的应用，主要用于保护门、窗、洞口等部位。随着现代城市建设的发展，一些诸如会展中心、剧院、会堂、礼堂等大空间、大跨度建筑越来越多，由于使用功能的要求，这类建筑往往无法使用实体墙进行防火分隔。

水幕系统是由开式洒水喷头或水幕喷头，雨淋报警阀组或感温雨淋报警阀等组成，用于防火分隔或防护冷却的开式系统。防火水幕是指发生火灾时能够密集喷洒形成水墙或水帘的水幕系统，在建筑中可用于替代防火墙、防火卷帘等作为防火分隔措施，使这些开口部位能阻止火势进一步蔓延。

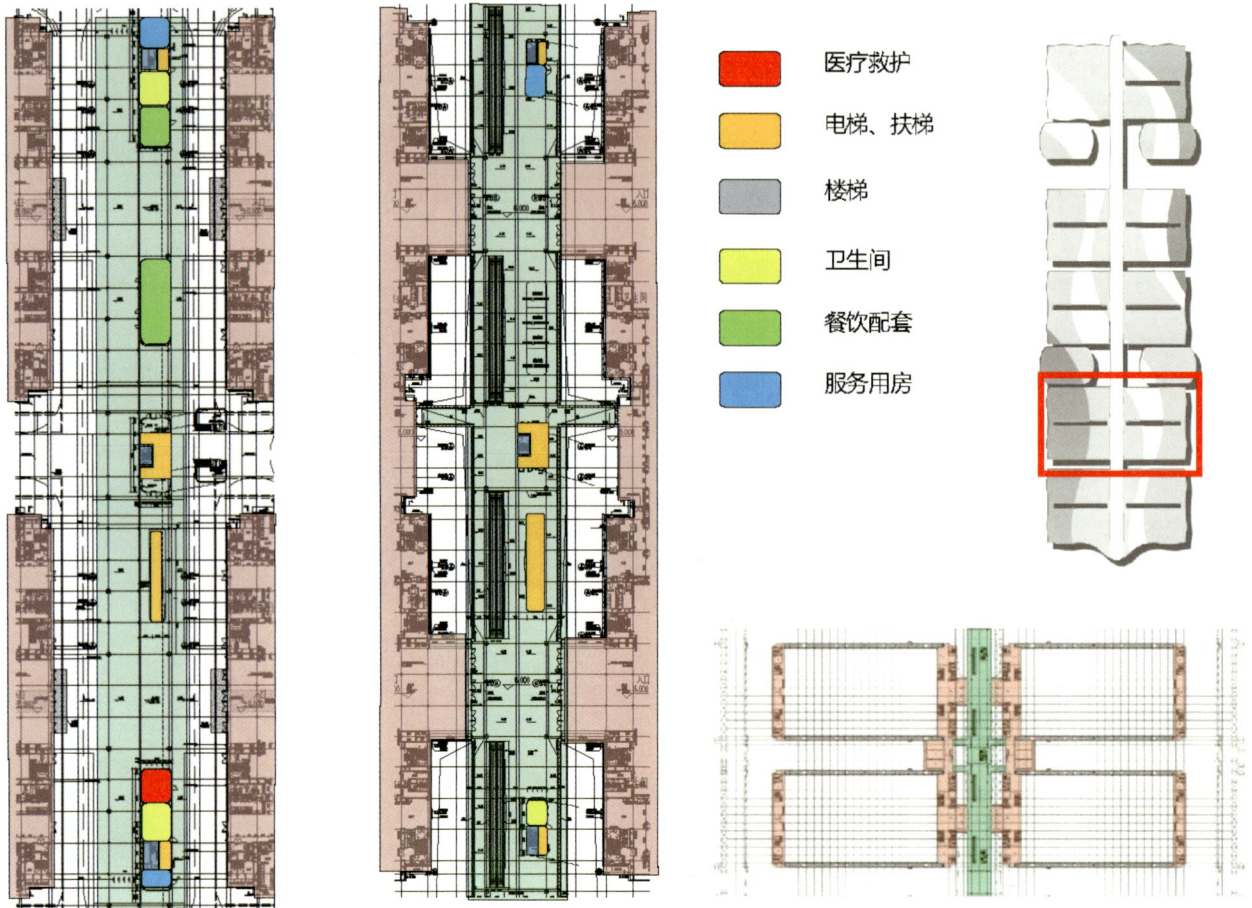

医疗救护

电梯、扶梯

楼梯

卫生间

餐饮配套

服务用房

图 6.2-23　中央廊道一、二层平面图

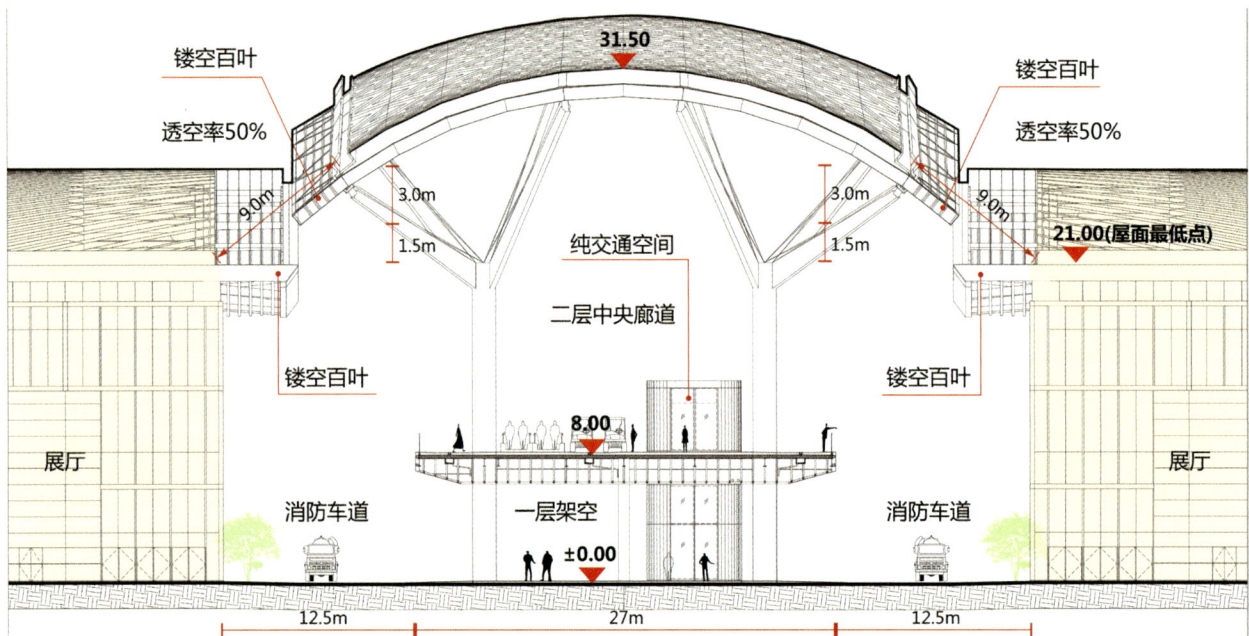

镂空百叶
透空率50%

31.50

镂空百叶
透空率50%

9.0m

3.0m

3.0m

9.0m

1.5m

1.5m

21.00(屋面最低点)

纯交通空间

镂空百叶

二层中央廊道

镂空百叶

展厅

8.00

展厅

消防车道

一层架空

±0.00

消防车道

12.5m

27m

12.5m

图 6.2-24　中央廊道消防分析剖面示意图

【规范依据】《建筑设计防火规范》GB 50016—2014（2018 年版）第 8.3.6 条、《自动喷水灭火系统设计规范》GB 50084—2001（2005 年版）第 4.2.10 条、第 7.1.15 条。

防火水幕不宜用于尺寸超过 15m（宽）×8m（高）的开口（舞台开口除外），防火水幕的喷头布置，应保证水幕的宽度不小于 6m，高度不超过 12m。《自动喷水灭火系统设计规范》的规定，主要是基于水幕系统的消防用水不是用于主动灭火，而是用于被动防火，不符合火灾中应积极灭火的原则，通常情况下，不推荐采用防火分隔水幕进行防火分隔。

由于深圳国际会展中心展厅空间的运营需求，展厅无法进行实体防火墙分隔，拟在单层展厅中间的消防通道上空设置防火分隔水幕系统，由于弧面屋面造型，喷头的安装高度从 20m 逐步升高至 25m，安装高度超过了国家标准规定的应用高度。因此，有必要对此类水幕分隔系统的防火分隔性能及其工程应用参数进行研究和确定。

2017 年 8～9 月由国家消防工程技术中心针对深圳国际会展中心项目防火分隔水幕进行了实体试验。试验在公安部天津消防研究所的燃烧试验馆进行，分别进行了洒水分布性能的不同工况的冷喷和防火性能的热喷试验（表 6.2-1；图 6.2-25，图 6.2-26）。

试验结论：考虑一定安全系数，当喷头安装高度为 25m 时，应将防火分隔水幕系统的喷水强度提高至 2.5L/s·m，以确保其单位面积上的喷水强度和防火隔热性能等指标不低于喷头安装高度为 12m，喷水强度为 2.0L/s·m 时的性能指标。建议深圳国际会展中心项目防火水幕系统采用两排下垂型开式喷头，交错布置，排间距为 1.2m，同一排上的喷头间距为 1.5m，喷头的流量系数为 115，并按照系统同时动作的长度计算用水量，同时要确保水幕系统在发生火灾时能及时、可靠启动。

水幕喷头喷水强度测试表 表 6.2-1

试验序号	水幕系统	喷水强度 / （L/s·m）	实际喷水强度 / （L/min·m²）	6m 范围内的线性喷水强度 / （L/s·m）	与规范规定值的百分比
1	喷头安装高度 12m	2.0	13.97	1.4	100%
2		1.6	11.26	1.1	80.6%
3	喷头安装高度 25m	2.0	13.13	1.3	93.9%
4		2.2	16.53	1.6	118.3%
5		2.4	22.33	2.2	159.8%
6		1.6	8.25	0.8	59.1%

图 6.2-25　水幕实景照片

图片来源：深圳国际会展中心防火分隔水幕试验研究报告

图 6.2-26　水幕实景照片

图片来源：深圳国际会展中心防火分隔水幕试验研究报告

6.2.5 消防设计

1）总平面消防设计

（1）总平面概况

深圳国际会展中心项目主体建筑已定义为多层建筑，由具有安全性保障的中央廊道串联南入口大厅、19个展厅和南北2个登录大厅。

本项目作为广东省重点项目，定位高，体量大，开展期人员密度峰值高，基于对展厅规模、展品火灾荷载、功能复杂等综合因素考虑，本项目的消防安全等级要求也同步提高。为保证火灾应急救援的可靠性，总平面设计除保证消防车能有效环绕每个展厅和登录大厅，同时还在每个展厅和登录厅的一个长边增设了具备消防车登高操作场地要求的条件，以实现展厅、登录等超大空间及其周边附属多层配套用房的及时救援（图6.2-27～图6.2-30）。

消防扑救场地距建筑外墙3~10m，消防扑救场地宽10m，海滨大道设5个消防出入口，海汇路设5个，凤塘大道设2个，共设12个消防车出入口。

（2）超大规模会展综合体总平面消防设计策略

超大规模的会展综合体，消防环道可达每个展厅和登录空间非常有必要。消防扑救场地，既要不影响展会运营，又要保证土地集约利用，展厅和展厅之间长边的间距要满足：

① 中大型货柜车的进出，需做轨迹模拟；

② 中型货柜车的临时停靠（中型货车车位长度14m），停车位距建筑的最小消防安全距离大于6m；

③ 利用货车道做扑救场地，扑救场地距建筑大于3m；

④ 扑救场地一侧建筑立面设置消防施救窗；

⑤ 地面大型消防车按70t荷载预留；

⑥ 消防扑救场地和消防车道不可堆放障碍物。

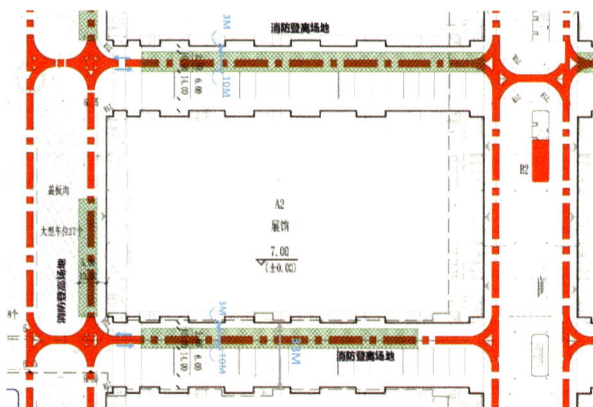

图6.2-27 展厅消防设计示意图

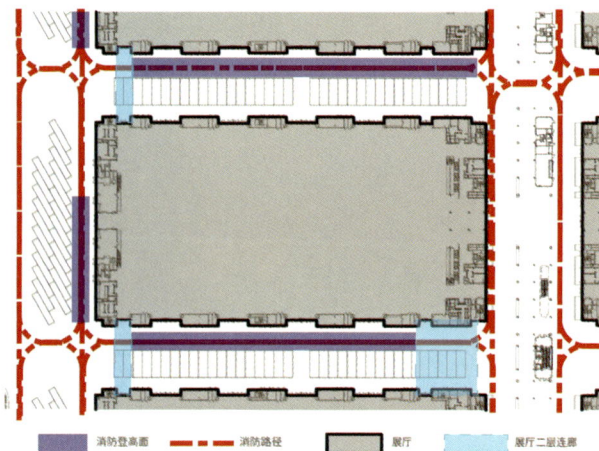

图6.2-28 消防登高场地

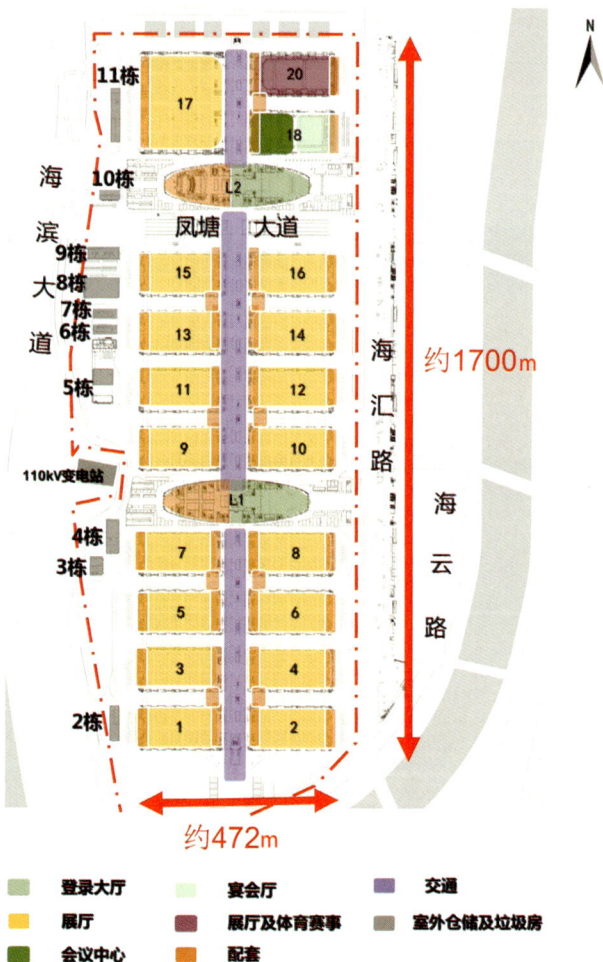

图6.2-29 总平面示意图

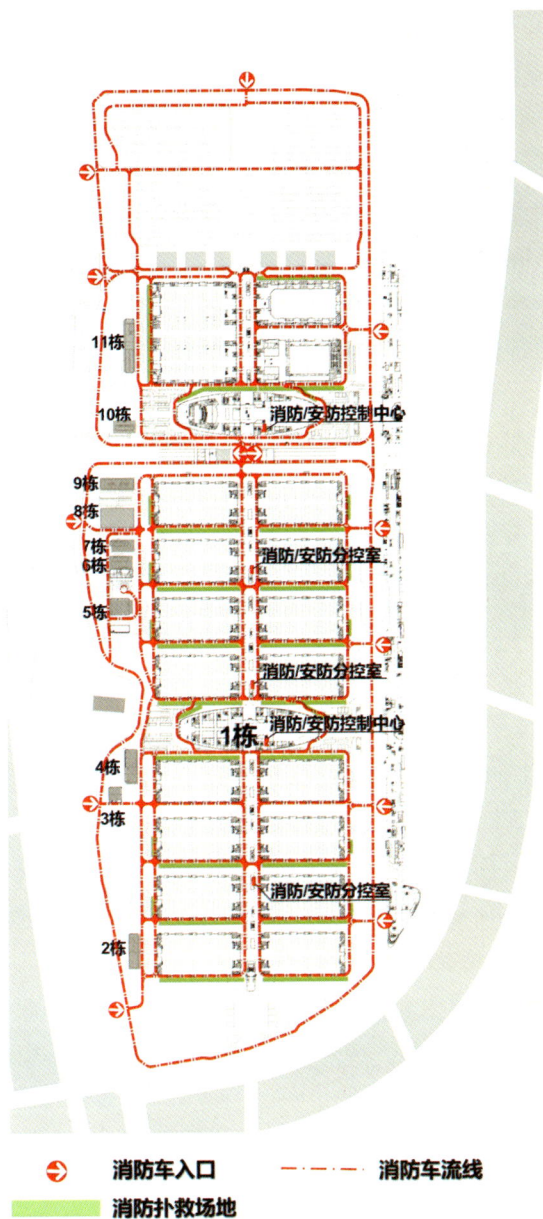

图 6.2-31 展厅 33m 间距设计逻辑

图 6.2-32 标准展厅室内效果图

图 6.2-33 标准展厅入口效果图

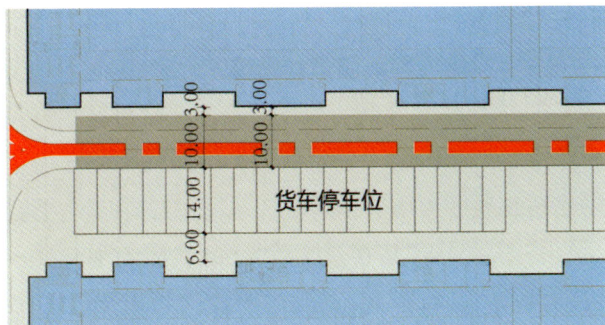

➡ 消防车入口　- - - 消防车流线
🟩 消防扑救场地

图 6.2-30 消防总平面

实践证明，33m 的展厅间距可以满足以上所有需求，且 33m 展厅间距上方装饰屋面的透空率大于50%，以确保消防扑救的安全性（图 6.2-31）。

2）标准展厅的消防设计

（1）标准展厅的规模定位

高效的国际大型展馆面积在 1 万~3 万 m²，南区 16 个标准展厅（1~16 号展厅）均为 108m×209.5m 标准模块，展览面积 1.88 万 m²（含二层出入口厅）。约 2 万 m² 的展厅尺度最利于展馆运营，展位使用率较高，空间可满足各种展会需求，便于

货运交通组织、物流疏导和展位施工搭建。南区鱼骨状布置的 16 个标准展厅就是效仿德国工业会展的效率和效益双赢的成功经验。展厅的标准化模块，也极大地保障了快捷施工和造价可控（图 6.2-32，图 6.2-33）。

（2）超大空间展厅消防设计难点

① 展厅无法进行实体防火分隔，其防火分区均超过 1 万 m²，不符合《建筑设计防火规范》GB 50016—2014（2018 年版）第 5.3.4 条；

② 展厅内最远点疏散距离大于 37.5m，不符合《建筑设计防火规范》GB 50016—2014（2018 年版）

283

第5.5.17条。

（3）标准展厅消防设计策略

① 多层建筑定义：将展厅周边配套与展厅防火分区进行严格的防火分区分隔，定义展厅配套为多层建筑，展厅为单层建筑；

② 防火分区将接近2万m²的展厅（含2层入口门厅），用1道6m宽防火水幕进行防火分区分隔，划分为2个小于1万m²的防火分区，实现空间的"虚"分隔且满足《建筑设计防火规范》GB 50016—2014（2018年版）第5.3.4条；

③ 疏散距离：在展厅内设置"三纵一横"大于6m宽的永久疏散走道，且在展厅四周靠墙处设置不小于3m的永久疏散走道，以控制展览单元大小，使各展览单元的防火间距大于6m，确保疏散通道的畅通性。

特别是展厅中央设有的永久性疏散通道的安全性，因设置了防火水幕进一步加强，从而有效解决了消防疏散距离超标问题。另一方面，由于展厅为高大空间，其上方能很好形成储烟仓，因此可以一定程度减小烟气对消防疏散的影响，赢得一定的疏散时间，综合作用保证了16个标准展厅的疏散距离基本满足《建筑设计防火规范》GB 50016—2014（2018年版）第5.5.17条（图6.2-34，图6.2-35）。

（4）标准展厅其他消防加强措施

① 标准展厅排烟设计

展厅及周边配套的防火分区均设有机械排烟，排烟量按60m³/（h·m²）计算并考虑10%的漏风量。展厅上空利用结构桁架布置排烟管（图6.2-36）。

展厅运营要求立面不设置过多的玻璃幕墙，以免影响展品展示，但有限面积的排烟窗需均衡布置于展厅储烟仓的标高处，在机械排烟失效的情况下，可自动开启进行排烟。本项目各标准展厅外幕墙均设有不小于各空间地面面积3%的气动排烟窗，确保满足公消〔2016〕113号文要求。

② 展厅材料的耐火等级

a. 展厅金属围护屋面的保温隔热材料的耐火等级提高至A级；

b. 楼板的耐火极限提升至2.00h；

c. 展厅内库房仅存放丙二类物品；

d. 厨房的门提高为甲级防火门。

（5）消防设计策略对标准展厅设计影响分析

① 标准展位模数控制：确定展厅基本规模之后，应按3m×3m的国际标准展位及3m行间距，即按3m模数进行展厅展位布置。

② 防火水幕设置条件：大于1万m²的展厅可利用防火水幕来进行防火分区划分，虽然不会影响

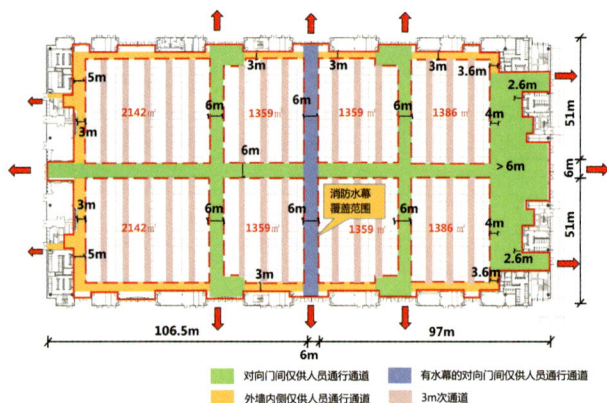

图6.2-34 标准展厅消防平面示意图

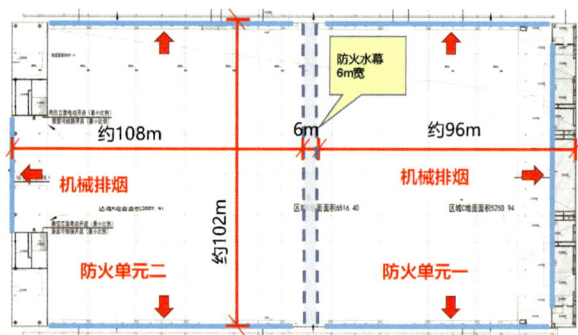

图6.2-35 标准展厅消防平面示意

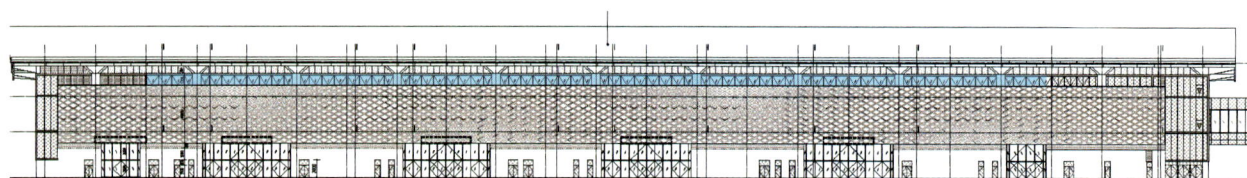

图6.2-36 展厅立面排烟固定窗位置示意

展厅空间使用，但每个项目要根据自身条件和成本控制选择方案。深圳国际会展中心因设有防火水幕，地下消防水池的容量高达6000m³，而本项目的空调水储冷方案正好利用了消防水池的水进行冷热水循环，可谓一举两得。

③ 展厅使用率：对应展厅安全出口规划不小于6m宽永久疏散通道和周边不小于3m疏散通道，将展厅划分为大小均衡的展览单元。大于展厅使用率（标准展位面积/展厅面积）50%为佳。

④ 展厅安全出口：每条主要疏散通道宜对应展厅安全疏散出口，其宽度按《展览建筑设计规范》JGJ 218—2010第5.3.2条的规定计算确定。安全疏散口的布置宜满足疏散均好性和布展撤展的灵活便利性。

⑤ 结构柱网：结构柱网设计需响应建筑的3m模数，以及主通道与安全出入口的规划。

3）超大展厅（17号展厅）消防设计

（1）超大展厅的规模定位

北区17号展厅的面积和体量是2个标准展厅＋33m展厅间距的合二为一（249m×209.5m）。单层展厅的面积接近5万m²。

展厅可满足各类非常规的超大规模航空展、船舶展等展会需求，也能开展大规模群众性文体活动。

（2）超大展厅的消防设计难点

单层展厅展览面积4.36万m²，超防火分区面积规范限值近四倍多，跨度约200m，净高19.5m，标准展位2154个。利用防火水幕进行防火分隔已不现实。由于场地地质条件差，考虑到基坑支护、防潮、工期、造价等综合因素，超大展厅也不适宜采用大尺度的地面隔离带和地下避难走道来解决防火分区和疏散问题。需要参考前期对标研究的珠海航展馆的方式将屋面打开进行消防设计（图6.2-37～图6.2-41）。

（3）超大展厅的消防设计策略

① 同标准展厅，将展厅周边配套与展厅防火分区进行严格的防火分区分隔，满足单、多层建筑定义。

图6.2-37 超大展厅屋顶重力开启天窗实景

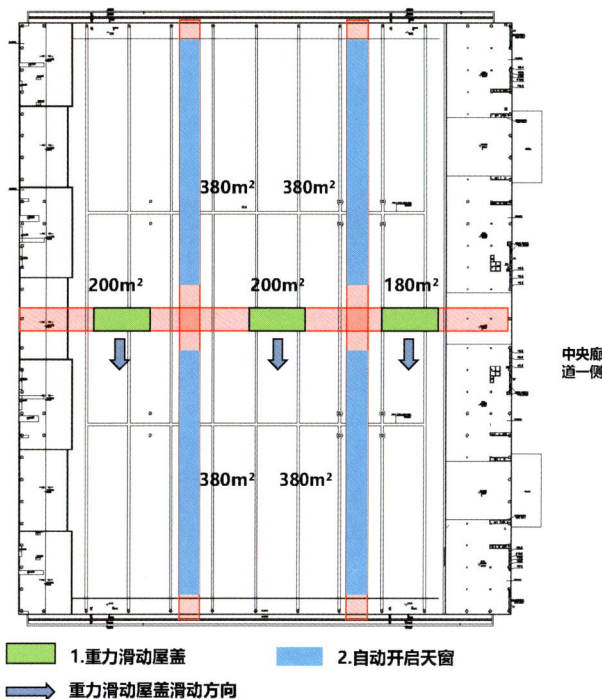

380m² 380m²

200m² 200m² 180m²

380m² 380m²

中央廊道一侧

1.重力滑动屋盖　　2.自动开启天窗
重力滑动屋盖滑动方向

图6.2-38 屋面排烟开启方式

图6.2-39 重力开启天窗

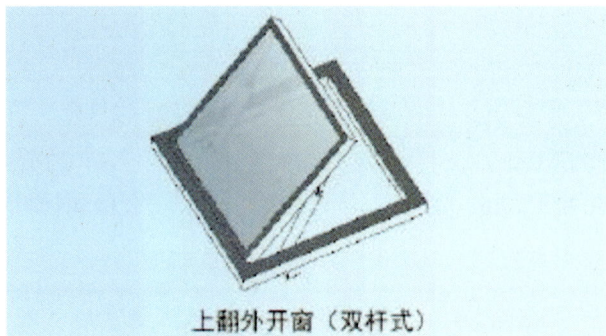

图 6.2-40 自动开启天窗

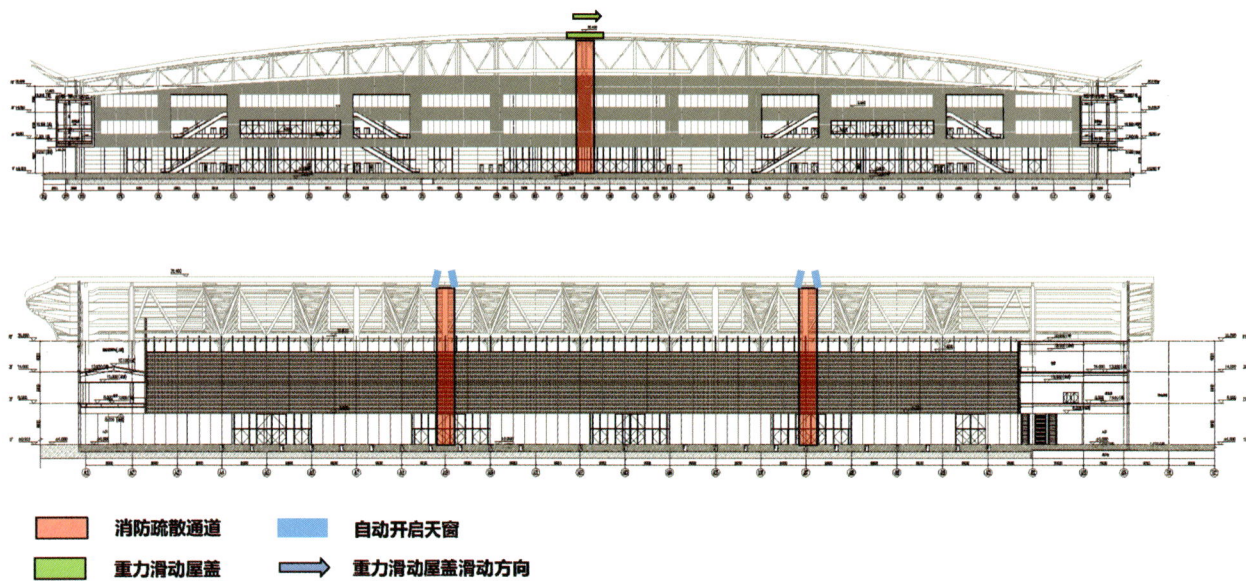

图 6.2-41 屋面排烟开启方式剖面示意

② 将接近 5 万 m² 的展厅（含二层入口门厅），屋面二纵一横打开不小于 6m 宽的屋盖，下设永久性的疏散主通道，从而将一个超大体量的单层建筑，划分为 6 个单层建筑体量，满足《建筑防火规范》GB 50016—2014（2018 年版）第 5.3.4 条。

③ 在展厅内再增设二横不小于 6m 的主要疏散通道，且在展厅四周靠外墙处设置不小于 3m 的永久疏散走道，以控制展览单元大小及各展览单元的防火间距，确保疏散通道的畅通性，其中二纵一横开启屋面下方主要通道的安全性是有保障的，有效控制消防疏散距离超标问题。

④ 由于屋面开启，此展厅无需再设机械排烟，但在立面上设计了不小于地面面积 5% 的气动排烟窗，消防联动开启。同时屋面开启面积也需大于下方主要通道面积的 25%。

（4）超大展厅其他消防加强措施

① 超大展厅排烟设计

由于屋面可开启，超大展厅为自然排烟设计。

屋面开启形式有两种：一横在屋脊处采用单侧重力滑动屋盖，共 3 组，其开启行程时间需控制在 60s 以内；南北向二纵开启屋盖采用气动开启天窗，消防联动开启。

展厅立面储烟窗高度设计不小于地面面积 5%

气动排烟窗。展厅其余周边配套设机械排烟并按地面面积 2% 设置立面自然排烟窗，保证机械排烟失控后，消防联动开启。

② 展厅材料的耐火等级同标准展厅。

③ 消防特殊设施同标准展厅。

（5）消防设计对超大空间建筑设计影响分析

① 由于重力滑动屋盖需设在屋面拱顶处，其展位规划需先定位好滑动屋盖下方的 6m 宽主要疏散通道，再按 3m×3m 标准展位及 3m 行间距，即用 3m 模数进行展位布置的详细规划。

② 规划出宽度不小于 6m 的安全疏散通道和周边宽度不小于 3m 的疏散通道，将展厅划分为多个不大于 1 万 m² 的防火单元，展位决定屋面气动开启扇的位置与面积，有效控制展厅使用率。

③ 每条主要疏散通道应对应展厅安全疏散口，

按规范计算展厅的疏散宽度，确保安全疏散口布置满足疏散均好性。

④ 结构柱网设计需响应 3m 模板、屋面开启和主要疏散通道及安全出入口规划要求。

4）18 号特殊展厅消防设计

（1）18 号展厅的功能定位

深圳国际会展中心北区 18 号展厅，前期方案为标准展厅，后因会展运营商要求会议功能扩容，18 号展厅兼具会议和宴会功能，以适应以会带展的会展业发展趋势。18 号展厅升级为集 1.9 万 m² 的会议中心、6600m² 厅、1100m² VIP 会议室于一体的复合多功能展厅，可提供展览、会议和高端商务活动等一条龙展会活动服务，打破了传统展厅功能的局限性（图 6.2-42，图 6.2-43）。

（2）18 号展厅的消防设计难点

① 5000 人的会议兼展览空间约需 6700m²，多层建筑会议功能防火分区应小于等于 5000m²；

② 108m×209.5m 的标准平面，同样存在疏散距离应小于 37.5m 的问题。

（3）18 号特殊展厅消防设计策略

① 6700m² 的会议空间必须按展览功能报建，以满足《建筑设计防火规范》GB 50016—2014（2018 年版）第 5.3.4 条，首层展览功能防火分区可不大于 1 万 m²。

② 设进深小于 12m、无火灾荷载的疏散前厅，以满足疏散距离不大于 37.5m ＋ 12.5m 的要求，满足《建筑设计防火规范》GB 50016—2014（2018 年版）第 5.5.17 条第 4 点。

③ 其余一～三层会议和商务功能防火分区均不大于 5000m²，疏散距离及宽度均满足《建筑设计防火规范》GB 50016—2014（2018 年版）第 5.5.17 条和第 5.3.4 条。

④ 中庭在首层的疏散距离大于 37.5m 的盲区，设避难走道解决疏散距离问题，满足《建筑设计防火规范》GB 50016—2014（2018 年版）第 6.1.14 条（图 6.2-44，图 6.2-45）。

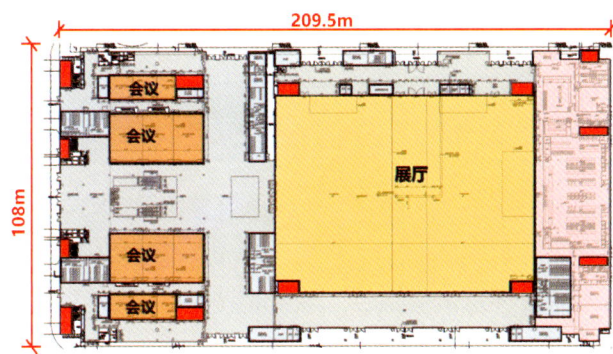

图 6.2-42　18 号展厅一层平面示意

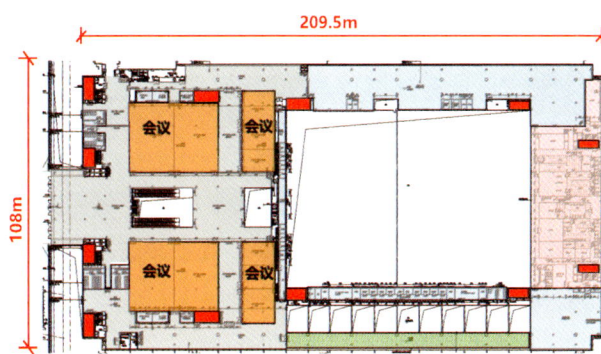

图 6.2-43　18 号展厅二层平面示意

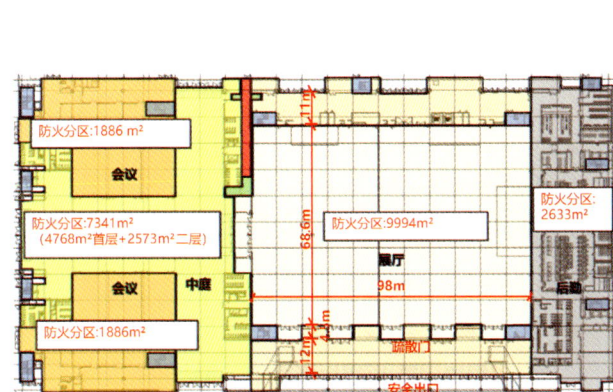

图 6.2-44　18 号展厅一层平面防火分区示意

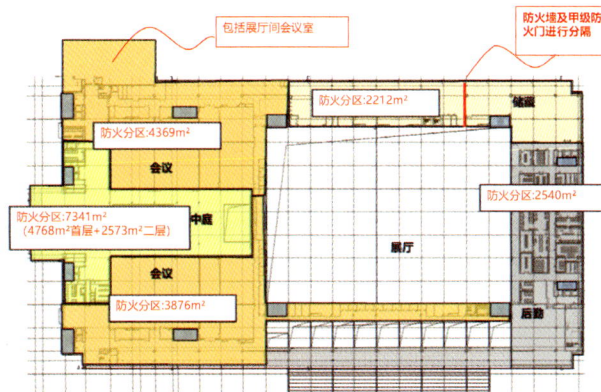

图 6.2-45　18 号展厅二层平面防火分区示意

（4）18号展厅其他消防加强措施

① 首层展览前厅、各层公共走道和会议中庭均设有机械排烟，所对应的立面设有不小于地面面积2%的气动排烟窗。

② 6700m²展厅设有机械排烟，排烟系统风量按60m³/h·m²计算并考虑10%漏风系数。

③ 首层展览前厅的吊顶为格栅吊顶，以便立面排烟窗可实现前厅的自然排烟。

（5）多功能大空间的消防设计策略对建筑设计影响分析

① 所有的疏散楼梯和安全出口需直通室外，若无法实现则需经过小于12.5m的疏散走道或无火灾荷载的前厅直达至室外，满足《建筑设计防火规范》GB 50016—2014（2018年版）第5.5.17.4条，解决大进深展览、会议空间疏散距离问题。

② 依据《建筑设计防火规范》GB 50016—2014（2018年版）第6.4.14条，可利用避难走道解决大进深空间疏散距离过长问题，但需注意避难走道隔裂空间和影响效果的问题，避难走道需满足《建筑设计防火规范》GB 50016—2014（2018年版）第6.4.14条的所有要求。

5）20号特殊展厅消防设计

（1）20号展厅的功能定位

深圳国际会展中心北区20号展厅，前期方案为标准展厅，后因运营商要求，展厅大空间调整为兼具体育赛事功能，最多可容纳1.3万名观众。一层展厅兼体育赛场和可移动观众席，二层设2300席固定看台，休息厅、艺人接待室、更衣室、各类办公室等甲等赛事配套功能设施一应俱全。三层设VIP座席、休息室和商务酒廊多功能大厅。此展厅设计可满足展览、体育竞技、大型文体活动和高端商务酒会等一系列专项功能需求（图6.2-46）。

（2）20号展厅的消防设计难点

① 20号展厅需同时满足《建筑设计防火规范》GB 50016—2014、《体育建筑设计规范》JGJ 31—2003、《展览建筑设计规范》JGJ 218—2010。

② 由于体育赛事需两处固定看台，防火分区需考虑二层通高面积叠加问题。固定看台席位为2300个。

图6.2-46　20号展厅室内效果图

③ 首层平地大空间需考虑活动台阶伸缩座席设计和平地可移动座席设计。首层活动可伸缩席位为6200个，4500个平地可移动席位需具有防倾倒措施。

（3）20号展厅的消防设计策略

① 利用2道防火水幕将上下两层贯通空间分为3个防火分区，每个防火分区均小于1万m²，满足展览兼体育赛事功能；

② 首层大空间安全疏散口均通过小于12.5m的无火灾荷载的前厅或疏散走道直达室外（图6.2-47，图6.2-48）；

③ 二层疏散增设封闭疏散楼梯直达首层室外（图6.2-49）；

④ 除纵向两道6m宽防火水幕下方设不小于6m宽消防主要疏散走道外，增设一道横向不小于6m宽的永久疏散通道，二纵一横疏散通道处均不布设展位，而水幕下方不可布置观赛座席。

（4）20号展厅其他消防设计加强措施

① 展厅的3个防火分区均设机械排烟，相对应立面上设相当于地面面积2%的气动排烟窗，当机械排烟失效后，自动开启；

② 消防施救窗的施救路径均有特殊设计，以确保消防队员能安全到达建筑二层（图6.2-50，图6.2-51）；

③ 可固定伸缩台阶座椅满足了展览和赛事功能自由转换的需要，座椅的耐火等级为B₁级；伸缩台阶座椅应能稳固固定在展厅四周，尽可能减少对展厅正常使用的干扰；

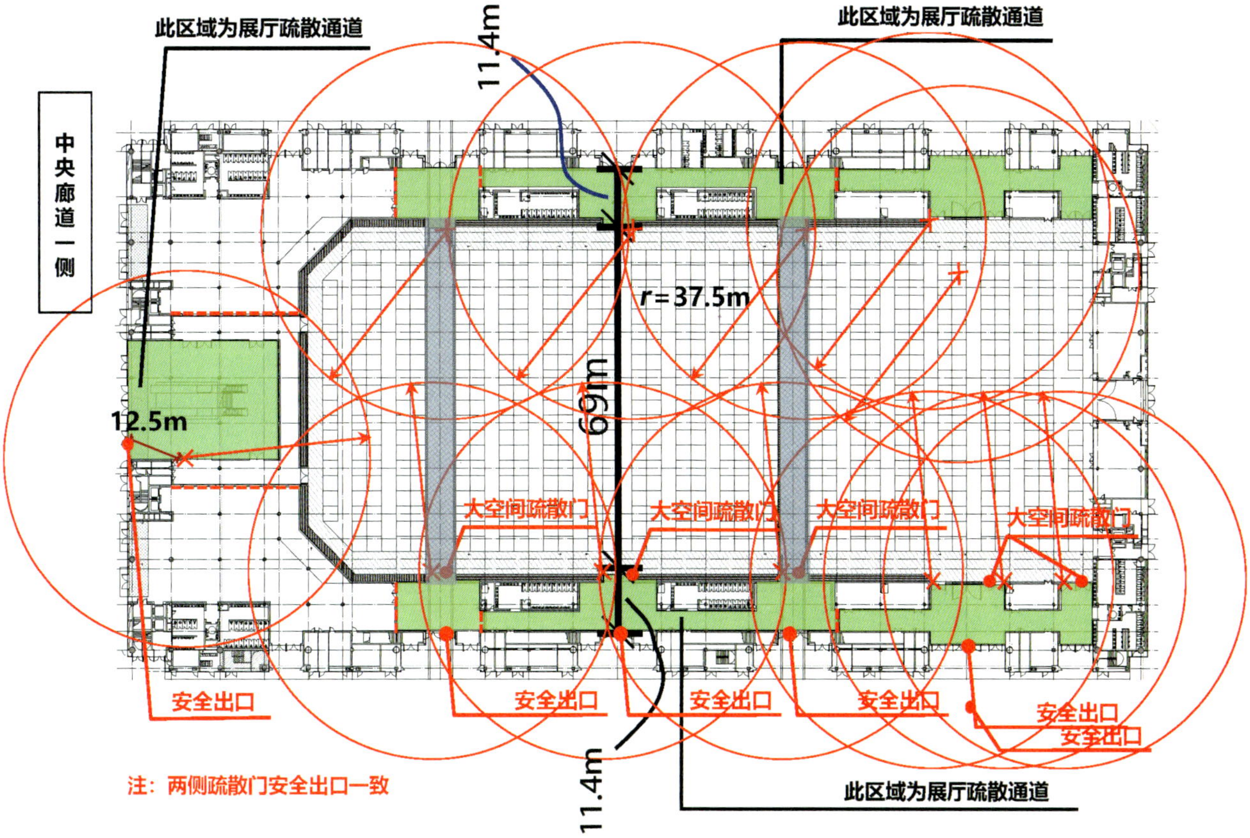

图 6.2-47　20号展厅展览功能一层疏散通道示意

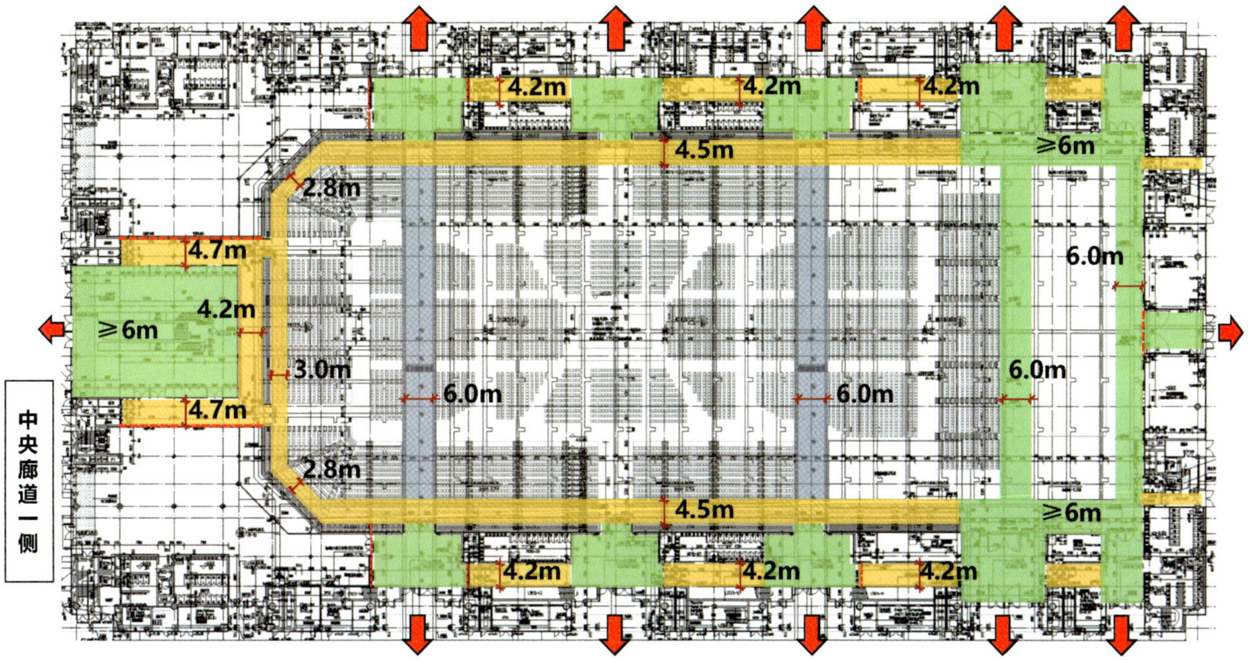

图 6.2-48　20号展厅体育赛事功能一层疏散通道示意

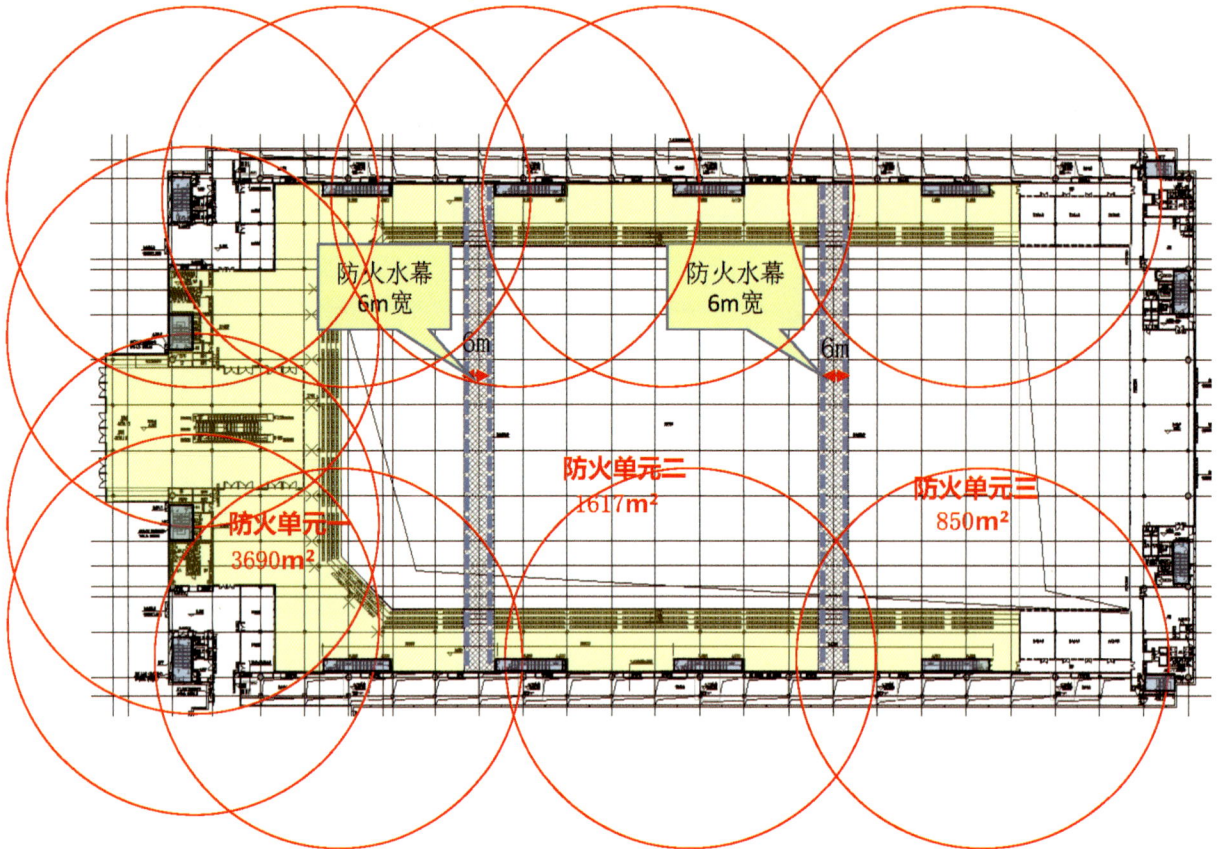

图 6.2-49　20 号展厅二层疏散距离示意

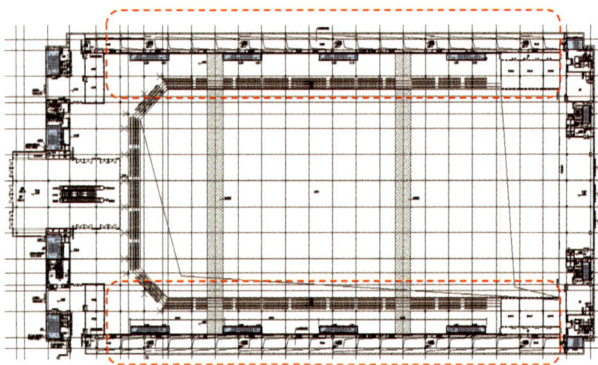

图 6.2-50　20 号展厅南北两侧消防救援路线示意

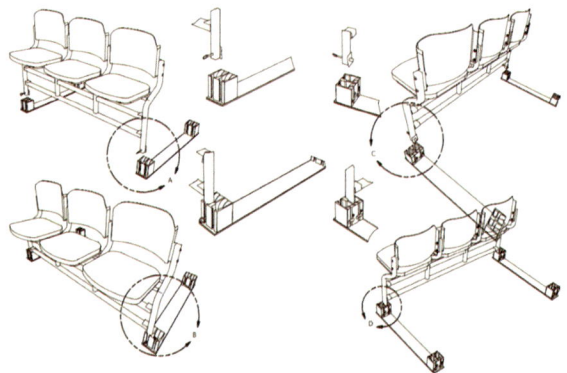

图 6.2-52　平地座椅节点图

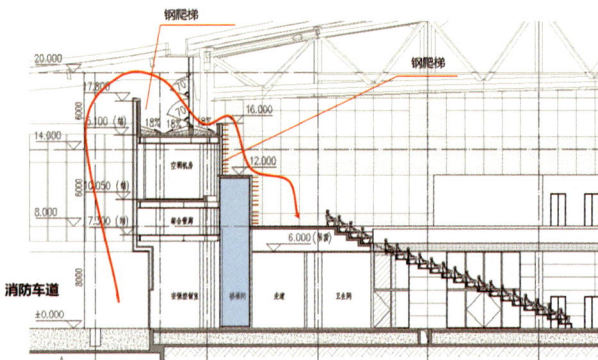

图 6.2-51　20 号展厅消防救援路线剖面示意

④ 防倾倒的平地可移动座椅，有效防止座椅倾倒对疏散通道的堵塞。座椅三个一组，卡口式节点设计，在水平和垂直方向每组座椅错位连接，实现整体的稳定性，且收纳、运输方便快捷（图 6.2-52）。

（5）展厅兼体育赛事建筑设计影响分析

① 空调风速和风向对体育赛事影响较大，因此 20 号展厅是唯一采用顶送风的展厅。大厅上空布满机电管线，管线均采用深色材料包裹，以免产生视线干扰。

②利用防火水幕进行大空间"虚"分隔，需考虑消防水池容量，水的循环使用及成本控制。

深圳国际会展中心地下消防水池分别在南北登录大厅的地下一层。空调系统巧妙利用本项目大容量消防水池的水量和深圳市不同时段的电价差，在南北登录大厅地下的制冷站采用水蓄冷式制冷站，有效利用水幕消防用水，并可节省不少电费成本。

6）南北登录大厅消防设计

（1）南北登录大厅功能组织

深圳国际会展中心南北登录大厅东侧一层分别为会展南区和北区的登录大厅功能，面积接近1.6万 m^2，为单层通高空间。

南登录大厅西侧一层为会议中心，二层设有3500 m^2 的多功能厅，会议功能可容纳3000人，净高8.5m，可利用活动隔断灵活划分为3个独立空间使用。

北登录大厅西侧为2200 m^2 的阶梯式国际报告厅，设有池座1591席、楼座329席，总计1920席。前排设有4种不同模式的升降座席（分别为大舞台模式、普通座席模式、VIP座席模式、VVIP座席模式），可满足不同层次、不同规模的会议需求。

南北登录厅三层中部区域均为餐饮功能（图6.2-53，图6.2-54）。

（2）南北登录大厅的消防设计难点

①登录大厅超大空间由于功能需求不可做实体分隔，其防火分区面积超过《建筑设计防火规范》GB 50016—2014（2018年版）第5.3.4条规定。

②登录大厅超大空间，疏散距离大于《建筑设计防火规范》GB 50016—2014（2018年版）第5.5.17条规定。

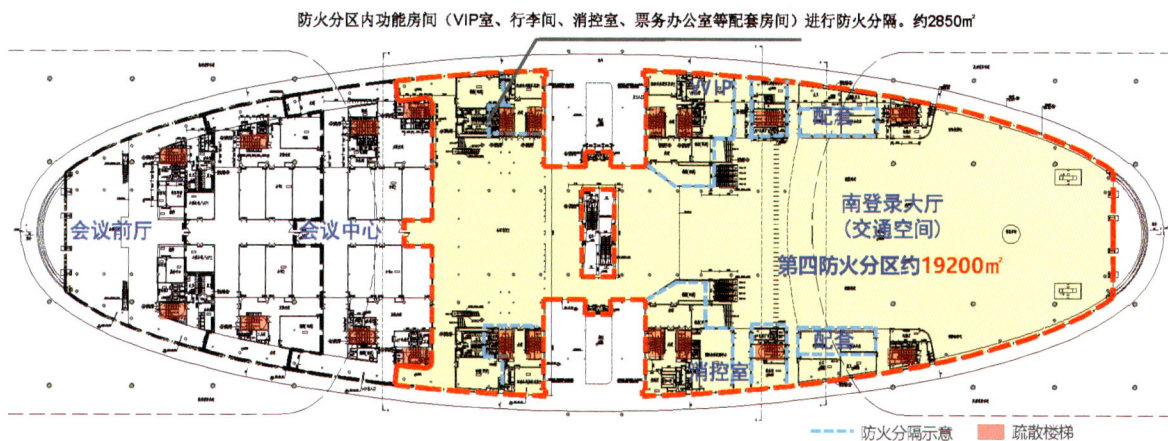

图6.2-53　南登录大厅一层平面示意

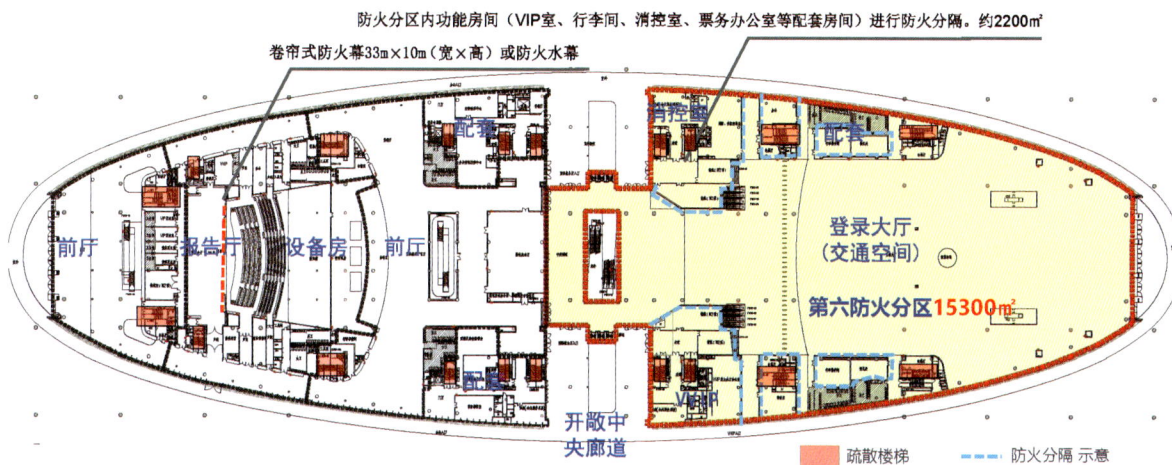

图6.2-54　北登录大厅一层平面示意

（3）对应消防设计策略

① 需定义登录大厅为无火灾荷的纯交通空间，其防火分区可比规范适度扩大，参考机场相关规范。因此登录大厅两侧的 VIP 室、行李间、消控室、票务办公、配套功能需与登录大厅进行严格的防火分隔。

② 登录大厅功能与会议、宴会和办公功能严格用防火墙和甲级防火门进行分隔。

③ 外立面设有地面面积 3% 的气动排烟窗。由于立面水平遮阳对排烟效果有一定折损，登录大厅排烟窗为下悬大于 70° 的气动排烟窗，当机械排烟失效时自动开启，且水平遮阳开孔率大于 50%。

（4）消防设计对建筑设计影响分析

① 根据《建筑设计防火规范》GB 50016—2014（2018 年版）第 5.3.4 条的防火分区面积规定进行大型空间设计，首先要明确其功能仅限商业和展览空间，其次需将此空间定义为单层建筑，与多层区域其他功能进行完全的防火分区分隔；

② 参考机场相关规范，定义超大交通空间，其防火分区面积可根据实际使用情况消防评审确定，此超大空间应无火灾荷载，其内装级家具材料耐火等级需满足 A 级，其余附属功能应与超大交通空间进行防火分隔；

③ 超大空间的疏散距离不宜过长，宜控制在 60m 之内。

7）本项目其他消防加强措施

① 增大应急照明照度，为正常照明的 120%。

② 净高大于 12m 的室内空间采用消防水炮。

③ 多功能厅和国际报告厅的同声传译室和放映室采用普通玻璃窗加特级防火卷帘，既保证室内装修效果，又满足严格的防火分隔。

④ 多功能厅一分为三，每个独立单元的排烟、疏散均应满足规范要求。

⑤ 国际报告厅总计设有 10 个安全疏散口（疏散楼梯或疏散走道），其中楼座 2 个，池座 8 个，均可保证室内最远处至安全疏散口的距离小于等于 37.5m，且非靠外墙的楼梯间通过小于等于 12.5m 长的走道直达室外。

⑥ 国际报告厅舞台设有雨淋和分隔水幕系统。

⑦ 所有超大空间，室内外均采用 A 级防火装饰材料，单遮阳帘、分隔帘、地毯地垫、座椅耐火等级为 B_1 级。

⑧ 大于 10 万 m^2 的综合体各超大空间在设计机械排烟的基础上，均在建筑立面上设置 3%～5% 的自动排烟窗。公共功能空间在设机械排烟的基础上，在建筑设置约 2% 的自然排烟窗。

⑨ 金属屋面采用 A 级防水保温隔热材料。

⑩ 楼板耐火极限提升至 2.00h。

⑪ 库房和厨房门提高至甲级防火门。

8）特殊区域消防设计

（1）架空区域安全性保障

① 消防车经过展厅与展厅之间的架空区域，其上方屋盖的透空率大于 50%，有效保证该区域自然排烟的条件，确保消防车道的安全性。

② 二层人行中央廊道的架空区域，需保证上方屋盖的通透率为楼层面积的 25%，其楼面开洞率不小于楼板面积的 37%，参考 GB 50016—2014（2018 年版）中第 5.3.6 条第 4.7 款关于步行街的规定。

（2）特殊区域人员密度取值

① 多功能厅和报告厅前厅的人数按照主厅（多功能厅、报告厅）人数的 20% 计，前厅划分为多个防火分区，各区人数按照各区面积比例进行分摊（图 6.2-55）。

图 6.2-55　报告厅前厅效果图

② 餐厅疏散人数按 1.3m^2/ 人取值，厨房及其他辅助空间的人数按照餐厅人数的 15% 计，服务

于同一餐厅的厨房，分别设于地上和地下，按厨房的面积比例分配。

（3）室内装修要求

符合《建筑内部装修设计防火规范》GB 50222—95（2001 年执行）的要求。

① 地上建筑的疏散走道，安全出入口的门厅，其顶棚应采用 A 级装修材料，其他部位应采用不低于 B$_1$ 级的装修材料。

② 地下建筑的疏散走道，安全出入口的门厅，顶棚、墙面和地面应采用 A 级装修材料。

③ 无窗房间内部装修材料为 A 级，其余按规范中规定提高一级。

④ 厨房的顶棚、墙面、地面应采用 A 级装修材料。

⑤ 展览性场所，展台材料为 B$_1$ 级，高温灯具、电加热区域为 A 级。

⑥ 地下车库地面材料为 A 级。

9）机电消防加强措施

（1）给水排水专业

① 设有两处消防泵房和消防水池，两套消防系统互为备用。

② 高度 8～12m 空间采用快速响应喷头，高度大于 12m 采用消防水炮，水炮设计流量 40L/s，两台同时保护，单台流量 20L/s，保护半径 50m，带有自动柱状、雾状喷嘴。

③ 防火水幕保护宽度 6m，高 19.5～26.5m，喷水强度 2.5L/s·m（具体参数根据实体试验确定），火灾延续时间 3h，一条防火水幕的消防水龙 280L/s，按 2 条防火水幕计算消防水池容量总计 6048m^2。

④ 消防水量计算表（表 6.2-2，表 6.2-3）。

（2）暖通专业

① 高度大于 6m 的区域不设防烟分区，排烟量按 60m^3/h·m^2 计算，小于 6m 的区域设防烟分区，每个防烟分区不大于 500m^2。机械排烟量增加 10% 的漏风系数，地下车库防烟分区不大于 2000m^2，无梁楼盖区域设 500 高挡烟垂壁，采用特极防火卷帘制作。

② 空调风管保温材料根据《建筑设计防火规范》GB 50016—2014（2018 年版）第 9.3.14 条要求选用难燃 B$_1$ 级材料，外贴 A$_2$ 不燃材料。

（3）电气专业

① 项目采用 1 个消防总控中心、4 个消防分控室，保证了防、控、管、查一体化数字联动，实现实时监控、管理防控、快速部署、指挥调度、集成管理、综合处理、案件调查、高效取件。

② 超大空间应急照明照度为正常的 120%，展厅地面设置保持视觉连续的灯光疏散指示标志。展厅墙面增设大型疏散指示标志。根据专家意见要求，集中控制型疏散指示系统不应采用智能型。

③ 地上综合管廊内设置光纤线型感温探测器，管廊顶部加设感烟火灾探测器。

一号消防泵房消防水量计算表　　　　　　　　　　　　　　　　　　　　　表 6.2-2

	序号	消防系统名称	消防用水量标准	火灾延续时间	一次灭火用水量	备注	保护区域
位于南登录大厅地下一层一号消防泵房	1	室外消火栓系统	80L/s	3h	864m^3	市政直供	凤塘大道以南所有展厅登录大厅及其对应的地下室
	2	室内消火栓系统	40L/s	3h	432m^3	储存于消防水池	A1～A4 展厅、A8～A7 展厅、C1～C4 展厅、C6～C7 展厅、南登录大厅及其对应的地下室
	3	自动喷水灭火系统（仓库）	80L/s	2h	576m^3	储存于消防水池	
	4	自动喷水灭火系统（展厅）	40L/s	1h	144m^3	储存于消防水池	
	5	自动消防炮灭火系统	40L/s	1h	144m^3	储存于消防水池	
	6	防火分隔水幕（展厅）	280L/s	3h	3024m^3	储存于消防水池（只有 1 条水幕工作）	
	7	消防水池存水量	2＋4＋5＋6		3744m^3		水池位于南登录大厅地下一层

二号消防泵房消防水量计算表 表 6.2-3

	序号	消防系统名称	消防用水量标准	火灾延续时间	一次灭火用水量	备注	保护区域
位于北登录大厅地下一层二号消防泵房	1	室外消火栓系统	80L/s	3h	864m³	市政直供	凤塘大道以北所有展厅登录大厅及其对应的地下室
	2	室内消火栓系统	40L/s	3h	432m³	储存于消防水池	A8～A9展厅、A11～A12展厅、C8～C9展厅、C11～C12展厅、北登录大厅及其对应的地下室、二期
	3	自动喷水灭火系统（仓库）	80L/s	2h	576m³	储存于消防水池	
	4	自动喷水灭火系统（展厅）	40L/s	1h	144m³	储存于消防水池	
	5	自动消防炮灭火系统	40L/s	1h	144m³	储存于消防水池	
	6	雨淋系统（国际报告厅舞台）	110L/s	1h	396m³	储存于消防水池	
	7	防火分隔水幕（国际报告厅舞台口）	50L/s	3h	540m³	储存于消防水池	
	8	防火分隔水幕（展厅）	560L/s	3h	6048m³	储存于消防水池（2条水幕工作）	
	9	消防水池存水量	2+4+5+8		6768m³		水池位于北登录大厅地下一层

④ 展厅设置双波段图像探测器、光截面感烟探测器。

6.2.6 消防安全管理措施

公共展览馆属于人员密集场所，其消防安全管理以防止火灾发生，减少火灾危害，保障人身和财产安全为目标，通过采取有效的管理措施和先进的技术手段，提高预防和控制火灾的能力，详见《人员密集场所消防安全管理》GB/T 40248—2021（2021.12.1 实施）。

（1）展厅举办活动时，应制定相应的消防应急预案，明确消防安全责任人；

（2）多功能展厅大型比赛或演出等活动期间，配电房、控制室等部位应安排专人值守；

（3）需要搭建临时建筑时，应采用燃烧性能不低于 B₁ 级的材料，搭建和展品不可占用展厅内永久主要通道大于等于 6m 和周边通道大于等于 3m；

（4）布展时，不应进行电气焊等动火作业，必须进行动火作业时，动火现场应安排专人监护并采取相应的防护措施；

（5）展厅内设置的餐饮区域，应相对独立，不应使用明火；

（6）由当班的在岗从业人员组成职能小组，接受火灾事故应急指挥机构的指挥，承担灭火和应急疏散各项职责；分工有：通信联络组、灭火行动组、疏散引导组、防护救护组和后勤保障组；

（7）每个展厅活动按照《单位灭火和应急疏散预案编制及实施导则》GB/T 38315—2019，制定有针对性的灭火和应急疏散预案，组织宣讲和完善，以确保发生火灾后，立即启动预案展开以下工作：

① 向消防救援机构报火警；

② 各职能小组执行预案中的相应职责；

③ 组织和引导人员，营救被困人员；

④ 使用消火栓等消防器材，设施扑救初起火灾；

⑤ 派专人接应消防车辆到达火灾现场；

⑥ 保护火灾现场，维护现场秩序。

7

文化博览建筑

7.1　综论

华南理工大学建筑设计研究院有限公司　倪　阳　陈向荣　郭　嘉　陈子坚

7.1.1　文化博览类建筑概述

文化博览建筑在学术上并无严格明确的定义，通常认为文化博览建筑是为人们的文化生活提供服务、提升城市文化内涵的公共建筑，主要包括博物馆、纪念馆、文化馆、美术馆、科技馆、图书馆、档案馆、展览馆等。

改革开放40余年，我国的经济建设取得了举世瞩目的成就。相应地，人们在精神文化方面有了更高的需求，也得到了政府的日益重视，而城市经济实力的提升也为文化博览建筑的建设奠定了经济基础。随着文化教育的普及与深化，我国各地新建了一大批文化博览建筑。但在实际的建设和使用过程中，发现部分文化博览建筑存在功能单一、规模较小、选址不当、效率低下、维护成本较高的问题。

通过系统研究和归纳总结我国文化博览建筑的设计和建设，并借鉴国外的优秀案例，利用功能整合的方式使文化博览建筑以综合体的形式进行设计与建设成为当前的主要尝试和探索形式。文化博览建筑综合体通过功能叠加和复合的方式，首先可以解决原来文化建筑功能单一、使用率不高的问题；其次，通过整合文化博览建筑的功能配置，能够有效提高资源共享的程度并为文化活动提供更多的灵活性；最后，功能的增加导致单体建筑规模的扩大，既利于文化博览建筑创造城市标志性景观形象，又对城市空间形态的发展有重要的推动作用。

文化博览建筑综合体这种新的建筑形式的出现，对建筑设计提出了更高的要求，尤其是在消防设计方面。文化博览建筑综合体一般单体建筑规模较大，在防火分区的划分上容易超过规范的要求；同时建筑内部空间复杂，往往存在中庭等上下贯通的空间，需要叠加计算防火分区面积；建筑功能是多种功能的复合和叠加，需要合理进行平面设计，通过防火墙、防火隔墙对各功能区进行有效分隔；最后，文化博览建筑综合体往往是城市的标志性建筑，外观造型复杂，需要慎重进行总平面设计、外立面设计、疏散出口布置等以解决消防登高面、消防救援窗、安全疏散等消防相关问题。

7.1.2　文化博览类建筑现行相关防火规范

《建筑设计防火规范》GB 50016—2014（2018年版）

《博物馆建筑设计规范》JGJ 66—2015第7章

《图书馆建筑设计规范》JGJ 38—2015第6章

《文化馆建筑设计规范》JGJ/T 41—2014（无特殊防火规定及要求）

《展览建筑设计规范》JGJ 218—2010第5章

《档案馆建筑设计规范》JGJ 25—2010第6章

7.1.3　文化博览类建筑特殊防火设计要求

1）博物馆

除应满足《建筑设计防火规范》GB 50016—2014（2018年版）以外，博物馆建筑尚应满足以下防火设计要求。

（1）耐火等级（表 7.1-1）

博物馆建筑耐火等级　表 7.1-1

博物馆建筑类型	耐火等级
一般博物馆建筑	不应低于二级
地下或半地下建筑和高层建筑	一级
总建筑面积大于 10000m² 的博物馆建筑 （特大型馆、大型馆、大中型馆）	
主管部门确定的重要博物馆建筑	

（2）建筑分类（表 7.1-2）

博物馆建筑防火分类　表 7.1-2

博物馆建筑	博物馆建筑防火分类
建筑高度不大于 24m 的博物馆建筑	多层民用建筑
建筑高度大于 24m 的博物馆建筑	一类高层民用建筑

（3）防火分区（表 7.1-3，表 7.1-4）

博物馆建筑防火分区面积　表 7.1-3

功能区域	博物馆类型		每个防火分区的最大允许建筑面积 /m²			
			单层或多层建筑的首层	多层建筑	高层建筑	地下、半地下建筑
陈列展览区	一般博物馆建筑		2500 （5000）	2500 （5000）	1500 （3000）	500 （1000）
	科技馆和技术博物馆（展品火灾危险性为丁、戊类物品）		（10000）	（10000）	（4000）	（2000）
（按藏品火灾危险性类别）藏品库区	丙类	液体	1000 （2000）	700 （1400）	—	—
		固体	1500 （3000）	1200 （2400）	1000 （2000）	500 （1000）
	丁类		3000 （6000）	1500 （3000）	1200 （2400）	1000 （2000）
	戊类		4000 （8000）	2000 （4000）	1500 （3000）	1000 （2000）

注：括号内为全部设置自动灭火系统和火灾自动报警系统时允许数值。

单个展厅最大允许面积　表 7.1-4

防火分区内一个厅、室的建筑面积	不应大于 1000m²
防火分区位于单层建筑或仅设置在多层建筑的首层，且展厅内展品的火灾危险性为丁、戊类物品时	不宜大于 2000 m²

（4）耐火极限（表 7.1-5）

藏品保存场所（展厅、藏品库区和藏品技术区）
建筑构件的耐火极限　表 7.1-5

建筑构件名称		耐火极限（h）
墙	防火墙	3.00
	承重墙、*房间隔墙*	3.00
	疏散走道两侧的墙、非承重墙	*2.00*
	楼梯间、前室的墙，电梯井的墙	2.00
	珍贵藏品库房、丙类藏品库房的防火墙	*4.00*
柱		3.00
梁		*2.50*
楼板		*2.00*
屋顶承重构件，上人屋面的屋面板		1.50
疏散楼梯		1.50
吊顶（包括吊顶格栅）		*0.30*
防火分区、展厅和藏品库区的疏散门、库房区总门		*甲级*

注：倾斜字体是与《建筑设计防火规范》GB 50016—2014（2018 年版）一般规定不一致处。

（5）安全疏散

陈列展览区每个防火分区的疏散人数应按区内全部展厅的高峰限值之和计算确定。高峰限值（M_2）计算公式如下：

$$M_2 = e_2 \cdot S$$

式中：M_2——高峰限值（人）；

e_2——展厅观众高峰密度（人 /m²），可在表 7.1-6 中选取；

S——展厅净面积（表 7.1-7，表 7.1-8）。

展厅观众高峰密度 e_2　表 7.1-6

编号	展品特征	展览方式	展厅观众高峰密度 e_2/（人 /m²）
I	设置玻璃橱、柜保护的展品	沿墙布置	0.34
II		沿墙、岛式混合布置	0.28
III	设置安全警戒线保护的展品	沿墙布置	0.25
IV		沿墙、岛式、隔板混合布置	0.23
V	无需特殊保护或互动性的展品	沿墙布置	0.34
VI		沿墙、岛式、隔板混合布置	0.30

续表

编号	展品特征	展览方式	展厅观众高峰密度 $e_2/$（人 $/m^2$）
VII	展品特征和展览方式不确定（临时展厅）		0.34
VIII	展品展示空间与陈列展览区的交通空间无间隔（综合大厅）		0.34

安全疏散距离的要求 表 7.1-7

类别	技术要求
展厅内任一点至最近疏散门或安全出口的距离	≤30m
当疏散门不能直通室外地面或疏散楼梯间时，应采用直通至最近的安全出口的疏散走道长度	≤10m
位于两个安全出口之间的疏散门至最近安全出口的直线距离	≤30m
位于袋形走道两侧或尽端的疏散门至最近安全出口的直线距离	≤15m

注：设置自动喷水灭火系统时，室内任一点至最近安全出口的安全疏散距离可分别增加 25%。

藏品库区安全出口数量 表 7.1-8

藏品库区	安全出口数量	
每个防火分区	一般情况	2
	防火分区的建筑面积不大于 100m²	1
每座藏品库房建筑	一般情况	2
	一座库房建筑的占地面积不大于 300m²	1
地下或半地下藏品库房	一般情况	2
	建筑面积不大于 100m²	1

（6）灭火系统的设置要求（表 7.1-9）

灭火系统的设置要求 表 7.1-9

类别	灭火系统
珍品库和一级纸（绢）质文物的展厅	应设置气体灭火系统
藏品数在 1 万件以上的特大型、大型、中（一）型、中（二）型博物馆的藏品库房和藏品保护技术室、图书资料室	
其他博物馆展厅、藏品库房、藏品技术保护室、图书馆资料室等	细水雾灭火系统或自动喷水预作用灭火系统，此时对陈列有机质地藏品的陈列柜和收藏箱柜应采用不燃材料且密封严实

（7）其他特殊要求（表 7.1-10）

其他特殊要求 表 7.1-10

功能区域	类别	技术要求
藏品库区	安全疏散楼梯	应采用封闭楼梯间或防烟楼梯间
	电梯	应设前室或防烟前室
	电梯和安全疏散楼梯	不应设在库房区内

2）图书馆

除应满足《建筑设计防火规范》GB 50016—2014（2018 年版）以外，图书馆建筑尚应满足以下防火设计要求。

（1）耐火等级（表 7.1-11）

图书馆建筑耐火等级 表 7.1-11

图书馆建筑类型	耐火等级
藏书量超过 100 万册的高层图书馆、书库	一级
特藏书库	
其他图书馆、书库	不低于二级

（2）防火分区（表 7.1-12）

图书馆建筑防火分区面积 表 7.1-12

功能用房	每个防火分区的最大允许建筑面积 $/m^2$			
	单层建筑	多层建筑	高层建筑	地下、半地下建筑
基本书库、特藏书库、密集书库、开架书库	1500（3000）	1200（2400）	1000（2000）	300（600）
阅览室和藏阅合一的开架阅览室	2500（5000）		1500（3000）	500（1000）
采用积层书架的书库	防火分区面积应按书架层的面积合并计算			

注：括号内为全部设置自动灭火系统和火灾自动报警系统时允许数值，局部设置自动灭火系统时，增加面积可按该局部面积的 1.0 倍计算。

（3）建筑构造要求（表 7.1-13）

图书馆防火特殊建筑构造要求 表 7.1-13

设置部位	构造要求
基本书库、特藏书库、密集书库与其毗邻的其他部位之间	应采用防火墙和甲级防火门分隔
除电梯外，书库内部提升设备的井道井壁	应为耐火极限不低于 2.00h 的不燃烧体，井壁上的传递洞口应安装不低于乙级的防火闸门

（4）消防设施（表 7.1-14）

图书馆消防设施的设置要求　表 7.1-14

功能用房	消防设施
藏书量超过 100 万册的图书馆	应设置火灾自动报警系统
建筑高度超过 24m 的书库	
特藏书库	
特藏书库	应设置自动灭火系统，宜采用气体灭火系统（当不适合用水扑救时）
系统网络机房	
贵重设备用房	

（5）安全出口（表 7.1-15，表 7.1-16）

图书馆建筑安全出口的数量　表 7.1-15

功能用房	设置条件	安全出口数量
图书馆每层	—	不应少于两个（分散设置）
书库	一般情况	不应少于两个
	占地面积不超过 300m² 的多层书库	可设一个
	建筑面积不超过 100m² 的地下、半地下室	可设一个

图书馆建筑疏散门的设置要求　表 7.1-16

功能用房	疏散门设置条件
建筑面积不超过 100m² 的特藏书库	可设一个疏散门，并应为甲级防火门
公共阅览室只设一个疏散门时	疏散门的净宽度应 ≥ 1.20m

3）文化馆

文化馆应满足《建筑设计防火规范》GB 50016—2014（2018 年版）。

4）展览建筑

除应满足《建筑设计防火规范》GB 50016—2014（2018 年版）以外，展览建筑尚应满足以下防火设计要求。

（1）耐火等级

展览建筑的耐火等级不应低于二级，并符合现行国家标准《建筑设计防火规范》GB 50016—2014（2018 年版）的规定。

（2）防火分区（表 7.1-17）

展览建筑防火分区面积　表 7.1-17

功能用房	每个防火分区的最大允许建筑面积 /m²				
	单层或多层建筑的首层	高层建筑裙房（有防火分隔措施）	多层建筑	高层建筑	地下、半地下建筑
展厅	2500（10000）	2500（5000）	2500（5000）	1500（4000）	500（2000）

注：1　括号内为全部设置自动灭火系统、排烟设施和火灾自动报警系统时允许数值。
　　2　对于展厅使用有特殊要求，面积超过规范要求时，可采用性能化设计的方法进行防火设计。

（3）建筑构造要求（表 7.1-18）

展览建筑防火特殊建筑构造要求　表 7.1-18

设置部位	构造要求		
	隔墙	楼板	隔墙上的门
室内库房、维修及加工用房与展厅之间	2.00h	1.00h	乙级防火门
燃油或燃气锅炉房、油浸电力变压器室、充有可燃油的高压电容器和多油开关室（不应布置于人员密集场所的上一层、下一层或毗邻）	2.00h	1.50h	甲级防火门
使用燃油、燃气的厨房（应靠展厅的外墙布置）与展厅之间	2.00h	—	乙级防火门

（4）安全疏散（表 7.1-19，表 7.1-20）

展厅的疏散人数计算 /（人 /m²）　表 7.1-19

楼层位置	地下一层	地上一层	地上二层	地上三层及三层以上各层
指标	0.65	0.70	0.65	0.50

注：《建筑设计防火规范》GB 50016—2014（2018 年版）第5.5.21 条第 6 款的展厅人员密度为 0.75 人 /m²。

每层的房间疏散门、安全出口、疏散走道、房间疏散门的每 100 人最小疏散净宽度 /（m/ 百人）　表 7.1-20

建筑层数		每百人最小疏散净宽度
地上楼层	1～2 层	0.65
	3 层	0.75
	≥ 4 层	1.00
地下楼层	与地面出入口地面的高差 $\Delta H \leqslant 10m$	0.75

续表

建筑层数		每百人最小疏散净宽度
地下楼层	与地面出入口地面的高差 $\Delta H \geqslant 10m$	1.00

注：1 《展览建筑设计规范》JGJ 218—2010 第5.3.2条和《建筑设计防火规范》GB 50016—2014（2018年版）第5.5.21条第1款不一致，前者以"楼层位置"确定，后者以"建筑层数"确定，这里采用后者。

2 其余展厅疏散距离、疏散楼梯间及前室的疏散门和首层疏散门的净宽可参照《建筑设计防火规范》GB 50016—2014（2018年版）执行。

（5）其他特殊要求（表7.1-21）

其他特殊要求　　　表7.1-21

功能用房及类别	技术要求
设有展厅的建筑	不得储存甲类和乙类属性的物品
供垂直运输物品的客货电梯	不应直接设置在展厅内（宜设独立电梯厅）
展厅内临时设置的敞开式的食品加工区	应采用电能加热设施
展位内的可燃物品	存放量不应超过1d展览时间的供应量
展位后部	不得作为可燃物品的储藏空间

7.1.4 文化博览类建筑防火设计难点及对策

1）博物馆建筑

（1）对于特大型博物馆和大型博物馆建筑，防火分区面积容易超过规范要求，以科技馆和自然博物馆较为常见。

① 对于科技馆和自然博物馆，协调展陈设计尽量控制展品火灾危险性为丁、戊类，建筑设计中严格控制建筑高度在24m以内，并使防火分区面积最大的分区位于建筑首层，此时可以充分利用规范中防火分区面积不大于10000m² 的规定（图7.1-1）；

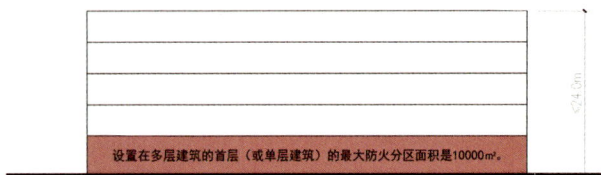

图 7.1-1　多层建筑首层防火分区可不大于10000m²

② 合理进行平面布局，公共区域（陈列展览区、教育区与服务设施）和内部区域（藏品库区、藏品技术区、业务与研究用房、行政管理区）严格分区布置，并应进行防火分隔，可采用诸如防火墙及甲级防火门进行分隔，有效缩小每个防火分区面积（图7.1-2）；

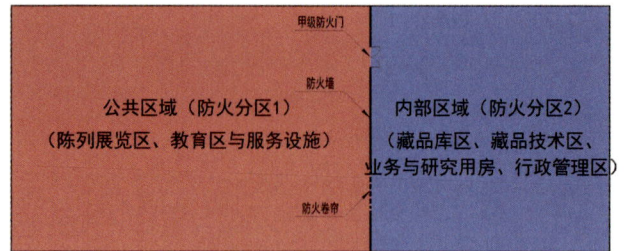

图 7.1-2　公共区域和内部区域的合理分隔

③ 当博物馆建筑内因为设置上、下层相连通的中庭导致叠加计算后的防火分区面积超过规范要求时，可合理进行平面设计并适当设置防火卷帘和甲级防火门窗等以满足规范要求（图7.1-3）。

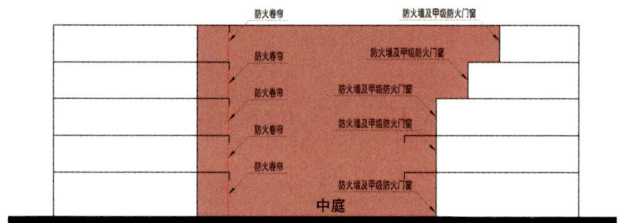

图 7.1-3　中庭防火卷帘和甲级防火门窗的设置

（2）单个展厅的面积超过规范限值的要求。

① 尽量控制博物馆建筑高度在多层建筑要求内，并把最大面积的展厅（展品火灾危险性控制在丁、戊类）设置在首层，则可适用展厅面积不宜大于2000m² 的规范条文（图7.1-4）；

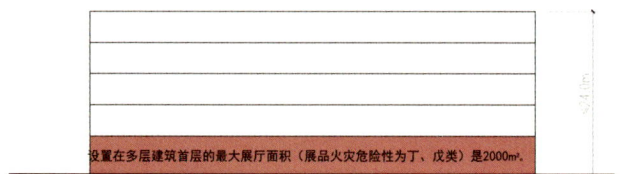

图 7.1-4　多层建筑首层单个展厅面积可不大于2000m²

② 结合展陈设计，在展厅内部合适部位设置防火墙及防火卷帘把超面积展厅划分为两个或多个展厅（图7.1-5）。

经常超过规范的要求，高层图书馆尤为突出。

① 适度控制图书馆建筑室内公共空间的复杂程度，尽量避免多层的上下贯通的空间，空间上下贯通时平面轮廓尽量保持一致以利于防火卷帘的设置；

② 在较高层区域可以通过设置阅览室，以隔墙（防火墙）、甲级防火门窗的方式与中庭空间进行有效分隔，减少叠加计算的防火分区的面积。

（3）图书馆建筑往往规模和体量都较大，平面的总开间和进深尺寸都比较大，而为了满足疏散距离的要求，部分疏散楼梯间可能设置在平面的中心区域，导致楼梯间在首层无法直通室外。

① 若大厅设在首层且疏散楼梯间位置邻近大厅，可在首层采用扩大的封闭楼梯间的方式解决；若首层主要为功能房间或疏散楼梯间的位置与大厅不相接，可通过避难走道的设置予以解决（图 7.1-7）；

② 在平面布置允许的条件下可通过设置二层室外平台及室外楼梯的方式，使疏散楼梯间从二层位置进行疏散。

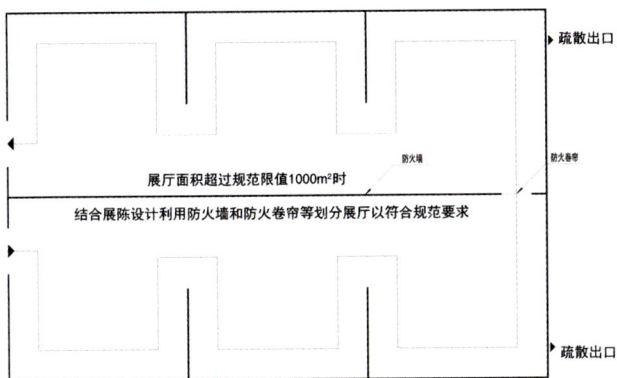

图 7.1-5　展厅内部防火墙和防火卷帘的合理设置

（3）疏散距离超过规范要求或疏散楼梯数量过多。

① 可结合观展路线，在二层及三层适当位置设置室外平台、室外展区等，再通过室外楼梯疏散至安全区域（图 7.1-6）；

② 博物馆建筑经常会遇到限高的要求，地下展厅的布置较为常见，此时亦可采用设置下沉广场的办法来满足疏散的要求。

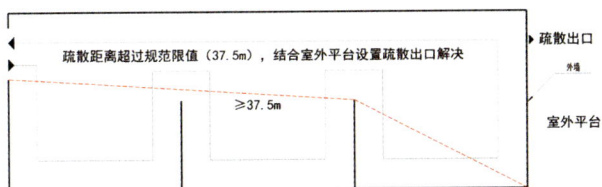

图 7.1-6　室外平台、室外展区的设置以满足疏散要求

2）图书馆建筑

（1）原《图书馆建筑设计规范》（99 版）规定藏阅合一的开架阅览空间按书库划分防火分区，使防火分区面积划分过小（高层图书馆防火分区面积仅 700m²），难以适应现代图书馆的功能需要，给建筑设计带来了很大困难。新版规范（2015 版）确定图书馆内藏阅合一的阅览空间可以按阅览室划分相应的防火分区，为图书馆的消防设计提供了更为有利的条件。

（2）现代图书馆设计已经基本取消了阅览室的概念，公共空间与阅览空间往往融合在一起。为了追求室内空间的丰富性和复杂性，经常会出现各类中庭及内凹、外凸的空间，上下层连通需要叠加计算防火分区面积的情况非常常见，防火分区的面积

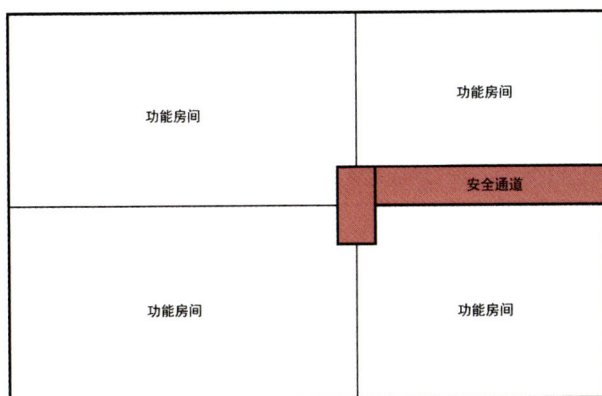

图 7.1-7　首层避难走道的设置

3）文化馆建筑

文化馆建筑相对而言建设规模较小，在建筑防火设计中防火分区的划分和安全疏散的布置都比较简单，也没有特殊的相关防火设计的条文和要求，在此不详述。若防火设计中遇到难题，可参照其他文博类建筑的防火设计对策进行解决。

4）展览建筑 [1]

展览建筑涉及处理超大型空间的建筑消防问

题,当展厅面积超出规范规定限制但在使用上又有特殊要求时,可采用性能化设计方法。性能化设计的主要思路是:当展厅面积超大,疏散距离超过规定限制时,可利用计算机进行模拟计算,利用展厅上部庞大的蓄烟空间,使高温烟气集中在上部。当火灾发生时上部自动排烟窗打开,减弱展厅内的烟气浓度、热辐射强度、对流热强度及烟气的毒性含量,同时延缓烟气向下扩散,保证人员高度以下的能见度,当烟气蓄满上空影响 2.1m 以下人行空间时,人员已完成疏散。

(1)单层展厅且建筑面积在 1 万 m² 以下时,通过合理平面设计,展厅内最远点至展厅外门距离不超过 37.5m,可以直接疏散至展厅室外(图 7.1-8);

(2)超大型单层展厅(2 万~3 万 m²),由展厅内最远点至疏散门的距离超过 37.5m 的规范限值要求,可通过增加地下安全通道(避难通道)的方式疏散至室外安全区域(图 7.1-9);

(3)大型的多层展厅(有大型室外平台及坡道),此时公共交通廊为高大空间,二层及以上的展厅设有大型的室外卸货平台;可通过安全通道、室外坡道等准安全区域结合防烟楼梯间进行疏散(图 7.1-10);

(4)集中式的多层展厅,公共交通及卸货空间相对集约;通过防烟楼梯间及室外楼梯进行疏散,但因需要解决较大疏散宽度,楼梯占用的空间较多(图 7.1-11)。

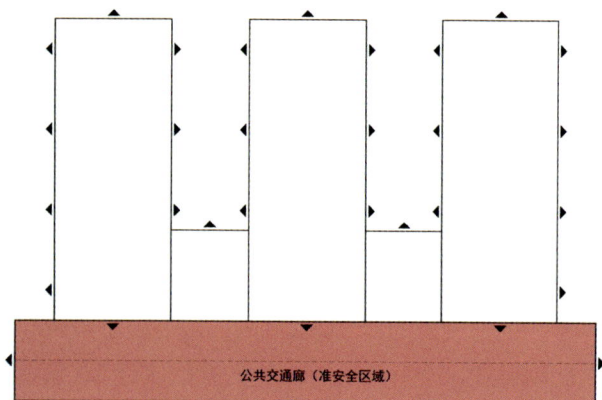
图 7.1-8 单层展厅在 10000m² 以下时易满足疏散要求

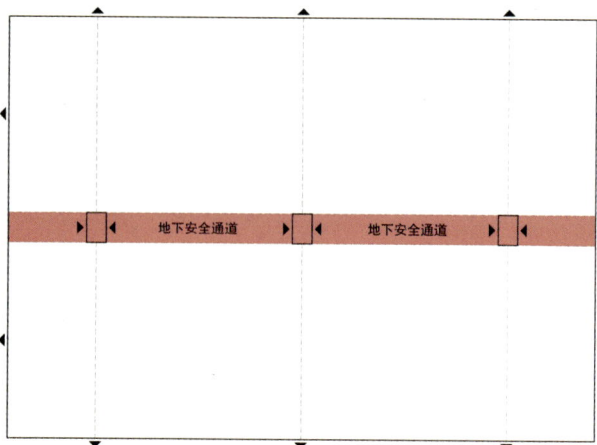
图 7.1-9 增设地下安全通道以满足疏散距离要求

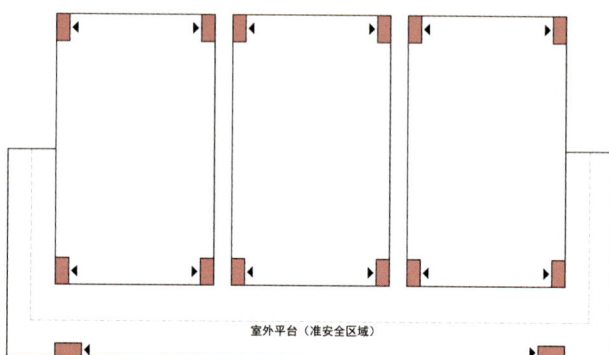
图 7.1-10 防烟楼梯间结合安全通道、室外坡度以满足疏散要求

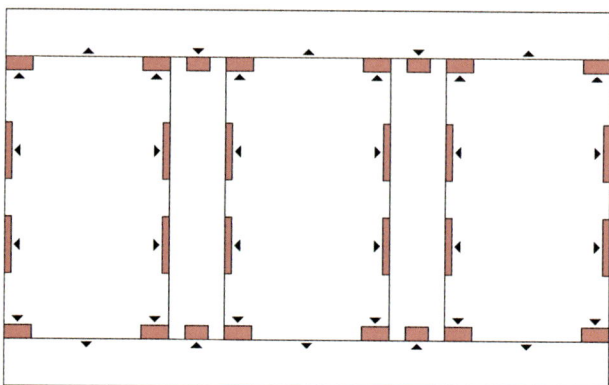
图 7.1-11 防烟楼梯间及室外楼梯的设置

参考文献:

[1]中国建筑工业出版社,中国建筑学会主编. 建筑设计资料集 第 4 分册 教科·文化·宗教·博览·观演. 中国建筑工业出版社,2017.

7.2 2010 年上海世博会中国馆

华南理工大学建筑设计研究院有限公司　倪　阳　张振辉　陈向荣

7.2.1 项目概况

工程名称：2010 年上海世博会中国馆（图 7.2-1）

建设单位：2010 年上海世博会

设计单位：华南理工大学建筑设计研究院

消防验收单位：上海市城乡建设委员会

用地面积：7.14hm²

总建筑面积：160126m²（含室外出挑投影面积 9008m²）

地上总建筑面积：106874m²（含室外出挑投影面积 9008m²）

其中：国家馆：51212m²；

地区馆：55662m²

地下总建筑面积：53252m²

建筑容积率：1.37

覆盖率：55.50%

建筑高度：60.60m（国家馆檐口高度）

69.90m（国家馆最高点高度）

13.00m（地区馆高度）

绿化率：8.43%

防火等级：一级

建筑结构安全等级：一级

抗震设防烈度：6 度

主要结构类型：钢筋混凝土筒体＋组合楼盖结构体系

设计时间：2007 年 4 月～2010 年 2 月

验收时间：2009 年 12 月

竣工时间：2009 年 12 月

图 7.2-1　中国馆

1）项目定位

2010年上海世博会是世界各国汇聚中国的盛会。中国馆位于世博园区的核心地段，处于南北、东西轴线的交汇处，由国家馆和地区馆两个部分组成。世博会期间，中国馆在黄浦江畔展现了东道主的好客热情与大国风范；世博会后，中国馆作为世博园区核心建筑物之一永久保留。

中国馆面对"城市发展中的中华智慧"的文化主题，一要包容中国元素，展现中国精神，体现博大精深的中国文化特色；二要顺应时代潮流，与时俱进，表达当今时代特色和科技成就。"中国特色、时代精神"是中国馆建筑创作的两个基本定位。

中国馆设计，从中国传统的和谐观哲学思想中，从表达中国的"文化符号"中，从国宝级鼎冠文物造型中，特别从中国传统的城市、建筑和园林中综合领会、整合、提炼，以现代材料、技术和环保理念，通过空间立体构成"东方之冠"的建筑造型，体现中国哲理思想，整合多元中国元素，融汇现代科技特色，表达中国文化精神。

2）项目特色

（1）天人合一　盛世和谐

国家馆雄伟壮丽，气度雍容，成为凝聚中国元素、象征中国精神的雕塑感造型主体；地区馆水平展开，柔性亲民，以舒展的基座形态映衬国家馆

（图7.2-2）。国家馆与地区馆主从呼应，隐喻了中国传统天人合一的哲学思想，展现了一个属于城市、服务大众、面向世界的中国盛世与和谐的舞台。

（2）斗冠鼎器　华夏意象

国家馆架空升起，居中矗立，引起公众对中国的斗栱、冠帽、礼器"鼎"等传统器物的某种联想；四组巨柱托起上部展厅所形成的巨构空间成为一个提升人类精神的体验场所（图7.2-3）。

（3）经纬网络　主轴统领

总体布局吸取中国传统城市构成肌理的特点，因时就地，整合南北绿地，协调世博园区主轴线规划，形成坐北朝南、纵横建构、主轴统领的整体格局，体现了中国经典的建筑与城市布局智慧。

（4）传统构架　现代演绎

国家馆的空间构成抽象于中国传统木构架的营建法则，以纵横穿插的现代立体构成方式生成一个逻辑清晰、结构严密、层层悬挑的三维立体空间造型体系，在继承传统建造思维的同时展现现代工程技术之美。

（5）中国之红　和而不同

红色在不同的历史时空中呈现出多元的审美表达，中国馆的红以有微差的四种红色组成，整体效果庄重、大气，加之红色印章的风口布局，以"和而不同"的整体表达延伸"中国红"的内涵，并由上到下通过渐变的手法由深到浅，以增加建筑整体的层次感和空间感。

图7.2-2　中国馆局部

图7.2-3　中国馆仰视

（6）叠篆文字　传承转译

地区馆建筑外墙利用金属百叶有规律的拼合方式，模拟篆刻出由二十四节气名称组成的叠篆体文字，使中华人文历史地理信息的文明密码得到传承转译。

（7）九州清晏　园林荟集

地区馆屋顶花园立意于圆明园九州景区之形制，继承以"九州清晏"为代表的中国"园中园"式的荟集园林传统，以碧水环绕的九个岛屿象征疆土广袤，以分布于其上的不同景观代表山河之瑰丽。

（8）现代科技　绿色环保

中国馆采用一系列节能技术措施和环保材料，如自遮阳体型、架空中庭自然通风系统、屋面太阳能光伏系统、雨水收集系统、冰蓄冷系统、能源综合利用系统、流动水膜、绿化屋面、喷雾系统及集约化机房设计、透水砖等，绿色环保理念贯穿设计全程。

（9）茹古涵今　铸造经典

世博会期间，中国馆以过去、现在、未来为主体展现"城市发展中的中华智慧"以及中国各民族的不同风采，充分体现2010上海世博会"城市让生活更美好"的主题。世博会之后，中国馆成为中华文化艺术的展示基地，与周边建筑共同打造上海国际文化商务交流中心以及新的城市公共活动中心。

中国馆的经典形象和开放包容的现代姿态与时代民族精神高度契合，成为上海国际大都会一个新的标志建筑。

3）总图布局

中国馆场地位于世博轴东侧，整体用地为一不规则的四边形，东侧云台路、南侧南环路、北侧北环路、西侧上南路。建筑总用地面积 7.14hm²。轨道交通 M8 号线在基地西北角地下穿过并通过地铁周家渡站与场地内建筑连接，规划磁悬浮轨道在南面经过。基地西南角为港澳馆用地，世博会后港澳馆拆除，场地转为绿化景观用地。建筑整体形成坐北朝南，中轴统领，广场环绕的建筑布局。

4）建筑功能

国家馆与地区馆上下分区。国家馆位于上部，地区馆位于下部。两者以四个核心筒体相互联系，形成一个功能分区明确的统一体。国家馆在 33m、41m、49m 共设有 3 层展览空间。地区馆展厅主要在首层水平展开（图7.2-4）。

世博会期间，国家馆的展示设计充分体现"城市，让生活更美好"的主题，展示核心内容为"城市发展中的中华智慧"。地区馆给全国 31 个省、直辖市、自治区提供展览场所，展示中国多民族的不同风采，及各省、直辖市、自治区城市发展成就。

世博会后，国家馆作为中华历史文化艺术展示基地，地区馆转型为标准展览场馆，与周边主题馆、星级酒店、世博中心、世博轴和演艺中心共同打造以会议、展览、活动和住宿为主的现代化服务

图 7.2-4　中国馆远视

业聚集区。

7.2.2 项目消防设计依据与进程

1）消防设计依据

《高层民用建筑设计防火规范》GB 50045—95（2005 年版）

《展览建筑设计规范》JGJ 218—2010

《汽车库、修车库、停车场设计防火规范》GB 50067—97

《人民防空工程设计防火规范》GB 50098—98

《火灾自动报警系统设计规范》GB 50116—98

《建筑灭火器配置设计规范》GB 50140—2005

《自动喷水灭火系统设计规范》GB 50084—2001

2）项目进程

2007 年 4 月 25 日 中国馆项目建筑方案征集公告发布会，开始面向全球华人征集方案。

2007 年 6 月 全球华人方案征集设计成果提交。

2007 年 7 月 全球华人方案征集结果公布：华南理工大学建筑设计研究院"中国器"方案获全票通过，成为 8 个入围方案之一。中国馆方案设计招标启动，8 家入围设计单位参与竞标。

2007 年 8 月 15 日 中国馆方案设计招标成果提交并在上海举行开标仪式。华南理工大学建筑设计研究院的方案并列第一名。

2007 年 9 月 华南理工大学建筑设计研究院和清华安地建筑设计顾问有限公司＋上海建筑设计研究院有限公司联合体组成中国馆联合设计团队。华南理工大学建筑设计研究院院长何镜堂院士担任联合设计团队的总建筑师，总领设计工作。

2007 年 11 月 联合设计团队驻场设计，配合施工推进。

2008 年 1 月 8 日 中国馆桩基开工。

2008 年 12 月 31 日 结构封顶仪式。

2009 年 7 月 "中国红"外墙挂板完成。

2009 年 12 月 10 日 中国馆亮灯仪式暨中国馆竣工观摩典礼，参建各单位组织参观中国馆现场。

2010 年 2 月 8 日 中国馆落成典礼。

7.2.3 消防设计难点与关键点

作为 2010 年上海世博会最为重要的永久性标志建筑，中国馆的设计除了在建筑方面追求独特的外观及流畅的功能外，确保消防设计的安全性及合理性也是其目标之一（图 7.2-5）。

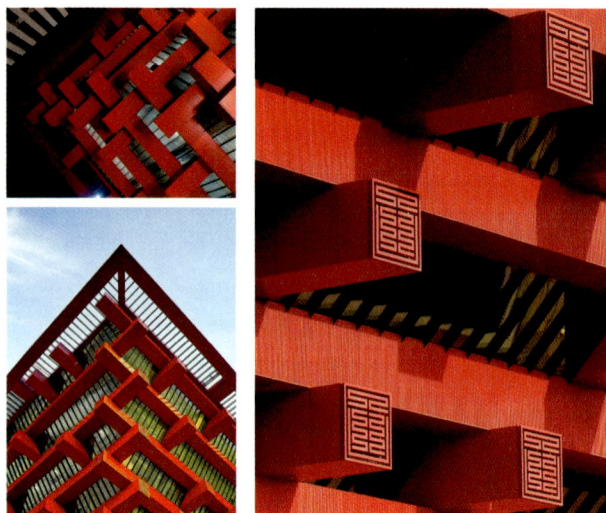

图 7.2-5 中国馆节点

中国馆项目位于世博园区的核心地块，由高约 69.9m 的国家馆（高层建筑）和高约 13.0m 的地区馆（多层建筑）组成。国家馆整体外观呈斗栱状，随着高度的增加外墙逐步外挑。建筑在＋33.3m 标高以下通过四个核心筒悬空。国家馆主要包含＋33.3m、＋41.4m、＋49.5m 标高三个使用层面。各层净高（不含吊顶空间）分别为 5.4m、5.4m、8.1m，吊顶空间高度皆为 2.7m。沿外墙的共享空间内设置人行坡道，连接＋49.5m 标高与＋41.4m 标高。

国家馆展厅防火分区之间用防火卷帘分隔，展厅与共享空间之间用防火卷帘和不低于 3.00h 耐火极限的轻质防火隔墙，满足防火分隔要求；国家馆的四个芯筒均匀对称地布置在各层标高平面内，且除共享空间外，各防火分区的疏散距离控制在 30.0m 以下，疏散楼梯布置非常合理，疏散宽度基本满足规范要求。

采用外部道路与基地内部通路结合成环形消防车道。西入口广场与南面中国馆广场为消防扑救场地及扑救面。国家馆 33.30m 标高展厅与 41.40m 标高展厅每层设 1 个防火分区；49.50m 标高展厅设

2 个防火分区；展厅外围坡道和休息平台合设 1 个防火分区。展厅采用机械排烟，排烟／排风两用风机及风道隐藏在建筑造型横梁内与建筑造型完美结合。地区馆水平展开，分为 8 个防火分区，馆内各分区结合疏散楼梯间均匀分布排烟竖井，自然排烟和机械排烟相结合。对于超大展厅空间，均通过计算机火灾模型进行消防措施模拟，确保中国馆建筑的消防安全。

1）防火分区策略

国家馆的防火分区面积控制原则上基于高层建筑的展览功能，遵循规范，按照 4000m² 确定。共享空间为一个防火分区，其内坡道、休息平台、扶梯及驻足平台的面积之和约为 5200m²。各标高防火分区划分示意图如图 7.2-6 所示，其中红色防火分隔线所围合的区域为展厅区域，围合区域以外为共享空间，仅作为人员交通功能。国家馆展厅防火分区之间用防火卷帘分隔，展厅与为共享空间之间用防火卷帘和不低于 3.00h 耐火极限的轻质防火隔墙分隔。

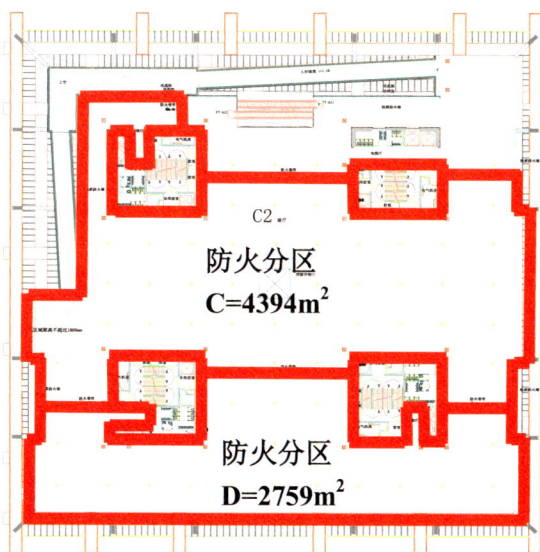

图 7.2-6　国家馆防火分区示意图

地区馆的防火分区面积原则上按照 10000m² 划分防火分区（依据《建筑设计防火规范》GB 50016—2006 第 5.1.12 条），并考虑建筑的具体布置形式。采用防火隔离带进行防火分区划分，防火分区隔离带宽度为 12.0m。除了防火分区之间的主隔离

带外，为防止火灾蔓延，在防火分区内一组展位之间考虑利用 6.0m 宽的疏散通道作为次防火隔离带，以减少火灾在防火分区内蔓延的风险（图 7.2-7）。

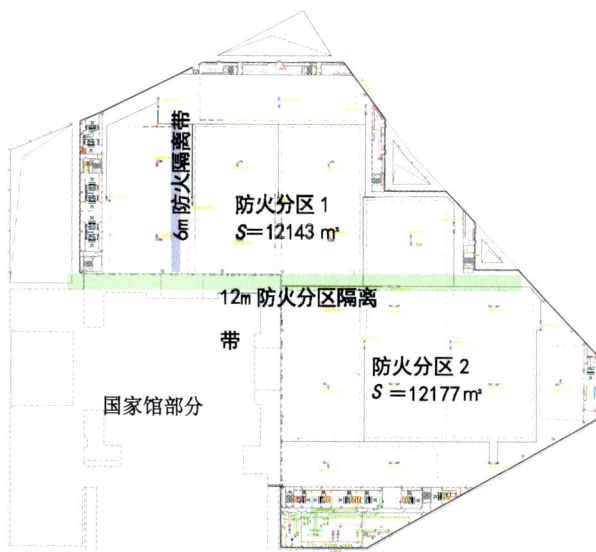

图 7.2-7　地区馆防火分区示意图

2）安全疏散策略

国家馆的四个芯筒均匀对称地布置在各层标高平面内，且除共享空间外，各防火分区的疏散距离控制在 30.0m 以下，疏散楼梯布置非常合理。四个芯筒内皆设置剪刀楼梯，每个芯筒内设置 2 部剪刀楼梯，每部楼梯净宽 4.0m，小计 8.0m，共计 32.0m，如表 7.2-1 所示，疏散门及楼梯的宽度基本满足 1.0m/100 人的指标。

国家馆塔楼整体疏散宽度对照表／（m／百人）

表 7.2-1

防火分区	建筑面积 /m²	人数 /人	规范要求宽度 /m	实际疏散宽度 /m	差额宽度（差额率）/m
防火分区 A	2785	1114	11.14	24	＋12.86m（＋115.4%）
防火分区 B	3262	1305	13.05	24	＋10.95m（＋83.9%）
防火分区 C	4394	1758	17.58	18	＋0.42（2.4%）
防火分区 D	2759	1104	11.04	10	−1m（−9.1%）
共享空间 ＋33.3m	661	264	2.64	8	＋5.36（＋202.6%）

续表

防火分区	建筑面积/m²	人数/人	规范要求宽度/m	实际疏散宽度/m	差额宽度（差额率）/m
共享空间+41.4m	1831	732	7.32	8	+0.68（+9.2%）
共享空间+44.1m	635	254	2.54	2.4	−0.14（−5.5%）
共享空间+46.8m	736	294	2.94	2.4	−0.54（−18%）
共享空间+49.5m	1577	631	6.31	4	−2.31（−36.6%）
备注	（1）根据上海消防局指定，人员密度指标按照2.5 m²/人计算； （2）疏散宽度指标根据《高层民用建筑防火规范》GB 50045—95第6.1.9条取1m/100人计算； （3）差额宽度＝实际疏散宽度−规范要求宽度，差额率＝差额宽度/规范要求宽度				

国家馆的展厅和共享空间人员通过四个芯筒的楼梯疏散至+9.0m标高平台，再通过通往一层的台阶疏散至一层地面。疏散设施布置能够保证人员可在约9min内疏散完毕。

地区馆为多层建筑，依据《建筑设计防火规范》GB 50016—2006第5.1.13条疏散宽度指标为0.65m/100人，直通室外的疏散总宽度为122.0m，疏散宽度足够，可满足18000余人的疏散要求（实际设计人数为10471人，远小于18000人）。由于较大的建筑进深和与国家馆毗邻，地区馆展厅有一部分区域的疏散距离超过37.5m（《建筑设计防火规范》GB 50016—2006第5.1.17条），因此，在性能化消防设计中要遵循整体消防安全的原则，强化排烟和喷淋灭火设计，从系统上确保消防安全，结合烟气控制模拟分析，对人员的疏散安全性进行评估（图7.2-8）。

3）排烟策略

在屋顶机房内设置排烟风机，设置排烟风管与竖直排烟口排烟。吊顶镂空，以增大储烟空间从而适当减少排烟量。采用"插件"进行自然补风，分别在高位设置机械排烟插件和在低位设置自然补风插件，避免在外幕墙上设置排烟口和自然补风口，以维持建筑的整体美观，如图7.2-9所示。防火分区内不再划分防烟分区。

共享空间分为高区和低区，两者通过镂空吊顶的实体边缘划分为两个不同的防烟分区。皆设置机械排烟系统，通过在各防烟分区内的若干高位"插件"内设置风机实现，通过若干低位"插件"实现自然补风（图7.2-10）。

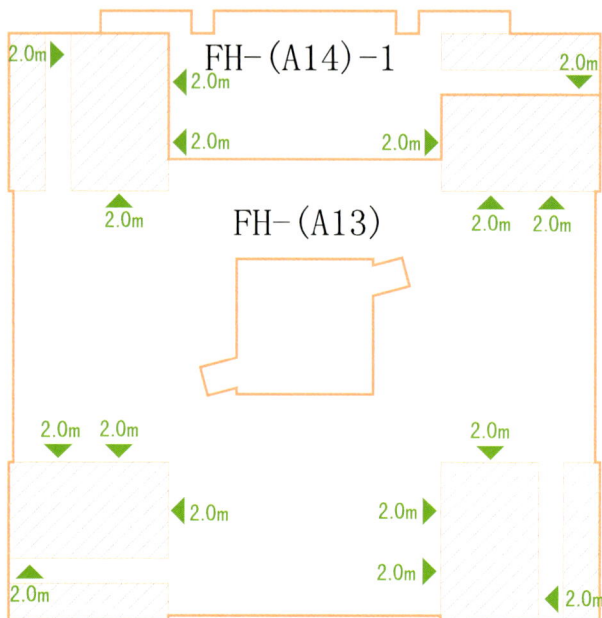

图7.2-8 地区馆安全疏散示意图

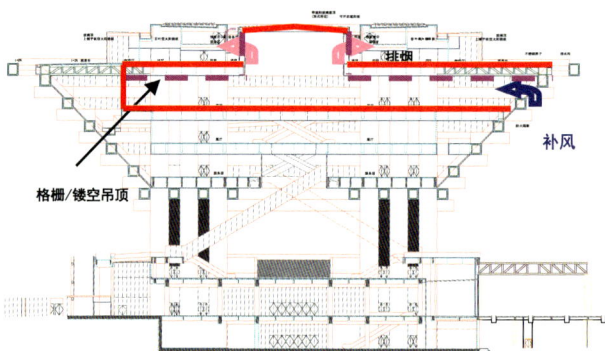

图7.2-9 国家馆排烟示意图1

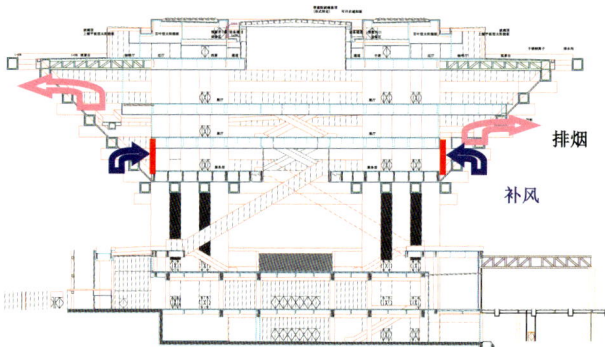

图7.2-10 国家馆排烟示意图2

4）必须安全疏散时间 *RSET* 的确定

火场人员的疏散行为非常复杂，除了受火灾和烟气本身影响，还受建筑类型及火灾探测报警系统和人员本身影响。人员本身因素包括人员构成、相互之间的关系及文化背景和心理素质。因此说火场人员的疏散具有很大的不确定性。

虽然火场人员的疏散具有很大的不确定性，但也具有普遍的规律可以遵循。以下对疏散的基本理论和参数的论述出自美国《消防工程师手册》（*SFPE Handbook*，Edition 3rd）。

两个基本的保守假设如下：

· 塔楼整体疏散。一般情况下，火灾所在防火分区或楼层人员首先疏散。若考虑塔楼的整体疏散，非着火防火分区或楼层人员迅速进入防烟楼梯并占领楼梯空间，将导致着火防火分区或楼层人员因为楼梯间的拥挤而只能缓慢进入疏散楼梯前室和楼梯间。因此说，塔楼的整体疏散考虑是非常极端的保守假设。

· 同时疏散。即使考虑塔楼的整体疏散，真实情况下火灾所在防火分区或楼层人员由于能够第一时间感受火情，比其他区域人员将提早采取疏散行动。同塔楼整体疏散假设类似，从疏散伊始，同时疏散的保守假设将导致着火防火分区或楼层人员进入前室和楼梯间的速度受到负面影响。

考虑到人员结构（老人、小孩、残疾人）的复杂性，同时考虑到人员在疏散入口等瓶颈处等候、拥挤等行为对疏散通行能力的影响，为了安全，参考《建设工程性能化消防设计与评估导则》（征求意见稿）第6.2条，将疏散模拟所得的行动时间乘以安全系数1.5后代入下式，以确定必需的安全疏散时间 *RSET*：$RSET = \Delta t_{det} + \Delta t_a + \Delta t_{pre} + \Delta t_{trav}$。

保守考虑，将火灾所在防火分区的火灾探测、报警和预动时间确定为180s，即：$\Delta t_{det} + \Delta t_a + \Delta t_{pre} = 180s$。

· +46.8m、+44.1m 标高疏散安全性

本场景计算共享空间各个标高平台和坡道的人员疏散，重点分析+46.8m、+44.1m 休息平台标高的疏散情形。

由模拟结果显示可知：考虑整体疏散及同时疏散时，模拟所得+46.8m 及+44.1m 疏散行动时间不超过210s。则+46.8m 标高层及+44.1m 标高层的 $RSET_{+46.8m、+44.1m} = \Delta t_{det} + \Delta t_a + \Delta t_{pre} + \Delta t_{trav} = 180 + 1.5 \times 210 = 495s$。

火灾场景F3、F4的烟气控制效果CFD模拟结果表明+46.8m 及+44.1m 的 $ASET_{+46.8m、+44.1m} > 660s$，亦即：

$$ASET_{+46.8m、+44.1m} - RSET_{+46.8m、+44.1m} > 660 - 495 = 165s$$

说明虽然共享空间坡道区域局部疏散距离超过30m，但是仍能保证在火灾烟气达到危险状态之前人员安全疏散。因此，所设计的烟气控制能力能够确保共享空间各坡道区域和休息平台等区域的人员安全疏散，并具有较大的安全裕度，能够保证共享空间的人员安全疏散。

同样对国家馆不同标高（+41.4m、+33.3m 标高）的人员疏散进行模拟分析，从结果可以看出：国家馆各层展厅及共享空间区域的人员火灾时很快疏散完毕，说明国家馆的疏散宽度较为充足，疏散楼梯布置合理。

7.3　武汉理工大学南湖校区图书馆

华南理工大学建筑设计研究院有限公司　倪　阳　陈向荣　郭　嘉　陈子坚　郭钦恩

7.3.1　项目概况

工程名称：武汉理工大学南湖校区图书馆
（图 7.3-1）

建设单位：武汉理工大学

设计单位：华南理工大学建筑设计研究院

施工单位：中建三局建设工程股份有限公司

消防验收单位：武汉市城乡建设委员会

用地面积：18914m²

总建筑面积：47557.6m²

地下车库设备用房：1916.89m²

建筑容积率：2.4

覆盖率：45%

建筑高度：高层 55.2m

建筑层数：地上 11 层，地下 1 层

防火等级：一级

建筑结构安全等级：一级

抗震设防烈度：6 度

主要结构类型：钢筋混凝土框架结构

设计时间：2010 年 10 月～2015 年 4 月

验收时间：2016 年 1 月 22 日

竣工时间：2016 年 1 月

图 7.3-1　武汉理工大学南湖校区图书馆西南向日景

曾获奖项：

获 2016 年中国建筑学会建筑创作奖银奖（公共建筑类）

获 2017 年教育部优秀勘察设计优秀建筑工程类一等奖

获 2017 年度全国优秀工程勘察设计一等奖

1）项目定位

武汉理工大学南湖校区图书馆位于武汉理工大学南湖校区中轴线的中心位置，主要功能为图书馆，其中还包含校史展览馆。

南湖校区中轴线东西宽 160m，南北纵深 900m，尺度宏大，图书馆所处轴线中心是校园中心区的高潮与焦点，也是控制校区两条主轴的交点，所以图书馆为整个校区体量最高的建筑物，无论从功能或形象上都是校园最重要的单体建筑，代表武汉理工大学南湖校区标志性的新形象（图 7.3-2，图 7.3-3）。

图 7.3-2　武汉理工大学南湖校区图书馆南向日景

图 7.3-3　武汉理工大学南湖校区图书馆局部

2）项目特色

武汉理工大学南湖校区图书馆从用地出发，结合学校特色，为校区量身定做一座独具特色的、功能完善、理念先进、生态环保的新型图书馆。

（1）楚风汉韵

通过对建筑总体布局、立面色彩、造型风格等方面的研究，力图用现代的建构方法塑造一个极具荆楚地域特色的当代图书馆，探寻地域传统文化在现代建筑的新发展和新思路。

① 筑楚台

图书馆位于平坦宽阔的轴线中心，是整个校园的标志性建筑。为避免校园中心广场因尺度过大而显得冷漠，建筑必须有足够大的体量创造具有控制力的广场界面，弥补周边建筑体量偏小的不足，完善中心广场的构图，强化轴线空间序列的限定，从而提升校园空间领域感（图 7.3-4）。因此，设计将首层设计为基座——五级的叠层绿化，图书馆主体建筑立于高台之上，力图以书山之势为学校创造庄重大气而具有凝聚感的图书馆。

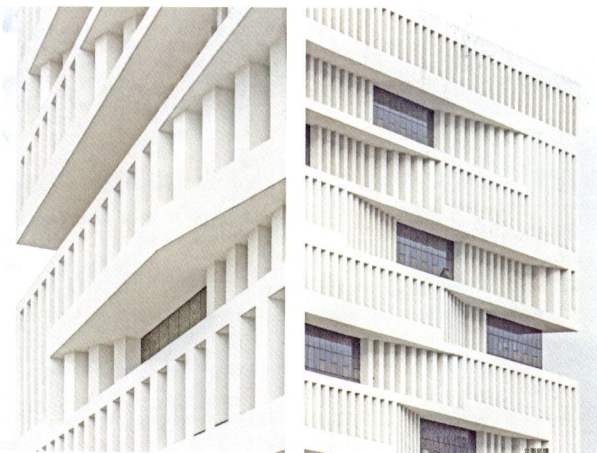

图 7.3-4　武汉理工大学南湖校区图书馆节点

② 传统木构件的现代演绎

"楚人尚赤"，红色是楚国建筑与艺术品的主要色彩之一，因此，设计尝试在建筑整体白色基调的基础上对入口斗栱构架、东西立面金属篆书遮阳板、室外灯笼等局部重点部位施以近似木色的"红"，以此唤起人们对楚文化的共鸣。图书馆主入口通过对传统斗栱排架的拆分和重组，以钢结构

311

的构架演绎传统木构的形态。东西立面覆以木色金属板，并将校园历史通过抽象篆书文字镂刻于其上（图7.3-5）。

图7.3-5 武汉理工大学南湖校区图书馆入口

将楚文化进行抽象和演绎，使历史底蕴在新建筑上得以延续和传承，并展现全新的价值和意义。

（2）书山绿谷

针对武汉的气候特点，设计提取传统院落的精粹，以立体庭院的方式争取最大限度的自然通风采光，同时将绿化往上延伸，形成舒适、静雅、健康的绿色环境。玻璃中庭悬挂绿色垂幔，不仅形成对直射阳光的有效遮挡，也营造出绿意盎然的立体文化中庭。

同时在建筑中通过水景营造强化水的理念和意向，水景为武汉炎炎夏日带来清凉，降低空调能耗，实现节能环保。在首层基座跌台绿化设置雾喷，解决绿化的浇灌问题，也极大改善图书馆建筑的微气候。南侧设置水院和喷水，夏季可将经冷却的南风引导至建筑室内，强化自然通风。

3）项目突破

建筑设计通过外围首层至二层的跌级台地以及中庭之上六层至十二层的体块跌级空间形成诸多的绿化种植平台和立体院落，来解决图书馆狭小地块绿化较少的难题；同时不同标高的绿化屋面也缓解高层阅览空间与绿化景观相脱离的状况，使高层区的读者也能接近大自然，读者可以在林荫下阅读学习，延伸了阅读空间，实现了室内外空间的有机结

合。同时设计通过在中庭玻璃采光天棚底纵横交错设置1200m×8400m（宽×长）、间距3m一组的半透明纱质垂幔，解决通高5层的玻璃中庭的夏季遮阳防晒问题。垂幔不仅形成对直射阳光的有效遮挡，将自然光漫射至整个大厅，同时成为中庭的视觉焦点。垂幔从底部的绿色向上逐渐褪晕成白色，强化天光由顶部倾泻而下的视觉效果，营造出别具一格、绿意盎然的中庭阅览氛围。

结构设计成功克服了场地地面承载力偏低、静压桩施工难、黏土层深厚且杂填土下为软-流塑状，承载力低、压缩性高的黏土层导致容易产生管桩施工中上浮、偏位等技术难题。沉降观测表明建筑沉降很小，达到了预期效果。使用预应力混凝土管桩的方案大大降低了工程造价，也达到了节材、环保的目的。预应力混凝土管桩的方案对比钻孔灌注桩方案至少节省工程造价超过1100万元。

空调系统采用了高效率、低能耗的冷水机组、风冷热泵、水泵、空气处理机组等设备，系统采用一次泵变流量系统，根据空调冷热负荷的需求，自动调节设备容量输出和控制设备启停，空气处理机组设排风热回收，以上设备及技术的应用减少了运行费用，达到了节能目的。空气处理机组设置了过滤器、光催化处理器，提高室内空气质量，满足室内人员舒适度要求。在通风空调设计策略、能源利用、设备选择选型、系统设置等方面均考虑了适宜节俭及节能的原则，为业主带来较好的经济效益与社会效益（图7.3-6）。

7.3.2 项目消防设计依据及项目进程

1）消防设计依据

《高层民用建筑设计防火规范》GB 50045—95（2005年版）

《图书馆建筑设计规范》JGJ 38—99

《办公建筑设计规范》JGJ/T 67—2019

《汽车库、修车库、停车场设计防火规范》GB 50067—97

《人民防空工程设计防火规范》GB 50098—98

《火灾自动报警系统设计规范》GB 50116—98

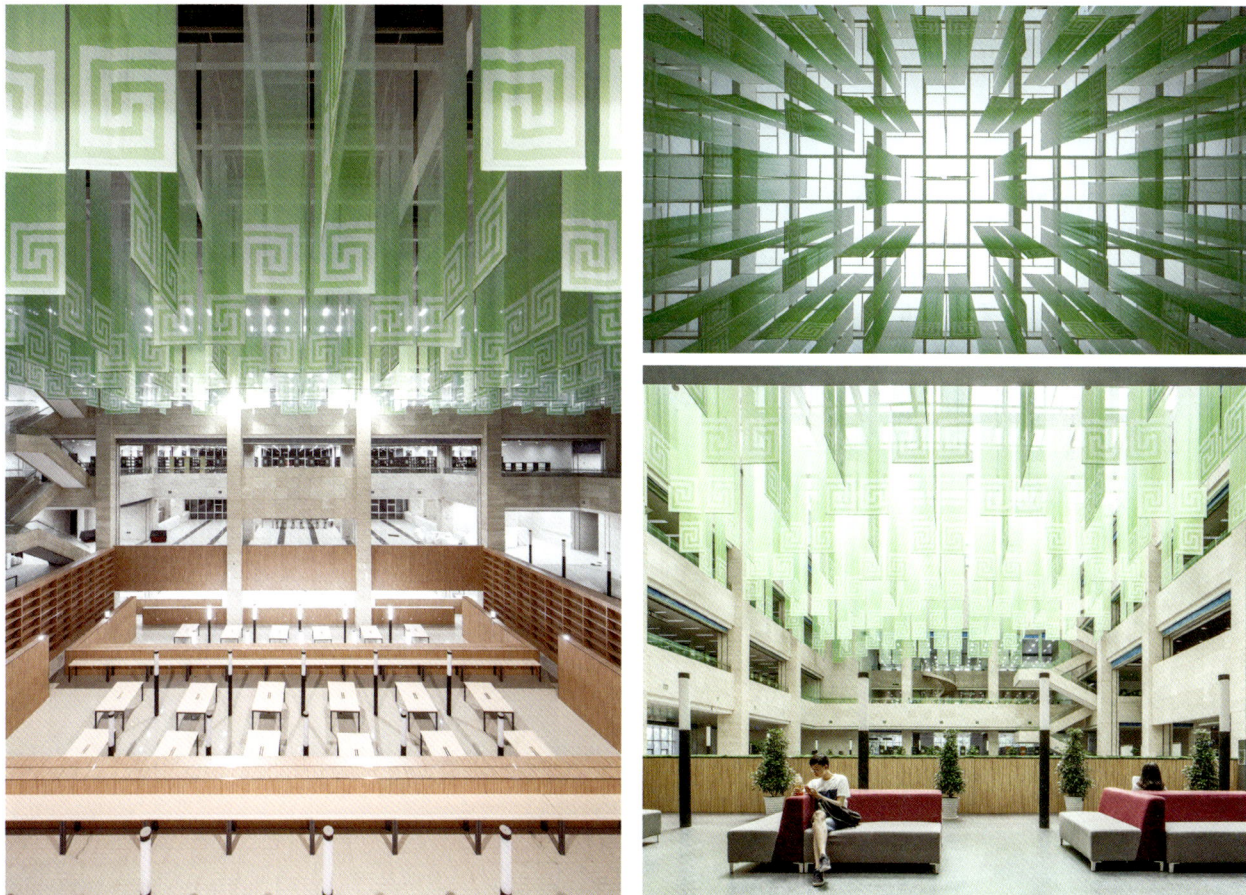

图 7.3-6 武汉理工大学南湖校区图书馆室内

《建筑灭火器配置设计规范》GB 50140—2005

《自动喷水灭火系统设计规范》GB 50084—2001

注：本项目主要设计时间为 2010 年 10 月至 2012 年 12 月，适用的《建筑设计防火规范》和《图书馆建筑设计规范》均为旧规范。因为旧版图书馆规范更为严格，防火分区面积更小，此处特意选择旧版规范案例解释复杂图书馆设计的防火设计方法。当采用新规范时，相同情况下防火设计将更为简单，更易解决。

2）项目进程

2010 年 12 月～2011 年 1 月 设计竞赛——确定华南理工大学建筑设计研究院的方案中标

2011 年 1～6 月 修改完善设计方案

2011 年 7～9 月 完成初步设计

2011 年 10～12 月 完成施工图设计

2012 年 3 月 开始施工

2016 年 1 月 竣工验收并正式投入运营

7.3.3 消防设计难点及关键点

武汉理工大学南湖校区图书馆建筑规模较大，总建筑面积超 47500m²，建筑在首层的总开间和总进深均超过 100m，低层区域每层建筑面积都大于4000m²。建筑层数为 11 层，高度接近 50m，适用《高层民用建筑设计防火规范》GB 50045—95 的要求。在《图书馆建筑设计规范》旧版规范限定藏阅合一的阅览室按书库防火分区进行设计的要求下，其消防设计的难度和复杂性都非常突出。

图书馆建筑高度超过 24m，藏书量超过 100 万册，适用《高层民用建筑设计防火规范》GB 50045—95，为一类高层建筑，耐火等级为一级。

建筑共分为 33 个防火分区，按国家规范设有火灾自动报警系统及喷淋系统，一般防火分区面积小于 2000m²，书库和藏阅合一的阅览室空间不超过1400m²。防火分区间采用耐火 3.00h 的防火墙及特级防火卷帘、甲级防火门分隔，其中珍本书库采用气体消防系统。

首层东北侧设置直通室外的消防控制室；建筑用地东、南、西、北侧均有道路或者硬地广场，可满足消防要求。

1）消防登高操作场地的设置

建筑设计通过外围首层至二层的跌级台地以及中庭之上六层至十二层的体块跌级空间形成诸多的绿化种植平台和立体院落，来解决图书馆狭小地块绿化较少的难题；同时不同标高的绿化屋面也缓解高层阅览空间与绿化景观相脱离的状况，使高层区的读者也能接近大自然，读者可以在林荫下阅读学习，延伸了阅读空间，实现室内外空间的有机结合。同时，建筑首层及二层的跌级台地的设置也延续了我国古建筑基座的概念及形式，使总体建筑形

象更为稳重，突出了图书馆作为校园内标志性建筑的特征。

由于建筑首层及二层的四周均设置了尺度较大的跌级台地，距高层塔楼边线都超过了25m，无法满足"高层建筑至少沿一个长边或周边长度的1/4且不小于一个长边长度的底边连续布置消防车登高操作场地，该范围内的裙房进深不应大于4m"的规范要求。

具体解决措施：由于高层建筑的塔楼直接落在二层的平台上。因此，通过设置缓坡把消防车道引至二层平台上，把登高操作场地设置在二层，以满足登高操作场地长度的要求，同时在该范围内建筑未设置裙房。由于建筑高度未超过50m，故登高操作场地间隔布置，但间隔距离不大于30m，并且总的长度大于周边长度的1/4或一个长边长度（图7.3-7）。

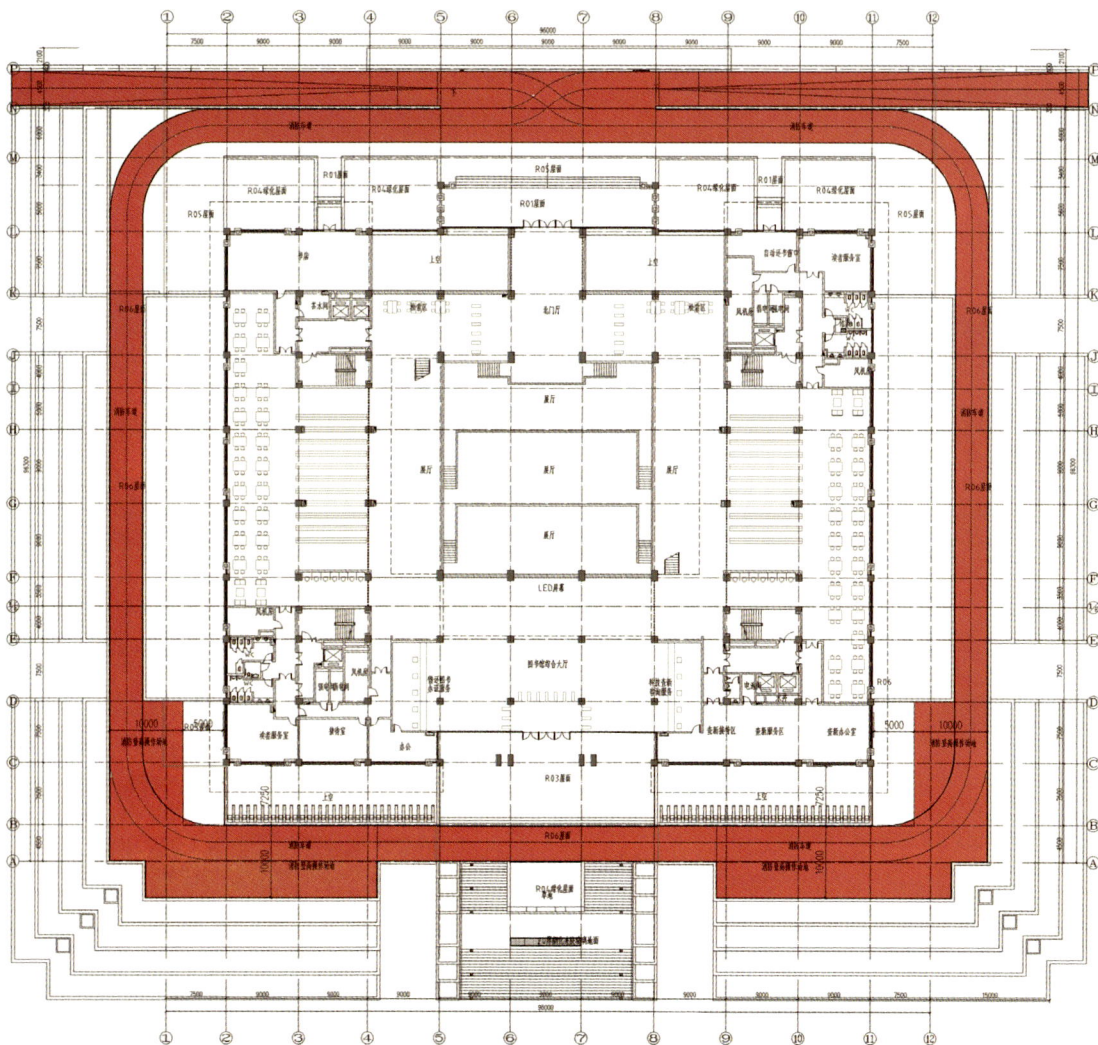

图7.3-7　消防车道及消防登高操作场地示意图

2）疏散楼梯间首层直通室外的设置

由于建筑体量较大，为了满足疏散距离的要求，疏散楼梯间布置在建筑内部较为经济。但在具体设计中，这种方式往往导致疏散楼梯间在首层无法直通室外，并且难以在首层采用扩大的封闭楼梯间或防烟楼梯间前室解决。

本工程情况类似，疏散楼梯间距建筑外边线接近 36m，无法满足直通室外或扩大封闭楼梯间的要求。但在设计中，巧妙地通过不同流线、不同人流的次要门厅，结合高校校园内必需的自行车库，内凹设置次门厅，从而使疏散楼梯间的首层可以通过扩大的封闭楼梯间（结合次门厅）疏散以满足规范要求（图 7.3-8）。

3）防火分区的划分

根据旧版《图书馆建筑设计规范》（99 年），藏阅合一的阅览空间按书库类型进行防火分区的划分，而高层图书馆书库防火分区的最大限值仅有 700m²，在设置自动喷水灭火系统和火灾自动报警系统的情况下，防火分区的最大面积也只控制在 1400m² 以下。因为一个标准层的建筑面积接近 5000m²，故每个楼层需要划分出 4 个防火分区才能满足规范要求。而每个防火分区需要两部疏散楼梯作为疏散出口，则合计共需要 8 部疏散楼梯才能满足疏散出口数量的要求。但过多的疏散楼梯，肯定会对建筑平面功能的布局和建筑的使用系数带来不利影响。在本工程的实际设计过程中，图书馆的管理方多次针对疏散楼梯间的数量问题提出意见，要求严格控制。设计院根据业主的要求，在学校基建管理部门的配合下，与消防主管部门经过多次沟通，终于同意每层各防火分区先疏散至安全短廊（通过防火门分隔）再疏散至楼梯间的做法。这样布置相当于每两个防火分区共用一个疏散楼梯间，则总计布置 4 个疏散楼梯间即能满足安全出口数量的要求（图 7.3-9）。

在新版《图书馆建筑设计规范》（2015 版）中，藏阅合一的阅览空间可以按阅览室的要求进行防火分区的设计，即使是高层图书馆，在全部设置自动喷水灭火系统和火灾自动报警系统的情况下，防火分区的最大面积可以达到 3000m²，比 1400m² 增加了一倍有余，对于防火分区的设计相对而言较为容易。对于绝大部分图书馆而言，标准层的面积一般都不会超过 6000m²，此时每个楼层划分为两个防火分区，设置四部疏散楼梯即可满足规范要求。

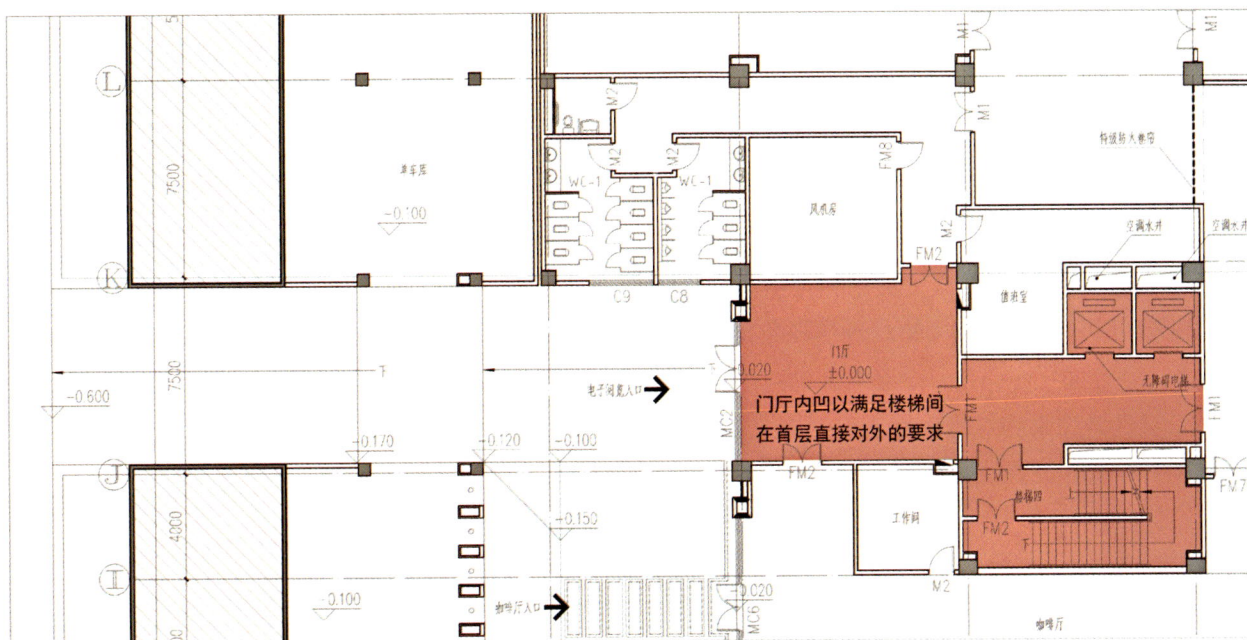

图 7.3-8　疏散楼梯间首层直通室外示意图

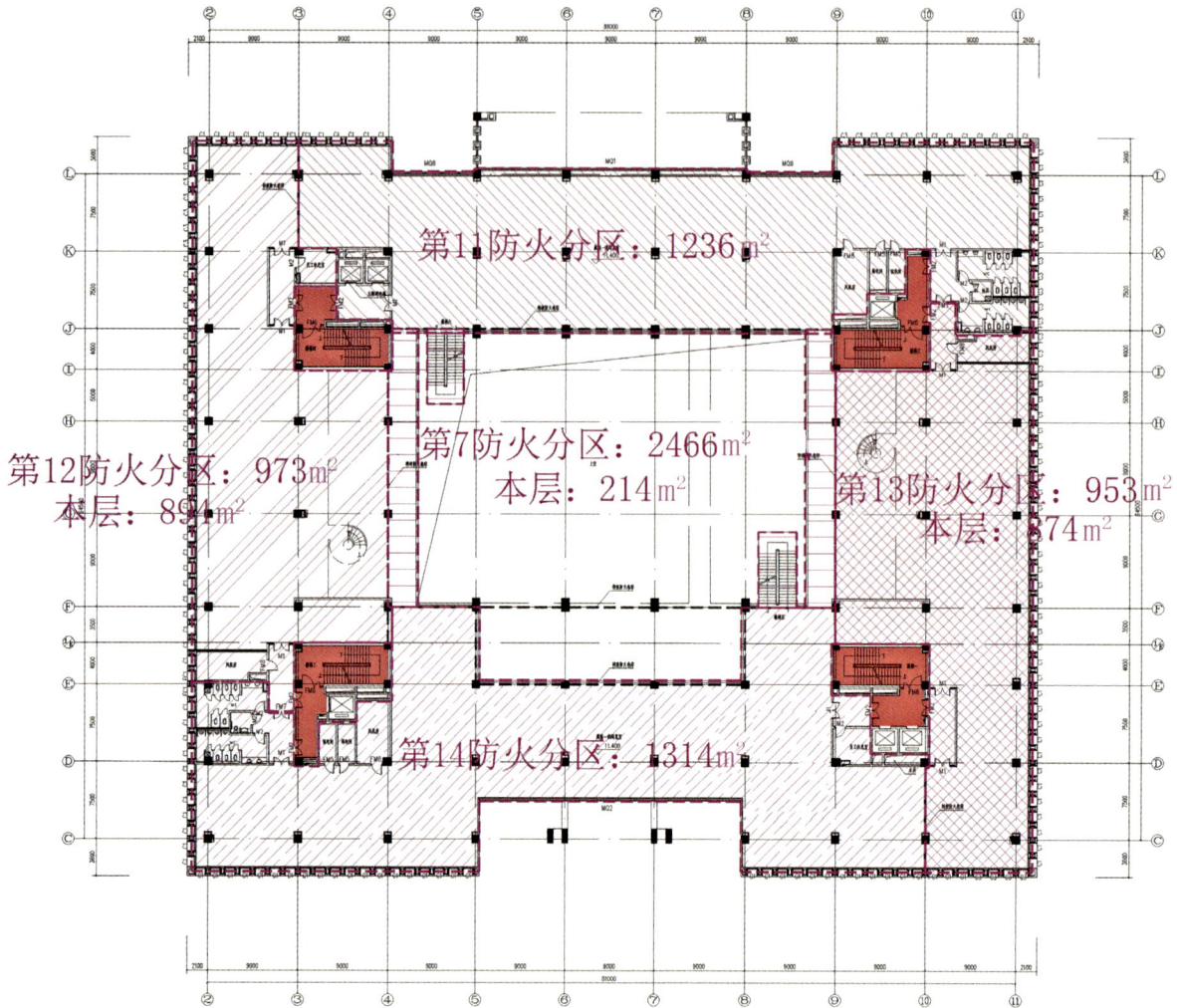

图 7.3-9 防火分区示意图

4）中庭防火设计

图书馆是数据信息资源和文化中心，需要在建筑内部营造丰富多变的藏阅空间以"活化"图书馆——以各种尺度的空间变化满足多种使用要求、以多层次的空间组合促进交流互动，它不是传统意义上的"藏书馆"，而是激发阅览者自主性与创造性的场所。中庭空间与图书馆的性格特征和精神需求契合，往往是图书馆设计中最重要的空间。本项目在二层设置图书馆综合大厅，包括中央服务台、检索区、资讯等公共性功能空间，并在北侧设置咖啡厅和书店，满足学生休闲的需要。建筑设置了通高 4～5 层的核心大厅，大厅中部下沉跌级，东西两侧层层相退，空间尺度适宜，阅读气氛浓厚。

中庭空间的设置，需要把上下层相连通的建筑面积叠加计算防火分区的面积，容易超过规范限值。因此，往往通过设置防火卷帘，把中庭与周围连通空间进行防火分隔，以满足规范要求。同时，在中庭四周区域，中庭开口的位置宜上下尽可能对齐，以方便防火卷帘的合理布置。在本工程中，在三至五层上下贯通的区域，防火卷帘在 F 轴、J 轴、4 轴和 9 轴对齐布置（图 7.3-10）。

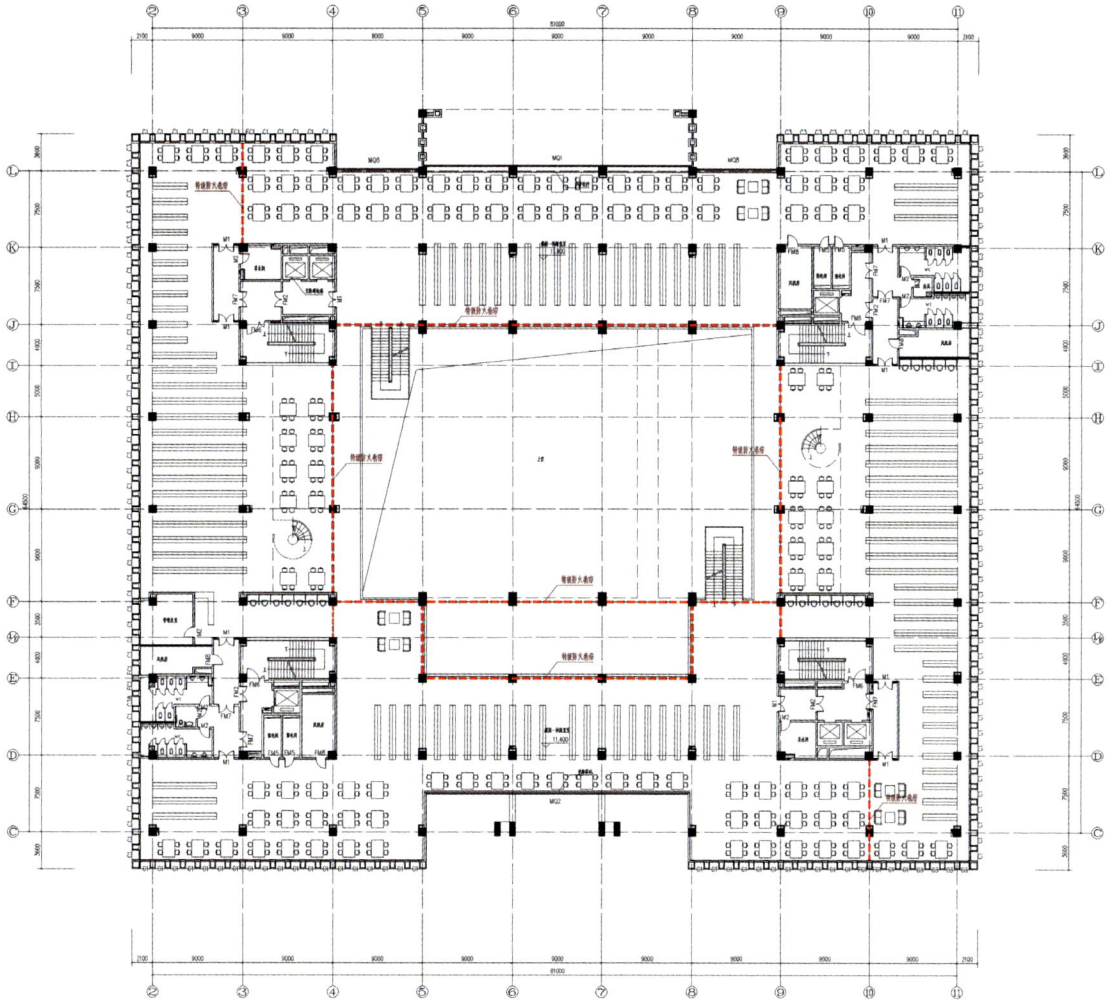

图 7.3-10　中庭防火卷帘设置示意图

7.4 深圳科技馆（新馆）

深圳市华阳国际工程设计股份有限公司　吴　凡　张胜强　吴　昱
深圳市建筑工务署工程设计管理中心　王　剑　胡　曜
深圳市建筑工务署文体工程管理中心　陈　锋　陈平宇

7.4.1 项目概况

工程名称：深圳科技馆（新馆）（图 7.4-1）

建设单位：深圳市工务署工程设计管理中心、文体工程管理中心

设计单位：Zaha Hadid Limited / 北京市建筑设计研究院有限公司联合体、深圳市华阳国际工程设计股份有限公司

全过程咨询单位：重庆赛迪工程咨询有限公司

施工单位：中建二局

建筑规模：12.83 万 m²

用地面积：65998.42m²

总建筑面积：12.83 万 m²

地上规定建筑面积：82407m²

不计容积率建筑面积：44600m²

建筑容积率：1.25

覆盖率：50%

绿化率：30%

建筑高度：57m

建筑层数：地上 6 层，地下 2 层，高层展厅

防火等级：一级

建筑结构安全等级：一级

抗震设防烈度：7 度

主要结构类型：地上钢结构，地下钢筋混凝土结构

最大跨度：主桁架 54m

图 7.4-1　项目总体俯瞰

图片来源：Zaha Hadid Limited/ 北京市建筑设计研究院有限公司联合体

318

设计时间： 2019 年 11 月～2021 年 8 月

以"国际视野、对标一流"的高起点和高标准，规划建设"具有全球影响力，体现深圳特色、湾区平台、中国范例、世界一流的创新型、体验式、现代化的科学探索中心和公众创新中心"。（图 7.4-2，图 7.4-3）

1）项目定位

深圳科技馆（新馆）项目的设计和建设，坚持

图 7.4-2 项目效果图

图片来源：Zaha Hadid Limited/ 北京市建筑设计研究院有限公司联合体

图 7.4-3 项目一侧效果图

图片来源：Zaha Hadid Limited/ 北京市建筑设计研究院有限公司联合体

2）项目选址

深圳科技馆（新馆）选址位于深圳市光明中心区科学公园核心位置，光明大道路以西、光明大街以北，紧邻楼村水北岸，在建地铁六号线光明站西侧。

3）项目规模

深圳科技馆（新馆）地下部分主要为设备机房和停车库，地上部分为科技展示区、科普影院区、创新实践区、科技交流区、公众服务区、业务管理区、科普公园区（室外）共7大功能区。用地面积65998.42m²，建筑总面积约128300m²；地上6层，地下2层。

科技展示区设有常设展厅和临时展厅。

科普特效影院主要通过高科技影视手段以及活泼的表演形式让观众理解科学、启迪智慧，打造成集科技影视作品展示、影视作品评选和科技影视作品征集、采购三位一体的展示交流平台。创新实践区既包含与常设展厅相关联的教育活动空间，也有相对独立的活动空间。科技交流中心将针对不同行业开展不同形式的集聚交流活动。

7.4.2 项目消防设计依据与项目进程

1）项目里程碑（图7.4-4）

图7.4-4 项目里程碑

2）消防设计依据

《建筑设计防火规范》GB 50016—2014（2018年版）（局部修订）
《建筑防排烟系统技术标准》GB 51251—2017
《博物馆建筑设计规范》JGJ 66—2015
《电影院建筑设计规范》JGJ 58—2008
《剧场建筑设计规范》JGJ 57—2016
《办公建筑设计标准》JGJ/T 67—2019

广东省公安厅《加强部分场所消防设计和安全防范的若干意见》粤公正字〔2014〕13号
《汽车库、修车库、停车场设计防火规范》GB 50067—2014
《建筑内部装修设计防火规范》GB 50222—2017
《人民防空工程设计防火规范》GB 50098—2009
《电动汽车分散充电设施工程技术标准》GB/T 51313—2018

3）消防设计进程

2019.12 项目概念方案阶段提前介入消防设计
2020.5 确定项目设计方案
2020.10 完成项目初步设计
2021.1 完成招标版主体施工图
2021.2～5 消防部门沟通及审查
2021.5 消防审查批复通过
2021.10 第三方审查合格通过

7.4.3 消防方案简述

1）防火间距

消防间距：根据《建筑设计防火规范》GB 50016—2014（2018年版）严格控制建筑间距，地上部分建筑与周边高层建筑之间的距离不小于13m，多层建筑不小于9m。

本项目南侧和东侧为市政道路，北面现状为农田，西面规划为科普公园，基地除光明大道设置了轻轨站外，四周均开敞无规划建筑物，设计中科技馆与轻轨站的最小距离为53m，满足高层建筑之间的距离要求。

2）消防车道

（1）本项目首层与东侧、南侧市政道路可平层进出，二层设置室外平台，以坡道、台阶、绿化等连接首层广场，建筑首层、二层均可直接通往室外。

首层设置场地与外部道路形成环形消防车道，消防车通过东侧道路进入场地，通过西南侧和西北两条车道坡道至二层平台，二层平台设置环形消防车道，并在北侧设置回车场（图7.4-5）。

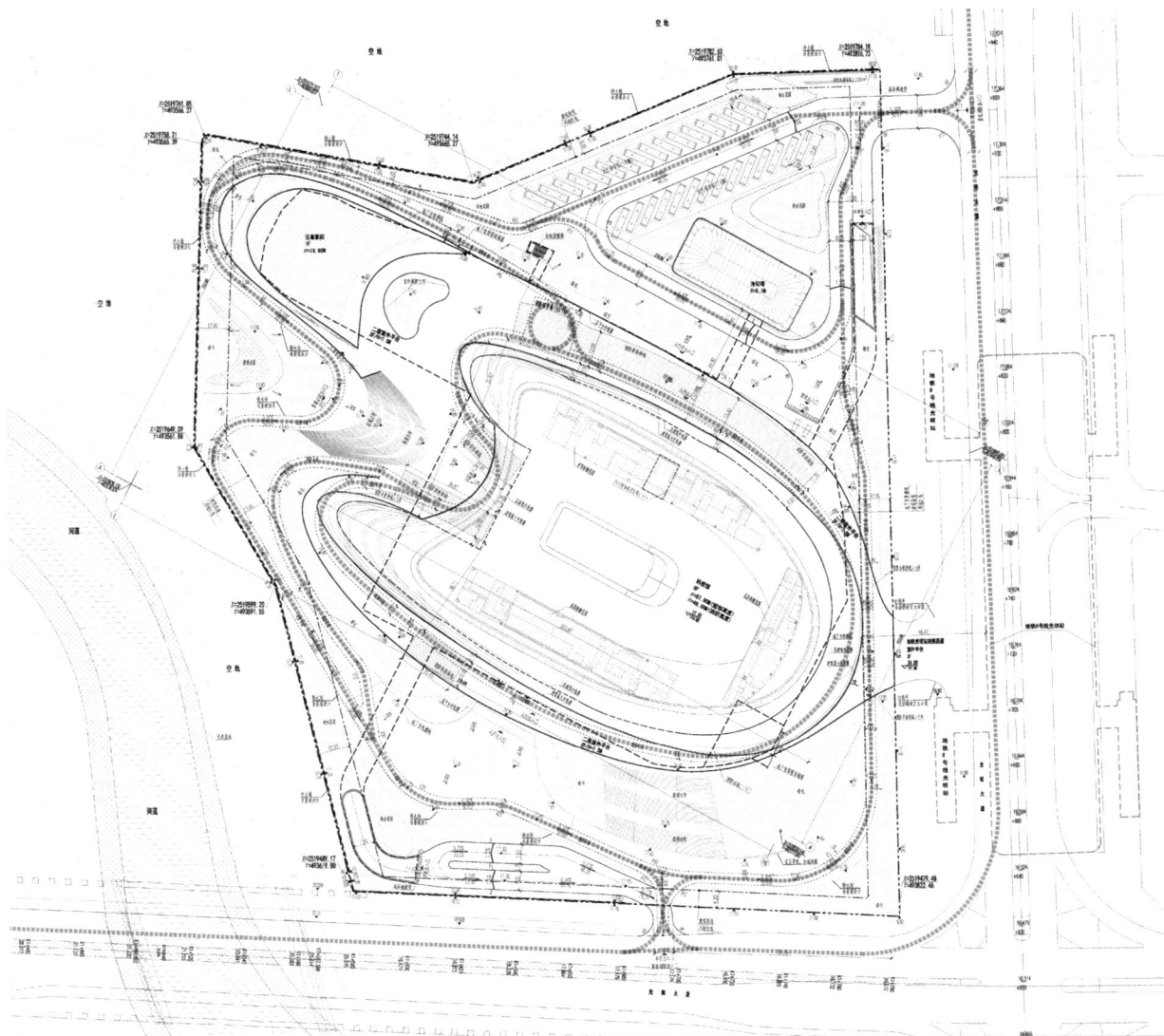

图 7.4-5 总平面图

（2）消防车道宽度大于等于 4m，车道内侧距建筑物外墙大于等于 3m，车道转弯半径为 12m（满足以 4m 路宽计时消防车道转弯半径大于 12m 的要求），消防车道坡度小于等于 8%。

（3）消防车道和消防登高场地荷载按 36t 计算，室外场地上的消防车道和消防登高场地采用 200 厚 C30 混凝土面层，200 厚 6% 水泥稳定石粉渣碾压密实，路基碾压密实度大于等于 94%。

3）消防登高面

（1）本项目二层室外平台面积较大。消防登高场地设置在二层，二层至屋面的高度为 49.5m，不超过 50m。消防登高面分段设置，分别位于北侧、西侧和南侧，直线距离小于 30m。扑救场地长度满足主体建筑长度的 1/4 且不小于一个长边。（西北侧巨幕影厅为单层大空间，屋顶标高小于 24m，不计入主体建筑长度）

（2）消防登高场地面宽 10m，坡度小于等于 3%，消防车道距建筑外墙的距离不小于 3.0m，最远处不大于 10m。消防扑救范围内设有直通室外楼梯的出入口及消防电梯出口。

（3）消防登高面一侧裙楼及雨篷等构件进深均不超过 4m。

（4）消防登高扑救面范围内，首层及二层通过外门进入救援，在建筑三~六层的外立面或利用开敞阳台作为救援口，或单独设置救援窗。救援窗采用易于开启的玻璃门或金属门。救援窗的尺寸不小于 1.0m×1.0m，窗口下沿距离地面不大于 1.2m，并在室外设置可识别的明显标识。两个救援窗之间距离不大于 20m 且每个防火分区不少于 2 个。

4）防火分区

由于本工程地下车库、设备用房及地上主体内均设置了自动灭火系统，根据《建筑设计防火规范》GB 50016—2014（2018 年版）和《博物馆建筑设计规范》JGJ 66—2015 对耐火等级为一级的高层民用建筑功能和相应的防火分区要求，划分原则如下：

地下室部分：地下车库≤4000m²；地下机械停车库≤2600m²；地下设备用房≤2000m²；地下科技馆（科技特效体验空间）≤2000m²；

地上部分：地上商业≤4000m²，地上餐饮≤3000m²；地上办公≤3000m²；地上科技馆展厅≤4000m²；地上影院≤3000m²；地上会议交流等其他功能≤3000m²；地上中庭防火分区按小于10000m²设计。

巨幕科普影院房间地面低于室外设计地面的平均高度小于该房间平均净高的 1/3，不属于地下室或半地下室，防火分区面积小于等于 3000m²。

5）安全疏散和避难

（1）本项目建筑物内全部设置自动喷水灭火系统，前厅、展览等大空间最远点至最近疏散出口或房间门的直线距离小于等于 37.5m，再通过不超过 12.5m 的走道疏散至安全出口。其他房间内最远一点至房间出口的直线距离小于等于 25m。地下车库设有自动灭火系统，最远点至安全出口或相邻防火分区之间防火墙上的甲级防火门的距离小于等于 60m。室外露台至安全出口的直线距离小于等于37.5m，行走距离为 45m。

（2）每个防火分区至少设置两个安全出口（满足一个安全出口条件者除外）。对于首层空间大进深的空间，利用避难走道或一定长度的扩大前室作为防火分区的安全出口，除仅与一个防火分区相通的避难走道外，其他避难走道直通室外的出口不少于 2 个，并设置在不同方向，任一防火分区通向避难走道的门至该避难走道最近直通地面的出口的距离不应大于 60m，避难走道的净宽度不应小于任一防火分区（含疏散楼梯）通向该避难走道的设计疏散总净宽度。对于个别分散布置确有困难且从任一疏散门至最近疏散楼梯间入口的距离不大于 10m时，采用剪刀楼梯作为安全出口。

6）疏散宽度及计算原则

本项目主要功能人员密度取值如下：

科技馆展区、临时展厅等展览空间：根据展览面积取 0.34 人/m²；

展区的公众走道、公众电梯厅：根据使用面积取 0.34 人/m²；

中庭空间：依据《博物馆建筑设计规范》JGJ 66—2015 表 4.2.5，综合大厅的人员密度取 0.34 人/m²；

巨幕影院、科技影视空间、报告厅、科普剧场、科技特效体验空间座位区：固定座位数的 1.1 倍；

科技特效体验空间休息厅、过厅（限定最大容纳人数）；

6 层球幕影院（限定最大容纳人数），5 层球幕影院前厅根据使用面积取 0.34 人/m²；

多功能厅（限定最大容纳人数），会议室参照《办公建筑设计标准》JGJ/T 67—2019 无会议桌的会议室取 1m²/人；

对外的餐厅、咖啡厅、快餐厅人员密度参照商业营业厅计算，按 0.6 人/m²，六层内部员工餐厅人员密度参照《饮食建筑设计标准》JGJ 64—2017 中食堂的人员密度 1m²/人；

后勤办公、行政办公、管理保障用房（办公）、工作室、加工间、编辑部等办公与制作用房：根据使用面积取 6m²/人；

未来空间、创客空间、科技实验室、创业服务空间、科学家工作室俱乐部、厨房等根据使用面积取 6m²/人；

设备机房：28m²/人；

图书室：4.6m²/人；

健身房：限定最大容纳人数；

阳台、露台：根据使用面积取 0.34 人/m²；

书店：按 0.6 人/m²；

每百人疏散净宽按 1.0m。

7.4.4　消防设计难点

本项目造型独特，空间复杂，存在大量室内外穿插的流线型空间，外幕墙和内装饰采用了非常规的材料构造体系和非线性的设计手法，这给消防设计带来了一些难题。

在设计时为了加快项目开发进度，避免消防专家评审带来额外的设计周期，从形式和实质两个角度对规范进行扩张发散而非类推的解释，充分挖掘规范潜力，将特殊性的消防设计回归到一般性的消防设计。

1）展厅和中庭大空间的防火分区设计

本项目的展厅呈"C"形布置，中心围合出一个开放的中庭，中庭由二层至五层通高，通高尺寸最大为长89m、宽41m，建筑净高最高为37.39m。中庭空间为一个防火分区，面积约为9759m²（图7.4-6，图7.4-7）。

规范依据《建筑设计防火规范》GB 50016—2014（2018年版）第5.3.2条建筑内设置中庭时，

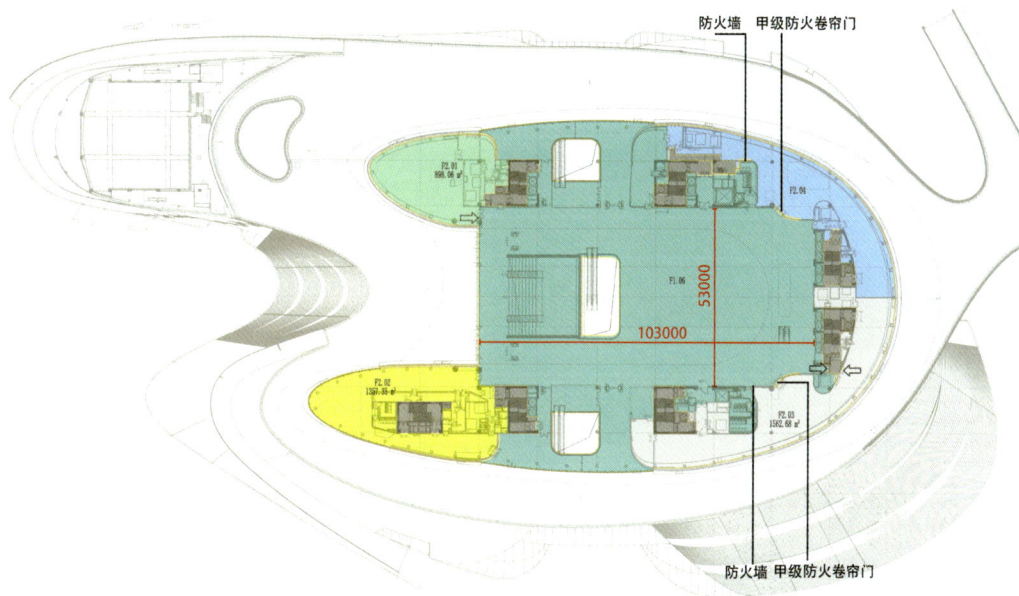

图7.4-6　展厅防火分区

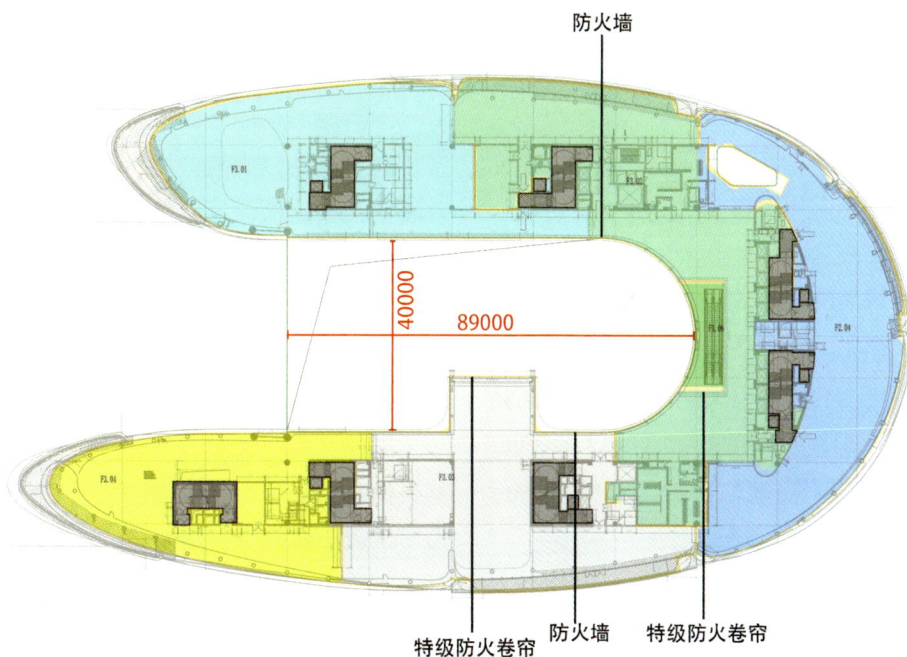

图7.4-7　防火分区

其防火分区的建筑面积应按上、下层相连通的建筑面积叠加计算。

（1）中庭防火分隔做法

二、三、四、五层与中庭相邻位置均采用防火墙分隔，二层开口连通处设置特级防火卷帘或甲级防火门；垂直交通扶梯区域设置特级防火卷帘，中庭上方伸出的三个盒子空间四周为防火墙及玻璃分隔，玻璃内侧设特级防火卷帘（图7.4-8，图7.4-9）。

图 7.4-8 中庭示意

图片来源：Zaha Hadid Limited/ 北京市建筑设计研究院有限公司联合体

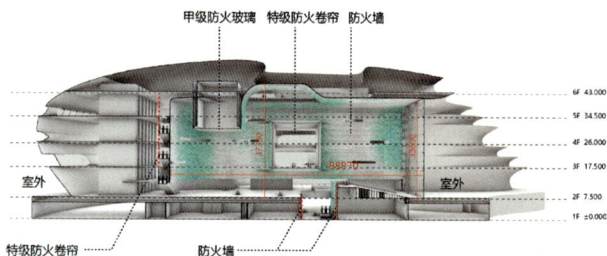

图 7.4-9 中庭防火分隔

图片来源：Zaha Hadid Limited/ 北京市建筑设计研究院有限公司联合体

（2）加强措施

① 中庭火灾自动报警系统采用火焰探测器和红外光束烟感探测器；

② 中庭自动灭火系统采用大空间智能型主动喷水灭火系统，每个水炮设计流量5L/s，保护半径20m；

③ 中庭排烟量根据《建筑防排烟系统技术标准》GB 51251—2017 计算执行。

2）展览建筑是否设置固定窗问题

规范依据：《建筑防排烟系统技术标准》GB 51251—2017：

4.1.4 下列地上建筑或部位，当设置机械排烟系统时，尚应按本标准第4.4.14条～第4.4.16条的要求在外墙或屋顶设置固定窗：

…… ……

2 任一层建筑面积大于3000m² 的商店建筑、展览建筑及类似功能的公共建筑；

…… ……

4 商店建筑、展览建筑及类似功能的公共建筑中长度大于60m的走道；

5 靠外墙或贯通至建筑屋顶的中庭。

结论：展览建筑中符合上述条件的展厅、走道和中庭，需考虑设置固定窗。

3）消防救援窗和固定窗的构造做法

规范依据：《建筑设计防火规范》GB 50016—2014 局部修订条文及条文说明（征求意见稿2020版）第7.2.5条：

供消防救援人员进入的门窗应易于从外部开启或破拆，并应设置可在室外易于识别的明显标志。

结论：经与消防部门沟通，在项目中采用外摆拐臂的金属门，既方便消防人员开启进入，又有良好的外观效果（图7.4-10）。

4）建筑功能定性问题

规范依据：

《博物馆建筑设计规范》JGJ 66—2015 第2.0.8条：科技馆是以提高公民科学素质为目的，开展科普展览、科技培训等活动的科学与技术类博物馆。

《展览建筑设计规范》JGJ 218—2010 第2.0.1条：展览是对临时展品或服务的展出进行组织，通过展示促进产品、服务的推广和信息、技术交流的社会活动。

结论：经与消防部门沟通后，根据上述定义，科技馆不是进行产品、服务推广交流的场所，其建筑定性属于博物馆，而不是展览馆。

5）建筑高度定性

消防车道在一层、二层进行环通，消防登高场

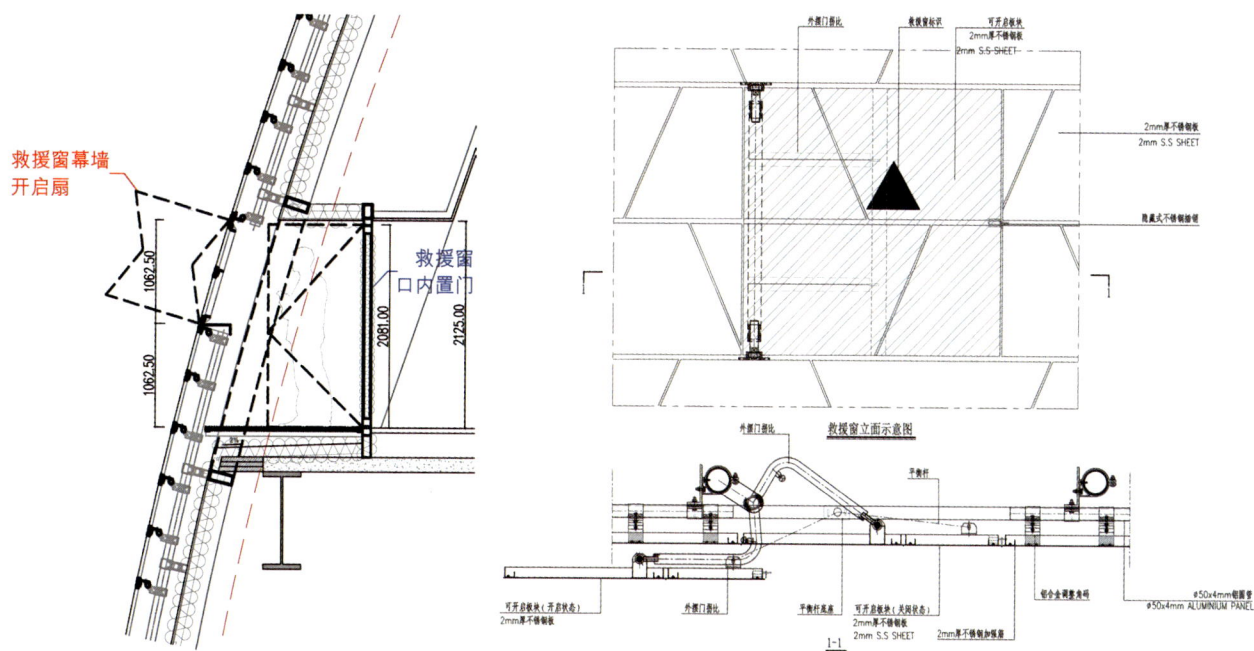

图 7.4-10　救援窗示意图
图片来源：大地幕墙

地设置于二层室外平台，建筑高度是否可以从二层算起，总高度小于 50m。

结论：经与消防部门沟通，消防登高场地可按小于 50m 的建筑高度进行分段设置。

6）消防车坡道问题

二层消防登高场地与首层是否可以只设置一个双车道的坡道联通。

规范依据：

《建筑设计防火规范》GB 50016—2014 第 7.1.9 条：环形消防车道至少要有两处与其他车道连通。

结论：参照上述规范条文，二层平台也需要按照环形消防车道设置两处消防车坡道连通，且两处坡道之间应有一定间距，不可利用双车道代替。

7）特效影院的建筑定性和消防设计

项目中的科技特效体验空间、球幕影院等科技馆专有的特效影院，规范设计依据不明。

结论：上述空间需参照《电影院建筑设计规范》JGJ 58—2008 相关条款执行。

8）半地下与地上空间的认定

规范依据：《建筑设计防火规范》GB 50016—

2014 第 2.1.6、2.1.7 条：

半地下室（是）房间地面低于室外设计地面的平均高度大于该房间平均净高 1/3，且不大于 1/2 者。

地下室（是）房间地面低于室外设计地面的平均高度大于该房间平均净高 1/2 者。

巨幕影院的观众座席最低一排标高为 −6m，可通过疏散楼梯直接疏散至室外，也可由座席踏步直接通往首层标高疏散至室外。影院位于地下部分的高度不超过影院的总体净高的 1/3，巨幕影院为一个独立的防火分区，面积约 1400m²。是否可认定为地上房间。

结论：经与消防部门沟通，可以按照地上房间进行消防设计（图 7.4-11）。

9）安全疏散（人员密度，疏散距离）

规范依据：

《博物馆建筑设计规范》JGJ 66—2015 第 7.2.4 条：陈列展览区每个防火分区的疏散人数应按区内全部展厅的高峰限值之和计算确定。

科技馆展区、临时展厅等展览空间以及综合大厅（中庭）等空间：根据《博物馆建筑设计规范》JGJ 66—2015 第 4.2.5 条：展厅观众高峰密度的最大值，按展厅净面积取 0.34 人 /m²。

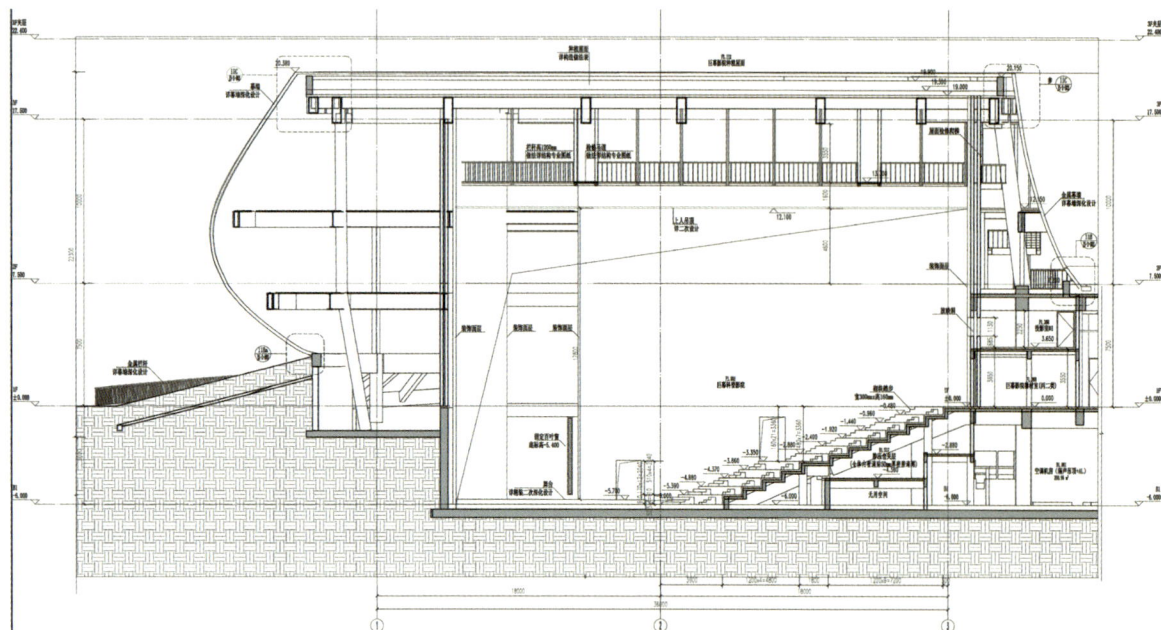

图 7.4-11 地上与地下空间认定

《建筑设计防火规范》GB 50016—2014（2018年版）第5.5.17条第4款：一、二级耐火等级建筑内疏散门或安全出口不少于2个的观众厅、展览厅、多功能厅、餐厅、营业厅等，其室内任一点至最近疏散门或安全出口的直线距离不应大于30m；当疏散门不能直通室外地面或疏散楼梯间时，应采用长度不大于10m的疏散走道通至最近的安全出口。当该场所设置自动喷水灭火系统时，室内任一点至最近安全出口的安全疏散距离可分别增加25%。

10）不规则外墙的消防救援

消防登高面一侧裙楼及雨篷等构件进深均不超过4m，二层至五层的外墙为外倾体形，五层至屋面层再内收，因此登高操作场地按照建筑各层外轮廓线建筑物叠加，并确保距离建筑外墙最小不少于3m，最大不超过10m（图7.4-12）。

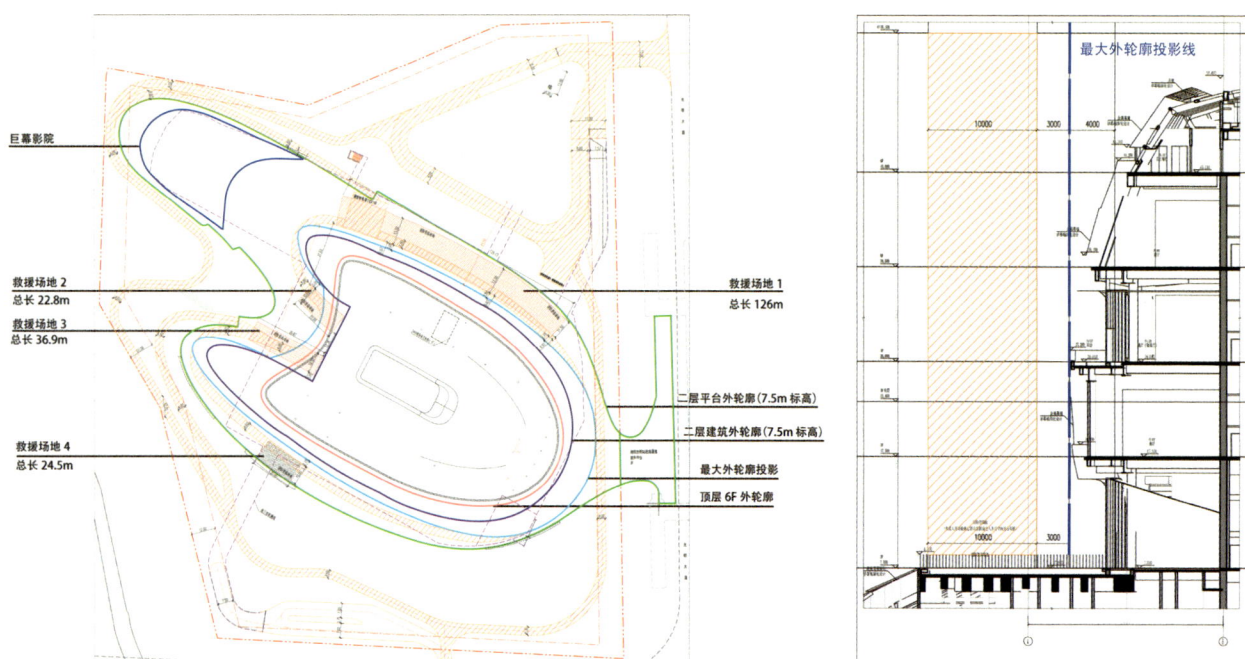

图 7.4-12 外墙示意

7.5 深圳福田国际体育文化交流中心

深圳市华阳国际工程设计股份有限公司　吴　凡　张胜强　吴　昱

7.5.1 项目概况

工程名称：深圳福田国际体育文化交流中心（图 7.5-1）

建设单位：深圳市福田工务署／深圳市华阳国际工程设计股份有限公司

设计单位：凯达环球、深圳市华阳国际工程设计股份有限公司

建筑规模：9.43 万 m²

用地面积：8617.78m²

总建筑面积：9.43 万 m²

地上规定建筑面积：59306m²

不计容积率建筑面积：21025m²

建筑容积率：1.38

覆盖率：50%

绿化率：20%

建筑高度：99.5m

建筑层数：地上 15 层，地下 4 层

防火等级：一级

建筑结构安全等级：一级

抗震设防烈度：7 度

主要结构类型：柱筒 - 钢桁架巨型结构体系

最大跨度：72m

设计时间：2018 年～2021 年 10 月

图 7.5-1　体育文化交流中心

1）项目定位

（1）总体定位

项目以智能化的硬件设施、专业化的服务管理、国际级别的赛事运营等高端软硬件服务，以及多功能场馆复合、多元化场景叠加、多层次服务群众，构建起福田区城市体育全景看台，从文体出发，形成产业生态圈，引导区域文体事业蓬勃发展，提升区域文体设施丰富度和文体产业可持续发展，对标国际顶尖一流文体场馆，打造智能化、新锐化、国际化的文体场馆，最终打造成世界级的湾区文体新地标——福田区国际体育文化交流中心。

（2）功能定位

项目将围绕"体育＋"生态圈进行功能定位，从"1＋X"体系出发，以"体育＋"概念作为核心驱动，构建一站式文体产业链；采用内外融合的方式，从文体内部推进文体事业和文体产业的融合，从外部积极推动文体与科技、生活、健康的融合。主要功能模块从基础文体工程出发，衍射体育赛事、时尚文化、交流展示、智慧场馆、运动玩乐、产业孵化、名人效应等7大功能模块。

2）项目选址

项目建设地点位于凯丰路以西，梅林路北，梅丰路以东，林丰路以南，项目用地周边涵盖各种政府、公共建筑，丰富的居住规划及城市服务设施，资源需求量高。

3）总平面规划

项目基地交通便利，西邻城市绿地，南侧为城市主路梅林路，可作为建筑主要展示面；一条环绕建筑而上的休闲跑道将建筑的诸多特色空间有机联系，将福田体育文化交流中心打造成为这座城市的会客厅，市民拾级而上"漫步梅林"，饱览城市与自然风光，"建筑与人的高度互动"必将使其成为城市的一张新名片。

在有限的用地范围内，采用"垂直叠放"的策略，来打造一个全新模式的文体中心。依据主题定位，向外界传达韵动的文体建筑意向，在平面、立面运用少量斜线，为建筑增添活力，建筑造型在视觉上更富生机活力。外立面连续的漫步路径串联各场馆与各特色空间，并沿途设置丰富的活动节点，构建"鼓励社交、漫步梅林"的丰富空间（图7.5-2）。

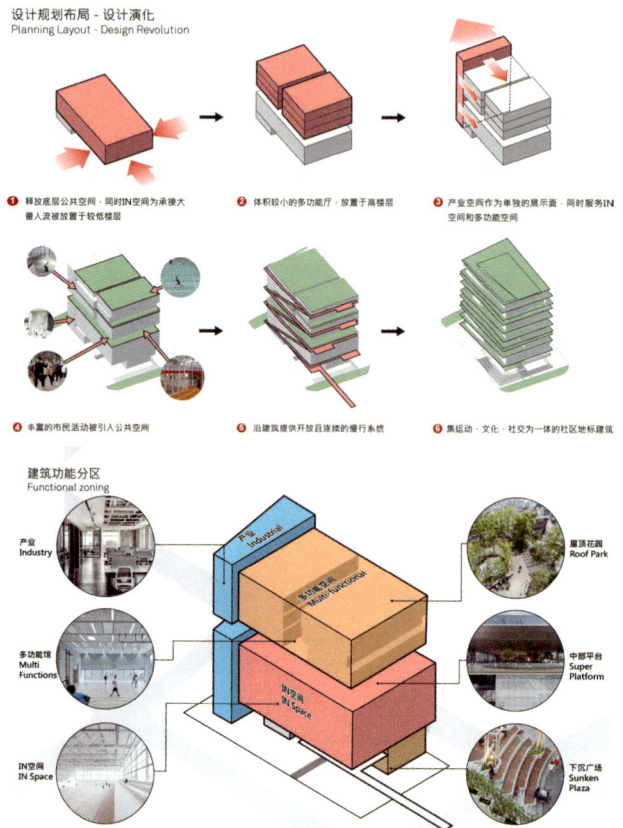

图 7.5-2　规划布局
图片来源：凯达环球

4）项目规模

项目建设用地面积8617.78m²，为1栋15层的高层公共建筑，地下共4层地下室。功能由1个高规格核心主场馆多功能体育馆"IN空间"和文化美术陈列室、名人堂、室内运动科技空间、游泳馆及其配套用房等不同功能空间组成文体活动空间体系，由产业孵化空间、会议空间组成文体产业空间体系，配套音乐互动空间、配套餐饮、地下车库等辅助空间，形成有机联系的多功能文体建筑综合体。建筑层高方面，文体活动各场馆对净空要求较高，因此塔楼建筑总高度99.5m。建筑分类为一类；地上地下建筑耐火等级均为一级。

设计将大量人流的 IN 空间放在低楼层，满足市政道路通行的同时，更开放首层给城市空间；面积较小的多功能场馆位于 IN 空间上方，同时预留集散与活动平台；文体设施创新用房位于场地北侧，具有独立展示面，与场馆无缝接驳，打造"体育＋文创生态圈"；在功能场馆之间嵌入灰空间，为市民提供全天候活动平台。

7.5.2 项目消防设计依据及项目进程

1）项目里程碑（图 7.5-3）

合同签订	消防报建批文	基坑桩基施工
•2018年	•2021年10月	•2021年10月

图 7.5-3 项目里程碑

2017 年 确定福田区国际体育文化交流中心选址

2018 年 确定深圳市华阳国际工程设计股份有限公司为项目代建单位

2020 年 2 月 通过设计竞赛确定中标规划建筑方案

2020 年 11 月 开工仪式

2021 年 9 月 取得建设工程规划许可证

2021 年 10 月 取得消防报建批复文件

2）消防设计依据

《建筑设计防火规范》GB 50016—2014（2018年版）局部修订

《建筑防排烟系统技术标准》GB 51251—2017

《博物馆建筑设计规范》JGJ 66—2015

《体育建筑设计规范》JGJ 31—2003

《剧场建筑设计规范》JGJ 57—2016

《办公建筑设计标准》JGJ/T 67—2019

广东省公安厅《加强部分场所消防设计和安全防范的若干意见》粤公正字〔2014〕13 号

《汽车库、修车库、停车场设计防火规范》GB 50067—2014

《建筑内部装修设计防火规范》GB 50222—2017

《人民防空工程设计防火规范》GB 50098—2009

广东省标准《电动汽车充电基础设施建设技术规程》DBJ T15—150—2018

3）消防设计进程

2020 年 3 月 确定项目概念方案

2020 年 7 月 基本的消防策略和方案

2020 年 6～10 月 梳理消防设计难点进行消防沟通

2020 年 11 月 消防专家研讨会

2021 年 3 月 消防报建

2021 年 9 月 取得工程规划许可证

2021 年 10 月 取得消防报建批复文件

7.5.3 消防方案简述

1）防火间距

消防间距：根据《建筑设计防火规范》GB 50016—2014（2018 年版）控制建筑间距，地上部分建筑与周边高层建筑之间的距离不小于 13m，多层建筑不小于 9m。

本项目东侧和西侧为市政道路，北侧毗邻公园绿地，南侧为公共绿地。主体建筑在按规划要求退红线后，与周边建筑间距符合建筑防火间距要求。

2）消防车道

（1）本项目首层设置场地与外部道路形成环形消防车道。

（2）消防车道宽大于等于 4m，车道内侧距建筑物外墙大于等于 3m，车道转弯半径为 12m（满足以 4m 路宽计时消防车道转弯半径大于 12m 的要求），消防车道坡度小于等于 8%。

（3）消防车道和消防登高场地荷载按 36t 计算，室外场地上的消防车道和消防登高场地采用 200 厚 C30 混凝土面层，200 厚 6% 水泥稳定石粉渣碾压密实，路基碾压密实度大于等于 94%。

3）消防登高面

（1）本项目西面及北面设置消防登高面，登高面、登高场地满足规范要求，扑救场地长度满足主体建筑长度的 1/4 且不小于一个长边。

（2）登高面一侧的消防登高场地面宽 10m，坡度小于等于 3%，消防车道距建筑外墙的距离不小于 3.0m，最远处不大于 10m，消防登高场地需利用市政车行道、人行道及北侧局部公园绿地，消防登高场地范围内的市政路缘石改为平道牙，满足消防场地坡度需求，消防登高场地范围内的人行道及公园绿地改为硬质铺装且满足消防扑救荷载要求。消防扑救范围内设有直通室外楼梯的出入口及消防电梯出口。

（3）消防登高面一侧裙楼及雨篷等构件进深均不超过 4m。

4）防火分区

由于本工程地下车库、设备用房及地上主体内均设置了自动灭火系统，根据《建筑设计防火规范》GB 50016—2014（2018 年版）局部修订，对耐火等级为一级的高层民用建筑功能和相应的防火分区要求，划分原则如下：

地下室部分：地下车库小于等于 4000m²（设置充电停车的防火分区参照广东省标准《电动汽车充电基础设施建设技术规程》DBJ/T 15—150—2018 不大于 2000m²）；地下游泳池及其配套用房小于等于 1000m²；地下设备用房小于等于 2000m²；

地上部分：地上餐饮小于等于 3000m²；地上文体设施用房小于等于 3000m²；地上文化美术陈列室小于等于 3000m²；地上中庭防火分区面积小于等于 3000m²；地上其他功能小于等于 3000m²。

根据《建筑设计防火规范》GB 50016—2014（2018 年版）局部修订第 5.3.1 条对于体育馆防火分区的建筑面积可适当增加，现多功能体育馆（IN 空间）防火分区面积为小于等于 6000m²。

多功能厅位于地下部分的高度不超过净高的 1/3，不属于地下室或半地下室，按地上房间进行消防设计，防火分区面积小于等于 3000m²。

室外跑道按水平投影面积折算人数，防火分区面积按水平投影面积一半计算。

5）安全疏散和避难

本项目建筑物内全部设置自动喷水灭火系统，前厅、展览等大面积厅室最远点至最近疏散出口或

房间门的直线距离小于等于 37.5m，再通过不超过 12.5m 的走道疏散至安全出口。其他房间内最远一点至房间出口的直线距离小于等于 25m。地下车库设有自动灭火系统，最远工作地点至安全出口或相邻防火分区之间防火墙上的甲级防火门的距离小于等于 60m。室外跑道最远点至最近疏散出口或房间门的直线距离小于等于 45m。

（1）每个防火分区至少设置两个安全出口（满足一个安全出口条件者除外）。

（2）多功能体育馆安全出口分别设置在 6 层和 7 层两个标高，看台观众可通过两个楼层的安全出口同时进行疏散。

7.5.4 消防设计难点及关键点

深圳福田国际体育文化交流中心由于功能定位需求和用地条件的限制，需要将多个大空间场所或人流密集场所进行"垂直叠放"。这些空间在消防设计上通常都有楼层或疏散方式的限制。设计过程中，根据消防安全规定结合功能使用需求，合理布置各功能所在的位置和楼层，并采取了一些消防加强措施，将大量人流的 IN 空间（多功能体育馆）放在低楼层，满足市政道路通行的同时，更开放首层给城市空间；面积较小的多功能场馆位于 IN 空间上方，同时预留集散与活动平台（图 7.5-4）。

1）展览功能建筑定性

通过比较两部相关规范关于展览定义的差异，确定本项目中的陈列室属于博物馆类的展厅，而不是会展建筑类的展厅。

规范依据：《展览建筑设计规范》JGJ 218—2010 第 2.0.1 条：展览是对临时展品或服务的展出进行组织，通过展示促进产品、服务的推广和信息、技术交流的社会活动。

《博物馆建筑设计规范》JGJ 66—2015 第 2.0.1 条：博物馆建筑是为满足博物馆收藏、保护并向公众展示人类活动和自然环境的见证物，开展教育、研究和欣赏活动，以及为社会服务等功能需要而修建的公共建筑。

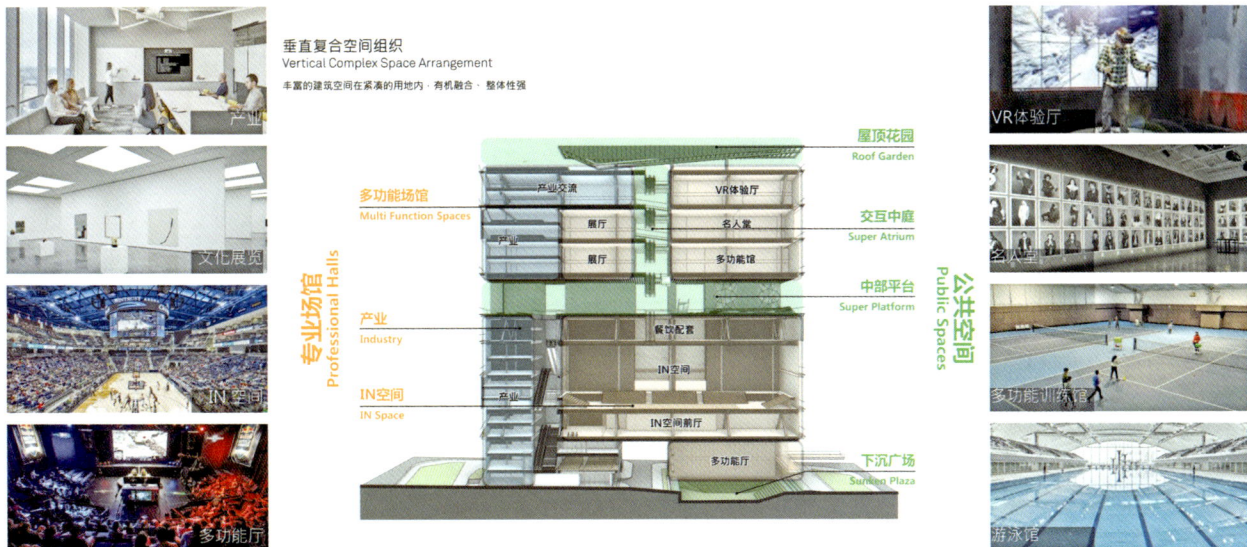

图 7.5-4　项目功能布局

图片来源：凯达环球

2）安全疏散（人员密度、疏散距离）

规范依据：

《博物馆建筑设计规范》JGJ 66—2015 第 7.2.4 条：陈列展览区每个防火分区的疏散人数应按区内全部展厅的高峰限值之和计算确定。

展览空间以及综合大厅（中庭）等空间：根据《博物馆建筑设计规范》JGJ 66—2015 表 4.2.5 条展厅观众高峰密度的最大值，按展厅净面积取 0.34 人 /m^2；

规范依据：《建筑设计防火规范》GB 50016—2014 第 5.5.17 条第 4 款：

一、二级耐火等级建筑内疏散门或安全出口不少于 2 个的观众厅、展览厅、多功能厅、餐厅、营业厅等，其室内任一点至最近疏散门或安全出口的直线距离不应大于 30m；当疏散门不能直通室外地面或疏散楼梯间时，应采用长度不大于 10m 的疏散走道通至最近的安全出口。当该场所设置自动喷水灭火系统时，室内任一点至最近安全出口的安全疏散距离可分别增加 25%。

3）建筑层数定义

是否可按照《深圳市建筑设计规则》第 2.2.16 条（"夹层是在一个楼层内，以结构板形式局部增

设且投影面积不大于该楼层建筑面积 1/2 的楼层"）来定义夹层，夹层不计入建筑层数。（图 7.5-5）

结论：本项目的夹层基本并未服务于相应的高大空间（图 7.5-6），消防设计角度不认作是夹层，要从严计入自然楼层。

4）体育馆空间防火分区设计

规范依据：《建筑设计防火规范》GB 50016—2014 第 5.3.1 条：

一、二级耐火等级的高层民用建筑防火分区的最大允许建筑面积为 1500m^2，当建筑内设置自动灭火系统时，可为 3000m^2。对于体育馆、剧场的观众厅，防火分区的最大允许建筑面积可适当增加。

IN 空间主要功能为举办体育赛事的多功能体育馆，防火分区面积 6000m^2 左右，是否可行？

结论：经过与当地相关部门沟通，可根据防火规范表 5.3.1，将体育馆观众厅防火分区适当加大。

5）室外跑道的防火分区之间的防火分隔

根据深圳市消防审查的要求，有上盖的室外空间也要计入防火分区面积。对于室外走廊类型的空间（图 7.5-7），其防火分区的边界，难以采用常规的防火墙、防火卷帘直接进行分隔。经与当地相关部门沟通，参照图 7.5-8 的方式进行防火分隔。

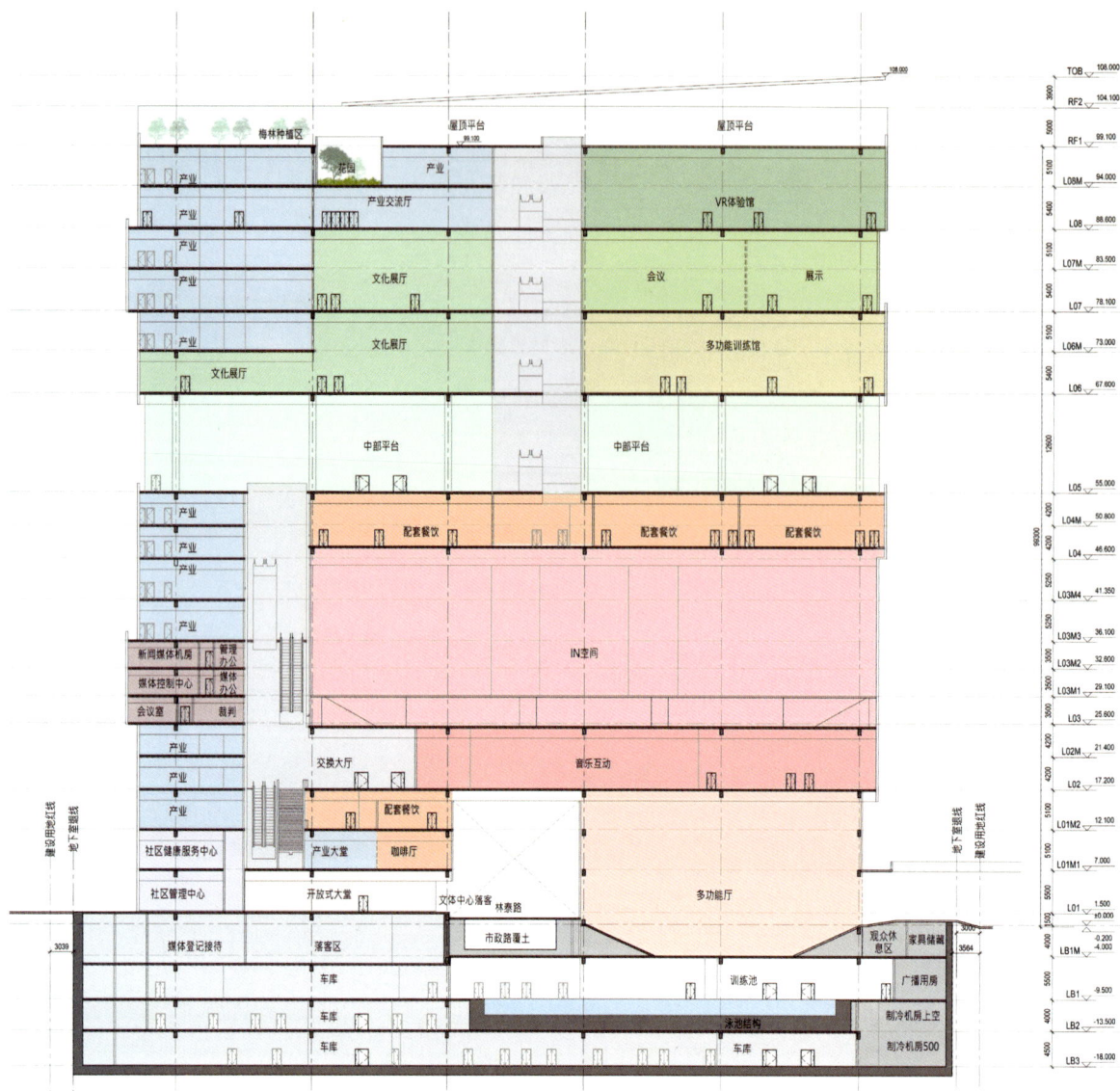

图 7.5-5　项目楼层与功能

图片来源：凯达环球

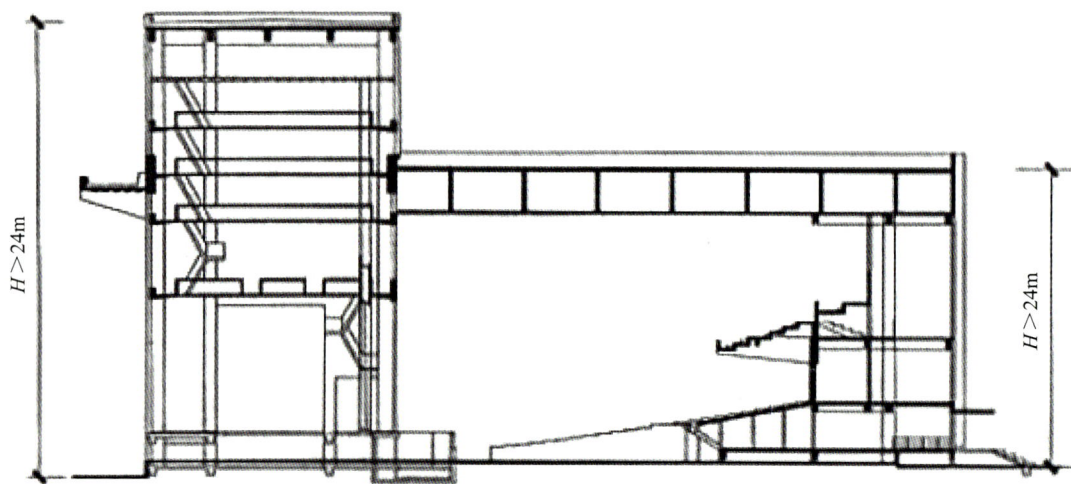

图 7.5-6　建筑高度大于24m的单层公共建筑剖面示意图

图片来源：《建筑设计防火规范图示》

本项目：平台高度 99.7m，栏杆高度 2.0m
Project: Deck Height : 99.7m，Balustrade Height : 2.0m

坡道系统规划-疏散位置规划
Ramp Organization

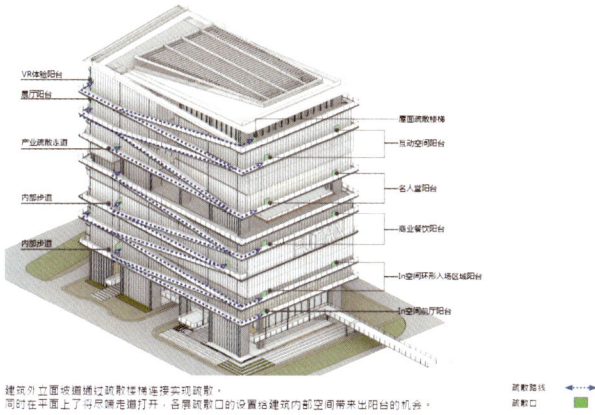

建筑外立面坡道通过疏散楼梯连接实现疏散。
同时在平面上了每层隔走廊打开，各景疏散口的设置结合建筑内部空间带来出阳台的机务。

图 7.5-7　室外走廊与坡道系统疏散位置规划

图片来源：凯达环球

1. 地上楼层的室外连廊区域（如下图所示）的有顶盖区域宽度≤3 米时，该楼层的水平防火分区分界处的室外连廊不需做防火分隔措施，相邻两个防火分区处的商铺外墙按 6.1.3 条（铺头两端衬 2 米长防火墙）执行。室外连廊有顶盖区域的面积计入对应的防火分区面积内，并计入疏散宽度，无顶盖区域不需用。如以下简图所示：

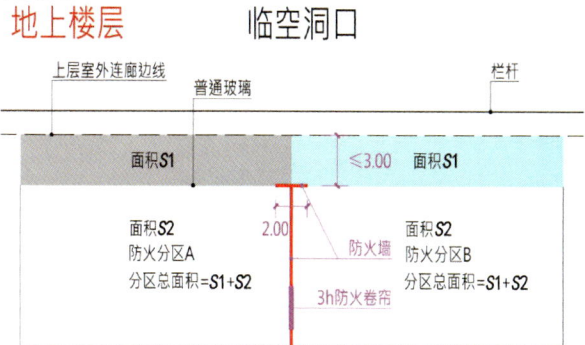

图 7.5-8　防火分隔

7.6 小漠文化艺术中心

深圳华森建筑与工程设计顾问有限公司　白　威　李　娜

7.6.1 工程概况

用地单位：深圳市深汕特别合作区公共事业局

建设单位：广东深汕华侨城投资有限公司

方案设计：直向建筑事务所

施工图设计：深圳华森建筑与工程设计顾问有限公司

建设地点：深圳市深汕合作区

设计时间：2020～2021年

1) 基地位置

小漠文化艺术中心位于深汕特别合作区小漠镇，北邻赤石河景观河带，东邻赤石湖景观带，西临建设中的创新大道，南临建设中的红海大道，与香山文化公园相望，地理位置优越，景观资源丰富（图 7.6-1）。

图 7.6-1　总平面图

2）建筑规模和总体布局

本项目的用地性质为文体设施用地，项目总用地面积为 2.36 万 m²，总建筑面积约为 3.2 万 m²，其中地上建筑面积 2.2 万 m²，地下建筑面积 1 万 m²（图 7.6-2，图 7.6-3）。

规划设计根据场地特征，从南往北、由高向低依次布置两栋楼，美术馆和艺术中心以及室外剧场，两栋楼在二层通过连廊连接为一个整体。

3）功能组成

本项目分为 2 栋单体，1 栋由美术馆和艺术中心组成，2 栋为室外剧场（图 7.6-4）。

美术馆共 6 层，其中一层为城市公共大厅；二层至四层为陈列展览区；五层为架空观海平台，六层为陈列展览区及配套办公。建筑物高度 46.3m（图 7.6-5）。

艺术中心共 4 层，其中一层为架空公共空间、大厅及部分陈列展览区；二至四层为艺术家工坊、工作室、多功能厅、排练厅等，每层通过开敞式外廊互相连通。建筑高度 29.3m（图 7.6-6）。

室外剧场一层为文化配套餐饮和市集，二层为文化类配套餐厅和剧场。建筑高度 11.5m（图 7.6-7，图 7.6-8）。

地下共一层，功能为汽车库、设备房、文化馆配套办公、配套库房及下沉庭院（图 7.6-9）。

图 7.6-2　鸟瞰图

图 7.6-3　沿岸视角

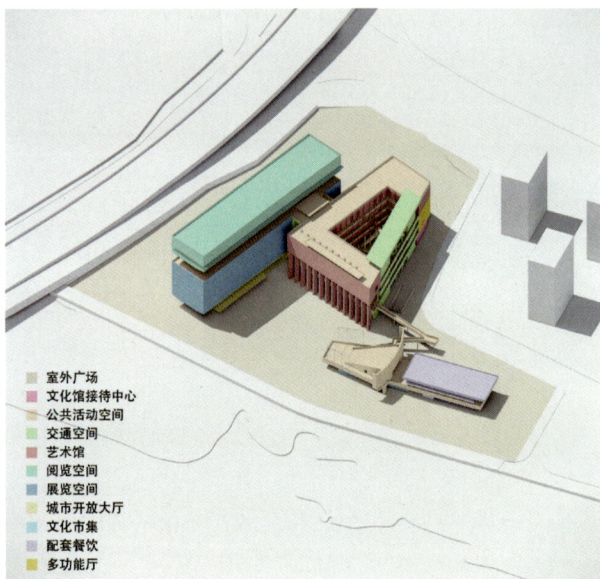

室外广场
文化馆接待中心
公共活动空间
交通空间
艺术馆
阅览空间
展览空间
城市开放大厅
文化市集
配套餐饮
多功能厅

图 7.6-4　功能分布示意图

图 7.6-6　艺术中心

图 7.6-5　美术馆

图 7.6-7　室外剧场

图 7.6-8　另一侧沿岸视角

图 7.6-9　下沉庭院

7.6.2　防火设计

1）主要设计依据

截至 2021 年 9 月，本项目消防设计依据的是国家现行有关建筑防火设计规范，主要防火设计规范见表 7.6-1。

2）总平面消防设计

在场地内道路形成环道，宽度不小于 4m。

主要设计依据　　　　　　　　表 7.6-1

序号	规范名称
1	《建筑设计防火规范》GB 50016—2014（2018 版）
2	《民用建筑设计统一标准》GB 50352—2019
3	《饮食建筑设计标准》JGJ 64—2017
4	《办公建筑设计标准》JGJ/T 67—2019
5	《剧场建筑设计规范》JGJ 57—2016
6	《博物馆建筑设计规范》JGJ 66—2015
7	《文化馆建筑设计规范》JGJ/T 41—2014
8	《汽车库、修车库、停车场设计防火规范》GB 50067—2014
9	《电动汽车分散充电设施工程技术标准》GB/T 51313—2018
10	《建筑内部装修设计防火规范》GB 50222—2017
11	《自动喷水灭火系统设计规范》GB 50084—2017
12	《消防给水及消火栓系统技术规范》GB 50974—2014
13	《火灾自动报警系统设计规范》GB 50116—2013
14	《大空间智能型主动喷水灭火系统技术规程》CECS 263：2009
15	《气体灭火系统设计规范》GB 50370—2005
16	《火灾自动报警系统设计规范》GB 50116—2013
17	《消防应急照明和疏散指示系统技术标准》GB 51309—2018
18	《建筑防烟排烟系统技术标准》GB 51251—2017

消防登高操作场地位于南侧分两段布置，1 栋长边总长度为 131.70m，大于建筑周长且不小于一个长边长度。1 栋与 2 栋之间的防火间距为 16.05m（图 7.6-10）。

消防控制室设置在 1 栋建筑首层的西侧，采用耐火极限不低于 2.00h 的隔墙和 1.50h 的楼板与其他部位隔开，并直通室外。

3）建筑消防设计

1 栋美术馆和艺术中心耐火等级为一级，2 栋室外剧场耐火等级为二级，地下室耐火等级为一级。

（1）防火分区划分

本工程根据各部分功能不同，采取不同面积标准的防火分区（图 7.6-11，图 7.6-12；表 7.6-2，表 7.6-3）。

337

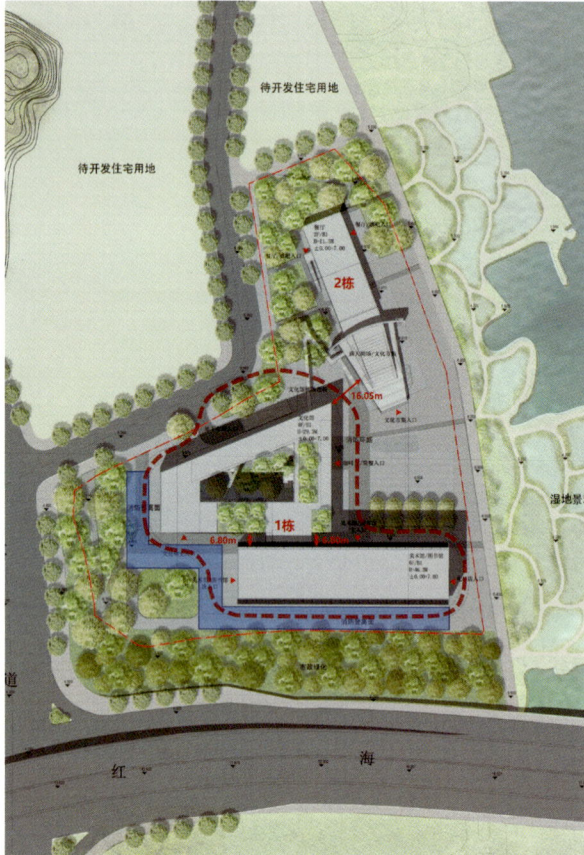

图 7.6-10　消防总平面示意图

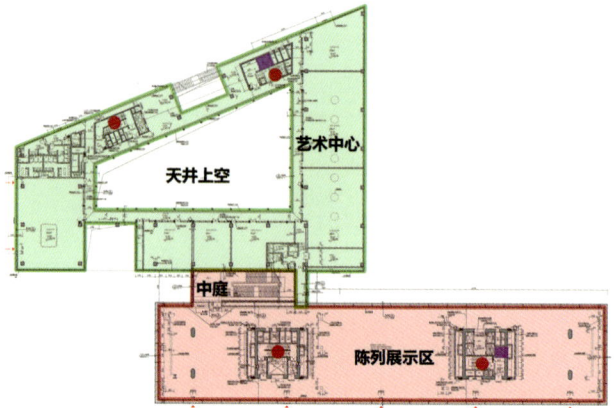

图 7.6-12　四层防火分区示意图

地上部分防火分区最大允许建筑面积

表 7.6-2

建筑功能	防火分区最大允许建筑面积
美术馆大厅、陈列展览区、阅览室、艺术中心、室外剧场	根据《建筑设计防火规范》（2018版）第 5.3.1 条规定≤3000m²

地下室防火分区最大允许建筑面积

表 7.6-3

建筑功能	防火分区最大允许建筑面积
地下充电汽车库	根据《电动汽车分散充电设施工程技术标准》GB/T 51313—2018，地下室按每个防火分区≤4000m²，并在设置充电基础设施的区域划分防火单元，每个防火单元建筑面积不大于1000m²，防火单元内的行车通道采用具有停滞功能的特级防火卷帘
地下文化中心配套用房、美术馆配套用房	根据《建筑设计防火规范》GB 50016—2014（2018版）第 5.3.1 条规定≤1000m²
地下设备用房	根据《建筑设计防火规范》GB 50016—2014（2018版）第 5.3.1 条规定≤2000m²
地下普通停车库	根据《汽车库、修车库、停车场设计防火规范》GB 50067—2014 第 5.1.1 条及第 5.1.2 条规定≤4000m²

（2）疏散宽度计算（表 7.6-4，表 7.6-5）

美术馆与艺术中心疏散人数计算取值

表 7.6-4

房间名称	取值	规范依据
陈列展厅区（艺术类）	0.23 人/m²	《博物馆建筑设计规范》JGJ 66—2015 第 4.2.5 条
艺术家工作室、配套办公	6.00m²/人	按《办公建筑设计标准》JGJ/T 67—2019 第 4.2.3 条
艺术家工坊	2.80m²/人	按《文化馆建筑设计规》JGJ/T 41—2014 第 4.2.11 条"美术教室"取值

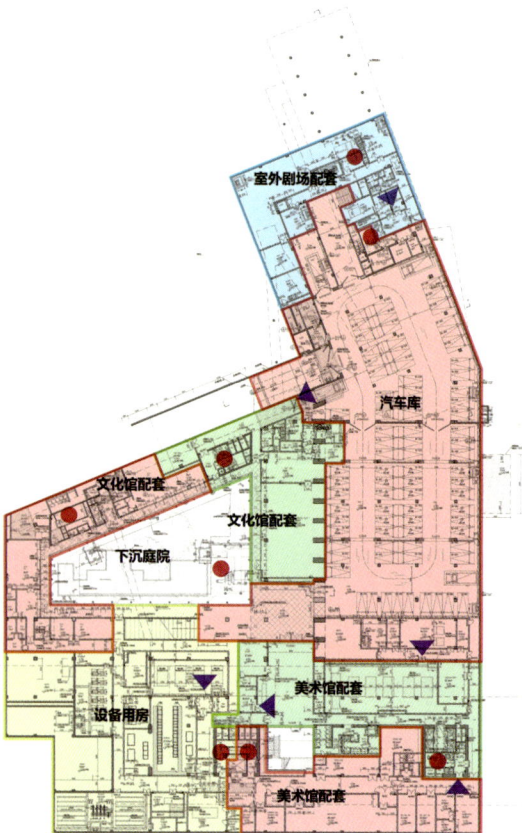

图 7.6-11　地下一层防火分区示意图

续表

房间名称	取值	规范依据
排练厅	6.00m²/人	《文化馆建筑设计规范》JGJ/T 41—2014 第4.2.9条
后勤用房（库房）	9.00m²/人	按《办公建筑设计标准》JGJ/T 67—2019 第5.0.3条"办公"
多功能厅	固定人数的1.1倍	《建筑设计防火规范》GB 50016—2014（2018年版）第5.5.21条

室外剧场疏散人数计算取值　表7.6-5

房间名称	取值	规范依据
餐厅	1.30m²/人	《饮食建筑设计规范》JGJ 64—2017 第4.1.2条
文化市集	0.43人/m²	按《建筑设计防火规范》GB 50016—2014（2018年版）第5.5.21条表5.5.21-2"商业"取值
室外剧场	固定人数的1.1倍	《建筑设计防火规范》GB 50016—2014（2018年版）第5.5.21条

楼梯疏散宽度（m/百人）的指标根据《建筑设计防火规范》GB 50016—2014（2018年版）第5.5.21条表5.5.21-1的规定计算确定。

4）消防设计难点

美术馆为展陈类高大空间，火灾时易产生烟囱效应，火势容易蔓延，建筑内部一旦发生火灾，凭借外部的消防手段来扑灭将比较困难。建筑消防设计成功与否，将直接影响整个工程的投资成本和安全使用，因此消防设计也成为建筑设计的关键。

本工程的设计难点有以下几个方面：

（1）首层为架空层，部分直通室外的疏散楼梯需经过架空层再疏散至室外；

（2）艺术中心外廊采用的玻璃砖，需满足疏散走道1.00h耐火极限要求；

（3）美术馆外墙为双层幕墙，为满足方案效果，两层墙体之间为通高幕墙，层间防火封堵节点设计需满足相应耐火极限要求（图7.6-13）。

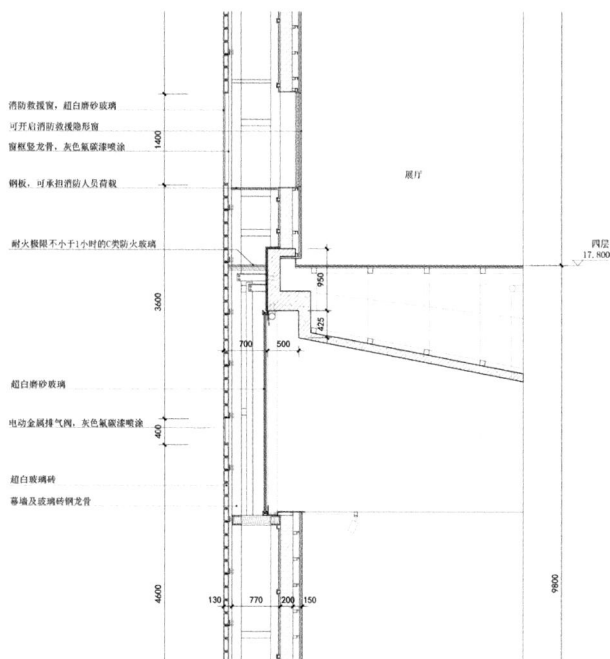

图7.6-13　防火封堵节点

5）消防设计目标

遵循"预防为主，防消结合"的消防方针，尽量提高建筑的自防自救能力，采取可靠的防火措施，做到安全适用、技术先进、经济合理。

做到早期预警，当灾害发生时，尽可能快地通知在场的人员并确保其安全快捷地疏散；将火灾扑灭在初期阶段，利用自动喷水系统扑灭或阻止某一分区的火势向其他分区蔓延。

尽量避免发生火灾后火灾和烟气在建筑内部的蔓延，防火分区的合理划分成为阻挡火势蔓延的有力措施。

7.7　南海文化中心

深圳华森建筑与工程设计顾问有限公司　史　旭　郭智敏　刘维翰

7.7.1　项目概况

建设单位：佛山市南海有为百越文化有限公司

建筑方案设计单位：贝氏建筑事务所

设计单位：深圳华森建筑与工程设计顾问有限公司

施工单位：上海建工集团股份有限公司

设计时间：2019年4月～2021年7月

1）基地位置

本项目建设地点位于佛山市南海区中轴线核心地段，项目北至海五路，南至海四路，西接南六路，东临千灯湖公园（图7.7-1，图7.7-2）。

用地南北纵深约400m，东西宽约150m，地势平坦。

图 7.7-1　项目东南角鸟瞰图

340

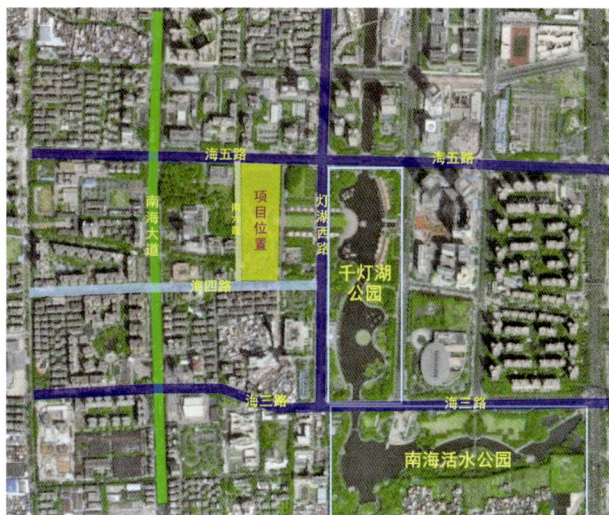

图 7.7-2 基地位置

美术馆
高度：42m
面积：7292.54m²
耐火等级：一级

科技馆
高度：52m
面积：28755m²
耐火等级：一级

非遗文创馆
高度：32m
面积：4509.49m²
耐火等级：一级

图书馆
高度：47m
面积：18390.89m²
耐火等级：一级

裙房（文化活动中心）
高度：20.9m
面积：39364.91m²
耐火等级：一级

图 7.7-3 总体布局及周边环境

2）项目定位

本项目拟建成一座高标准、多功能的文化中心，是集科技馆、图书馆、美术馆、非遗文创馆、文化馆、青少年宫等六大功能为一体的大型文化综合体项目（图 7.7-3）。作为活跃佛山文化事业，促进社会经济发展，满足人民精神文明建设的重要基础设施，定位为"佛山市南海区四大文化建筑之一"，建成后将成为南海区千灯湖中轴线上的地标性建筑。

7.7.2 设计概述

1）项目组成

规划用地面积为 55806.4m²，总建筑面积为

169561.42m²。其中，地下室建筑面积为 72107.65m²；计容面积为 94417.46m²，基底面积为 27026.53m²。

整体建筑包括 2 层地下室（埋深 10m）、科技馆（建筑高度 52m）、图书馆（建筑高度 47m）、美术馆（建筑高度 42m）、非遗文创馆（建筑高度 32m），裙房功能为文化馆及青少年宫（建筑高度 20.9m）。

2）总体布局及功能组成

科技馆、图书馆位于基地北侧及东侧，与千灯湖公园自然景观相望；美术馆、非遗文创馆沿基地西侧及南侧布置，裙房二层架空为市民广场，贯穿 4 馆，形成既独立又相互联系的总图布局关系（图 7.7-4）。

图 7.7-4 二层架空市民广场效果

图 7.7-5　千灯湖广场东侧效果图

本项目屋面种植绿化，打造绿色的城市第五立面效果。

3）功能组成

文化中心地上部分由科技馆、图书馆、美术馆、非遗文创馆、文化馆、青少年宫组成。

地下室为 2 层：

地下二层功能包括：篮球训练馆及其前厅、综合表演厅、后台及化妆休息、舞台装卸及仓库、设备机房、机动车库、充电桩机动车库。车库部分战时为人防工程。

地下一层功能包括：综合表演厅及前厅、功能区域大堂、运动健身休闲、餐饮商业、美术展品后勤修缮、图书馆后勤分拣加工、设备机房、机动车库、非机动车停车区。

4）立面设计

利用三角形的几何形体进行穿插、叠加，体现出现代、简洁的立面形象。以日照环境及空间使用功能为本项目立面设计主导，塔楼折板型立面开口朝向根据日照角度，以偏北向非直射光线开口为主采光形式。折板单元由上往下分别以 6m、3 m、1.5m 逐渐缩进，回应主要开敞展示公共空间设置于较高楼层，有较大面积开窗亦有较佳视野的使用需求。塔楼区域在连接回廊区域有自遮阳，采用较大面积开窗。反之，无回廊区域采用较小面积开窗，皆为考虑供公众使用建筑功能需要的自然光线，但又需避免阳光直射的设计手法。外观效果如图 7.7-5 所示。

5）主要技术经济指标（表 7.7-1）

建筑特征及主要技术经济指标　　表 7.7-1

指标 \ 楼栋	文化建筑综合体	地下室
建筑性质	高层文化建筑	停车库
主要功能	图书阅览、艺术展览、科技展览、文化活动、青少年活动	停车、餐饮、体育休闲、表演、设备机房等
设计使用年限	50 年	
建筑类别	一类	
建筑耐火等级	一级	
结构类型	框架剪力墙及钢结构	
抗震设防烈度	7 度	
人防工程等级	甲类，核 6 级常 6 级、核 5 级常 5 级（专业队、人防电站）	
层数	地上 8 层	地下 2 层
主要层高	5.2m	5.8m/4.2m
建筑高度	52m	10m
建筑面积	97453.77m²	72107.65m²
建筑密度	48.46%	
停车位（地上 / 地下）	10/694	

7.7.3　消防设计依据

1）消防设计特点

本项目为大型文化综合建筑，建筑规模大、建筑功能多样、功能分布及内部空间复杂、适用规范种类繁多，是项目消防设计的特点和难点。

地下建筑功能涵盖餐饮、体育休闲、观演、剧场、车库等功能。地上建筑功能涵盖科技展览、图书阅览、美术展览、非遗文创、文化活动、青少年活动等六大建筑功能类型。

2）消防设计依据

截至 2021 年 9 月，本项目消防设计依据的是国家现行有关建筑防火设计规范，主要防火设计规范见表 7.7-2。

项目主要依据的防火设计规范　表 7.7-2

规范名称
《建筑设计防火规范》GB 50016—2014（2018 版）
《民用建筑设计统一标准》GB 50352—2019
《饮食建筑设计标准》JGJ 64—2017
《商店建筑设计规范》JGJ 48—2014
《体育建筑设计规范》JGJ 31—2003
《办公建筑设计规范》JGJ/T 67—2019
《剧场建筑设计规范》JGJ 57—2016
《博物馆建筑设计规范》JGJ 66—2015
《文化馆建筑设计规范》JGJ/T 41—2014
《图书馆建筑设计规范》JGJ 38—2015
《汽车库、修车库、停车场设计防火规范》GB 50067—2014
《电动汽车分散充电设施工程技术标准》GB/T 51313—2018
《电动汽车充电基础设施建设技术规程》（广东省标准）DBJ/T 15—150—2018
《人民防空工程设计防火规范》GB 50098—2009
《建筑内部装修设计防火规范》GB 50222—2017
《自动喷水灭火系统设计规范》GB 50084—2017
《消防给水及消火栓系统技术规范》GB 50974—2014
《泡沫灭火系统设计规范》GB 50151—2010
《大空间智能型主动喷水灭火系统技术规程》CECS 263：02009
《气体灭火系统设计规范》GB 50370—2005
《建筑灭火器配置设计规范》GB 50140—2005
《火灾自动报警系统设计规范》GB 50116—2013
《消防应急照明和疏散指示系统技术标准》GB 51309—2018
《建筑防烟排烟系统技术标准》GB 51251—2017

7.7.4　消防设计

1）总平面消防设计

（1）周围环境

本项目建筑主体与南、北侧建筑间距均超过 30m；东、西侧均为公园用地。附近无仓库、储罐等火灾危险性建筑。

（2）建筑间距

本项目建筑与周围建筑间距远超 13m；塔楼之间建筑间距均大于 13m，满足规范要求。

（3）消防车道

基地内在建筑周边设置宽度不小于 4m 的环形消防车道，转弯半径不小于 12m，消防车道无需穿越建筑物；消防车出入口位于基地西侧。

（4）登高操作场地

消防登高场地设于四栋塔楼的长边，总长度合计大于建筑周长的 1/4 并大于一个长边长度。

登高场地距离建筑均大于等于 5m，每段场地的长度和宽度分别大于等于 15m（20m）、10m。

在消防救援场地对应范围内，均设置了直通室外的楼梯或直通楼梯间的入口。

各栋塔楼的消防登高救援场地位置见图 7.7-6 所示。

（5）消防救援窗

在消防登高操作场地相对应的范围内，每层临外墙的防火分区均设有两个间距不超过 20m 的消防救援窗。

救援窗均通向室内公共区域。

2）建筑消防设计

（1）防火分区

本工程根据各部分功能不同，采取不同面积标准的防火分区；除楼梯间及部分设备间外，各部分空间均设置自动灭火系统。

地上部分

a. 展览空间部分：防火分区最大允许建筑面积，见表 7.7-3。

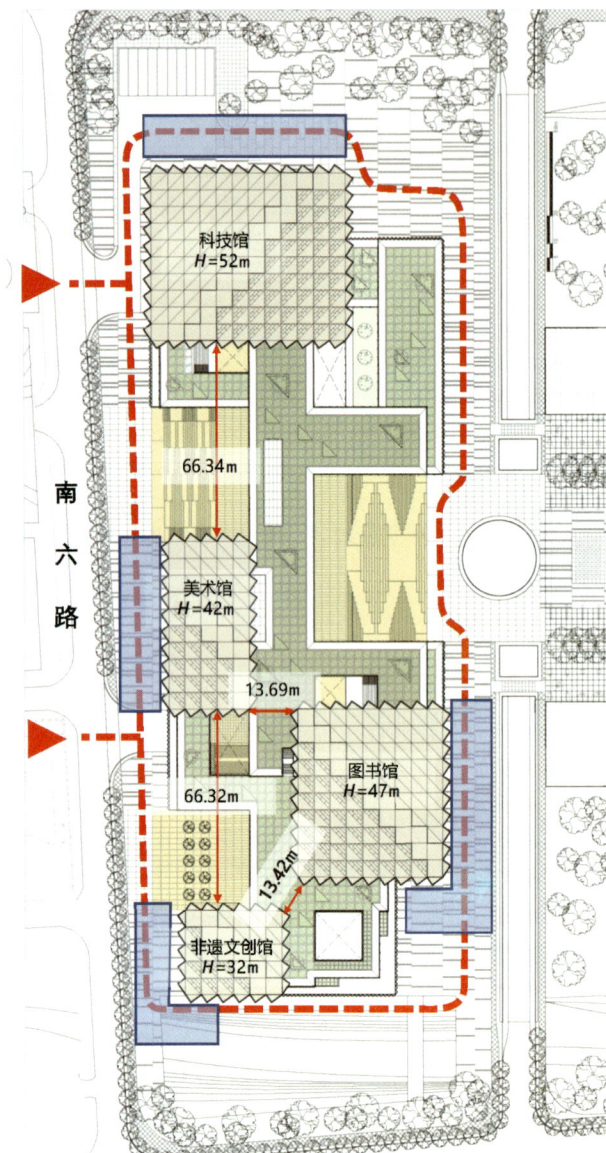

图 7.7-6　消防总平面示意图

商业部分防火分区设置标准　　表 7.7-3

建筑功能	防火分区最大允许建筑面积
科技馆	根据《博物馆建筑设计规范》JGJ 66—2015 第 7.2.3 条规定 ≤ 4000m²
美术馆、非遗馆	根据《博物馆建筑设计规范》JGJ 66—2015 第 7.2.3 条规定 ≤ 3000m²
文化馆裙房	根据《建筑设计防火规范》GB 50016—2014（2018 版）5.3.1 规定 ≤ 3000m²
图书馆	根据《图书馆建筑设计规范》JGJ 38—2015 第 6.1.1 条及第 6.2.4 条规定 ≤ 3000m²

　　b.科技馆公共交通（中庭）部分：一~八层为通高的高大空间，中庭面积 11060m²，主要功能为一层至八层的垂直交通。科技馆剖面关系如

图 7.7-7、图 7.7-8 所示。

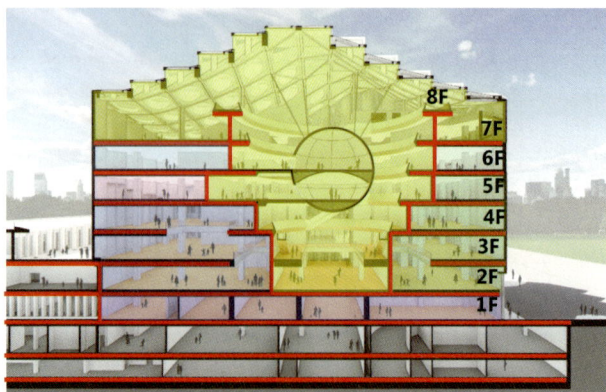

图 7.7-7　科技馆中庭防火分区示意图

图 7.7-8　科技馆中庭空间模型

　　防火分区分隔措施：中庭与周围连通空间均采用耐火极限不低于 1.00h 的防火隔墙、耐火极限不低于 3.00h 的防火卷帘以及火灾时能自行关闭的甲级防火门窗进行防火分隔，中庭回廊内全部设置自动喷水灭火系统和火灾自动报警系统，中庭设置排烟设施且不布置可燃物。

　　c.图书馆五层至七层：由于建筑屋面为类坡屋面造型，且最高点处高度达 15m，无法在屋顶处安装防火卷帘；同时图书馆五层至七层室内为退台造型，空间上无法完全隔断，因此，七层阅览区及竖向交通核心部分为独立防火分区，五层至七层其余部分划分为一个防火分区，防火分区面积 2854m²，七层独立防火分区与五、六层防火分区采用 1.00h 的防火玻璃及 2.00h 的防护冷却系统。如图 7.7-9、图 7.7-10 所示。

　　d.美术馆展览部分：美术馆在一层至四层考虑为艺术展览的可能性，做了局部挑高的设计。在防火设计上，将一、二层，三、四层设计为两个防火分区，更加契合未来美术馆的使用需求和方案的设计理念，如图 7.7-11、图 7.7-12 所示。

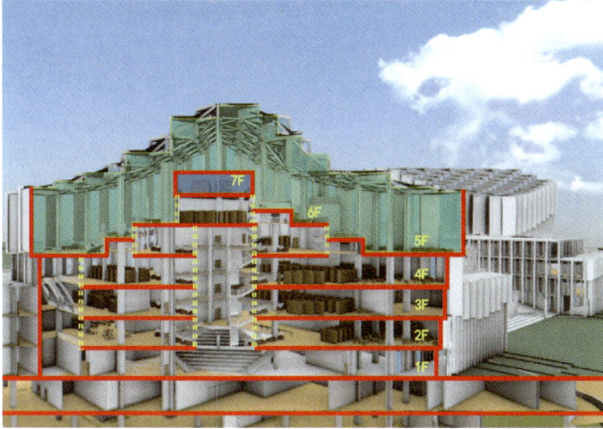

图 7.7-9 图书馆五至七层防火分区示意图

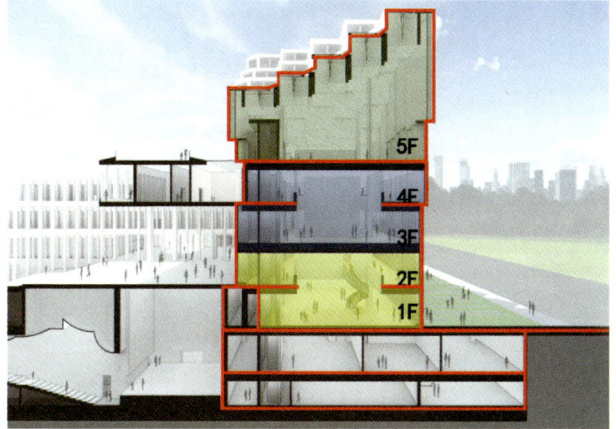

图 7.7-11 美术馆防火分区示意图

图 7.7-10 图书馆五层至七层空间模型

图 7.7-12 美术馆室内挑高空间模型

地下室（表 7.7-4）

地下室防火分区最大允许建筑面积 表 7.7-4

建筑功能	防火分区最大允许建筑面积
充电汽车库	根据《电动汽车充电基础设施建设技术规程》（广东省标准）第 4.9.3 条规定≤2000m² 设置防火单元，每个防火单元内停车数量不超过 20 辆
地下图书加工后勤区	根据《图书馆建筑设计规范》JGJ 38—2015 第 6.1.1、6.2.2 条规定≤600m²
剧场、餐饮商业、休闲运动	根据《建筑设计防火规范》GB 50016—2014（2018版）第 5.3.1 条规定≤1000m²
普通停车库	根据《汽车库、修车库、停车场设计防火规范》GB 50067—2014 第 5.1.1、5.1.2 条规定≤4000m²
设备机房	根据《建筑设计防火规范》GB 50016—2014（2018版）第 5.3.1 条规定≤2000m²

防火分区分隔措施：采用防火墙、特级防火卷帘（耐火极限 3.00h）、甲级防火门等方式分隔。

（2）防烟分区

每个防烟分区面积根据净高确定，满足《建筑排烟防烟系统技术标准》GB 51251—2017 要求。设置排烟设施的走道、净高不超过 6.0m 的房间，采用自动挡烟垂壁、隔墙或从顶棚下突出不小于 0.5m 的梁划分防烟分区。

防烟楼梯间均采用机械排烟方式。

（3）安全疏散

地上展览部分（科技馆、非遗文创馆、美术馆）

a. 疏散宽度

·科技馆陈列展览部分根据《博物馆建筑设计规范》JGJ 66—2015 第 7.2.4 条规定按展览厅内的峰值人员数量计算楼梯宽度。

展览部分疏散楼梯宽度＝展厅总面积 × 展厅观众高峰密度取值 K（人 /m²）× 每 100 人最小疏散宽度 1.0（m/ 百人）×0.01。

首层临时展览区根据《博物馆建筑设计规范》JGJ 66—2015 表 4.2.5 中临时展厅布置取值：$K = 0.34$ 人 /m²；

二至六层常设展区根据《科学技术馆建设标准》第二十四条规定取值：$K = 0.25$ 人 /m²。

·美术馆展览区根据《博物馆建筑设计规范》JGJ 66—2015 表 4.2.5 中沿墙、岛式混合布置取值：

$K = 0.28$ 人 $/m^2$；

· 非遗文创馆根据《博物馆建筑设计规范》JGJ 66—2015 表 4.2.5 中临时展厅布置取值：$K = 0.34$ 人 $/m^2$；

· 科技馆中庭交通区域根据《办公建筑设计标准》JGJ/T 67—2019 第 5.0.3 条规定确定，取值 0.11 人 $/m^2$。

· 首层科学实验室参考《中小学校设计规范》GB 50099—2011 表 7.1.1 中综合实验室取值 0.35 人 $/m^2$。

· 办公空间根据《办公建筑设计标准》JGJ/T 67—2019 第 4.2.3 条第 6 款规定确定，取值 0.17 人 $/m^2$。

b. 安全出口形式：防烟楼梯间。

c. 安全出口数量：每个防火分区均不少于 2 个，相邻两个疏散门最近边缘之间的水平距离均大于等于 5m。

d. 排烟方式：机械排烟设施。

e. 疏散距离：开敞空间内任一点到最近的疏散楼梯间的直线距离小于等于 37.5m。房间内任一点至疏散门的直线距离小于等于 37.5m。

f. 首层出口：各疏散楼梯在一层均直通室外，或通过不超 20m 的外廊再通向室外；外门的总宽度由每层需疏散的最大人数计算确定。

图书馆

a. 疏散宽度

图书馆根据《图书馆建筑设计规范》JGJ 38—2015 第 4.3.14 条及附录 B 中各空间面积计算指标计算楼梯宽度（表 7.7-5）。

图书馆各房间的取值标准　表 7.7-5

房间名称	取值 /（人 $/m^2$）
读书驿站、市民学习中心、普通阅览区、报刊阅览区	0.44
视障阅览区、多媒体阅览区	0.29
儿童图书区	0.56
办公室	0.17

房间疏散宽度 = 房间面积 × 面积计算指标取值 K（人 $/m^2$）× 每 100 人最小疏散宽度 1.0（m/ 百人）×0.01。

交通服务空间根据《办公建筑设计标准》JGJ/T 67—2019 第 5.0.3 条规定确定，取值 0.11 人 $/m^2$。

b. 安全出口形式及安全出口数量布置与地上展览馆布置一致。

c. 排烟方式

图书馆设计以大空间为主，且五层至七层为层层退台的平面设计，因此较难布置较大的排烟机房、竖井。经过多方案比选后，最终一层至三层以及四层局部空间因外立面开窗面积较少，自然排烟条件不足，设置为机械排烟，其他区域均为自然排烟。其中五层至七层的净高均超过 6m，因此该区域电动排烟窗总面积为 156.42m²，满足《建筑防烟排烟系统技术标准》GB 51251—2017 要求。

d. 疏散距离

开敞空间内任一点到最近的疏散楼梯间的直线距离小于等于 37.5m。

e. 首层出口

本项目首层占地面积及平面进深较大，部分楼梯疏散至首层后直通室外的距离超过规范规定。本项目采用设置前室连接后进入避难走道通向室外疏散的方式解决。避难走道设置满足《建筑设计防火规范》GB 50016—2014（2018 年版）第 6.4.14 的相关规定（图 7.7-13）。

文化馆裙房

a. 疏散宽度

文化馆根据《文化馆建筑设计规范》JGJ/T 41—2014 中第 4.2 条各空间面积设计计算指标计算楼梯宽度（表 7.7-6）。

文化馆各房间的取值标准　表 7.7-6

房间名称	取值 /（人 $/m^2$）
文化活动用房、科技类用房	0.36
钢琴房、舞蹈合唱教室、体育类用房	0.17
办公室	0.17

房间疏散宽度 = 房间面积 × 面积计算指标取值 K（人 $/m^2$）× 每 100 人最小疏散宽度 1.0（m/ 百人）×0.01。

多功能室根据《建筑设计防火规范》GB 50016—2014（2018 年版）第 5.5.21 条第 5 条规定，按照固定座位 1.1 倍设置。

交通服务空间根据《办公建筑设计标准》JGJ/T

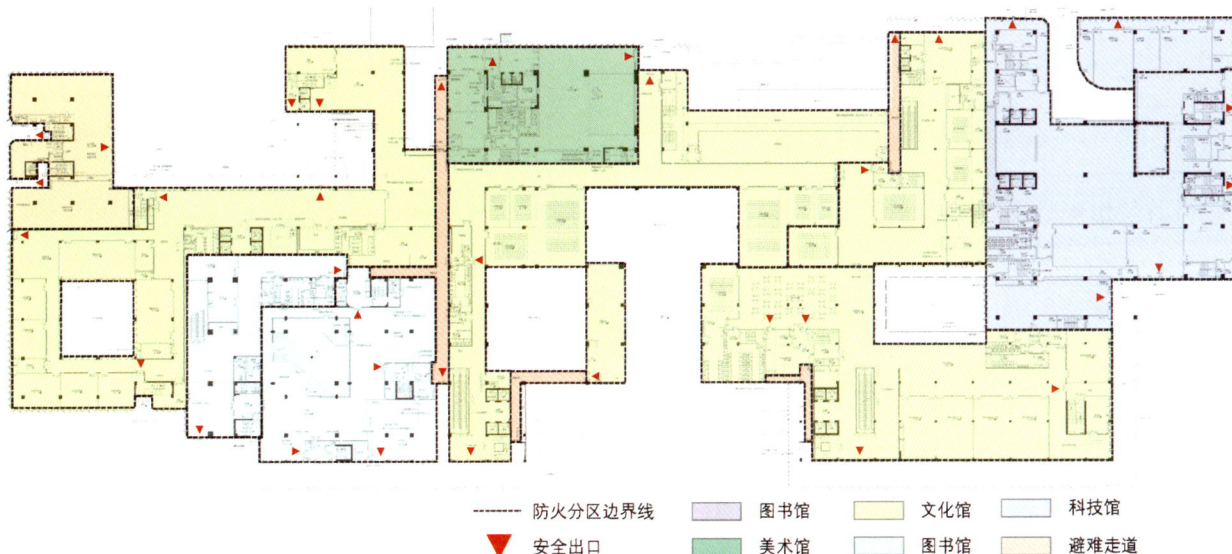

图 7.7-13 首层消防设计平面图

67—2019 第 5.0.3 条规定确定，取值 0.11 人 /m²。

b. 安全出口形式：封闭楼梯间。

c. 安全出口数量：每个防火分区均不少于 2 个，相邻两个疏散门最近边缘之间的水平距离均大于等于 5m。

d. 排烟方式：机械排烟设施。

e. 疏散距离：开敞空间内任一点到最近的疏散楼梯间的直线距离小于等于 37.5m。

f. 首层出口：各疏散楼梯均直通室外，外门的总宽度由每层需疏散的最大人数计算确定。

地下部分

a. 疏散宽度

• 餐饮部分按防火分区内的人员数量计算楼梯宽度。

餐饮部分疏散楼梯宽度＝防火分区面积 × 人员密度 0.6（人 /m²）× 每 100 人最小疏散宽度 1（m/百人）×0.01。

• 水疗、健身休闲、篮球训练场按最大使用人数计算楼梯宽度。

• 剧场空间根据《建筑设计防火规范》GB 50016—2014（2018 年版）第 5.5.21 条的要求按固定座位数 1.1 倍计算疏散人数；剧场前厅按座位数 20% 计算疏散人数；剧场后台区按座位数 10% 的 1.1 倍计算疏散人数，根据三者之和的总使用人数计算楼梯宽度。

b. 安全出口形式：封闭楼梯间、直通室外下沉广场。

c. 安全出口数量：每个防火分区均不少于 2 个，相邻两个疏散门最近边缘之间的水平距离均大于等于 5m。

d. 排烟方式：机械排烟设施。

e. 疏散距离：根据《建筑设计防火规范》GB 50016—2014（2018 年版）表 5.5.17 中其他建筑规定：房间内任一点至疏散门的直线距离满足袋形通道两侧或尽端的疏散门至最近安全出口的直线距离的要求；根据《汽车库、修车库、停车场设计防火规范》GB 50067—2014 第 6.0.6 条：车库内最远一点至安全出口的距离小于等于 60m。

f. 篮球馆防火分区设置：

地下室从地下二层至首层设置了 3 层通高的篮球训练馆，馆内建筑面积 1522m²，根据《建筑设计防火规范》GB 50016—2014（2018 年版）第 5.3.1 条规定，按照地下室其他功能，防火分区面积不大于 1000m² 设置为两个防火分区，同时依据第 8.3.6 条采用长度 32m 的消防水幕进行防火分隔，如图 7.7-14、图 7.7-15 所示。

（4）消防电梯

塔楼部分每个防火分区均设置有消防电梯，消防电梯均通至地上、地下各层。在首层通过长度不大于 30m 的通道直通室外消防救援场地。

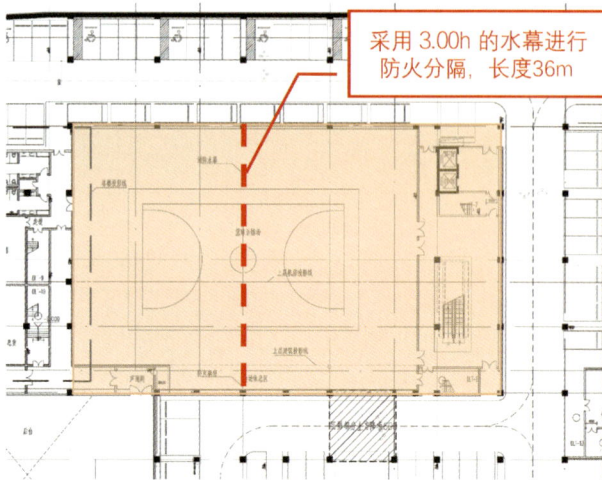

图 7.7-14 篮球训练馆防火分区平面示意图

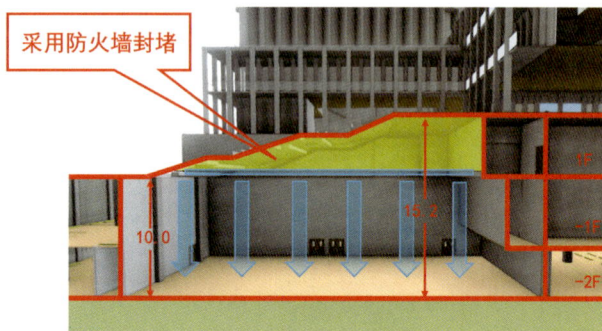

图 7.7-15 篮球训练馆防火分区剖面示意图

消防电梯的载重量均不小于 800kg。从首层至顶层运行时间小于 60s。

图 7.7-16 防火构造示意图

（5）主要构造防火措施

经节能计算，地上部分需采用 110mm 厚岩棉作为外墙外保温层，达到 A 级耐火极限要求，如图 7.7-16 所示。

7.7.5 结语

建筑消防设计是在火灾发生时保障人民群众生命安全的重要措施。本项目建筑规模大，服务人群范围广泛，建筑功能分布及内部空间复杂，适用规范种类繁多，形成了消防设计的特点和难点。该项目对于大型文化综合建筑的消防设计具有一定的参考价值。

8

综 合 医 院

8.1 综论

深圳市建筑设计研究总院有限公司 章海峰 侯 军 王丽娟 甘雪森 吴莲花 刘建新
（以下8.2、8.3、8.4章节作者均同此）

8.1.1 国内外医院建筑发展背景

医院建筑是一种综合性建筑，其特殊性来自医疗体系所具有的专业性、多样性和复杂性。目前，我国医疗事业蓬勃发展，除大量新建综合医院、专科医院之外，既有医院也正在进行不同程度的改造和扩建。许多经过改造和扩建后的医院，医疗服务环境得到改善，其中不乏成功的范例，但同时也存在较多问题。长期以来，不管是新建还是改扩建，负责医院改扩建的管理者普遍重治疗、轻康复，重医疗技术、设备而忽略人性化的室内环境，医院设计人员则重规范、轻个性，其局限便是建筑风格单一、色调单调、空间拮据、环境嘈杂、绿化偏少。同时，相较于其他公共建筑，随着医疗技术的不断进步、诊疗设备的不断更新、附加服务的不断增加，医院的功能仍在进一步扩展，使得医院建筑成为所有公共建筑中最难把握和难寻规律的复杂建筑类型。

1）蓬勃发展期

近年来，随着我国城市化水平的提高，城市人口高度聚集，医疗资源也随之高度聚集；全民医保的医疗政策促进了医疗行业的蓬勃发展。

诸如香港大学深圳医院（图8.1-1）类型的超大规模医院一般集中了区域的优质医疗资源，有着完善的医疗服务体系，包括医疗前端的健康产业、终端的综合医疗和专科医院，以及医疗后端的老年照护和特需医疗，组成一个具有整体服务功能的"医疗城"，实现从出生到临终的"一站式"服务。超大型综合医院能集中区域的优质医疗资源，成为区域的医疗、教学、康复中心。同时也因为具有庞大的医疗体系及后勤服务体系，其设计的复杂程度较高。如何解决医院与城市的关系、医院内部布局、医疗流程的优化以及医院的发展等问题，贯穿医院从策划到运营的全过程。

图 8.1-1 香港大学深圳医院夜景

2）技术规范集中更新时期

从2009年至今，国内包括《综合医院建设标准》《综合医院建筑设计规范》《建筑设计防火规范》等在内的建筑设计及工程规范大量更新，使得医疗建筑设计更加规范化。

3）稳定发展时间

截至2021年初，据不完全资料显示，我国的超大规模医院建设方兴未艾，尤其是2020年初世界范围的新冠肺炎疫情暴露了我国的医疗体系尚存在很大短板。不管是否最终施工建造，国内已规划设计的大量的超大规模医院建筑设计服务正在深入而广泛的实践中。

8.1.2 医疗建筑的消防特点

1）疏散困难，疏散时间长

医疗建筑内的大多数人员行为能力受限，比一般的公共建筑火灾危险性高。一是疏散到地面或其他安全场所时间长；二是较高的密集度；三是发生火灾时，火势、烟气蔓延速度快，非健康人员集中且行动缓慢，这些都增加了疏散的难度。

2）高火灾负荷，火势蔓延快

建筑内的楼梯间、电梯井道、物流传输设备管井、机电设备管井、风道、烟道等各种竖向、水平管井多，如果防火分隔及封堵处理不好，发生火灾时这些贯通的竖井、水平管道就成为火灾迅速蔓延的途径。同时设置在建筑内的精密医疗设备和机电设备多，很容易引起火灾。建筑室内空间复杂多样，医疗流程各具特色，火灾烟气控制难度大。

3）医院建筑的空间环境特点

（1）医院门诊楼、病房楼为人员密集场所，其中部分人员为非健康人群，有身体虚弱者（行动缓慢，反应迟钝）、残疾人（行动需辅助设施）、重症患者（卧床不起，需要辅助疏散，如担架、轮椅

等），部分为健康人群，有孕妇、儿童（感知弱、行动缓慢），有探视、陪同及医院来院人员（对医院环境不熟悉），有医务人员及医院工作者（承担引导、辅助、疏散病人职责）。

（2）为复杂的人群高度密集场所。分别集中在主入口大厅、医疗空间、收费挂号取药、门诊候诊空间、治疗区域、探视时间的住院病房等。

（3）有贵重医疗仪器、大型医疗设备、贵重药品等，易产生重大经济损失。

（4）有危害的场所，包括放射科、放疗、核医学、化验室、病理实验室、感染科、氧气站、垃圾站、污水处理站及其他高温类等有害场所。

（5）有害物质的场所，有化学品、麻醉药品、腐蚀药品、有毒物品、易燃易爆物品（酒精、氧罐等）、易感染废弃物、太平间等。

（6）有限制性的场所，有手术室、ICU、消毒供应中心等净化区、药库、药房、制剂中心等。

（7）复杂的交通流线，患者通道、医护通道、急救通道、厨房货物通道、洁净通道、污物通道等。

4）建筑等级耐火等级

根据《建筑设计防火规范》GB 50016—2014（2018年版）（以下简称《建规》），高层医疗建筑均为一类高层民用建筑，耐火等级为一级。单多层医疗建筑耐火等级不应低于二级。

5）典型案例

以下选择3所具有典型意义的超大规模综合医院，通过阐述设计过程所遇特殊消防问题的解决方法，诠释如何灵活运用设计规范的技巧与经验，供同行们参考。

（1）浙江大学邵逸夫医院绍兴院区项目

本项目是一次性规划设计、一次性建设的大型综合医院。最高住院楼为17层，高度83.50m，门诊、医技地上4层，地下1层，局部设备房2层，是拥有2000张病床规模的超大型综合医院。该项目于2021年初开工建设，计划2024年底竣工使用，根据现行《建规》设计（图8.1-2）。

图 8.1-2 浙江大学邵逸夫医院绍兴院区

（2）香港大学深圳医院（原深圳市滨海医院）一二期项目

香港大学深圳医院一期工程 2000 床、建筑控制高度 30.00m，一期投入使用后，得到业内外广泛关注，经过长期的使用验证，项目的方案设计及消防设计均受到肯定，荣获多项国家级大奖。二期工程 1000 床，建筑高度控制 35.00m。建成后总住院床位达到 3000 床，属于超大规模的综合医院。

一期工程 2012 年 7 月竣工，二期工程 2021 年完成施工图设计，并于同年 8 月开工建设，计划 2024 年底竣工使用。一期、二期设计跨越新、旧两版防火设计规范，一期采用旧规范《建筑设计防火规范》GB 50016—2006 设计（以下简称《建规》2006 版）和《高层民用建筑设计防火规范》GB 50045—95（2005 年版）（以下简称《高规》2005 版），二期采用现行《建规》2018 版（图 8.1-3）。

图 8.1-3 香港大学深圳医院

（3）安徽医科大学第一附属医院高新分院项目

本项目用地紧张，总体布局采用门诊、医技、住院塔楼集中式布局方式，其中双塔住院楼24层，建筑高度99.0m，门诊、医技地上5层，地下室2层，是拥有2500张病床规模的超大型综合医院，该项目于2018年初竣工投入使用，采用旧规范《建规》2006版和《高规》2005版设计（图8.1-4）。

图 8.1-4　安徽医科大学第一附属医院高新分院

8.2　浙江大学邵逸夫医院绍兴院区项目

8.2.1　项目概况

1）设计目标

本案医疗规划遵循浙大邵逸夫医院"以患者为中心"理念，致力于传统医院管理模式的变革，探索与国际接轨的"邵医模式"。浙大邵逸夫医院绍兴院区建成后将与邵逸夫医院实行同质化管理，充分体现"邵医模式"，在发展综合医疗服务的基础上，重点发挥专科特色优势，努力将其建设成为一所集中西方综合医疗服务，集医、教、研、防为一体的，覆盖全生命周期的综合性生命健康管理中心（图 8.2-1）。

2）区域位置

项目用地位于"碧波粼粼，河流蜿蜒，风景秀美"的曹娥江畔，杭州湾上虞经济技术开发区内，五星西路以北，杭甬运河以西地块。距离主城区上虞站 12km，绍兴东站 6km。

图 8.2-1　邵逸夫医院总效果图

3）项目组成

浙江大学邵逸夫医院绍兴院区项目为三级甲等综合性医院。地上建筑包含：1号楼（门诊医技楼）、2～5号楼（住院楼及裙房）、6号楼（平疫结合住院楼）、7号楼（科研教学楼）、8号楼（学术报告厅）、9号楼（行政后勤楼），以及高压氧舱、污水处理站、锅炉房、开关站配电所、液氧站、连廊等附属配套用房。

地下一层功能为医疗用房、设备机房、后勤保障系统用房及地下停车场等，地下一层设置了局部夹层污物专用通廊，局部地下二层功能为机电设备用房。

4）规划构思

以"花瓣形"为表现载体，巧妙地将建筑与环境融为一体。整个建筑造型具有滨江特色，独树一帜。建筑造型宛如一朵"盛开的兰花"，使其成为整个杭州湾的一颗璀璨明珠。

5）主要经济技术指标（表8.2-1）

主要经济技术指标　　表8.2-1

总用地面积	250亩（166667.5m²）
总建筑面积	379820.09m²
地上建筑面积	269465.07m²
地下建筑面积	110355.02m²
容积率	1.7
建筑密度	35%
绿地率	30%
建筑最大高度	83.50m
日门诊量	8000人次
规划床位数	2000床
停车位数	3000辆

8.2.2　项目进程（表8.2-2）

项目进程　　表8.2-2

重要时间节点	内容
2020.4	中标单位公示，设计单位见面会

续表

重要时间节点	内容
2020.6	一级流程设计研讨会，基本确定医院的一级流程
2020.6～8	多轮二级流程对接研讨会，直至最终定案
2020.6	交通影响评价评审会
2020.6	两次规划局专家方案设计评审会
2020.7	区规委会方案评审会，原则通过项目规划设计方案
2020.7	交通组织方案专题研讨会
2020.7	施工总承包范围研讨会，多轮室内、景观概念方案汇报会
2020.8	市规委方案设计评审会，原则通过项目规划设计方案
	多次规委会、专家评审会（含消防）
2020.8	完成初步设计
2020.10	完成主体工程施工图设计
2021.3	开工建设

8.2.3　基本消防设计

1）消防设计主要依据、建筑分类和耐火等级（表8.2-3，表8.2-4）

消防设计的主要依据　　表8.2-3

《建筑设计防火规范》GB 50016—2014（2018年版）
《汽车库、修车库、停车场设计防火规范》GB 50067—2014
《建筑内部装修设计防火规范》GB 50222—2017
《人民防空工程设计防火规范》GB 50098—2009
《综合医院建设标准》建标110—2021
《综合医院建筑设计规范》GB 51039—2014
《医院洁净手术部建筑技术规范》GB 50333—2013
《中华人民共和国工程建设标准强制性条文》2013版
《民用建筑设计统一标准》GB 50352—2019
《浙江省消防技术规范难点问题操作技术指南》（2017年修订稿）

建筑分类和耐火等级　　表8.2-4

主体建筑	建筑功能	建筑层数	建筑高度	建筑类别	耐火等级
1号楼	门诊医技楼	4层	23.80m	多层	一级
2号楼	住院楼	9层	40.50m	高层	一级

主体建筑	建筑功能	建筑层数	建筑高度	建筑类别	耐火等级
3号楼	住院楼	17层	72.50m	高层	一级
4号楼	住院楼	17层	72.50m	高层	一级
5号楼	住院楼	9层	40.50m	高层	一级
6号楼	住院楼	4层	19.40m	多层	一级
7号楼	科研教学楼	8层	37.40m	高层	一级
8号楼	学术报告厅	2层	16.30m	多层	一级
9号楼	行政后勤楼	9层	36.7m	高层	一级

地下室为一类汽车库，耐火等级一级

2）消防设计主要内容

（1）总平面图

总体建筑布局科学、功能分区合理，6号楼平疫结合住院楼与院内其他建筑及周边建筑设置大于20m绿化隔离卫生间距。

院区内洁污、医患和人车等流线组织清晰，避免交叉感染（图8.2-2）。

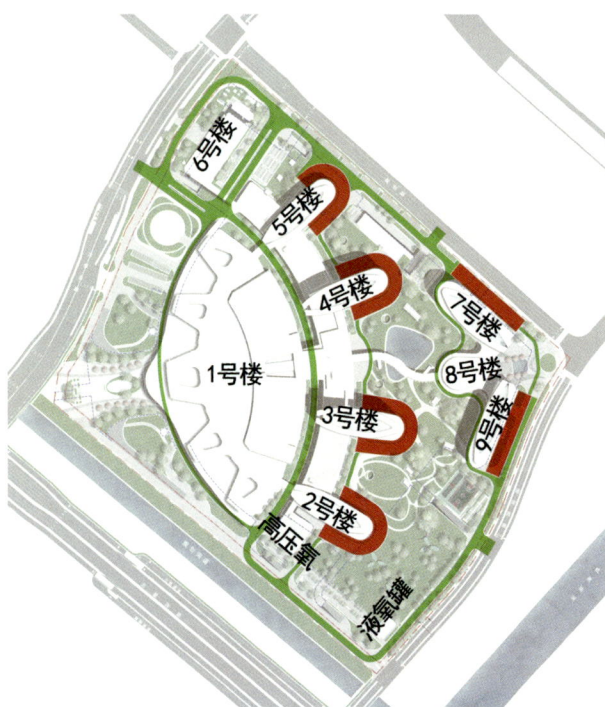

图8.2-2 总平面消防流线图

① 消防车道

基地内沿建筑周边设置环形消防车道，环形消防车道设不少于两处出口与其他车道连通。在穿过建筑物或进入建筑物内院的消防车道两侧，不设有影响消防车通行和人员安全疏散的措施。消防车道的净宽度和净空高度不小于4m；道路最小转弯半径为12m（以4m宽道路为基准），满足消防车转弯的要求；消防车道与建筑之间不设妨碍消防车操作的树木、架空管线等障碍物；消防车道靠建筑外墙一侧的边缘距离建筑外墙不宜小于5m；消防车道纵坡度不大于8%。消防车道的路面、救援操作场地、消防车道和救援操作场地下面的管道和暗沟等能承受重型消防车荷载的压力。

② 救援场地和入口

高层建筑沿一个长边或周边长度的1/4且不小于一个长边长度的底边连续布置消防登高操作场地，该范围内的裙房进深不大于4m（对高度没有要求）。

消防车登高操作场地：场地与建筑之间不设置妨碍消防车操作的树木、架空管线等障碍物和车库出入口。场地及其下面的建筑结构、管道和暗沟等能承受重型消防车的压力。场地与消防车道连通，场地靠建筑外墙一侧的边缘距离建筑外墙不宜小于5m，且不应大于10m，场地的坡度不大于3%。

③ 消防救援窗口

建筑物与消防车登高操作场地相对应的范围内，设置直通室外的楼梯或直通楼梯间的入口。在外墙每层的适当位置设置供消防救援人员进入的窗口。窗口的净高度和净宽度不应小于1.0m，下沿距室内地面不宜大于1.2m，间距不宜大于20m且每个防火分区不少于2个，位置与消防车登高操作场地相对应。窗口的玻璃易于破碎，并设置可在室外易于识别的明显标志。

（2）地下室

地下总建筑面积110355.02m²。地下一层105778.00m²，主要功能包括：放疗中心、核医学、回旋加速器、厨房、后勤指挥中心、总务库房、药库、配套服务用房、垃圾转运站、太平间等（计容）；配电房、消防水泵房等设备用房、车库、人防工程、污物走廊、污水处理池（不计容）（图8.2-3）。

局部地下二层建筑面积：4576.33m²，主要功能为设备用房。

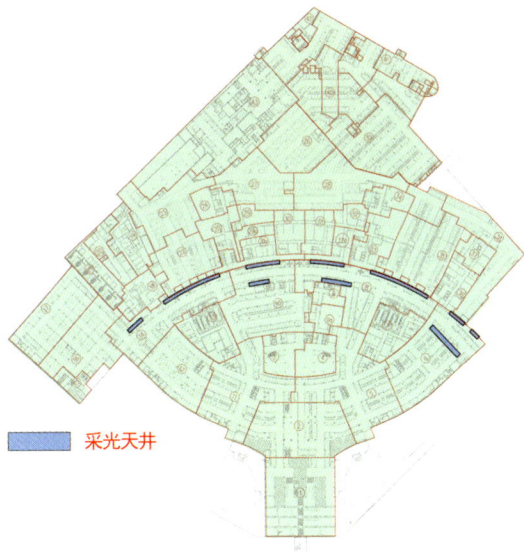

图 8.2-3 地下一层平面防火分区图

① 防火分区划分原则（建筑防火分区结合建筑布局和功能分区划分）（表 8.2-5）

防火分区划分　　　　　表 8.2-5

地下一、二层		
功能	防火分区面积	防火分区
医疗用房、药房（丙二类）、厨房、总物库房	< 1000m²	多个
设备用房	< 1000m²	多个
机械车库	< 2600m²	多个
机动车库	< 4000m²	多个
电动机动车库	< 4000m²（国标）（防火单元< 1000m²）	多个

② 安全出口设置：车库每个防火分区设两部独立疏散楼梯直通室外（特殊情况车库每个防火分区设一部独立疏散楼梯直通室外，另加一部两个防火分区共用疏散楼梯直通室外）。

防火分区面积小于 1000m² 的功能用房，每个防火分区设一部独立疏散楼梯直通室外，通往相邻防火分区的甲级防火门作为第二安全出口。

③ 消防电梯：地下室埋深大于 10m 且总建筑面积大于 3000m²，每个防火分区均设一部消防电梯，共设有 14 部。电梯每层停靠，从首层至顶层的运行时间不大于 60s，并底均设排水设施。

④ 疏散楼梯：所有疏散楼梯均为防烟楼梯间，疏散净宽度大于 1.3m，相邻防火分区共用疏散楼梯时分设前室，防火分区一侧设甲级防火门。

⑤ 采光通风消防排烟口：在门诊医技楼与住院楼之间地下一层的顶板开设采光通风消防排烟口，该开口与上部建筑开口之间的直线距离不小于 6m，且水平距离不小于 4m。

（3）1号楼

门诊医技：由门诊的五组模块与医技的二组模块组成，建筑高度 23.80m，为一类多层民用建筑，耐火等级为一级，是院区的核心部位（图 8.2-4，图 8.2-5）。主要功能如表 8.2-6。

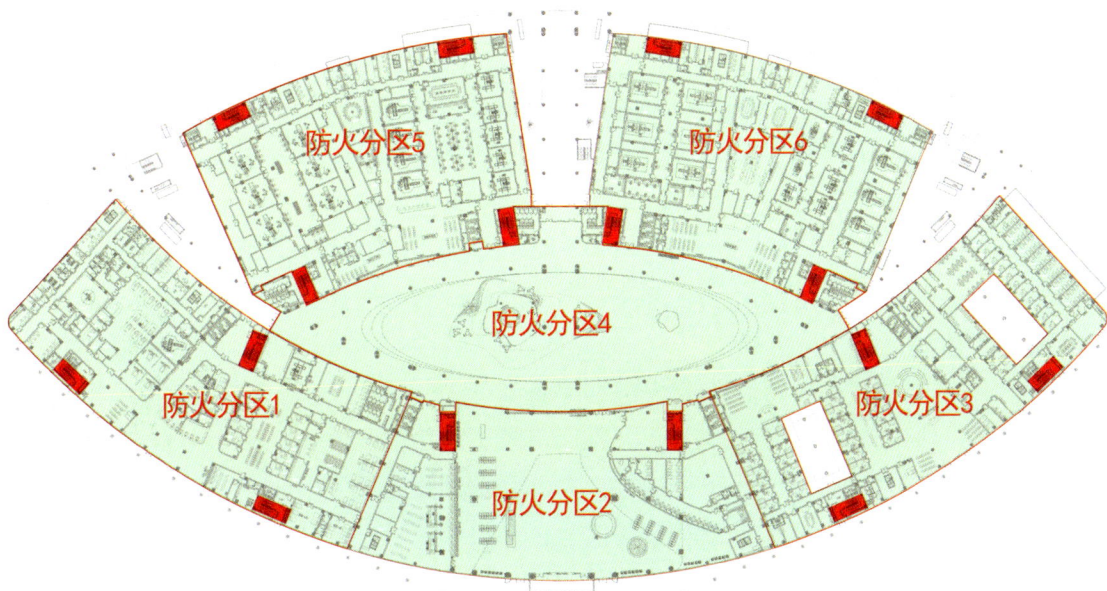

图 8.2-4 1号楼防火分区示意

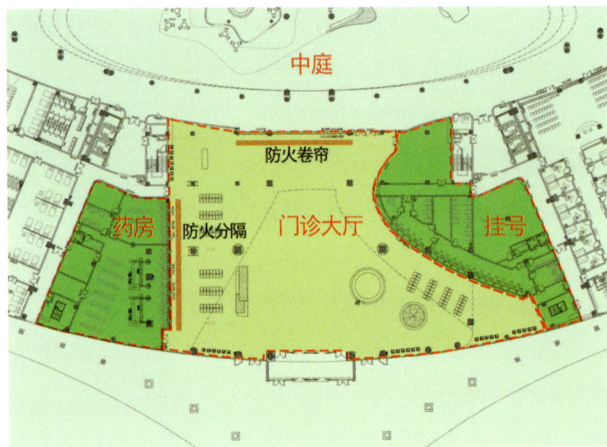

图 8.2-5 一层大堂平面图

1 号楼主要功能　　　　表 8.2-6

1 号楼（门诊医技楼）		
楼层	门诊部分	医技部分
一层	急诊急救创伤中心、挂号收费、门诊大厅、门诊药房、骨科门诊、儿科门诊	放射科、DSA 介入中心
二层	EICU、急诊病房、外科门诊、妇科门诊、配套商业	检验中心、功能检查、超声中心
三层	内分泌科、风湿免疫科、血液内科、心血管内科、呼吸内科、消化内科、特需门诊、国际诊疗中心、中医科	腔镜中心、中心供应、病理科
四层	肿瘤门诊、脑科门诊、耳鼻喉科、眼科、口腔科、整形外科、皮肤科	中心手术
五层	屋顶机房	净化机房

① 防火分区：门诊医技设置有自动灭火系统，防火分区面积按小于 5000m² 划分，位于两个安全出口之间的疏散门至最近安全出口的直线距离，袋形走道两侧或尽端的疏散门至最近安全出口的直线距离，满足《建规》2018 版第 5.3.1 条、第 5.5.17 条规定。

② 安全出口设置：每个防火分区设有不少于 2 个安全出口（疏散楼梯）。

③ 消防电梯：共设 8 部。

④ 疏散楼梯：所有疏散楼梯均为封闭楼梯间，设有楼梯加压送风。楼梯疏散净宽度大于 1.3m，每一个防火分区设有一部主楼梯宽度不小于 1.65m。

⑤ 门诊医技楼含较多不同医疗功能的区域，诸如药房、放射科、洁净手术部、检验病理等典型科室，因使用功能的不同，其火灾类别区别较大，建

筑内应各自设计为独立的防火单元，目的是将火灾影响限制在一定的区域内。针对这些典型的医技功能科室，在消防设计上采用《建规》2018 版第 6.2.2 条：

医院建筑内的手术室或手术部、产房、ICU、贵重精密医疗装备用房、储藏间、实验室、胶片室等，应采用耐火极限不低于 2.00h 的防火隔墙和 1.00h 的楼板与其他场所或部位分隔，墙上必须设置的门、窗采用乙级防火门、窗。将典型的医疗功能区域划分为若干个防火单元。

a. 门诊药房：门诊药房设置在一层面向门诊大厅，采用独立的防火单元设置。西药房设有 15.00m 长玻璃窗口，中药房设有 7.40m 长玻璃窗口。由于药房存放药品、种类相对比较多，贵重药、麻醉药、限量药等，以及易燃、易爆药品应有安全设施，药房按丙二类库房要求设置。采用耐火极限不低于 2.00h 的防火隔墙和 1.00h 的楼板，墙上设置乙级防火门、窗，发药窗口一侧设耐火极限不小于 3.00h 的防火卷帘与其他场所分隔。

b. 放射科、放疗科、核医学科、介入治疗 DSA、磁共振检查用房 MRI，即放射科内的 CT、DR，放疗科的直线加速器、核医学的 ECT、PET 等均属于贵重精密医疗装备用房。因采用的是电动屏蔽防护门，达不到防火门的耐火极限要求，所以，按功能布局将贵重精密医疗装备用房按独立区域进行防火分隔，区域边界采用耐火极限不低于 2.00h 的防火隔墙和 1.00h 的楼板，墙上设置乙级防火门、窗，与其他场所分隔。

c. 洁净手术室部：建筑面积为 10203.00m²，分为 3 个防火分区，设有火灾自动报警系统，并采用不燃或难燃材料装修，每个防火分区的面积小于 4000m²。每个防火分区分成 2 个防火单元，防火单元面积小于 2000m²，相邻防火单元之间采用耐火极限不低于 2.00h 的防火隔墙分隔，相邻防火单元连通处采用常开甲级防火门。此外，洁净手术部需设置避难间。

d. 检验科、病理科：检验科、病理科有贵重精密医疗装备用房、储藏间、实验室等，按独立的区域进行防火分隔，区域边界采用耐火极限不低于

2.00h 的防火隔墙和 1.00h 的楼板，墙上设置乙级防火门、窗与其他场所分隔。

（4）2～6号楼

住院楼2号、5号楼建筑高度40.50m，3号、4号楼建筑高度72.50m，为一类高层民用建筑，耐火等级为一级。6号楼建筑高度19.40m，为一类多层民用建筑，耐火等级为一级。主要功能如表8.2-7。

2～5号住院楼标准护理单元，每层建筑面积小于3000m²，为一个独立的防火单元，设计两部疏散楼梯，主楼梯宽度大于1.65m，设计一部消防电梯，二层以上的病房层，每个护理单元设计一间避难间，净面积不小于25m²，靠近楼梯间，采用耐火极限不低于2.00h的防火隔墙和甲级防火门与其他部位隔开（图8.2-6）。

（5）高压氧治疗中心

高压氧治疗中心建筑高度5.90m，为多层民用建筑，耐火等级为一级，三级综合医院评审标准中要求空气加压氧舱不应设置在地下室，需设置在耐火等级为一、二级的建筑内，并使用防火墙与其他部位分隔。

高压氧治疗中心与主体间距为10.0m（图8.2-7）。在满足建筑设计防火规范前提下还符合浙卫发〔2016〕43号文件：

氧舱（包括多人空气加压氧舱和单人氧气加压氧舱）建筑高压氧科（室）的整体外墙与周围建筑、设施等的间距必须满足安全要求：必须远离居

民住宅区或人员密集区、电力部门设置的变电站和小型配电箱站、非燃气锅炉房、垃圾站房、机动车停车场，且间距大于10.0m。与液氧罐的间距大于15.0m。与易燃易爆等危化品储存区、天然液化气管道、燃气锅炉房等设施的间距大于20.0m。氧舱建筑附近的地下电缆与氧气管道之间的间距大于5.0m。

2～6号楼主要功能　　表8.2-7

楼层	功能
2～5号　住院楼	
一层	高压氧治疗中心、康复中心、消控中心、入院准备中心、住院药房、核医学、放疗中心
二层	生殖中心、信息中心、病案库、病人及家属餐厅、静脉配置中心、MDT会诊中心、研究性病房
三层	体检中心、血透中心、职工餐厅、CCU、日间病房
四层	产房、内外科ICU、专科ICU
五层	NICU、标准病房、麻醉科、专科病房
六至十七层	标准病房
屋顶	屋顶机房
6号　住院楼	
一层	一层
二至三层	二至三层
四层	四层
屋顶	屋顶

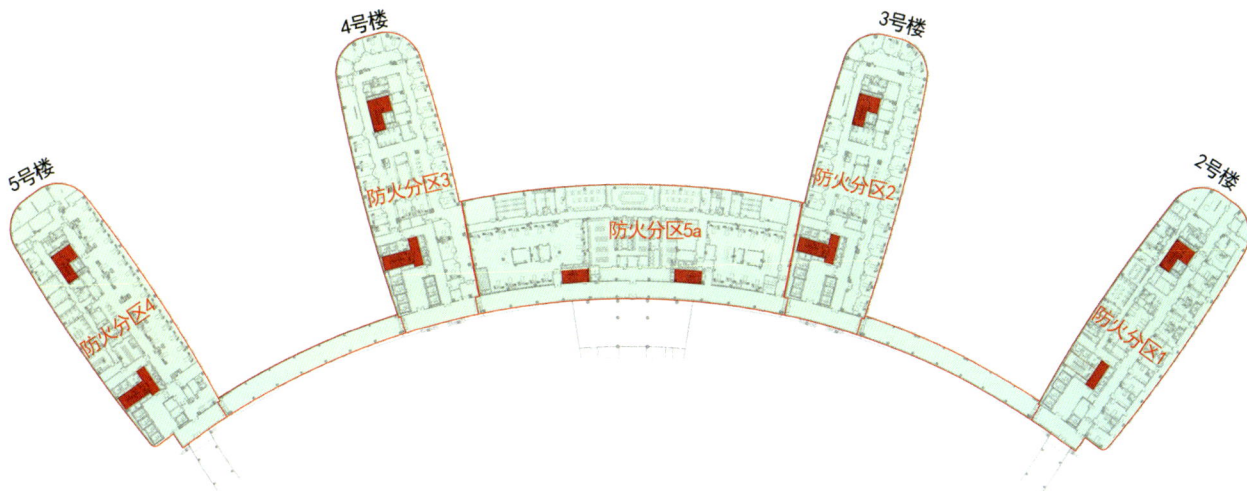

图8.2-6　2～5号楼防火分区示意

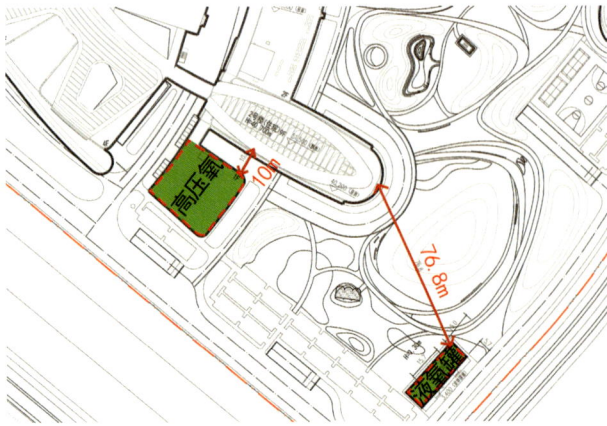

图 8.2-7　高压氧消防间距示意

（6）7～9 号楼

7 号楼为科研教学楼。建筑高度 37.60m，8 号楼学术报告厅建筑高度 7.60m，9 号楼行政后勤楼建筑高度 36.90m，为一类高层民用建筑，耐火等级为一级。

防火分区：设置有自动灭火系统，防火分区面积按小于 3000m² 划分。位于两个安全出口之间的疏散门至最近安全出口的直线距离小于 40m（50m），位于袋形走道两侧或尽端的疏散门至最近安全出口的直线距离小于 20m（25m）。

7 号楼科研教学楼的实验室采用《建规》2018 版设计。按独立区域进行防火分隔，区域边采用耐火极限不低于 2.00h 的防火隔墙和 1.00h 的楼板，墙上设置乙级防火门、窗与其他场所分隔。

8 号楼多功能报告厅与 9 号行政后勤楼的消防设计均按照现行《建规》2018 版执行（图 8.2-8）。

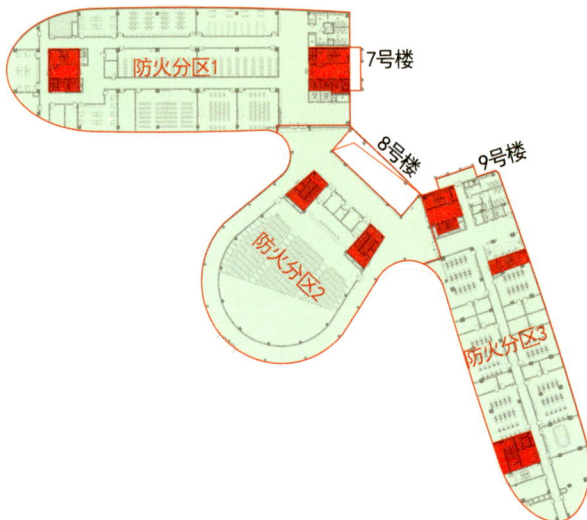

图 8.2-8　7～9 号楼防火分区示意

8.2.4　特殊部位消防设计

1）门诊大厅及共享中庭空间的消防设计

（1）消防设计难点

①门诊大厅通高 4 层，与门诊医技围合的中庭空间相连通，且中庭是建筑内部贯穿多个楼层的室内空间，若消防措施解决得不好，就会在火灾发生时成为火势与烟气蔓延的通道；

②中庭在首层是否需要采取防火分隔措施？中庭是否可以划入首层功能区？

（2）解决措施

《建规》2018 版第 5.3.2 条明确了中庭应与周围连通空间进行防火分隔，并规定部分常用的分隔方式的技术要求。无论采用何种防火分隔方式，均要能发挥防止火势烟气蔓延至其他区域的作用。因而即使在首层，中庭也应依照《建规》要求采用防火分隔措施，且不应划入首层或者其他层的功能区。

门诊大厅及中庭均通高 4 层，在首层用防火墙、防火门、防火卷帘与相邻防火分区分隔，在第二、三、四层与相邻防火分区之间设耐火极限不小于 3.00h 的防火卷帘分隔，中庭及大厅内不应布置可燃物。在顶部女儿墙侧面设机械排烟口。

门诊大厅通高 4 层，为一个防火分区，门诊大厅与中庭防火分隔相连部位宽度大于 30m，设置的防火卷帘不大于该部位的 1/3，现设长度为 19m（不大于 20m 的要求）。

中庭建筑面积约 4000m²，为独立的一个防火分区，沿中庭环廊均匀设计了 8 部疏散楼梯间，且一层每部疏散楼梯都直通室外。通道上的门均采用乙级防火门。楼梯与电梯共用候梯厅时，电梯门的耐火极限不小于 1.00h（图 8.2-9，图 8.2-10）。

结语：中庭及门诊大厅作为独立的防火单元，均应属于无功能空间，除常规的交通功能外，无其他使用功能，在此空间内设置的护士站、导诊台等设施，均应选用燃烧性能等级为 A 级的难燃材料。

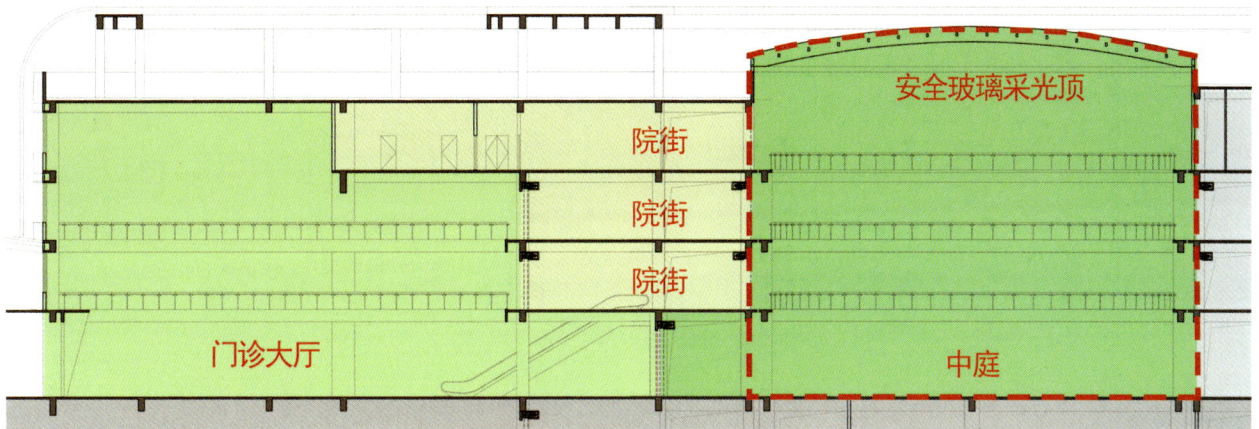

图 8.2-9　一层中庭剖面图

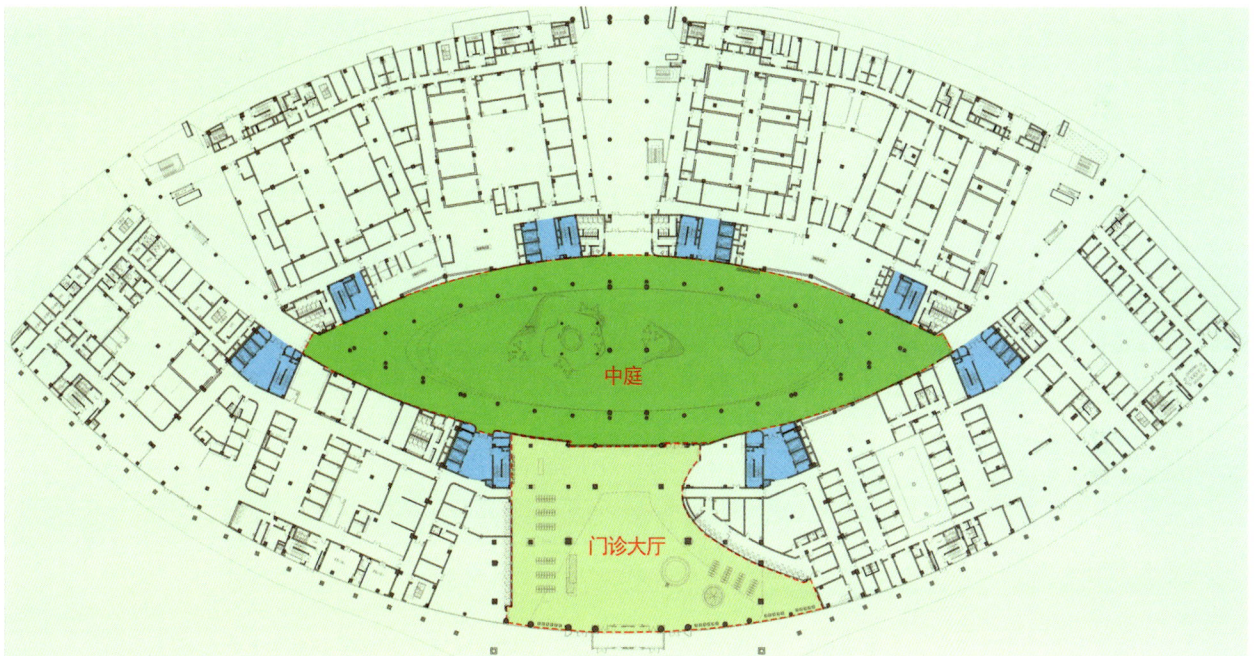

图 8.2-10　一层中庭平面图

2）重症监护病房（ICU）的消防设计

重症监护病房的设计应给医护人员提供便利的观察条件，并让其在必要时可尽快接触到病人，所以，每个单间 ICU 都是围绕护士站设计，形成科室内部的环形交通空间。解决好防火单元的界面及房间内最远点的消防疏散距离的问题是消防设计的关键。

本项目重症监护病房设置在住院楼四楼，与医技楼的手术部同层设置，两栋楼之间通过连廊相通。重症监护病房均按单间沿外墙布置，共设有 22 床，护士站设在中部，医辅用房贴邻楼电梯布置。

重症监护病房所在位置为高层的住院楼，建筑面积约 2000m²，划为一个防火单元，房间最远点至最近疏散口的距离满足《建规》2018 版的要求。监护室区域与相邻其他部位用耐火极限不低于 2.00h 的防火隔墙和 1.00h 的楼板分隔，门采用乙级防火门。

重症监护病房区域内需设避难间，净面积不小于 25m²，避难间靠近楼梯间，并应采用耐火极限不低于 2.00h 的防火隔墙和甲级防火门与其他部位分隔。设置直接对外的可开启窗口，外窗采用乙级防火窗（图 8.2-11）。

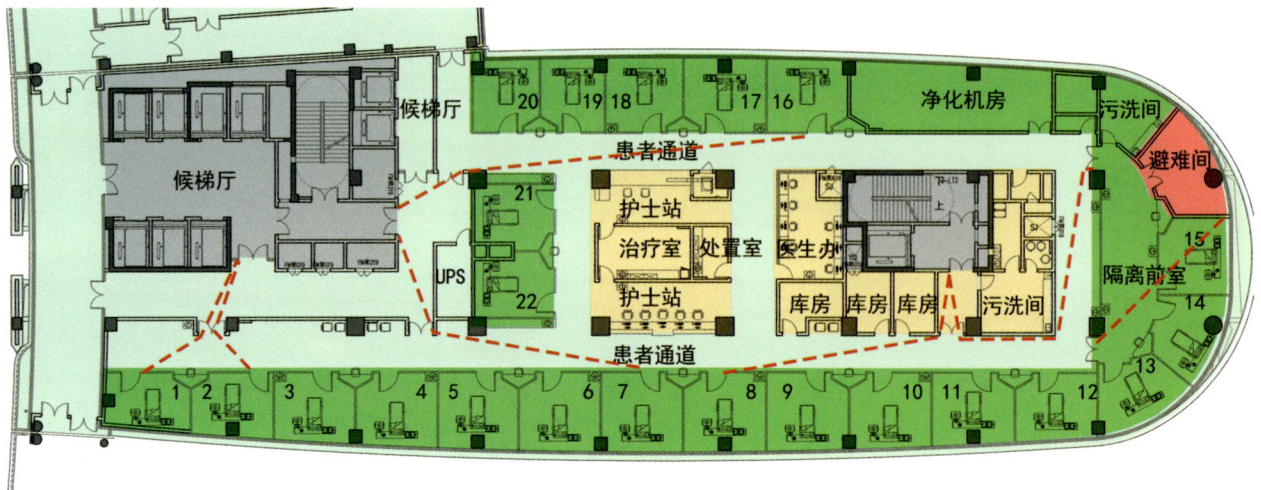

图 8.2-11　ICU 平面图

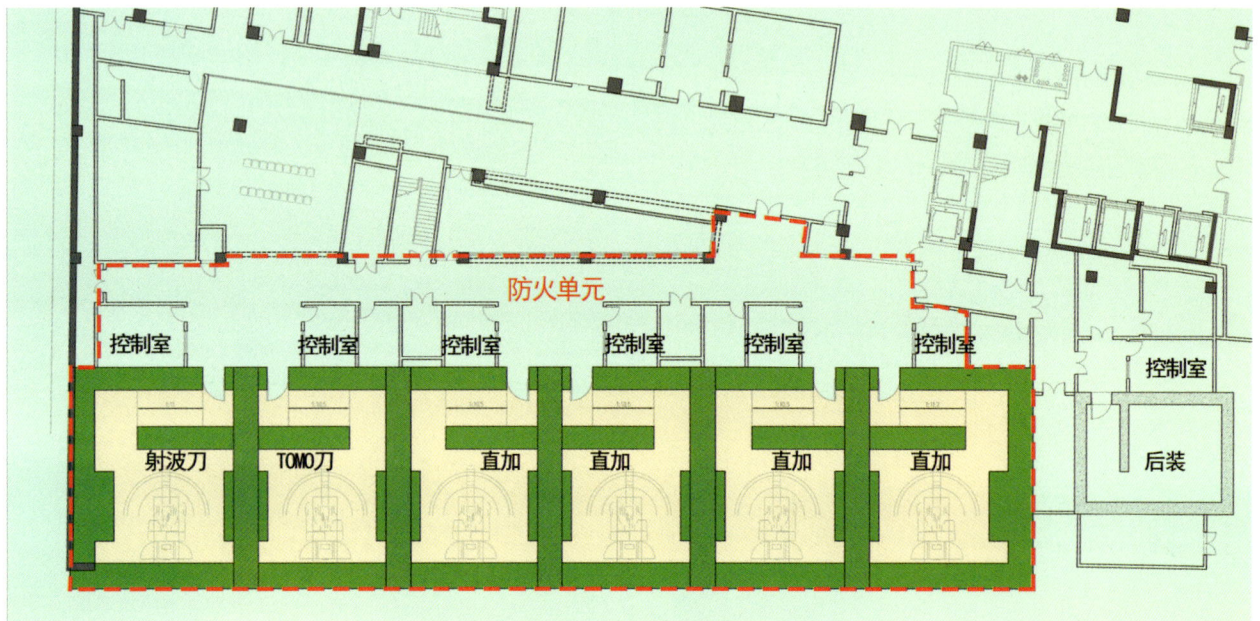

图 8.2-12　地下一层直线加速器平面图

3）放射治疗用房的消防设计

（1）设计重点：根据《综合医院建筑设计规范》GB 51039—2014 中关于放射治疗科用房的要求：放射治疗用房宜设置在底层，并要求自成一区。其中治疗机房集中设置，防护门和"迷路"的净宽均应满足消防疏散及设备要求。本项目中放射治疗用房位于地下空间，解决好消防疏散及防火单元界面是设计的重点。

（2）解决方案：按照《建规》2018 版直线加速器机房属于贵重精密医疗装备用房，应采用耐火极限不低于 2.00h 的防火隔墙和 1.00h 的楼板，墙上

必须设置乙级防火门、窗与其他场所分隔。但在实际设计中机房的门为电动防护门，无法满足乙级防火门的要求，所以按区域划分成防火单元，将所有放射治疗用房及控制室形成一个相对独立的安全区域。室内的装修材料采用 A 级（图 8.2-12）。

4）污廊消防设计

因污廊是独立的污物运输系统，不与其他流线发生干扰，所以污廊设在地下一层夹层，把门诊、医技、住院楼、感染楼串连起来，所有科室产生的污物通过专用污物电梯再通过污廊水平运送到地下垃圾站，不与院内的其他功能相互交叉，达到洁污

分流的目的。

由于工程造价及建筑面积限制，地下一层层高设计为 6.5m，为设置机械停车位、污廊提供条件。污廊为局部夹层，层高为 3.5m，宽度为 3.0m。

整个污廊东西主轴长度约 500m，再分支路在污廊顶部设导光管采光。污廊跨越 17 个防火分区，利用跨越防火分区的楼梯作为疏散。每个防火分区面积控制在 1000m² 以内（图 8.2-13，图 8.2-14）。

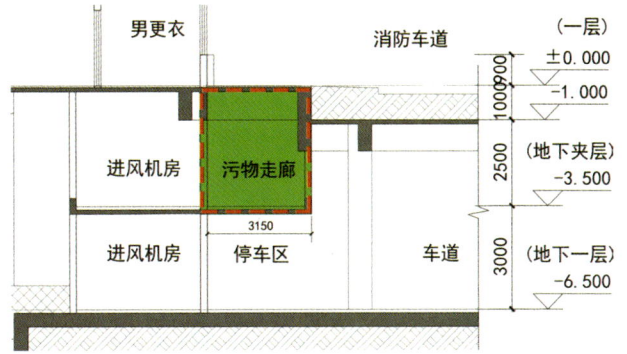

图 8.2-13　地下一层局部污廊夹层剖面图

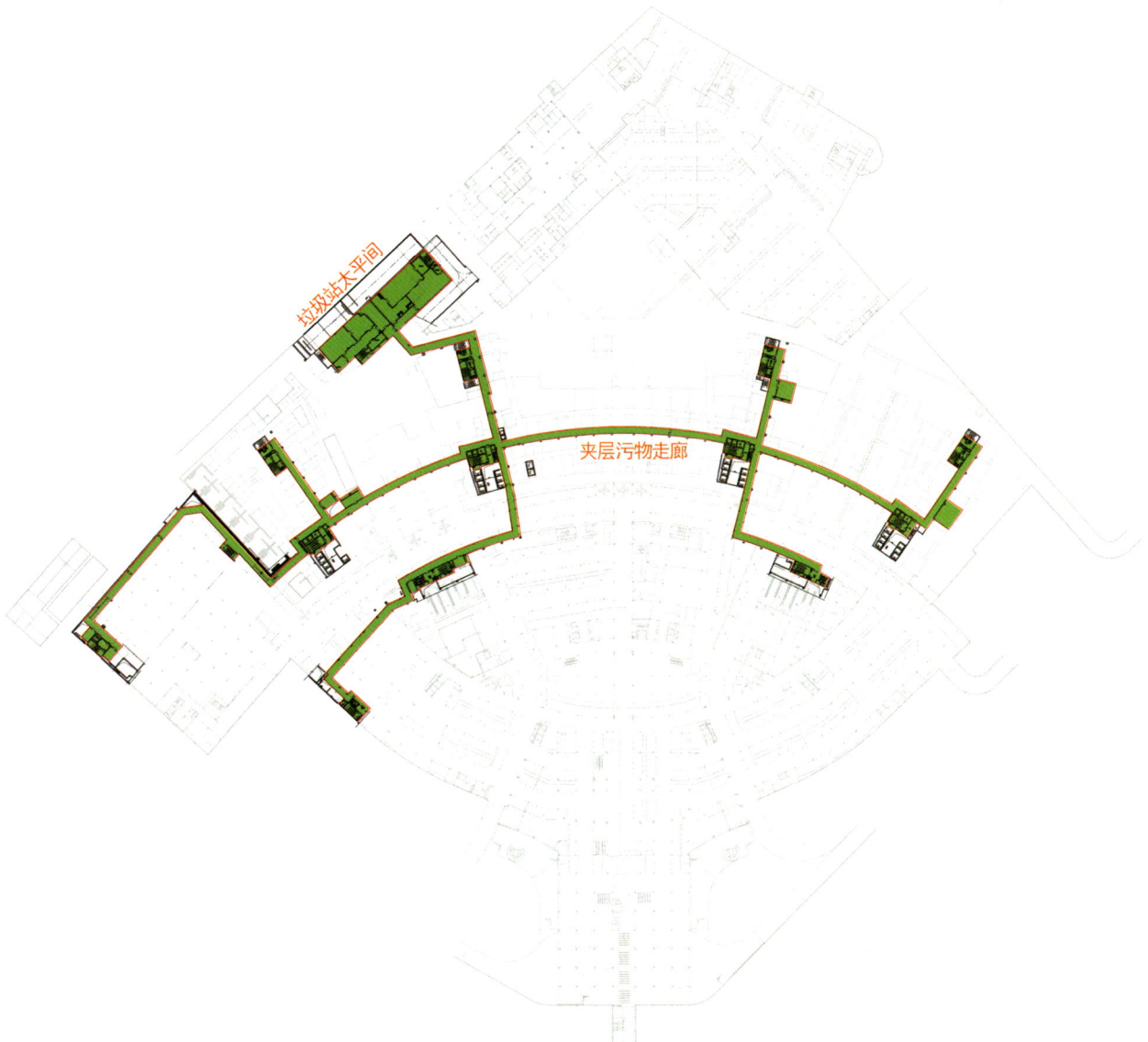

图 8.2-14　地下一层局部污廊夹层平面

8.3 香港大学深圳医院一二期项目

8.3.1 设计目标

香港大学深圳医院是引进香港大学现代化管理模式的大型综合性公立医院，设计目标是将香港大学深圳医院（原名深圳市滨海医院）建设成为"国内一流、国际知名"的新型现代化超大型综合医院（图8.3-1）。

8.3.2 区域位置

香港大学深圳医院位于深圳市福田区侨城东路西，滨海大道北深圳湾填海区16号地块。北面为高档居住区，西面为具有休闲购物的欢乐海岸，东面为侨城东路立交和地铁综合楼，南面为滨海大道、深圳湾红树林原生态景观保护区和美丽的深圳

图8.3-1 香港大学深圳医院总图

湾海景。在保持城市整体规划的基础上，最大限度地利用自然的现有资源，既丰富了建筑本身的环境景观，也为红树林保护区景观增添了新的亮点

8.3.3 项目概况

1）主要经济技术指标（表8.3-1）

主要经济技术指标　　　表8.3-1

总用地面积	192001.76m²
总建筑面积	592053.00m²
一期总建筑面积	3803021.00m²（地上234215.00m²、地下1488060m²）
二期总建筑面积	211732.00m²（地上124014.10m²、地下87717.90m²）
建筑密度	36.92%
绿地率	25.12%
建筑最大高度	34.20m
规划床位数	3000床
停车位	2400辆

2）总图布局

一期北侧行政信息楼、后勤服务楼共7层，建筑高度29.80m；中部门诊医技共4层，建筑高度19.30m；西南侧特需诊疗中心共5层，建筑高度20.80m；东南侧三栋住院楼共7层，建筑高度30.00m（图8.3-2，图8.3-3）。

二期东北侧科教综合楼共6层，建筑高度32.30m，东侧住院综合楼共7层，建筑高度34.20m。

图8.3-2　香港大学深圳医院门诊入口

图8.3-3　香港大学深圳医院收费挂号大厅

3）项目进程

一期工程
　　2007年3月 中标设计
　　2007年10月 取得一期消防审查意见书
　　2008年9月 取得一期建设工程规划许可证
　　2009年4月 土建工程动工
　　2012年7月 竣工投入使用
二期工程
　　2019年6月 中标
　　2021年 施工图设计，同年8月开工建设
　　2024年底 计划竣工投入使用

8.3.4 设计依据

香港大学深圳医院分一期、二期工程设计，功能复杂、建设周期较长，所以一期、二期工程设计使用不同时期的防火设计规范。

新版《建筑设计防火规范》集中体现了建筑火灾防控领域的实践经验和理论成果，将两部规范合二为一，实现了建筑防火领域基础性、通用性要求的统一，这在我国建筑防火标准发展史上具有里程碑式的意义（表8.3-2）。

消防设计的主要依据　　　表8.3-2

一期工程（旧规范）
《建筑设计防火规范》GB 50016—2006
《高层民用建筑设计防火规范》GB 50045—95（2005年版）（简称《高规》2005版）

续表

一期工程（旧规范）
《汽车库、修车库、停车场设计防火规范》GB 50067—97
《建筑内部装修设计防火规范》GB 50222—95（2001 年版）
《综合医院建设标准》建标 110—2008
《综合医院建筑设计规范》JGJ 49—88
《民用建筑设计通则》GB 50352—2005
二期工程（新规范）
《建筑设计防火规范》GB 50016—2014（2018 年版）（简称《建规》2018 版）
《汽车库、修车库、停车场设计防火规范》GB 50067—2014
《建筑内部装修设计防火规范》GB 50222—2017
《综合医院建设标准》建标 110—2021
《综合医院建筑设计规范》GB 51039—2014
《医院洁净手术部建筑技术规范》GB 50333—2013
《中华人民共和国工程建设标准强制性条文》（2013 年版）
《民用建筑设计统一标准》GB 50352—2019

8.3.5 消防设计难点及解决措施

1）总平面消防设计

香港大学深圳医院 2007 年设计完成，当时规模 2000 床医院在国内建设数量不多，针对大型综合医院消防设计的复杂性和特殊性该如何解决？这是当时设计面临的重要问题（图 8.3-4）。

（1）一期设计难点与解决措施

设计难点

一期总平面由门诊医技楼（多层）、特需诊疗中心（多层）、3 栋住院楼（高层）及行政信息楼（高层）、后勤服务楼（高层）与连廊组合而成，南北长约 420m，东西长约 450m。由于医疗工艺流线要求，各功能模块之间设置空中连廊方便病人使用，且每栋住院楼之间设有住院门厅紧密相连，致使消防车道不能满足当时的《高规》2005 版中关于高层建筑周围应设置环形消防车道的要求。

解决措施

消防车流线：根据《高规》2005 版中第 4.3.1

条：高层建筑的周围，应设环形消防车道。当设环形车道有困难时，可沿高层建筑的两个长边设置消防车道，当建筑的沿街长度超过 150m 或总长度大于 220m 时，应在适中位置设置穿过建筑物的消防车道。本项目沿建筑周边，利用医院红线范围内侧交通主干道在建筑外围形成环形消防车道，并在住院与医技，门诊与行政信息楼、后勤服务楼之间，同时设计穿越东西方向的两条消防车道与外围环形消防车道流线闭合。消防车道宽 7m，净高度 5m（深圳标准），转弯半径 12m，满足消防车转弯半径的要求。

消防登高面：3 栋住院楼登高面设计在南侧，行政信息楼、后勤服务楼登高面设计在北侧，沿建筑长边一侧布置，且设计了直通室外的楼梯或直通楼梯间的入口。

（2）二期设计难点与解决措施

设计难点

二期住院综合楼共 7 层，建筑高度为 34.20m。在功能上与一期门诊医技通过有使用功能的连廊无缝连接。连廊受一层层高的限制，无法满足消防车通行净高 5m（深圳标准）的要求，导致消防车道无法形成环形。

解决措施

同一期解决方式，根据《建规》2018 版中 7.1.1 条，街区内的道路应考虑消防的通行，道路中心线间的距离不宜大于 160m。当建筑物沿街道部分的长度大于 150m 或总长度大于 220m 时，应设置穿过建筑物的消防车道。确有困难时，应设置环形消防车道。

在建筑外围设置环形消防车道，也是一期消防车道的延续，并在科教综合楼周围设置一条环形车道，与院区其他消防车道相通。同时沿住院综合楼及科教综合楼长边设计消防登高面，以满足现行规范的要求。

2）直升机停机坪的消防设计

一期直升机停机坪设计在特需诊疗中心的西北角，二期工程改建到门诊、医技主入口前西广场位置，消防设计要点如下：

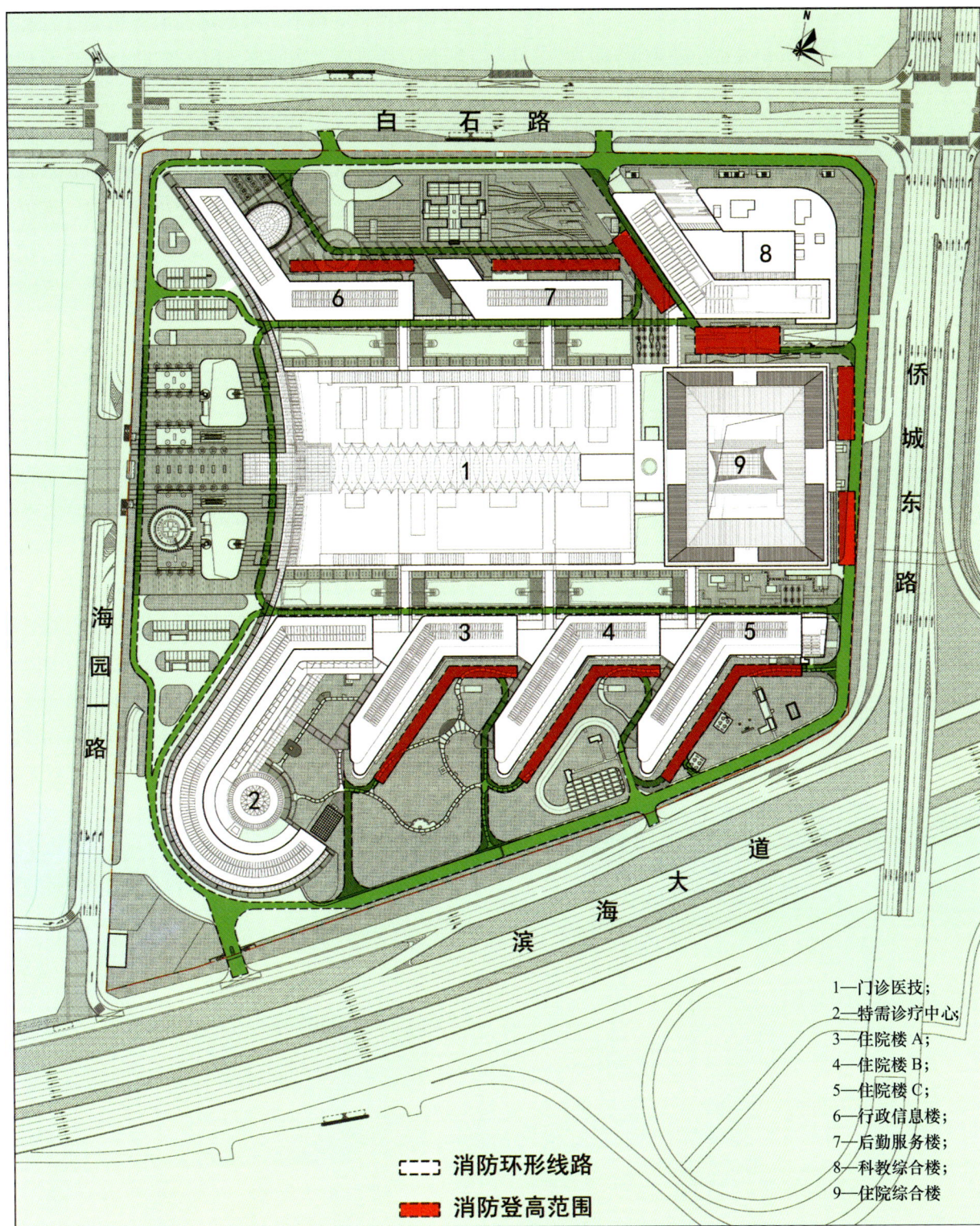

图 8.3-4　香港大学深圳医院总平面消防流线图

图例：
- - - 消防环形线路
■■■ 消防登高范围

1—门诊医技；
2—特需诊疗中心；
3—住院楼 A；
4—住院楼 B；
5—住院楼 C；
6—行政信息楼；
7—后勤服务楼；
8—科教综合楼；
9—住院综合楼

（1）四周设置航空障碍灯，并设置应急照明。

（2）在停机坪的适当位置设置消火栓。

（3）直升机停机坪与主体建筑的消防距离及其他要求符合国家现行航空管理有关的规范标准。

3）门诊、医技楼的消防设计

（1）设计难点

门诊、医技组合模块，南北长 116.00m，东西长 246.00m，沿医疗街设计 8 部疏散楼梯间。但疏散距离过长，体量过大仍是消防疏散设计的重点和难点。

（2）解决措施

医疗街顶部两侧开放的张拉膜的设计，使得医疗街成为有自然通风的空间。在医疗街的首层，医疗街与相邻的门诊医技空间之间采用防火墙分隔成不同的防火分区，因而医疗街可视为安全区域。同时在各个方向均设置了直接对外的安全出口，且可供人员安全停留或快速疏散，可以定义为室外安全区域。

医疗街共有 4 层通高，总高度 19.1m。二至四层诊疗及等候区域与医疗街之间，均设置了防火卷帘进行防火分隔，防火卷帘耐火极限不低于 3.00h。在医疗街上空设计高出屋面的张拉膜解决通风问题，首层门诊、医技沿医疗街设计 8 部疏散楼梯间，可以直接疏散到医疗街的安全区域（图 8.3-5，图 8.3-6）。

总而言之，采用医疗街设计模式是解决大体量门诊、医技疏散的最佳方案。

4）医院超长洁廊、污廊的消防设计

就功能而言，本着医患分流、洁污分流的原则。本项目洁污流线分离，不同标高互不交叉。

洁净通道简称洁廊，为运送餐食、洁品的专用通廊；污物通道简称污廊，为污物、垃圾、尸体运输使用的专用通道，其内部由专业人员使用。

本项目污廊设计在地下二层，洁廊设计在地下一层，污廊、洁廊，每个防火分区面积均小于 1000m²，直通室外的安全出口不少于一个，且利用通向相邻防火分区的甲级防火门作为另一个安全出口，住院楼有消防电梯直通污廊，污廊、洁廊内部设置了通风及防排烟系统，满足消防要求（图 8.3-7）。

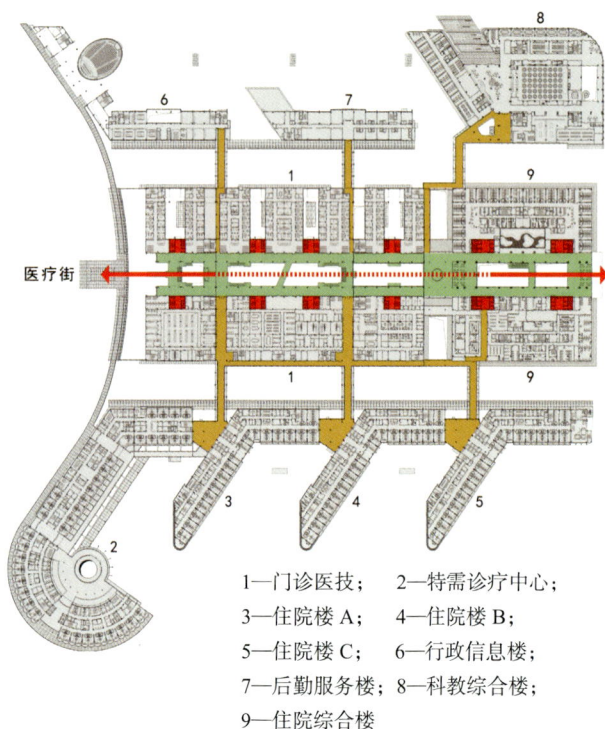

1—门诊医技； 2—特需诊疗中心；
3—住院楼 A； 4—住院楼 B；
5—住院楼 C； 6—行政信息楼；
7—后勤服务楼；8—科教综合楼；
9—住院综合楼

图 8.3-5 二层平面图

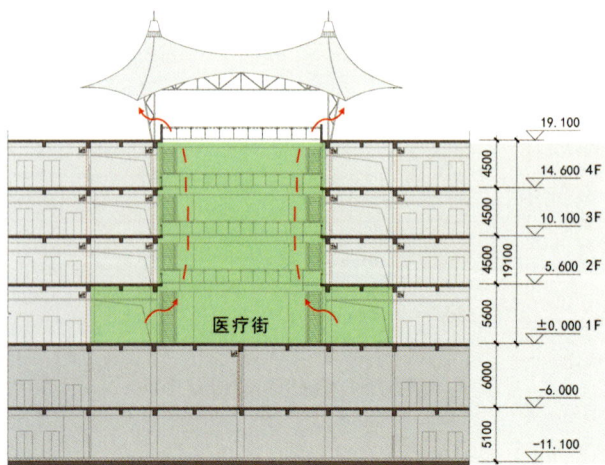

图 8.3-6 医疗街剖面图

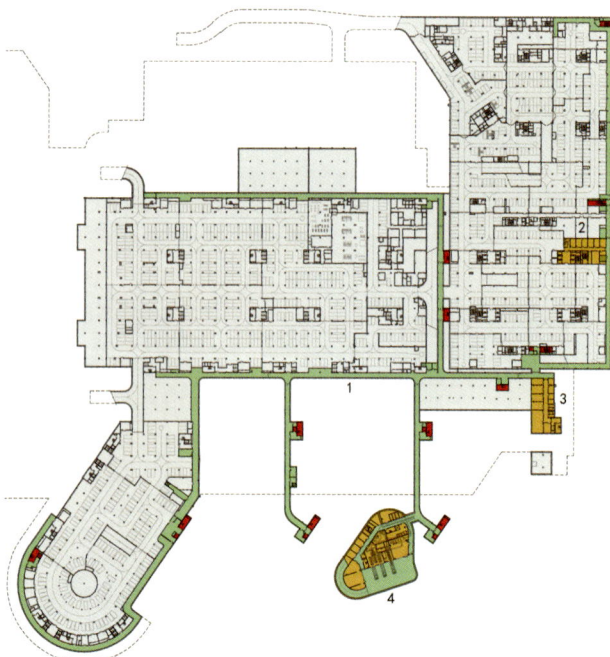

1—污廊；2—保洁洗消用房；3—太平间；4—垃圾转运站

图 8.3-7 地下二层平面图

5）特殊重要设备机房的消防设计

（1）二期工程根据《建规》2018版第8.3.9条，下列场所应设置自动灭火系统，并宜采用气体灭火系统：第8条，其他特殊重要设备间、放射科（X光、CT、DSA、胃肠机等）、核医学、放疗等科室均采用气体灭火系统。

（2）在现代医学的迅速发展中，核磁共振在临床诊断中发挥着越来越重要的作用。而核磁共振机房由于工作原理需求，存在强大磁场及产生致热效应，可以引起金属物质的位移、发热。气体灭火喷淋管、喷头部分都是金属，所以无法采用气体灭火系统。由于消防规范并无相关内容，因此根据医疗的专业规范《综合医院建筑设计规范》GB 51039—2014第6.7.3条［医院的贵重设备用房，病案室和信息中心（网络）机房，应设置气体灭火装置］，核磁共振机房采用了无磁性灭火器，机房附属的控制室及设备间采用气体灭火系统。

（3）《综合医院建筑设计规范》GB 51039—2014第6.7.2条：病房应采用快速反应喷；第6.7.4条：血液病房、手术室和有创检查的设备机房，不应设置自动灭火系统。

在新冠病毒肺炎出现后，2020年国家下发了《综合医院"平疫结合"可转换病区建筑技术导则的通知》，负压病房的完善设计已经提上日程，而负压病房内的病人病情严重，如果采用喷头，担心误喷会对病人造成严重伤害。而现行消防规范并无相关内容，仅对血液病房有此要求，因此我们根据医疗专业的规范《传染病医院建筑施工及验收规范》GB 50686—2011（9.3.4　负压隔离病房内不应安装各类灭火用喷头），在负压隔离病房区域采用灭火器及消火栓系统保护。

6）特殊部位疏散门的消防设计

依据医院建筑特殊性，医患分流、洁污分流的原则及特殊工艺等，疏散通道上的门为电动门或设置门禁系统。对于这种情况，为使人员疏散过程中不会因为疏散门而出现阻滞或无法疏散的情况，结合不同使用功能用房做如下设计。

（1）放射科（X光、CT、DSA、胃肠机等）、核医学、放疗等科室有防辐射要求的电动屏蔽推拉门，手术室有洁净要求的感应电动气密推拉门，均设置消防联动，一旦失火，房间内人员能手动拉开推拉门疏散。

（2）疏散走道上，手动能打开的普通疏散门，在门上显著位置设置具有使用提示的标识，应保证火灾时不需使用钥匙等任何工具即能从内部轻易打开（图8.3-8）。

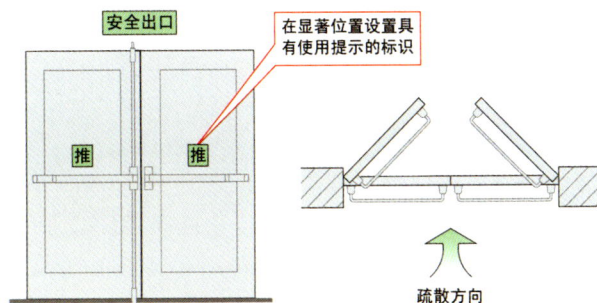

图8.3-8　手动疏散门开启标识

（3）疏散走道上，设置了门禁系统的疏散门及其他电动疏散门均设置消防联动。

（4）消防联动门安装信号控制和反馈装置，火灾时切断非消防电源，保证门可现场手动开启。

7）手术室的防烟和排烟设施

《建规》2018版第8.5.3条：

民用建筑的下列场所或部位应设置排烟设施：

4　公共建筑内建筑面积大于300m²且可燃物较多的地上房间。

第8.5.4条：

地下或半地下建筑建筑（室）、地上建筑内的无窗房间，当面积大于200m²或一个房间建筑面积大于50m²，且经常有人停留或可燃物较多时，应设置排烟设施。

然而根据《医院洁净手术部建筑技术规范》GB 50333—2013第12.0.10条：洁净手术部应对无窗建筑或建筑物内无窗房间设置防排烟系统。条文解释：洁净手术部的房间大多数为无窗或窗扇固定、不能开启，火灾烟气不能自然排除，容易导致烟气在内部蔓延并导致火势燃烧猛烈，增加人员疏散与救援的难度。本条要求该场所要按照无窗房间设置和设计防烟和排烟系统，即在避难区及其前室，楼梯间或消防电梯前室等部位设置防烟设施，在其他部位设置排烟设施，同时设置补风系统。鉴于医疗建筑的特殊性，我们从严执行，手术室区域均设置防排烟系统。

8）医院轨道小车物流传输系统的消防设计

轨道式电动小车物流传输系统，可以大大提升医院的生产力和服务质量。智能化的自驱动小车可以无限制地完成水平或垂直传送，可以用来直接快速传送病历卡、药品、实验组织标本、血液标本、化验报告、X光片等医用物品。

本项目轨道小车物流传输系统一期站点总数为90个，二期站点总数为37个，全面联系住院药房、静脉配置中心等专业职能部门与住院大楼和VIP大楼内的各个病区，同时很好地结合了手术室与血库和病理科等专业科室，并联系了门诊医技大楼、行政大楼以及后勤楼内的多个职能部门，真正实现了全医院范围内的物流自动化（图8.3-9）。

采用的防火措施：

（1）轨道竖向采用管井处理，末端收发点设置防火墙及甲级防火门分隔。

（2）轨道在穿越防火墙时，防火墙上开孔处安装轨道物流传输系统专用甲级防火窗，平时常开，火灾时自动关闭。

甲级防火窗符合国家消防法规要求。在各个井道间进出口、防火墙穿越开孔配置与消防烟感及大楼火警系统联动关闭的甲级耐火隔热防火窗，配合轨道翻轨技术与UPS的24V直流不间断电源，确保防火窗及时关闭并完全封死。如小车此时正好在防火窗区域，由此不间断电源给轨道供电以保证小车驶离此区域而不会被防火窗卡住（图8.3-10）。这是目前国内唯一通过强制性3C认证的为轨道系统定制的平移式防火窗，因为只有平移式能在翻轨器的帮助下将洞口完全封死，而常见的铰链式防火窗则无法做到这点（图8.3-11）。

9）医院生活垃圾、污衣被服、厨余自动收集系统的消防设计

二期项目住院综合楼、科教综合楼采用生活垃圾及污衣被服收集与部分易腐垃圾收集。

本项目的垃圾、污衣被服、厨余在各楼层设置投放口进行收集，设计了7根竖管，全部通过封闭式管道，在地下二层水平紧贴梁顶处，不影响正常的行人以及车辆通行。

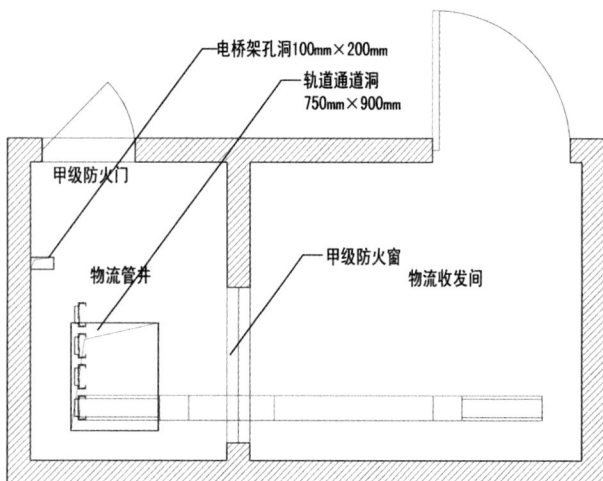

图8.3-9 轨道物流小车单轨站点平面大样

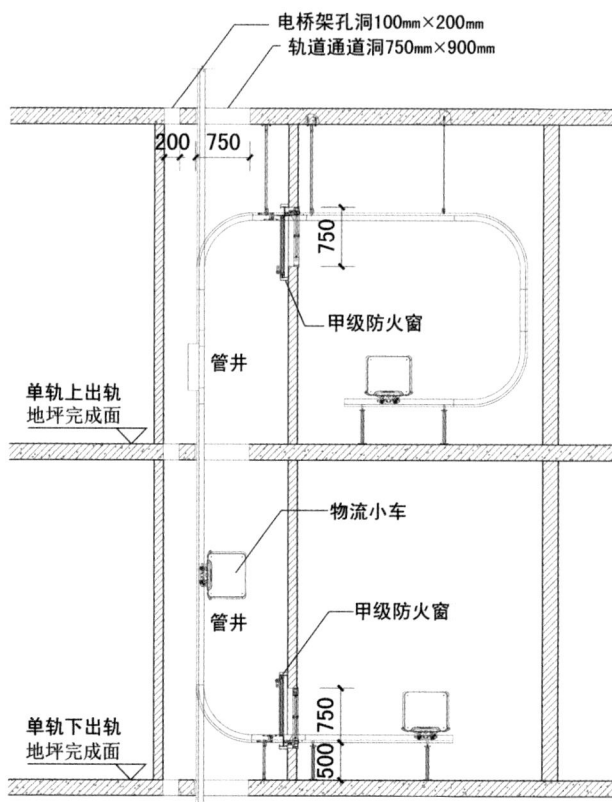

图8.3-10 轨道物流小车单轨站点剖面大样

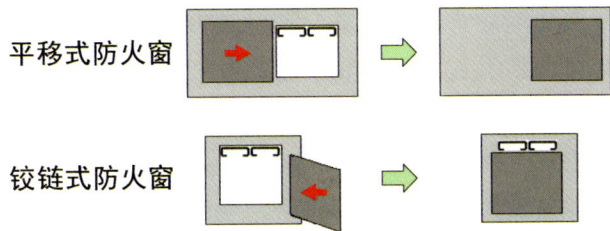

平移式防火窗

铰链式防火窗

图8.3-11　轨道物流小车专用防火窗

所采用的防火措施：

（1）封闭式收集系统的管道密封性好，从投放口到收集站集装箱全程密封，所有与垃圾接触的设备与管道，材料皆为钢质，壁厚不小于4mm。

（2）在投放口处设置投放间作为投放前室，投放间及排放阀室设置甲级防火门。

（3）地下室的管道在穿越防火墙时，防火墙上留洞的封堵应采用不燃烧材料将管道周围的缝隙填塞密实（图8.3-12～图8.3-14）。

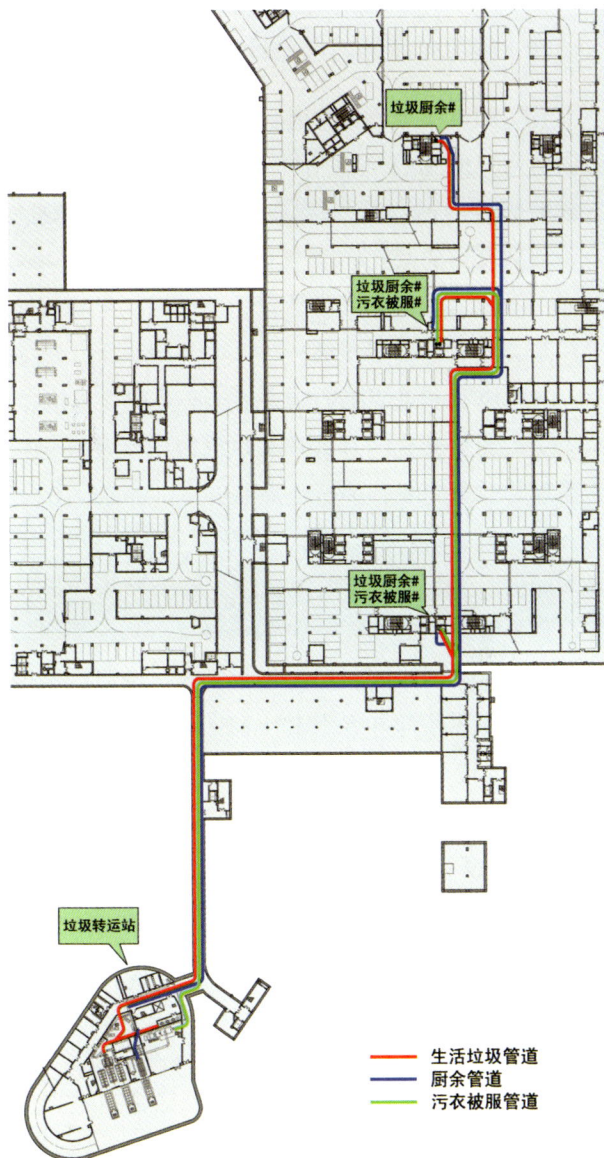

垃圾厨余#

垃圾厨余#
污衣被服#

垃圾厨余#
污衣被服#

垃圾转运站

━━ 生活垃圾管道
━━ 厨余管道
━━ 污衣被服管道

图8.3-12　香港大学深圳医院地下二层平面图

图8.3-13　垃圾被服投放口

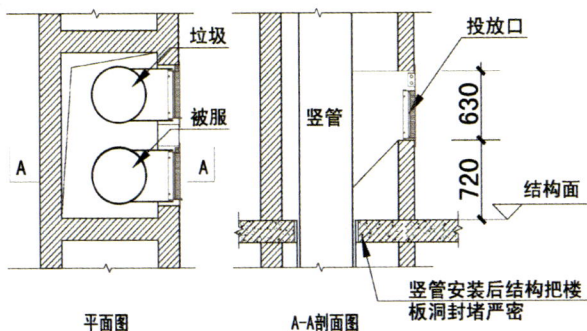

垃圾

被服

竖管

投放口

630

720

结构面

竖管安装后结构把楼板洞封堵严密

平面图　　　　　A-A剖面图

图8.3-14　垃圾被服投放大样

10）液氧贮罐的消防设计

我国医院多数都设立在人员密集的市区，院内范围有限，而液氧储罐气源在充罐和泄漏时会在附近区域形成一个富氧区，存在火灾或爆炸危险隐患。

消防设计要点：

（1）液氧储罐与其他建筑物、储罐、堆场等防火间距必须满足规范要求。

（2）液氧储罐周围的防火措施必须设置到位。

（3）液氧储罐的总容积和单罐容积允许值与相关建筑的防火间距必须符合要求。

本项目一期、二期规模 3000 床，需要 8 个 $5m^3$ 共 $40m^3$ 医用液氧储罐作为氧源，解决好消防设计要点是关键。

（1）根据《建规》2018 版，液氧可燃气体储罐的防火间距不应小于相邻较大罐直径的 1/2；湿式氧气储罐总容量 V 应在 1000～50000m^3，湿式氧气储罐与甲、乙、丙类液体储罐之间的间距为 25m；单罐容积不应大于 $5m^3$，总容积不宜大于 $20m^3$；液氧储罐周围 5m 范围内不应有可燃物和沥青路面。本项目设计相邻储罐之间间距 1.5m，大于最大储罐直径的 0.75 倍。液氧储罐分成 2 组，每组 4 个，总容积 $20m^3$ 液氧，两组之间的防火间距 25m，满足消防要求。

（2）根据医疗的专业规范《医用气体工程技术规范》GB 50751—2012，贮罐站应设置防火围堰，围堰的有效容积不应小于围堰最大液氧贮罐的容积，且高度不应低于 0.9m；液氧贮罐处的实体围墙不应低于 2.5m；医用液氧贮罐与医疗卫生机构内部一二级建筑物的墙壁或突出部分之间的防火间距大于 10m。本项目液氧贮罐与一期住院楼之间的防火间距大于 10m，满足消防要求（图 8.3-15）。

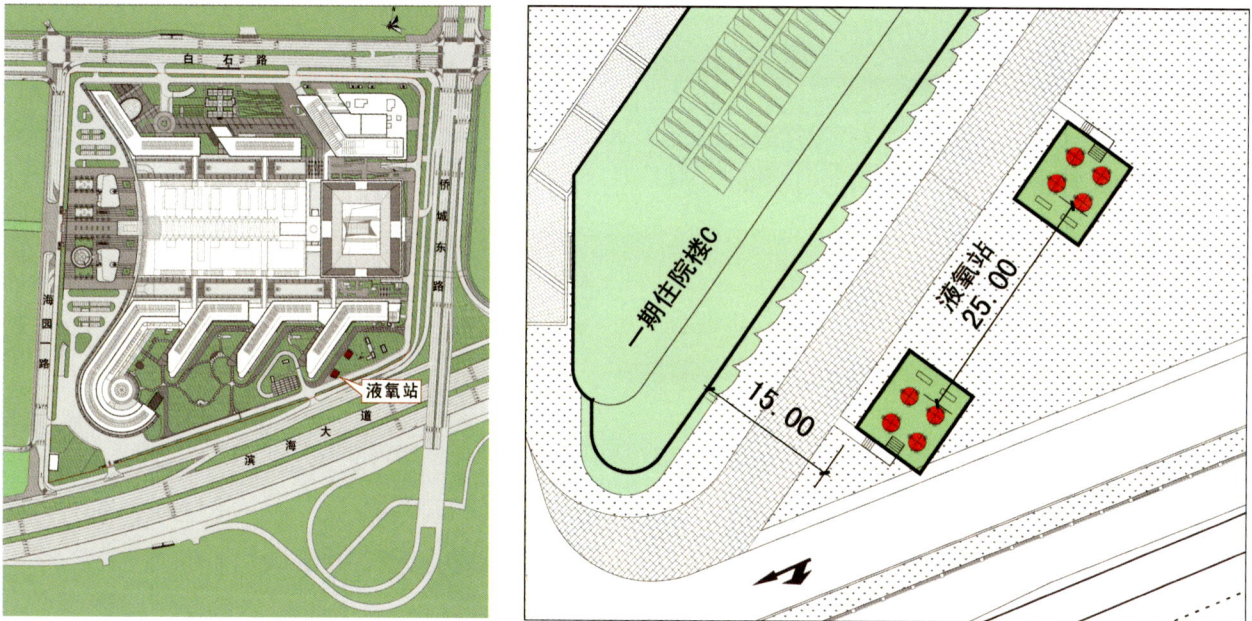

图 8.3-15 液氧贮罐总平面图

8.4 安徽医科大学第一附属医院高新分院项目

8.4.1 项目概况

1）设计目标

本项目按三级甲等综合医院标准建设，结合本院大专科、小综合特色，适度超前规划、高水平设计，高起点建设，一次性规划（包括未来发展扩建的规划设计），满足现在和未来长远发展的需要，重视信息、仓储、物流、安保、消防等项目的设计，并预留相应的发展容量，建成（当前建设规模）集医疗、科研、教学、预防保健功能于一体的三级甲等现代化综合医院，为合肥高新区、合肥市乃至周边地区人民提供高水平医疗保健服务（图 8.4-1）。

2）区域位置

本项目位于合肥市高新技术开发区，距离合肥市政府仅 8km，位于大蜀山森林公园西边，周边公共资源丰厚。该区环境优美，交通发达，紧靠市中心，地理位置优越。

项目基地在文曲路以西，北临百草街，西临创新大道，南靠皖水路。附近有地铁 2 号线和 4 号线，地块周边分布汽车西站等交通枢纽，交通便利，可达性较强。

图 8.4-1　安徽医院大学第一附属医院高新分院

图 8.4-2　总平面图

1—门诊；2—医技；3—住院楼；4—动力中心 B；5—科教综合楼；6—会议中心；7—全科医生培训基地；
8—行政办公中心；9—连廊；10—直升机停机坪

3）项目组成

安徽医科大学第一附属医院高新分院一期用地面积 120 亩，总建筑面积 307381m²。

院区根据建设时序分为三大分区：西部的医疗中心区（一期），中部的中心花园区，东部的后勤科教行政区（二期）。

一期项目主要建设内容包括门急诊、医技、住院及配套辅助用房等项目，主要建设内容包括医疗综合楼（门诊 5 层、医技 5 层，住院 24 层。地下设 2 层地下室，地下二层高度 4.5m，平时为停车库及设备用房，战时为人防二等人员掩蔽所。地下一层高度 5.6m，为停车库及设备用房），建筑高度小于 100m，属于一类高层医院建筑；科教综合楼 24层；动力中心 2 层；配套辅助用房等（图 8.4-2）。

4）主要经济技术指标（表 8.4-1）

主要经济技术指标　　　　　　表 8.4-1

总用地面积	200 亩（166667.5m²）
总建筑面积	464784.34m²
地上建筑面积	313611.84m²
地下建筑面积	151172.50m²
容积率	2.4
建筑密度	32%
绿地率	30%
建筑最大高度	99.00m
日门诊量	8000 人次
规划床位数	2500 床
停车位	3000 辆

8.4.2　项目进程

2011 年 9 月 中标设计

2012 年 签订合同并取得消防报建批文及建设工程规划许可证

2018 年 竣工投入使用

8.4.3　基本消防设计

1）消防设计步骤

（1）消防设计的主要依据（表 8.4-2）

消防设计的主要依据 表 8.4-2

《建筑设计防火规范》GB 50016—2006
《高层民用建筑设计防火规范》GB 50045—95（2005 年版）
《汽车库、修车库、停车场设计防火规范》GB 50067—97
《建筑内部装修设计防火规范》GB 50222—95（2001 年版）
《人民防空工程设计防火规范》GB 50098—2009
《中华人民共和国工程建设标准强制性条文》2013 版
《综合医院建设标准》建标 110—2008
《综合医院建筑设计规范》JGJ 49—88
《民用建筑设计通则》GB 50352—2005

（2）确定建筑分类和耐火等级

门诊医技楼（建筑高度 23.80m）、住院楼（建筑高度 99.00m）、科研教学楼（建筑高度 99.00m）为一类高层民用建筑，地下室一类汽车库，耐火等级为一级。

动力中心：建筑高度 16.80m，为一类多层民用建筑，耐火等级为二级。

2）消防设计主要内容

（1）总平面图

①消防车道

基地内沿建筑周边设置环形消防车道，环形消防车道设有 6 处出口与市政车道连通。穿过建筑物或进入建筑物内院的消防车道两侧，均能满足消防车通行和人员安全疏散的措施。消防车道的净宽度和净空高度按不小于 4m 考虑；道路最小转弯半径为 12m（以 4m 宽道路为基准），满足消防车转弯的要求；消防车道与建筑之间不设妨碍消防车操作的树木、架空管线等障碍物；消防车道靠建筑外墙一侧的边缘距离建筑外墙不小于 5m；消防车道纵坡度不大于 8%。消防车道的路面、救援操作场地、消防车道和救援操作场地下面的管道和暗沟等能承受重型消防车荷载（图 8.4-3）。

②消防救援场地的消防设计

因两栋高层住院楼北侧设有裙房（进深大于 4.0m，高度大于 5.0m），在北侧无法解决消防登高问题。结合总体方案设计，裙房与高层住院楼之间的防火间距为 23.0m，利用南侧裙房与高层之间的道路设计消防救援场地，此处的防火间距满足消防救援疏散的要求。

消防车登高操作场地：场地与建筑之间不设置妨碍消防车操作的树木、架空管线等障碍物和车库出入口。场地及其下面的建筑结构、管道和暗沟等能承受重型消防车，荷载场地与消防车道连通，场地靠建筑外墙一侧的边缘距离建筑外墙不小于 5m，且不大于 10m，场地的坡度不大于 3%。

（2）地下室

地下总建筑面积 151172.50m²，地下室共 2 层。

地下一层设置的功能主要有总物库房、设备机房、制冷机房、下沉庭院、对外服务用房等。共设有 36 个防火分区，对外服务用房围绕一个长 112m、宽 37.8m 的下沉庭院设置，与相邻停车库用防火墙和防火卷帘分隔，在下沉庭院设有 6 部 1.6m 宽的开敞楼梯作为疏散口，防火分区面积按小于 2000m² 设置。在楼梯两侧设 4.0m 的墙，墙上设乙级防火门作为加强措施（图 8.4-4）。

地下二层共设有 14 个防火分区，在第九防火分区停车库区设有 800m² 的蓄冰槽区域。由于蓄冰槽内主要是冰水，与停车区共设不会增加火灾危险，防火的相关功能各专业均按停车库设置。人防功能主要结合防火分区设置，平时功能：地下停车库，战时功能：人防物资库、二等人员掩蔽所（图 8.4-5）。

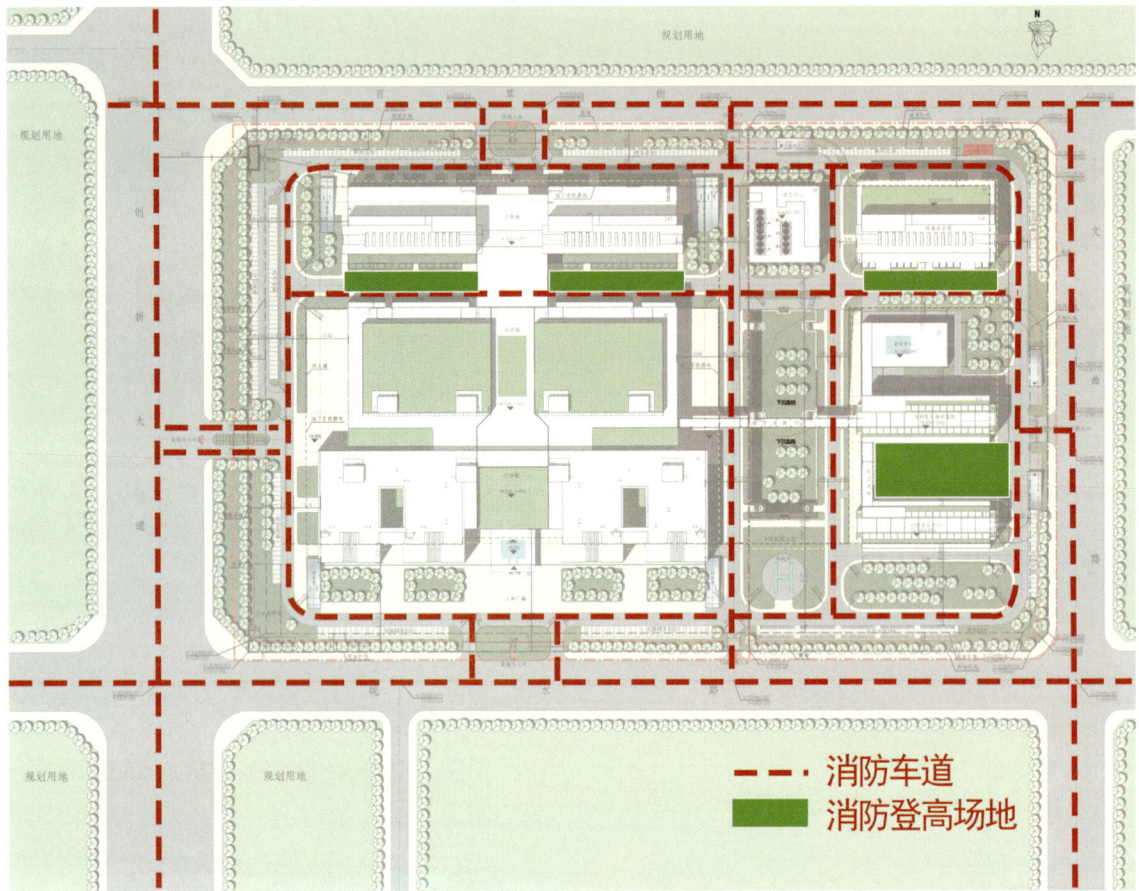

图 8.4-3　总平面消防流线图

图 8.4-4　地下一层下沉庭院平面图

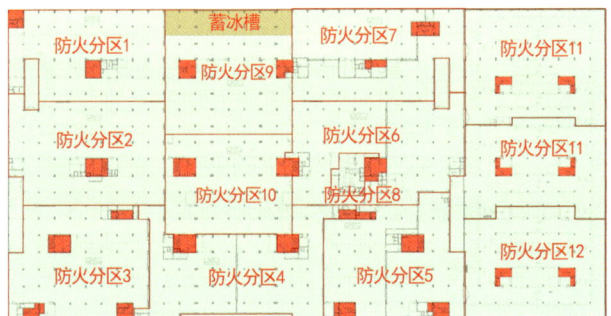

图 8.4-5　地下二层防火分区分布图

（3）-5.4m 标高层

由于场地北高南低，相差高度在 5.4m 左右，正负零标高设在场地北侧的住院楼一层，规划总图布置时在医技楼左右两侧离建筑 23.0m 位置的道路设小于 8% 的坡道，道路面向医技楼一侧设挡土墙，解决场地高差给建筑带来的影响。

门诊医技分布成一个田字形，前部分左右两侧为门诊，后部分左右两侧为医技，中部是一个十字交叉的交通空间，中间的通道连接北部的住院楼。

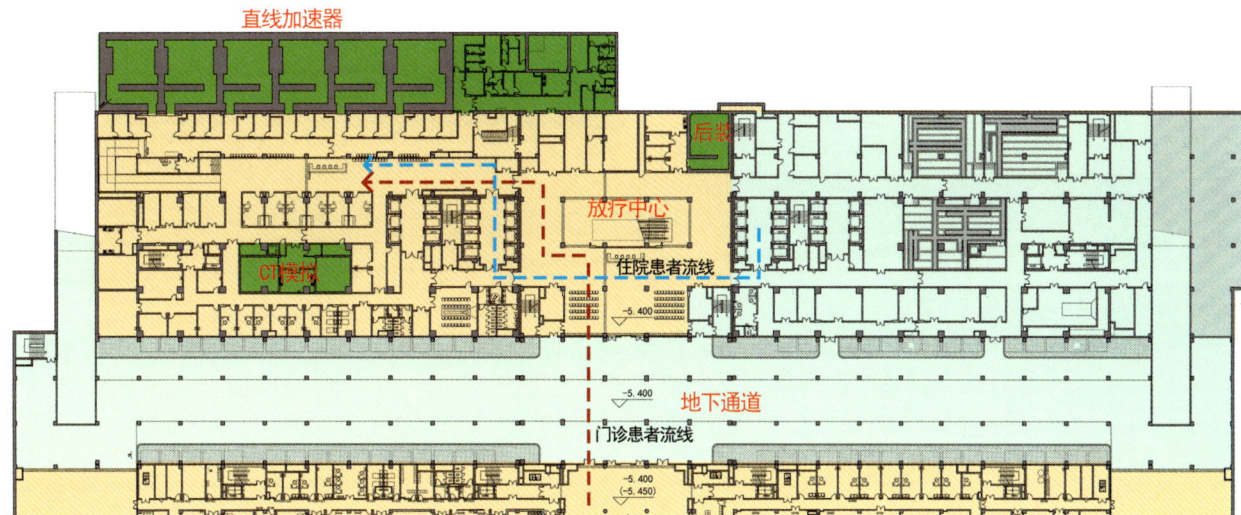

图 8.4-6 −5.4m 标高平面图

门诊医技楼根据规范定义为多层公共建筑，防火分区按小于 5000m² 设置。

北侧住院楼 −5.4m 标高层属地下室（埋地），设置的医疗用房有直线加速器和放疗。在住院楼西侧，病患通过住院楼中部的垂直交通到达本层进行治疗，门诊医技的病患可平层到达。功能用房的防火分区结合功能布置划分，防火分区按小于 1000m²设一部独立疏散楼梯，开向相邻防火分区的门作为第二疏散口（图 8.4-6）。

厨房区建筑面积约 5000m²，位于科教综合楼的下方，分设三个独立厨房，分别为职工厨房、陪护厨房、病人厨房，物流由医技西侧道路通过一条两跨 16m 左右的通道到厨房收货区。烹饪区、肠内营养操作间、面点制作间、餐车消毒房、主食库、高温冷库、干湿垃圾等采用耐火极限不低于 2.00h 的防火隔墙和 1.00h 的楼板与其他场所分隔，墙上设置甲级防火门窗。厨房靠近地下室外墙设置，为燃气接管创造相应的条件。燃气从地下室外墙穿管进入走道直接接到厨房用气房间。

（4）科教综合楼

科教综合楼是一栋集办公、教学、科研、后勤保障等于一体的高层建筑，位于基地的东北角，与医疗区保持一定距离，实现了与医患的分流。

建筑占地面积 3127m²，一至五层建筑划为 2 个防火分区，六至二十四层划分为一个防火分区，面积按小于 2000m² 设计。

8.4.4 特殊部位消防设计

1）−5.4m 标高层通道的消防设计

根据总图规划和平面布置，在住院楼与门诊医技楼之间规划了一条消防通道（兼消防登高场地）。因住院楼北侧设有裙房，场地北高南低高差大，正负零标高设在场地北侧的住院楼一层，住院楼 −5.4m 标高层属地下室（埋地），门诊医技楼 −5.4m 标高层属地面层（图 8.4-7，图 8.4-8）。

通道东西长 230.0m，宽 23.0m，在东西端部各设有一个直通室外的出口，通道与医技的检验科、放射科相邻，与住院楼的放疗、药库相邻，通道顶部沿建筑主体开有洞口用于采光通风。

通道与医技楼、住院楼相邻的墙为防火墙，其耐火极限不低于 3.00h；窗为防火玻璃窗，其耐火

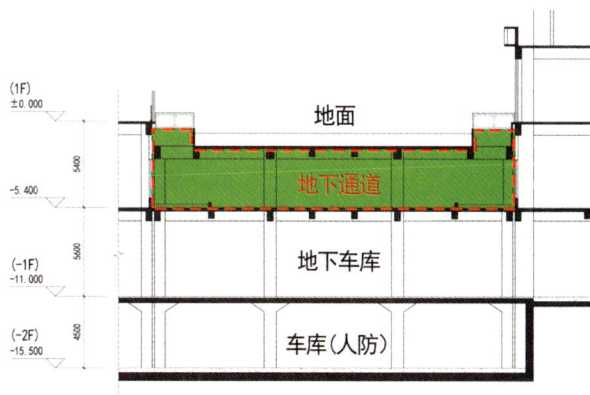

图 8.4-7 通道剖面图

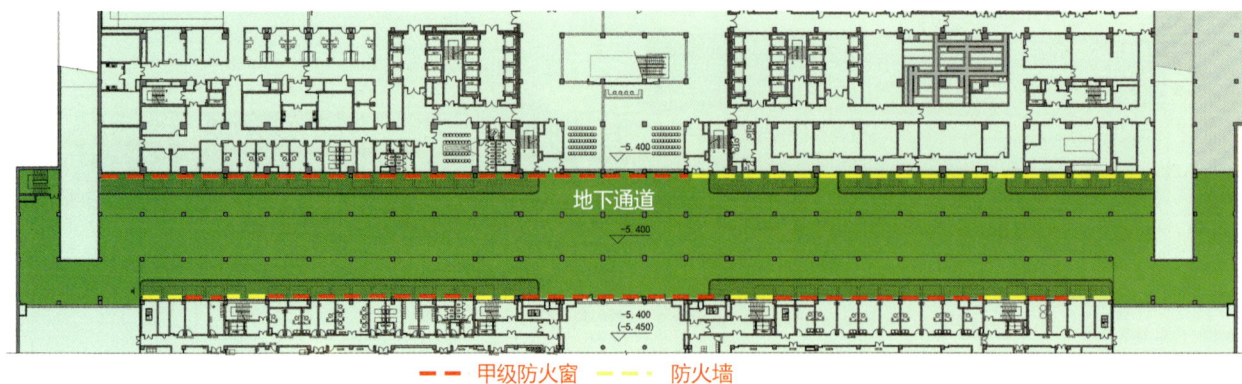

——— 甲级防火窗   ——— 防火墙

图 8.4-8 通道平面图

隔热性和耐火完整性不低于 1.00h；防火卷帘的耐火极限不低于 3.00h；火灾时甲级防火门、窗能自行关闭。通道的中部与住院楼的 2 部疏散楼梯相通，解决疏散距离过长的问题。

2）双层钢连廊（空中连廊）的消防设计

在方案设计时 2 栋住院塔楼二十一、二十二层之间，设有一个 2 层的钢连廊，直接连接 2 栋住院楼，起到方便科室之间的沟通联系和物料传送的作用，在设计上可视为独立的构筑物，不属于其中任何一栋建筑。

钢连廊跨长 40.0m，两侧采用端部悬挑，形成各悬挑 20m 左右的钢桁架，桁架高 2 层，总层高 7.8m。悬挑连廊相连部分剪力墙及框架抗震等级加强区提高至特一级，其他部位按一级（图 8.4-9，图 8.4-10）。

项目是 2012 年设计的，防火规范是执行《高规》（2005 版）（设有自动灭火系统的防火分区，其允许最大建筑面积 2000m²）。住院楼防火分区面积 1970m² 为一个防火分区，连廊面积 183m²，若连廊与其中任何一栋住院楼合并成一个防火分区，面积都超 2000m²，所以解决连廊消防设计问题是关键。

解决方案：在与当地消防部门沟通后，连接两座住院楼的连廊，采取防止火灾在两座建筑间蔓延的措施，连廊外墙按百叶设计，定义为室外空间，除常规的交通功能外无其他使用功能，没有可燃物，不计入防火分区面积。连廊采用不燃材料设计构件，其燃烧性能和耐火极限按以下标准设计：钢柱不燃性 3.00h；钢梁不燃性 2.00h；采用薄形防火涂料对钢结构防火。设备专业设置自动喷淋系统，满足消防要求。

3）生殖中心的消防设计

作为院区的四大中心之一，生殖中心总规划设计面积约 10000m²，设置有门诊区、检查区、培养区。培养区作为中心的重点设在住院楼的六层，与五层的门诊、检查区相邻，净化级别有十万级、万级、千级。

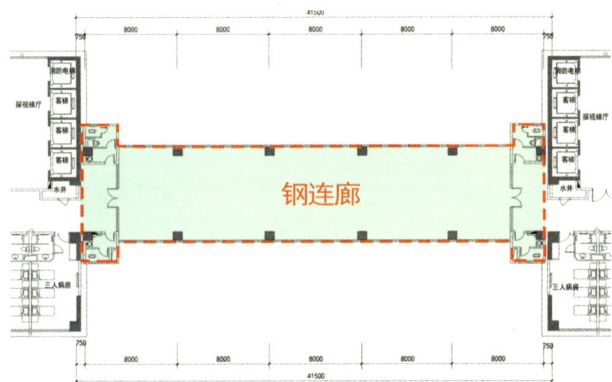

图 8.4-9 钢连廊平面图

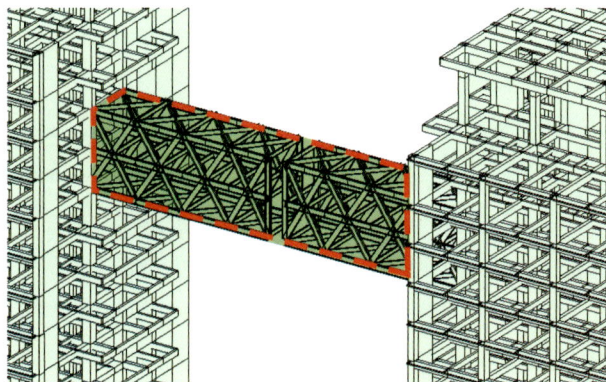

图 8.4-10 钢连廊轴测图

图 8.4-11　生殖中心平面图

培养区设有换鞋、男女医更、准备室、无菌存贮、取精、洗精室、冻融室、胚胎培养室、实验室、取卵室、移植室等，各功能相邻而设，相互穿插。因工艺设计要求，需通过相邻功能房进行疏散，通道上的门均向疏散方向开启（图 8.4-11）。

生殖中心内隔墙采用轻质隔墙耐火极限不低于 1.00h，疏散走道两侧的隔墙耐火极限不低于 1.00h，房间采用的推位门和走道上的门设置为消防联动门。

4）动力中心的消防设计

动力中心位于住院楼与科教综合楼之间，距西侧住院楼 25.75m，距东侧科教综合楼 20.0m。

设置的主要功能有：锅炉房、市政燃气调控室、控制室、10kV 开关室、主变室、电容器室、35kV 开关室等（图 8.4-12）。

锅炉房设置有 3 台 10.5MW 的全自动燃气真空热水锅炉和 2 台 3.0t/h 蒸汽压力为 1.0MPa 的燃气蒸汽锅炉。燃料系统：本蒸汽锅炉和热水锅炉的燃料均为天然气（热值为 39.6MJ/N㎥）。

动力中心设总电源配电箱，双路电源引自原一期低压配电所，再放射式供电。锅炉房设备间、有火灾爆炸危险场所采用密闭防爆设备，钢管明装敷设。

锅炉房与主变室相邻，之间设有一条 2.0m 宽的通道，通道两侧的墙采用钢筋混凝土隔墙，满足

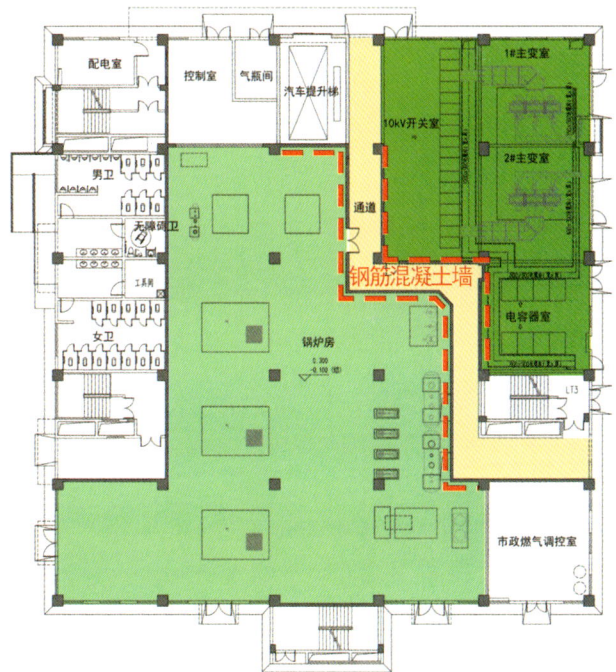

图 8.4-12　动力中心平面图

防爆要求。墙上的门、窗均采用甲级防火门、窗，锅炉房利用外窗作为泄爆口。

8.4.5　节能保温材料

节能保温材料品种类别较为丰富，一般根据项目的使用性质来选择一款使用较为广泛又能满足规范要求的材料。

建筑的内、外保温系统，宜采用燃烧性能为 A 级的保温材料，不宜采用 B_2 级保温材料，严禁采

用 B₃ 级保温材料；设置保温系统的基层墙体或屋面板的耐火极限应符合规范的有关规定。

医疗建筑属于人员密集场所，其外墙外保温材料的燃烧性能应为 A 级。

8.4.6 室内装修材料

医疗建筑装修材料基本要求：美观性、经济性、安全性、抗菌耐污性、耐久，施工便捷性、防火性能以及便于后期运营检修要求。

常用的装修材料主要选用燃烧性能为 A 级的装修材料，但在使用中燃烧性能为 B 级的 PVC 卷材地面使用位置比较广泛，比如手术室、DR、CT、检验科、ICU 等有洁净、防辐射要求的房间，规范要求使用燃烧性能为 B 级的材料需设窗，像 DR、CT 等带控制室的一般在控制室设有观察窗，手术室、检验科的部分房间无法在墙上设置观察窗，可在门上设置观察窗。

室内装修主要使用材料燃烧性能 A 级有：a.地砖地面、人造石（岗石）、花岗石、大理石；b.墙砖防水墙面、金属墙板、金属复合板、A 级抗菌医疗板、耐污抗菌防霉无机洁净涂料；c.轻钢龙骨规格铝扣板吊顶、蜂窝铝板吊顶、"U"形铝挂片吊顶、集成高晶板吊顶、集成复合抗菌板吊顶、硅酸钙板饰耐污无机洁净涂料吊顶；燃烧性能 B 级有同质透心 PVC 卷材、橡胶卷材地板及踢脚。

9

交通建筑

9.1 综论

中国建筑东北设计研究院有限公司　　任炳文

交通建筑涵盖的交通类型比较多，大致可以按水陆空分类，而陆路又可分为地面与地下两种，如客运码头、汽车客运站、火车站、高铁站、航站楼、地铁站等。随着我国国民经济的快速发展，国内及国际的交通发展已经今非昔比，交通建筑也从单一交通类型的单体建筑发展为集合多种交通类型的综合枢纽型组合建筑。

交通建筑，小至公交站点，大至口岸枢纽，都承载着一区一地一国的标志建筑之使命，都以完成各类流线为内核，其重要性和复杂性不言而喻，而交通建筑的消防安全则是其最为重要的设计环节。

9.1.1　交通建筑的消防设计方法

交通建筑的消防设计，基本思路离不开功能区块划分。大至枢纽型，讲求交通类型的划分，施以建筑单体之间的防火分隔；中至复杂单体，讲求空间类型的划分，施以防火分区以及特殊消防设计手段实现防火分隔；小型建筑则更追求特定流线的防火分隔。大中小型是上下层级关系，是自上而下兼容的逻辑关系，这是去除其复杂性最有效的办法。

交通建筑的消防设计，更需要把握不同交通类型建筑流线与空间，掌握不同流线、不同空间的防火分隔与安全疏散、紧急救援，这是设计师必备的功课，但各类交通建筑因为其所处环境和服务模式的不同，必然会产生不同的空间与流线，因此，很难以统一的设计方法和设计策略，对交通建筑这个大类的消防设计予以描述。有鉴于此，笔者将以航站楼工程为例，简要描述其特点与难点、消防设计原则与策略，期待用以点带面的方式解说交通建筑工程的消防设计办法。

9.1.2　航站楼建筑的特点与消防设计难点

近几年，我国民用机场建设进入了新一轮的发展阶段，航站楼作为机场的标志性建筑正不断地向大型化、功能多样化方向发展。同时，对航站楼的消防设计也提出了新的要求。中国建筑东北设计研究院有限公司先后完成郑州新郑国际机场T1、T2航站楼，沈阳桃仙机场T3航站楼等多个大型航站楼项目，积累了较丰富的经验。这里就航站楼设计过程中产生的消防问题及其解决办法进行总结与分享。

1）航站楼建筑的特点

作为交通枢纽建筑，航站楼有别于一般公共建筑和商业建筑，有着空间尺度大，功能及工艺流程复杂，内部人员密集、流动性大，运营保障要求高等特点。这些特点给消防设计带来难度。

2）消防设计难点

（1）防火分区面积超大

航站楼主楼、指廊等一般均为高大空间，由于其特殊功能需求，要求为旅客提供保证流程畅通及开敞通透的建筑视觉。如采用防火墙、防火卷帘等分隔防火分区存在很大难度，同时，传统的物理分隔也可能导致人员不能直接发现火灾危险，无法直接观察到最便捷的逃生出口。

（2）疏散距离超长

航站楼离到港大厅、行李提取厅、行李分拣厅等区域面积及进深都比较大，造成部分区域疏散距离过长。

（3）超大空间防烟分区划分及防排烟

航站楼内各主要功能区域空间高大，且相互连通，高大空间区域消防排烟量十分巨大，各贯通空间的防烟分区划分及烟气如何控制，是消防设计中需要解决的难题。

（4）钢结构防火保护

航站楼设计中，往往采用钢结构大跨度支撑体系实现大空间的功能需求。火灾发生时，如何有效保护主体结构完整性，是保障人员疏散和消防扑救的必要条件。因此高大空间内钢结构防火涂料的保护范围、涂层厚度、耐火极限，以及经济性是需要着重考虑的问题。

9.1.3　航站楼建筑消防设计原则

（1）消防设计首先考虑人员安全性，再考虑把经济损失减到最小；

（2）火灾发生时应能及时控制火势的增长与蔓延；

（3）保证火灾时建筑物使用功能的延续性；

（4）保证结构在火灾中的完整性；

（5）在消防上采取有力措施，以提高航站楼综合消防能力。

9.1.4　航站楼建筑消防设计策略

针对航站楼功能特点，消防设计把各功能分为常规消防设计区域及特殊功能空间消防设计区域。

（1）常规功能消防设计区域包括航站楼集中办公区域、设备用房区等。

（2）特殊功能空间区域包括离到港大厅、候机厅、行李提取厅、行李分拣厅及旅客达到区等。

特殊功能区消防设计策略：

1）超大防火分区防火分隔

对离到港大厅、候机厅等高大空间区域火灾荷载进行分控管理，采用防火单元、防火舱、防火隔离带等措施对商业、办公等火灾危险性比较大的区域进行防火分隔。

2）高大空间烟气控制

采用软件模拟相关空间类型及烟量，合理控制烟气。

3）安全疏散设计

安全疏散设计大致可包括各区域疏散人数计算、分区域疏散控制、疏散距离确定、登机桥疏散方式、避难走道的设置等。

4）钢结构防火保护

钢结构防火保护设计应该包括钢结构不同部位构件耐火时限、防火保护材料及可靠性、施工难易及经济性等。

5）特殊区域消防设计

不同区域的活荷载差距比较大，应对其单独设计，如行李分拣厅、AOC、TOC 等控制中心、商服餐饮厨房等。

9.2 郑州新郑国际机场 T2 航站楼

中国建筑东北设计研究院有限公司 任炳文 燕 翼

9.2.1 项目概况

工程名称：郑州新郑国际机场 T2 航站楼（图 9.2-1）

建设单位：河南机场集团有限公司

设计单位：中国建筑东北设计研究院有限公司

施工单位：中国建筑股份有限公司

消防性能化顾问单位：中国科学技术大学火灾科学国家重点实验室、北京中科思孚公共安全科技发展有限公司

用地面积：16.45 万 m²

总建筑面积：48.45 万 m²

地上建筑面积：44.91 万 m²

地下建筑面积：2.96 万 m²

建筑高度：38.732m（屋面结构上弦杆件中心）

建筑层数：地上 4 层，地下 2 层

防火等级：一级

建筑结构安全等级：一级

抗震设防烈度：7 度

主要结构类型：主体钢筋混凝土结构、屋面空

图 9.2-1 郑州机场 T2 航站楼

间网架结构

设计时间：2010 年 3 月～2014 年 6 月

竣工时间：2016 年 11 月

1）项目定位

郑州雄踞中原腹地，历来是重要的交通枢纽。作为我国八大区域枢纽机场之一的郑州机场，不仅是整个中原地区的空中门户，也是全国首个国家级航空港经济综合实验区的核心组成部门。根据国家战略规划，郑州机场的定位和发展战略为"国际航空货运枢纽、国内大型航空枢纽"。近期规划目标年 2025 年，设计年旅客吞吐量 4000 万人次、货邮吞吐量 300 万 t；远期规划目标年 2045 年，设计年旅客吞吐量 7200～8000 万人次、货邮吞吐量 520 万 t。

2010 年，郑州机场二期扩建工程正式启动，T2 航站楼及楼前综合交通中心作为二期工程的核心项目，着眼于航空城的建设和发展，以打造"绿色低碳、智慧集约"的综合交通一体化枢纽为建设目标，是一组集航空、城铁、地铁、长途客运、机场巴士、出租车、私家车于一体，提供"铁、公、机"空陆无缝换乘的高集约化综合枢纽建筑（图 9.2-2，图 9.2-3）。

图 9.2-2　郑州机场 T2 航站楼离港大厅

图 9.2-3　郑州机场 T2 航站楼候机厅商业区域

2）项目规模

T2 航站楼是一座供国内及国际旅客共同使用的三层式航站楼，建筑面积约 48.6 万 m²，平面呈 X 型布置，由主楼和 4 个指廊组成，T2 航站楼东西宽约 407m，南北长约 1128m，其中 T2 航站楼主楼部分面宽 306m，最小处进深 192m，最宽处进深 232m；指廊部分进深约为 40m，与主楼交汇部位扩大至约 95m。

航站楼主楼地下 2 层，地上 4 层。地下二层为穿越航站楼的城铁、地铁；地下一层为设备机房和通往轨道交通的换乘大厅；地面层主要设有行李处理区，贵宾区，国内、国际远机位的进出港及办公和设备等辅助用房；二层为到港层，分为国际、国内两部分，并在陆侧设有统一的迎客大厅，旅客从这里可通过 3 条室内连廊平层前往交通中心（GTC）并选乘适合的交通工具离开机场；三层为国内、国际候机厅；四层为出发大厅，由国内、国际办票区、国际联检区、国内安检区等部分组成，并与出发车道边相连（图 9.2-4～图 9.2-7）。

9.2.2　消防设计

1）消防设计依据

《建筑设计防火规范》GB 50016—2006

《建筑内部装修设计防火规范》GB 50222—95

《高层民用建筑设计防火规范》GB 50045—95（2005 年版）

《人民防空工程设计防火规范》GB 50098

中国科学技术大学火灾科学国家重点实验室、北京中科思孚公共安全科技发展有限公司《郑州新郑国际机场二期建设工程 T2 航站楼改扩建性能化防火设计研究报告》（2014 年 1 月）

T2 航站楼建筑防火设计所采用的设计依据是《建筑设计防火规范》GB 50016—2006。虽然建筑物的屋顶局部高度超过 24m，但基于以下考虑，认为采用《高层建筑设计防火规范》GB 50045—95 是不适当的：

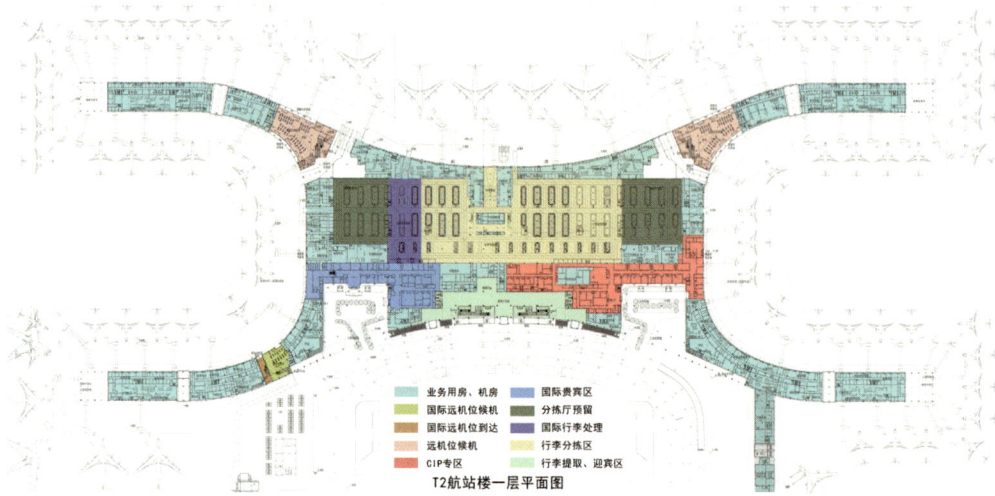

T2航站楼一层平面图

图 9.2-4　一层平面图

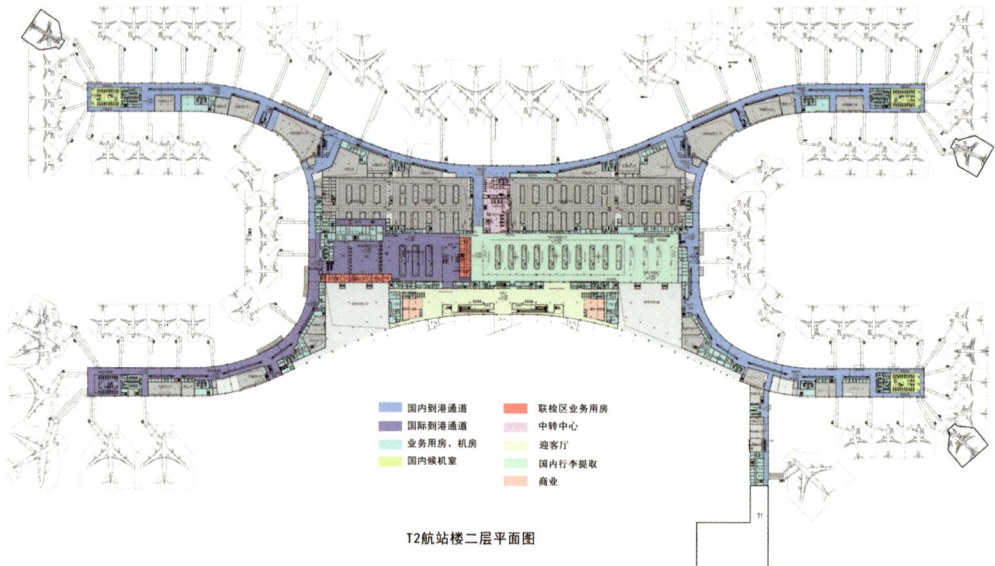

T2航站楼二层平面图

图 9.2-5　二层平面图

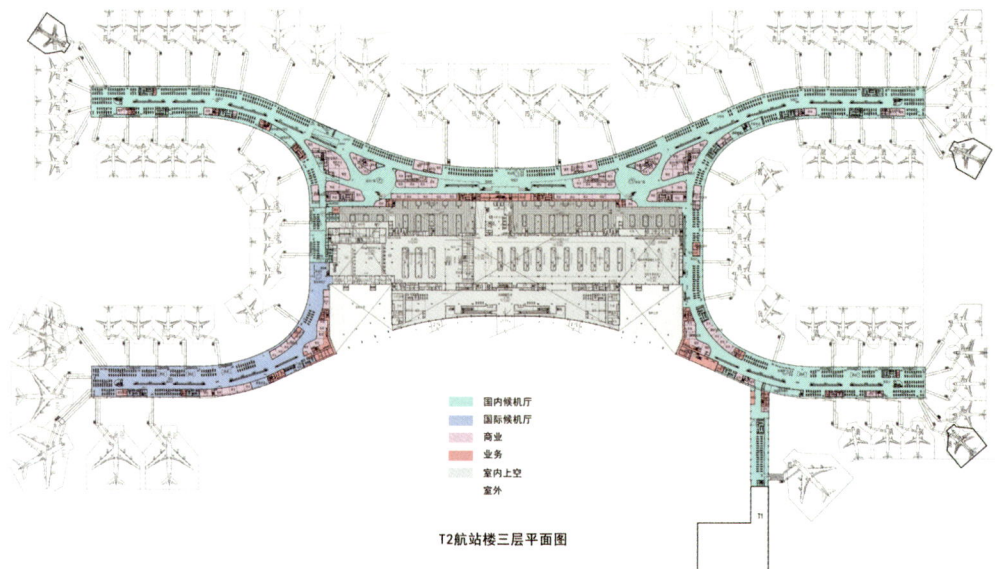

T2航站楼三层平面图

图 9.2-6　三层平面

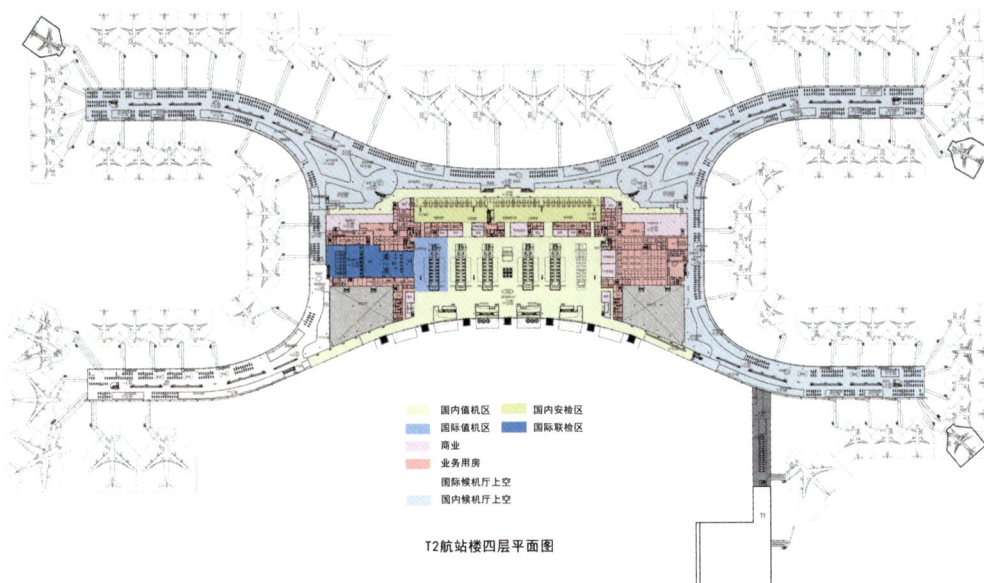

图 9.2-7 四层平面

（1）建筑物在地面层标高以上仅有 4 层，使用楼层最高才 19m 标高，且在主要层面（旅客出发大厅）有高架桥与此相连。

（2）考虑到本建筑内人员的活动面主要在五层（19m 标高）及其以下高度，且消防车可以通过四层的出发车道展开扑救，体现出显著的多层建筑特点。

（3）建筑整体及结构使用的材料是不燃性的，并严格控制进入航站楼的材料的防火要求。同时，航站楼的设计采用了一级耐火等级。

（4）由于建筑物本身的使用功能的特点以及航空运输对行李、货物较高的防火要求，已具备采取广泛措施来限制建筑物火灾增长及发展的潜在可能，同时认为开敞、空阔及无遮挡的大空间只有一般的低火灾风险。

（5）高屋顶在建筑物内形成容纳烟污染的额外空间，从而增加了建筑物内人员及消防人员的消防安全系数。

（6）根据《建筑设计防火规范》GB 50045—95 第 1.0.2 条的条文说明，本建筑具有和单层的体育馆、影剧院相似的特点，即空间高大、人员密集但疏散和扑救条件较高层建筑有利，故也适用于《建筑设计防火规范》GB 50045—95。

2）消防设计原则及措施

航站楼作为超常规建筑，其防火设计无法完全依据现有成文的规范内容，参考国内外同类建筑的普遍做法，确定了以下原则：

（1）防火设计应以人员的安全要求为主要出发点，首先考虑人员的安全性，再考虑把经济损失减到最小。

（2）不影响机场的使用功能和特殊流程。

（3）符合机场的安防要求。

（4）在消防上采取有力措施，以提高航站楼的综合消防能力。

在此类人员密集的大空间公共建筑内，防火设计措施应以防火安全要求为出发点，即首先考虑人员的安全性，减低火灾对人员的威胁，然后再考虑将物资损失减到最小。

具体措施如下：

（1）保证有足够的人员疏散宽度；

（2）防火分区在可能的情况下尽量缩小；

（3）保证并尽可能加强构件的耐火性；

（4）增加防排烟措施；

（5）加强火灾报警及灭火能力；

（6）设立防火隔间，将火灾危险性大的部位与公共空间隔离开；

（7）设备选用方面建议选用高标准的设备以确保各系统正常工作；

（8）大厅内所有家具、装修材料等均采用燃烧性能等级为不燃或难燃材料。

3）消防设计难点及解决策略

T2 航站楼主要存在防火分区面积过大、大空间疏散距离过长、防烟分区划分以及钢结构保护等消防问题。

（1）防火分区面积超大

T2 航站楼由于建筑大空间造型及特殊工艺流程的需求，离到港大厅、候机厅、行李分拣厅、行李提取厅等区域防火分区无法按规范要求进行防火分隔，有三个防火分区超过 5000m²，分别为第 11 防火分区面积为 49800m²，第 17 防火分区面积为 206859m²，第 20 防火分区面积为 74948m²。不满足《建筑设计防火规范》GB 50016—2006 第 5.1.7 条关于防火分区面积的规定。

解决策略：

对于航站楼这类大空间建筑，由于特殊功能需求，要求提供保证水平畅通的使用功能及开敞通透的建筑视觉美观；另外，考虑到高大空间内，传统的物理分隔反而可能导致人员不能直接发现火灾危险，无法直接观察到最便捷和最熟悉的逃生方式，从而导致部分疏散出口出现疏散瓶颈现象。

基于以上考虑，针对 T2 航站楼的设计特点，弱化公共空间的物理分隔，保持视野开阔的大空间设计。同时针对航站楼大空间内的高火灾荷载区域从火灾发展、火灾蔓延以及主动控制等方面加强防火保护。采用防火单元、防火舱、燃料岛、防火间距以及防火隔离带等概念进行防火分隔，以防止火灾发生并向周围蔓延，从而降低因无法在整个大空间内设置防火分隔带来的危险性。

对于出发大厅内设置的商业、办公室、超市以及商务用房按照"防火舱"的概念进行设置。每个"防火舱"的面积不应大于 300m² 且应严格按照"防火舱"的设计要求设置火灾自动报警系统、自动喷水灭火系统、机械排烟系统，舱内装修材料应满足《建筑内部装修设计防火规范》GB 50222—95 要求。独立设置的"防火舱"之间的防火间距应保持在 6m 以上。

T2 航站楼二层的迎客大厅与行李提取大厅，行李提取大厅与到达通道之间均设置有不小于 9m 的防火隔离带；四层联检大厅和商业区之间、联检大厅和商业区之间也应设置不小于 9m 的防火隔离带。

对于连续办公区和连续商业区，每组连续房间总面积不能大于 2000m²。每个房间或店铺按照"防火舱"概念设计，舱与舱之间应为 2.00h 防火分隔。每组之间相邻面如果有开口的部位，其防火间距不应小于 9m，如果相邻面采用防火墙进行分隔则防火间距可不限。

两舱休息室、餐饮区域的装修材料和固定设施的制作材料燃烧性能应为 A 级。餐饮部分厨房均采用电加热，并采用防火墙和防火门与其他区域分隔，且排油烟罩部位应设置自动灭火装置，排风系统应独立设置。

对于直接暴露在大厅大空间内的小商摊、休息厅、书刊报亭等区域可采用"燃料岛"的概念进行设置。"燃料岛"应严格控制火灾荷载的大小，每个"燃料岛"的面积不应大于 20m²，并且"燃料岛"不应设在靠近疏散主要出口附近，以免发生火灾后影响疏散口的畅通，"燃料岛"之间的防火间距不应小于 6m。

（2）疏散距离过长，部分疏散楼梯不能直通室外

T2 航站楼多个分区的疏散距离过长，其中一层行李处理大厅最远点的疏散距离达到了 86m，其他区域的疏散距离达到了 71m。首层有多部楼梯不能直通室外，且距离安全出口的距离大于 15m，人员需要到达首层再通过首层迎客厅行走一段距离才能疏散至室外，不能满足《建筑设计防火规范》GB 50016—2006 第 5.3.13 条对安全疏散距离的规定。

解决策略：

针对郑州新郑国际机场航站楼的特点采取分阶段疏散策略。必要时首先疏散受火灾等紧急事件直接影响的区域而不对整个建筑实施疏散；只有在极端失控事件下才根据事先制订的应对措施有序地疏散整个建筑，称之为分阶段疏散策略。

由于大型航站楼项目面积巨大，火灾等紧急事件对灾害区域外的人员所产生的威胁通常并不是直接和迫切的，没有必要对整个机场枢纽进行疏散。

为了防止运营的混乱和安全起见，一般采用分阶段疏散策略，仅在发生极端失控事件时疏散整个机场。在确定分阶段疏散区域时，需要充分考虑以下因素：

① 建筑的平面布局和各区域的功能联系；

② 防火分区和烟气控制区域的划分；

③ 消防设施同时联动的能力，如报警排烟疏散广播等系统的联动能力；

④ 机场陆侧和空侧人员的疏散。

郑州新郑国际机场 T2 航站楼的疏散策略以分阶段疏散为主，同时也应保证具有整体疏散的能力以应对突发的极端失控事件，自始至终保障人员的安全。具体各层的疏散路径如下：

四层夹层商业餐饮部分视野开阔，视线清晰，主要通过外侧 6 部疏散楼梯疏散至首层，再由首层疏散至室外安全区域。

四层出发大厅的人员疏散路线清晰，主要通过靠近室外高架桥的 14 组疏散出口疏散至室外高架桥，以及 14 部疏散楼梯进行疏散，首先疏散至首层再疏散至室外，其中办票大厅和商业之间的几部楼梯需要疏散至地下一层的避难走道再疏散至室外。

三层候机连廊区域的人员主要为候机人员，部分人员通过设置的疏散楼梯疏散至首层再疏散至室外，另一部分人员通过登机指廊进行疏散，通过指廊端头设置疏散楼梯疏散至室外。

二层为到港通道、行李提取大厅和迎客厅。其中到港通道人员主要通过设置的疏散楼梯和登机桥疏散至室外，行李提取大厅的部分人员通过设置的疏散楼梯疏散至地下避难走道再疏散至室外，部分人员通过开向迎客厅的疏散门疏散至迎客厅再随迎客厅人员一起利用 T2 和与 GTC 相连的连廊进行疏散。迎客厅的人员部分通过疏散楼梯疏散至首层再疏散至室外，部分通过和 GTC 连接的连廊疏散。

首层主要为远机位候机厅、迎客厅预留、行李处理大厅和一些商务用房。远机位候机厅通过自身分区设置的安全出口疏散至室外，行李处理大厅的人员通过开向室外的车道疏散至室外，迎客厅预留的人员通过自身分区设置的安全出口直接疏散至室外。

地下层交通厅的人员通过设置的疏散楼梯和下沉广场疏散至室外。

（3）防烟分区划分

T2 航站楼的 −13.900m 层交通过厅，−1.500m/0.000m 层远机位候机厅，±0.000m 层迎客厅预留、行李提取预留，6.000m 层迎客厅、行李提取大厅，防烟分区面积均大于 500m²。±0.000m 层行李分拣局部空间由于高度超过 6m，未划分防烟分区；2.800m/4.200m/6.000m 层到港通道没有划分防烟分区；7.000m/8.400m/9.100m 层候机大厅、14.000m 出发大厅及 9.100m 外连廊未划分防烟分区。这些均不满足《建筑设计防火规范》GB 50016—2006 第 9.4.2 条对防烟分区的规定。

解决策略：

① 防烟分区

−13.900m 层交通过厅、−1.500m/0.000m 层远机位候机厅、0.000m 层迎客厅、6.000m 层迎客厅、行李提取大厅的防烟分区均按照不大于 2000m² 设置。

0.000m 层行李分拣局部空间由于高度超过 6m，未划分防烟分区，采用区域排烟的方式。划分为 2 个排烟区域，火灾时启动报警区域的排烟风机。

2.800m/4.200m/6.000m 层到港通道采用可开启外窗的自然排烟方式排烟，不划分防烟分区。

7.000m/8.4000m/9.100m 层候机大厅、14.000m 层值机大厅及夹层和 9.100m 层连廊，采用可开启外窗的自然排烟方式排烟，不划分防烟分区，但出发层自然排烟口距需排烟处最远点的水平距离超过 30m。

② 排烟量

防烟分区小于 500m² 时，排烟量按现行规范规定每平方米 60m³/h 计算。当防烟分区面积大于 500m² 且小于 2000m² 时，排烟量按每个防烟分区 15m³/s 计算，行李分拣区排烟量按每平方米 30m³/h 计算。2.800m/4.200m/6.000m 层自然排烟口面积按照大于地面面积 2% 设计。7.000m/8.4000m/9.100m 层候机大厅、14.000m 层值机大厅和 9.100m 层连廊自然排烟口面积不应小于地面面积的 2%。

对于防火单元、防火舱均按照规范要求设置排烟量。

③ 挡烟垂壁

对于超规范的防火分区内的自动扶梯口、登机

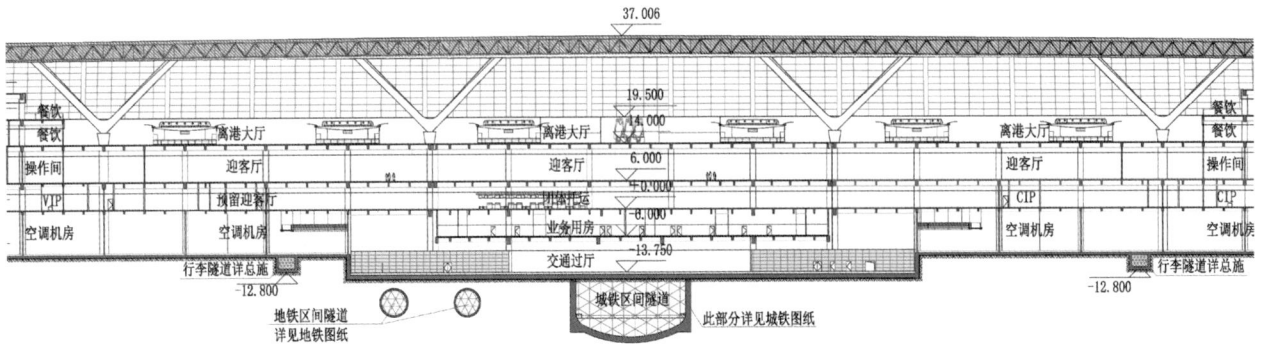

图 9.2-8 屋架钢结构剖面示意图

桥等贯通口应在开口下方设置不小于 500mm 的挡烟垂壁。

④ 钢结构防火保护

T2 航站楼采用钢结构屋顶，钢材虽为非燃烧材料，但耐火性能较差，如果钢结构没有采取有效的防火保护措施，一旦发生火灾，结构容易遭到破坏。因此需要确定钢结构承重构件（包括屋面钢架、承重梁等）的耐火极限，判断是否需要采用防火保护以及如何保护（图9.2-8）。

解决策略：

T2 航站楼的顶部采用了大跨度钢结构，钢结构最低点距离楼层地面为 8.0m 左右。

通过消防性能化分析及火灾模拟计算结论为：

T2 航站楼钢结构部分距离楼层高度小于 8m 的区域均应进行防火保护，其中屋面钢架应保证 1.50h 的防火保护时间，其中承重柱应保证 3.00h 的防火保护时间，高度大于 8m 的钢结构可以不做防火保护。玻璃幕墙抗风柱只作为围护结构，可以不做防火保护。

4）结论

上述消防设计难点及解决策略主要是通过消防性能化的方法研究郑州新郑国际机场 T2 航站楼的防火分区面积超大问题、烟气控制问题、人员疏散问题以及钢结构保护问题，对其他常规的防火安全问题没有涉及的，均严格按照常规防火规范设计。

9.3 沈阳桃仙国际机场 T3 航站楼

中国建筑东北设计研究院有限公司　任炳文　燕　翼

9.3.1 项目概况

工程名称：沈阳桃仙国际机场 T3 航站楼（图 9.3-1）

建设单位：辽宁省机场管理集团公司

设计单位：中国建筑东北设计研究院有限公司

施工单位：中国建筑股份有限公司

消防性能化顾问单位：国家消防工程技术研究中心

总建筑面积：24.96 万 m^2

地上建筑面积：20.56 万 m²

地下建筑面积：3.85 万 m^2

连廊面积：0.56 万 m^2

建筑高度：建筑最高点 36.6m

建筑层数：地上 2 层，地下 2 层

防火等级：一级

建筑结构安全等级：一级

抗震设防烈度：7 度

主要结构类型：主体钢筋混凝土结构、屋面钢结构

设计时间：2010 年 6 月～2011 年 7 月

竣工时间：2013 年 8 月

图 9.3-1　沈阳机场 T3 航站楼

1）项目定位

沈阳桃仙国际机场位于沈阳市南郊东陵区，距市中心约23km。沈阳作为东北地区最大的中心城市，以其为中心的150km半径范围内，集中了以基础工业和加工工业为主的9大城市，构成资源丰富、结构互补性强、技术关联度高的辽宁中部城市群，其人口辐射范围达2600万，同时沈阳地处东北亚经济圈和环渤海经济圈的中心，具有重要的战略地位。2008年民航总局印发的《全国民用机场布局规划》和2006年《中国民用航空发展第十一个五年规划》中，明确将沈阳机场定位为北方机场群骨干机场，并突出了沈阳机场在东北振兴中的地位和作用，2011年《中国民用航空发展第十一个五年规划》中，又进一步确立了沈阳机场作为区域性枢纽机场和全国航空货运枢纽的地位及其在振兴东北中的特殊作用（图9.3-2～图9.3-4）。

2）项目概况

沈阳桃仙国际机场T3航站楼在原有T1和T2航站楼设计国内年旅客吞吐量750万人次的基础上，设计满足2020年旅客吞吐量1750万人次，高峰小时旅客吞吐量6430人（国内5130人次，国际1300人次），T1、T2、T3合计满足2020年旅客吞吐量2500万人次。新扩建的T3航站楼，位于机场T2

图9.3-2 沈阳机场T3航站楼离港大厅

图9.3-3 沈阳机场T3航站楼候机厅1

图9.3-4 沈阳机场T3航站楼候机厅2

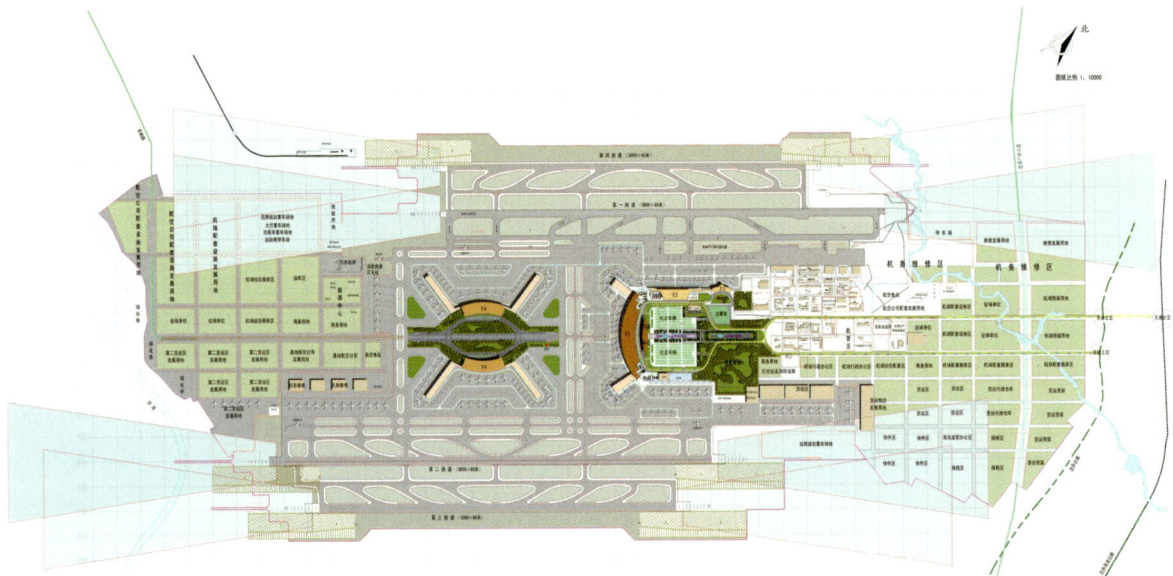

图9.3-5 总平面图

航站楼东南侧，与机场进场路垂直布置。

T3航站楼建筑平面呈"U"布置，分为主楼和两个指廊，由国际和国内旅客合用的两层式航站楼；新增机位数30个（5E10D15C），其中国内部分19个（2E8D9C），国际部分11个（3E2D6C），其中20-E为国内国际共用机位。航站楼面积为24.96万 m²。地下设有两层，地下一层为部分设备机房和通往地铁线的通道层，地下二层为穿越T3航站楼的城市地铁和下穿汽车通道，为远期扩建的T3A、T3B预留交通路由，设计T3航站楼可以直接与地铁共同使用，实现多种交通方式的交通换乘方式（图9.3-5～图9.3-8）。

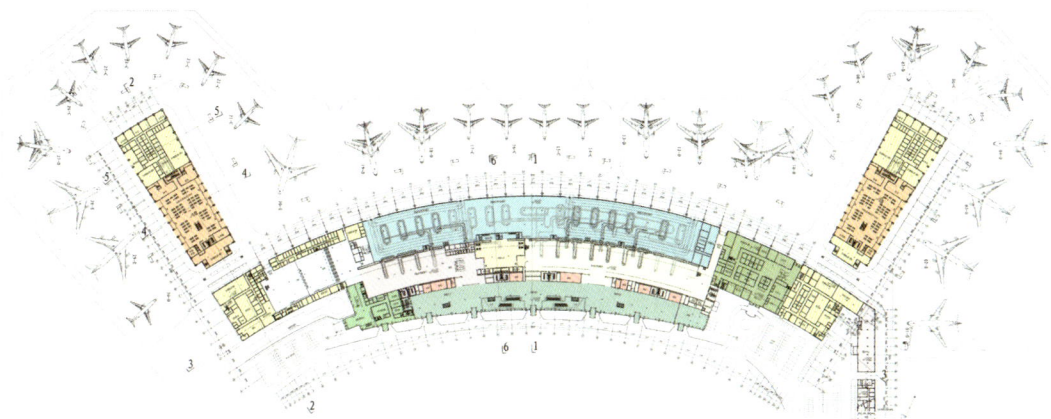

图 9.3-6 一层平面图

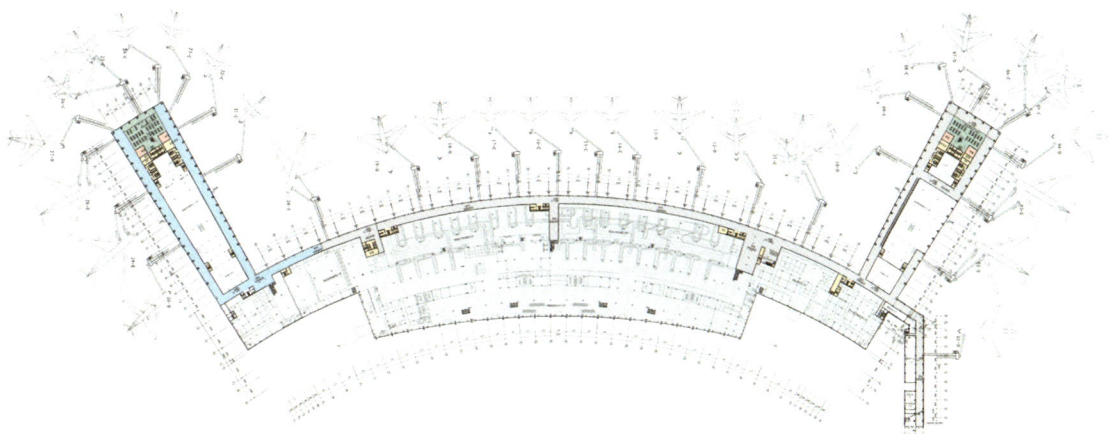

图 9.3-7 夹层平面图

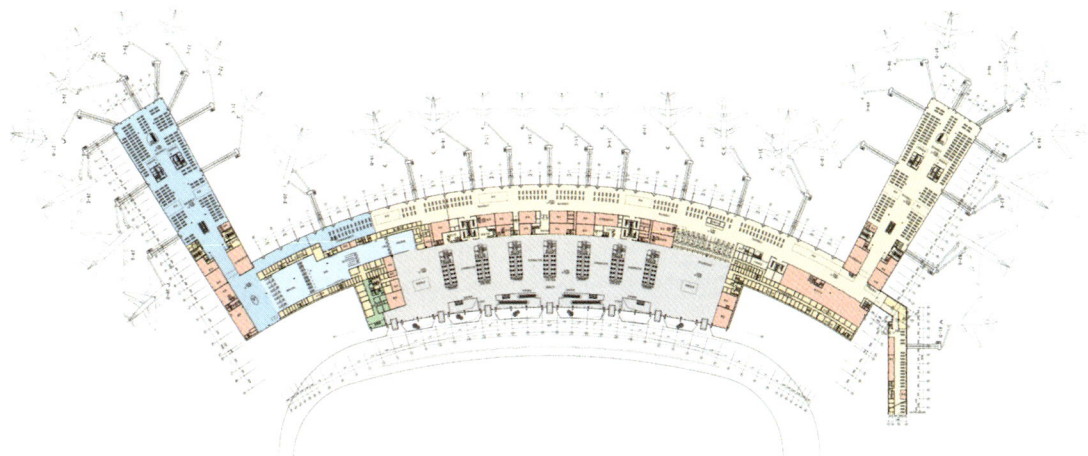

图 9.3-8 二层平面图

9.3.2 消防设计

1）消防设计依据

《建筑设计防火规范》GB 50016—2006

《建筑内部装修设计防火规范》GB 50222—95

《高层民用建筑设计防火规范》GB 50045—95（2005 年版）

《人民防空工程设计防火规范》GB 50098—2009

国家消防工程技术研究中心《沈阳桃仙国际机场航站区扩建项目 T3 航站楼性能化防火设计研究报告》（2011 年 5 月）

从人员疏散的角度分析，T3 航站楼地上仅为 3 层，人员可到达的高度为地上 13.9m，人员的疏散条件与普通高层建筑有较大差别，而与普通多层建筑相似。

航站楼陆侧设有高架桥，二层陆侧人员无需经楼梯即可直通室外。虽然 T3 航站楼最高点标高达到 36.6m，但主要为空间效果及造型等方面的需要，并没有给人员疏散带来困难。

从救援角度分析，以 24m 作为划分多层建筑和高层建筑的起算高度，主要是根据我国登高消防器材的配备情况、消防车供水能力以及消防队员登高救援作业能力，并结合我国大多数地区的消防救援能力提出的。T3 航站楼人员可到达的高度为地上 13.9m，航站楼周围设有环形消防车道和消防扑救场地，而且消防车可通过高架桥直接到达航站楼二层，因此，建筑高度的增加并不会显著影响消防救援。

综合以上分析，沈阳桃仙国际机场 T3 航站楼虽然最高点标高达到 36.6m，但不会对建筑的疏散和扑救造成显著不利影响，该航站楼按当时国家标准《建筑设计防火规范》GB 50016—2006 进行防火设计可行。

2）消防设计存在的问题

沈阳桃仙国际机场 T3 航站楼按当时国家标准《建筑设计防火规范》GB 50016—2006 进行防火设计。防火设计中主要存在以下技术问题：

（1）航站楼内部分防火分区的建筑面积超大，不满足规范要求。地下一层：设备用房面积超过 1000m²、地铁到达大厅防火分区面积超过 1000m²；一层、二层：防火分区+0.00_Ⅵ、+0.00_Ⅶ、+0.00_Ⅸ 面积超过 5000m²；夹层：防火分区+4.20_Ⅰ 面积超过 5000m²（表 9.3-1）。

不符合规范要求的防火分区　　表 9.3-1

防火分区编号	区域	各分区面积/m²	规范要求/m²
-7.00_Ⅰ		1364	1000
-7.00_Ⅱ		1635	1000
-7.00_Ⅳ		1219	1000
-7.00_Ⅴ	地下设备房	1238	1000
-7.00_Ⅵ		1078	1000
-7.00_Ⅹ		1091	1000
-7.00_Ⅺ		1327	1000
-7.00_ⅩⅣ	地铁到达过厅	2830	1000
-7.00_ⅩⅤ	综合管沟	9193	1000
+8.70_Ⅰ	-7.00m 层自动扶梯 0.00m 层迎客大厅 8.70m 层离港大厅	103158	5000
+0.00_Ⅵ	0.00m 层行李提取厅	22071	5000
+4.25_Ⅰ	到港夹层	20589	5000

（2）为了满足机场的特殊功能流线要求，航站楼具有超大面积及长度和跨度，并因此造成疏散距离加大。其中国内行李提取厅和国际行李提取厅（+0.00Ⅵ）最远的疏散距离为 82m；国内行李分拣厅（+0.00Ⅶ）最远的疏散距离为 99m，其他人员密集区域的疏散距离均在 60m 以内；综合管沟的最远疏散距离约有 150m；地下设备房、职工食堂、地铁到达过厅等防火分区采用避难走道进行疏散。规范未明确规定该疏散方式的设计要求。

（3）离港大厅、候机厅采用自然排烟，顶部有效开窗面积为地面面积（去除设有机械排烟的商铺、休息室等建筑面积）的 1.5%。排烟口距离室内最远点的距离大于 30m，均不满足规范要求。一层行李提取大厅、迎客大厅设置机械排烟系统。由于此处排烟至地下室的排风管廊内，而地下一层的通风管廊截面受限，同时通向地下的排烟管道受限，无法满足规范要求的排烟量。

（4）沈阳桃仙国际机场 T3 航站楼采用了钢柱及钢结构屋面，需要确定其屋顶钢结构承重构件（包括屋面钢架、承重梁等）的耐火极限是否需要通过涂刷防火涂料来达到《建筑设计防火规范》GB 50016—2006 第 5.1.1 条的规定。

3）消防解决方案

根据沈阳桃仙国际机场 T3 航站楼的建筑特点、使用用途、消防设施进行评估分析。针对 T3 航站楼防火设计存在的问题，同时考虑项目的功能需求，提出了以下消防解决方案。

（1）地下部分

① 综合管廊

a. 管廊每隔 150m 采用耐火极限不低于 2.00h 的墙体和乙级防火门进行分隔。

b. 管廊内电缆采用阻燃型。

c. 管廊内各管道穿越隔墙、楼板处的缝隙采用防火封堵材料封堵。

d. 管廊内设置火灾自动报警系统，可在电缆桥架内设置缆式线型定温火灾探测器。

e. 管廊按照规范要求设置室内消火栓、手提式灭火器、消防应急照明和疏散指示标志。

② 避难走道

a. 走道两侧的墙体采用实体防火墙。

b. 各防火分区进入避难走道处设置前室，面积不小于 6m²，开向前室的门为甲级防火门，且设有防烟设施。

c. 通向走道的各防火分区的人数不等时，走道的净宽度不应小于通向该走道的安全出口总净宽度最大一个防火分区的宽度。

d. 走道内的装修材料燃烧性能等级为 A 级。

e. 走道内设置室内消火栓、消防应急照明、应急广播和消防专线电话。

（2）地上部分

整体要求：

① 防火分隔

a. 消防控制室、消防水泵房、排烟机房、灭火剂储瓶室、变配电室、通信机房、通风和空调机房等房间，应采用耐火极限不低于 2.00h 的不燃烧体隔墙和不低于 1.50h 的不燃烧体楼板与其他部位隔开。隔墙上的门应采用常闭的甲级防火门。

b. 明火作业厨房采用耐火极限不小于 2.00h 的不燃烧体隔墙和不低于 1.50h 的楼板与其他区域进行分隔，隔墙上门采用乙级防火门。

② 疏散设施

a. 公共区通向登机桥的出口可作为安全出口，但应满足下列要求：登机桥的固定段设置直通地面的楼梯，楼梯的倾斜角度不大于 45°，栏杆扶手的高度不小于 1.10m，净宽不小于 0.9m，梯段和平台均采用不燃材料制作。

b. 疏散通道上的门禁系统与火灾自动报警系统联动，并能保证火灾时能自动解禁。

c. 航站楼设置集中控制型应急照明系统。

d. 疏散走道或主要疏散路线上的疏散指示标志设在疏散走道及其转角处的墙面或地面上，当设置在墙面上时，灯光疏散指示标志间距不应大于 10m；当设置在地面上时，灯光疏散指示标志间距不应大于 5m。

③ 消防设施

a. 航站楼设置室内外消火栓和手提式灭火器，消火栓箱内设置消防软管卷盘。

b. 明火作业厨房内排油烟罩及烹饪部位设置自动灭火装置，且在燃气管道上设置紧急事故自动切断装置。

+0.0m 层：

① 防火分隔

a. 行李分拣厅采用实体防火墙与行李提取大厅进行防火分隔，隔墙上的门采用甲级防火门。

b. 办公用房采用耐火极限不低于 2.00h 的不燃烧体隔墙和不低于 1.00h 的不燃烧体顶板与其他区域进行分隔，直接通向公共区的房间门或疏散门采用乙级防火门。

c. 迎客大厅内的商铺、餐饮店等采用耐火极限不低于 2.00h 的不燃烧体隔墙和不低于 1.00h 的不燃烧体顶板与其他区域进行分隔，通向迎客大厅的开口应采用耐火极限不低于 2.00h 的防火卷帘或 C 类防火玻璃等分隔。

d. 迎客大厅内各中庭周围设置高度不小于850mm的挡烟垂壁。

② 疏散设施

国际行李提取厅、国内行李提取厅分别增设通往迎客大厅的甲级防火门作为疏散出口（图9.3-9）。

③ 消防设施

a. 行李分拣厅内按照规范对丙类厂房的要求设置自动灭火系统、机械排烟系统、火灾自动报警系统。

b. 行李提取大厅、迎客大厅及内部的功能用房按照规范要求设置自动灭火系统、火灾自动报警系统。

c. 行李提取大厅、迎客大厅设置机械排烟系统，采用高度不低于500mm的挡烟垂壁划分防烟分区，防烟分区的面积不大于2000m²，单个防烟分区排烟量不小于70200m³/h。

d. 行李提取大厅、迎客大厅内部的功能用房按照规范要求设置机械排烟系统。

+4.25m 层：

① 防火分隔

a. 各个商铺设置耐火极限不低于1.00h的顶板，各商铺与公共区连通处的顶部周围设置高度不小于50cm的挡烟垂壁；各商铺之间隔墙以及商铺与其他房间之间的隔墙，其耐火极限不小于2.00h，隔墙两侧沿走道外墙为宽度不小于2m、耐火极限不低于1.00h的实体墙或C类防火玻璃；单个商铺的面积不大于300m²。

b. 办公用房采用耐火极限不低于2.00h的不燃烧体隔墙和不低于1.00h的不燃烧体顶板与其他区域进行分隔，直接通向公共区的房间门或疏散门采用乙级防火门。

② 消防设施

a. 到港通道按照规范要求设置自动喷水灭火系统、火灾自动报警系统。

b. 到港通道设置自然排烟窗，有效开窗面积不小于地面面积的2%。

c. 商铺内设置自动灭火系统、机械排烟系统、火灾自动报警系统。

+8.7m 层：

① 防火分隔

a. 每个商铺、餐饮店设置耐火极限不低于1.00h的顶板，各商铺、餐饮店与公共区连通处的顶部周围设置高度不小于50cm的挡烟垂壁；各商铺、餐饮店之间隔墙的耐火极限不小于2.00h，隔墙两侧沿走道外墙为宽度不小于2m、耐火极限不低于1.00h的实体墙或C类防火玻璃；单个商铺、餐饮店的面积不大于300m²，商铺连续布置的总建筑面积不应大于2000m²。

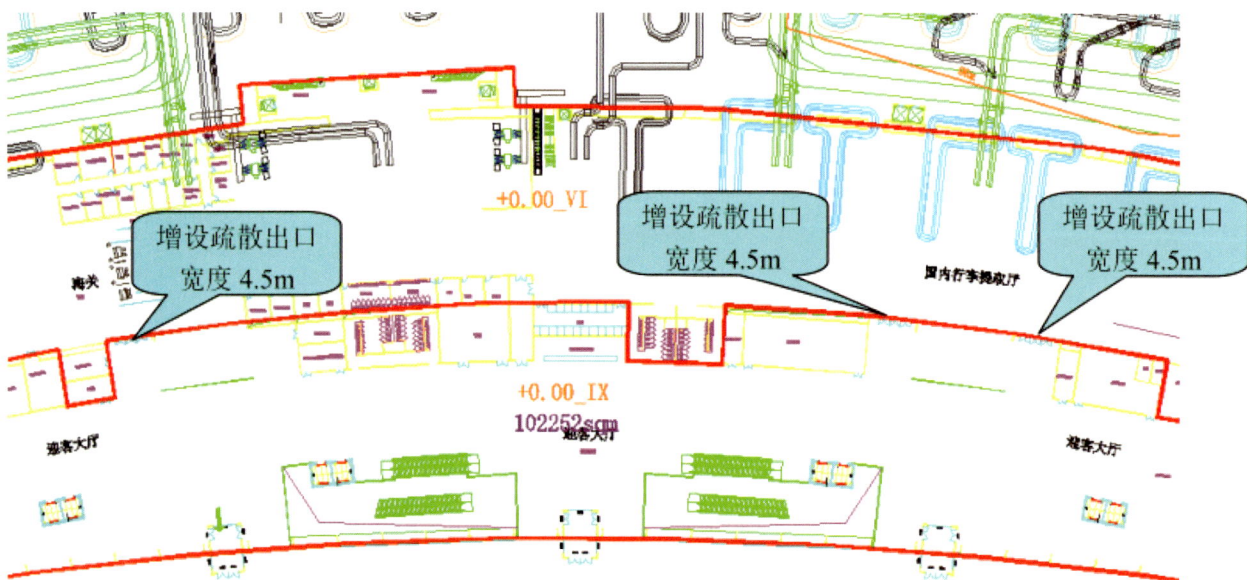

图 9.3-9 安全出口增设示意图

b.头等舱、VIP 室、钟点房等休息室采用耐火极限不低于 2.00h 的不燃烧体隔墙或 C 类防火玻璃和不低于 1.00h 的不燃烧体顶板与其他部位分隔，单个休息室的面积不大于 500m²，直接通向公共区的房间门或疏散门采用乙级防火门。

c.各办公用房采用耐火极限不低于 2.00h 的不燃烧体隔墙和不低于 1.00h 的不燃烧体楼板与其他部位隔开，直接通向公共区的房间门或疏散门应采用乙级防火门，办公用房开向公共区的窗采用耐火完整性不小于 1.00h 的 C 类防火窗。

② 消防设施

a.离港大厅、候机厅及其内部功能用房设置火灾自动报警系统。

b.离港大厅、候机厅内设置适用于高大空间的自动喷水灭火系统。

c.离港大厅、候机厅可采用自然排烟，顶部有效开窗面积不小于地面面积（去除设有机械排烟的商铺、休息室等建筑面积）的 1.5%。

d.商铺、餐饮店、办公用房、休息室等功能用房设置自动喷水灭火系统。

e.商铺、餐饮店和建筑面积大于 100m² 的休息室、办公用房以及办公区内长度大于 20m 的内走道设置排烟设施。

＋13.9m 层：

该层为房中房屋面预留商业区，区域内布置的商铺、餐饮店或休息室应按照＋8.7m 层设计要求进行防火分隔和消防设施配置。

（3）钢结构防火保护

通过 FDS 模拟分析计算，在设定火灾场景下，屋顶钢结构构件的最高温度均小于设定的极限值 300℃，可不进行防火保护。

对于钢柱，当＋8.7m 层的座椅或行李发生火灾时，13.9m 标高以上钢柱的最高温度小于 300℃；当商铺发生火灾，钢柱直接与火焰接触时，火焰极限高度为 5.9m，距离＋8.7m、＋13.9m 楼面上方 8.0m 高度范围内钢柱应进行防火保护，耐火极限不应小于 3.00h。对于＋13.9m 层预留商业区，钢柱若不设置在功能用房内，且功能用房与钢柱之间设置有耐火极限不低于 1.00h 的隔墙（或 A 类防火玻璃）和顶板时，钢柱耐火极限可不低于 2.00h。

9.3.3 结论

在上述消防解决方案均实施的前提下，T3 航站楼经过消防性能化分析论证得出以下结论：

（1）航站楼的防火分隔和排烟措施能够对烟气蔓延进行有效的控制，防火分区划分能够满足建筑整体消防安全的要求。

（2）在设定火灾场景下，航站楼内的人员能够安全地疏散到室外安全区域，疏散设计能够保证人员的安全疏散。

（3）航站楼内距离楼面高度 8m 以下的钢结构应进行防火保护，屋顶钢结构可不进行防火保护。

9.4 深圳北站

深圳大学建筑设计研究院有限公司　卢　旸
中铁第四勘察设计院集团有限公司　杨　健

9.4.1 项目概况

工程名称：广深港客运专线深圳北站车站建筑工程（图 9.4-1）

建设单位：广深港客运专线有限责任公司

建筑设计单位：中铁第四勘察设计院集团有限公司和深圳大学建筑设计研究院有限公司组成设计联合体

施工单位：中铁二局股份有限公司

性能化防火设计：建研防火设计性能化评估中心有限公司

性能化防火设计复核评估：国家消防工程技术研究中心

消防验收单位：广州铁路公安局消防处和深圳市公安局消防监督管理局

建筑规模：特大型客运专线铁路旅客车站

用地面积：132388m²

总建筑面积：182074m²（其中：房屋建筑面积 74573m²，站前平台 34146m²，无站台柱雨篷 69006m²）

图 9.4-1　西侧建筑外观
摄影：罗凯星

基底面积：130972m^2

容积率：1.38

覆盖率：100%

建筑高度：主体建筑 43.602m，雨篷建筑 18.1m

建筑层数：地上 2 层，地下 1 层

防火等级：≥二级

建筑结构安全等级：一级

抗震设防烈度：地震作用按 7 度、抗震措施按 8 度设计

结构类型：主体结构采用钢管混凝土柱 - 组合楼盖 - 空间桁架大跨结构，雨篷结构采用四边形环索弦支结构体系

超长结构：车站主体 189m×345m；屋盖 409m×208m，"上平下曲"形态，最大柱跨 86m×81m，最大悬挑 63m；雨篷 260m×130m，为"波浪曲线"形态，最大柱跨 43m×28m；受工程条件的限制车站主体未设置结构缝

复杂结构：轨道交通 4、6 号线车站高架设于深圳北站房，支承于站房下部结构 Y 型空心钢管混凝土柱上，同时 Y 型柱也作为站房高架层结构、站房屋盖钢结构的支撑体系，采用"桥建合一"方式

股道站台：共设股道 20 条。设旅客站台 11 座（其中：站台 9 座、基本站台 2 座）；6 座和 7 座长站台为香港方向使用，5 座和 8 座站台办理广州方向城际客流，4 座和 9 座站台办理广汕间通过列车，其余站台办理始发终到长途客车。

建筑设计时间：2006 年 10 月 30 日～2010 年 8 月 30 日

消防验收时间：2011 年 6 月 15 日

竣工时间：2011 年 6 月 30 日（试运营）

1）项目定位

深圳北站衔接的线路主要有京广深客运专线、杭福深沿海铁路、广深港客运专线，它与枢纽内的福田站、既有深圳站、布吉站共同承担枢纽的铁路旅客运输。深圳北站以办理长途跨线和厦深方向列车为主，兼顾部分城际。深圳北站与福田站共同承担"办理深圳、香港与广州及以远的中长途客车和广州方向与汕头方向的通过客车，兼顾沿线地区的城际客车"的功能。原则上福田站优先城际客流，特别是香港方向的城际客流，广州方向的城际客流（图 9.4-2～图 9.4-4）。

2）地理位置

深圳北站位于深圳市龙华镇二线扩展区的中部地区，北邻未来龙华中心区，西邻福龙快速路和水源保护区，东邻梅观高速公路，南侧为白石龙居住组团。

深圳北站距离梅林关口 3km，距龙华城市次中心 5.5km，距离深圳市中心区 9.3km，距离皇岗口岸约 12km。深圳北站外部交通：北为机荷高速公路，东为梅观高速公路，南为南坪快速路，西为福龙公路，福龙公路以西为山区（图 9.4-5）。

图 9.4-2 东侧建筑外观

摄影：方健

图 9.4-3　高架候车大厅内景

摄影：罗凯星

图 9.4-4　站台雨篷的方环索弦支结构

摄影：罗凯星

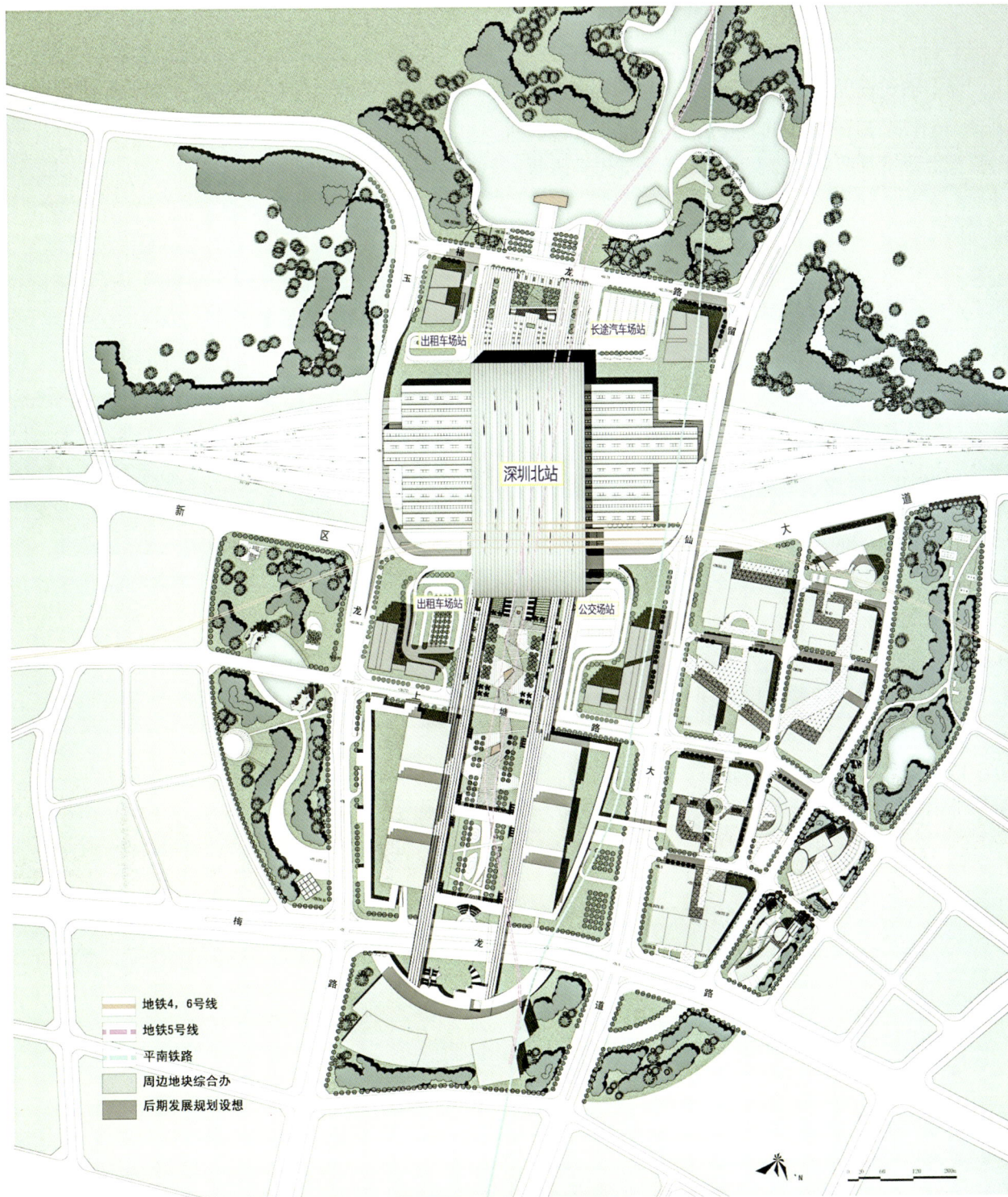

图 9.4-5　总体规划平面图

3）总体规划

总体规划参照深圳市综合规划的前期研究成果，保持其基本规划架构。以立体分层的方式将站厅、站场内外空间与城市整体空间形成有机的整体，营造有标志性意义的城市空间场所（图 9.4-5）。

基地两侧为自然山林景观区，东侧为新的城市综合商业开发区。设计围绕一条贯穿站场地块的东西轴线组织内外空间。

利用东西地形高差，设高架站厅，标高与西广场取平，设高架步行平台，与地块东侧原规划高架人行平台对接，使东西两侧的城市空间连成整体。东广场沿轴线设置地面层绿化广场，与城市街区绿地合为一体。高架平台下部设置地铁站厅及公交、出租车上客站及商店，为人行、聚散活动提供遮蔽条件。东西广场步行空间西侧分别设置了公交车场、的士站及长途客车场、社会停车场（地下）等内容。

东广场包含两个标高层面，上层与高架候车厅取平，下层与城市道路及开放绿化空间取平，两层广场通过大台阶、叠落水景连为一体，下沉绿化广场两侧均设有商业。

4）车站与铁路、轨道交通、城市交通接驳

深圳北站为核心的交通枢纽，引入城市轨道交通4号线、5号线、6号线，公交场站、出租车场站、长途汽车场站、旅游大巴和社会停车场等多种交通接驳方式。

轨道交通5号线和平南铁路在站房下东西方向穿越，其中5号线在东广场靠站房平台侧设路站；5号线的建设主体是深圳地铁公司；平南铁由深圳平南铁路有限公司经营；轨道交通4、6号线

包裹在站房屋面中，平行于股道南北方向高架穿越，其中轨道交通4号线由港铁轨道交通（深圳）有限公司投资建设、轨道交通6号线由深圳地铁集团建设和运营；新区大道下沉南北方向穿越站场（图9.4-6）。

5）车站与枢纽接驳

建筑的高程确定主要结合站房的交通功能和本站房所在地标高（主要集中在76.00～83.00m）。根据站场提供的条件，本站房段轨顶标高80.29m（黄海高程）。结合站房的交通功能和本站房所在地标高情况，采用填一部分挖一部分的方式，尽量保持土方平衡以便挖填方最小。确定建筑的±0.000标高即基本站台标高为81.54m。结合站房周边现状地形情况，旅客流线采用"上进上出"的形式，站厅与西面广场取平，标高确定在90.00m，与玉龙路、留仙大道规划标高平接。竖向处理方式；站房东面场地现状标高75.00～79.00m，结合站房的交通，确定站房外场地标高78.70m，以节省土石方工程量。

车站建筑沿城市东西轴线对称布置，车站站场设于地面层（站台标高81.540m），设11个站台20

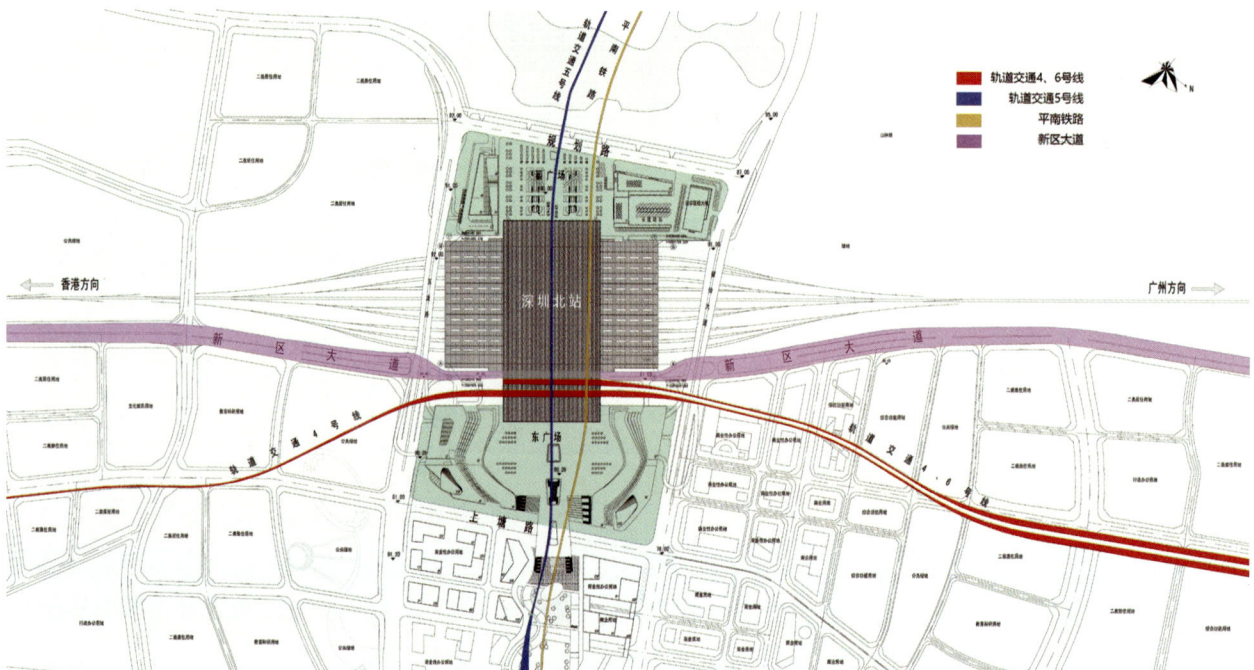

图9.4-6 车站与铁路、轨道交通、城市交通接驳

条股道。主站房设高架站厅跨越站场。

高架站厅东、西侧平接东、西平台广场（标高90.712m）。东广场下部二层为5号线站厅，设城市出租车、公交车场等内容；西广场下部二层为城市地下停车场。

站场轨道 -1.400 标高控制高程为80.29m，站房站台 -0.150 标高控制高程为81.54m，站房建筑 ±0.000 标高控制高程为81.690m，东广场9.172标高控制高程为90.862m，西广场9.022标高控制高程为90.712m（图9.4-7，图9.4-8）。

6）车站与公交站场、出租车场、长途车场、社会车辆接驳

深圳北站枢纽以立体分层方式进行交通组织，控制车场规模，使枢纽在城市界面上具有整体性，而不被交通设施割裂；同时在东广场进行城市交通与区域交通的分层。

公交站场位于站区东北象限，紧靠留仙大道，采用分层布局的方式，解决上落客与进出站流线的衔接，同时立体区分城市公交和区域公交。城市公交站场以留仙大道作为主要进站通道，在90m高架平台上直接落客后进入84m标高的旅客上客区，同样从留仙大道离开站区；而在78m标高的地面层，利用公交专用道上塘路作为主要的对外通道，着重解决区域公交客流，同时实现公交与轨道交通5号线的近距离换乘。

出租车接驳客流包括轨道交通、国铁客流，由于出租车具有灵活性，因此在东西广场均考虑出租车站场，其中以东广场为主要的车场进行布局。东广场出租车场布置在东南象限，以玉龙路为主要的对外通道，90m高架平台只考虑落客，同公交站场一致，在84m广场夹层进行上客，同时在78m广场地面层着重解决区域交通客流，强调与轨道5号线之间的接驳。西广场的出租车场布置在广场中部夹层，与铁路旅客进出站人流联系紧凑，强调枢纽的快速集散功能。

长途车辆是枢纽城市交通接驳的补充。为了确保长途车辆的快进快出，减少与公交车辆的互相干扰，车场布置于枢纽的西北象限，紧靠铁路旅客进出站流线，利用规划路组织车辆同层进出站，同时

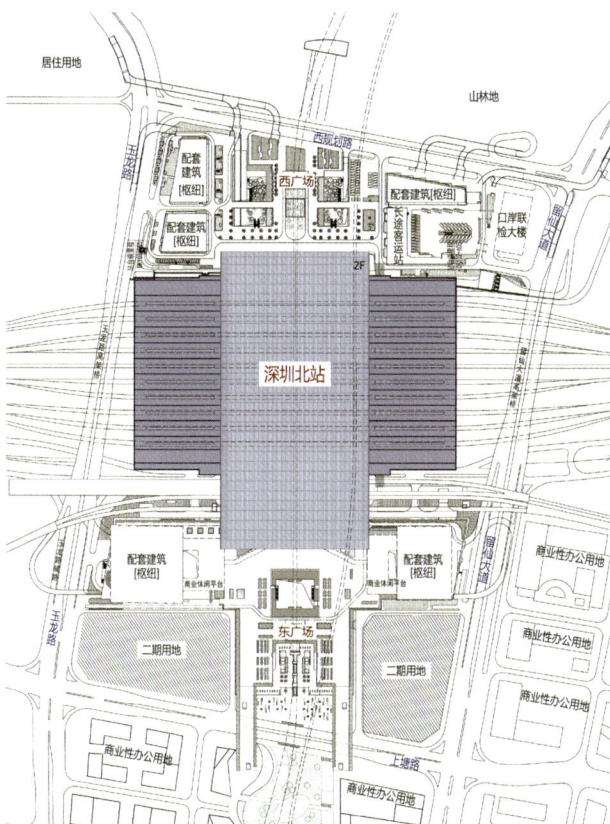

图 9.4-7 车站与枢纽接驳平面图

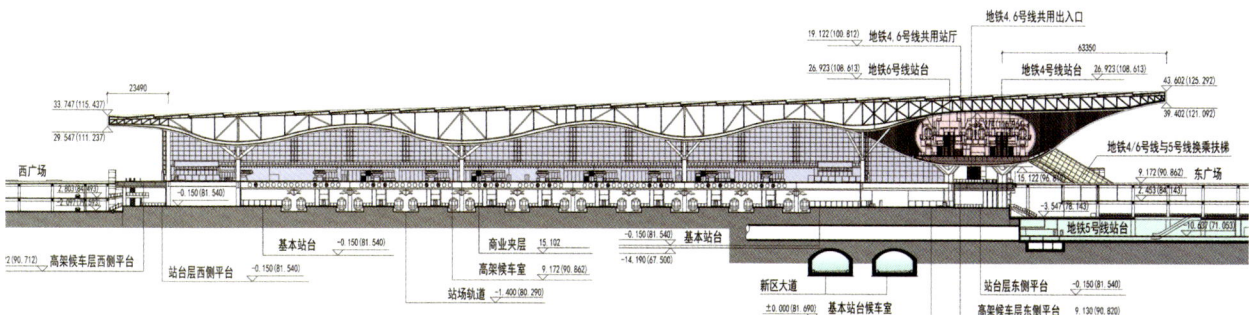

图 9.4-8 车站与枢纽接驳剖面图

通过留仙大道、玉龙路与周边高快速路进行交通疏解，与区域交通分离。

社会车辆与4、5、6号线之间的接驳量较少，与前期规划不同的是，考虑到社会车量大与瞬时性特点以及较难管理等，将车场分两层立体布设在西广场地下，同时采用管道化设计，限定社会车辆的流线，保障枢纽周边交通的顺畅。

9.4.2 项目消防设计

1）消防设计规范和依据

《建筑设计防火规范》GB 50016—2006

《高层民用建筑设计防火规范》GB 50045—95（2005年版）

《铁路工程设计防火规范》TB 10063—2007

《建筑内部装修设计防火规范》GB 50222—95

《火灾自动报警系统设计规范》GB 50116—98

《大空间智能型主动喷水灭火系统设计规范》DBJ 15—34—2004

《建筑钢结构防火设计规范》CECS 200—2006

《钢结构防火涂料》GB 14907—2002

《钢结构防火涂料应用技术规范》CECS 24:90

《铁路旅客车站消防给水标准补充规定》（铁建设函〔2006〕517号文，原铁道部发布的通知）

《深圳北站站房工程消防性能化设计分析报告》（2009年3月，建研防火设计性能化评估中心）

《深圳北站站房工程复核评估报告》（2009年3月，国家消防技术研究中心）

《广深港客运专线深圳北站站房消防性能化设计论证专家组意见》（2009年4月）

《针对深圳北站（深圳北站）专家论证意见的答复和补充说明》（2009年6月，建研防火设计性能化评估中心）

《有关深圳北站工程东进站平台/疏散通道消防定位的补充说明》（2009年8月28日，建研防火设计性能化评估中心）

《深圳北站综合交通枢纽配套工程东广场消防性能化设计报告》（奥雅纳工程咨询有限公司，深圳北站枢纽设计单位北京城建设计研究总院有限责任公司提供）

《4号线深圳北站消防策略报告》（深圳北站枢纽设计单位北京城建设计研究总院有限责任公司提供）

2）消防设计原则

（1）按一般消防设计的范围

作为深圳北站站房的整体考虑，轨道交通4、6号线包裹在站房雨篷中，其站台标高超过24m、面积超过3000m²，需按《高层民用建筑设计防火规范》GB 50045—95（2005年版）执行。

深圳北站站台层的东侧站房、西侧站房设备层按《高层民用建筑设计防火规范》GB 50045—95（2005年版）高层一类，一级耐火等级执行。

（2）按特殊消防设计的范围

深圳北站开放性的流动空间，尤其是高架候车层建筑空间体量大，各空间相互连通，客流量大，人员密度高，大空间建筑难以采用传统防火分隔方式进行分隔。高架层楼板下方半开敞空间，被覆盖的区域大，该部分的主要火灾风险来自列车，列车火灾的烟气在楼板下方迅速蔓延，对站台层和高架层造成影响。因此，高架层、站台层和地铁4、6号线的站厅站台层防排烟及钢结构抗火保护的防火设计，需进行特殊消防设计——消防性能化设计。

（3）消防系统或设施设计原则（表9.4-1）

消防系统或设施设计原则　　表9.4-1

消防系统或设施	设计原则		备注
	消防性能化区域	非消防性能化区域	
防火分区	参照铁路站房消防性能化设计报告及专家评审意见	GB 50045—95（2005年版）	进行特殊消防设计（消防性能化设计）
防烟分区			
结构防火			
各区域排烟系统			
疏散设计			
大空间探测灭火系统选择	参照铁路站房消防性能化设计报告及专家评审意见		进行特殊消防设计（消防性能化设计）

消防系统或设施	设计原则		备注
	消防性能化区域	非消防性能化区域	
室外消火栓	GB 50045—95（2005 年版）		
消防水泵			
应急供电系统			
消防通道			基本站台区
室内消火栓			站台层按室外考虑
应急照明及疏散指示系统			强化疏散指示系统设置
自动喷淋灭火系统	GB 50084—2001（2005 年版）		停车场按 GB 50067—97 规范执行
内装修			GB 50222—95
其他自动灭火系统	GB 50140—2005（2005 年版），DBJ 15—34—2004（2004 年版）		
火灾报警系统	GB 50045—95（2005 年版），GB 50116—98（1998 年版）		停车场按 GB 50067—97 规范执行
消防控制中心			

3）一般消防设计

（1）总平面防火设计

① 站台层（±0.000 标高）

东西站房的南、北侧均设有消防车道，消防车可以进入东、西基本站台，其消防车道连通城市道路，消防车道高度及宽度按规范要求均大于 4m（图 9.4-9）。

② 高架候车层（9.172m 标高）

东步行平台为消防扑救平台，设消防车道，其消防车道连通城市道路；消防车道高度及宽度按规范要求均大于 4m。西步行平台为消防扑救平台，设消防车道，其消防车道连通城市道路；消防车道高度及宽度按规范要求均大于 4m。

注：本层消防车道连通城市道路的部位未包含在本工程设计范围内。

（2）防火分区、防烟分区、安全疏散

① 站台层（-3.850m 标高、±0.000 标高和 4.350m 标高）

为防止烟气蔓延，在站台层与高架层之间多部楼梯和自动扶梯交接部位设计了防火玻璃。

东侧站房（±0.000 标高和 4.350m 标高）：设 6 个防火分区，最大的防火分区面积 3850m²，最小的防火分区面积 507m²，每个防火分区用防火墙、甲级防火门隔开。

西侧站房（±0.000 标高和 4.350m 标高）：设 8 个防火分区（含西落客平台区），最大的防火分区面积 1370m²、最小的防火分区面积 410m²。每个防火分区用防火墙、甲级防火门隔开。

西侧站房（-3.850m 标高）：设 1 个防火分区，防火分区面积 655m²，防火分区用防火墙、甲级防火门隔开。

站台层每个防火分区设 2 个防烟分区。

最远疏散距离 40m（双向）。东、西侧站房直接对外疏散到室外平台或基本站台。人员的疏散方式有两种：一是直接对外疏散到站台，二是疏散到各室外平台。开敞疏散楼梯作为疏散至准安全区的路径出口，人员到达准安全区后通过对外的安全出口疏散。

② 高架候车层（9.172m 标高和 15.102m 标高）

高架候车大厅设一个防火分区，防火分区面积为 54551m²（图 9.4-10）。

高架层采用自然通风排烟方式、利用通风百叶将上升的烟气排出室外。

人员的安全疏散设计参照有关铁路站房消防性能化设计报告及专家评审意见进行。高架候车大厅内的商业夹层（15.102m 标高）按最远 37.5m 的尺寸布置疏散楼梯。考虑到高架层平均载荷低和较强储烟能力的特点，设置封闭楼梯间的必要性不大，人员可直接疏散至高架平台或利用开放楼梯疏散至站台层。开敞疏散楼梯作为疏散至准安全区的路径出口，人员到达准安全区后通过对外的安全出口疏散。由于高架层的面积较大，疏散距离可能难以满足规范的要求，因此通过性能化的方法验证人员疏散的安全性。

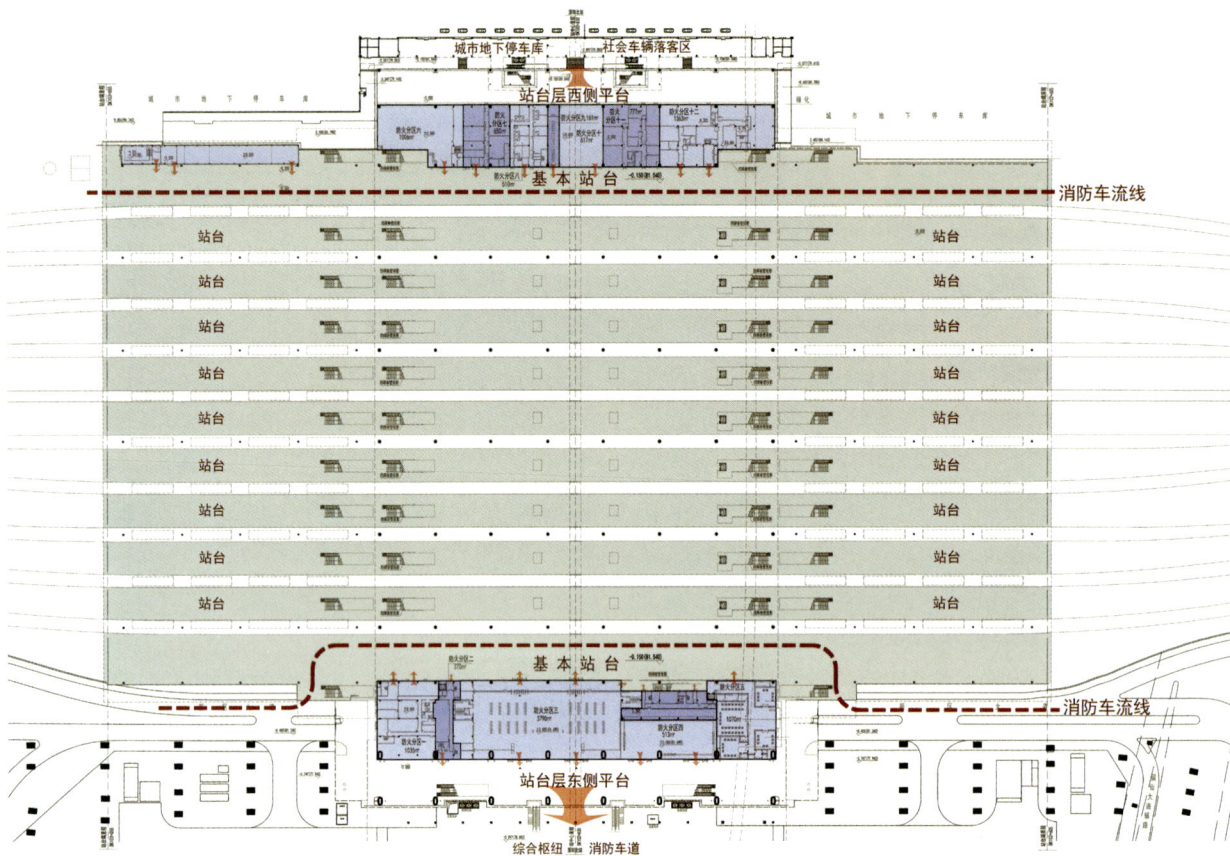

图 9.4-9 站台层平面、消防车流线、消防疏散示意

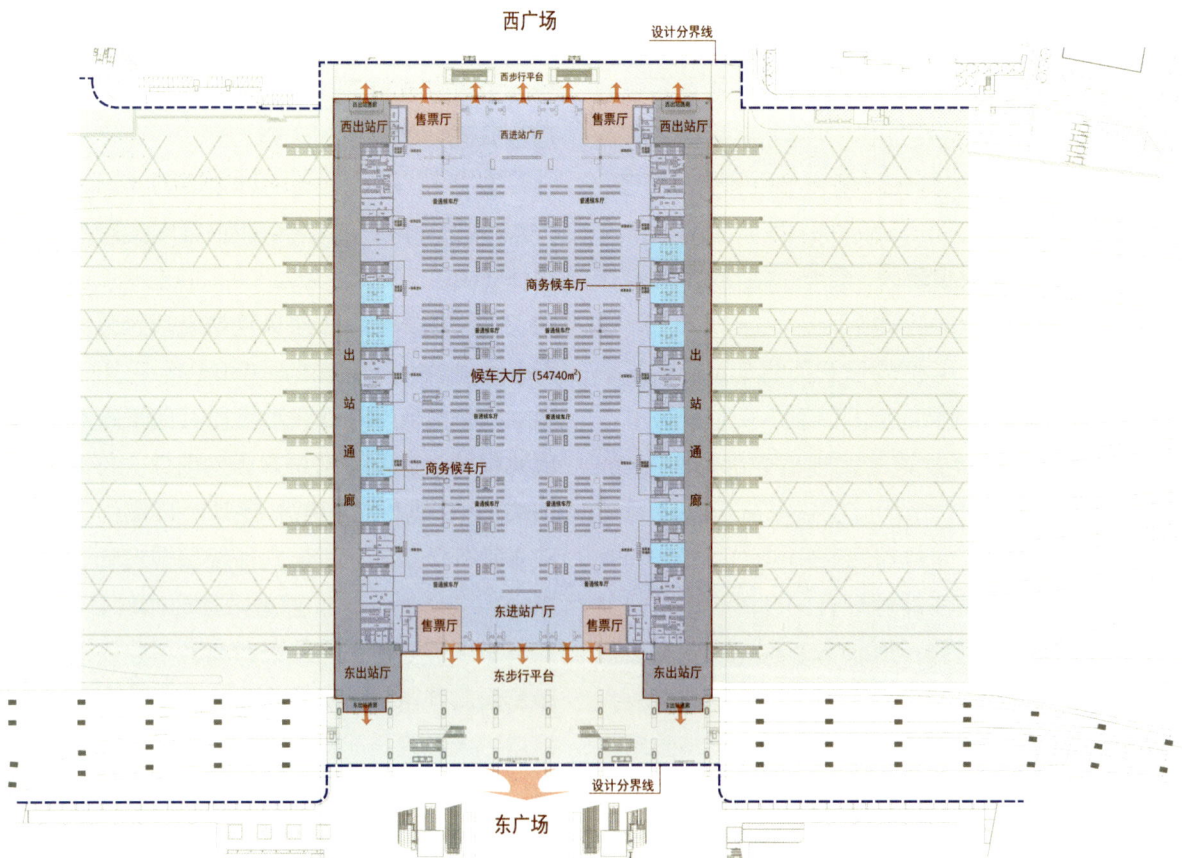

图 9.4-10 高架候车层平面、消防疏散示意

③ 轨道交通地铁 4、6 号线站厅站台层（19.122m 和 26.923m 标高层）

地铁 4 号线站厅站台层：主体结构及消防性能化设计由站房设计单位负责，其他由港铁轨道交通（深圳）有限公司投资建设。

地铁 6 号线站厅站台层：主体结构及消防性能化设计由站房建筑设计单位负责，其他由深圳地铁集团投资建设。

（3）建筑构造

① 各类建筑构件的燃烧性能和耐火极限应符合《高层民用建筑设计防火规范》GB 50045—95 的要求。

② 防火玻璃作为防火隔断时，耐火极限大于等于 1.00h。

③ 防火玻璃作为楼板材料使用时，耐火极限大于等于 1.50h。

④ 每层管道井在楼板处用耐火极限大于等于 1.50h 的不燃烧材料或防火封堵材料封堵。

⑤ 用于防火分区及设备房的防火门为甲级防火门，设在防火分区上的防火卷帘耐火极限大于等于 3.00h，防火楼梯间的防火门为乙级防火门，管井检修门为丙级防火门。

（4）装修材料等级要求

① 主站房各防火分区顶棚和墙面装修材料为 A 级不燃性材料，地面和隔断材料为 B_1 级难燃性材料，固定家具、装饰织物、装饰材料为 B_2 级可燃性材料。

② 雨篷及主站房顶部屋面面层为铝合金屋面板，为 A 级不燃性材料。面层下部反衬板采用 A 级不燃性材料的穿孔铝板。

③ 其他区域的装修材料按《建筑内部装修设计防火规范》GB 50222—95 相关条文执行。

（5）钢结构抗火安全性设计

① 建筑耐火等级及各构件耐火极限要求

建筑耐火等级按照《高层民用建筑设计防火规范》GB 50045—95，深圳北站耐火等级为一级。

构件耐火等级根据相关规范规定及消防性能化设计，确定耐火极限（表 9.4-2）。

本工程结构中各类构件的耐火极限

表 9.4-2

结构部位	子结构／构件名称	构件截面形式等	耐火极限要求
轨道交通 4，6 号线屋面结构	站房屋面结构	钢管构件、H 型钢	1.50h
	雨棚屋面结构	钢管构件、H 型钢、高强钢丝索	1.50h
9.172m 高架候车室	高架层钢管混凝土柱	钢管混凝土柱	3.00h
	高架层钢—混凝土组合梁	H 型钢组合梁	2.00h
高架候车室的电梯井	所有构件	矩形钢管结构	3.00h
钢楼梯	楼梯梁、楼梯柱		2.20h

② 钢结构防火措施

a. 设计原则

对于非结构承重构件，如幕墙骨架，防火要求按照《高层民用建筑设计防火规范》GB 50045—95 执行。对于承重构件，主要的防火原则为：站台层（−0.150m），所有钢结构均采用防火保护措施；高架候车室结构（9.172m）楼面，所有钢构件均采用防火保护措施。

b. 防火措施

站房钢结构柱（包括支撑商业夹层的小钢柱）采用薄型防火涂料，其耐火极限不小于 2.50h。距离高架层夹层地面高度小于 10m 的区域且距商业区域水平距离小于 7.2m 区域的屋顶钢结构涂刷防火涂料，采用耐火极限为 1.50h 的薄型防火涂料。

对距离地铁车窗上方 12m 范围内或距离车窗水平间距不超过 9m 范围内的屋顶钢结构应进行防火保护，其耐火极限不应低于 1.50h。防火保护涂料应满足室外工程环境的要求，并能适应列车振动和风速的影响。

高架层楼板下区域的结构梁按耐火极限 2.00h 进行厚型防火涂料涂刷保护。

高架层商业夹层楼面钢梁采用薄型防火涂料，耐火极限为 1.50h。站台雨篷钢结构在距轨面 12m 以下的部位采用耐火极限不小于 2.50h 的薄型防火涂料防护。距轨面 12m 以上的部位不做防火保护。

轨道交通 4、6 号线被包裹在新深圳站站房雨篷中，站台两侧股道距内顶面和屋盖桁架较近，若地铁列车在这两侧股道起火，火焰可能会达到内顶面和桁架的高度，使桁架的部分构件迅速升温，甚至导致构件失效。此部分钢结构防火措施详见后面消防策略中的屋顶钢结构防火策略。

4）特殊消防设计

（1）站台层在高架层楼板下区域

① 消防设计难点

站台层在高架层楼板下方区域（图 9.4-11）为半开敞空间，被覆盖部分南北长约 189m，东西约 243m，该部分的主要火灾风险来自列车。而一旦发生列车火灾，列车火灾的规模将远大于一般建筑内的火灾，同时烟气也将在楼板下方迅速蔓延，可能会对站台层上乘客的生命安全造成威胁。

图 9.4-11　站台层在高架层楼板下区域夜景

② 消防策略

防火分区／分隔

a. 在站台层 20 组进站楼扶梯口部下方设置围合的挡烟设施，其下沿距站台层地面不应大于 6.2m。

b. 9 部电梯梯井应采用耐火极限不低于 1.00h 的防火玻璃围合，并采用喷水保护，与周围区域进行防火分隔。

烟控系统策略

a. 利用站台与轨道上方边缘结构作为挡烟设施（结构底面距离站台地面约为 6.3m），并利用列车上方围合区域作为储烟舱，延缓烟气向站台扩散的时间。

b. 对于雨篷下通向高架层出站通廊的楼扶梯口，在其与出站通廊相接的口部设置风幕系统，以

阻挡站台层火灾烟气进入出站通廊。

疏散策略

a. 基本站台和第 11 站台人员在紧急情况下可向雨篷区域疏散或向东、西站房疏散。

b. 中间站台区域人员应首先向雨篷下站台区域疏散，并进一步向出站通廊、出站厅疏散；也可通过进站楼梯直接向高架层疏散。

其他

a. 本区域不设置自动灭火系统。基本站台区域设置室外消火栓（地下式），间距不宜大于 50m；其他站台两端各设置一座消火栓（地下式）。

b. 设置中央视频监控系统，作为火灾自动报警系统的补充。

c. 消防系统和设施设置严格按 GB 50045—95（2005 年版）和其他专业设计规范执行。

（2）高架候车层面积超过 50000m² 的大空间

① 消防设计难点

高架候车层面积为 54551m²，整个空间为一个防火分区（图 9.4-12）。高架层主要功能区域包括广厅、普通旅客候车厅、商务候车厅、普通旅客进出站厅、售票厅、管理办公、设备房、商业等。高架候车层夹层位于 15.0m，功能为商业服务。东、西站房外部分别为东、西步行平台，并分别与东、西广场相接。

图 9.4-12　高架候车室内景

高架候车层采用大空间设计理念，各空间相互贯通，难以完全依据规范进行防火分区划分，故防火分区面积超大是本项目核心问题。

② 消防策略

针对大空间建筑空间，采用特殊消防设计（消防性能化设计）的办法来制定相应的消防安全解决

方案。

防火分区 / 分隔

将本层各空间作为一个防火分区，本层防火分区 / 分隔策略如下。

a. 本层大空间区域应与周边功能用房（机房及后勤办公用房）采用耐火极限为 3.00h 防火墙和甲级防火门以及耐火极限为 1.50h 顶（楼）板进行防火分隔。

b. 本层售票大厅与售票室间采用耐火极限为 3.00h 防火墙和甲级防火门以及耐火极限为 1.50h 顶（楼）板进行防火分隔。

c. 出站通道应与周边功能用房采用防火分隔，采用耐火极限不低于 1.00h 的防火墙、玻璃＋隔热型防火卷帘或防火玻璃等构造方式进行防火分隔。

d. 商务候车厅（单个厅面积不大于 250m²）与周边区域采用防火分隔，具体设置要求见表 9.4-3。

高架候车层商务候车厅和本层或商业夹层策略

表 9.4-3

消防策略	实施依据 / 要求
商务候车厅（单个厅面积不大于 250m²）与周边区域采用防火分隔	• 商务候车厅与出站通道间采用耐火极限不低于 1.00h 的防火墙、玻璃＋隔热型防火卷帘或防火玻璃等构造方式进行防火分隔 • 商务候车厅与楼、扶梯间之间采用耐火极限不小于 1.00h 的防火玻璃围护构件或隔墙进行防火分隔 • 商务候车厅面向大空间的一侧应设置挡烟垂壁（其下沿距离本层地面不大于 3.0m）且采用水喷淋保护 • 商务候车厅顶部应采用耐火极限不低于 1.00h 的防火构件，形成储烟舱
本层或商业夹层如设置商业则按"防火舱"或"燃料岛"处理	• 控制商业"防火舱"面积不大于 100m²，"防火舱"应采用耐火极限不小于 1.00h 的防火构件与大空间进行防火分隔。连续设置的防火舱之间应采取措施防止火灾的蔓延：保证安全分隔距离，间距不应小于 7m；或采用防火构件分隔，则构件耐火极限不应低于 1.00h 且具有隔绝辐射热的能力 • 如设置"燃料岛"商亭，则控制每个商亭面积不大于 20m²，并控制"岛"和"岛"间距不小于 7m

e. 本层或商业夹层如设置商业则按"防火舱"或"燃料岛"处理。

烟控系统策略

a. 高净空区域及出站通道采用自然通风排烟方式，吊顶上的排烟开口有效面积应不低于地面面积的 1.5%，且在火灾时保证处于开启状态；吊顶上部与外界相通部分的有效开口面积应不小于地面面积的 25%。

b. 功能用房当面积大于 100m² 时设置机械排烟。

c. 商务候车区及按"防火舱"设计区域应设置机械排烟，其系统排烟量不应低于 13m³/s。

d. 在夹层与下部空间边缘设置高度不低于 1.1m 的挡烟设施。

疏散策略

本区域疏散设计原则上应执行 GB 50016—2006 第 5.3 节有关安全疏散设计的规定，同时还应满足 GB 50226—2007 第 7.1 节的有关规定。根据火源位置不同，可通过智能疏散引导系统进行疏散引导。

本层人员可直接向室外高架平台疏散，或通过疏散楼梯向站台层疏散；高架层夹层人员首先通过疏散楼梯向高架层疏散，并进一步向高架平台或站台层进行疏散。

疏散走道、安全出口和疏散楼梯百人净宽度指标为 0.65m（按 GB 50016—2006，夹层面积约 2×27m×250m，人数按最高聚集人数 3500 人的 20% 计算为 700 人，所需疏散总宽度 4.6m）。

夹层上任一点至通向高架层的疏散楼梯水平距离建议控制在 40m 内，GB 50226—2007 夹层商业应设置自动灭火系统。

本区域在考虑将站台作为疏散路径情况下，疏散宽度大于规范要求，由于体量大，因此本区域疏散设计将采用性能化分析评估方法进行。经性能化分析可知，本区域人员在全部出口可用情况下，可在较短时间内完成疏散，而不考虑向站台层进行疏散情况下，人员约需 17min（991s）完成疏散。

其他

a. 功能用房、商务候车区及按"防火舱"设计区域设置自动喷水灭火系统；夹层区域如开敞设置，建议设置大空间自动灭火系统，如采用防火舱

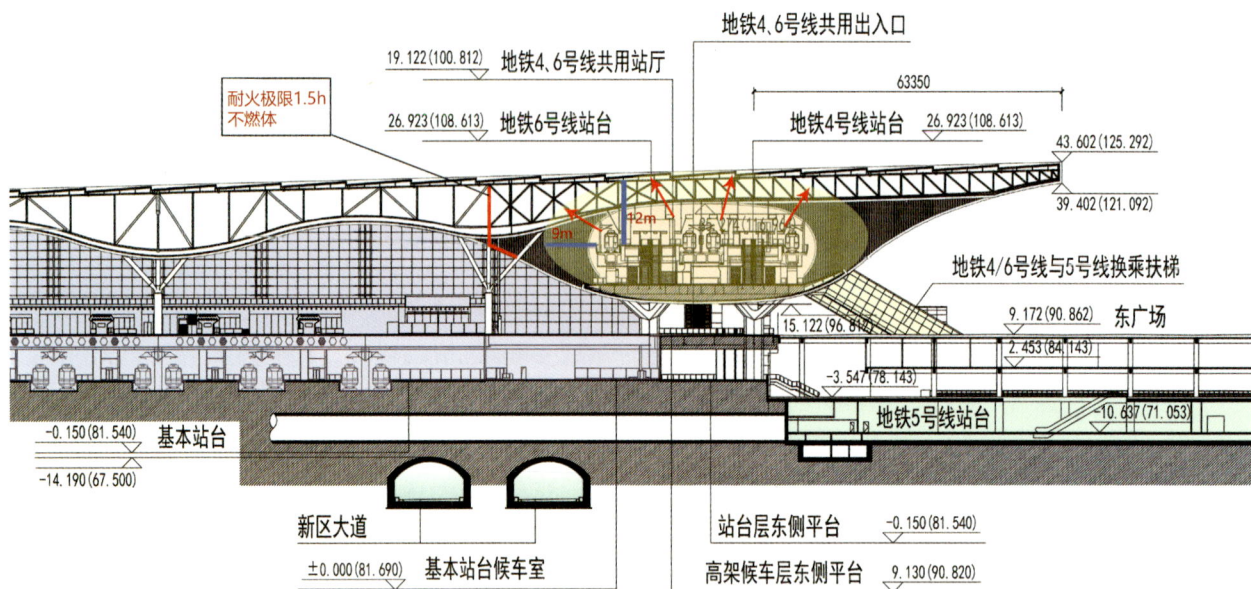

图 9.4-13 轨道交通 4、6 号线火灾场景

设置，则舱内设置自动喷水灭火系统。大空间自动灭火系统应执行广东省标准《大空间智能型主动喷水灭火系统设计规范》DBJ 15—34—2004。

b. 高净空候车区域采用线性光束图像感烟火灾探测系统，并结合图像式火灾探测器；其他区域设置点式感烟探测器。

c. 顶棚和墙面应采用不燃材料；普通候车区座椅主体采用不燃材料制作。

d. 消防系统和设施设置严格按 GB 50016—2006 和其他专业设计规范执行。

（3）地铁 4、6 号线站厅层、站台层对站房屋顶结构的影响

① 消防设计难点

轨道交通 4、6 号线被包裹在深圳北站站房雨篷中，站台两侧股道距内顶面和屋盖桁架较近（地铁列车与雨篷结构的垂直最小间距不超过 4m，水平最小间距不超过 5m），若地铁列车在这两侧股道起火，火焰可能会达到内顶面和桁架的高度，使桁架的部分构件迅速升温，甚至导致构件失效。但是部分构件升温较大及失效是否会导致整个桁架和屋盖的失效，需进行特殊消防设计——消防性能化设计。

② 消防策略

屋顶钢结构防火策略

a. 为防止列车火焰与雨篷结构的直接接触而造成构件破坏，需加强雨篷体系的防火保护。主站房屋顶钢结构和地铁穿越站房屋顶钢结构间采用耐火极限不低于 1.50h 的不燃体进行防火分隔（图 9.4-13）。

b. 对距离地铁窗口上方 12m 范围内或距离窗口水平间距不超过 9m 范围内的屋顶钢结构应进行防火保护，其耐火极限不应低于 1.50h。防火保护涂料应满足室外工程环境的要求，并能适应列车振动和风速的影响。为保证雨篷结构整体安全，对椭圆拱角处的杆件进行结构加强并采取其他缓解温度应力的措施，防止杆件出现破坏。

c. 雨篷变形会对主站厅屋面体系产生影响，地铁站房雨篷与站厅屋面体系之间应采取必要的措施来缓解和减轻雨篷结构膨胀传来的侧向推力作用。

d. 站台雨篷杆件在火灾作用下的力学反应会对屋盖悬挑部分造成较大影响，重点加强悬挑屋盖根部杆件的防火保护。

（4）消防措施补充

① 公共大空间内的部分空间与公共空间防火分隔处理（非防火分区要求），修订如下：

a. 站台层 9 部电梯梯井与周边空间采用耐火极限不低于 1.00h 防火玻璃＋快速响应喷头保护方式进行防火分隔。

b. 高架候车层出站通道与周边功能用房之间采用钢化玻璃＋快速响应加密喷头保护方式进行防火分隔。

c. 上述喷淋保护系统应采用独立式系统，其设置要求如下：

系统喷水强度不低于 0.5L/s·m，保护长度按被保护防火单元分隔长度及相邻防火单元分隔长度之和确定；系统火灾持续时间按不小于 1.00h 确定；保护喷头选用侧喷式快速响应喷头；加密喷头布置间距控制在 1.8~2.4m；加密喷头与窗间距控制在 0.15~0.30m；应采取措施防止玻璃保护用喷头受到其他喷头喷湿影响，保证其快速启动。

d. 根据"商务候车厅面向大空间的一侧应设置挡烟垂壁（其下沿距离本层地面不大于 3.0m）且采用水喷淋保护"要求，具体措施明确如下：

• 挡烟垂壁作为防火舱储烟空间的延伸，其耐火极限应不低于 1.00h，且下沿距离本层地面不大于 3.0m。现设计方案采用耐火极限为 1.00h 的防火玻璃构件作为挡烟设施可行。

• 此处"水喷淋保护"作为辅助保护措施，可利用商务候车厅内的水喷淋系统喷头进行保护，要求喷头采用快速响应喷头，且应加密布置。

② 高架层楼板下列车火灾、悬吊在站台层楼顶板下的设备单元火灾对楼面结构安全的影响，补充相应的安全措施：

高架楼板下区域火灾威胁来源于列车火灾和设备单元火灾，列车火灾最大热释放速率更大，但设备单元火灾距离楼板更近。上述火灾的火焰热都将对高架层楼板产生一定威胁，需加强对高架层楼板的保护。高架层楼板及钢梁根据《高层民用建筑设计防火规范》GB 50045—95（2005 年版）按一级耐火等级进行保护，即按 2.00h 耐火极限对楼板钢梁和 1.50h 耐火极限对高架层楼板进行防火涂刷保护。

③ 特殊消防设计区域（消防性能化区域）设置智能疏散指示系统；消防联动控制分等级、分区域进行（表 9.4-4）。

智能疏散指示系统为集中控制型系统，通过与火灾自动报警系统的联动，实现集中监控、动态疏散引导，确保系统在火灾发生时动态"安全引导"人员疏散。

消防联动控制分等级要求一览表

表 9.4-4

分类等级	等级描述	联动控制要求
一级	火点处在较小范围（1 个商务候车厅或单个舱、1 个站台上的局部、大空间内的某个局部区域）内；仅有少量烟气冒出；无人员受困	在小范围内发出预警
		做好消防联动控制的一切准备
二级	火点范围扩大或发生列车火灾；有大量烟气冒出；有人员受困	按联动控制分区进行消防联动控制
		组织着火所在控制分区人员进行疏散
三级	火势猛烈；大量浓烟、高热；出现受伤人员并增多	渐次将火灾相邻区域转入火灾状态
		通知并组织可能受到影响的区域直至全站房人员进行疏散

复核：中铁第四勘察设计院集团有限公司院总工程师罗汉斌

参考文献：

1. 建研防火设计性能化评估中心有限公司《广深港客运专线广深段深圳北站站房工程消防性能化设计分析报告》附录 A 疏散设计与分析、附录 B 烟控系统设计与分析、附录 C 钢结构防火安全分析

2. 国家消防工程技术研究中心《广深港客运专线广深段深圳北站站房工程性能化防火设计复核评估报告》

3. 奥雅纳工程咨询有限公司《深圳北站综合交通枢纽配套东广场工程消防性能化设计报告》火灾烟气流动模拟分析、人员安全疏散模拟分析、4 号线深圳北站消防策略报告（深圳北站枢纽设计单位北京城建设计研究总院有限责任公司提供）

4. 龚维敏、盛晖《深圳北站》（城市建筑/城市交通枢纽/2014.02，No.131）

9.5　深圳福田站综合交通枢纽

中铁第四勘察设计院集团有限公司　张燕镭
深圳大学建筑设计研究院有限公司　卢　旸

9.5.1　项目整体概况

工程名称： 深圳福田站综合交通枢纽（以下简称"枢纽"）（图 9.5-1）

建设单位： 深圳市地铁集团有限公司，广深港客运专线有限公司

运营单位： 深圳地铁集团有限公司，中国铁路广州局集团有限公司

设计单位： 中铁第四勘察设计院集团有限公司和深圳大学建筑设计研究院有限公司联合体

总体规划设计单位： 深圳市城市规划设计研究院，深圳市城市交通规划研究中心

消防性能化设计单位： 奥雅纳工程咨询（上海）有限公司深圳分公司

消防验收单位： 深圳市公安局消防监督管理局，广州铁路公安局消防及监督处

总建筑面积： 15.6 万 m²（不含高铁站房 15.2 万 m²）

建筑高度： 全地下（最深 −32m）

建筑层数： 地下 3 层

耐火等级： 一级

建筑结构的安全等级： 一级

建筑特点： 城市主干道路下方，全地下，客流密集的多交通类型接驳综合交通枢纽与城市服务功能相融合的复杂建筑

结构体系： "钢管混凝土柱＋型钢混凝土梁＋

图 9.5-1　深圳福田站综合交通枢纽

412

钢筋混凝土楼板"的地下大跨度劲性结构体系。

设计时间：2007 年 10 月～2015 年 6 月

验收时间：2016 年 6 月

竣工时间：2016 年 6 月

深圳市福田站综合交通枢纽位于深圳市福田区中心区，深南大道与益田路交叉口地下，紧临市民中心，北靠莲花山，是我国首个在城市中心区建设的全地下综合交通枢纽。它汇集了广深港高铁，城市轨道交通 2、3、11 号线，公交首末站、小汽车及出租车接驳场站等常规交通设施。

为充分利用福田中心区宝贵的地下空间资源，形成福田中心区完善的地下步行网络及作为地面城市配套服务的补充，枢纽还配套设置城市共享大厅，公共卫生间、市政办公、餐饮服务、商业零售、市民活动空间等功能。

福田站综合交通枢纽构筑了一个布局合理、运作高效、国际一流的高铁与城市轨道换乘枢纽，形成了以轨道交通为主、各种交通方式换乘便捷、舒适的交通体系，构建了以枢纽为核心的功能复合、环境优美的立体空间系统（图 9.5-2～图 9.5-5）。

枢纽主要由五部分组成：

（1）高铁车站

广深港福田站，位于益田路下方，为地下 3 层站，总建筑面积 151883m²。车站地下三层、地下二层为旅客进出站、候车厅及站台，地下一层主要为城市公共活动层，除设置有铁路售票、公安派出所功能及必要的设备用房外，其余均为城市公共大厅，为市民提供活动空间。

（2）地铁车站

此部分工程由地铁 2、3、11 号线福田站组成。地铁车站的总规模为 79385m²。车站的建筑布置、结构设计按整体思路进行。合并设置地铁各站的空调冷源，整合弱电系统的电源设备，集中布置减少能耗。

（3）北配套设施

此部分工程位于深南大道北侧辅道下方，三号线和广深港福田站之间，东西向长约 314m，南北向宽约 38.5m，为局部地下两层建筑。主要为地铁与该地块地面出租车场站的换乘大厅及配套办公。该部分地下部分总建筑面积 17318m²，地面出租场站面积 2715m²。

图 9.5-2 福田站综合交通枢纽剖切透视图

图 9.5-3 全地下换乘通道实景

图 9.5-4 枢纽配套接驳出租车场站实景

图 9.5-5 换乘通道与集中商业空间

（4）南配套设施

此部分工程位于深南大道南侧主车道及南侧绿化带下方，三号线和广深港福田站之间，东西向长约298m，南北向宽约76.8m，为地下一层建筑。地下一层为地铁接驳出租车场站的换乘大厅；地铁与广深港福田站的换乘通道。其地下配套服务设施上部为半地下无盖出租场站，地下部分建筑面积为21250m²，半地下出租场站建筑面积为5437m²。

（5）东配套设施

此部分工程位于益田路东侧，市民广场南广场西南侧，南北向长约117m，东西向宽约86.7m，为地下一层建筑。其地下一层为出租车接驳场站及铁路车站集散广场，地面层为公交首末站。该部分地下建筑面积为11184.5m²，地面建筑面积为8230m²。

9.5.2　规划布局原则

1）枢纽与城市开发结合的原则

枢纽作为中心区建设与发展的重要引擎，与中心区的开发建设紧密结合，共同发展。交通枢纽设施布设在地下，与城市地下空间开发紧密结合，共同构建城市、交通一体化的地上、地下空间综合体。

2）交通枢纽换乘优先原则

在枢纽地下空间中，多功能、多交通需求流线之间，首先保障交通枢纽客流的优先换乘。站区空间布局围绕客流组织进行。在换乘客流中，优先满足主要客流的需求，依据客流的大小设置设施布局的优先等级。对于大流量、公共交通的客流，优先满足其换乘要求及设施布局，并依据优先等级的高低，依次平衡布局位置的优劣。

3）流线专用、渠化原则

客流流线实现管道化，尽量避免流线的交叉，同时设置清晰的流线标志，保证流线的强识别性，降低旅客寻找目的地的难度。

4）充分利用、适度开发地下空间的原则

在保障枢纽客流组织顺畅、便捷的基础上，充

分利用地下空间布局各类设施，适度进行商业及其他公共服务功能开发，满足客流功能需求。

5）预留弹性，有利分期施工的原则

充分考虑各类设施可能不同的实施主体和建设时期，明确各类设施边界条件和接口，预留分期建设的弹性（图9.5-6～图9.5-9）。

图9.5-6　福田枢纽总体布局图

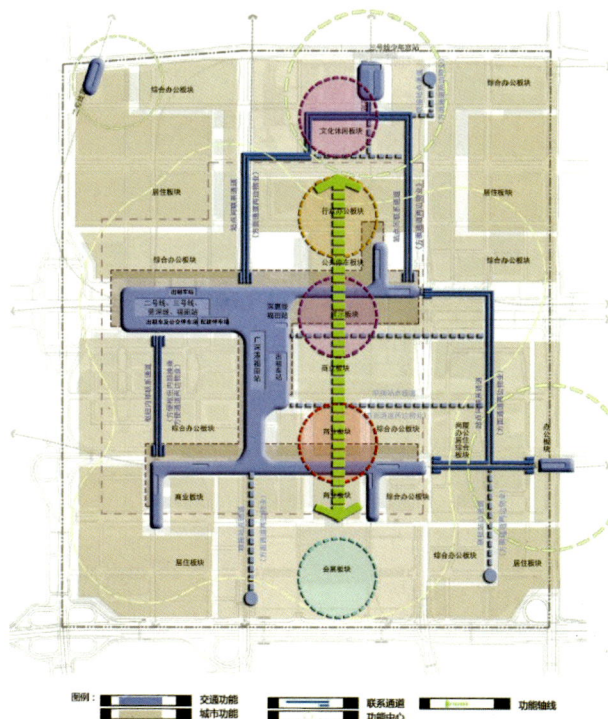

图9.5-7　深圳市中心区地下空间功能结构图

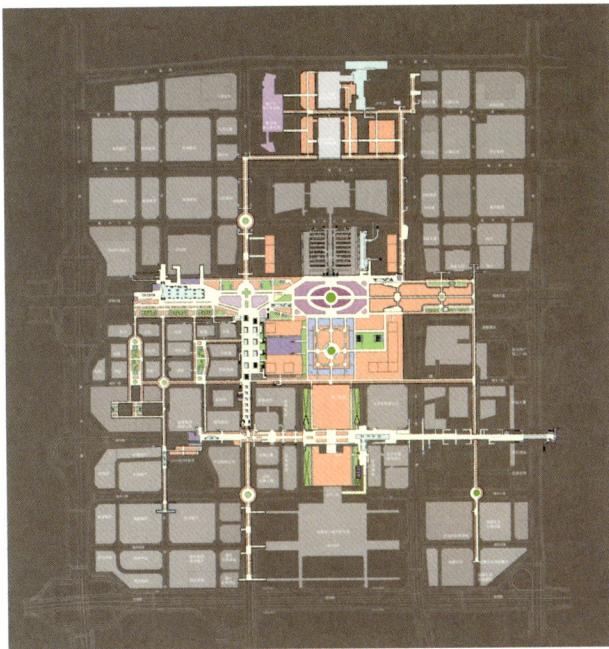

图 9.5-8　深圳市中心区地下空间总平面概念图

图 9.5-9　枢纽内部空间实景

9.5.3　技术实施策略

（1）以轨道站点建设为契机，对地下空间进行整合，带动地下空间开发，实现城市空间的立体化扩展，提高土地的利用效率，节约土地资源，实现城市精明增长。

（2）通过地下空间合理利用补充中心区城市功能，增加商业、艺术、休闲等公共活动功能，提高中心区商业品质，聚集人气，保持中心区持续活力。

（3）通过地下空间合理利用，结合轨道网络的建设，把主要人行交通引导到地下，在地下层形成完善的步行系统。

9.5.4　消防设计

1）主要设计原则

防火设计贯彻"预防为主，防消结合"的原则，按枢纽同一时间内发生一次火灾考虑（含高铁站房）。高铁车站消防独立设计，但与枢纽消防系统联动。

枢纽属于一类民用建筑，消防设计原则上按《建筑设计防火规范》GB 50016—2006 和《地铁设计规范》GB 50157—2003，有针对性地设置消防设施。对于可应用现行建筑及防火设计规范展开设计的区域或系统，其消防设计严格遵照现行规范执行。

2）设计重难点

（1）防火分区的划分

作为大型交通枢纽，需要宽阔的、开放性的流动空间，各空间相互连通，客流量大，人员密度高。

城市轨道交通为便于旅客快速集散，将旅客公共活动空间划分成一个完整的防火分区，面积无明确限制[1]。枢纽内设置的市政办公、餐饮服务、商业零售、市民活动空间等功能均有专门的防火分区划分标准[2]，且对分区面积及分隔措施设置有严格限制。枢纽为多种功能高度融合的公共建筑，且多种城市服务功能与城市轨道交通全部位于一个完整

1　《地铁设计规范》GB 50157—2003 规定"站厅和站台公共区划为一个防火分区"；《城市轨道交通技术规范》GB 50490 提出"多线换乘车站共用一个站厅公共区，且面积超过单线标准车站站厅公共面积的 2.5 倍时，应通过消防性能化安全设计分析，采取必要的消防措施"。在《地铁设计规范》2013 年更新版中，针对多线换乘车站站厅面积进行量化，增加规定"地下换乘车站当共用一个站厅时，站厅公共区面积不应大于 5000m²"。

2　《建筑设计防火规范》GB 50016—2006 规定："地下或半地下建筑（室）防火分区的最大允许面积 500m²。当建筑内设置自动灭火系统时，该防火分区的最大允许面积可增加 1.0 倍。"

的地下公共空间内，互为依托，若机械地按照规范要求，按固定面积划分防火分区，设置防火分隔措施，无法实现宽阔、开放、相互连通的流动空间，也不能匹配枢纽高密度客流快速集散的服务需求。因此，需要对枢纽的防火分区设计进行消防性能化评估。

（2）防烟分区的划分

枢纽各空间均采用机械防排烟系统。

防烟分区面积的限定，多本国标规范均有规定。《建筑设计防火规范》GB 50016—2006 及《地铁设计规范》GB 50157—2003 规定的防烟分区面积均为 500~750m²。《城市轨道交通技术规范》GB 50490—2009 规定："地下车站站厅、站台公共区和设备及管理用房应划分防烟分区，且防烟分区不应跨越防火分区。站厅、站台公共区每个防烟分区的建筑面积不应超过 2000m²，设备及管理用房每个防烟分区的建筑面积不应超过 750m²。"

本项目防烟分区划分除了要达到防止烟气过长距离蔓延导致烟气沉降，尽快排除烟气及控制烟气的影响范围等目的外，还需结合项目本身大空间平面延伸的特点，为排烟口、排烟风机的布置提供更多的灵活性和便利性。因此，需要合理划分防烟分区。

（3）人员安全疏散

对于一般建筑，如办公楼、商业建筑等，利用人员密度系数（m²/人）来确定待疏散人员数量是一种行之有效的方法，然而，对于类似机场、火车站、城市轨道交通等这样的交通建筑，主要功能是解决旅客集散及换乘，旅客在建筑中形成动态的"人流"，枢纽空间内人员数量的确定要复杂得多。如果按照传统的人员密度系数法来确定交通建筑内各区域待疏散人员的数量，通常会得到一个很大的、超乎常理的数值。如何确定空间内的疏散人员数量，并确定与之相匹配的疏散出口总宽度，也是设计难点之一。

枢纽地面为城市主干道，设置大量竖向直接疏散出口或下沉庭院条件受限，需要借助不同火灾场景的模拟，验证疏散距离、疏散出口布置方案的合理性。

3）特殊消防设计

为了更深入了解多线换乘的城市轨道交通枢纽内火灾烟气蔓延发展规律、人员疏散规律和消防系统效能及作用，提高枢纽的消防安全水平，并为下一步制定消防应急预案提供科学数据，采用消防安全工程学以及火灾动力学的方法和手段对枢纽公共活动大厅的防火分区、防烟分区、安全疏散设计等消防设计进行分析和评估：① 通过计算机模拟研究，评估当前设计的防排烟系统和排烟/送风组合烟气控制模式的有效性；② 利用人员疏散计算机模拟技术，结合枢纽建筑和运营特点，研究不同部位发生火灾时，各层人员疏散的特点和疏散时间，为疏散引导设计和应急指挥提供依据；③ 根据模拟分析的结果，对防排烟系统设计和疏散方案提出优化建议；④ 对功能配套区域的防火分隔、疏散、消防联动等消防设计提出建议。

4）建筑消防设计策略

（1）防火分区划分原则

枢纽内设置的餐饮服务、商业零售均采用集中式布局，独立划分防火分区，内部设计严格按照《建筑设计防火规范》GB 50016—2006 执行，与公共区之间采用 4.00h 防火分隔。

市政办公、枢纽设备区，独立划分防火分区，每个防火分区面积不超过 1500m²。

枢纽内公共空间（包含轨道交通全部线路的站台、站厅及市民活动空间）主要功能一致，为人员通行、换乘，作为一个整体考虑，该区域内人员疏散区域严禁设置各种商业设施。该区域根据不同运营方（地铁集团与广铁集团）的管理界面，在管理界面处设置两道耐火极限为 4.00h 的特级防火卷帘，划分为 3 个独立的防火分区。两道防火卷帘分属不同物业管辖，并有信息联动接口。

餐饮服务、商业零售空间防火分区与公共活动大厅之间采用防火墙及防火卷帘分隔。

需强调的是，交通枢纽内的站台和地下一层公共活动区域，在火灾时以排烟和疏散为主，为防止在疏散过程中人员滑倒，均未设喷淋系统。

（2）防烟分区划分及烟控模式

在参考英国建筑工程实协会《CIBSE 指导手册 E- 消防工程》关于国外防火分区面积的最大限制，以及国内法规、规范的基础上，利用 CFD（计算流体力学）的方法对地下一层公共空间进行多场景火灾烟气蔓延模拟，得出：利用楼板下方的梁加挡烟垂壁，将枢纽地下一层公共空间防烟分区的面积控制在 2000m² 以内，防烟分区不能跨越防火分区。防烟分区长边不大于 60m。各防烟分区排烟量按 1m³/（m²·min）设计。

利用火灾动力学模拟软件 FDS（Fire Dynamics Simulator）对火灾烟气蔓延的结果进行模拟，明确枢纽烟气控制模式主要遵循"起火层排烟，上层送风"的原则。此外，地下一层公共区起火时，若经计算自然补风不能满足要求，需要机械补风时，应开启相邻区域进行机械补风。在楼扶梯开口处设置送风口，以利于形成向下气流，增大向下流速。

（3）人员安全疏散策略

① 疏散人数

通过统计交通空间内使用的人员类型及高峰一小时内出现的人员数量及逗留时间，计算空间内人员聚集的最大数值，并依此计算地下一层公共大厅疏散出口总宽度。

枢纽地下一层换乘及站厅层高峰小时的总人数等于各种换乘方式一小时内经过本层进行换乘的人数之和。人员数量具体详见表 9.5-1。

人员在其内部的逗留时间取为出发与目标点之间的行走时间加上排队等候时间。考虑不同性别、年龄、行李携带状态等综合因素，人员行走的平均速度取为 1.1m/s。排队等候时间及反应时间按 1min 考虑。

经过计算，福田枢纽地下一层公共大厅内需疏散的最大人员数量为 3234 人。

② 疏散出口

根据疏散人员数量，计算得出疏散出口总宽度要求为 32.5m。

结合地面道路设置出入口的条件及地下一层公共大厅内建筑布局，分散均匀设置公共大厅内出入口。结合不同的疏散场景假定及疏散时间计算，最远疏散距离按不大于 100m 控制。

下沉广场不作为安全区考虑，所有人员均需通过楼扶梯疏散至地面。

5）主要设计规范

《建筑设计防火规范》GB 50016—2006（已更新）

《地铁设计规范》GB 50157—2003（已更新）

《城市轨道交通技术规范》GB 50490—2009

《建筑内部装修设计防火规范》GB 500222—95（已更新）

《汽车库，修车库，停车场设计防火规范》GB 50067—97（已更新）

《火灾自动报警系统设计规范》GB 50116—98

福田枢纽高峰小时换乘客流 OD 表 /（人 /h） 表 9.5-1

	广深港	2 号线	3 号线	11 号线	公交	出租车	小汽车	地方	合计
广深港		1584	1060	556	576	230	115	1382	5503
2 号线	1584		3935	3185	858	150	95	1821	11628
3 号线	1060	2750		4536	750	118	69	1841	11124
11 号线	556	3246	4720		779	245	185	1785	11516
公交	576	858	750	779					
出租车	230	150	118	245					
小汽车	115	95	69	185					
地方	1382	1821	1841	1785					
合计	5505	10504	12493	11271	2963	743	464	6829	50770

数据来源：《福田枢纽可行性研究——客流预测专题》

《自动喷水灭火系统设计规范》GB 50084—2001（2005 年版）

《建筑灭火器配置设计规范》GB 50140—2005

《气体灭火系统设计规范》GB 50370—2005

《地铁工程烟气控制与人员疏散设计导则》QB/SZMC—20130—2011。

6）消防设计进程

2011 年 5 月，枢纽中地铁 2、3 号线车站部分（建筑面积 48629.71m²）工程消防设计通过消防主管部门审核，并于 2011 年 6 月通过消防验收。

2011 年 7 月，召开消防设计专家评审会，审查并通过《深圳福田站综合交通枢纽消防性能化设计报告》。

2012 年 11 月，枢纽东配套设施（占地面积 12066.4m²，建筑面积 5159.2m²）工程消防设计通过消防主管部门审核，并于 2015 年 12 月通过消防验收。

2013 年 12 月，枢纽南配套设施、北配套设施（建筑面积 64085.43m²），地铁 11 号线车站部分（建筑面积 8356.2m²）工程消防设计通过消防主管部门审核；南配套工程、北配套工程于 2015 年 6 月通过消防验收，11 号线车站部分于 2016 年 4 月通过消防验收。

参考文献：

1. 沈学军. 我国第一座地下综合交通枢纽——福田枢纽［J］. 华中建筑，2011（6）：59-62.

2. 董乃进. 福田地下火车站整体消防策略. 铁道标准设计［J］. 2010（增刊 2）：104-110.

3. 深圳福田综合交通枢纽消防性能化评估报告.

4. 深圳福田综合交通枢纽客流预测专题.

5. 深圳福田综合交通枢纽工程初步设计.

10

工 业 建 筑

10.1 综论

奥意建筑工程设计有限公司 江坤泽 王 颖 杨 军
（以下10.2、10.3、10.4章节作者均同此）

工业厂房消防安全性特点

（一）建筑及装修特点

工业厂房采用的建筑结构形式主要为钢筋混凝土结构和钢结构。有些厂房为了加快建造速度，外墙采用了保温泡沫高分子材料，另外厂房内的洁净区结构顶板为保证洁净度常会采用聚氨酯夹芯板、环氧涂料等，以上的一些常规做法在一定程度上会导致厂房的火灾危险性上升。

（二）工艺生产空间的密闭性与曲折性

工业厂房内的生产工艺相对于民用建筑的使用功能，具有一定的独特性和复杂性。为了满足生产工艺，厂房内会有不少功能性的分隔空间，包括设备管线夹层、送回风夹道、洁净区域等，这些区域对室内温湿度和压力等都有非常严格的要求，同时厂房内生产线的布置会增加消防疏散路线的曲折性，加大安全疏散的难度。

（三）易燃、易爆类化学品、气体的使用和储存

因为工艺生产的需要，工业厂房内可能会使用和储存一些甲乙类火灾危险性类别的物质，增加火灾隐患的同时也加大了扑灭火势的难度。

（四）消防设备存在缺陷问题

工业厂房中的工艺设备一般都比较昂贵，有些

洁净无菌的要求比较高。但是当前厂房的主流消防设施跟不上工业技术的发展，比如自动喷水灭火系统的开式系统中，其管道在平时处于敞开的状态，无法达到无尘无菌的高洁净要求；同时闭式系统管道存在灭火介质，一旦发生泄漏就会造成设备损失以及洁净环境污染等问题。

（五）消防安全意识淡薄，缺乏培训机制

近年来，随着国家对实体经济的重视，工业厂房也是越建越多，越建越快，然而人们的消防安全意识还没有完全跟上。在工业厂房中仍可以发现有些危险化学品没有按照规定存储和使用，消防设施没有按照规定进行运行维护，同时有些工厂还缺乏相应的消防培训机制，新进员工上岗前并未进行系统全面的培训。这些都会导致消防隐患的增加。

（六）消防疏散通道阻塞，消防自救能力差

工业厂房内生产设备较多，有些还是人员密集型生产厂房，企业为了防盗和方便员工管理，可能会将消防疏散通道锁死，当突发事故发生时，人员无法及时疏散，同时由于缺乏必要的应急培训，员工自救能力普遍较差，易产生较大伤亡。

10.2　某车联网电子工业园

10.2.1　案例分析

项目名称： 国内某汽车电子生产厂房项目

用地性质： 工业用地

功能及规模： 项目总用地面积约 221500.00m²，总建筑面积 443250.00m²，容积率 2.01，建筑系数 43.45%。项目包括厂房、配电动力中心、研发楼、固废站、危险品化学品库、辅助用房及消防站、公用电房、食堂及活动中心、招聘中心、员工宿舍、停车楼、员工活动中心等建筑物。

本案例分析的厂房为该项目的 2 号厂房，主要功能为电子器件生产及装配的生产车间，及为生产服务的配套高架仓库、设备间，并有少量的管理用房，屋顶设有设备间。建筑类别为多层丙类厂房，地上 3 层，南北附房上部局部设钢平台夹层，耐火等级为一级。基底面积 17450.00m²，建筑面积 52900.00m²（图 10.2-1～图 10.2-3）。

本项目 2018 年设计完成，采用消防规范均为 GB 50016—2014（2018 年版）。

图 10.2-1　效果图

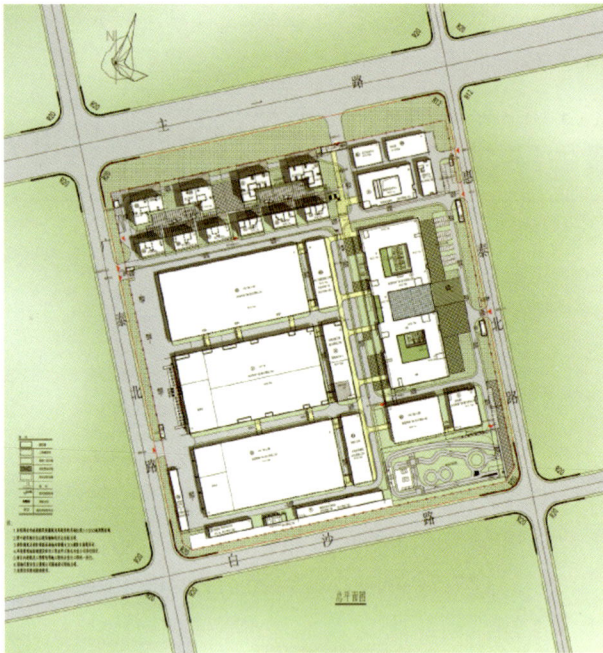

图 10.2-2 屋顶总平面图

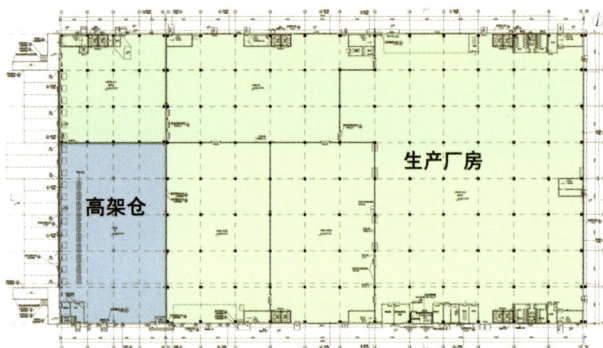

图 10.2-3 厂房一层平面图

10.2.2 火灾危害因素分析

1）高架仓库功能特点

货架高度大于 7m 且采用机械化操作或自动化控制的货架仓库称为高架仓库。高架仓库的主要特点有：

最大限度地利用空间，减少占地面积。高架仓库由于采用高层货架，其单位面积储存量比普通的仓库高得多。一般来说，自动化高架仓库空间利用率为普通平库的 2～5 倍，充分节约有限且宝贵的土地。

存储效率高，大幅度提高生产率。自动化立体仓库采用先进的自动化物料搬运设备，不仅能使货物在仓库内按需要自动存取，而且可以与仓库以外

的生产环节进行有机的连接，并通过计算机管理系统和自动化物料搬运设备使仓库成为企业生产物流中的一个重要环节。

2）高架仓库消防特点

火灾荷载量大，易造成立体燃烧。高架仓库一般建筑面积大，仓库内部空间大，而且大量储存电器、日用品、纺织品等可燃易燃物品，有的甚至储存危险化学物品，并以货架形式储存，一旦发生火灾将会造成巨大的财产损失，并危及人员生命安全。

火灾蔓延速度快，扑救火灾难度大。高架仓库的高度较常规仓库要高，储存量大，发生火灾时火势会迅速沿水平及垂直两个方向蔓延，能在较短时间内烧毁大量物资。而且钢屋面和货架在火灾过程中容易变形倒塌，增大火灾扑救难度。

机电设备繁多，起火因素多。高架仓库一般采用巷道式堆垛起重机、入库输送机、入库设定器、提升机、出口输送机、选择输送机等设备。这些机械设备都离不开用电。电气故障和机器摩擦等均能打出火花，引起火灾。

3）消防设计难点及解决方案

重点、难点一及解决方案

① 描述：高架仓库部分自动化传送带需穿过防火墙，与生产车间的生产线形成整体，以实现自动化生产。设备在防火墙上的开口如何进行消防封堵是消防重点。

② 解决方案：按照规范要求，防火墙上不应开设门窗洞口，确需开设时，应设置不可开启或火灾时能自动关闭的甲级防火门窗。设置防火墙确有困难时，可采用防火卷帘或防火分隔水幕分隔。本项目根据与生产线连接的要求，同时采用两种方式，当采用消防水幕时，同时需考虑增加消防水池容量。

重点、难点二及解决方案

① 描述：自动化高架库内，如何合理化设置室内消火栓，既满足消防规范的要求，又不影响机械化设备的通行和货架的堆货。

② 解决方案：消火栓优先布置于成排货架四周的柱子旁边，如需在货架中间设置消火栓，应提前

与货架公司配合，将消火栓嵌入货架内。

重点、难点三及解决方案

①描述：高架库区，如何按自喷规范，选取自动喷淋的设计参数，设置货架内置喷淋头，以有效扑灭高架仓库的火灾。

②解决方案：

a.了解高架仓库区的基本信息：建筑层高、货架高度、储物高度、储存物品、仓库危险等级。

b.高架仓库区：货架高度为7～12m，建筑层高不高于13.5m，按储物类别，可考虑选用ESFR早期抑制快速响应喷头（不设置货架内置喷头）的设计参数。

c.高架仓库：货架储物高度大于7.5m时，应设置货架内置洒水喷头。按自喷规范，选取顶板下洒水喷头的喷水强度与货架内置洒水喷头开放数（图10.2-4）。

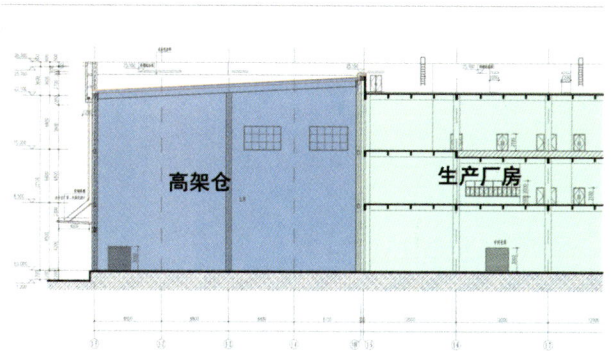

图10.2-4　高架仓库与厂房位置示意图

10.3 某 5G 通信电子电路厂

10.3.1 案例概况

项目名称：国内某 5G 通信电子电路项目

用地性质：工业用地

功能及规模：本项目总用地面积 165909.42m²，总建筑面积 307953.72m²，容积率：2.00，建筑密度：53.08%。本项目共设计 13 个子项，其中包括 1～3 号生产厂房、废水处理站、研发楼、食堂、员工活动中心、员工倒班房、化学品库、1～4 号门卫、1～2 号连廊。本项目建设遵循总体规划，分步实施的原则，共分二期建设。一期设计范围：1 号生产厂房、废水处理站、研发楼、食堂、员工活动中心、员工倒班房、化学品库、1～3 号门卫、1～2 号连廊（图 10.3-1）。

本案例主要分析 1 号生产厂房的消防安全设计；1 号生产厂房占地面积约 38250m²，建筑面积为 129066.70m²，其中局部地下室（废液灌区）面积为 1073.12m²，建筑为多层丙类厂房，地上 3 层，局部地下室，建筑高度 25.00m，消防高度 22.00m，耐火等级为一级。1 号生产厂房长约 425m，宽 90m。

主要功能为 PCB 多层板和 HDI 板生产车间及为生产服务的设备间，屋顶设有部分设备间（图 10.3-2）。

图 10.3-1 效果图

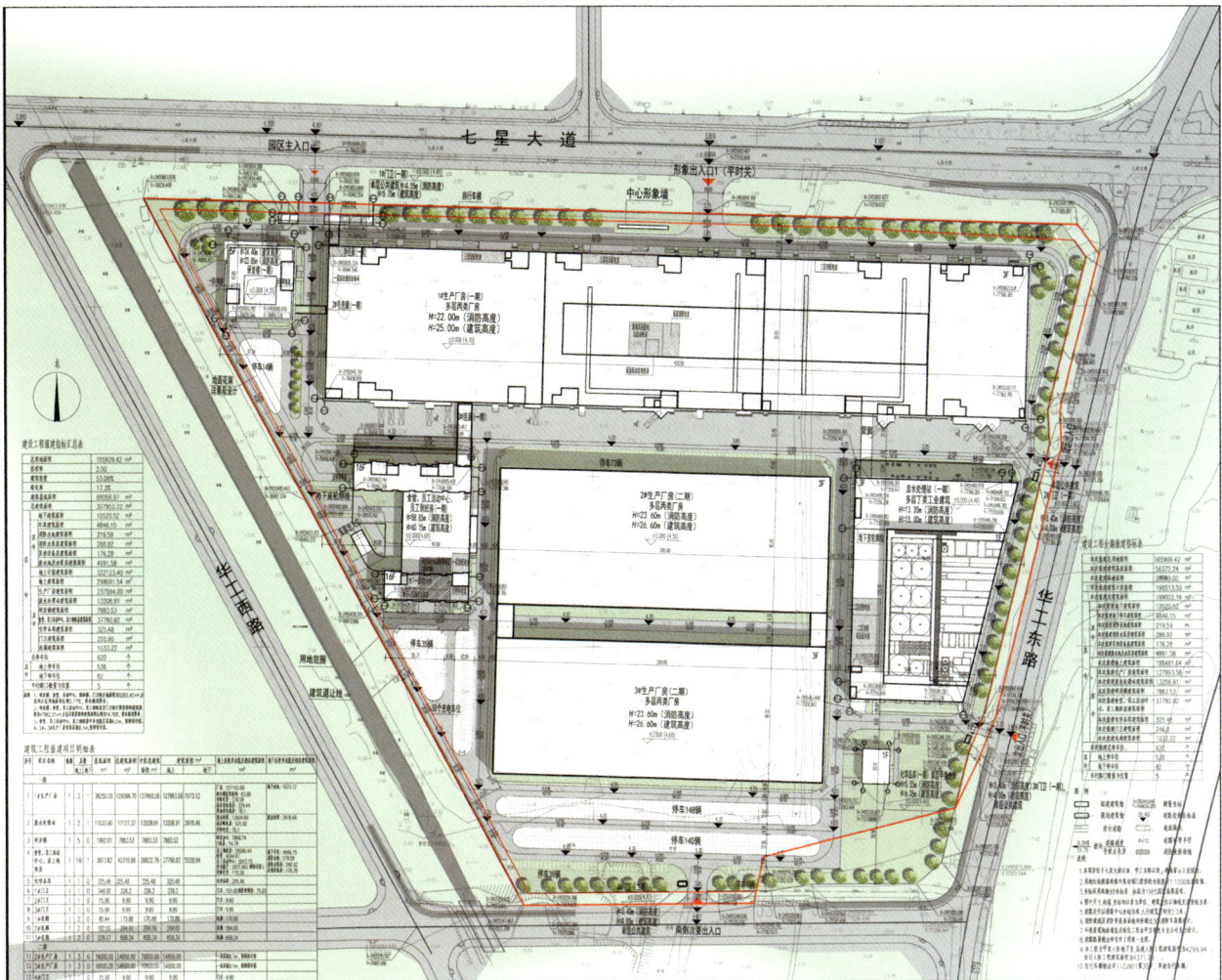

图 10.3-2　屋顶总平面图

本项目 2021 年完成二次工艺机电装修设计，采用消防规范均为 GB 50016—2014（2018 年版）。

10.3.2　火灾危害因素分析

1）生产特点

（1）由于设备采用自动化连线设计，为提高生产效率并保证生产线的连续性，厂房采用 425m 的超长厂房，为尽可能实现多层厂房的面积最大化，厂房面宽达到 90m。此宽度基本已经达到多层丙类厂房两侧疏散的极限宽度。厂房的长度超过 150m，厂房中间未设置消防通道，采用建筑周边环形消防车道。

（2）生产厂房中间设置参观通道，参观通道的疏散也成为本项目的另一消防重点考虑。

（3）生产厂房部分设备需穿越防火墙，才能实现生产工序的自动化连线，因此需考虑防火墙的密封及性能如何实现。

（4）生产过程中部分工艺使用甲类、乙类化学品，其中包含强酸、强碱、有机溶剂等部分有毒物品，因此生产线的安全措施必须严密，否则容易出现消防等各种危险状况。

（5）生产过程中产生粉尘、废气、废水等，粉尘的回收、废气、废水处理也是 PCB 项目的重点和难点。

（6）各类生产水、暖、电管线与消防、生活用水等各类管线错综复杂，空间管理也是 PCB 项目的另一重点和难点。

（7）PCB 项目叠板间、曝光房等房间为洁净室，一旦出现污染，要花费较长时间恢复，将造成重大损失。

（8）为了防止发生各种危险，生产车间和配套设施均设置了各种报警系统或装置，以确保安全生产。

2）生产过程中使用的易燃、易爆物的种类（表10.3-1）

生产过程中使用的主要危险化学品

表 10.3-1

序号	1 号生产厂房	闪点 /℃	类别	厂内最大储存量 /t
1	氨水（25% 溶液）	无意义	乙类	9
2	高锰酸钾 99%	氧化剂	甲类	2
3	硝酸（68% 液体）	不燃	乙类	34.25
4	工业双氧水 含量 35%	氧化剂	乙类	20
5	油墨稀释剂	4	甲类	2
6	过硫酸钠（液体）	无 / 助燃	乙类	10
7	氰化亚金钾 含量 68.3%	无意义	剧毒	1

10.3.3 消防设计难点与解决方案

1）难点一

（1）难点描述

1 号生产厂房火灾危险性类别认定原则。

（2）解决方案

印制电路板生产所采用的原材料主要为：覆铜板、铜箔、半固化片、油墨等，其主要原材料燃烧性能为固体可燃及不燃物。生产的成品印制电路板为固体可燃物。生产所需主要化学药品包括氢氧化钠、硫酸、盐酸、碳酸钠等，其主要化学药品闪点均不小于 60℃。生产需要的酒精、丙酮、油墨、双氧水（使用浓度 3%～5%）稀释剂等甲、乙类化学药品对于整个生产原料来说占比小。随着技术的进步，各种化学品的输送、控制以及监控报警技术有了很大的进步和提高。借鉴国内外已竣工投产的印制电路板工厂的成熟经验，调查表明在布置了自动灭火系统的基础上，采取必要且完善的安全技术措施后，印制电路板厂房各工段火灾危险性类别可列

为丙类。

同时严格执行以下规定：

"同一座厂房或厂房的任一防火分区内有不同火灾危险性生产时，该厂房或防火分区内的生产火灾危险性分类应按火灾危险性较大的部分确定。当符合下述条件之一时，可按火灾危险性较小的部分确定：火灾危险性较大的生产部分占本层或本防火分区面积的比例小于 5% 或丁、戊类厂房内的油漆工段小于 10%，且发生火灾事故时不足以蔓延到其他部位或火灾危险性较大的生产部分采取了有效的防火措施……"

2）难点二

（1）难点描述

1 号生产厂房超长 425m，超长厂房消防车道及消防救援，排烟设计。宽 90m（较宽），大空间消防疏散楼梯及疏散距离设计。

（2）解决方案

根据《建筑设计防火规范》GB 50016—2014（2018 年版）的相关规定，当建筑物沿街道部分的长度大于 150m 或总长度大于 220m 时，应设置穿过建筑物的消防车道，确有困难时，应设置环形消防车道。本项目沿厂房周边设置环形车道。每个防火分区按照要求设置间距不大于 20m 的消防救援窗、固定排烟窗。顶层需设满足大于等于地面面积 2% 的固定窗，因线路板厂房屋顶上设置大量的废弃处理塔等设备基础，且为保证屋顶的防水性能，屋顶不适合开固定窗。因此，在项目顶层开双层窗以满足防排烟固定窗需求。

耐火等级一级的丙类厂房最大疏散距离为 60m，因线路板厂房内部包含很多大小不同的工艺隔间，且个别隔间为洁净室，实际项目中疏散路径为曲折迂回的折线。加上设备之间自动化连线，疏散路径经常出现跨越设备或者隔间的情况。90m 宽厂房南北方向分隔为多层板车间和 HDI 车间，两个车间中间设置参观走道，因此，中间参观走道疏散只能穿越旁边生产隔间才能满足小于等于 60m 的疏散距离。各层均需穿越不同生产隔间来实现车间紧急情况疏散问题（图 10.3-3～图 10.3-7）。

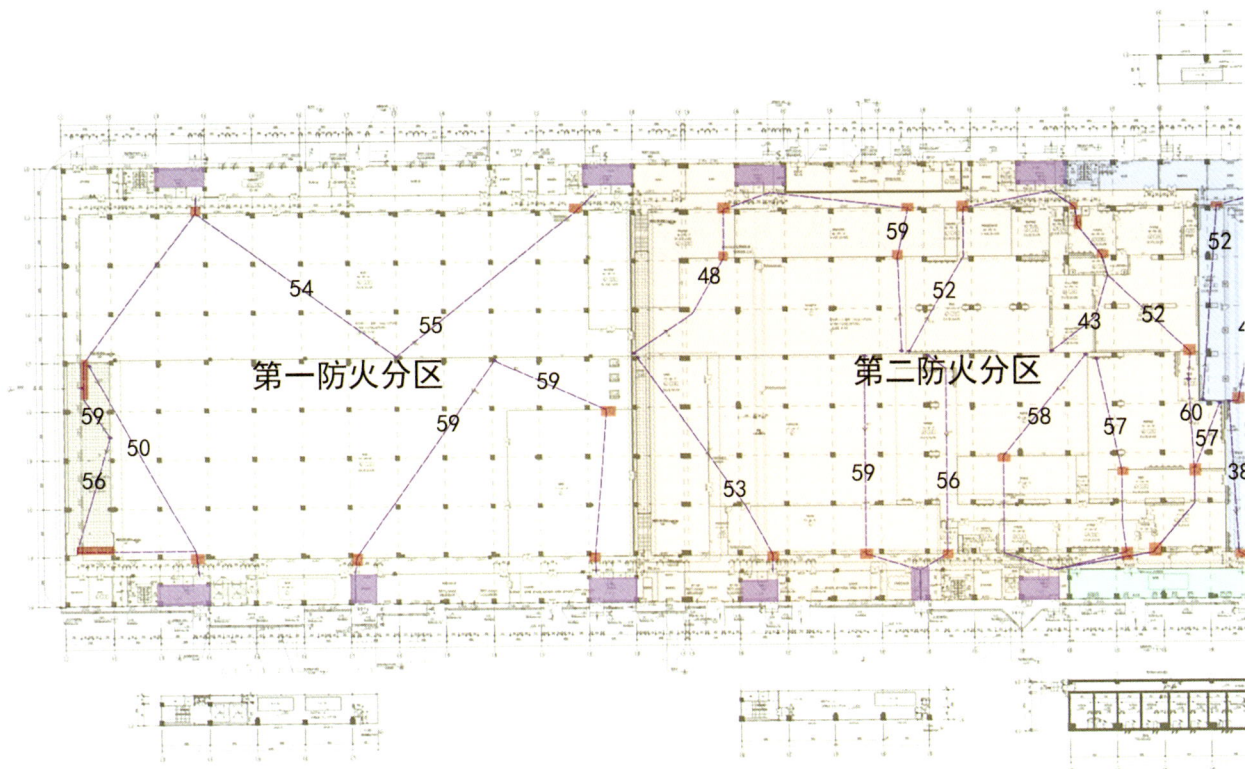

图 10.3-3　一层局部放大疏散平面图 1

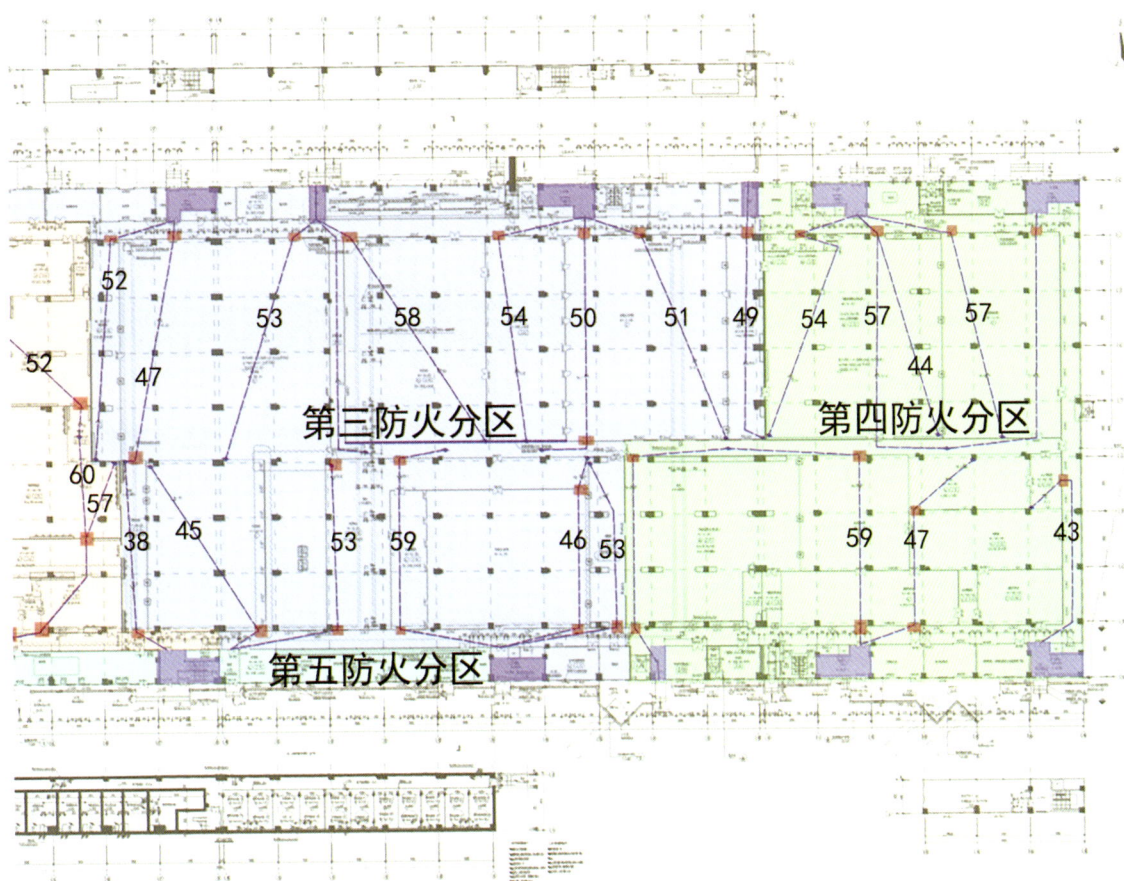

图 10.3-4　一层局部放大疏散平面图 2

疏散楼梯间　　疏散距离　　穿越隔间疏散门

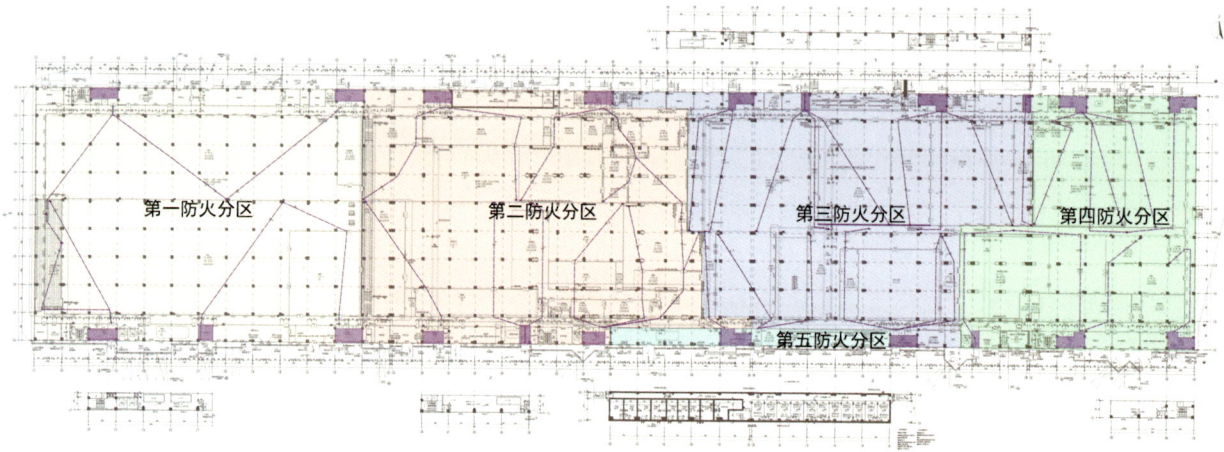

图 10.3-5　一层疏散平面图

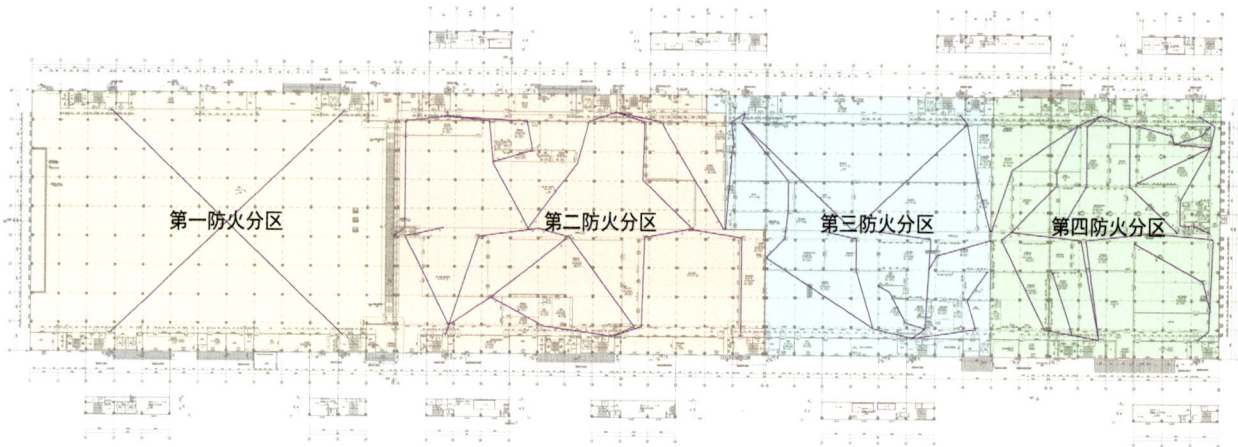

图 10.3-6　二层疏散平面图

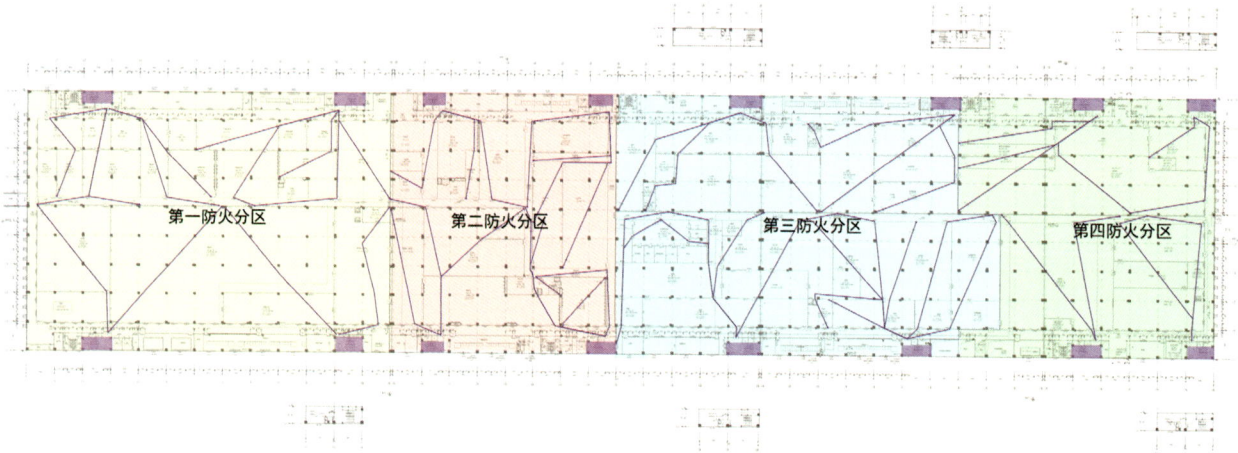

图 10.3-7　三层疏散平面图

■ 疏散楼梯间　●— 疏散距离

3）难点三

（1）难点描述

1号生产厂房部分设备需穿越防火墙，才能实现生产工序的自动化连线。防火墙的密封及性能如何保证？

（2）解决方案

防火墙上不应开设门窗洞口，确需开设时，应设置不可开启或火灾时能自动关闭的甲级防火门窗。设置防火墙确有困难时，可采用防火卷帘或防火分隔水幕分隔。采用防火卷帘时，应符合《建筑设计防火规范》GB 50016—2014（2018年版）第6.5.3条的规定；采用防火分隔水幕时，应符合现行国家标准《自动喷水灭火系统设计规范》GB 50084—2001（2005年版）的规定。项目优先采用防火卷帘，防火墙穿洞处位于自动化连线的传输段与火灾自动报警系统联动，当火灾报警时，自动化传输段自动断开，防火卷帘落下以阻挡火灾继续蔓延。有条件情况下，建议增加消防水池容积，在设备穿越防火墙洞口处设置防火水幕，也是一种有效

可行的解决方案。

4）难点四

（1）难点描述

针对线路板厂房内部包含很多大小不同的工艺隔间，疏散通道曲折迂回，每层平面布局具有不同性，如何合理设置室内消火栓，既满足消防规范的要求，又不影响工艺设备的布局？

（2）解决方案

采用每层设置独立的消防环管，便于连接室内消火栓。

5）难点五

（1）难点描述

储存甲类、乙类液体的化学品库的消防设施如何设置？

（2）解决方案

采用喷淋－泡沫灭火系统，或七氟丙烷气体灭火系统（管网式、柜式、悬挂式）。具体设计参数视储存化学品成分的特性，按相关规范选定。

10.4　某薄膜晶体管液晶显示器件厂

10.4.1　案例概况

项目名称： 国内某 8.5 代薄膜晶体管液晶显示器材项目

用地性质： 工业用地

功能及规模： 项目总用地面积 597540.35m²，总建筑面积 1078393.63m²，容积率：2.24，建筑系数：52.51%。本工程为一期工程，主要新建一条第 8.5 代薄膜晶体管液晶显示器件生产线，建设包含阵列、成盒、彩色滤光片、模块（二期预留）等工序的生产厂房，以及综合动力站、污水处理站、办公等配套设施。包含 01～38 号建筑及构筑物，分别为阵列／彩膜厂、成盒厂、综合动力站、220kV 变电站（由专业公司设计）、大宗气体站（由专业公司设计）、废水处理站、化学品库、化学品供应回收站、特气站、硅烷站、固体回收站、门卫、连廊等（图 10.4-1，图 10.4-2；表 10.4-1）。

本案例主要分析主厂房（阵列彩膜厂）的消防安全设计；01 号阵列彩膜厂为一栋 5 层生产区、4 层局部 2 层的高层厂房，占地为 96863.50m²，建筑面积（实际建筑面积）为 391025.55m²，计容建筑面积为 548453.52m²；建筑由主体洁净生产区 F 区、北支持区 N 区和南支持区 S 区三部分组成。01 号建筑 F、S、N 区的火灾危险性属丙类。核心生产区共

图 10.4-1　效果图

为二个洁净生产层：L20 层、L40 层，相应下夹层为 L10 层、L30 层。建筑高度 35.87m，每个生产层分别设上下回风夹层。建筑轴线之间宽度：249.20m（含两侧回风夹道），轴线之间长度：379.2m（含两侧回风夹道）。厂房的耐火极限为一级。本项目 2010 年设计完成。

图 10.4-2　总平面图

项目所执行的规范版本　　表 10.4-1

《中华人民共和国消防法》	2009 年 5 月 1 日～ 2018 年 4 月 30 日	2018 年 5 月 1 日～ 2021 年 4 月 28 日	2021 年 4 月 29 日及以后
	√		
《建筑设计防火规范》 GB 50016—2006	2006 年 12 月 1 日～ 2015 年 4 月 30 日	GB 50016—2014 2015 年 5 月 1 日～ 2018 年 9 月 30 日	GB 50016—2014（2018 年版） 2018 年 10 月 1 日及以后
	√		
建筑防排烟系统技术标准 GB 51251—2017	2018 年 8 月 1 日以前 无此规范	GB 51251—2017 2018 年 8 月 1 日实施后	
	√		
《电子工业洁净厂房设计规范》 GB 50472—2008	2008 年 7 月 1 日以前 无此规定	2009 年 7 月 1 日及以后	
		√	
《洁净厂房设计规范》 GB 50073—2001	2002 年 1 月 1 日～ 2013 年 8 月 31 日	2013 年 9 月 1 日及以后	
	√		
《消防安全标志》 GB 13495—92	1993 年 3 月 1 日～ 2015 年 7 月 31 日	2015 年 8 月 1 日及以后	
	√		

431

生产过程中使用的主要危险化学品 表 10.4-2

序号	01 号阵列彩膜厂	化学物成分	闪点 /℃	类别	用量	所在楼层
1	光刻胶	主要成分酚醛树脂、丙二醇醚酯等	53	乙类	21091L/ 日	FL20
2	减薄液	丙二醇甲醚醋酸酯：100%	42	乙类	1600L/ 日	FL10
3	硝酸	HNO_3：70%	120.5	乙类	1524L/ 日	FL40
4	醋酸	$CH_3COOH > 99\%$	40.0	乙类	2286L/ 日	FL40
5	减薄液	丙二醇甲醚醋酸酯	42	乙类	864L/ 日	FL20
6	光刻胶	丙烯酸树脂（2%～20%）+ 颜料（1%～10%）+ 3- 乙氧基丙酸乙酯（30%～40%）+ 丙二醇甲醚醋酸酯（40%～50%）+ 丙二醇单乙基醚（1%～10%）	48.0	乙类	90900L/ 日	FL20
7	清洗剂	环己酮 + 丙二醇甲醚 + 芳香族碳氢化合物	44	乙类	900L/ 日	FL20

10.4.2 火灾危害因素分析

1）生产特点

（1）其制作需要在大面积玻璃基板上进行，玻璃基板尺寸为 2200mm×2500mm，生产线设备尺寸均较大，生产前后道工序衔接紧密。

（2）由于规模化生产、生产设备体量大以及自动化传输的要求，所以要求的净化生产区面积较大。

（3）工序繁多，从投片到成品，要求在短时间内完成。

（4）设备精密，价格昂贵，而且设备必须若干台集中布置在生产区内，才能组成生产线。

（5）生产环境需要洁净，一旦出现污染，要花费较长时间进行恢复，将造成重大损失。

（6）使用易燃气体或易燃化学品的工艺设备自身安全措施严密，利用真空或负压状态保证危险品不发生外泄，这不但是出于安全的考虑，而且是生产工艺要求如此，否则无法生产出合格的产品。

（7）为了防止发生各种危险，生产车间和配套设施均设置了各种报警系统或装置，以确保安全生产。

2）生产过程中使用的易燃、易爆物的种类

生产过程中使用的主要动力为电力、生产生活用水、蒸汽、天然气、压缩空气、大宗气体（包括 O_2、N_2、H_2、Ar、He）等。其中，氧气属于助燃气体，普氧：最大量 / 常用量 = 253.2/162（m³/h），

纯氧：最大量 / 常用量 = 54.3/22.3（m³/h）；氢气属于易燃易爆气体，最大量 / 常用量 = 296.4/89.4（m³/h）；天然气属于易燃易爆气体，最大量 / 常用量 = 715/572（m³/h）。

上述动力供应主要来自 4 号建筑（220kV 变电站）、05 号建筑（大宗气体站）、12 号建筑（燃气调压站）等（表 10.4-2）。

10.4.3 阵列彩膜厂消防设计难点及解决方案

1）难点一

（1）难点描述

阵列彩膜厂生产火灾危险性类别认定原则。

（2）解决方案

根据《电子工业洁净厂房设计规范》GB 50472—2008 附录 B 电子产品生产间 / 工序的火灾危险性分类举例：液晶显示器件工厂的 CVD 间①，显影、刻蚀间，模块装配间，彩膜生产间生产类别为丙类。根据《建筑设计防火规范》GB 50016—2006 的相关规定，以及国内同类 TFT-LCD 生产厂房（目前国内已建同类型生产性质的厂房有十几个）的工程实践，本建筑生产部分火灾危险性类别为丙类，建筑物的耐火等级为一级。同时严格执行："同一座厂房或厂房的任一防火分区内有不同火灾危险性生产时，该厂房或防火分区内的生产火灾危险性分类应按火灾危险性较大的部分确定。当符合下述条件之一时，可按火灾危险性较小的部分确定：火

灾危险性较大的生产部分占本层或本防火分区面积的比例小于5%或丁、戊类厂房内的油漆工段小于10%，且发生火灾事故时不足以蔓延到其他部位或火灾危险性较大的生产部分采取有效的防火措施。"

2）难点二

（1）难点描述

阵列彩膜厂生产区由于生产工艺要求，生产区防火分区F1、F2面积分别做到了79785.43m²、79920.6m²，远超《建筑设计防火规范》要求（一级耐火极限高层丙类厂房设自动灭火系统，每个防火分区面积限值为6000m²）。

（2）解决方案

2009年7月颁布实施的《电子工业洁净厂房设计规范》第6.2.3条："洁净厂房内防火分区的划分，应符合现行国家标准《建筑设计防火规范》GB 50016的有关规定。丙类生产的电子工业洁净厂房的洁净室（区），在关键生产设备设有火灾报警和灭火装置以及回风气流中设有灵敏度严于0.01%obs/m的高灵敏度早期火灾报警探测系统后，其每个防火分区的最大允许建筑面积可按生产工艺要求确定。"第6.2.4条："洁净室的上技术夹层、下技术夹层和洁净生产层，当按其构造特点和用途作为同一防火分区时，上、下技术夹层的面积可不计入防火分区的建筑面积，但应分别采取相应的消防措施。"本建筑根据规范的相关规定，采取规范描述的相关消防措施。故将核心区及下夹层划为一个防火分区，满足规范要求（图10.4-3）。

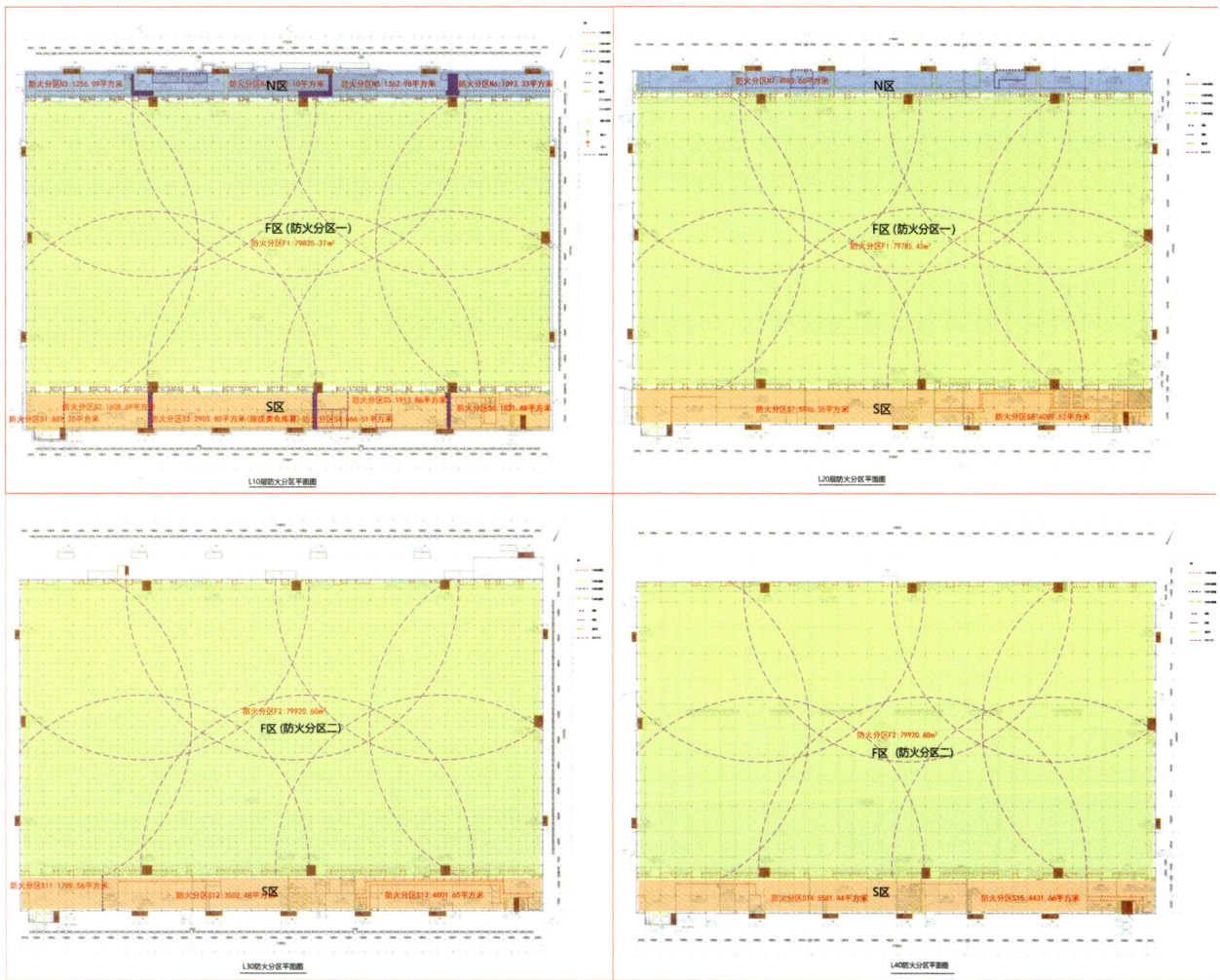

图10.4-3　防火分区

S 南支持区　　F 洁净生产区　　N 北支持区　　疏散楼梯　　避难走道

3）难点三

（1）难点描述

阵列彩膜厂生产区内超大空间消防疏散楼梯及疏散距离设计。

（2）解决方案

本建筑 F 区疏散距离：根据 2009 年 7 月颁布执行的《电子工业洁净厂房设计规范》第 6.2.7 条："丙类生产的电子工业洁净厂房，在关键生产设备自带火灾报警和灭火装置以及回风气流中设有灵敏度严于 0.01%obs/m 的高灵敏度早期火灾报警探测系统后，安全疏散距离可按工艺需要确定，但不得大于本条第 2 款规定的安全疏散距离的 1.5 倍。对于玻璃基板尺寸大于 1500mm×1850mm 的 TFT-LCD 厂房，且洁净生产区人员密度小于 0.02 人/m²，其疏散距离应按工艺需要确定，但不得大于 120m"进行安全疏散距离的设计。

本建筑属于玻璃基板尺寸大于 1500mm×1850mm 的 TFT-LCD 厂房，且洁净生产区人员密度小于 0.02 人/m²，并在关键生产设备自带火灾报警和灭火装置以及回风气流中设有灵敏度严于 0.01%obs/m 的高灵敏度早期火灾报警探测系统。因此，本建筑核心区设有 12 部疏散楼梯，其中部分与支持区共用，一层通往室外的走廊按避难走道要求设计，设置甲级防火门与支持区房间或走廊相通，疏散距离小于 120m，满足规范要求。

4）难点四

（1）难点描述

洁净室（区）的生产层及上下技术夹层，作为同一个防火分区，是否设置消火栓和喷淋保护？

（2）解决方案

上、下技术夹层作为洁净生产区的支持辅助层，设置工艺设备的自带动力或附属设施，经常有人进出维护的区域，需设置室内消火栓和喷淋保护。

5）难点五

（1）难点描述

化学品库的消防设施如何设置？

（2）解决方案

采用喷淋－泡沫灭火系统，化学品配送区域的有机溶剂室，采用泡沫－水喷淋灭火系统。泡沫采用 AFFF 抗溶性泡沫。本项目的化学品配送区域的酸碱区采用湿式水喷淋灭火系统，消防废水收集纳入厂区废水处理站。各储罐的防护冷却用水引自厂区室外消防给水管网，并于室内该区域内设置带灭火喉的消火栓箱。

11

防火分区、防烟分区、安全疏散宽度设计及表达

深圳市同济人建筑设计有限公司　高　泉　吕超霞　耿　真　潘　君

摘　要： 复杂建筑通常体量较大，多种功能组合，空间交错。作为防火设计重要环节的防火分区设计会影响建筑使用的便利、空间感受等，并直接关系到后续的防烟分区、安全疏散宽度、消防设施布置等。本文将和防火分区、防烟分区、安全疏散宽度相关的针对不同功能建筑的防火设计要求梳理汇总，列出需要关注的问题备注说明，便于建筑师在复杂建筑防火设计时快速查阅，获得相关信息。

关键词： 复杂建筑　防火分区　防烟分区　安全疏散宽度

11.1 综论

防火分区 fire compartment

在建筑内部采用防火墙、楼板及其他防火分隔设施分隔而成，能在一定时间内防止火灾向同一建筑的其余部分蔓延的局部空间。

相关概念：

防火墙（fire wall）：防止火灾蔓延至相邻建筑或相邻水平防火分区且耐火极限不低于 3.00h 的不燃烧墙体。

安全出口（safety exit）：供人员安全疏散用的楼梯间和室外楼梯的出入口或直通室内外安全区域的出口。

防烟分区

利用挡烟垂壁、结构梁及隔墙等将设置排烟系统的场所或部位分隔而成的分区，能在一定时间内防止烟气蔓延。

相关概念：

挡烟垂壁（draft curtain）：用不燃材料制成，垂直安装在建筑顶棚、梁或吊顶下，能在火灾时形成一定的蓄烟空间的挡烟分隔设施。

固定窗（fixed window for fire forcible entry）：设置在设有机械防烟排烟系统的场所中，窗扇固定，平时不可开启，仅在火灾时便于人工破拆以排出火场中的烟和热的外窗。

安全疏散最小净宽度

根据人员疏散的基本需要，规范确定了民用建筑中疏散门、安全出口与疏散走道和疏散楼梯的最小净宽度。按规范规定计算出的总疏散宽度，在确定不同位置的门洞宽度或梯段宽度时，需要仔细分配其宽度并根据通过的人流股数进行校核和调整，

尽量均匀设置并满足最小净宽度。

门宽与走道、楼梯宽度要匹配，实际疏散宽度为三者中最小净宽度。此外，下层的楼梯或门的宽度不应小于上层的宽度；对于地下、半地下，则上层的楼梯或门的宽度不应小于下层的宽度。

相关概念：

梯段净宽：当一侧有扶手时，梯段净宽应为墙体装饰面至扶手中心线的水平距离，当双侧有扶手时，梯段净宽应为两侧扶手中心线之间的水平距离。当有凸出物时，梯段净宽应从凸出物表面算起。

建筑标定人数：有固定座位等标明使用人数的建筑，应按照标定人数为基数计算疏散通道、楼梯及安全出口的宽度。对无标定人数的建筑应按照国家现行有关标准或经调查分析确定合理的使用人数，并应以此为基数计算疏散通道、楼梯及安全出口的宽度。

11.2 防火分区、安全疏散宽度设计及案例表达

11.2.1 防火分区设计

1）防火分区设计原则

在民用建筑内划分防火分区是控制火灾蔓延、减少火灾危害的有效措施之一。在设计时，防火分区的划分和面积大小，与以下因素关系密切：

（1）建筑物的层数和高度。一般建筑高度越高，防火分区面积越小。

（2）建筑的火灾危险性。火灾危险性越大或可燃物越集中，防火分区面积越小。

（3）建筑物自身的耐火性能。建筑耐火等级越低，防火分区面积越小。

（4）防火分区内的自救能力。设置自动灭火系统的防火分区面积可加大。

另防火分区所在的位置及建筑用途也对防火分区面积有一定影响（表 11.2-1）。

防火设计时，通常考虑一个着火点。

规范规定的防火分区最大允许建筑面积表 表 11.2-1

（复杂建筑均按照耐火等级一、二级 / 设自动灭火系统考虑，防火分区允许面积增加 1.0 倍。括号内为规范数值）

名称	建筑类型	防火分区的最大允许建筑面积 /m²	备注
高层民用建筑	其他	（1500）3000	1. 对于体育馆、剧场的观众厅，防火分区的最大允许建筑面积可适当增加。 2. 超高层及超过 250m 的建筑防火分区面积要求不变。但对于楼板的耐火极限，当建筑高度大于 100m 时，不应低于 2.00h，当建筑高度大于 250m 时，不应低于 2.50h，同时对承重柱、梁、竖井、隔墙等防火要求也提高了。即虽然防火分区允许的面积没有减少，但其他防火措施需要加强处理。 3. 商业中的餐饮部分防火分区最大允许建筑面积（1500）3000m²
	商业	4000	
	科技馆和展品火灾危险性为丁、戊类物品的技术博物馆的陈列展览区（出自：博物馆建筑设计规范。下同）	4000	
	展厅（出自：展览建筑设计规范。下同）	4000	
单多层民用建筑	其他	（2500）5000	商业装修采用不燃或难燃材料
	商业、科技馆和展品火灾危险性为丁、戊类物品的技术博物馆的陈列展览区、展厅（单层或多层建筑的首层）	10000	
	商业（多层建筑的其他楼层）	5000	
地下或半地下建筑（室）	汽车库	（2000）4000，复式车库（1300）2600	复式车库：有车道且有人员停留的机械车位车库；充电车位按照地方规定时以地方规定为准
	设备房	（1000）2000	汽车库内的设备用房主要有两类：一类是直接为汽车库服务的设备用房，可与车库划分在同一防火分区内，但要按规范进行防火分隔；另一类是为整座建筑服务或除汽车库外的其他区域服务的设备用房，这类设备用房应单独划分防火分区
	商业、科技馆和展品火灾危险性为丁、戊类物品的技术博物馆的陈列展览区、展厅	2000	
	其他	（500）1000	目前没有专门的自行车库规范，通常参照地下室其他用房（500）1000m² 划分防火分区
汽车库	高层	（2000）4000	复式汽车库(有车道且有人员停留的机械车位的车库) 最大允许防火分区面积减少 35%
	多层 / 半地下	（2500）5000	
	单层	（3000）6000	
图书馆的基本书库、特藏书库、密集书库、开架书库	单层建筑	（1500）3000	图书馆的其他部分的防火分区面积按照高层、单多层建筑要求；藏阅合一的开架阅览室按照阅览室功能划分防火分区；采用积层书架的书库，其防火分区面积按照书架层的面积合并计算
	建筑高度不超过 24m	（1200）2400	
	建筑高度超过 24m	（1000）2000	
	地下或半地下室	（300）600	
博物馆的藏品库	单层或多层建筑的首层	（1000）2000（丙类液体） （1500）3000（丙类固体） （3000）6000（丁类） （4000）8000（戊类）	防火分区内一个库房的建筑面积：丙类液体不应大于 300m²；丙类固体不应大于 500m²；丁类不应大于 1000m²；戊类不宜大于 2000m²
	多层建筑	（700）1400（丙类液体） （1200）2400（丙类固体） （1500）3000（丁类） （2000）4000（戊类）	

续表

名称	建筑类型	防火分区的最大允许建筑面积 /m²	备注
博物馆的藏品库	高层建筑	（1000）2000（丙类固体） （1200）2400（丁类） （1500）3000（戊类）	防火分区内一个库房的建筑面积：丙类液体不应大于300m²；丙类固体不应大于500m²；丁类不应大于1000m²；戊类不宜大于2000m²
	地下、半地下建筑（室）	（500）1000（丙类固体） （1000）2000（丁类） （1000）2000（戊类）	
档案馆	档案库	特藏库宜单独设置防火分区	
高层建筑的裙房	当高层建筑的高层主体采用防火墙与裙房进行分隔后，裙房的防火分区最大允许建筑面积、疏散距离、疏散楼梯形式、百人疏散宽度指标、消防设施的设置，均可按相应单、多层民用建筑的要求确定，但疏散系统和消防设施应与高层主体各自独立，火灾报警与联动控制仍应集中管理。此时，裙房与高层侧边附建的辅楼相当。在高层主体与裙房之间的分隔用防火墙上可以开设甲级防火门或窗，允许局部采用防火玻璃墙、防火隔间等，但不允许采用防火卷帘、防火分隔水幕等分隔措施		

2）防火分区的安全出口设置要求

民用建筑内划分防火分区后，合理地布置安全出口，使人员能够在火灾及烟气到达、可能危及人身安全之前，全部自主或依靠他人帮助疏散到安全地点（表11.2-2）。

规范规定的防火分区安全出口数量　　　　　　　　　　表 11.2-2

（复杂建筑均按照耐火等级一、二级 / 设自动灭火系统考虑）

建筑类别		允许只设一个疏散楼梯或安全出口	备注
单多层公共建筑	单层、多层的首层	建筑面积≤200m²，使用人数≤50人	托儿所、幼儿园除外
	≤3层	每层最大建筑面积≤200m²，第二、三层人数之和≤50人	医疗建筑、老年人照料设施、托儿所、幼儿园的儿童用房、儿童游乐厅等儿童活动场所、歌舞娱乐放映游艺场所除外
	顶层局部升高部位	高出部分的层数≤2层，每层建筑面积≤200m²，人数之和≤50人	
地下半地下室		建筑面积≤500m²，使用人数≤30人且埋深≤10m，当需要设置2个安全出口时，其中1个安全出口可利用直通室外的金属竖向梯	人员密集场所除外
		防火分区建筑面积≤200m²的设备间	歌舞娱乐放映游艺场所除外
		防火分区建筑面积≤50m²且经常停留人数≤15人的其他功能房间	歌舞娱乐放映游艺场所除外
相邻的两个防火分区		一、二级耐火等级公共建筑内的安全出口全部直通室外确有困难的防火分区，可利用通向相邻防火分区的甲级防火门作为安全出口：1）相邻防火分区应采用防火墙分隔；2）建筑面积大于1000m²的防火分区，直通室外的安全出口不应少于2个，建筑面积不大于1000m²的防火分区，直通室外的安全出口不应少于1个；3）作为第二个安全出口的甲级防火门的疏散净宽不应大于本防火分区所需疏散宽度的30%	
图书馆的书库		占地面积不超过300m²的多层书库 建筑面积不超过100m²的地下、半地下书库	
博物馆的藏品库		占地面积不大于300m² 防火分区的建筑面积不大于100m²	

允许只设一个疏散门的房间		
房间位置	限制条件	备注
位于两个安全出口之间或袋形走道两侧的房间	托儿所、幼儿园、老年人建筑 房间建筑面积≤50m²	
	医疗、教学建筑 房间建筑面积≤75m²	
	其他建筑或场所 房间建筑面积≤120m²	
位于走道尽端的房间（除托儿所、幼儿园、老年人建筑、医疗建筑、教学建筑）	建筑面积<50m²，疏散门的净宽≥0.90m	
	建筑面积≤200m²，疏散门的净宽≥1.40m，且房间内任一点至疏散门的直线距离≤15m	
歌舞娱乐放映游艺场所	厅、室建筑面积≤50m²且经常停留人数≤15人	
地下、半地下室	设备房 建筑面积≤200m²	
	其他房间 建筑面积≤50m²，人数≤15人	
图书馆的特藏书库	建筑面积不超过100m²，采用甲级防火门	图书馆的公共阅览室只设一个疏散门时，净宽不应小于1.20m

注：1. 安全出口包括疏散楼梯间的楼层入口；防火分区内直通室外的出口；设置在防火墙上通向相邻防火分区（符合安全出口规定）的门；通向避难走道前室的门；通向下沉广场的门；直接通向开敞的上人屋面的出口等。开向架空层等灰空间的建筑外门，如果架空空间具有良好的自然排烟条件，可视为室外空间时，可以作为安全出口。

2. 共用疏散楼梯间，是指同一楼层上多个防火分区的部分安全出口均通到位于这些防火分区结合部的同一座疏散楼梯间，或利用疏散走道连通到同一座疏散楼梯间，并利用该疏散楼梯间进行疏散的情形。由于这种情况会削弱防火分区之间分隔的有效性和可靠性，降低疏散楼梯间的安全性，并容易在疏散时出现人员过于集中和拥堵的情况，不利于人员疏散，原则上不应共用。

为保证防火分隔的有效和疏散楼梯的使用安全，共用疏散楼梯间的防火分区不应大于2个，利用互相独立的前室连通疏散楼梯间，前室门应采用甲级防火门。

11.2.2 安全疏散宽度计算

建筑的安全疏散主要包括疏散门、疏散走道、安全出口或疏散楼梯（包括室外楼梯）等。安全出口和疏散门的位置、数量、宽度、楼梯的形式和疏散距离，对于满足人员安全疏散至关重要。

复杂建筑通常由不同功能组合而成，人员密集，疏散宽度的计算直接影响楼梯数量、走道宽度等。而疏散宽度取决于建筑的人流与不同类型建筑的宽度折算系数。

1）疏散最小净宽度

建筑的安全出口、房间疏散门、首层疏散外门、疏散走道和疏散楼梯最小的净宽度应符合表11.2-3。

对于不同类型的建筑，因建筑性质、人数等不相同，其疏散宽度也不同。

疏散宽度=标定疏散人数×每百人所需的最小疏散宽度折算系数。

安全出口、房间疏散门、首层疏散外门、疏散走道和疏散楼梯最小的净宽度要求/m   表11.2-3

建筑类别		疏散门		室内疏散走道		疏散楼梯	备注
		首层外门	其他层	单面布房	双面布房		
多层公共建筑		0.90m	0.90m	1.10m	1.10m	1.10m	—
高层公共建筑	医疗	1.30m	按计算且≥0.90m	1.40m	1.50m	1.30m	—
	其他	1.20m	按计算且≥0.90m	1.30m	1.40m	1.20m	—
观众厅等人员密集场所		1.40m（不能设门槛，门内外1.40m范围内不能设踏步）		按0.6m/百人计算，且内走道≥1.00m，边走道≥0.80m		按计算	室外疏散通道的净宽应≥3.0m，并直通室外宽敞地带

2）建筑标定人数的确定

《民用建筑设计统一标准》GB 50352—2019 关于建筑标定人数的确定：有固定座位等标明使用人数的建筑，应按照标定人数为基数计算疏散通道、楼梯及安全出口的宽度。对无标定人数的建筑应按照国家现行有关标准或经调查分析确定合理的使用人数，并应以此为基数计算疏散通道、楼梯及安全出口的宽度。现将常见公共建筑的建筑标定人数计算方式整理如下：

（1）剧场、电影院、礼堂、体育馆

剧场、电影院、礼堂、体育馆等的观众厅的疏散人数取决于其座位数，座位的布置方式需要满足表 11.2-4。

（2）商业建筑

商店的疏散人数应按每层营业厅的建筑面积乘以表 11.2-5 规定的人员密度计算。

（3）图书馆建筑

图书馆一般包括藏书部分（书库）、公共活动部分（借还书区、服务、交往空间、读者活动区）、阅览部分（阅览室及研究室）、内部业务部分（办公、管理、采编及加工用房等）。书库区人员数量不大，基本的楼梯宽度就能满足其疏散要求；阅览空间依据不同类型，疏散人数应按阅览室的建筑面积除以表 11.2-6 规定的每人所占面积来计算；内部业务部分的疏散人数按照建筑面积除以表 11.2-7 规定的用房面积指标。

（4）博物馆建筑

博物馆的功能使用范围可以分为公众区域（陈列展览区、教育区、服务设施）、业务区域（藏品库区、藏品技术区、业务研究用房）、行政区域（行政管理区、附属用房）。

陈列展览区每个防火分区的疏散人数应按区内全部展厅的高峰限值之和计算确定，即展示区域面积乘以 $e2$。展厅内观众的合理密度和高峰密度见表 11.2-8。

剧场、电影院、礼堂等的观众厅座位布置要求　　　　表 11.2-4

	横走道之间的座位排数		≤20 排
纵走道之间的座位数	剧场、电影院、礼堂等	座位两侧有走道	≤22 座（座椅排距 > 0.90m 时可 44 座）
		座位仅一侧有走道	≤11 座（座椅排距 > 0.90m 时可 22 座）
	体育馆	座位两侧有走道	≤26 座（座椅排距 > 0.90m 时可 50 座）
		座位仅一侧有走道	≤13 座（座椅排距 > 0.90m 时可 25 座）

备注：数据来自《建筑设计防火规范》GB 50016—2014（2018 年版）

营业厅的人员密度 /（人 /m²）　　　　表 11.2-5

类别	楼层位置	地下第二层	地下第一层	地上第一、二层	地上第三层	地上 ≥ 4 层
商店营业厅	人员密度	0.56	0.6	0.43～0.6	0.39～0.54	0.3～0.42
建材商店、家具、灯饰展示		0.168	0.18	0.129～0.18	0.117～0.162	0.09～0.126

备注：

1. 须计入营业厅建筑面积的：包括营业厅内展示货架、柜台、走道等顾客参与购物的场所，也包括营业厅内的卫生间、楼梯间、自动扶梯等建筑面积。

2. 可不计入营业厅建筑面积的：进行了严格的防火分隔，并且疏散时无需进入营业厅内的仓储、设备房、工具间、办公室等。

3.《建筑设计防火规范》GB 50016—2014（2018 年版）第 5.5.21 条条文解释：建筑规模较小（如商业营业厅 < 3000m²）时，宜取上限值，建筑规模较大时，可取下限值。

4.《〈建筑设计防火规范〉GB 50016—2014（2018 年版）实施指南》中第 5.5.21 条：设计要点：参考国家行业标准《商店建筑设计规范》JGJ 48—2014 第 1.0.4 条规定，当营业厅的建筑面积不大于 5000m² 时，取上限（即较大值）；当营业厅建筑面积大于 20000m² 时，取下限（即较小值）；当营业厅的建筑面积介于二者之间时，用插入法取值。

5. 数据来自《建筑设计防火规范》GB 50016—2014（2018 年版）及其实施指南

阅览空间每座占用面积设计计算指标／（m²／座）　　表 11.2-6

名称	面积指标	名称	面积指标
普通报刊阅览室	1.8～2.3	舆图阅览室	5
普通阅览室	1.8～2.3	集体视听室	1.5
专业参考阅览室	3.5	个人视听室	4.5～5.0
非书资料阅览室	3.5	少年儿童阅览室	1.8
缩微阅览室	4	视障阅览室	3.5
珍善本书阅览室	4		

备注：1. 表中面积是指使用面积，包括阅览桌椅、走道及必要的工具书架、出纳台或管理台、目录柜等所占面积。不包括阅览室藏书区及独立设置的工作间面积。

2. 集体视听室使用面积 3.0m²／座，包括演播室 2.25m²／座及控制室 0.75m²／座。如考虑办公、维修器材及资料间在内时，使用面积应不小于 3.5m²／座。语言、音乐专业图书馆，使用面积实际需要另加。

3. 除本表所列用房外，其他用房按实际需要确定。开架阅览室用高值，闭架阅览室及小型图书馆用低值。

4. 数据来自《图书馆建筑设计规范》JGJ 38—2015

内部业务和技术设备用房面积指标／（m²／座）　　表 11.2-7

序号	名称	面积指标	备注
1	采编用房	10m²／座	
2	典藏工作间	6m²／座	最小房间不宜小于 15m²
3	待分配上架书刊存放	≥12m²	按 1000 册书和 300 种资料为周转基数
4	业务辅导室	≥6m²／座	
5	业务资料阅览室	≥3.5m²／座	
6	业务资料编辑室	≥8m²／座	
7	咨询室	≥8m²／座	
8	美工工作室	≥30m²	宜另设材料存放间
9	裱糊、修整用房	10m²／座	最小使用面积不小于 30m²
10	消毒室	≥10m²	必须在密闭间或密闭容器内进行

备注：1. 电子计算机房、缩微与照相用房、静电复印用房、声相控制室等，以使用要求按有关规定设计。

2. 数据来自《图书馆建筑设计规范》JGJ 38—2015

展厅观众合理密度 e1 和展厅观众高峰密度 e2／（人／m²）　　表 11.2-8

编号	展品特征	展览方式	展厅观众合理密度 e1（人／m²）	展厅观众高峰密度 e2（人／m²）
1	设置玻璃橱、柜保护的展品	沿墙布置	0.18～0.20	0.34
2		沿墙、岛式混合布置	0.14～0.16	0.28
3	设置安全警戒线保护的展品	沿墙布置	0.15～0.17	0.25
4		沿墙、岛式、隔板混合布置	0.14～0.16	0.23
5	无需特殊保护或互动性的展品	展品沿墙布置	0.18～0.20	0.34
6		展品沿墙、岛式、隔板混合布置	0.16～0.18	0.30
7	展品特征和展览方式不确定（临时展厅）		—	0.34
8	展品展示空间与陈列展览区的交通空间无间隔（综合大厅）		—	0.34

备注：1. 本表不适合于展品占地率大于 40% 的展厅。

2. 计算综合大厅高峰限值 M2 时，展厅净面积 S 应按综合大厅中的展示区域面积计算。

3. 数据来自《博物馆建筑设计规范》JGJ 66—2015

教育区的教室、实验室，每间使用面积宜为 $50 \sim 60m^2$，并宜符合现行国家标准《中小学设计规范》GB 50099 的有关规定。

服务区的餐厅、茶座的设计应符合现行行业标准《饮食建筑设计规范》JGJ 64 的要求。

（5）文化馆建筑

文化馆建筑宜由群众活动用房、业务用房和管理及辅助用房组成，且各类用房可根据文化馆的规模和使用要求进行增减或合并。疏散人数为房间面积除以表 11.2-9 规定用房面积指标。

（6）展览馆建筑

展览建筑应根据其规模、展厅的等级和需要设置展览空间（展厅和展场）、公共服务空间（前厅、过厅、观众休息处、贵宾休息室、新闻中心等）、仓储空间和辅助空间（办公用房等）。展厅内人数计算为其建筑面积乘以表 11.2-10 中系数。

群众活动用房面积指标 /（m^2/ 人） 表 11.2-9

功能	人数确定	备注
展览陈列用房	可按《博物馆建筑设计规范》JGJ 66 执行	展览厅使用面积宜 $\geq 65m^2$
报告厅	$\geq 1m^2$/ 座	规模宜 ≤ 300 座，设活动座椅
排演厅	座位布置可按剧场的观众厅执行	规模宜 ≤ 600 座
文化教室	$\geq 1.4m^2$/ 人，小教室 40 人一间，大教室 80 人一间	桌椅布置及尺寸，不宜小于《中小学校设计规范》GB 50099 有关规定
计算机网络教室	25 座的使用面积 $\geq 54m^2$，50 座的使用面积 $\geq 73m^2$	平面布置符合《中小学校设计规范》GB 50099 有关规定
多媒体视听教室	$\geq 1m^2$/ 座	规模宜控制在每间 100 ~ 200 人
舞蹈排练室	$\geq 6m^2$/ 人	每间使用面积宜控制在 80 ~ 200m^2，综合排练室的使用面积宜控制在 200 ~ 400m^2
美术书法教室	$\geq 2.8m^2$/ 人，一间教室 ≤ 30 人	
琴房	$\geq 6m^2$/ 人	
图书阅览室	每座使用面积可按《图书馆建筑设计规范》JGJ 38 执行	桌椅布置及尺寸，可按《图书馆建筑设计规范》JGJ 38 执行
游艺用房	≥ 0.5 人 /m^2	大游艺室 $\geq 100m^2$，中游艺室 $\geq 60m^2$，小游艺室 $\geq 30m^2$
管理、辅助用房		
行政办公室、接待室、会计室、文字打印室及值班室	宜 $5m^2$/ 人	管理用房建筑面积，可按《办公建筑设计规范》JGJ 67 执行

备注：数据来自《文化馆建筑设计规范》JGJ/T 41—2014

展厅中单位展览面积的最大使用人数 /（人 /m^2） 表 11.2-10

展厅中单位展览面积的最大使用人数 /（人 /m^2）				
楼层位置	地下一层	地上一层	地上二层	地上三层及以上各层
指标	0.65	0.70	0.65	0.50

备注：

1. 展厅不应设置在建筑的地下二层及以下的楼层；

2. 甲等、乙等展厅主要展位通道净宽宜 $\geq 5m$，次要展位通道净宽宜 $\geq 3m$；丙等展厅展位通道净宽宜 $\geq 3m$；

3.《建筑设计防火规范》GB 50016—2014（2008 年版）中规定：展览厅内的人员密度不宜小于 0.75 人 /m^2；

4. 数据来自《展览馆建筑设计规范》JGJ 218—2010

（7）中小学校

中小学教室的人数是有明确要求的，比如小学45人/班，中学50人/班。疏散人数应根据每层班数及班额人数确定每层疏散人数。比如本层有5个50人的普通中学教室，疏散人数即为5×50＝250人。

（8）托儿所、幼儿园

幼儿园每班的人数也是有明确规定的，应根据每层的班数及班额定人数（表11.2-11）确定每层的

疏散人数。比如本层有4个标准幼儿教室，疏散人数即为4×35＝140人。

（9）饮食建筑

饮食建筑包括单建和附建在旅馆、商业、办公等公共建筑中的饮食建筑。饮食建筑可分为餐馆、快餐店、饮品店、食堂等四类。

首先依据饮食建筑的分类及建筑规范，查表11.2-12中的餐厨比，计算出用餐区面积，再用用餐区域面积除以表11.2-13中系数算出人数。

托儿所、幼儿园的班级设置与人数／（人／班）　　　　　　　　表 11. 2-11

名称	班别	人数（人）
托托所	乳儿班（6～12月）	10人以下
	托小班（12～24月）	15人以下
	托大班（24～36月）	20人以下
幼儿园	小班（3～4岁）	20～25
	中班（4～5岁）	26～30
	大班（5～6岁）	31～35

厨房区域和食品库房面积之和与用餐区域面积之比　　　　　　　表 11. 2-12

分类	建筑规模	厨房区域和食品库房面积之和与用餐区域面积之比
餐馆	小型	≥1：2.0
	中型	≥1：2.2
	大型	≥1：2.5
	特大型	≥1：3.0
快餐店、饮品店	小型	≥1：2.5
	中型及中型以上	≥1：3.0
食堂	小型	厨房区域和食品库房面积之和不小于30m²
	中型	厨房区域和食品库房面积之和在30m²的基础上按照服务100人以上每增加1人增加0.3m²
	大型及特大型	厨房区域和食品库房面积之和在300m²的基础上按服务1000人以上每增加1人增加0.2m²

备注：

1. 表中所示面积为使用面积。

2. 使用半成品加工的饮食建筑以及单纯经营火锅、烧烤等的餐馆，厨房区域和食品库房面积之和与用餐区域面积之比可根据实际需要确定。

3. 数据来自《饮食建筑设计标准》JGJ 64—2017

用餐区域每座最小使用面积／（m²／座）　　　　　　　表 11. 2-13

分类	餐馆	快餐店	饮品店	食堂
指标	1.3	1.0	1.5	1.0

备注：

1. 快餐店每座最小使用面积可以根据实际需要适当减少。

2. 数据来自《饮食建筑设计标准》JGJ 64—2017

（10）办公建筑

办公建筑疏散宽度应按总人数计算，当无法额定总人数时，可按其建筑面积 9.0m²/ 人计算。普通办公也可以依据每人使用面积不应小于 6.0m²/ 人来复核人数。

（11）歌舞娱乐放映游艺

歌舞娱乐放映游艺场所的疏散人数为各厅、室的建筑面积乘以表 11.2-14 中的人员密度。

歌舞娱乐放映游艺厅内的人员密度 /（人 /m²）　　　　表 11.2-14

类别	人员密度（人 /m²）
歌舞娱乐放映游艺中录像厅	厅、室建筑面积按 ≥ 1 人 /m² 计算
其他歌舞娱乐放映游艺场所	厅、室建筑面积按 ≥ 0.5 人 /m² 计算

备注：

1. 计算人数时，可只根据该场所内具有娱乐功能的各厅、室的建筑面积，不计算该场所内的疏散走道、卫生间等辅助用房的建筑面积。

2. 数据来自《建筑设计防火规范》GB 50016—2014（2018 年版）

3）疏散走道、疏散楼梯、疏散门、安全出口的各自总净宽度，需要用疏散人数乘以每 100 人所需最小疏散净宽度确定。

（1）供观众疏散的所有内门、外门、楼梯和走道的各自总净宽，每 100 人所需的最小疏散宽度见表 11.2-15。

（2）除了剧场、电影院、礼堂、体育馆外的其他公共建筑，如商店、展览厅、有固定座位场所等的所有内门、外门、楼梯和走道的各自总净宽，每 100 人所需的最小疏散宽度见表 11.2-16、表 11.2-17。

剧场、电影院、礼堂、体育馆等场所每 100 人所需最小疏散净宽度 /（m/ 百人）　　表 11.2-15

剧场、电影院、礼堂、< 3000 人的体育馆等场所				体育馆				
观众厅座位数		≤ 2500 人	≤ 1200 人	观众厅座位数		3000 ～ 5000	5001 ～ 10000	10001 ～ 20000
耐火等级		一、二级	三级					
疏散部位	门和走道	平坡地面	0.65	0.85	疏散部位	门和走道	平坡地面	0.43	0.37	0.32
		阶梯地面	0.75	1.00			阶梯地面	0.50	0.43	0.37
	楼梯		0.75	1.00		楼梯		0.50	0.43	0.37

备注：

1. 有等场需求的入场门不应作为观众厅的疏散门；

2. 数据来自《建筑设计防火规范》GB 50016—2014（2018 年版）

除剧场、电影院、礼堂、体育馆外的其他公共建筑每 100 人所需最小疏散净宽度 /（m/ 百人）表 11.2-16

建筑层数		每 100 人最小疏散净宽度 /m	备注
地上楼层	1 ～ 2 层	0.65	1. 博物馆观众出入口广场应有集散空地，面积不应小于 0.4m²/ 人。 2. 有固定座位的场所，其疏散人数可按实际座位数的 1.1 倍计算； 3. 数据来自《建筑设计防火规范》GB 50016—2014（2018 年版）
	3 层	0.75	
	≥ 4 层	1	
地下楼层	与地面出入口地面的高差 H ≤ 10m	0.75	
	与地面出入口地面的高差 H > 10m	1	

中小学校百人最小疏散净宽 /（m/ 百人）

表 11. 2-17

所在楼层位置	每 100 人最小疏散净宽度 /m	所在楼层位置	每 100 人最小疏散净宽度 /m
地下一、二层	地下每层均按 ≥ 0.8m/100 人	地上四、五层	地上每层均按 ≥ 1.05m/100 人
地上一、二层	地上每层均按 ≥ 0.7m/100 人	地上六层及以上	地上每层均按 ≥ 1.05m/100 人
地上三层	地上每层均按 ≥ 0.8m/100 人		

备注:
1. 教学建筑六层及以上仍按 ≥ 1.05m/100 人计算，非教学的学校建筑按照其功能另行计算；
2. 教学建筑首层出入口外门净宽应 ≥ 1.4m，且门内、门外 1.50m 范围内均无台阶；
3. 中小学内，每股人流的宽度应按 0.60m 计算，不应少于 2 股人流，并应按 0.6m 的整倍数增加疏散通道宽度；
4. 教学用房内走道 ≥ 2.4m，单侧走道或外廊 ≥ 1.8m；
5. 数据来自《中小学校设计规范》GB 50099—2011

11.2.3 案例及表达

1）案例的项目概况

某项目建设用地面积 55332.27m²，属于商业性办公用地，容积率 4.74，建筑基底面积 27082.80m²，建筑密度 48.95%，总建筑面积 380726.62m²，由 3 层地下室、4 栋塔楼组成，其中：（1）地下室建筑面积 118431.19m²，主要为停车库、社会停车场、轨道交通场站、地下商业和设备用房功能，部分汽车库为平战结合的人防地下室（属 I 类停车库，负一、负二层设有充电车位）。（2）地上建筑面积 262295.43m²，由一栋 159.75m 超高层办公楼、1 栋 98.35m 高层办公楼、2 栋 136.65m 超高层公寓及 1～5 层商业连接组成。建筑分类为高层公共建筑，耐火等级为一级，其中商业（购物中心）建筑面积 49738.81m²，建筑高度 33.7m，共 5 层，建筑分类为一类，耐火等级为一级，为本项目消防设计重难点。

2）案例的防火分区设计

以案例的商业二层为例：二层设有 3 个营业厅防火分区，分别为 S2-1、S2-2、S2-3；中庭和中庭回廊从 1～4 层属于同一个防火分区 S1-5。防火分区面积设置依据《建筑设计防火规范》GB 50016—2014（2018 版）第 5.3.1 条、第 5.3.4 条以及表 5.3.1 所述。商业部分（不含餐饮铺位）每个防火分区面积不超过 4000m²，含餐饮铺位部分的商业防火分区面积不超过 3000m²。S2-1 防火分区面积为 2786.06m²，S2-2 防火分区面积为 2942.05m²，S2-3 防火分区面积为 2663.73m²，S1-5 中庭和中庭回廊防火分区面积为 3682.91m²、（1 层）＋ 2314.17m²、（2 层）＋ 2299.78m²、（3 层）＋ 1634m²、（4 层）＝ 9930.86m²，中庭和中庭回廊独立防火分区疏散人数按商业疏散标准分层计算。

S1-5 中庭和中庭回廊防火分区设计除满足《建筑设计防火规范》GB 50016—2014（2018 版）中第 5.3.2 条的相关规定外，另外采取了以下措施确保中庭消防：

（1）中庭、中庭回廊空间与周围连通空间采用耐火极限不低于 3.00h 的特级防火卷帘进行防火分隔。

（2）中庭回廊设自动喷水灭火系统和火灾自动报警系统。

（3）中庭设置了排烟设施。

（4）中庭及中庭回廊内不布置可燃物。

3）案例的安全疏散宽度的计算

案例中商业的人员密集度取值依据 11.2.2 中安全疏散宽度计算表 11.2-5 营业厅的人员密度（人 /m²）的描述确定。本案例地上商业面积 49738.81m²，大于 3000m²，营业厅密度取下限值，即地上一、二层营业厅的人员密度为 0.43 人 /m²，地上三层营业厅的人员密度为 0.39 人 /m²，地上四层及以上营业厅的人员密度为 0.30 人 /m²。疏散净宽依据《建筑设计防火规范》GB 50016—2014（2018版）中第5.5.21条表5.5.21-1取每100人1m计算。

地上餐饮铺的人员密度依据11.2.2中安全疏散宽度计算中表11.2-13用餐区域每座最小使用面积（m²/座）的描述确定。本案例地上餐饮铺主要以餐馆为主，取值1.3m²/座。疏散净宽依据《建筑设计防火规范》GB 50016—2014（2018版）中第5.5.21条表5.5.21-1取每100人1m计算。

案例中商业裙房二层设有3个商业防火分区。安全出口个数及疏散净宽依据《建筑设计防火规范》GB 50016—2014（2018版）中第5.5.8、5.5.9、5.5.10、5.5.12、5.5.15、5.5.17、5.5.18、5.5.19条要求。每个防火分区至少设有两个直通室外的安全出口，且间距大于5m。疏散楼梯净宽均不小于1.4m，在一层直通室外或经扩大前室通至室外。首层疏散外门宽度不小于1.4m，疏散走道净宽不小于1.4m。楼梯间的首层疏散外门净宽不小于1.2m。楼梯间在一层与地下室的出入口处设置耐火极限不低于2.00h的隔墙和乙级防火门隔开，并设有明显标志。

备注：当商业餐饮铺内有使用明火的厨房时，应采用耐火极限不低于2.00h的防火隔墙与其他部位分隔，墙上的门、窗采用乙级防火门、窗。

每个商铺内最远点到最近的安全出口之间距离不大于25m。中庭内最远点到最近的安全出口之间距离不大于37.5m。当相邻两个防火分区分别设有不少于2个独立的安全出口，并符合双向疏散的要求时，设置在相邻防火分区间的其他疏散楼梯可以合用，分别设置前室，通向前室及疏散楼梯间的门均采用甲级防火门，该楼梯间计入各自防火分区的安全出口宽度应按楼梯间梯段的1/2净宽度、楼梯间门的1/2净宽度和各分区进入前室门的净宽度中最小者取值。

4）案例的防火分区与安全疏散宽度的简化表达

（1）防火分区示意图

复杂建筑通常体量较大或空间交错，其建筑平面需要表达的内容很多，直接在图面上查看防火分区及其安全出口位置数量等较为困难。而防火分区与安全出口的设置是防火设计的基础及重点，满足消防规范要求的同时，对建筑空间的完成度及使用便利性甚至造价都会带来不同的影响。

通过简化的防火分区示意图能够快速地查阅相关内容，再结合平面表达，准确地判断防火分区设计内容的正确性及合理性，便于设计人员的自审及消防审查。

防火分区示意图上需要表达的内容：防火分区的范围、编号、面积、主要功能、设计人数、安全出口及疏散宽度、最不利处的疏散距离、消防救援窗的位置、建筑外轮廓角点轴号。一般放在图面的左下角或右下角。对于一些复杂的项目，可以绘制单独的防火分区平面，与建筑平面图相同比例，以便核对相关内容。

此时，防火分区内的相关内容表达更为详尽（图11.2-1）。

（2）安全疏散计算表

安全疏散计算表的统计是结合每个防火分区的疏散要求，清晰地表达人数计算、每百人疏散宽度要求以及每一部楼梯能提供的宽度、最不利疏散距离，便于设计人员自审及消防审查。

安全疏散计算表包含：防火分区编号、功能、面积、人数计算依据、计算人数、每百人疏散宽度、安全出口个数、计算需要的疏散宽度、设计的疏散宽度及其对应的楼梯编号、最不利疏散距离（表11.2-18）。

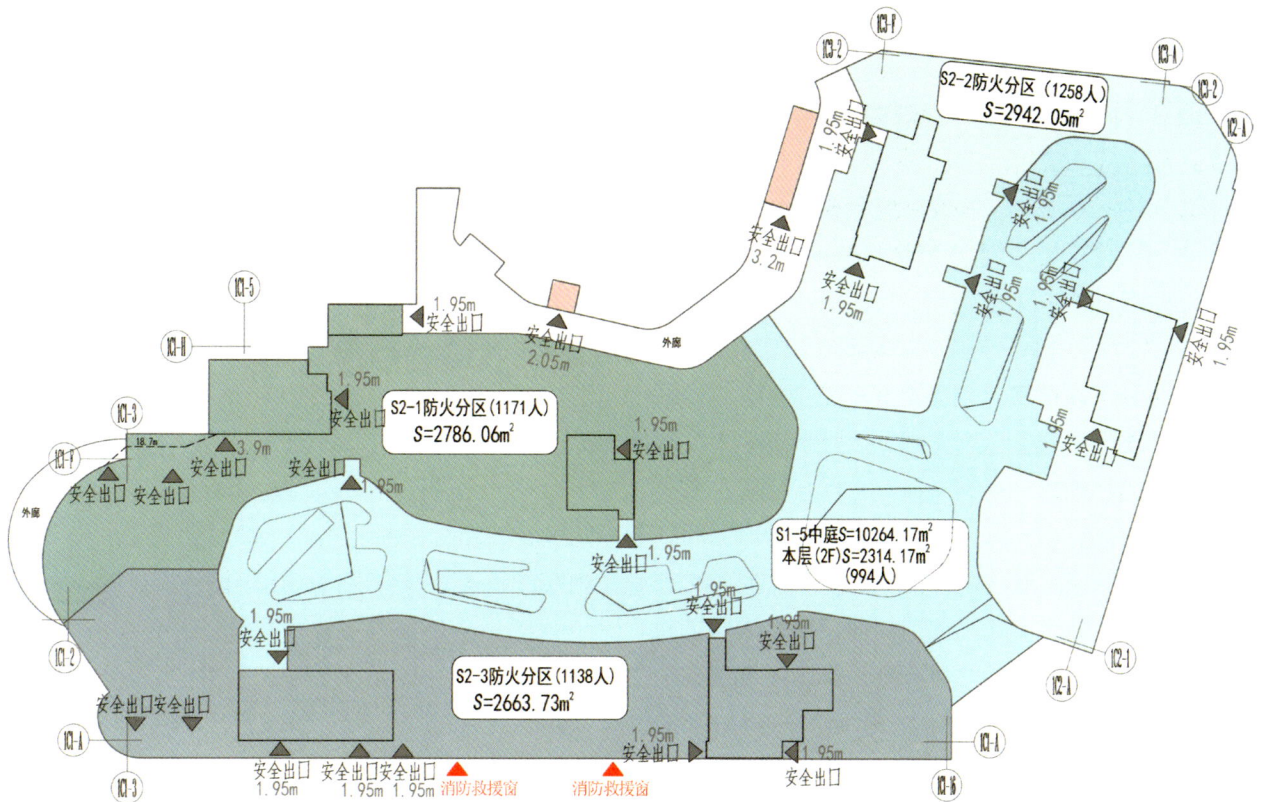

图 11.2-1　防火分区示意图

购物中心 2 层安全疏散计算表　　　　　　　　　　表 11.2-18

楼层	防火分区编号	分区使用功能	建筑面积 /m²	人员密度 /（人 /m²）	每百人疏散净宽度 /m	人数 /人	安全出口 /个	规范要求疏散宽度 /m	设计疏散宽度 /m	使用楼梯或疏散口编号	最不利点疏散距离 /m	
											规定值	设计值
二层	S2-1	商铺	2786.06	0.43	1.00	1171	5	11.71	1.95 + 2.05 + 3.9 + 1.95 + 1.95 = 11.80	ALT-15、室外楼梯 ALT-18、ALT-10、ALT-11、ALT-9	≤ 25	23.19
		风井	62.65	不计人数								
	S2-2	商铺	2561.22	0.43	1.00	1101	4	12.58	1.95 + 1.95 + 3.9 + 1.95 + 2.90 = 12.65	ALT-5、ALT-6、ALT-7、ALT-8、借用室外楼梯 ALT-12 宽度 2.9m	≤ 25	24.92
		商铺（餐饮铺）	306.11	0.43	1.00	132						
		风井	74.72	不计人数								
	S2-3	商铺	2014.03	0.43	1.00	866	4	11.09	1.95 + 3.9 + 1.95 + 3.9 = 11.70	ALT-1、ALT-2、ALT-3、ALT-4、	≤ 25	24.82
		商铺（餐饮铺）	563.32	0.43	1.00	243						
		风井	86.38	不计人数								
	S1-5（二层中庭面积）	中庭公共区	2311.26	0.43	1.00	994	8	9.94	1.95 + 1.95 + 1.95 + 1.95 + 0.3 + 1.95 = 10.05	（ALT-1、ALT-2）、ALT-3、（ALT-5、ALT-6）、ALT-9、室外楼梯 ALT-12、借用楼梯（ALT-10、ALT-11）宽度 1.95m	≤ 37.5	26.80
		风井	2.91	不计人数								
	合计		10706.01	0.43	1.00	4533	21	45.33	46.20			

备注：中庭总面积 = 3682.91m²（1F）+ 2314.17m²（2F）+ 2299.78m²（3F）+ 1634m²（4F）= 9930.86m²

11.3 防烟分区、固定窗设计及其表达

11.3.1 防烟分区定义

为有利于建筑物内人员安全疏散和有组织排烟而采取的技术措施。所谓防烟分区是指发生火灾时挡烟垂壁、挡烟梁、挡烟隔墙等将烟气控制在着火区域所在储烟仓内，并限制烟气从储烟仓内向同一防火分区的其他区域蔓延的技术措施。

防烟分区使烟气集于储烟仓内，通过排烟设施将烟气排至室外。防烟分区范围是指以屋顶挡烟隔板、挡烟垂壁或从顶棚向下突出不小于 500mm 的梁为界，从地板到屋顶或吊顶之间的规定空间。

11.3.2 挡烟垂壁及其分类

挡烟垂壁是用耐火极限不低于 0.50h 的不燃材料制成，垂直安装在建筑顶棚、梁或吊顶下，能在火灾时形成一定的蓄烟空间的挡烟分隔设施。挡烟垂壁分为固定挡烟垂壁和活动挡烟垂壁两种，固定挡烟垂壁一般为自然形成的隔墙或从顶棚向下突出不小于 500mm 的不燃材料（图 11.3-1，图 11.3-2）。活动挡烟垂壁系指火灾时因感温、感烟或其他控制设备的作用，自动下垂的挡烟垂壁。挡烟垂壁的主要材料有防火玻璃、不燃无机复合板、无机纤维织物、金属板材等。制作挡烟垂壁的金属板材的厚度不应小于 0.8mm，其熔点不应低于 750℃；制作挡烟垂壁的不燃无机复合板的厚度不应小于 100mm，其性能应符合 GB 25970—2010 的规定；制作挡烟垂壁的无机纤维织物的拉伸断裂强力经向不应低于 600N，纬向不应低于 300N，其燃烧性能不应低于 GB 8624—2012 A 级；制作挡烟垂壁的玻璃材料应为防火玻璃，其性能应符合 GB 15763.1—2009 的规定。

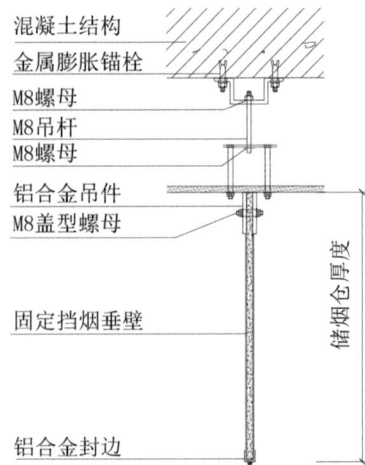

图 11.3-1　固定挡烟垂壁做法

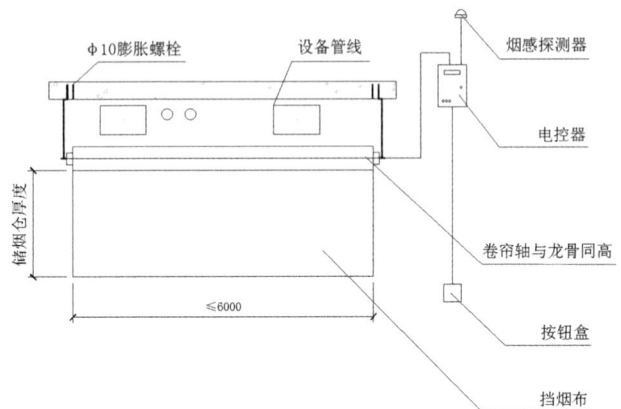

图 11.3-2　电动挡烟垂壁做法

11.3.3 防烟分区的划分

1）划分原则

（1）一个防火分区可划分为多个防烟分区。

（2）防烟分区不应跨越防火分区。

（3）设置排烟系统的场所或部位应划分防烟分区，不设排烟系统的部位（包括地下室）可不划分防烟分区。

（4）应采用挡烟垂壁、结构梁及隔墙等划分防烟分区。

（5）设置排烟设施的建筑内，敞开楼梯和自动扶梯穿越楼板的开口部应设置挡烟垂壁等设施。

（6）挡烟垂壁等挡烟分隔设施的深度应大于等于储烟仓厚度。对于有吊顶的空间，当吊顶开孔不均匀或开孔率小于等于 25% 时，吊顶内空间高度不得计入储烟仓厚度。

2）储烟仓

（1）厚度：自然排烟，应大于等于空间净高的20%，且应大于等于500mm；机械排烟，应大于等于空间净高的10%，且应大于等于500mm。

（2）底部距地面的高度：应大于最小清晰高度。

（3）最小清晰高度

① 走道、室内空间净高小于等于3m的区域，其最小清晰高度宜大于等于其净高的1/2；

② 其他区域的最小清晰高度应按下式计算：

$$H_q = 1.6 + 0.1H'$$

式中：H_q——最小清晰高度，m；

H'——对于单层空间，取排烟空间的建筑净高度，m；对于多层空间，取最高疏散楼层的层高，m（图11.3-3）。

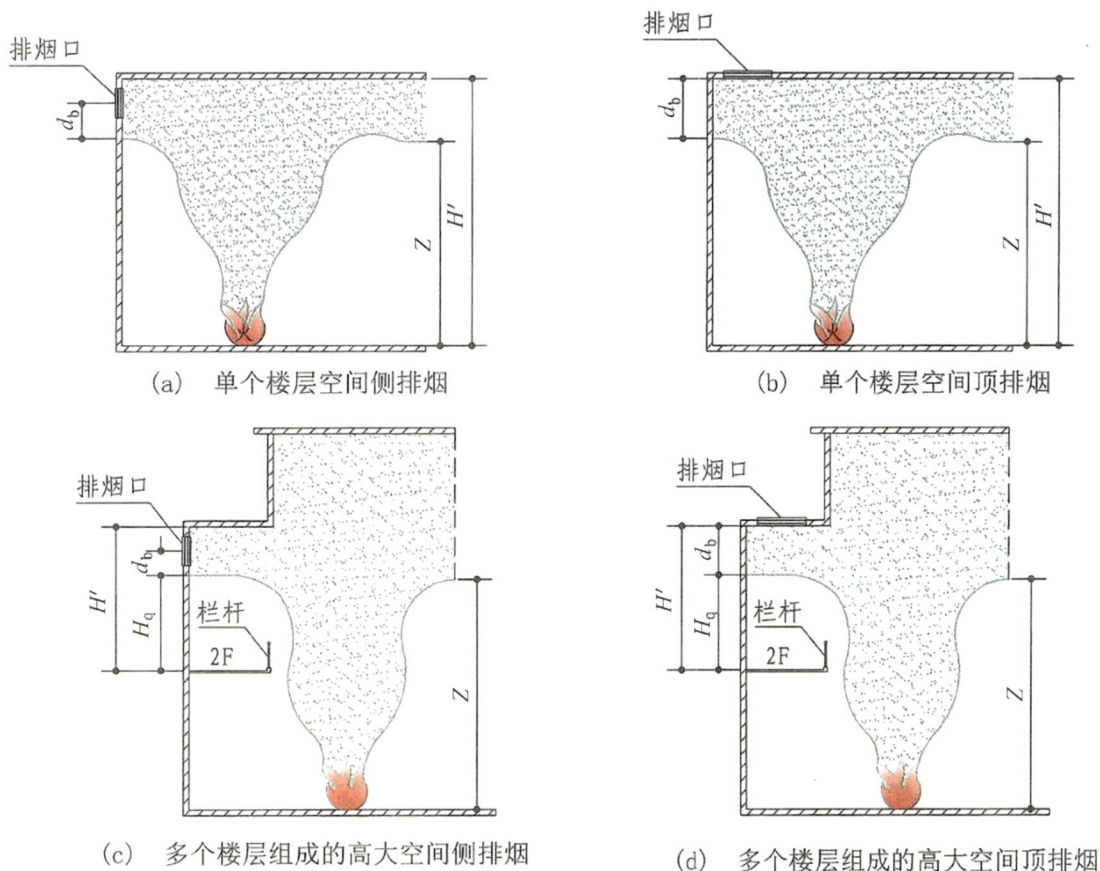

（a）单个楼层空间侧排烟　　　　（b）单个楼层空间顶排烟

（c）多个楼层组成的高大空间侧排烟　　　（d）多个楼层组成的高大空间顶排烟

图 11.3-3　H' 取值示意图

3）防烟分区面积

（1）公共建筑、工业建筑（表 11.3-1）

公共建筑、工业建筑防烟分区面积　　　　　　　　表 11.3-1

空间净高 H/m	最大允许面积 /m²	长边最大允许长度 /m
$H \leqslant 3.0$	500	24
$3.0 < H \leqslant 6.0$	1000	36
$H > 6.0$	2000	60m，具有自然对流条件时，不应大于75m

注：1. 当工业建筑采用自然排烟系统时，其防烟分区的长边长度尚不应大于建筑内空间净高的8倍。

2. 公共建筑、工业建筑中的走道宽度小于等于2.5m时，其防烟分区的长边长度应小于等于60m。

3. 当空间净高大于9m时，防烟分区之间可不设挡烟设施。

（2）汽车库、修车库

① 除敞开式汽车库、建筑面积小于 1000m² 的地下一层汽车库和修车库外，汽车库、修车库应设置排烟系统，并应划分防烟分区。

② 防烟分区的建筑面积宜小于等于 2000m²。

11.3.4 防烟分区示意图

防烟分区示意图上需要表达的内容：防烟分区的范围、编号、面积（图 11.3-4）。

11.3.5 固定窗的设置要求及对建筑设计的影响

在设有机械防烟排烟系统的场所中，窗扇固定、平时不可开启，仅在火灾时便于人工破拆以排出火场中的烟和热的外窗为固定窗。

固定窗对建筑平面及立面设计影响较大，有时需要采用土建风道的形式在外立面上设置固定窗，影响室内净高（表 11.3-2）。

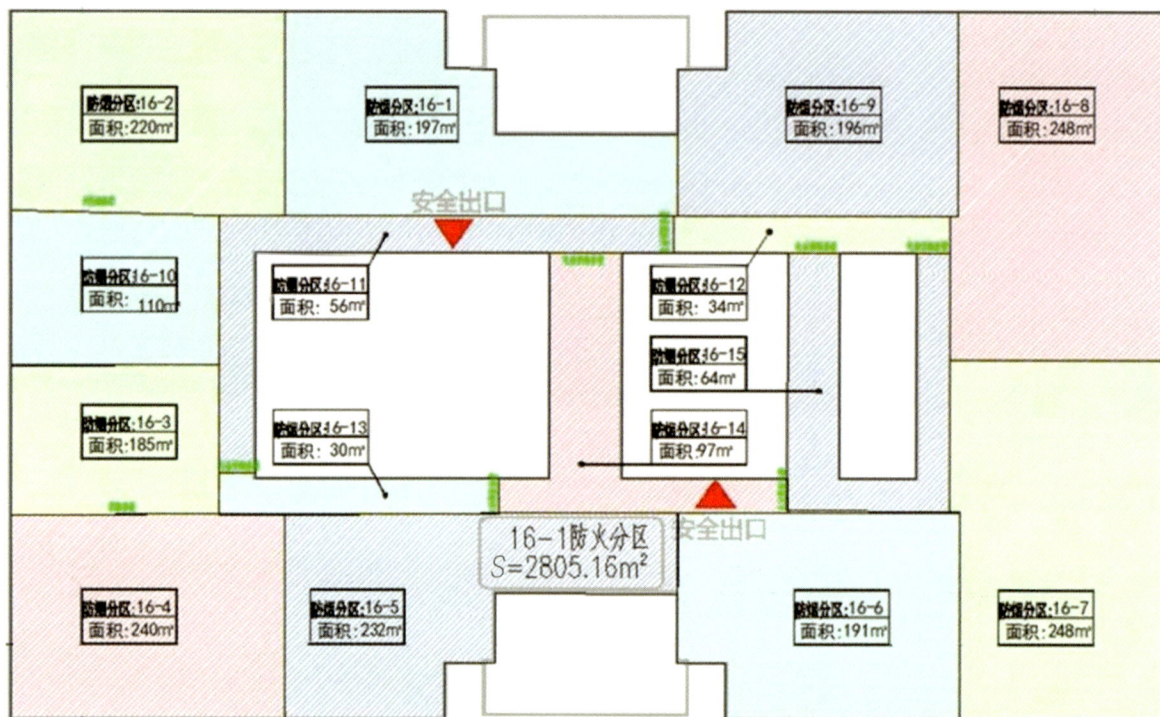

图 11.3-4 防烟分区示意图

固定窗设置要求汇总　　　　　　　　　　　　　　　　　　表 11.3-2

防排烟系统	需要设置固定窗的部位	设置要求
机械加压系统	封闭楼梯间	在其顶部设置不小于 1m² 的固定窗
	防烟楼梯间	1. 在其顶部设置不小于 1m² 的固定窗 2. 靠外墙的防烟楼梯间，尚应在其外墙上每 5 层内设置总面积不小于 2m² 的固定窗
机械排烟系统	任一层建筑面积大于 2500m² 的丙类厂房（仓库）	1. 非顶层区域的固定窗应布置在每层的外墙上 2. 顶层区域的固定窗应布置在屋顶或顶层的外墙上，但未设置自动喷水灭火系统的以及采用钢结构屋顶或预应力钢筋混凝土屋面板的建筑应布置在屋顶 3. 设置在顶层区域的固定窗，其总面积不应小于楼地面面积的 2% 4. 设置在靠外墙且不位于顶层区域的固定窗，单个固定窗的面积不应小于 1m²，且间距不宜大于 20m，其下沿距室内地面的高度不宜小于层高的 1/2。供消防救援人员进入的窗口面积不计入固定窗面积，但可组合布置
	任一层建筑面积大于 3000m² 的商店建筑、展览建筑及类似功能的公共建筑	
	总建筑面积大于 1000m² 的歌舞、娱乐、放映、游艺场所	

防排烟系统	需要设置固定窗的部位	设置要求
机械排烟系统	商店建筑、展览建筑及类似功能的公共建筑中长度大于60m的走道	5. 设置在中庭区域的固定窗，其总面积不应小于中庭楼地面面积的5% 6. 固定玻璃窗应按可破拆的玻璃面积计算，带有温控功能的可开启设施应按开启时的水平投影面积计算
	靠外墙或贯通至建筑屋顶的中庭	7. 固定窗宜按每个防烟分区在屋顶或建筑外墙上均匀布置且不应跨越防火分区

注：1. 自然排烟的部位无需设置固定窗。
　　2. 不靠外墙的需要设置固定窗的部位可采用土建夹层的方式连通至室外。
　　3. 除洁净厂房外，设置机械排烟系统的任一层建筑面积大于2000m²的制鞋、制衣、玩具、塑料、木器加工储存等丙类工业建筑，可采用可熔性采光带（窗）替代固定窗。

11.3.6　固定窗的表达

固定窗需要在建筑平面图、立面图中表达的内容：固定窗的大小、标识、连通风道（图11.3-5，图11.3-6）。

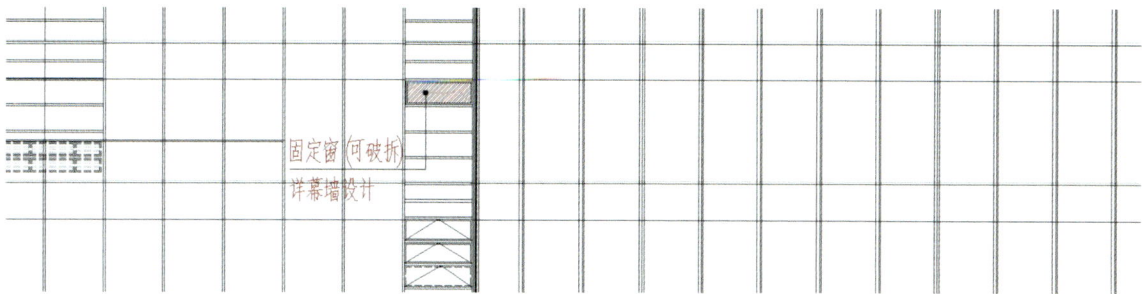

图 11.3-5　固定窗立面表达示例

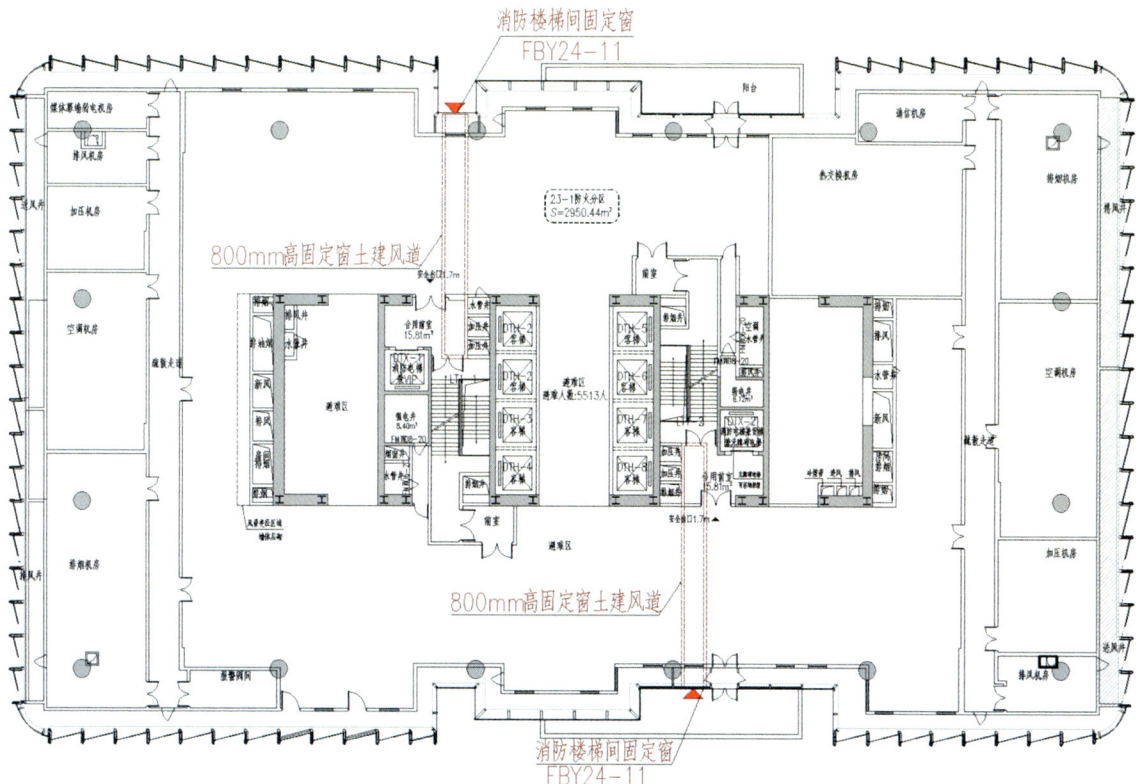

图 11.3-6　固定窗平面表达示例

参考文献：

《建筑设计防火规范》GB 50016—2014（2018年版）

《建筑防烟排烟系统技术标准》GB 51251—2017

《民用建筑设计统一标准》GB 50352—2019

《建筑防烟排烟系统技术标准图示》15K606

《建筑设计防火规范》GB 50016—2014（2018年版）实施指南

12

消防设计图例范图

深圳机械院建筑设计有限公司　姜庆新　齐　峰　向雪薇　刘孟超

12.1 编制说明

12.1.1 编制依据

《建筑设计防火规范》GB 20016—2014（2018年版）

《建筑制图标准》GB/T 20104—2010

《房屋建筑制图统一标准》GB/T 20001—2017

其他相关的建筑设计标准、规范。

设计人员在参考本图例时应注意复核依据的规范版本是否有效，并按照有效版本进行设计。

12.1.2 适用范围

本消防设计图例，可供各地建筑设计、内部校审、消防送审、施工单位、消防验收、物业运维部门及其他相关单位参考、交流。

12.1.3 编制原则

根据规范要求，结合深圳市各大设计单位在工程项目中的消防设计实践经验及常用设计表达方法，将建筑设计人员在实际工作中经常采用的消防图例分类整理，以图示的方式表达，便于设计人员快速查找、参考。

12.1.4 编制方式

（1）本图例以《建筑设计防火规范》GB 50016—2014（2018年版）为依据，以深圳中西医结合医院及其他复杂建筑为实际案例，在设计图的案例中表达图例，方便设计人员理解、查找。

（2）本图例按照一般项目的设计顺序及消防设计报审需要表达的内容、深度编制，包括总图、单体平面、立面、剖面、节点详图等部分。

（3）图例表达时，为突出说明该项表达的图例，在图中以红色显示，便于理解。实际设计图纸中的图例表达，以各设计单位规定的表达颜色为准。

12.1.5 编制内容

本图例部分共分为四个部分编写，分别为：总图部分；平面部分；立面、剖面部分；详图部分。

12.2 总平面图图例

12.2.1 图例

消防车出入口

	消防车出入口

消防车道

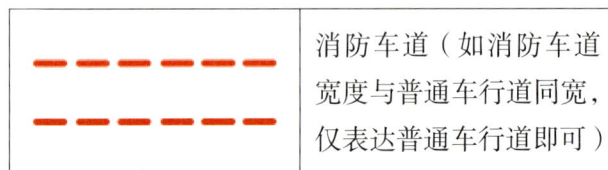	消防车道（如消防车道宽度与普通车行道同宽，仅表达普通车行道即可）

穿越建筑消防车道

	穿越建筑消防车通道

消防登高面

	消防登高面

消防登高操作场地

消防车登高操作场地	消防登高操作场地

消防车转弯半径

R12	消防车转弯半径

消防车流线

	消防车流线

消防车回车场

消防车回车场　18.0(15.0,12.0)　18.0(15.0,12.0)　消防车回车场　18.0(15.0,12.0)　18.0(15.0,12.0)	消防车回车场

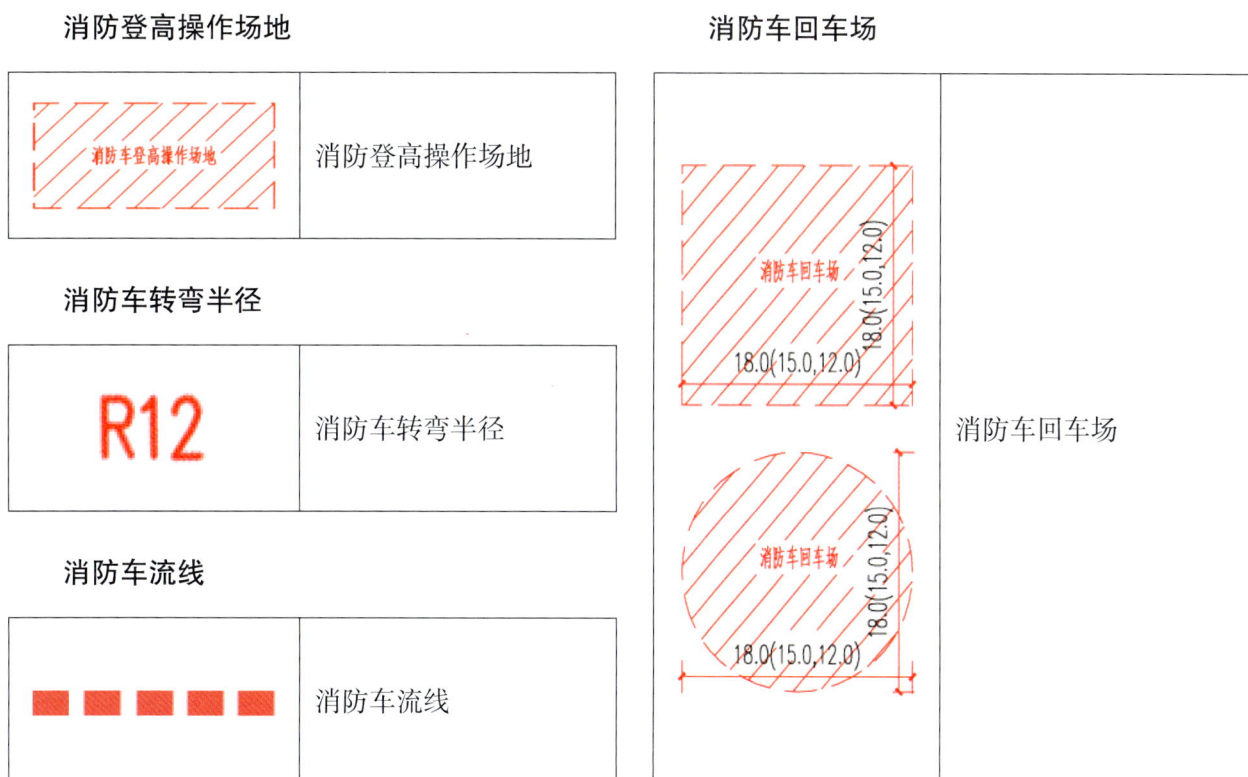

12.2.2　工程实例——深圳市中西医结合医院（图12.2-1）

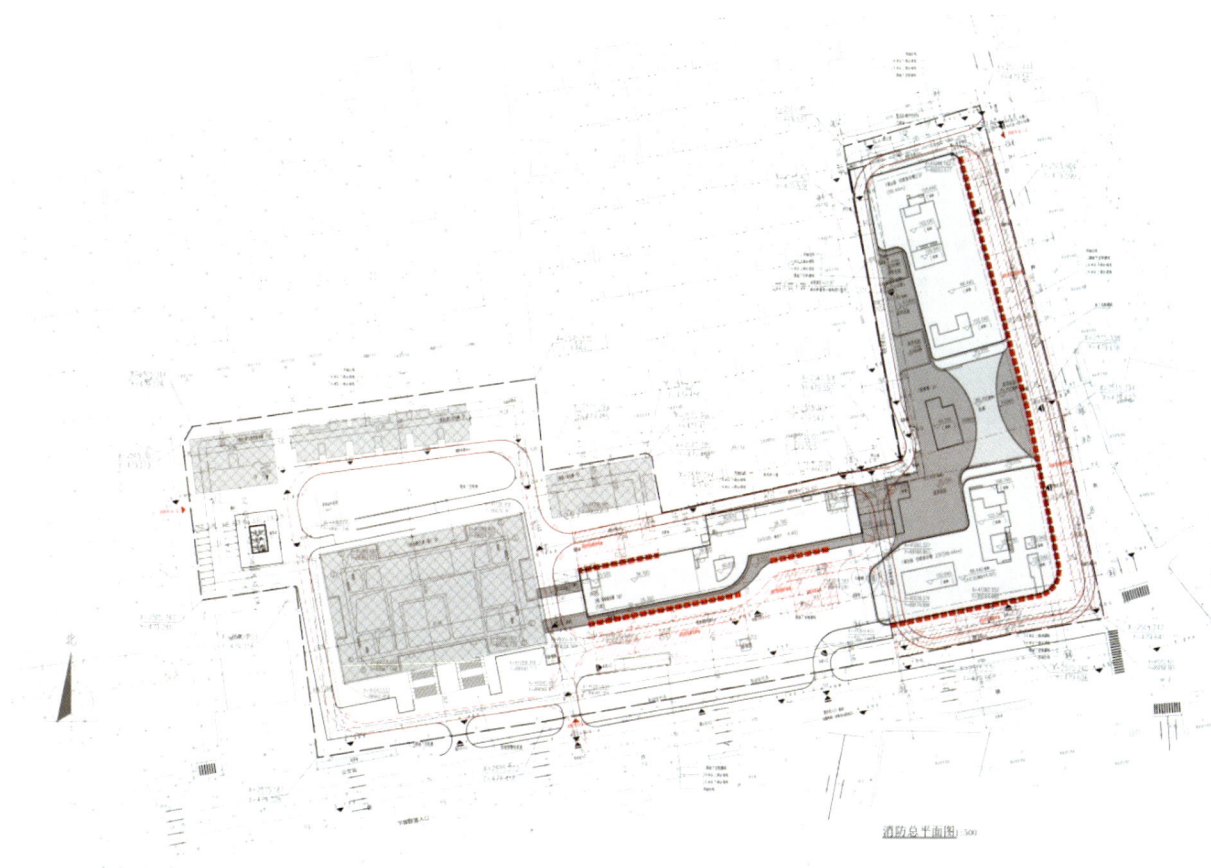

图12.2-1　项目消防总平面图

1）消防车出入口

消防车出入口

	消防车出入口

场地专供消防车出入的口部，净宽度和净空高度均不应小于4.0m（深圳要求净空高度不应小于5.0m），可以与普通机动车出入口合用。（图12.2-2）

2）消防车道

消防车道

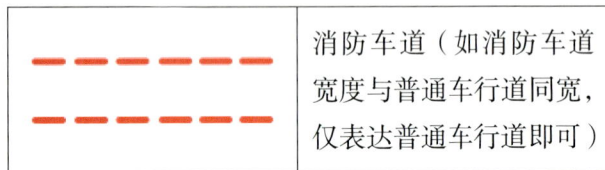	消防车道（如消防车道宽度与普通车行道同宽，仅表达普通车行道即可）

消防车道应符合下列要求：

① 车道的净宽度和净空高度均不应小于4.0m；（深圳要求车道的净空高度不应小于5.0m）。

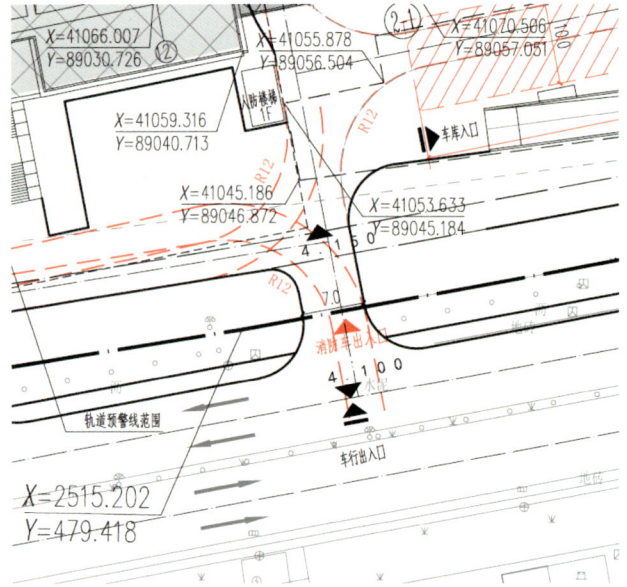

图12.2-2 项目实际图例1

② 转弯半径应满足消防车转弯要求；

③ 消防车道与建筑之间不应设置妨碍消防车操作的树木、架空管线等障碍物；

④ 消防车道靠建筑外墙一侧的边缘距离建筑外墙不宜小于5m；

⑤ 消防车道的坡度不宜大于8%。（图12.2-3）

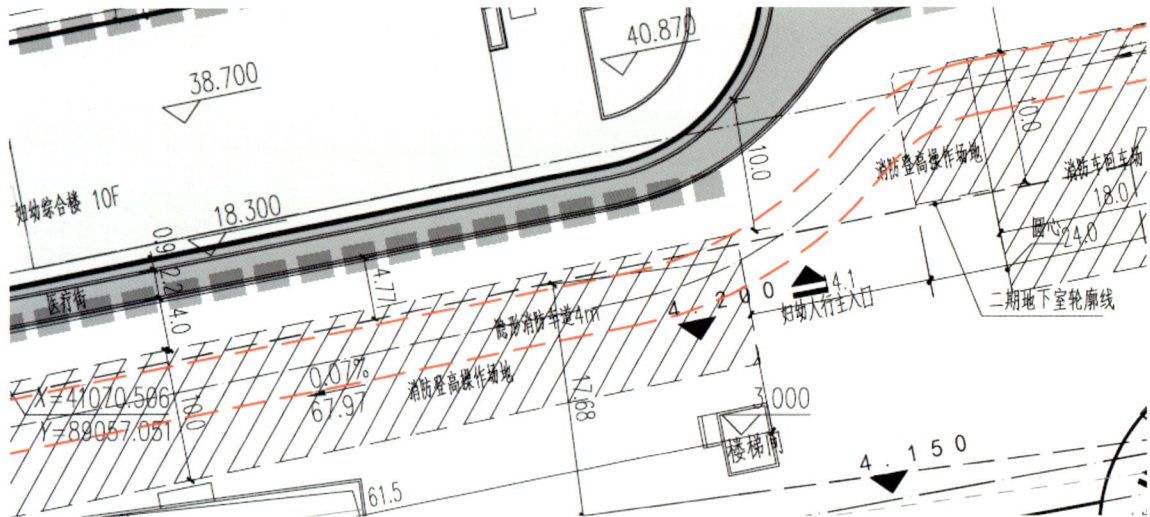

图12.2-3 项目实际图例2

3）穿越建筑消防车道

穿越建筑消防车道

▬ ▬ ▬ ▬	穿越建筑消防车通道

当建筑物沿街道部分的长度大于 150m 或者总长度大于 200m 时，应设置穿过建筑物的消防车道。确有困难时，应设置环形消防车道。（图 12.2-4）

图 12.2-4　项目实际图例 3

4）消防登高面

消防登高面

▪ ▪ ▪ ▪ ▪	消防登高面

高层建筑消防登高面是指登高消防车靠近高层主体建筑，开展消防车登高作业和消防队员进入高层建筑内部，抢救被困人员和扑救火灾的与消防登高操作场地相对应的建筑立面。（图 12.2-5）

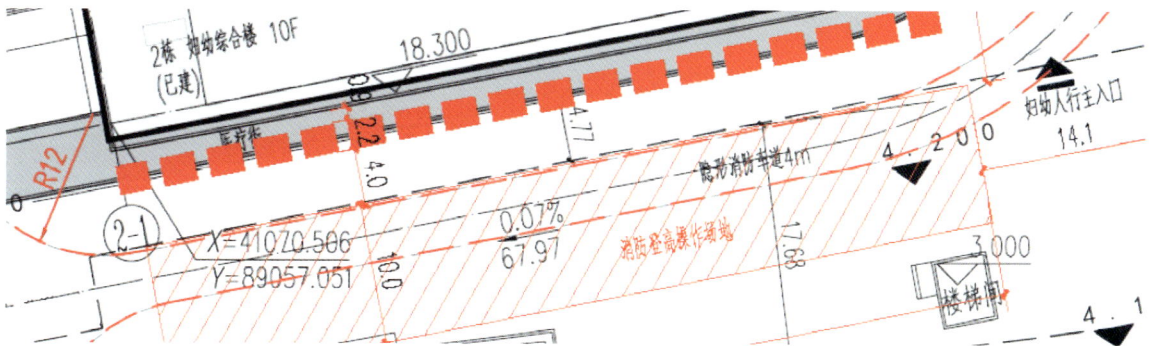

图 12.2-5　项目实际图例 4

5）消防登高操作场地

消防登高操作场地

▨ 消防车登高操作场地	消防登高操作场地

消防车登高操作场地应符合下列规定：

（1）场地与厂房、仓库、民用建筑之间不应设置妨碍消防车操作的树木、架空管线等障碍物和车库出入口。

（2）场地的长度和宽度分别不应小于 15m 和 10m。对于建筑高度大于 50m 的建筑，场地的长度和宽度分别不应小于 20m 和 10m。

（3）场地及其下面的建筑结构、管道和暗沟等，应能承受重型消防车的压力。

（4）场地应与消防车道连通，场地靠建筑外墙一侧的边缘距离建筑外墙不宜小于 5m，且不应大于 10m，场地的坡度不宜大于 3%。（图 12.2-6）

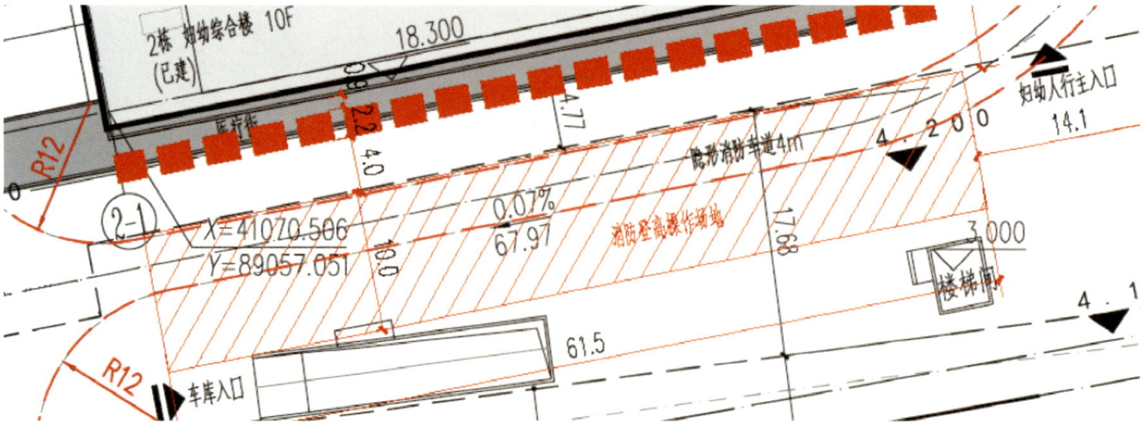

图 12.2-6 项目实际图例 5

6）消防车转弯半径（图 12.2-7）

消防车转弯半径

R12	消防车转弯半径

消防车转弯半径应满足消防车转弯的要求（普通消防车的转弯半径为 9m，登高车的转弯半径为 12m）。

7）消防车流线

消防车流线

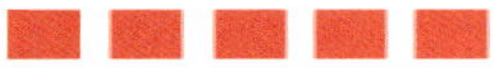	消防车流线

消防车流线为消防车行驶的路线。（图 12.2-8）

8）消防车回车场消防车回车场

消防车回车场

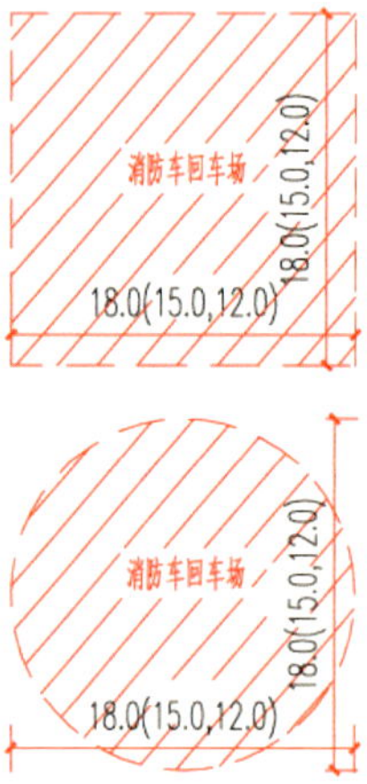	消防车回车场

尽头式消防车道应设置回车道或回车场，回车场的面积不应小于 12m×12m；对于高层建筑，不宜小于 15m×15m；供重型消防车使用时，不小于 18m×18m。（图 12.2-9）

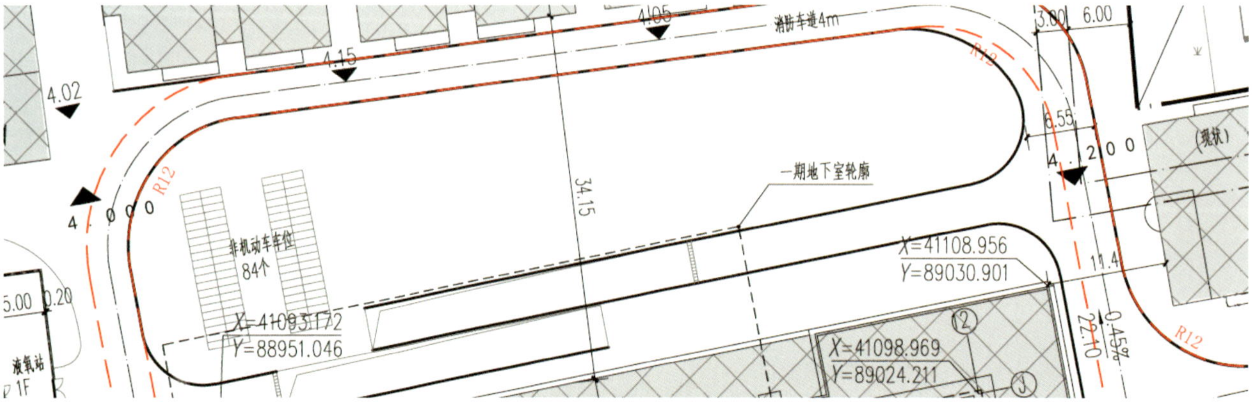

图 12.2-7 项目实际图例 6

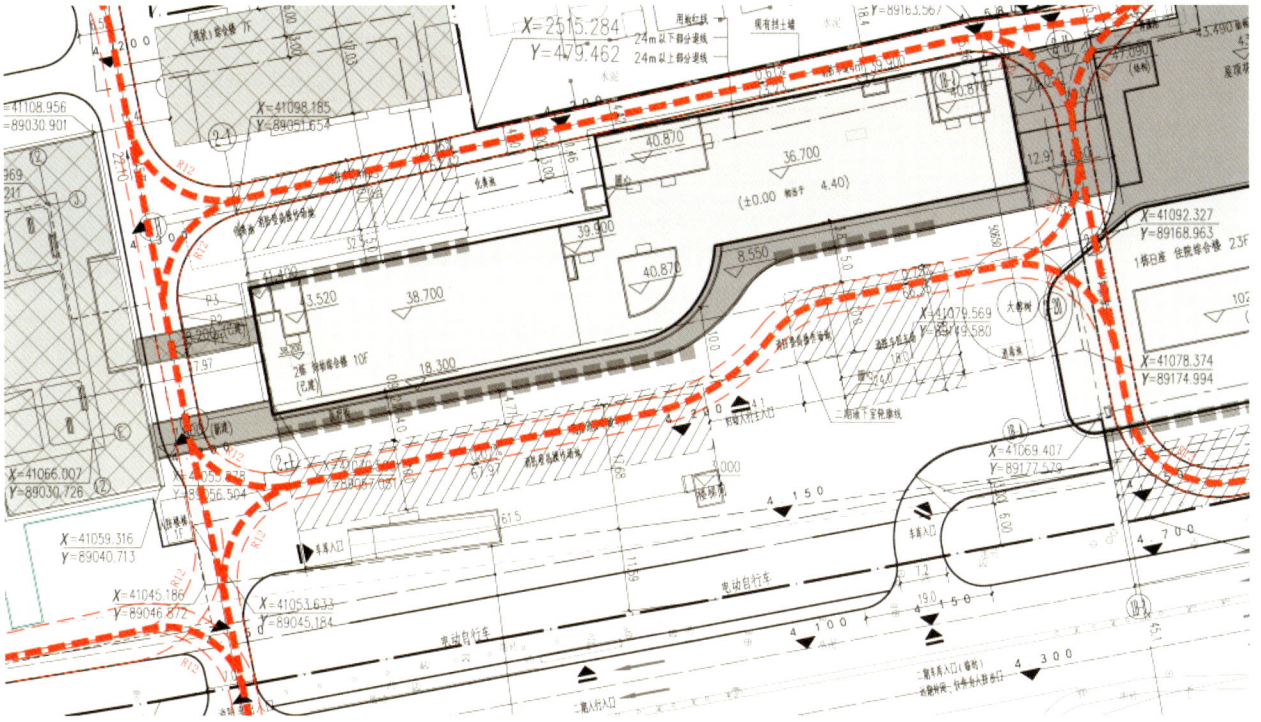

图 12.2-8 项目实际图例 7

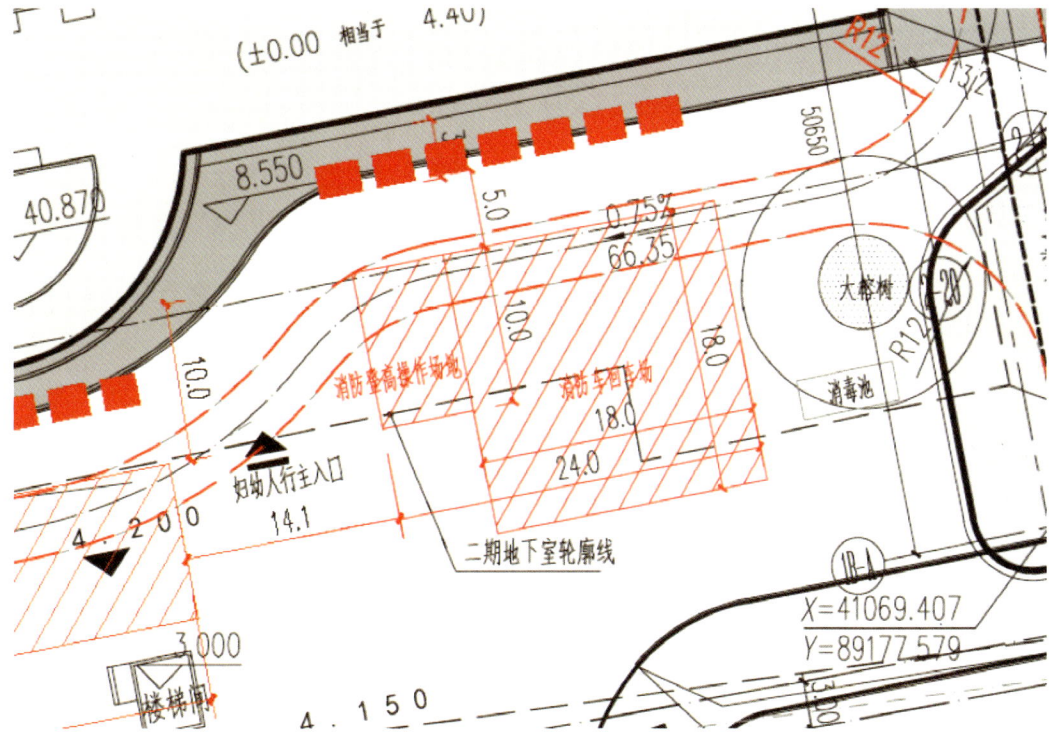

图 12.2-9 项目实际图例 8

12.3 建筑平面图消防设计图例

12.3.1 图例

建筑平面图中消防设计包括消防登高操作场地、防火分区及缩略图、疏散距离示意、建筑疏散口（共用或独立）、消防救援窗、防火卷帘、防火门防火窗、避难区（避难间）、进风井排风井、消防电梯集水坑、屋顶停机坪。以下就这几方面介绍设计图例。

消防登高操作场地

| | 消防登高操作场地 |

建筑疏散口（共用）

| | 安全出口（共用） |

建筑疏散口（独立）

| | 安全出口（独立） |

疏散楼梯间（防火分区示意图中）

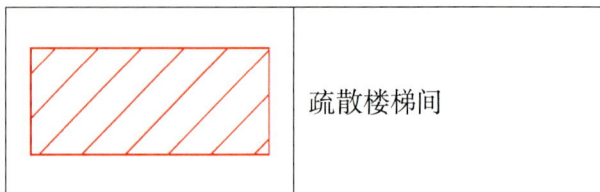

| | 疏散楼梯间 |

消防电梯（防火分区示意图中）

| | 消防电梯 |

疏散距离示意

| 27.73m | 疏散距离示意 |

消防救援窗

| | 消防救援窗 |

防火卷帘

| FJM6625特 | 防火卷帘 |

防火门

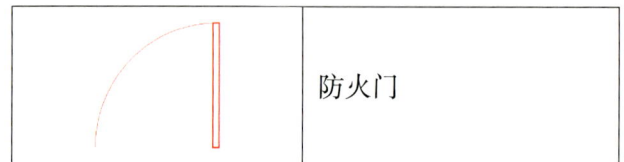

| | 防火门 |

防火窗

| | 防火窗 |

避难区（避难间）

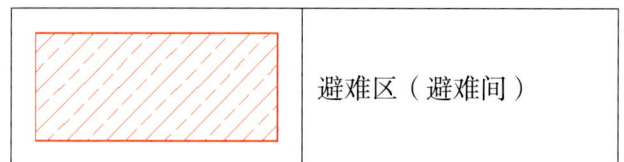

| | 避难区（避难间） |

进风井和排烟井

	进风井和排烟井

消防电梯集水坑

	消防电梯集水坑

屋顶停机坪

	屋顶停机坪

12.3.2 工程实例

1）消防登高操作场地

消防登高操作场地

	消防登高操作场地

消防登高操作场地在总平面图中已完整地表达，在绘制建筑首层平面图的时候也需表达，方便看图。

在首层平面中表达消防登高操作场地，方便查看直通室外的楼梯或直通楼梯间的入口是否对应消防登高操作场地。

在首层平面中表达的消防登高操作场地，图例与总图一致，可适当调整填充比例（图 12.3-1）。

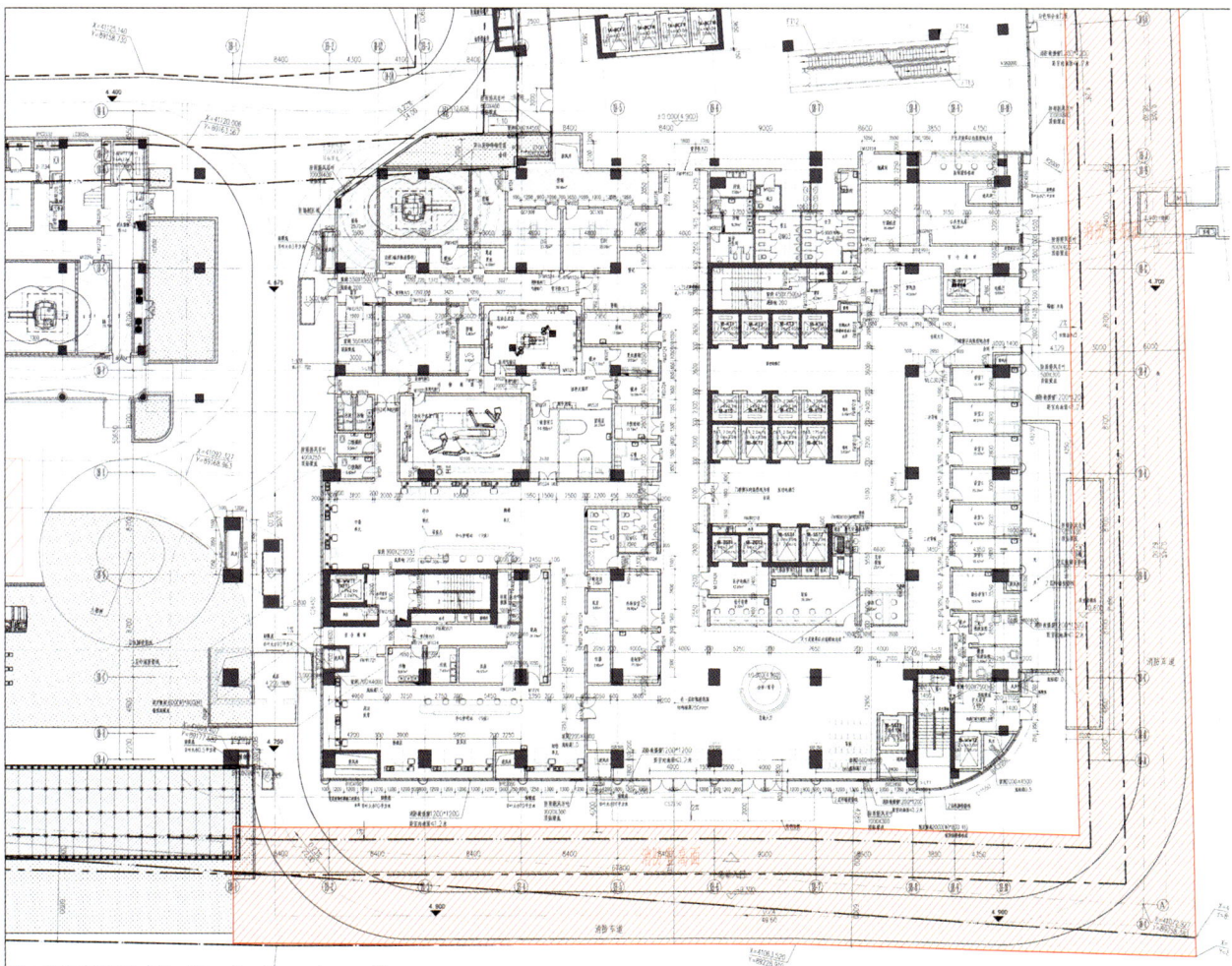

图 12.3-1 某项目一层平面图

2）防火分区及缩略图（图 12.3-2～图 12.3-4）

建筑疏散口（共用）

⇨	安全出口（共用）

疏散楼梯间（防火分区示意图中）

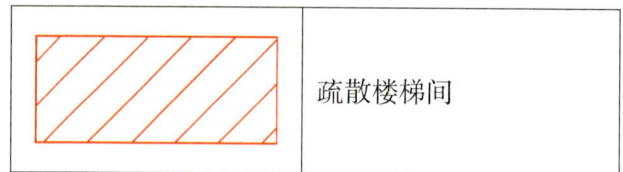

▨	疏散楼梯间

建筑疏散口（独立）

➡	安全出口（独立）

消防电梯（防火分区示意图中）

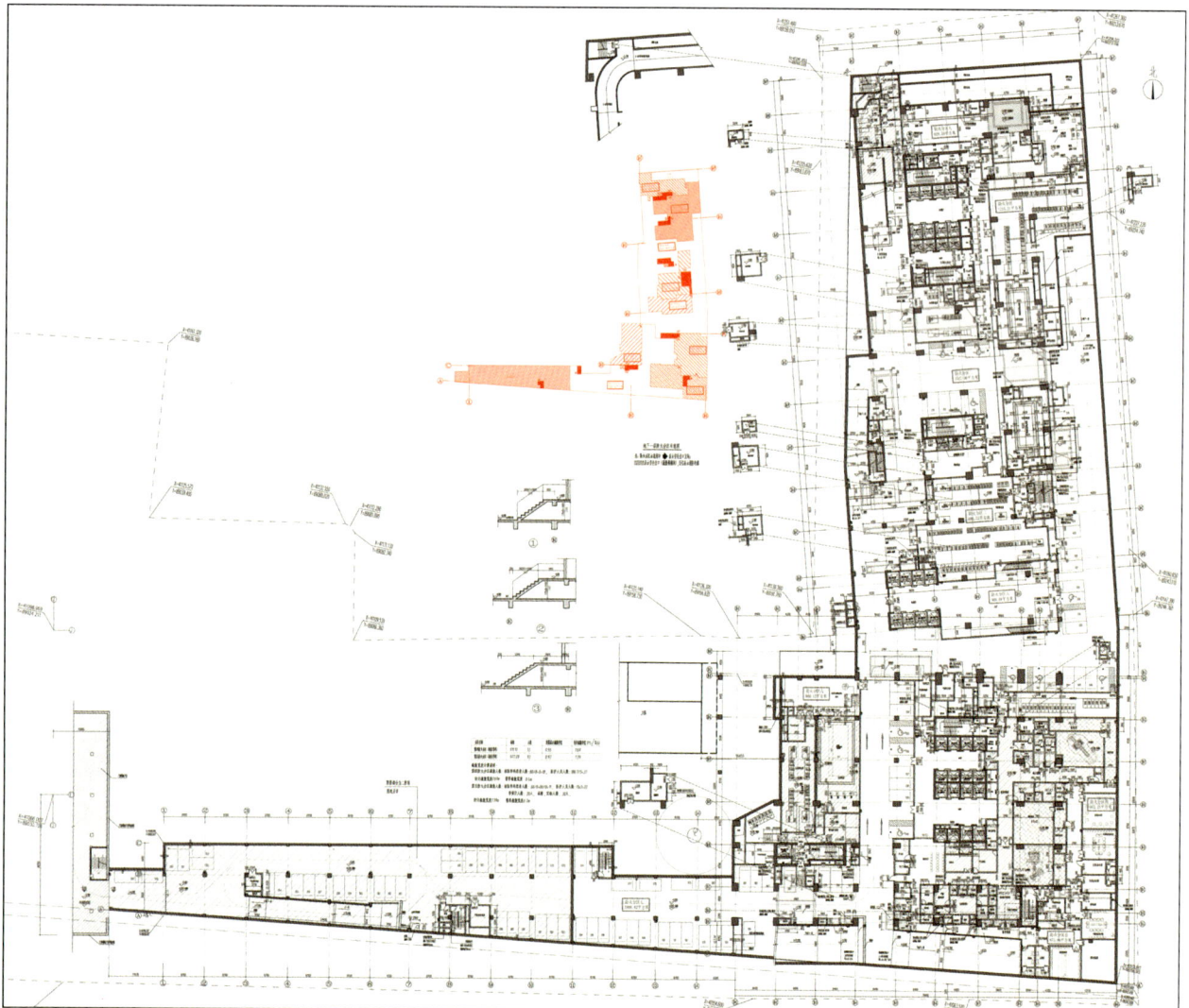

⊠	消防电梯

图 12.3-2　某项目防火分区缩略图

图 12.3-3　防火分区缩略图

图 12.3-4　防火分区缩略图图例

防火分区的作用在于发生火灾时，将火势控制在一定的范围内。建筑设计中应合理划分防火分区，以有利于灭火救援、减少火灾损失。根据规范要求对建筑划分防火分区，当一个平面图中有多个防火分区的时候，附上防火分区缩略图能够清晰地表达防火分区的区域关系和疏散口的位置。

防火分区缩略图需标明关键轴网、防火分区分界线、防火分区编号、防火分区面积、疏散距离示意、建筑疏散口位置（独立或共用）、消防电梯，以及用于区分的填充。

3）疏散距离示意

疏散距离示意

27.73m	疏散距离示意

在防火分区缩略图上标出每个防火分区的最远

点至安全出口的距离，用于直观地表达疏散关系以及疏散距离。可根据需求表达直通疏散走道的房间疏散门至最近安全出口的直线距离，或房间内任一点至房间直通疏散走道的疏散门的直线距离。

以折线表达出一个防火分区内最远点的疏散路径，并在线上标明疏散距离，以米为单位。（图 12.3-5）

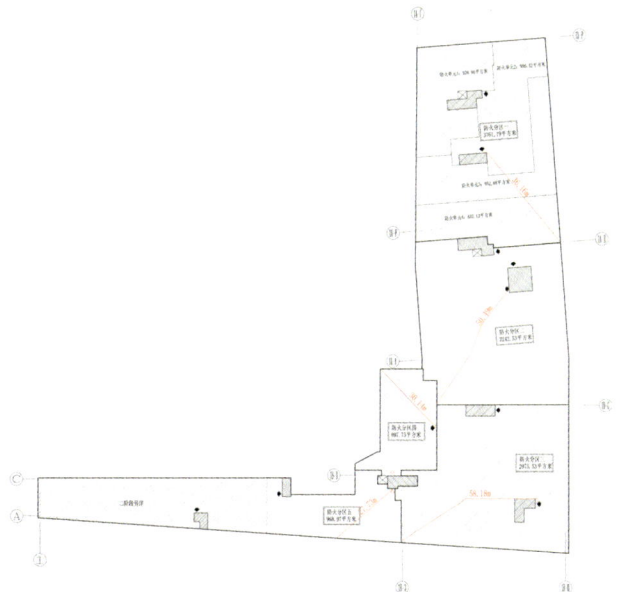

图 12.3-5　防火分区缩略图疏散示意

4）建筑疏散口

建筑疏散口（共用）

	安全出口（共用）

建筑疏散口（独立）

	安全出口（独立）

在防火分区示意图上需表达每个防火分区的疏散口位置，建筑疏散口用箭头表示，实心箭头为独立疏散口，空心箭头为共用疏散口。表达疏散口的位置和方向，用于直观表达疏散口位置。（图 12.3-6）

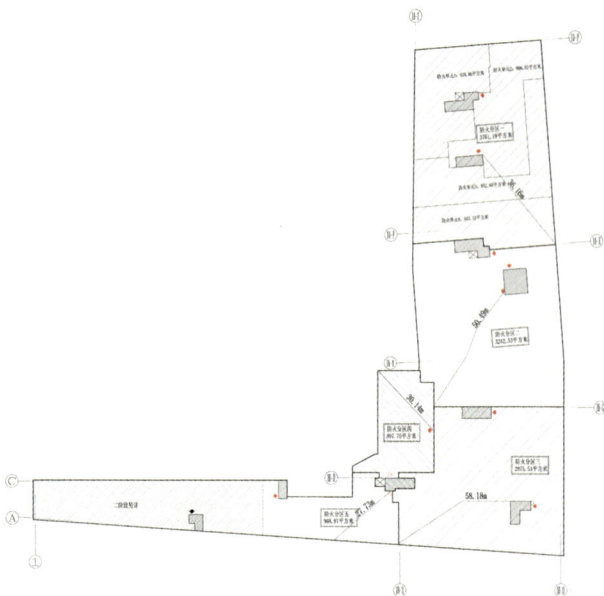

图 12.3-6 防火分区缩略图—疏散口

5）消防救援窗位置

消防救援窗

厂房、仓库、公共建筑的外墙应在每层的适当位置设置可供消防救援人员进入的窗口。供消防救援人员进入窗口的净高度和净宽度均不应小于1.0m，下沿距室内地面不宜大于1.2m，间距不宜大于20m且每个防火分区不应少于2个，设置位置应与消防车登高操作场地相对应。窗口的玻璃应易于破碎，并应设置可在室外易于识别的明显标志。在平面图上标出消防救援窗位置，并引出标注。（图 12.3-7）

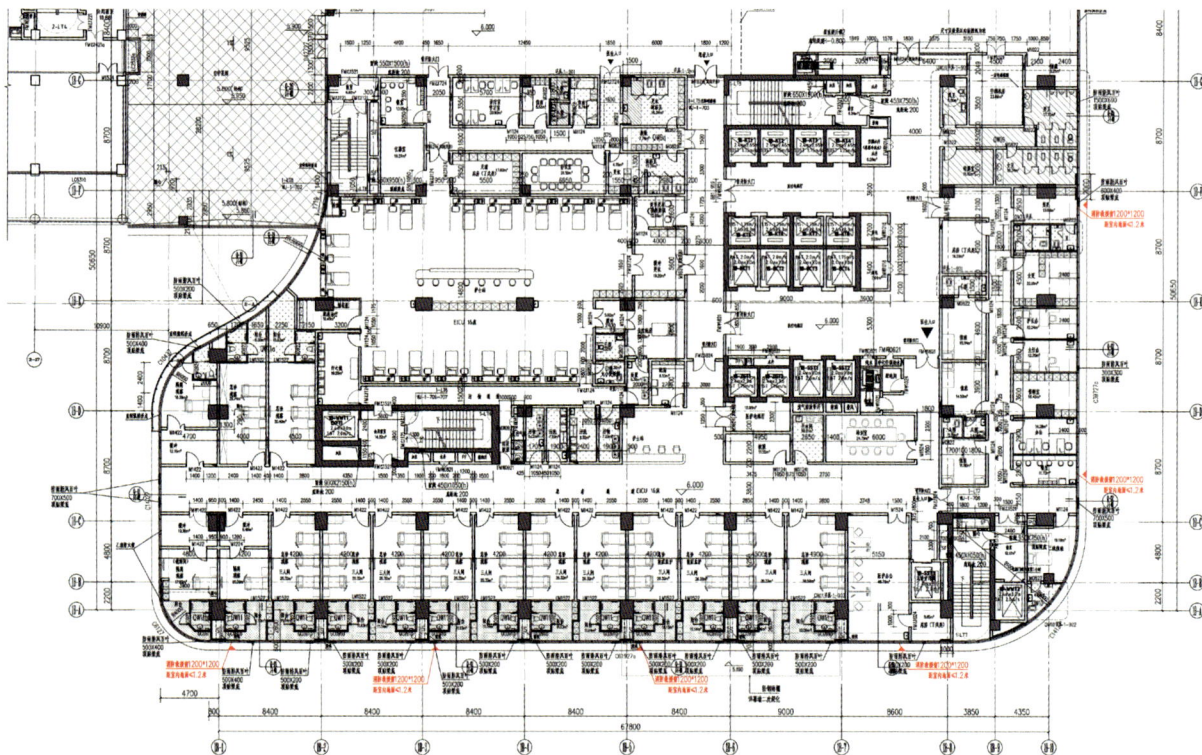

图 12.3-7 某项目平面图消防救援窗

在平面图中用实心直角三角形标出消防救援窗位置，并用方块表达窗扇平面位置，引出标注写明具体要求（图 12.3-8）。

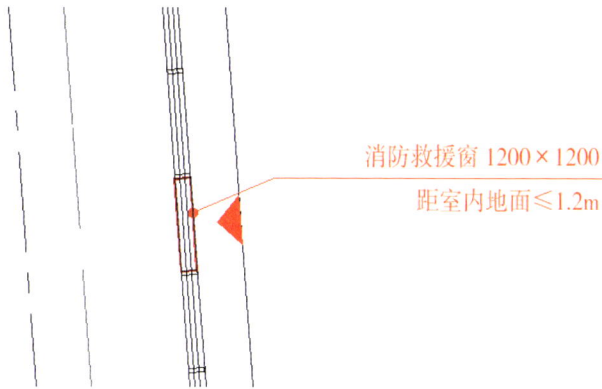

消防救援窗 1200×1200
距室内地面≤1.2m

图 12.3-8 某项目局部平面图消防救援窗

6）防火卷帘

防火卷帘

防火卷帘

防火分隔部位设置防火卷帘时，除中庭外，当防火分隔部位的宽度不大于 30m 时，防火卷帘的宽度不应大于 10m；当防火分隔部位的宽度大于 30m 时，防火卷帘的宽度不应大于该部位宽度的 1／3，且不应大于 20m（图 12.3-9）。

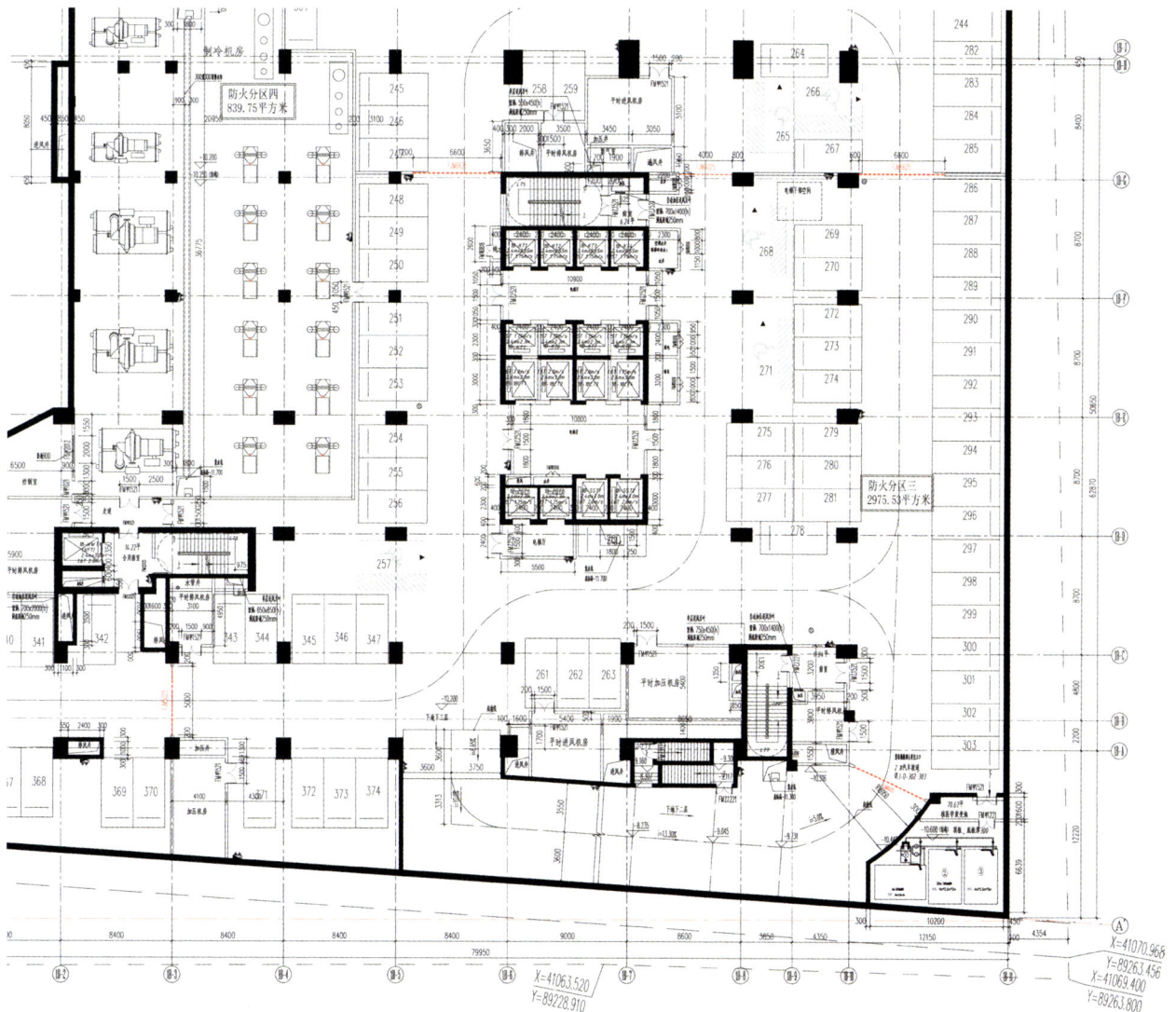

图 12.3-9 某项目平面图防火卷帘

防火卷帘在平面图中用粗虚线表示。并在旁边标明防火卷帘的编号以及等级（图 12.3-10）。

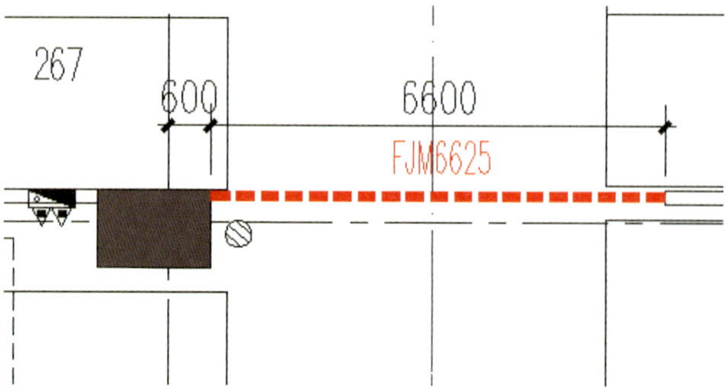

图 12.3-10　某项目局部平面图防火卷帘

7）防火门防火窗

防火门

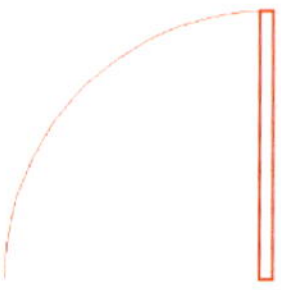

防火窗

建筑内设置的防火门，既要能保持建筑防火分隔的完整性，又要能方便人员疏散和开启，应保证门的防火、防烟性能以及人员的疏散需要。建筑内设置防火门的部位，一般为火灾危险性大或性质重要房间的门以及防火墙、楼梯间及前室上的门等。因此，防火门的开启方式、开启方向等均要保证在紧急情况下人员能快捷开启，不会导致阻塞。

防火窗一般均设置在防火间距不足部位的建筑外墙上的开口处或屋顶天窗部位、建筑内的防火墙或防火隔墙上需要进行观察和监控活动等的开口部位、需要防止火灾竖向蔓延的外墙开口部位。因此，应将防火窗的窗扇设计成不能开启的窗扇，否则，防火窗应在火灾时能自行关闭。

防火门和防火窗的甲、乙、丙等级需在图中表达（图 12.3-11～图 12.3-13）。

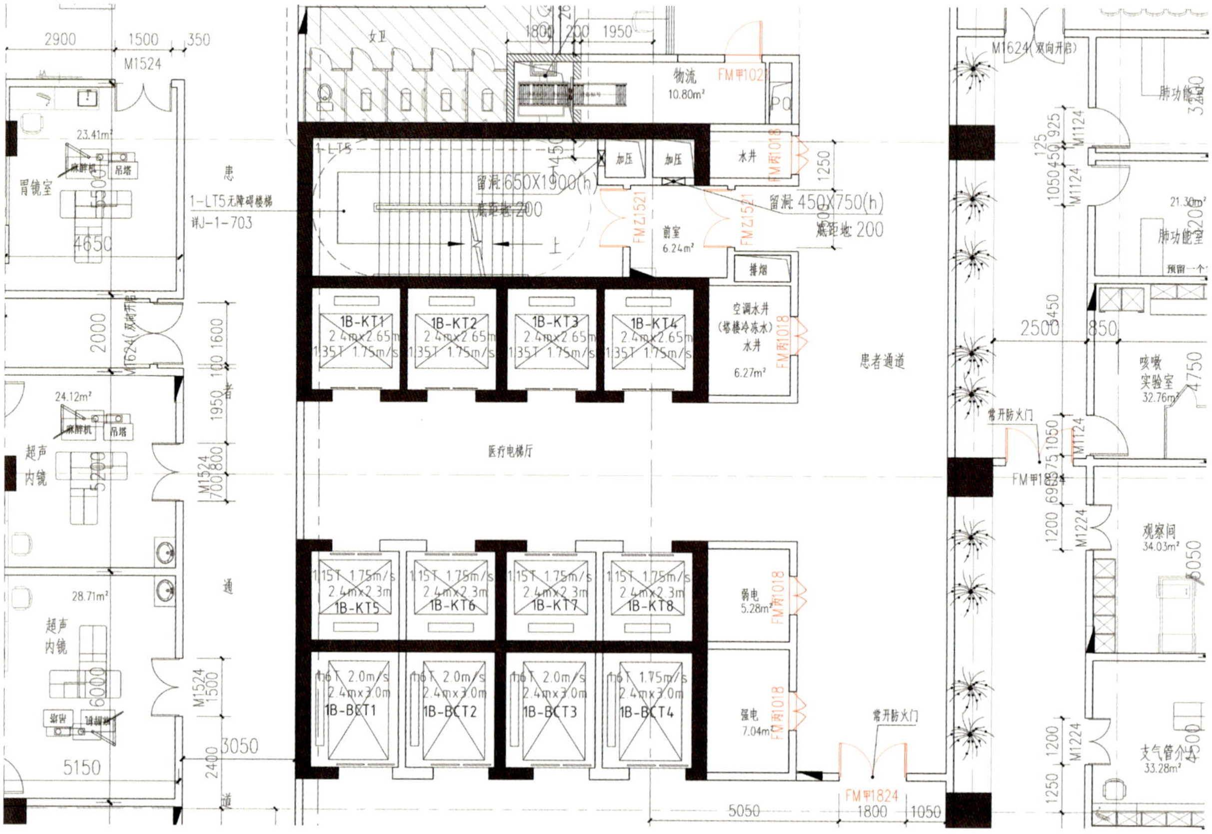

图 12.3-11　某项目平面图防火门

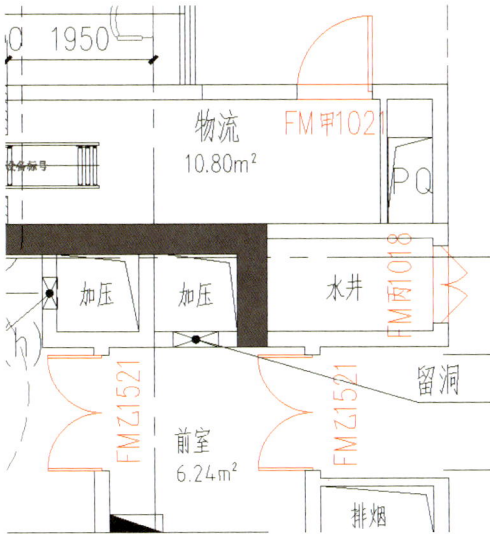

图 12.3-12　某项目局部平面图防火门

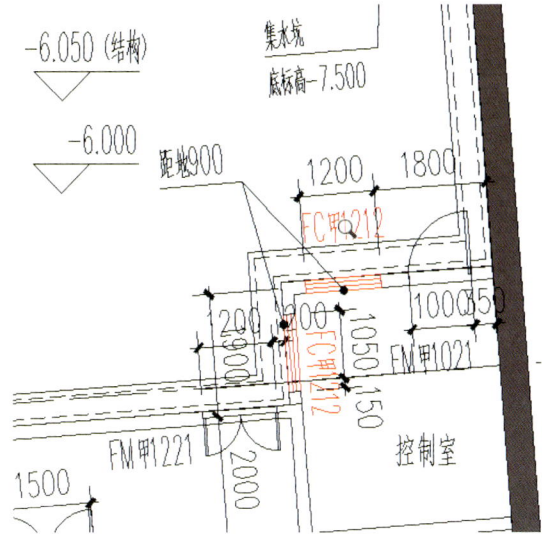

图 12.3-13　某项目局部平面图防火窗

8）避难区（避难间）

避难区（避难间）

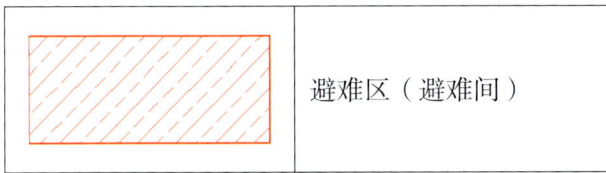

避难区（避难间）

建筑高度大于 100m 的公共建筑，应设置避难层（间）。建筑高度大于 100m 的住宅建筑应设置避难层，避难层（间）应符合下列规定：

（1）第一个避难层（间）的楼地面至灭火救援场地地面的高度不应大于 50m，两个避难层（间）之间的高度不宜大于 50m。

（2）通向避难层（间）的疏散楼梯应在避难层分隔、同层错位或上下层断开。

（3）避难层（间）的净面积应能满足设计避难人数避难的要求，并宜按 5.0 人／m² 计算。

（4）避难层可兼作设备层。设备管道宜集中布置，其中的易燃、可燃液体或气体管道应集中布置，设备管道区应采用耐火极限不低于 3.00h 的防火隔墙与避难区分隔。管道井和设备间应采用耐火极限不低于 2.00h 的防火隔墙与避难区分隔，管道井和设备间的门不应直接开向避难区；确需直接开向避难区时，与避难层区出入口的距离不应小于

5m，且应采用甲级防火门。

避难间内不应设置易燃、可燃液体或气体管道，不应开设除外窗、疏散门之外的其他开口。

（5）避难层应设置消防电梯出口。

（6）应设置消火栓和消防软管卷盘。

（7）应设置消防专线电话和应急广播。

（8）在避难层（间）进入楼梯间的入口处和疏散楼梯通向避难层（间）的出口处，应设置明显的指示标志。

（9）应设置直接对外的可开启窗口或独立的机械防烟设施，外窗应采用乙级防火窗。

高层病房楼应在二层及以上的病房楼层和洁净手术部设置避难间。避难间应符合下列规定：

（1）避难间服务的护理单元不应超过 2 个，其净面积应按每个护理单元不小于 25.0m² 确定。

（2）避难间兼作其他用途时，应保证人员的避难安全，且不得减少可供避难的净面积。

（3）应靠近楼梯间，并应采用耐火极限不低于 2.00h 的防火隔墙和甲级防火门与其他部位分隔。

（4）应设置消防专线电话和消防应急广播。

（5）避难间的入口处应设置明显的指示标志。

（6）应设置直接对外的可开启窗口或独立的机械防烟设施，外窗应采用乙级防火窗（图 12.3-14，图 12.3-15）。

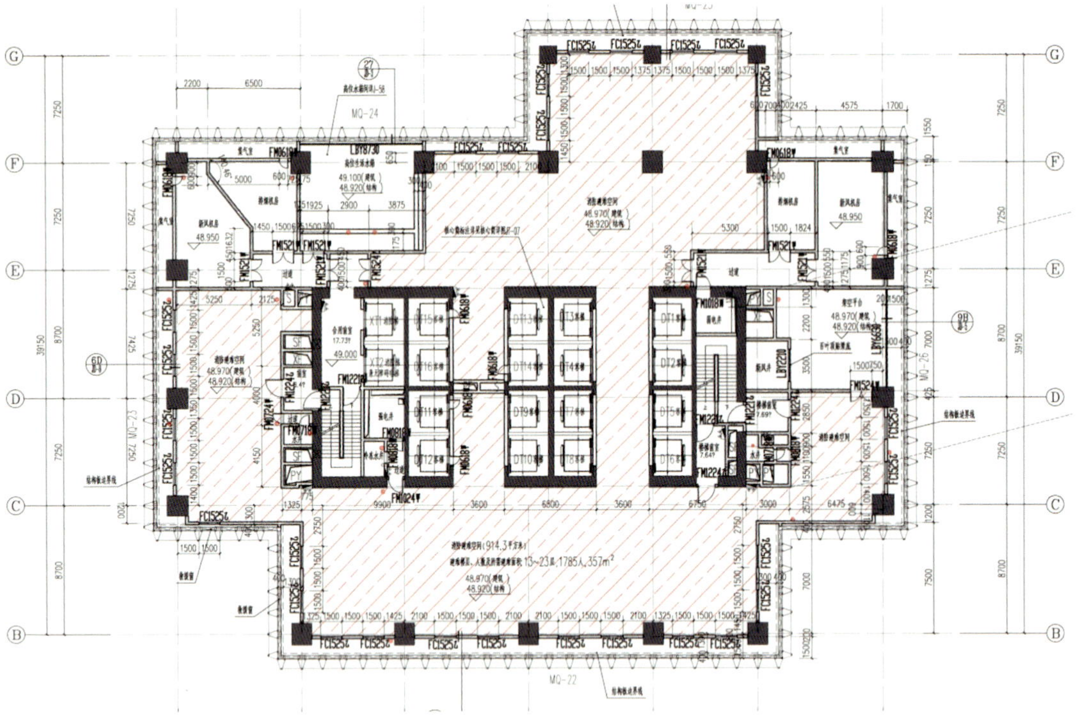

图 12.3-14　某项目避难层平面图

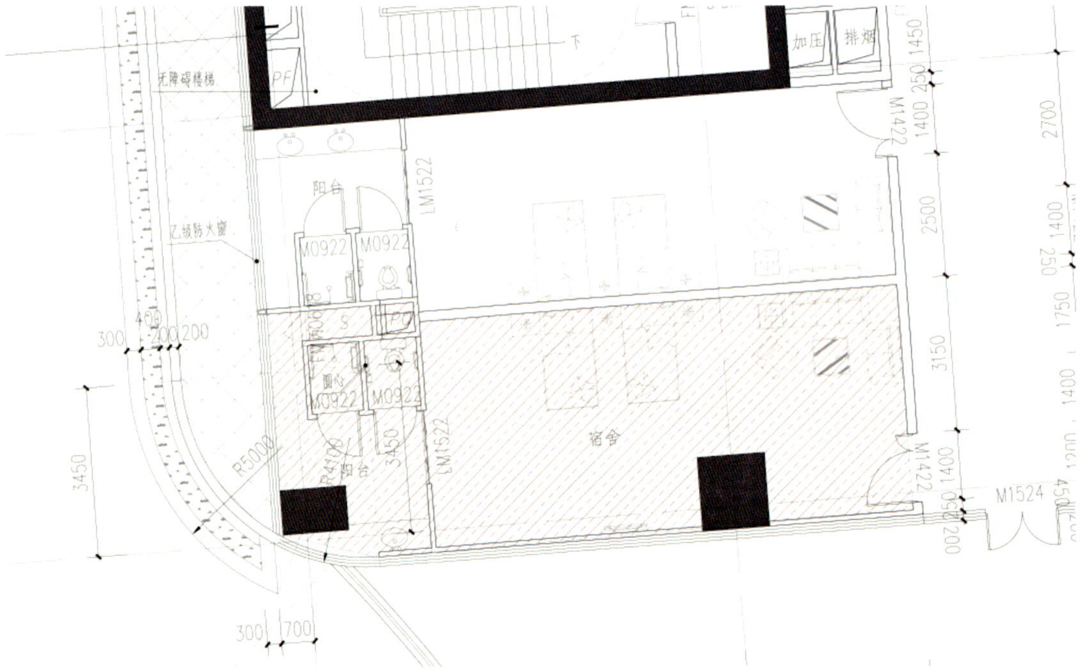

图 12.3-15　某医院项目避难间平面图

9）进风井、排烟井

进风井和排烟井

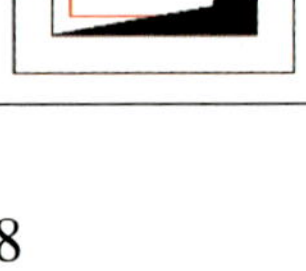 进风井和排烟井

机械加压送风系统和机械排烟系统应采用管道送风，且不应采用土建风道。送风管道和排烟管道应采用不燃材料制作且内壁应光滑。机械加压送风管道的设置和耐火极限应符合下列规定：

（1）竖向设置的送风管道应独立设置在管道井内，当确有困难时，未设置在管道井内或与其他管道合用管道井的送风管道，其耐火极限不应低于 1.00h；

（2）水平设置的送风管道，当设置在吊顶内时，其耐火极限不应低于 0.50h；当未设置在吊顶内时，其耐火极限不应低于 1.00h。

机械加压送风系统的管道井应采用耐火极限不低于 1.00h 的隔墙与相邻部位分隔，当墙上必须设置检修门时应采用乙级防火门。

设置排烟管道的管道井应采用耐火极限不小于 1.00h 的隔墙与相邻区域分隔；当墙上必须设置检修门时，应采用乙级防火门。

在平面图中，机械加压送风井和机械排烟风井表达内衬，开洞的楼层需表达开洞符号，墙面开洞也需引出标注（图 12.3-16）。

10）消防电梯集水坑

消防电梯集水坑

	消防电梯集水坑

消防电梯应分别设置在不同防火分区内，且每个防火分区不应少于 1 台。建筑内发生火灾后，一旦自动喷水灭火系统动作或消防队进入建筑

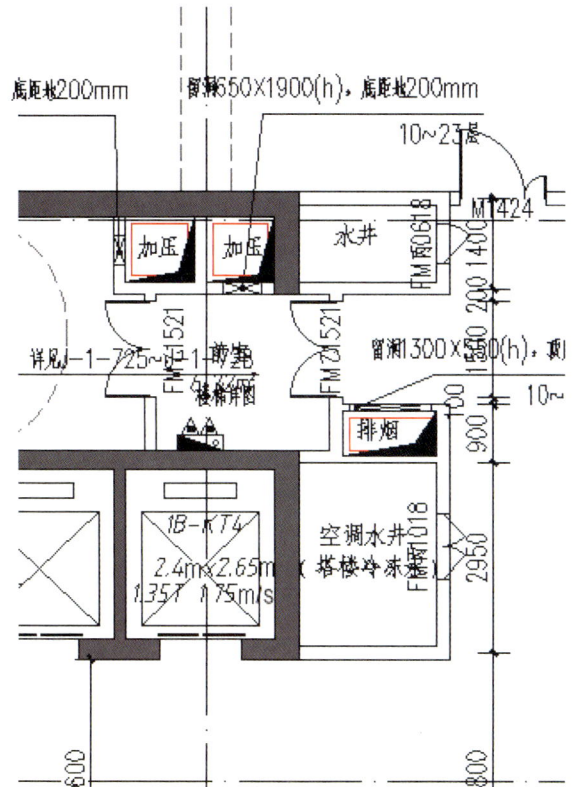

图 12.3-16　某项目局部平面图风井

展开灭火行动，均会有大量水在楼层上积聚、流散。因此，要确保消防电梯在灭火过程中能正常运行，消防电梯井内外就要考虑设置排水和挡水设施，并设置可靠的电源和供电线路（图 12.3-17，图 12.3-18）。

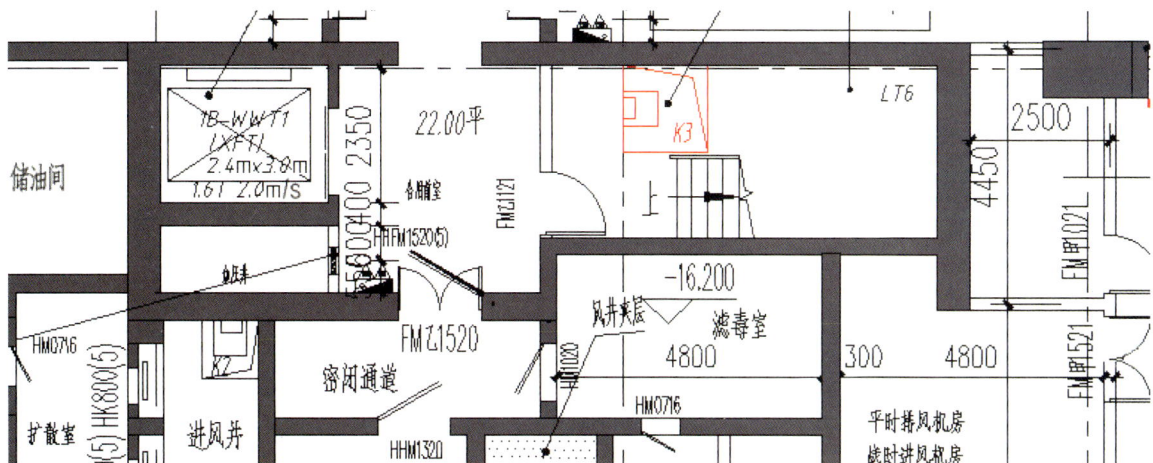

图 12.3-17　某项目局部平面图消防电梯集水坑

|  | 消防电梯集水坑,尺寸1500mm×1500mm,坑底标高见图注;
其他集水坑,尺寸大小及坑底标高见图注 |

图 12.3-18　某项目消防电梯集水坑图例

11）屋顶停机坪

屋顶停机坪

|  | 屋顶停机坪 |

直升机停机坪的几何形式可分为圆形、方形、矩形。用 H 标示就可以非常清晰明了，便于识别。降落方向与 H 字母的开口方向一致，便于飞行员在空中更好地观察直升机在降落时校正落点。

在 H 标识的外圈，圆圈是通用标识，三角形用作应急，而在医疗救援停机坪上，会在绿色的地坪中央嵌一个白十字标志，中间为一个红色的大写"H"（图 12.3-19）。

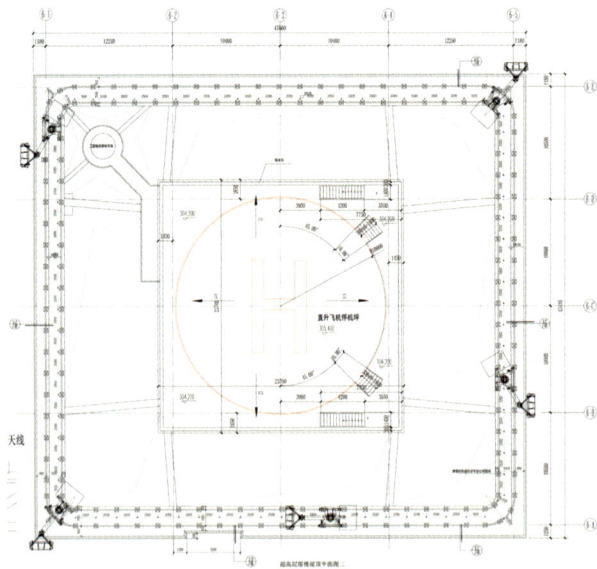

图 12.3-19　某项目屋顶停机坪

12.4　建筑立面、剖面图消防设计图例

12.4.1　图例

消防救援窗标识

|  | 消防救援窗标识 |

防火卷帘

|  | 防火卷帘 |

避难区示意

|  | 避难区示意 |

12.4.2　工程实例

1）消防救援窗

|  | 消防救援窗标识 |

供消防人员进入的窗口，窗口的净尺寸不得小于 1.1m×1m（高 × 宽），窗口下沿距室内地面不宜大于 1.2m，窗口之间间距不得大于 20m，且每个防火分区不应少于 2 个，设置位置应与消防车登高操作场地相对应。窗口的玻璃应易于破碎，并应设置可在室外易于识别的明显标志。建筑立面用三角形填充图案做消防救援窗标识（图 12.4-1）。

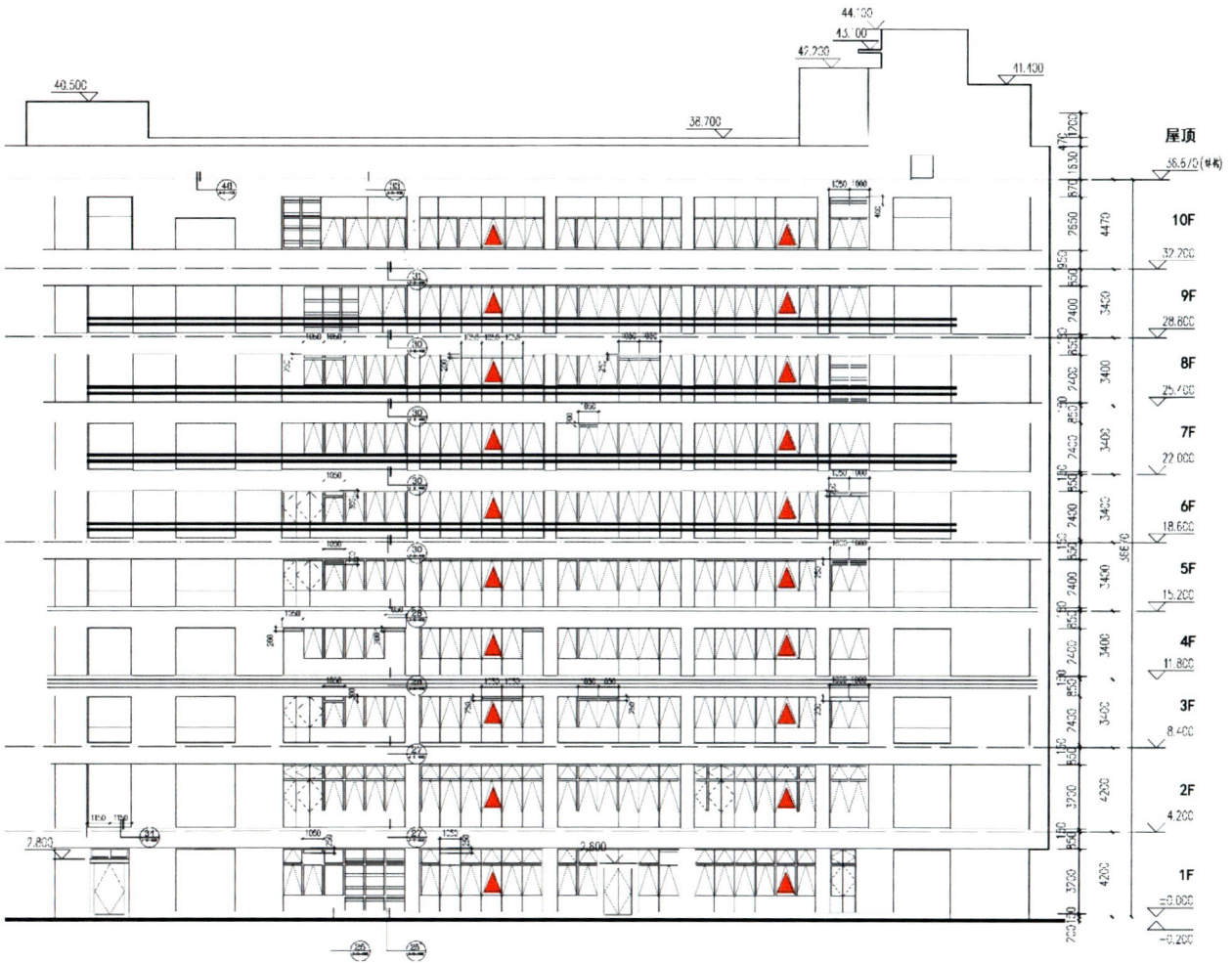

图 12.4-1　某项目立面图

2）剖面防火卷帘

防火卷帘

防火分隔部位设置防火卷帘时，应符合下列规定：除中庭外，当防火分隔部位的宽度不大于 30m 时，防火卷帘的宽度不应大于 10m；当防火分隔部位的宽度大于 30m 时，防火卷帘的宽度不应大于该部位宽度的 1/3，且不应大于 20m。防火卷帘在建筑剖面中用粗虚线表示（图 12.4-2）。

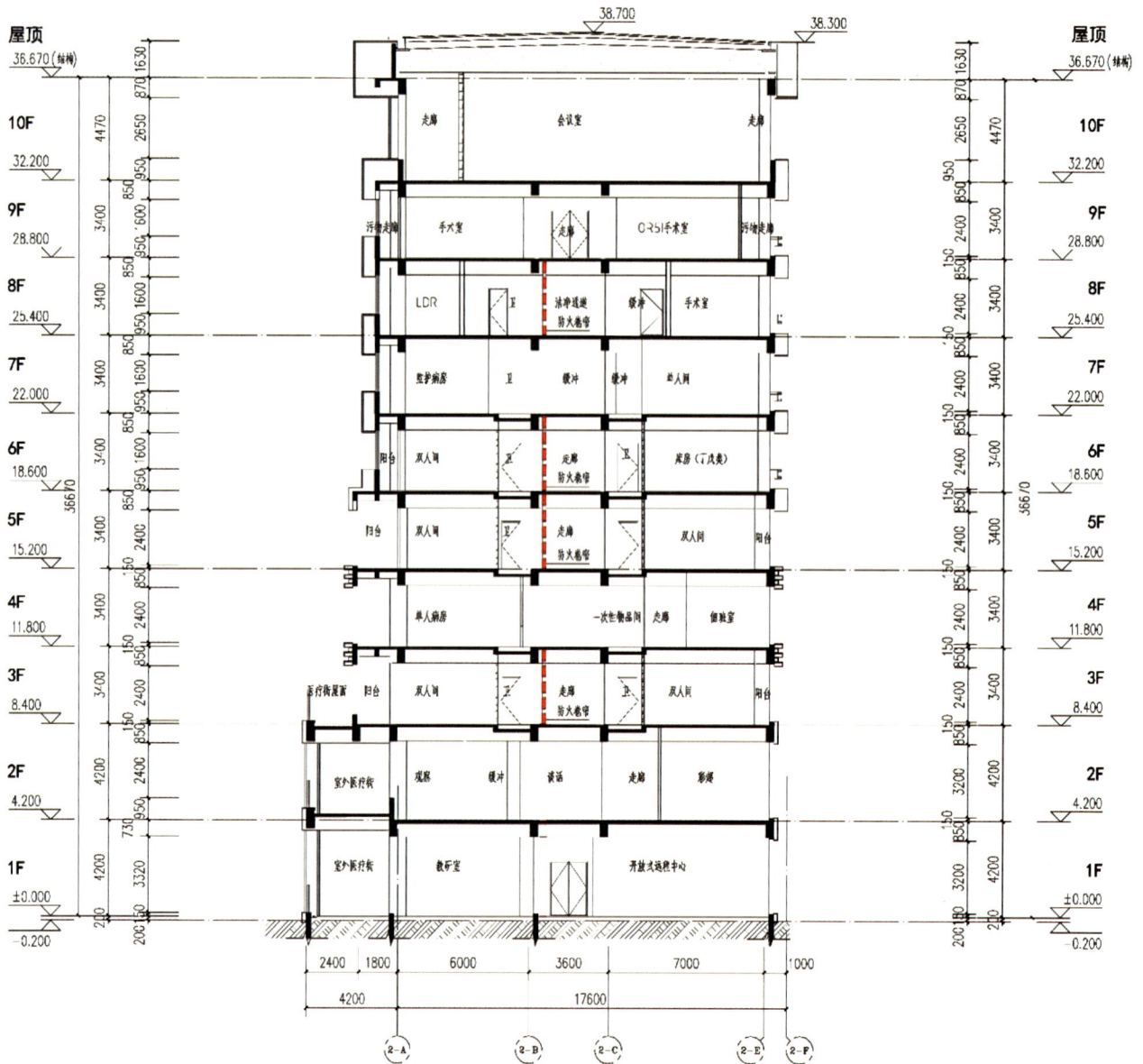

图 12.4-2　某项目剖面图

3）避难层／区

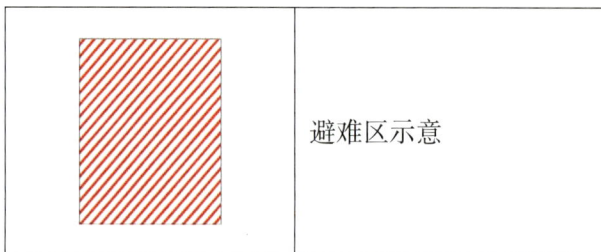

建筑高度超过 100m 的公共建筑，应设置避难层（间）。

避难层（间）第一个避难层（间）的楼地面至灭火救援场地地面的高度不应大于 50m，两个避难层（间）之间的高度不宜大于 50m。

建筑剖面中，避难层在左右两侧需用文字指示说明（图 12.4-3）。

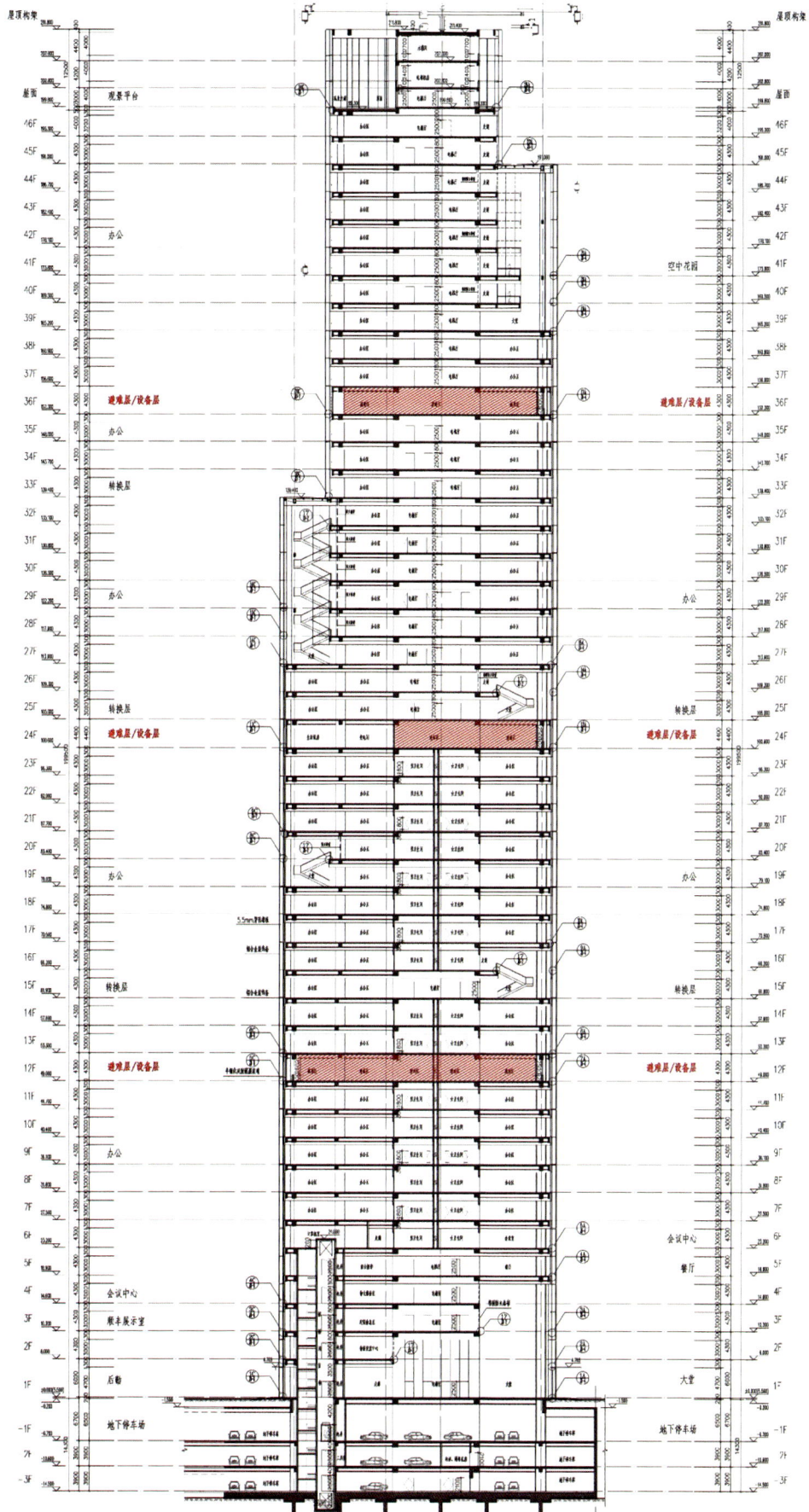

图 12.4-3 某项目剖面图

12.5 建筑详图消防设计图例

幕墙防火封堵

| 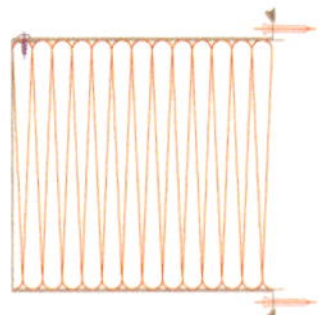 | 幕墙防火封堵 |

12.5.1 图例

楼梯间疏散半径

| 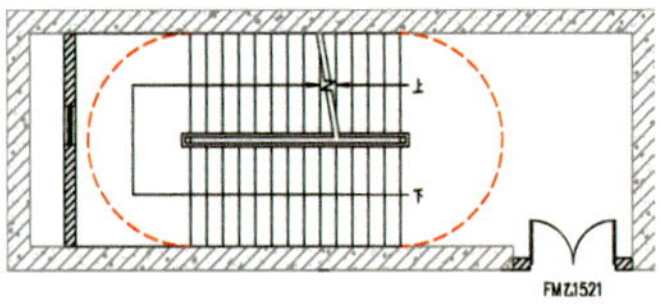 | 楼梯间疏散半径 |

防火隔离带

| 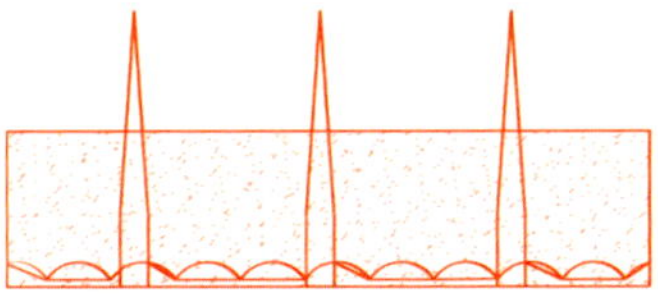 | 防火隔离带 |

12.5.2 工程实例

1）楼梯间疏散半径

| 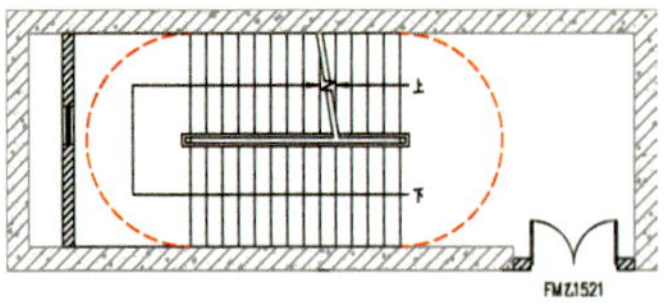 | 楼梯间疏散半径 |

楼梯间应能天然采光和自然通风，楼梯间、前室及合用前室外墙上的窗口与两侧门、窗、洞口最近边缘的水平距离不应小于1.0m。

楼梯疏散半径，从扶手中线到墙边用虚线画半圆示意，表示虚线范围内不允许有其他遮挡物（图 12.5-1）。

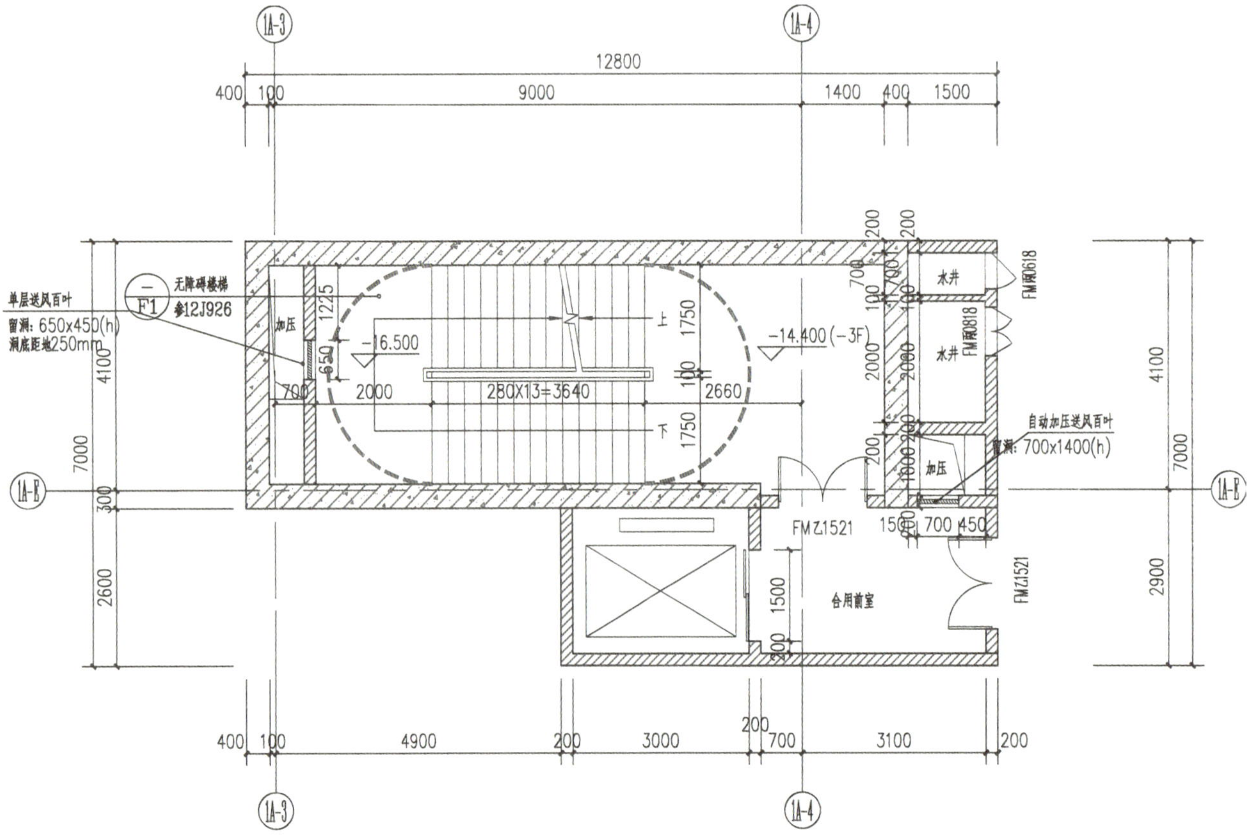

图 12.5-1 某项目平面图

2）防火隔离带

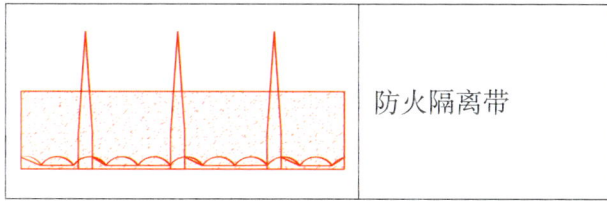

防火隔离带

防火隔离带的基本构造应与外墙外保温系统相同，并宜包括胶粘剂、锚栓、抹面胶浆、玻璃纤维网布、饰面层（图 12.5-2）。

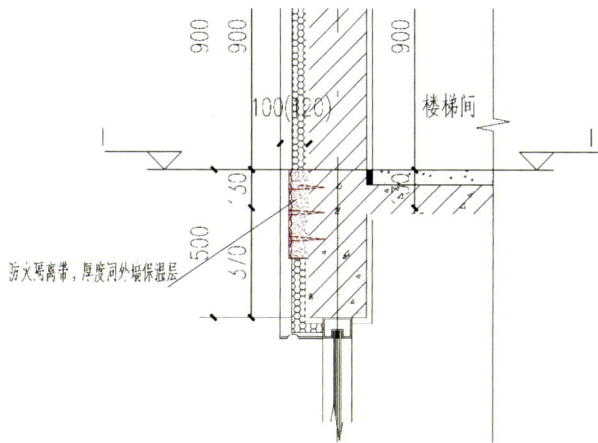

图 12.5-2　某项目详图

3）幕墙防火封堵

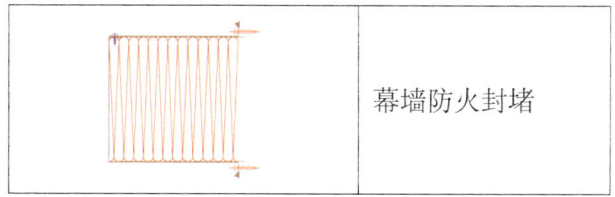

幕墙防火封堵

玻璃幕墙与其周边防火分隔构件间的缝隙、与楼板或隔墙外沿间的缝隙、与实体墙面洞口边缘间的缝隙等，应进行防火封堵设计（图 12.5-3）。

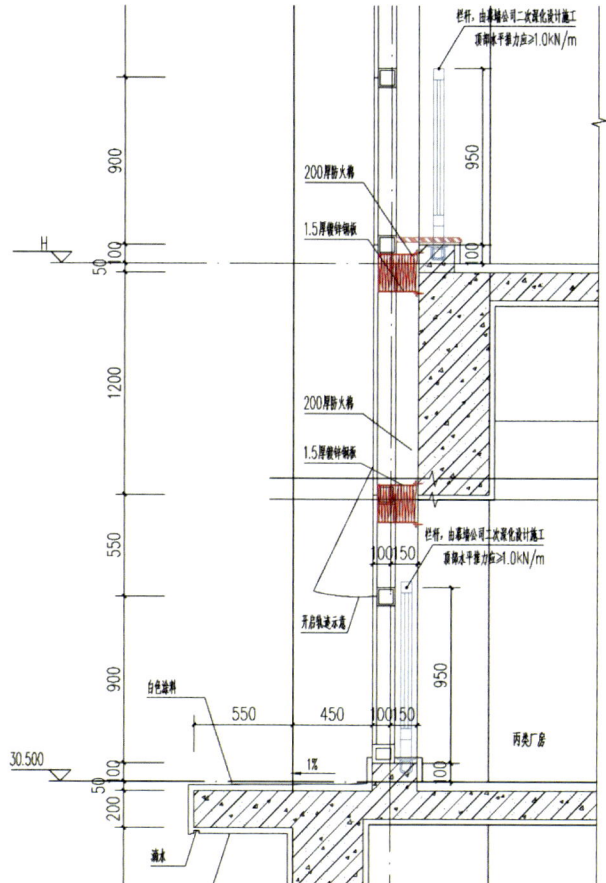

图 12.5-3　某项目详图

13

超高层建筑智慧消防管控现状及发展

深圳市城市公共安全技术研究院　巩志敏

城市快速发展过程浓缩了一些国际化大都市上百年的发展历程，同时也聚集了这一过程中的各种风险。随着深圳市城市化进程不断加快，作为资源高效利用的主要手段，超高层建筑功能复杂、体量大，同时扮演着城市地标的角色，集聚了大量的办公、娱乐、观览人群，然而高层建筑数量及地下空间面积持续增长，也在一定程度上造成城市各类安全风险和事故隐患交织叠加，城市安全发展形势日益严峻。

13.1 超高层建筑的火灾风险特点

高层建筑尤其是超高层建筑一旦发生火灾，易造成群死群伤、巨额经济损失和社会恐慌等严重后果，其火灾防控和灭火救援已成为世界级难题。现阶段超高层建筑消防安全领域主要存在以下问题：

1）建筑结构复杂，用途广泛，火灾荷载大

超高层建筑具有主体建筑高、层数多、竖井多、线路复杂、人员密集且复杂等特点。高度超过100m的超高层建筑，主体多作为住宅、办公、酒店等，且大多在底层建有裙楼，作为商场、餐饮、娱乐等商业功能使用，人员密度大、内部设备多、用电量大、电气线路敷设复杂，易引起火灾。

2）火灾时极易立体蔓延

由于超高层建筑的结构特点，在其内部势必形成各种纵横交错的连通空间，横向如吊顶、空调风管、排烟管道等，纵向如中庭、楼梯井、电梯井、各类管道电缆井、通风井等。各种管道和竖井在火灾中极易成为火灾蔓延的途径。尤其需要注意的是竖井，如果超高层建筑内的竖井防火分隔存在问题，火灾中这些竖井就如同一座座"烟囱"，高度越高，"烟囱"效应越明显。"烟囱"效应具有很大的抽力，使烟火以 3～5m/s 的速度迅猛向上蔓延，仅需 1min 就可将烟火蔓延至 200m 的高度，顷刻间使摩天大楼成为一片火海。另外，超高层建筑楼高风大，据测定，若 10m 高处的风速为 5m/s，30m 高处会超过 8m/s，90m 高处可达到 15m/s。随着建筑高度的增加，风力也会相应增大，一旦有火灾发生，风助火威，火借风势，势必会令火灾在短时间内蔓延。

3）火场环境复杂，烟气蔓延快，威胁人员生命安全

超高层建筑和大型城市综合体由于建筑竖向通道多，遇到火灾时易产生"烟囱效应"，造成烟火蔓延迅速，形成大规模立体火灾。国内外统计数据表明：70%～80% 火灾中伤亡的人员均是由于浓烟和热烟毒气导致窒息所为，而不是由于直接接触燃烧导致的。火灾资料表明：烟气中含有 CO、CO_2、HCl 等多种有害有毒成分，高温缺氧会对人体生理机能造成伤害。

4）疏散逃生困难，容易造成重大伤亡

超高层建筑楼层高，结构复杂，建筑规模大，垂直疏散距离远，疏散时间长。超高层建筑高达数百米，增加了人员疏散的艰巨性和危险性。

人员密集，疏散手段有限。超高层建筑容纳人数多在数千人以上，因此，难以在较短的时间内将人员全部撤离危险区，而且在慌乱中，难免会发生挤伤、摔死等惨剧；起火时，一般的客用电梯无防烟防水措施，必须停止使用，仅靠建筑楼梯疏散，效率低、用时长。

5）灭火救援难度大

超高层建筑的灭火救援是消防领域的世界难题。超高层建筑与普通建筑比，火灾扑救难度大，超高层建筑发生火灾时，灭火行动受到消防云梯高度、消防水泵扬程、水带有效长度等条件的制约，这些会给灭火救援工作带来较大影响。

6）"智慧消防"对超高层建筑各相关方全周期全方位支撑不足

超高层建筑体量庞大、功能复杂、风险管控区域多，火灾防控难度大，目前消防管理及监督缺乏信息化监测预警手段，火灾风险主动管控措施有

限。超高层建筑结构复杂、疏散路径长，人员疏散困难，灭火救援态势研判和决策支持手段不足。基于消防综合大数据的态势感知网尚未形成，区域及行业孤岛发展模式大量存在。为消防责任主体（业主、物业）落实管理责任，为消防监管部门提升监管及综合救援效能，为第三方机构提供定制化社会服务的科技支撑不足。

13.2　智慧消防发展现状

2008 年 11 月 IBM 公司提出了"智慧地球"（"Smart planet"）的概念，指出智慧地球的核心是以一种更智慧的方法通过利用新一代信息技术来改变政府、公司和人们相互交互的方式，以便提高交互的明确性、效率、灵活性和响应速度。"智慧城市"是"智慧地球"从理念到实际、落地城市的举措。

面向新时期下消防业务对信息资源的迫切需求，针对高层建筑消防安全管理管理难题，有必要搭建超高层消防安全管理云服务平台，制定云服务接口标准化及个性化扩展方法，规范数据采集标准，构建涵盖消防资源基础信息、传感信息、视频信息和监控信息等内容平台的消防资源信息库，实现消防隐患社会化整治和安全管理信息化云服务，为应急管理数据治理、社会消防管理信息化等提供数据支持，为消防、应急等部门的信息化系统提供分析数据，更好地推动"智慧城市"和"智慧消防"的建设。

1）建设原则

建设消防安全管理云服务平台应以应用需求为导向，以计算机应用技术为手段，以综合消防大数据分析管理为目标。规划建设遵循以下原则：

（1）实用性

依照用户要求，坚持实用性为主的原则，满足涉及消防安全社会化服务云平台的实际需求，采用当前计算机主流应用技术和成熟的大数据分析技术，避免盲目追求系统设计超前性和设备豪奢性，统筹规划，实事求是。

融合以往建设经验，使用具有成熟应用实践的软件平台架构确保系统的健壮性，建立健全系统安全稳定运行保障机制，建设系统运行故障预案，全方位多角度保障系统的顺利运行。

（2）先进性

系统设计遵循系统工程的设计准则，通过科学合理的设计，既防止片面追求某一高指标，又充分体现系统的先进性，最大限度地采用成熟、可继承、具备广阔发展前景的先进技术，搭建可升级、可扩展、可兼容的应用平台，构建网络化、数字化、智能化和实战化的安全社会化服务平台。

（3）开放性

系统采用标准化设计，严格遵循相关技术的国际、国内和行业标准，确保系统之间的透明性和互联互动，并充分考虑与其他业务系统的连接。在设计时，科学预测未来扩容需求，进行余量设计。

2）系统架构

消防安全社会化服务云平台是综合运用物联网、云计算、大数据等先进技术，实现按需分配计算、存储、网络、应用等资源的云计算平台，与现有的消防信息系统无缝对接。通过物联网收集联网单位的火灾数据信息，存储在数据中心，消防安全社会化服务云平台关联数据中心，利用大数据统计与分析技术进行消防监控和信息管理服务，对现有数据资源进行深度挖掘应用，寻找潜在规律，提前预判风险，优化警力配置等。消防安全社会化服务云平台采用分层管理机制，建立了系统化的结构体系，保障平台的稳定有效运行，系统的整体架构如图 13.2-1 所示。

消防安全社会化服务云平台由基础设施层、数据层、平台服务层、应用层以及用户层五个部分构成。硬件基础设施层包括服务器、存储、网络等物理设备；数据层建立合理的网络拓扑结构，将多模态的消防大数据（物联网数据、一体化数据、车载数据、地图数据以及其他部门数据）进行接入，进而通过整合处理构建数据库，建立数据监控中心保存系统分析数据和日志数据；平台服务层包括基础设施服务、平台服务、数据服务、运维管理、安全

| 用户层 | 消防用户 | 社会单位用户 | 社会大众用户 | 微型消防站用户 | 政府用户 |

应用展现

| 火灾隐患社会化整治信息系统 | 多因素综合风险评估消防安全管理系统 |

| 消防设施质量评价 | 消防设施运行状态评价 | 维保服务质量评价 |

业务管理

| 风险预测 | 数据统计 | 火灾趋势分析 | 消防设施维保 | 实时灾情 |
| 消防设施监控 | 网格化管理 | 隐患发现 | 隐患处理 | 巡查巡检 |

数据管理

| 数据规范管理 | 数据同步管理 | 数据审计管理 | 数据备份管理 | 数据元管理 |

| 分布式数据库服务 | 流式数据处理服务 | 分布式计算框架 | 分布式消息队列 | 地理信息服务 |
| 分布式文件服务 | 数据交换平台 | 消息中间件 | 分布式缓存 | 同步日志 |

集成应用开发与管理平台

| 物联网数据 | 一体化数据 | 车载数据 | 地图数据 | 其他部门数据 | 分析数据 | 日志数据 |

| 业务数据库 | Hadoop统计分析库 | 监控中心 |

基础数据库

服务器集群、存储系统、备份系统及系统软件（操作系统、数据库、中间件、虚拟化软件）

机房、网络设备、服务器、安全等基础设备

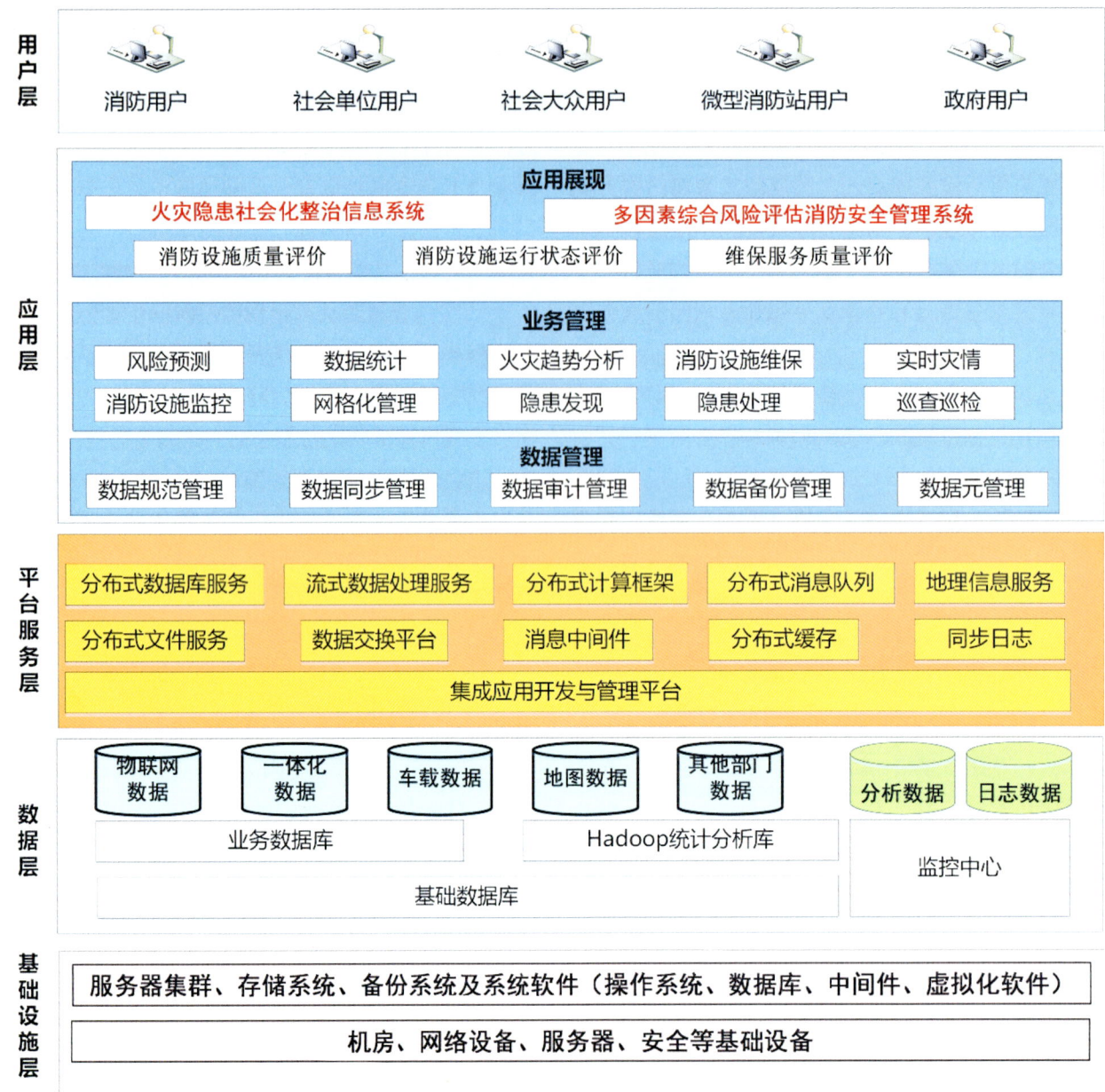

图 13.2-1 消防安全社会化服务云平台总体框架

监控和标准框架等内容，通过资源复用技术，在服务器硬件、存储、网络上构建统一的虚拟化层，实现资源的聚合及针对虚拟资源的动态管理，汇聚整合数据资源，统一提供数据服务，同时提供基于云平台的各种安全防护管理监控和运维管理，建立云服务接口标准和消防安全社会化服务信息系统通用技术框架，构建一个安全可控且面向海量数据的计算、整合与存储的云服务体系；应用层主要包括消防设施管理、维修保养、隐患排查、安全追溯、安全评估、风险预测、警情通知等内容。通过建立多种应用的数据模型，对消防安全社会化服务云平台

汇集的海量数据进行大数据分析，为消防安全社会化服务提供支持。

3）业务架构

消防安全社会化服务云平台具备以下功能特性：

提供 24 小时、365 天全天候监测消防设施状态数据，地图提供全面的位置信息，显示警情信息、数据统计分析信息等内容。

对相关数据进行采集、整合、处理和加工，利用大数据技术、人工智能对数据价值信息挖掘评估，推动决策机制从"业务驱动"向"数据预测"

转变，监督机制从"死看死守"向"预知预警"转变，管理机制从"经验主义"向"科学决策、智能调度"转变。

采集重点单位、消防设施信息、报警信息等数据，实施统一远程监管。基于地图直观展现，实现对重点单位、危险隐患有效的动态监管督导，并通过分级防控，为火灾执法监督、防控等工作提供依据。

云平台体系架构中，云基础服务平台是关键环节。云基础服务平台架构为"三横三纵"框架形式，即基础设施服务层、平台服务层和数据服务层三个横向层次，标准框架、安全监控和运维管理三个纵向体系为支撑，如图 13.2-2 所示。

基础设施服务层基于分布式云操作系统，包含大数据计算服务、实时计算服务、流计算服务、关系型数据库服务、开放存储服务、开放数据处理服务、虚拟云主机服务、负载均衡服务、虚拟专用网络等，使资源可以被池化、共享和动态分配，提高硬件资源的利用率，简化对物理资源的管理；平台服务层包括大数据开发平台、机器学习平台、大数据管理平台三部分，提供大数据开发、管理、分析挖掘、算法研究等大数据云平台开发能力，实现大规模数据集成和数据深度挖掘；数据服务层包括数据采集、数据标准化、数据主题库、数据交换、数据目录五部分，通过消防大数据整合，为上层应用提供颗粒化的服务，实现对云平台数据的统一管理和标准化出口，为外部业务系统的数据使用提供数据加工，以及标准的数据访问接口。标准框架部分

主要包括消防安全社会化服务信息系统通用技术框架和云服务接口标准；安全监控包括安全管理、云服务安全、分布式系统安全、数据安全、主机安全、网络安全、物理安全七部分，提供多层次、立体化、基于不同安全技术实现的网络安全纵深防御体系，解决云服务数据安全隔离等关键技术；运维管理包括设备运行监控、网络运行监控、集群监控、自动化运维调度、运维信息分析五部分。

云平台在设计开发方式上，基于 Hadoop 在数据存储、资源管理、作业调度、性能优化、系统高可用性和安全性等方面的优势进行设计开发，同时，为消防安全社会化服务云平台打造可靠的基础和安全的数据保护。云平台的运营管理使用 python 语言开发，便于跨平台，可移植性高，混合能力强。由数据和功能组合构建起来的云平台，结合 python 语言的优势，能够更加有效地对云平台进行管理和运营。

13.3 应用示例

通过增加摄像装置、水位液压传感器、防火门状态监测装置等感知设备，实现建筑消防安全状态综合研判、物联网参数科学监测、大数据动态分析预警、数字化三维疏散预案合成及全天候综合应急处置等多个创新功能。某超高层公共建筑应用示例如下：

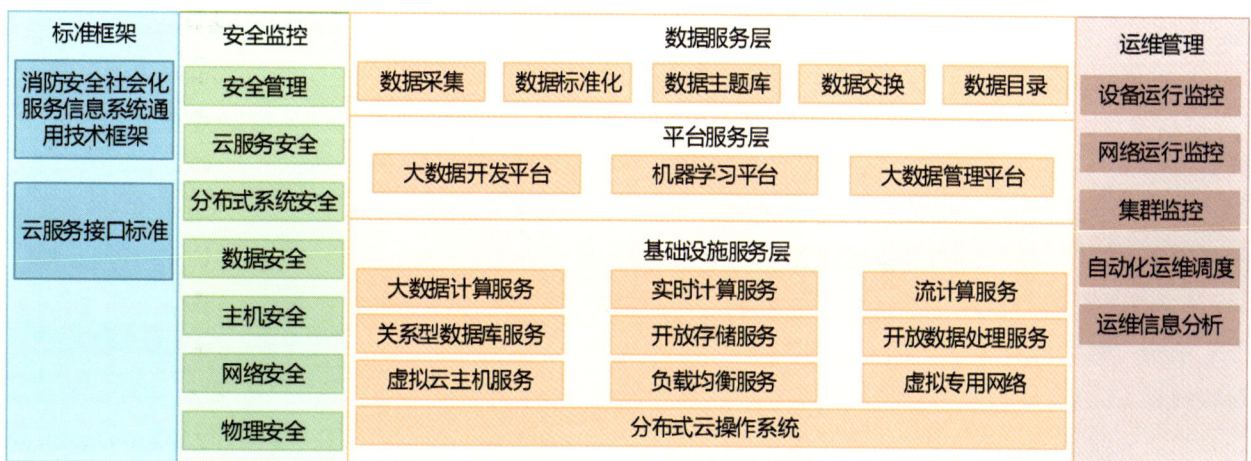

图 13.2-2 云基础服务平台层业务架构图

1）建设目标

火灾动态监测预警系统建设，坚持火灾防控立足于"自防自救"的指导思想，在现有消防安全管理、消防设施的基础上，加强主动消防措施，综合运用物联网、移动互联网、云计算、大数据、人工智能等新兴信息技术，加强人防、物防、技防措施，控制火灾风险，预防火灾的发生，一旦发生火情，保证火灾处置在初期阶段，不让火灾扩大蔓延。通过智慧消防系统应用，提升超高层建筑物防、技防水平，做好风险管控，实现风险动态管控"可视化"、责任"清单化"、治理"标准化"、监管"信息化"、预警"智能化"、应急"实战化"，以智能感知、大数据和知识图谱为技术手段，以解决超高层建筑火灾风险难题为落脚点，改善超高层建筑固定消防设施性能和可靠性，提高已有超高层建筑固定消防设施信息化监管标准。

2）建设内容

在原建筑传统消防安全的基础上，针对容易引发火灾的部位、日常消防管理不规范、消防设施不正常运行等问题，采用物联网、大数据、人工智能等现代新兴技术，全面提高人防、物防、技防能力，确保建筑消防安全，保障城市安全运行。建设内容如下：

· 物联感知层

物联网硬件设备，由部署在该建筑用火、用电、用气等火灾风险较高的部位，以及地下汽车库、发电机房、配电房等消防重点部位、疏散通道、安全出口的智能摄像头、物联网监测装置、各类传感器、传感器网络和传感器网关等组成，这些设备或者安装在监测区域，或者嵌入消防设备中，主要实现感知和识别火灾隐患、不正常状态，采集和捕获使用场景所产生的相关信息，同时执行接收的各项命令。

· 消防大脑

消防大脑主要由消防大数据中台、人工智能中台组成。

消防大数据中台，将该建筑所有的消防数据进行统一管理并对外提供实时高效的数据服务。对物

联感知监测系统的多源异构数据实现实时汇聚；对多源异构数据进行质量分析提升、数据标准化、数据融合等数据治理；对治理后的数据进行火灾动态监测预警主题库和专题库构建，进行多维数据建模；建立数据权限管理体系，实现数据资产安全管控和审计管理；建立数据共享服务平台，以服务化的形式对接上层智能应用的数据服务请求；建立任务调度平台，实现消防数据治理、数据建模、数据服务、人工智能中台任务和智能应用任务等任务的多层级细粒度分布式调度管理。

人工智能中台，也是智能业务中台，是基于人工智能技术在数据中台之上构建的服务智能应用的人工智能工具、知识图谱和可视化分析引擎。

· 应用层

应用层，主要分为火灾报警监控、消防水灭火系统监测、智能视频监测、单位消防设施维护保养、单位消防安全管理、单位消防安全教育培训、微型消防站管理、访客安全教育、动火作业管理、消防安全数据统计分析等功能。智能应用是在消防数据统计分析和智能决策模型之上构建的解决实际消防痛点的应用系统。基于消防大数据中台和人工智能中台，通过对该建筑消防物联感知数据汇集、挖掘、建模、运算，动态显示建筑消防安全状态指数，预警火灾风险，提出解决方案，推送消防管理人员处置；在发生火情后，可以根据实时动态数据分析最优智能疏散方案，给建筑内物业安保和单位人员提供有效的疏散建议方案，最大限度降低人员伤亡和火灾损失，实现"小火快灭"和"自防自救"的总体目标。

· 展示层

展示层包括二维地图、移动终端、门户网站、视频、三维展示。

3）总体设计架构

· 平台架构

平台总体架构如下图所示，分为物联感知层、消防大脑、应用层、展示层4个部分（图13.3-1）。

物联感知层：安装在联网单位现场，用于各消防系统的数据采集及信号传输；

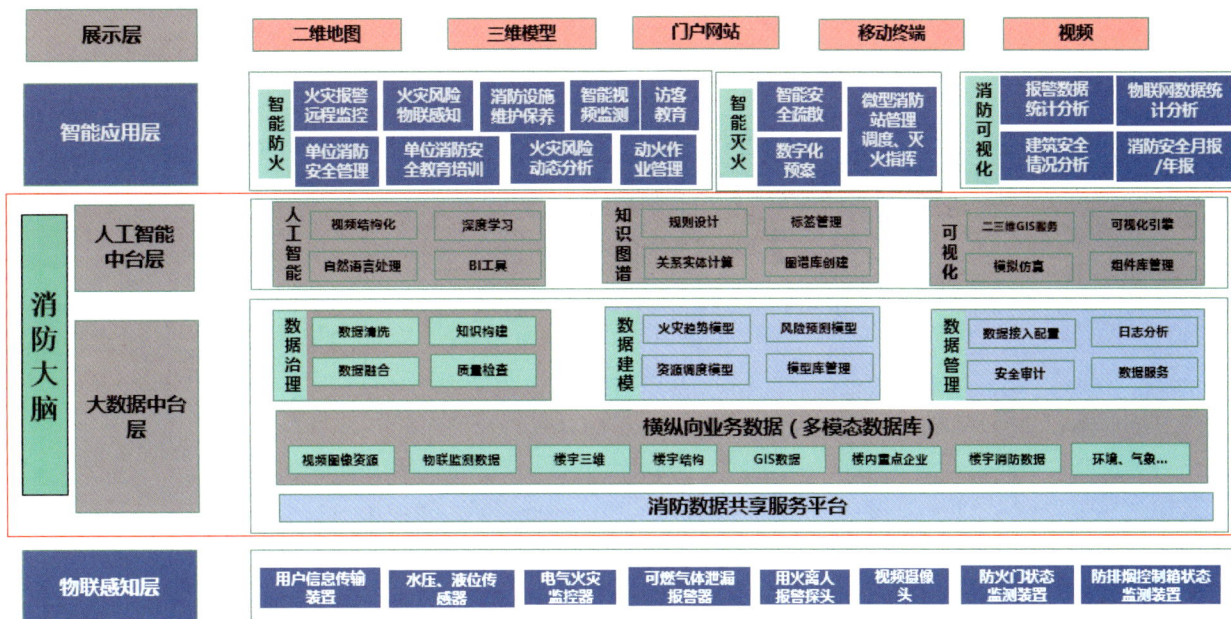

图 13.3-1　平台架构示意图

消防大脑：初步构建消防大脑，对物联感知层采集的各类数据进行汇聚、清洗、融合、治理、管控，基于治理后数据并根据业务需求建立火灾风险趋势分析、数据资源调度等模型；基于人工智能技术在数据中台之上构建的服务智能应用的人工智能工具、知识图谱和可视化分析引擎等；

智能应用层：分为火灾报警远程监控、消防水灭火系统监测、电气火灾报警远程监控、可燃气体泄漏报警监测、智能视频监测、消防设施维护保养、单位消防安全管理、单位消防安全教育培训、微型消防站管理、访客安全教育、动火作业管理；

展示层：监控中心、联网建筑大屏显示系统建筑三维展示，Web端、手机端二维地图、视频画面等。

· 网络架构

整个系统的组网以"消控室管理平台"和"管理中心平台"两级监控中心为结构进行设计，通过网络进行互联。

· 平台部署架构

该系统所有物联采集设备均部署在该建筑单位内，项目业务系统统一部署在华为云服务器上，所有物联设备与单位人员使用的办公设备均通过互联网访问业务系统。

14

前海地下空间消防设计措施

深圳市前海深港现代服务业合作区管理局　叶伟华　邓斯凡

深圳市前海建设投资控股集团有限公司　鲁　飞　冷卫兵

说明：此部分为原文引用，因此保留原编号及相关表达。

1 总体原则

1.0.1 为在前海合作区地下空间的防火设计中贯彻"预防为主，防消结合"的消防工作方针，预防火灾，减少火灾危害，提高前海合作区地下空间消防安全水平，保护人身和财产安全，制定本指引，供前海地下空间消防设计参考。

1.0.2 本指引适用于前海合作区内地下功能空间，包括建筑的地下、半地下室的防火设计。

1.0.3 地下空间内不同使用功能场所之间应进行防火分隔，不同功能区域确需连通时，连通接口可根据本指引的相关要求设计，各功能场所的防火设计应根据相应规范的规定确定。

1.0.4 地下空间的总平面设计应根据地下空间建设规划、规模、用途等因素，合理确定其位置、灭火救援出入口、消防水源、消防车道和救援场地等。

1.0.5 地下空间应根据其规模、使用功能等因素合理设置安全疏散和避难设施。安全出口和疏散门的位置、形式、数量和宽度，应满足人员安全疏散的需求。

1.0.6 地下空间应充分考虑灭火救援需求，设置消防车道、消防电梯等救援设施，消防车道、消防电梯的设置应符合相关技术标准要求。

1.0.7 地下空间开发应充分考虑人防工程的需求，设置人防工程时，其防火设计尚应符合《人民防空工程设计防火规范》GB 50098 相关要求。

1.0.8 地下空间应根据功能用途及其重要性、火灾特性和环境条件等因素综合确定消防设施。

1.0.9 地下空间建筑的耐火等级不应低于一级。

1.0.10 地下空间的防火设计应遵循国家有关方针政策，从全局出发，统筹兼顾，做到安全适用、技术先进、经济合理。

1.0.11 地下空间防火设计尚应符合国家现行有关标准的规定。

2 规划布局

2.1 一般规定

2.1.1 地下空间在进行区域规划时，应根据功能区的特点和火灾危险性，结合地形地貌、气候条件、节能环保，合理布置，节约用地，确保安全。

2.1.2 地下空间应根据城乡规划条件，结合总体布局、公共交通设施、内外交通组织、竖向与绿化布置及工程管线等合理布置地下空间范围及疏散出入口、灭火救援出入口位置，并与相邻地下空间相协调。

2.1.3 地下空间的选址应远离易燃、易爆及有污染的场所，应与城市地上、地下交通网的联系通达便捷。

2.1.4 地下空间的区域规划应考虑消防车道、救援场地和消防水源的布局。

2.1.5 地下空间的消防车道、消防操作场地布置应与疏散楼梯、下沉式广场等主要出入口、消防电梯等相结合，并有两处与地面其他道路连通口；消防操作场地不应小于 15m×10m，距离建筑外墙不宜小于 5m。

2.1.6 地下空间的消防救援应充分考虑地面消防救援队伍的布置，对于远离消防救援队伍的区域应加强微型消防站建设。

2.1.7 地下空间宜进行消防专项规划，消防专项规划中宜充分考虑地下空间通风采光、人员疏散等需求，公共地下空间与出让地块之间宜预留一定的缓冲区域，便于地下空间人员疏散、通风排烟设施预留空间。

2.1.8 地下空间在消防规划中，宜结合地下空间规模、商业等人员密集场所布置等因素，优先考虑设置下沉式广场用于不同区域防火分隔和人员疏散。

2.1.9 宜合理控制地下交通设施总体规模，可采用下沉式广场、敞开段等设施,将地下交通设施划分为不同区域。

2.1.10 地下空间不同区域建设过程中,应充分考虑建设时序对安全疏散设施及消防设施的影响,疏散设施或消防设施与后续建设的项目存在共用及借用时,应设置临时设施以满足先期建设或运营的建筑消防安全。

2.2 平面总体布局

2.2.1 地下商店的总建筑面积大于 20000m² 时应采用无门、窗、洞口的防火墙、耐火极限不低于 2.00h 的楼板分隔为多个建筑面积不大于 20000m² 的区域,相邻区域确需局部连通时,应采用下沉式广场等室外开敞空间、防火隔间、避难走道、防烟楼梯间等方式进行连通,并宜采用下沉式广场进行连通。

2.2.2 后勤用房、锅炉房等的燃料、货物及垃圾等物品的运输通道和出入口应与主要人行通道分开设置。

2.2.3 结合轨道交通车辆段、场站规划建设,在特勤消防站预留轨道消防站建设空间,与城市轨道交通连接,配置适宜地下轨道交通火灾救援的装备、器材。

3 平面布置与连接

3.0.1 地下空间各功能区域之间宜根据使用功能、火灾危险性采取合理的防火分隔措施。

3.0.2 地下车行环路应采用耐火极限不低于 3.00h 的不燃性结构体与周围空间进行分隔。地下车行环路与相邻地下停车设施之间设置连通口时,应采用两道特级防火卷帘进行防火分隔,并分别由地下车行通道和相邻地下停车设施控制。

3.0.3 地下车行环路向地下停车设施连通口旁侧可设置两道甲级防火门均开向地块的"防火隔间"作为人员疏散出口。防火隔间的设置应满足

下列要求:

1 防火隔间应采用实体防火隔墙,隔墙上门应采用甲级防火门;

2 防火隔间建筑面积不应小于 6m²;

3 疏散门净宽度不应小于 1.2m。

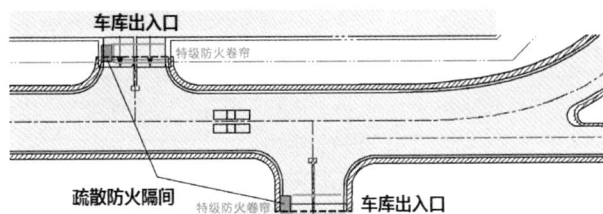

图 3.0.3　环路与地下停车设施的防火隔间

3.0.4 地下综合管廊应采用耐火极限不低于 3.00h 的不燃性结构体与周围空间进行分隔,通向其他功能区的开口处应设置防火隔间。

3.0.5 为地下人行通道服务的设备用房应采用甲级防火门及耐火极限不低于 2.00h 的防火隔墙与人行通道分隔。

3.0.6 地下人行通道宜采用耐火极限不低于 3.00h 的不燃性结构体与周围空间进行分隔,与周边其他功能空间连通时,应根据与其他功能区域的防火分隔方式确定地下人行通道的防火设计。

1 地下人行通道采用防火隔间、下沉式广场等与商业设施进行防火分隔,地下人行通道可考虑按普通隧道进行设计。

2 地下人行通道采用防火门、防火卷帘等与商业设施进行分隔,该情况人行通道仅供人员通行使用,通道内任一点至最近安全出口的疏散距离不应大于 50m。

3 当商业设施需要借用人行通道进行疏散时,建议人行通道按避难走道进行设计,商业设施进入避难走道处设置防烟前室。

3.0.7 地铁与商业设施的防火分隔采用下沉式广场、防火隔间、连接通道等设施进行防火分隔,采用连接通道时,通道长度不小于 10m、宽度不大于 8m,通道内设置 2 道分别由地铁和商业等非地铁功能的场所控制且耐火极限均不低于 3.00h 的防火卷帘进行防火分隔。

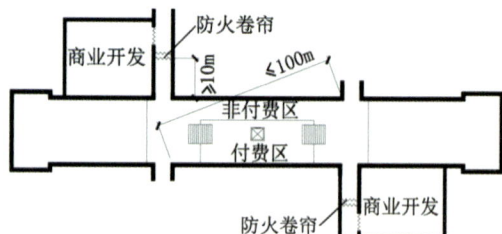

图 3.0.7-1

图 3.0.7-2

3.0.8 消防控制室可与值班室或地面建筑的消防控制室合用，合用时该消防控制室宜设置在地面首层，或设置在地下一层与下沉式广场相邻部位，地下建筑的消防控制系统应相对独立。

3.0.9 市政项目复合开发时，平面布置应符合相关要求，市政项目应布置在人员密集的公共场所下部，市政项目与其他项目宜采用防火墙等措施进行防火分隔。

4 安全疏散

4.1 一般规定

4.1.1 地下空间的疏散出口、疏散走道、疏散楼梯、避难走道、避难区的布置除应满足正常使用需要外，还应满足事故疏散和救援的要求。

4.1.2 除地铁工程、人防工程等专项规范另有规定外，自动扶梯、电梯和轮椅升降平台不应作为安全疏散设施。

4.1.3 设于地下的剧场、电影院、场馆、公共礼堂、商店营业厅、展览厅及证券厅等人员密集场所，宜设置在与下沉式广场相邻部位。

4.1.4 前室及楼梯间内的疏散照明照度不低于5lx；人员密集场所的前室及楼梯间内的疏散照明照度不低于10lx。

4.1.5 建筑内的排烟口距离安全出口不应小于6m。

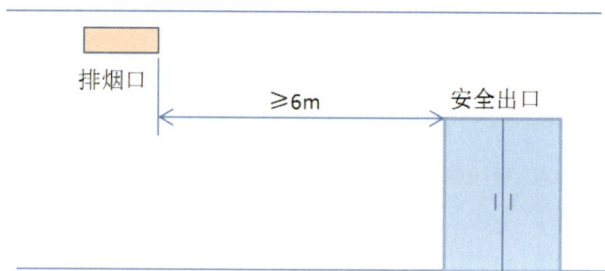

图 4.1.5

4.2 疏散设施

4.2.1 地下空间内设置的下沉式广场时，地下空间每层外墙距离下沉式广场的边缘不应大于15m，外墙与下沉式广场边缘之间的回廊不应设置除人员通行外的其他功能用途，当用于防火分隔时应符合现行国家标准《建筑设计防火规范》GB 50016 的规定。

4.2.2 地下空间内设置的下沉式广场，当用于防火分隔还兼做人员疏散安全出口时，除应符合本规范第5.2.1条外，还应符合下列规定：

1 下沉式广场所在的室外开敞空间在扣除室外疏散楼梯、自动扶梯、消防车道及回车场等设施投影面积外，各层用于人员疏散停留的净面积不应小于169m²，且应满足通向此区域各防火分区总人数的疏散停留面积，其面积按照 4 人 $/m^2$ 计算。

2 下沉式广场内所设室外疏散楼梯的总净宽度不应小于任一防火分区通向室外开敞空间的设计疏散总净宽度。当广场面积较大时，其疏散楼梯应均匀布置，且下沉广场内任一点距离疏散楼梯的距离不大于 60m。

3 下沉广场通至地面的楼梯总宽度应大于任一防火分区通向下沉式广场的设计疏散总净宽度。

4 下沉式广场所在室外开敞空间连通地下多层空间时，应考虑各层人员同时疏散，下沉式广场每层通向地面的疏散楼梯宽度不应小于本层及本层以下的各层通向此开敞空间的疏散宽度，下沉式广场的各层开口面积均不应低于169m²。

5 下沉式广场可作为相邻区域或房间机械排烟的补风来源。

6 下沉广场内不得设置排烟口或其他可能不利人身健康安全的事故通风口，或其他可能妨碍人员紧急疏散、导致火灾蔓延的设备、管道等。

7 下沉式广场的开口边缘与使用该下沉式广场的地下室地上部分应满足《建筑设计防火规范》GB 50016—2014（2018 年版）第 6.2.5 条规定，与其他建筑的距离应满足防火间距的要求。

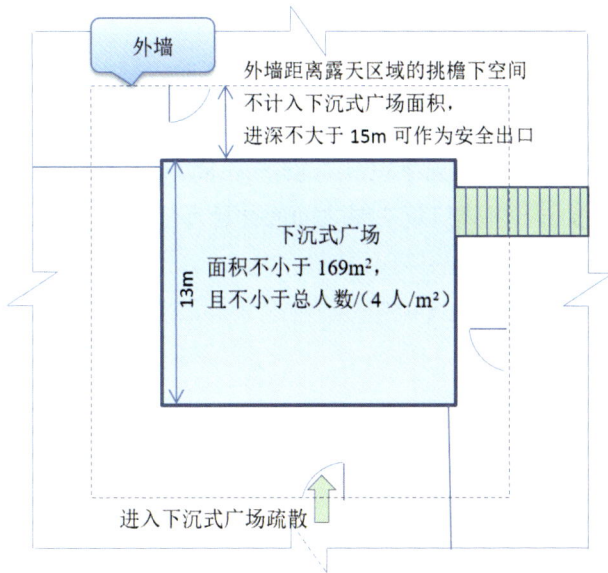

图 4.2.2　下沉广场示意图

4.2.3 地下空间内设置的避难走道除应符合现行国家标准《建筑设计防火规范》GB 50016 外，还应符合下列规定：

1 避难走道的净宽度不应小于任一防火分区通向该避难走道的设计疏散总净宽度；当避难走道和多个防火分区（不少于 3 个）相连接时，净宽度还应不小于各个防火分区通向该避难走道的设计疏散总净宽度的 30%。

2 当避难走道仅与一个防火分区相通时，净宽度不应小于本防火分区通向该避难走道的设计疏散宽度，且设计疏散宽度不得小于 1.4m。

3 除通往地面的疏散口部之外，避难走道内不应设置台阶，当采用坡道连接不同标高时其坡度不应大于 1：12。

4 通往避难走道的门开启后不应减少避难走道的净宽度。避难走道内不应有影响正常疏散的柱子、消火栓箱等凸出物。

5 避难走道的净高不应小于 2.4m，其顶板下凸出物距地面高度不应小于 2.1m。

6 避难走道的地面、顶棚、墙面的内部装修材料的燃烧性能均应为 A 级。

7 避难走道的地面应采用防滑地面。

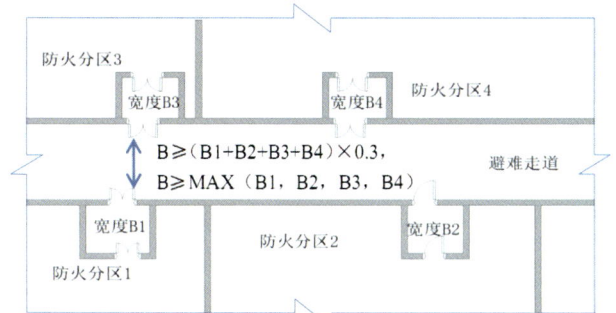

图 4.2.3　避难走道设计示意图

4.2.4 地下空间公共建筑内的安全出口全部直通室外确有困难的防火分区，可利用通向相邻防火分区的甲级防火门作为安全出口，具体设计应满足《建筑设计防火规范》GB 50016—2014（2018 年版）第 5.5.9 条规定。

4.2.5 公共建筑共用相邻防火分区时，应分别设置前室，前室的门采用甲级防火门，并不应重复计算疏散宽度。

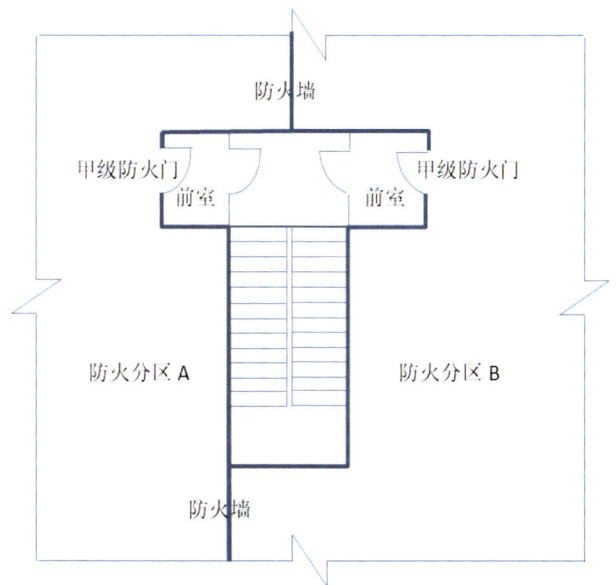

图 4.2.5　共用楼梯间设计示意图

4.2.6 地下交通隧道可利用配套的设备用房的疏散设施进行疏散；对于建筑面积不大于 200m² 的

隧道专用设备用房可向相邻防火分区疏散或借用邻近隧道的人员疏散通道或安全出口；其他情况，在满足设置1个直通室外的疏散出口的情况下，可利用通往隧道或相邻防火分区的出口作为第2安全出口。

4.2.7 地下空间的疏散楼梯设置在地上建筑内部时，应采用耐火极限不低于2.00h的防火隔墙与建筑其他部位进行防火分隔。

4.2.8 除轨道交通工程中的自动扶梯外，建筑中的电梯、自动扶梯和自动人行道及消防专用通道不应计作安全疏散设施。

4.2.9 城市交通隧道、城市综合管廊与上部场所可共用疏散楼梯间。当上部场所为商店、展览厅等人员密集场所时，不同场所的前室应分别独立设置，并应设置各自独立的加压送风系统。

5 地下车行道路

5.1 防火分隔

5.1.1 地下车行道路与其他功能、部位进行防火分隔，划分为不同的防火分区。

5.1.2 地下车行道每条主线（含其支路）各作为一个防火分区，与相邻车道（如上下叠层双孔或水平双孔）采用实体墙分隔，墙体的耐火极限按《建筑设计防火规范》GB 50016确定。

5.1.3 地下快速路、地下环路相互分隔或采取其他防止烟气蔓延的措施。

5.1.4 地下车行道路与相邻地块车库需要连通时，采用两道分别由车行道路和地块控制的防火卷帘进行防火分隔。

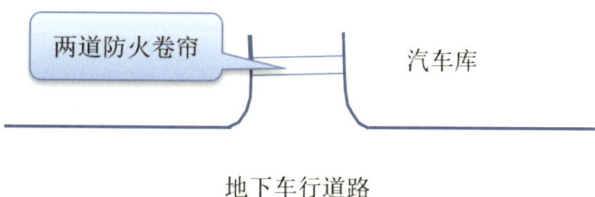

图 5.1.4

5.1.5 地下车行道路配套的设备用房与地下车行道路之间采用防火墙、甲级防火门进行防火分隔。设置在地块或其他楼层时，宜设置独立的防火分区，并按《建筑设计防火规范》第12.1.10条规定进行防火分隔。

5.1.6 地下车行道与人行疏散出口之间采用甲级防火门分隔。水平双孔车行道双孔间人行联络通道的连接处采用甲级防火门分隔。

5.2 人员疏散

5.2.1 车行道路应每隔250m～300m设置一个疏散出口，疏散出口的净宽度不应小于1.2m，净高度不应小于2.1m。

5.2.2 车行道路为双洞隧道时，该疏散出口可为通往相邻隧道的横通道；当为单洞隧道时，可为通往地面的疏散楼梯。

5.2.3 车行道路的疏散出口可与配套的设备用房共用。

5.2.4 地下环路可借用地下车库、隧道匝道的出入口作为人员安全疏散的途径，并应在地下车库出入口、隧道连接匝道出入口旁侧设置两道甲级防火门均开向地块的"防火隔间"作为人员疏散出口，通往地块的疏散出口数量不超过地下环路所需总疏散出口数量的30%。疏散防火隔间的设置应满足下列要求：

　　1 疏散防火隔间的墙应为实体防火隔墙，门应为甲级防火门；

　　2 疏散防火隔间面积不应小于6m²；

　　3 疏散门净宽度不应小于1.2m。

5.2.5 车行道路的疏散出口可通往专用疏散隧道、避难走道、下沉式广场等区域。

6 人行道路

6.0.1 当人行通道仅用于连接地面不同区域（如地面道路、地面其他功能或景观等）时，通道各出入口直接通往室外空间等安全区域，通道内除配套的小型设备用房外，不开设其他无关的门、窗洞口通道可按《建筑设计防火规范》GB 50016—2014（2018年版）关于三、四类隧道进行防火设计：

1）人行通道内每隔不大于250m设置一个疏散出口；

2）三类隧道应设置排烟设施、火灾自动报警系统。

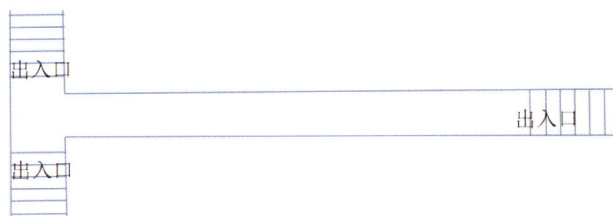

图6.0.1　独立的人行通道

6.0.2　地下人行通道与其他商业等设施或相邻地块采用防火墙及防火隔间、下沉式广场等设施进行分隔，且疏散设施相对独立时，地下人行通道可按《建筑设计防火规范》GB 50016—2014（2018年版）关于三、四类隧道进行防火设计。

地下人行通道与其他商业等设施或者相邻地块采用防火门、防火卷帘进行分隔，仅供人员通行且疏散设施相对独立时，地下人行通道内可不进一步划分防火分区。

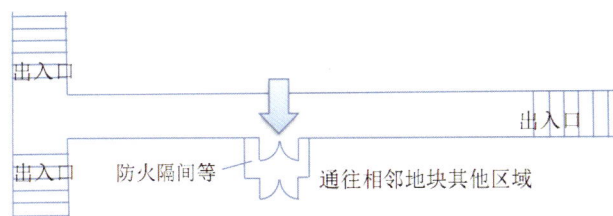

图6.0.2-1　人行通道与其他商业设施采取
防火隔间等方式分隔

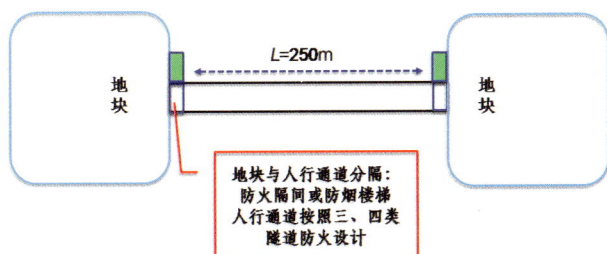

图6.0.2-2　与相邻地块采用防火墙和
防火隔间等分隔的人行通道

6.0.3　人行通道与相邻其他商业等设施或地块采用防火门、防火卷帘进行分隔，且疏散设施相对独立时：

1）人行通道仅供人员通行使用；

2）参照地铁出入口等其他通道的设计，建议通道内任一点至最近安全出口的疏散距离不应大于50m，并设置自动喷水灭火系统。

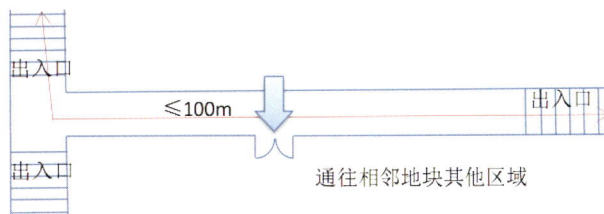

图6.0.3-1　人行通道与商业等设施连通示意图（1）

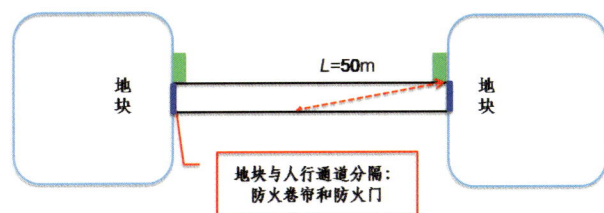

图6.0.3-2　人行通道与商业等设施连通示意图（2）

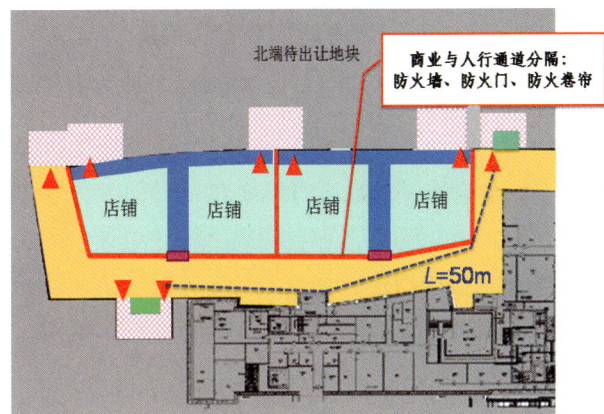

图6.0.3-3　人行通道与商业等设施连通示意图（3）

6.0.4　与人行通道相邻的其他功能区域需要借用人行通道进行疏散时，人行通道按避难走道进行设计。

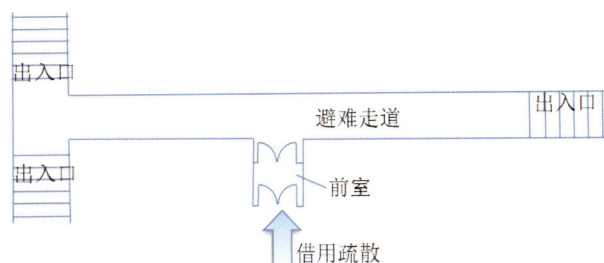

图6.0.4　人行通道按避难走道设计

491

6.0.5 人行通道内设有餐饮、商业等设施时，人行通道可整体按商业建筑或饮食建筑根据《建筑设计防火规范》GB 50016—2014（2018 年版）进行防火设计。

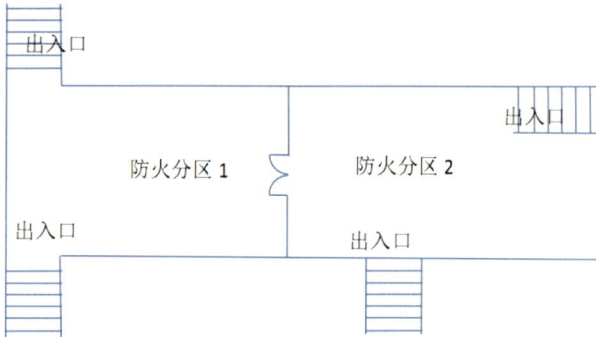

图 6.0.5-1 人行通道整体按商业、餐饮设置防火分区（1）

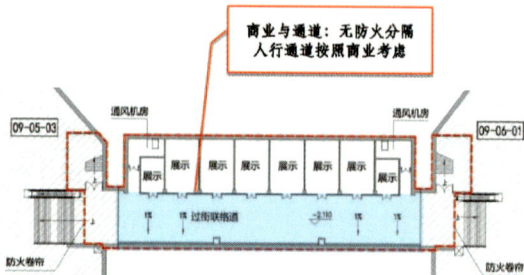

图 6.0.5-2 人行通道整体按商业、餐饮设置防火分区（2）

6.0.6 当地下人行通道内的商业设施划分为独立区域，并与人行通道采取分隔措施后，可分别按商业设施及人行通道进行防火设计，人行通道的防火设计根据其与商业设施的防火方式，参考第 8.0.2 条或第 8.0.3 条的要求确定。

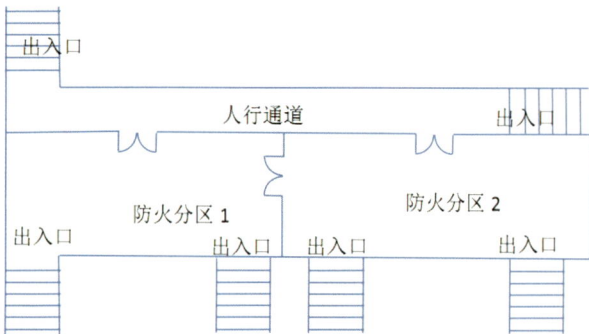

图 6.0.6 人行通道旁设置商业等设施

6.0.7 连接两侧不同区域的人行通道，当两侧地块的商业设施总建筑面积不超过 20000m² 时，可采用防火门、防火卷帘将通道进行防火分隔，分别划

入不同防火分区。人行通道划分为两部分后，分别于各自地块的其他区域作为一个防火分区，其防火设计按所属防火分区的功能用途进行设计。

连接两侧不同区域的人行通道，当两侧地块的商业设施总建筑面积超过 20000m² 时，通道上设置防火隔间，设置为不同 20000m² 区间的防火分隔设施。

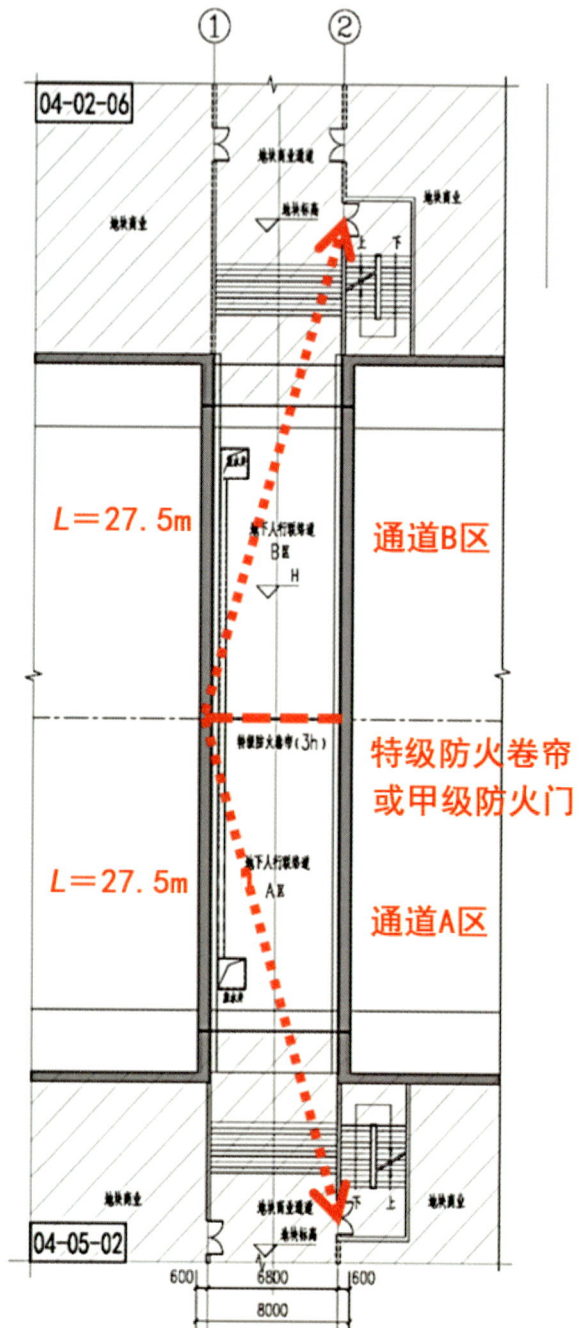

图 6.0.7-1 通道划分为不同防火分区

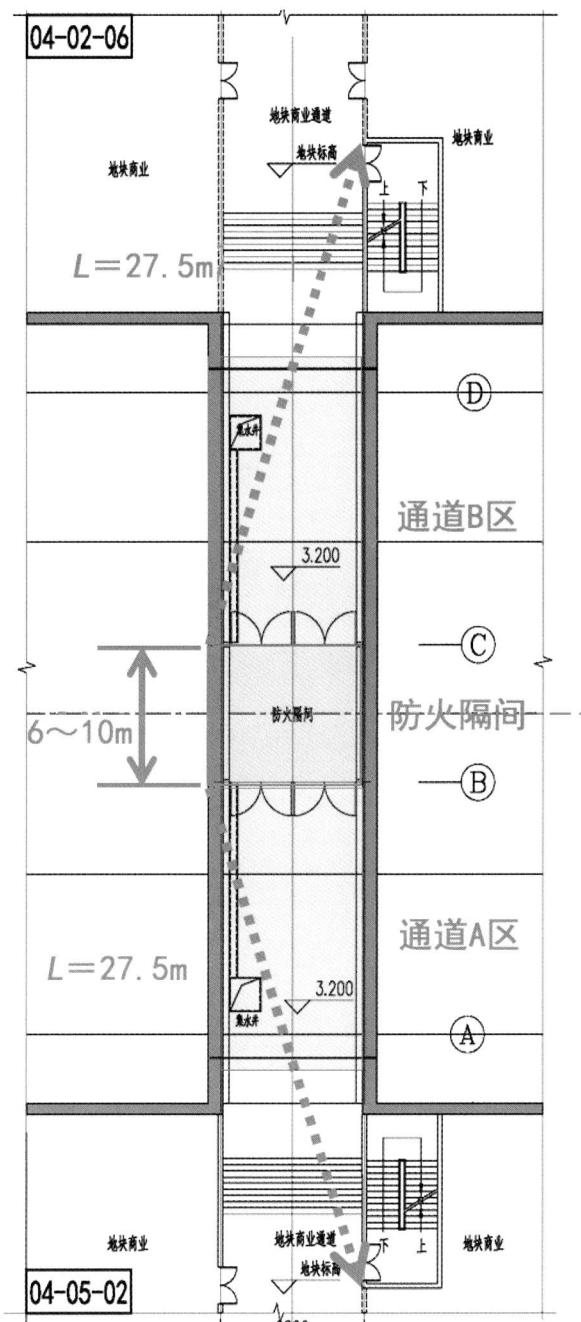

图 6.0.7-2 通道内设置防火隔间

7 综合管廊

7.1 防火分隔

7.1.1 综合管廊采用防火墙与其他功能用途的空间分隔。

7.1.2 综合管廊优先采取分仓敷设，仓与仓之间采用耐火极限不低于 3.0h 的不燃烧体隔墙进行分隔，隔墙上的门采用常闭的甲级防火门。

7.1.3 天然气管道和电力电缆仓每隔 200m 采用防火墙和甲级防火门进行分隔，其他综合仓每隔 400m 采用防火墙和甲级防火门进行分隔。

7.1.4 与建筑相通的综合管廊，在连通建筑的部位设置防火墙。

7.1.5 综合管廊在其分支处设置防火墙。

7.1.6 综合管廊内各管线穿越隔墙、楼板处的缝隙采用防火封堵材料封堵。

7.2 安全疏散

7.2.1 每个分隔区内疏散出口不少于两个，直通地面或地下隧道等区域的疏散出口不少于一个，可利用防火墙上的甲级防火门作为第二疏散出口。疏散出口可采用逃生孔形式，逃生孔盖板在管廊内部易于开启，逃生孔内径净直径不小于 1m。

7.2.2 综合管廊疏散出口和防火墙上甲级防火门上方设置安全出口标志。

7.2.3 管廊内疏散应急照明照度不应低于 5lx，应急电源持续供电时间不应小于 60min。

7.2.4 监控室备用应急照明照度应达到正常照明照度的要求。

7.2.5 出入口和各防火分区防火门上方应设置安全出口标志灯，灯光疏散指示标志应设置在距地坪高度 1.0m 以下，间距不应大于 20m，灯光疏散指示标志的标志面与疏散方向平行时，灯具的设置间距不应大于 10m。

7.3 装修及材料

7.3.1 综合管廊内部装修材料采用不燃材料。

7.3.2 管廊内电缆采用阻燃型，管廊自用弱电管线穿金属防火线槽敷设。

7.3.3 热力管道及配件保温材料采用难燃材料或不燃材料。